Altmann/Schlayer
Lehr- und Übungsbuch Elektrotechnik

Lehr- und Übungsbuch Elektrotechnik

Prof. Dr.-Ing. habil. Siegfried Altmann
Prof. Dr.-Ing. Detlef Schlayer

2., bearbeitete Auflage

mit 689 Bildern, 7 Tabellen,
186 Beispielen und Lösungen

Fachbuchverlag Leipzig
im Carl Hanser Verlag

Prof. Dr.-Ing. habil. Siegfried Altmann, Hochschule für Technik, Wirtschaft und Kultur Leipzig (FH)
(Abschnitt 1, 4, 5, 7, 8.4 bis 8.6, 9, 11, 12)

Prof. Dr.-Ing. Detlef Schlayer, Deutsche Telekom Fachhochschule Leipzig
(Abschnitt 2, 3, 5 bis 8, 10, 12)

Die Deutsche Bibliothek - CIP-Einheitsaufnahme

Ein Titeldatensatz für diese Publikation
ist bei Der Deutschen Bibliothek erhältlich.

ISBN 3-446-21509-3

Fachbuchverlag Leipzig
im Carl Hanser Verlag

Internet: http://www.fachbuch-leipzig.hanser.de
Umschlaggestaltung: MCP • Susanne Kraus GbR, Holzkirchen
Druck und Bindung: Druckhaus "Thomas Müntzer GmbH, Bad Langensalza
Printed in Germany

Vorwort

Warum wurde dieses Buch geschrieben?

Der Stoff zu den Grundlagen der Elektrotechnik ist umfangreich, eine Aufteilung auf die begrenzte Anzahl von Vorlesungsstunden wird zunehmend schwieriger. Ein Weg, den Stoffumfang ohne Inhaltsverlust zu kürzen und damit gleichzeitig in der Vorlesung Platz für moderne Teilaspekte zu schaffen, ist die durchgängige Behandlung des Zeit-, Frequenz- und Übertragungsverhaltens elektrischer Netzwerke. Auf eine traditionelle Gliederung in Gleich- und Wechselstromtechnik wird dabei verzichtet. In diesem Lehr- und Übungsbuch werden so die Grundlagen der Elektrotechnik konzentriert in einem Band dargestellt.
Neben den Berechnungsmethoden elektrischer Netzwerke bilden die Energiespeicher Kondensator und Spule einen Schwerpunkt im Buch. Die elektrischen Grundgrößen und Grundgesetze sind in einem einführenden Kapitel so beschrieben, daß der Inhalt auf dem Abiturwissen aufbaut.

Wer wird mit diesem Buch arbeiten?

Dieses Buch wendet sich in erster Linie an Fachhochschulstudenten aller Studiengänge der Elektrotechnik. Sicher ist es wegen seiner knappen und übersichtlichen Form auch für Studenten an Technischen Hochschulen und Universitäten als einführende Literatur von Nutzen. Außerdem bietet sich das Buch für die Aus- und Weiterbildung an Betriebs- und Berufsakademien an.

Was macht dieses Buch so effizient?

Das Lehr- und Übungsbuch ist modern gestaltet und methodisch studentenfreundlich aufbereitet. Eine Vielzahl von Beispielen mit ausführlichen Lösungen in unterschiedlichen Niveau hilft beim Üben und Vertiefen des Stoffes. Bei der Prüfungsvorbereitung ist es gut nutzbar.
Das Buch entspricht dem neuesten Stand der Technik, insbesondere bezüglich der DIN-Normen und VDE-Vorschriften. In Zweifelsfällen haben sich die Autoren an den Erfordernissen der Praxis orientiert.
Weiterhin möchten wir unseren Fachkollegen sowie Frau Hotho vom Fachbuchverlag Leipzig für die förderlichen Diskussionen und die Unterstützung bei der Gestaltung des Buches herzlich danken.
Selbst große Sorgfalt kann bei der Erstauflage eines Buches Fehler nicht ganz ausschließen. Autoren und Verlag sind für jeden Hinweis und jede Ergänzung dankbar.

Leipzig, im Januar 1995

Siegfried Altmann
Detlef Schlayer

Vorwort zur 2. bearbeiteten Auflage

Das Lehr- und Übungsbuch Elektrotechnik liegt nun mit gleichem Grundanliegen in überarbeiteter Form vor. An den Anfang des Buches wurden mathematische Grundlagen gestellt, die für das Verständnis des Lehrstoffes hilfreich sind und von Anfang an die Behandlung von elektrischen Feldgrößen mit Vektorcharakter ermöglichen. Autoren und Verlag bedanken sich auf diesem Wege bei all denen, die Anerkennung und Kritik zur ersten Auflage geäußert haben. Es wurde versucht, die Vielzahl der eingegangenen Hinweise und Gedanken bei der Überarbeitung zu berücksichtigen.

Leipzig, im Juli 2000

Siegfried Altmann
Detlef Schlayer

Inhaltsverzeichnis

1 Elektrische Grundgrößen und Grundgesetze

2 Einfache Stromkreise

3 Zeitabhängige Größen

4 Magnetischer Kreis

5 Elektrische Energiespeicher

6 Die komplexe Rechnung in der Wechselstromtechnik

7 Wechselstromleistung

8 Netzwerkberechnung

9 Drehstromsysteme

10 Frequenzabhängigkeit von Schaltungen

11 Übergangsverhalten elektrischer Netzwerke

12 Netzwerke mit nichtharmonischen Größen

1 Elektrische Grundgrößen und Grundgesetze

Elektrische Größen. Zur Beschreibung der elektrotechnischen Erscheinungen und Vorgänge benutzt man elektrische Größen, die mit Hilfe der Mathematik die Zusammenhänge der Elektrotechnik in Form von Gleichungen und Definitionen richtig abbilden.
Dabei finden eine Reihe von mathematischen Rechenverfahren und Methoden Anwendung, die für das Verständnis der Elektrotechnik zu beherrschen sind.

Feldgrößen. Die eigentlichen elektrischen Vorgänge sind an geladene Teilchen gebunden, die abhängig von der Umgebung, in der sie sich befinden, in Wechselwirkung miteinander treten.
Über die Zuordung der Eigenschaft einer elektrischen Größe zu einen bestimmten Ort in einem stofferfüllten Raumgebiet gelangt man zu einer elektrotechnischen Beschreibung mittels Feldgrößen. Die Ortsabhängigkeit der Feldgrößen wird durch die Vektorrechnung beschrieben. Zur anschaulichen Darstellung von Feldern benutzt man Feldbilder.

Integrale Größen. Betrachtet man die Wirkung der Feldgrößen über das Raumgebiet hinweg, entstehen integrale Größen, die eine elektrotechnische Aussage unabhängig von der Geometrie des Raumes liefern. Die bekannten Grundgrößen Strom und Spannung sind integrale Größen und gestatten eine Schaltungsbeschreibung aus Sicht der elektrotechnischen Bauelemente. Auf diese Art und Weise ist es einfacher, sich zunächst auf die Behandlung des Zeitverhaltens elektrotechnischer Größen zu beschränken.

Komplexe Größen. Für die Berechnung von Wechselstromschaltungen ist zur Vereinfachung des mathematischen Aufwandes eine "symbolische Rechenmethode" entwickelt worden, die die komplexe Zahlenebene verwendet und komplexe elektrische Größen definiert.
Im folgenden wird ein Abriß mathematischer Grundlagen dargestellt, der für das erfolgreiche elektrotechnische Studium als notwendig erachtet wird.

1.1 Mathematische Grundlagen

1.1.1 Komplexe Zahlen

Rechenoperationen mit komplexen Zahlen dienen als Grundlage für eine vereinfachte Berechnung von Wechselstromschaltungen und für die Interpretation allgemeingültiger schaltungstechnischer Zusammenhänge.

Definition der imaginären Einheit. Grundlage für die Arbeit mit komplexen Zahlen ist die imaginäre Einheit. Für sie wird die Bezeichnung j eingeführt, wobei gilt:

$$\boxed{\mathrm{j}^2 = -1} \qquad (1.1)$$

Komplexe Zahl $\underline{A}$. Eine komplexe Zahl

$$\underline{A} = a + \mathrm{j}b$$

ist die algebraische Summe aus einer reellen Zahl a und einer imaginären Zahl $\mathrm{j}b$.
Zur Darstellung einer komplexen Zahl verwendet man die *Gaußsche Zahlenebene* (Bild 1.1). Dabei ist es vorteilhaft, komplexe Zahlen nicht als Punkte, sondern durch gerichtete Strecken anzugeben. Diese Verbindung des Koordinatenursprungs mit dem Punkt der komplexen Zahl bezeichnet man als *Zeiger*.

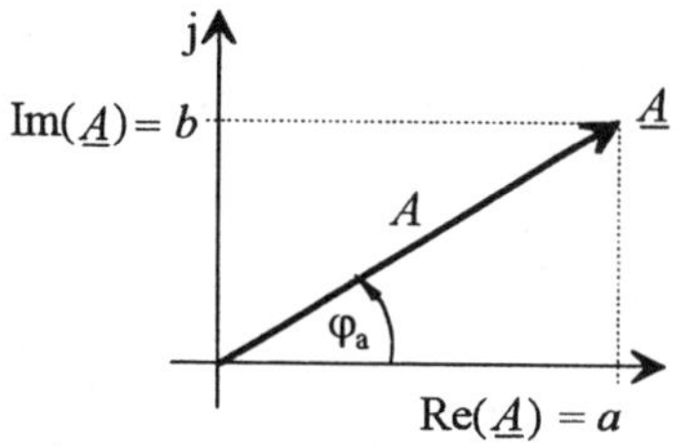

Bild 1.1 Komplexe Zahl als Zeiger

Mathematische Beschreibungsform. Die mathematischen Beschreibungsformen komplexer Zahlen lauten:

- Arithmetische Form

$$\underline{A} = a + \mathrm{j}b \text{ oder } \underline{A} = \mathrm{Re}[\underline{A}] + \mathrm{j}\,\mathrm{Im}[\underline{A}] \quad (1.2)$$

- Trigonometrische Form

$$\underline{A} = A(\cos\varphi_a + \mathrm{j}\sin\varphi_a) \quad (1.3)$$

- Exponentialform

$$\underline{A} = A\mathrm{e}^{\mathrm{j}\varphi_a} \quad (1.4)$$

- Versorform

$$\underline{A} = A\angle\varphi_a \quad (1.5)$$

Rechnen mit komplexen Zahlen. In der arithmetischen Form gelten die Gesetze für das Rechnen mit algebraischen Summen; in der Exponentialform gelten die Potenzgesetze.

Konjugiert komplexe Zahl $\underline{A}^*$. Unterscheiden sich zwei komplexe Zahlen

$$\underline{A} = a + \mathrm{j}b = A\mathrm{e}^{\mathrm{j}\varphi_a}$$

und

$$\underline{A}^* = a - \mathrm{j}b = A\mathrm{e}^{-\mathrm{j}\varphi_a}$$

nur im Vorzeichen des Imaginärteils, so bezeichnet man sie als *konjugiert komplex.*

Das Produkt zweier konjugiert komplexer Zahlen ist eine reelle Zahl.

$$\underline{A} \cdot \underline{A}^* = (a + \mathrm{j}b)(a - \mathrm{j}b) = a^2 + b^2$$

$$\underline{A} \cdot \underline{A}^* = A\mathrm{e}^{\mathrm{j}\varphi_a} A\mathrm{e}^{-\mathrm{j}\varphi_a} = A^2$$

Die Zeiger zweier konjugiert komplexer Zahlen liegen in der Gaußschen Zahlenebene spiegelbildlich zur reellen Achse (Bild 1.2).

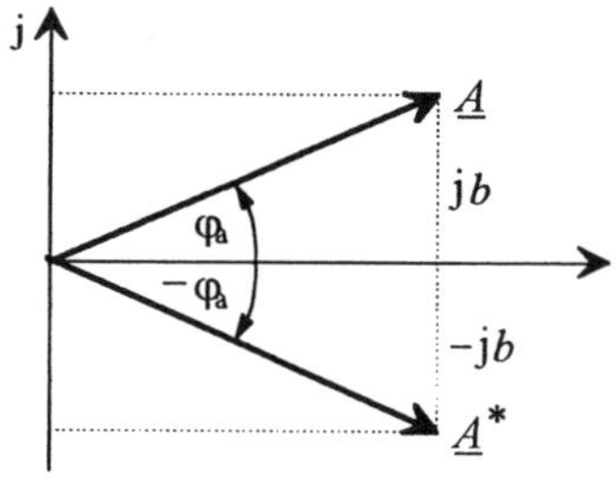

Bild 1.2 Konjugiert komplexe Zahlen

Addition. Die Addition und Subtraktion von komplexen Zahlen ist nur in der arithmetischen Form möglich. Für:

$$\underline{A}_1 \pm \underline{A}_2 = (a_1 + \mathrm{j}b_1) \pm (a_2 + \mathrm{j}b_2)$$

gilt:

$$\underline{A}_1 \pm \underline{A}_2 = (a_1 \pm a_2) + \mathrm{j}(b_1 \pm b_2)$$

Für die grafische Addition von zwei Zeigern ist der zweite Zeiger so parallel zu verschieben, daß sein Anfangspunkt mit dem Endpunkt des ersten Zeigers zusammenfällt. Der Summenzeiger ist die Verbindung des Koordinatenursprungs mit dem Endpunkt des zweiten Zeigers (Bild 1.3).

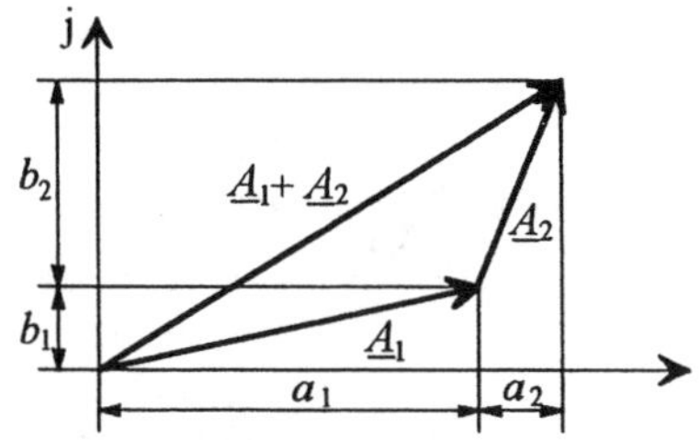

Bild 1.3 Addition komplexer Zahlen

Für die grafische Subtraktion von zwei Zeigern ist der zweite Zeiger so parallel zu verschieben, daß sein Endpunkt mit dem Endpunkt des ersten Zeigers zusammenfällt. Den Differenzzeiger erhält man als Verbindung des Koordinatenursprungs mit dem Anfangspunkt des zweiten Zeigers. (Bild 1.4).

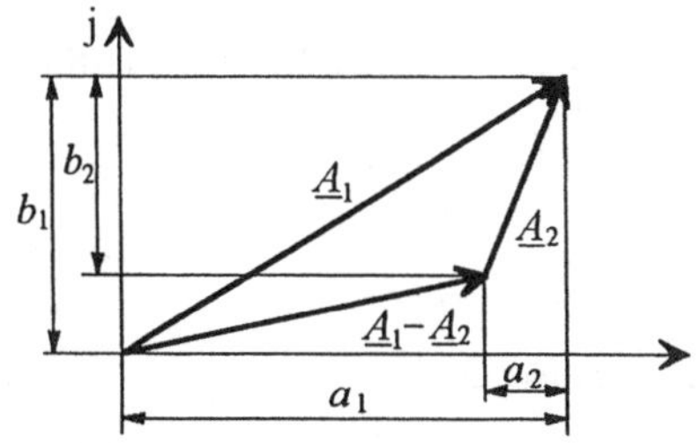

Bild 1.4 Subtraktion komplexer Zahlen

> Zeiger werden addiert bzw. subtrahiert, indem jeweils ihre Realteile und Imaginärteile addiert bzw. subtrahiert werden.

❑ **Beispiel 1.1**

Die komplexen Zahlen $\underline{A}_1 = -2 + \mathrm{j}5$ und $\underline{A}_2 = 7 - \mathrm{j}2$ sind zu addieren. Das Ergebnis ist in Versorform anzugeben.

Lösung:

$$\underline{A} = \underline{A}_1 + \underline{A}_2 = 5 + \mathrm{j}3 = 5{,}83\angle 31°$$

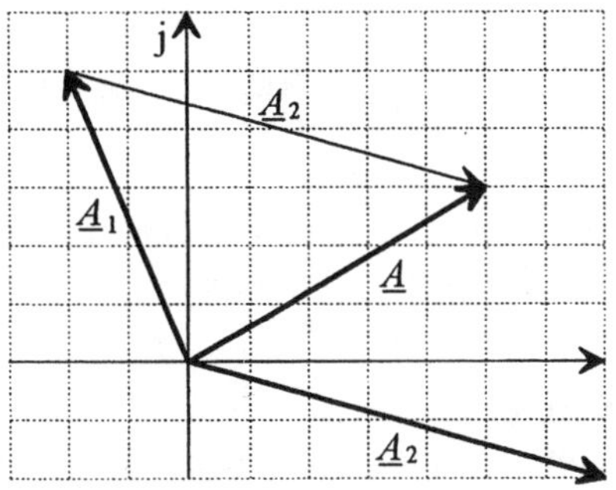

Bild 1.5 Grafische Lösung zum Beispiel 1.1

Die grafische Lösung zeigt Bild 1.5.

Multiplikation und Division. Für die Multiplikation komplexer Zahlen in der arithmetischen Form gilt

$$\underline{A}_1 \cdot \underline{A}_2 = (a_1 + \mathrm{j}b_1)(a_2 + \mathrm{j}b_2)$$

$$\underline{A}_1 \cdot \underline{A}_2 = (a_1 a_2 - b_1 b_2) + \mathrm{j}(a_1 b_2 + a_2 b_1)$$

und für die Division gilt:

$$\frac{\underline{A}_1}{\underline{A}_2} = \frac{(a_1 + \mathrm{j}b_1)}{(a_2 + \mathrm{j}b_2)} \frac{(a_2 - \mathrm{j}b_2)}{(a_2 - \mathrm{j}b_2)}$$

$$\frac{\underline{A}_1}{\underline{A}_2} = \frac{a_1 a_2 + b_1 b_2}{a_2^2 + b_2^2} + \mathrm{j}\frac{a_2 b_1 - a_1 b_2}{a_2^2 + b_2^2}$$

(Hinweis: Der Bruch wurde mit der konjugiert komplexen Zahl des Nenners erweitert, um einen reellen Nenner zu erhalten.)

Einfacher und anschaulicher führt man die Multiplikation und Division in der Exponentialform aus.
Für die Multiplikation gilt dann:

$$\underline{A}_1 \cdot \underline{A}_2 = A_1 \mathrm{e}^{\mathrm{j}\varphi_{a1}} A_2 \mathrm{e}^{\mathrm{j}\varphi_{a2}} = A_1 A_2\, \mathrm{e}^{\mathrm{j}(\varphi_{a1} + \varphi_{a2})}$$

> Zwei Zeiger werden multipliziert, indem ihre Beträge multipliziert und die Winkel addiert werden.

Für die Division gilt:

$$\frac{\underline{A}_1}{\underline{A}_2} = \frac{A_1 e^{j\varphi_{a1}}}{A_2 e^{j\varphi_{a2}}} = \frac{A_1}{A_2} e^{j(\varphi_{a1} - \varphi_{a2})}$$

Zwei Zeiger werden dividiert, indem ihre Beträge dividiert und die Winkel subtrahiert werden.

Grafisch bedeutet eine Multiplikation oder Division komplexer Zahlen eine Längenänderung sowie eine Drehung des Zeigers.

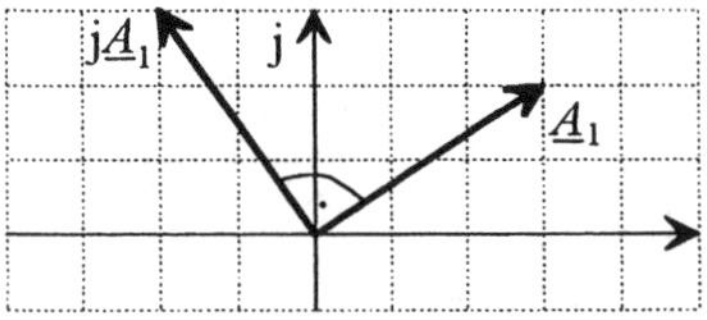

Bild 1.7 Grafische Lösung zum Beispiel 1.3

Analog zum Beispiel 1.3 bedeutet die Multiplikation einer komplexen Zahl mit dem Faktor eine Rückwärtsdrehung des Zeigers um 90°.

❑ **Beispiel 1.2**

Die komplexe Zahl $\underline{A}_1 = 3 + j1$ ist mit dem Faktor 3 zu multiplizieren.

Lösung:

$$\underline{A} = 3\underline{A}_1 = 3(3 + j1) = 9 + j3$$

Die grafische Lösung zeigt Bild 1.6. Bei der Multiplikation der komplexen Zahl mit dem reellen Faktor 3 wird der Zeiger gestreckt.

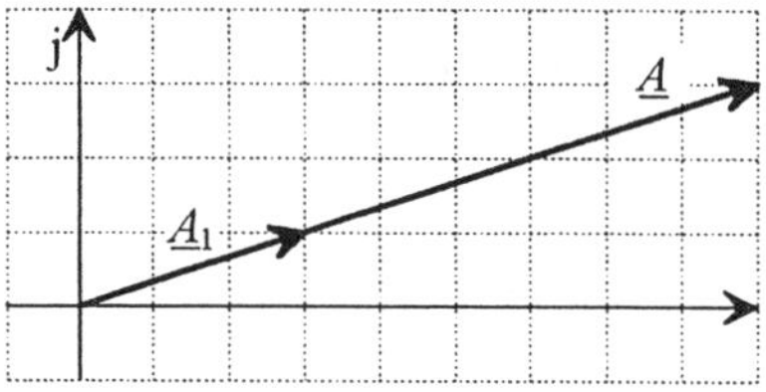

Bild 1.6 Grafische Lösung zum Beispiel 1.2

❑ **Beispiel 1.3**

Die komplexe Zahl $\underline{A}_1 = 3 + j2$ ist mit dem Faktor j zu multiplizieren.

Lösung:

$$\underline{A} = j\underline{A}_1 = j(3 + j2) = -2 + j3$$

Die grafische Lösung nach Bild 1.7 zeigt, daß die Multiplikation einer komplexen Zahl mit j eine Vorwärtsdrehung des Zeigers um 90° bedeutet.

❑ **Beispiel 1.4**

Für die beiden komplexen Zahlen $\underline{A}_1 = 2 - j6$ und $\underline{A}_2 = 9 + j$ sind das Produkt sowie der Quotient zu bilden.

Lösung:

Die Berechnung erfolgt in der Versorform.

$$\underline{A}_1 = 6,32\angle -71,6°$$
$$\underline{A}_2 = 9,05\angle 6,3°$$

Für das Produkt gilt:

$$\underline{A}_1\underline{A}_2 = 6,32\angle -71,6° \cdot 9,05\angle 6,3°$$

$$\underline{A}_1\underline{A}_2 = 57,2\angle -65,3°$$

Für den Quotienten gilt:

$$\frac{\underline{A}_1}{\underline{A}_2} = \frac{6,32\angle -71,6°}{9,05\angle 6,3°} = 0,7\angle 77,9°$$

Anmerkung. Das Rechnen mit komplexen Zahlen kann effektiv mit einem elektronischen Taschenrechner durchgeführt werden und sollte sicher beherrscht werden.

❑ **Beispiel 1.5**

Die komplexe Zahl $\underline{A}_1 = 5\angle 37°$ ist mit dem Faktor -1 zu multiplizieren. Die Lösung ist grafisch auszuwerten.

Lösung:

$$\underline{A} = -1\underline{A}_1 = -1 \cdot 5\angle 37^\circ = 1\angle 180^\circ \cdot 5\angle 37^\circ$$

$$\underline{A} = 5\angle 217^\circ$$

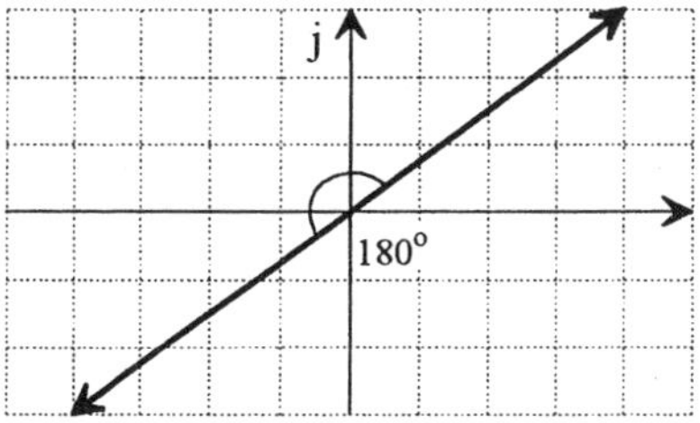

Bild 1.8 Grafische Lösung zum Beispiel 1.5

> Die Multiplikation eines Zeigers mit dem Faktor bedeutet eine Phasenverschiebung um 180° (siehe Bild 1.8).

❑ **Beispiel 1.6**

Die komplexe Zahl $\underline{A} = \dfrac{1}{a + \mathrm{j}b}$ ist mit der konjugiert komplexen Zahl zu erweitern.

Lösung:

$$\underline{A} = \frac{1}{a+\mathrm{j}b} = \frac{a-\mathrm{j}b}{(a+\mathrm{j}b)(a-\mathrm{j}b)} = \frac{a-\mathrm{j}b}{a^2+b^2}$$

$$\underline{A} = \left(\frac{a}{a^2+b^2}\right) - \mathrm{j}\left(\frac{b}{a^2+b^2}\right)$$

Umwandlung komplexer Ausdrücke. Zusammenfassend sind die am häufigsten benötigten Umwandlungen allgemeiner komplexer Ausdrücke dargestellt :

$$\boxed{\underline{A} = a + \mathrm{j}b = \sqrt{a^2+b^2}\,\mathrm{e}^{\mathrm{j}\arctan\frac{b}{a}}} \qquad (1.6)$$

$$\boxed{\underline{A} = \frac{1}{a+\mathrm{j}b} = \frac{1}{\sqrt{a^2+b^2}}\mathrm{e}^{-\mathrm{j}\arctan\frac{b}{a}}} \qquad (1.7)$$

$$\boxed{\underline{A} = \frac{a+\mathrm{j}b}{c+\mathrm{j}d} = \sqrt{\frac{a^2+b^2}{c^2+d^2}}\,\mathrm{e}^{\mathrm{j}\left(\arctan\frac{b}{a} - \arctan\frac{d}{c}\right)}} \qquad (1.8)$$

Grafische Inversion. Neben der Möglichkeit, Zeiger grafisch zu addieren bzw. zu subtrahieren, läßt sich auch die Kehrwertbildung einer komplexen Zahl grafisch durchführen. Diese Konstruktion bezeichnet man als *Inversion*.

> Die grafische Konstruktion des Kehrwertes einer komplexen Zahl heißt Inversion.

Betrachtet man eine komplexe Zahl

$$\underline{A} = A\,\mathrm{e}^{\mathrm{j}\varphi_a},$$

so lautet der Kehrwert

$$\underline{A}^{-1} = \frac{1}{\underline{A}} = \frac{1}{A\,\mathrm{e}^{\mathrm{j}\varphi_a}} = \frac{1}{A}\,\mathrm{e}^{-\mathrm{j}\varphi_a}$$

Die Kehrwertbildung kann man in zwei Schritte zerlegen:

- 1. Schritt: Bildung des Betragsreziproken

$$\frac{1}{A}\,\mathrm{e}^{\mathrm{j}\varphi_a} = \underline{A}^{-1*}$$

Es entsteht zunächst die konjugiert komplexe Zahl von $\underline{A}^{-1}$.

- 2. Schritt: Spiegelung an der reellen Achse

$$\underline{A}^{-1} = \frac{1}{A}\,\mathrm{e}^{-\mathrm{j}\varphi_a}$$

Analog der rechnerischen Kehrwertbildung ist die Inversion in zwei Schritten grafisch durchzuführen.

Es ist zu beachten, daß gemäß der Zeigerdefinition den Beträgen der Zeiger Streckenlängen zugeordnet werden, so daß eine Maßstabswahl zu treffen ist

Für die Maßstabsfaktoren soll gelten:

$$m_{\mathrm{A}} = \frac{|\underline{A}|}{l_{\mathrm{A}}} \quad \text{und} \quad m_{\mathrm{A}^{-1}} = \frac{|\underline{A}^{-1}|}{l_{\mathrm{A}^{-1}}}$$

Konstruktionsalgorithmus. Setzt man zunächst $|\underline{A}| \mathrel{\hat{=}} l_{\mathrm{A}}$ und $|\underline{A}^{-1}| \mathrel{\hat{=}} l_{\mathrm{A}^{-1}}$, so lauten die zwei Schritte der Inversion (Bild 1.9):

1. Schritt: Bildung des Betragsreziproken durch Spiegelung am Inversionskreis.

- Einzeichnen des Zeigers $\underline{A}$ in die Gaußsche Zahlenebene. Der Zeiger endet im Punkt P. Es ensteht die Strecke $\overline{OP}$.
- Zeichnen eines Kreises um den Koordinatenursprung (*Inversionskreis*) mit dem Radius $r_0 = 1$ LE (*Längeneinheit*).
- Vom Punkt P aus die Tangenten an den Inversionskreis legen.
- Die Verbindung der Tangentenberührungspunkte T_1 und T_2 heißt *Polare* und schneidet die Strecke $\overline{OP}$ im Punkt P'.
- Die Strecke $\overline{OP'}$ entspricht der Zeigerlänge $\underline{A}^{-1*}$.

2. Schritt: Spiegelung des Zeigers $\underline{A}^{-1*}$ an der reellen Achse. Es entsteht der Zeiger $\underline{A}^{-1}$.

Begründung. Im Bild 1.9 gilt für das Dreieck OT_1P auf der Grundlage des Kathetensatzes der Geometrie:

$$r_0^2 = \overline{OP} \cdot \overline{OP'}$$

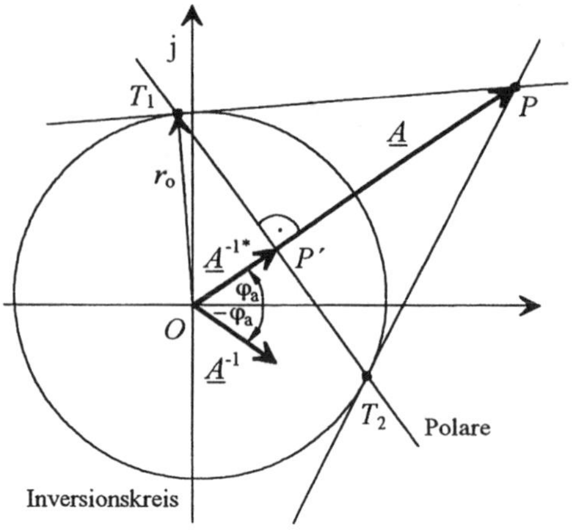

Bild 1.9 Inversion eines Zeigers $\underline{A}$

Setzt man $\overline{OP} = l_{\mathrm{A}}$ und $\overline{OP'} = l_{\mathrm{A}^{-1}}$, so gilt:

$$\boxed{r_0^2 = l_A \cdot l_{A^{-1}}} \qquad (1.9)$$

Das Bild 1.9 zeigt, daß die Länge des Zeigers in einem festen Zusammenhang mit dem Radius steht. Es gilt:

$$l_{\mathrm{A}^{-1}} = \frac{1}{l_{\mathrm{A}}} r_0^2$$

Setzt man die Vorgaben

$$|\underline{A}| = l_{\mathrm{A}}, \ |\underline{A}^{-1}| = l_{\mathrm{A}^{-1}} \text{ und } r_0 = 1\,\mathrm{LE}$$

ein, entsteht über die Konstruktion der gewünschte Kehrwert

$$\underline{A}^{-1} = \frac{1}{\underline{A}}.$$

Maßstäbe. Setzt man in Gl (1.9) die Maßstäbe ein, so findet man Beziehungen, die eine zeichnerisch günstige Darstellung bei beliebigem Inversionsradius gestatten.

$$r_0^2 = \frac{A}{m_{\mathrm{A}}} \cdot \frac{A^{-1}}{m_{\mathrm{A}^{-1}}}$$

Mit $\underline{A}\,\underline{A}^{-1} = 1$ entstehen die Gleichungen

$$r_o = \frac{1}{\sqrt{m_A m_{A^{-1}}}} \tag{1.10}$$

$$m_{A^{-1}} = \frac{1}{r_o^2 m_A} \tag{1.11}$$

Werden den Zeigern physikalische Größen zugeordnet (z.B. Widerstand oder Spannung), sind den physikalischen Größen Längeneinheiten über die Maßstabsfaktoren zuzuordnen.

Beispiel: $m_z = Z/l_z$, $[m_z] = \Omega/\text{cm}$

Liegt der zu invertierende Zeiger $\underline{A}$ innerhalb des Inversionskreises, wird die Konstruktion umgekehrt begonnen, d.h., im Punkt P wird die Polare errichtet. Die Tangenten werden danach so an den Inversionskreis angelegt, daß sie sich im Punkt P' außerhalb des Kreises schneiden.

❑ **Beispiel 1.7**

Für die komplexe Zahl $\underline{A} = 2\angle 34°$ ist auf grafischem Wege der Kehrwert zu ermitteln.

Lösung:

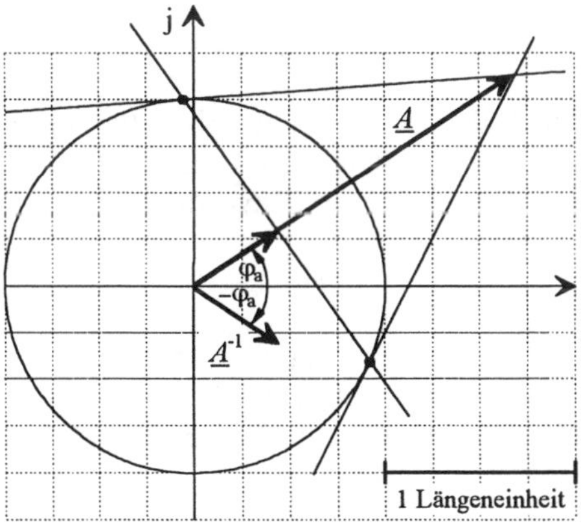

Bild 1.10 Inversion zum Beispiel 1.7

Aus der grafischen Lösung nach Bild 1.10 läßt sich unter Beachtung der vorgegebenen Längeneinheit ablesen:

$$\underline{A}^{-1} = 0{,}5\angle -34°.$$

Das Ergebnis ist leicht rechnerisch nachzuprüfen.

Ortskurven. Der Vorteil der grafischen Kehrwertbildung wird erst deutlich, wenn anstelle eines einzelnen Zeigers ganze Kurven invertiert werden.
In der Gaußschen Zahlenebene entstehen solche Kurvenverläufe, wenn man eine komplexe Zahl $\underline{A}$ in Abhängigkeit eines reellen Parameters p darstellt.

Die variable komplexe Größe

$$\underline{A} = p(a + \mathrm{j}\,b) \text{ mit } p \geq 0$$

ergibt in der komplexen Ebene eine Gerade durch den Koordinatenursprung, wenn man die Endpunkte aller Zeiger für $p \geq 0$ verbindet (Bild 1.11).

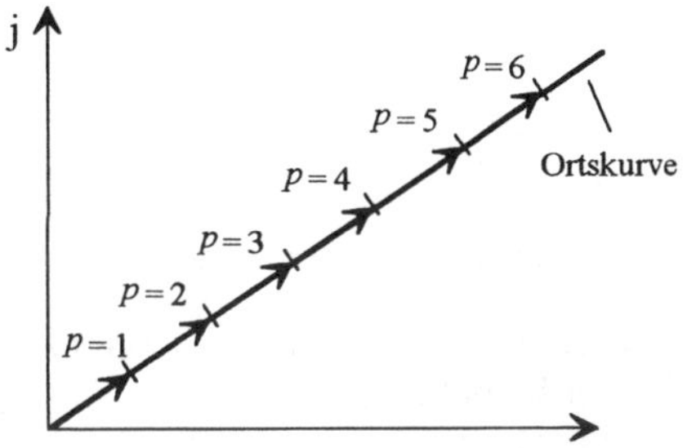

Bild 1.11 Komplexe Zahl $\underline{A} = p(a + \mathrm{j}\,b)$ mit $p \geq 0$

Die Verbindung der Endpunkte der Zeiger einer komplexen Größe in Abhängigkeit eines reellen Parameters wird *Ortskurve* genannt.

Weitere grafische Verfahren zur Arbeit mit Ortskurven sind der Literatur zu entnehmen [6], [17].

1.1.2 Vektorrechnung

Für die Beschreibung bestimmter elektrotechnischer Erscheinungen werden neben der Angabe des Wertes (Betrag) einer elektrischen Größe noch die Angabe der Wirkungsrichtung sowie deren Angriffspunkt im Raum benötigt. Dazu verwendet man *Vektoren*.

Vektor. Ein Vektor $\vec{a}$ wird bestimmt durch seinen Betrag (Länge) $a = |\vec{a}|$ mit $a \geq 0$ und seiner Richtung.

Einheitsvektor. Ein Vektor $\vec{e}$, dessen Betrag $|\vec{e}| = 1$ ist, heißt *Einheitsvektor*.

Der Einheitsvektor, der die gleiche Richtung wie ein vorgegebener Vektor $\vec{a}$ hat, wird mit $\vec{e}_a$ bezeichnet. Für ihn gilt:

$$\vec{e}_a = \frac{\vec{a}}{a} \tag{1.12}$$

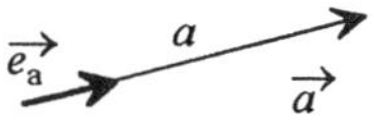

Bild 1.12 Darstellung eines Vektors

Koordinatensystem. Für das Rechnen mit Vektoren braucht man neben der Betragsangabe noch eine zahlenmäßige Erfassung der Richtung. Dazu wählt man ein kartesisches Koordinatensystem, wobei die Koordinatenachsen x, y, z ein Rechtssystem bilden (Bild 1.13).

Hinweis: Zum besseren räumlichen Verständnis nimmt man die rechte Hand zu Hilfe und zeigt mit dem Daumen in x-Richtung, mit dem abgespreizten Zeigefinger in y-Richtung. Der Mittelfinger zeigt aus der Handfläche heraus und gibt damit die z-Richtung an.

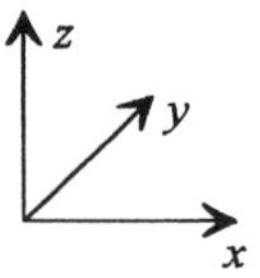

Bild 1.13 Kartesisches Koordinatensystem

Legt man auf die Koordinatenachsen x, y, z jeweils die Einheitsvektoren $\vec{e}_x$, $\vec{e}_y$, $\vec{e}_z$ und projiziert darauf den Vektor $\vec{a}$, so läßt sich dieser über seine Komponenten $a_1\vec{e}_x$, $a_2\vec{e}_y$, $a_3\vec{e}_z$ darstellen (Bild 1.14).

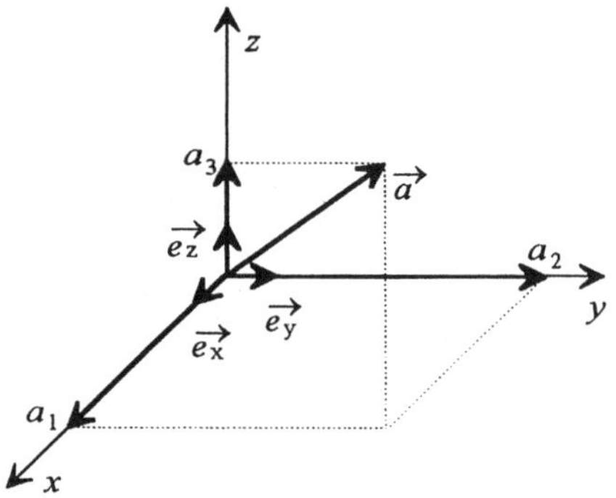

Bild 1.14 Komponentendarstellung Vektor $\vec{a}$

Der Vektor $\vec{a}$ wird mathematisch in Komponentenschreibweise ausgedrückt:

$$\vec{a} = a_1\vec{e}_x + a_2\vec{e}_y + a_3\vec{e}_z$$

Dabei sind a_1, a_2, a_3 die Koordinaten dieses Vektors. Die Koordinatendarstellung eines Vektors als *Zeilenvektor* lautet:

$$\vec{a} = (a_1, a_2, a_3)$$

Der Betrag des Vektor $\vec{a}$ läßt sich, abgeleitet aus der räumlichen Lage (Bild 1.14), über den Lehrsatz des Pythagoras im rechtwinkligen Dreieck berechnen.

$$|\vec{a}| = \sqrt{a_1^2 + a_2^2 + a_3^2}$$

Skalarprodukt zweier Vektoren. Als Skalarprodukt definiert man das Produkt aus den Beträgen zweier Vektoren und dem Kosinus des von beiden Vektoren eingeschlossenen Winkels φ.

$$\vec{a} \cdot \vec{b} = |\vec{a}|\,|\vec{b}| \cdot \cos\varphi \qquad (1.13)$$

Das Ergebnis nach Gl. (1.13) ist ein reeller Wert, der als *Skalar* bezeichnet wird. Geometrisch entspricht dieser reelle Wert der projizierten Streckenlänge des Vektors $\vec{b}$ auf den Vektor $\vec{a}$ (Bild 1.15).

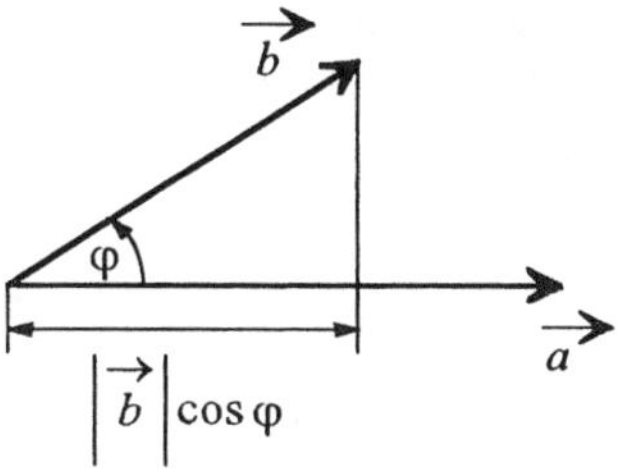

Bild 1.15 Skalarprodukt zweier Vektoren

Komponentenschreibweise. Multipliziert man die beiden Vektoren in ihrer Komponentenschreibweise, so ist nach Gl. (1.13) das Produkt der Einheitsvektoren unterschiedlicher Koordinatenrichtungen immer gleich Null, das Produkt der Einheitsvektoren gleicher Koordinatenrichtungen immer gleich eins. Das Skalarprodukt in Komponentenschreibweise lautet:

$$\vec{a} \cdot \vec{b} = a_1 b_1 + a_2 b_2 + a_3 b_3$$

❑ **Beispiel 1.8**

Es ist der Winkel φ zwischen dem Vektor $\vec{a} = (1, -1, 1)$ und dem Vektor $\vec{b} = (2, 0, 1)$ zu berechnen.

Lösung:

Nach Umstellung von Gleichung (1.13) gilt:

$$\cos\varphi = \frac{\vec{a} \cdot \vec{b}}{|\vec{a}| \cdot |\vec{b}|} = \frac{a_1 b_1 + a_2 b_2 + a_3 b_3}{\sqrt{a_1^2 + a_2^2 + a_3^2} \cdot \sqrt{b_1^2 + b_2^2 + b_3^2}}$$

$$\cos\varphi = 0{,}7746$$

$$\varphi = 39{,}2^\circ$$

Vektorprodukt zweier Vektoren. Eine weitere Definition zur Produktbildung zweier Vektoren führt auf das *Vektor-* oder *Kreuzprodukt* (Bild 1.16). Die Schreibweise des Vektorproduktes lautet:

$$\vec{c} = \vec{a} \times \vec{b} \qquad (1.14)$$

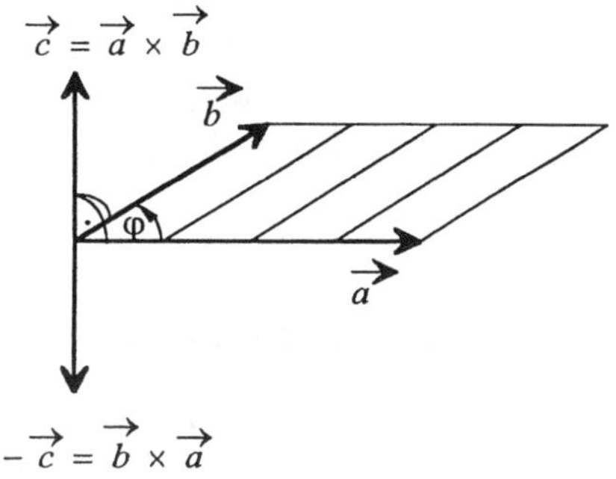

Bild 1.16 Vektorprodukt zweier Vektoren

Das Vektorprodukt der Vektoren $\vec{a}$ und $\vec{b}$ ist ein Vektor $\vec{c}$ mit den Eigenschaften:

Betrag. Dem Betrag des Vektors $\vec{c}$ ordnet man geometrisch den Inhalt des von beiden Vektoren aufgespannten Parallelogramms zu und berechnet diesen nach der Gleichung:

$$|\vec{c}| = |\vec{a}| \cdot |\vec{b}| \cdot \sin\varphi$$

Richtung. Die Richtung von $\vec{c}$ ist senkrecht zur Flächenebene. Der Vektor $\vec{c}$ bildet mit den Vektoren $\vec{a}$ und $\vec{b}$ in dieser Reihenfolge ein Rechtssystem. Daher entsteht beim Vertauschen der beiden Vektoren $\vec{a}$ und $\vec{b}$ ein entgegengesetzt gerichteter Vektor $-\vec{c}$ (Bild 1.16).

Komponentenschreibweise. Ist der Winkel zwischen den Vektoren $\vec{a}$ und $\vec{b}$ gleich Null, wird der Betrag von $\vec{c}$ ebenfalls Null. Es entsteht der *Nullvektor*.

Wendet man diese Überlegungen auf das Ausmultiplizieren der Vektoren in Komponentenschreibweise an, läßt sich zeigen, daß das Vektorprodukt über eine Determinante berechnet werden kann:

$$\vec{a} \times \vec{b} = \begin{vmatrix} \vec{e}_x & \vec{e}_y & \vec{e}_z \\ a_1 & a_2 & a_3 \\ b_1 & b_2 & b_3 \end{vmatrix}$$

1.1.3 Feldbeschreibung

In der Elektrotechnik gelangt man über die Behandlung von Feldern zu einer Beschreibungsform, die besonders für die Erklärung physikalisch technischer Zusammenhänge geeignet ist.
Neben der mathematischen Beschreibung des Feldverlaufes sind zur Erhöhung der Anschaulichkeit verschiedenste Darstellungsformen von Feldbildern entwickelt worden, die besonders mit dem Einsatz von Computersimulationsprogrammen an Bedeutung gewonnen haben.

Feld und Feldgröße. Ein Feld beschreibt eine physikalische Eigenschaft (Zustand) eines vorgegebenen Raumbereiches (Wesen des Feldes). Diese Eigenschaft existiert *örtlich* und *zeitlich* und wird durch die einem Raumpunkt zugeordnete physikalische Größe, die allgemeine *Feldgröße* U, beschrieben.

Als Feld versteht man die Gesamtheit aller Werte einer Feldgröße U im betrachteten Raum.

Ortsvektor. Für eine mathematische Beschreibung von Feldern ist die Angabe eines Bezugspunktes erforderlich, der bei einem festgelegten Koordinatensystem in der Regel der Koordinatenursprung ist.
Die Verbindung des Koordinatenursprungs mit einem Punkt des Feldgebietes, in dem die Feldgröße angreift, nennt man *Ortsvektor* $\vec{r}$ (Bild 1.17).

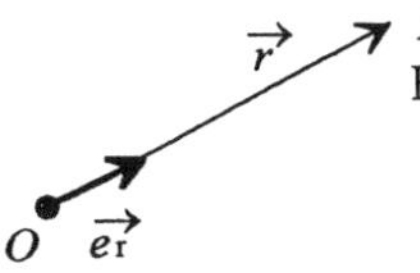

Bild 1.17 Lage des Ortsvektors im Feldgebiet

Betrag. Der Betrag des Ortsvektors $\vec{r}$ entspricht dem Abstand $\overline{OP}$.

Richtung. Die Richtung des Ortsvektors ist durch den Einheitsvektor $\vec{e}_r$ bestimmt, dessen Komponentenschreibweise durch das gewählte Koordinatensystem vorgegeben wird.

Man unterscheidet zwei Arten von Feldgrößen:

Skalare Feldgrößen und Skalarfeld. Von einem Skalarfeld wird gesprochen, wenn die Feldgröße als Funktion des Ortes eine reelle Zahl ist. Damit genügt es, über eine mathematische Beziehung jedem Raumpunkt P die Feldgröße U nach ihrem Betrag zuzuordnen (Bild 1.18)

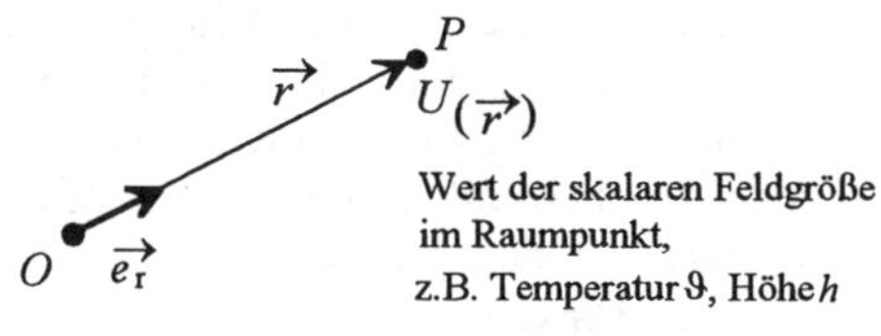

Bild 1.18 Allgemeine Beschreibung Skalarfeld

Darstellung. Verbindet man im Raum alle Punkte gleichen Betrags der Feldgröße miteinander, entstehen in dreidimensionaler Darstellung Flächen gleichen Niveaus (Bild 1.19).

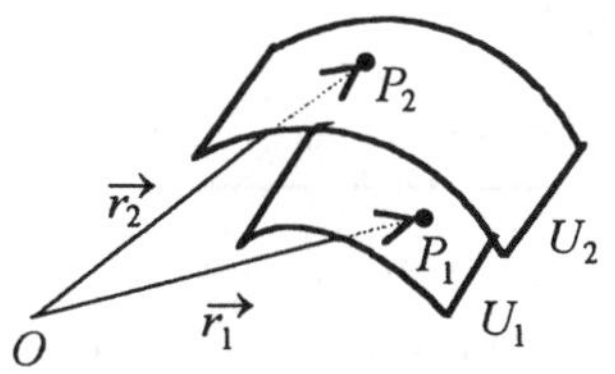

Bild 1.19 Niveauflächen im Raum

Legt man in das Raumgebiet eine Schnittebene, entstehen Linien gleichen Niveaus. Diese Linien sind als Linien gleichen Drucks (Isobare), Linien gleicher Temperatur (Isotherme) oder Höhenlinien einer Landkarte bekannt.
Das wichtigste Skalarfeld der Elektrotechnik ist das Potentialfeld.

Vektorielle Feldgrößen und Vektorfeld. Von einem Vektorfeld wird gesprochen, wenn die Feldgrößen als Funktion des Ortes Vektoren sind, d.h. außer einen Betrag zusätzlich eine Wirkungsrichtung besitzen. Damit muß in jedem Raumpunkt P ein Feldvektor angreifen, dessen Länge dem Betrag der Feldgröße entspricht und dessen Richtung über seine Komponenten im Koordinatensystem festgelegt werden muß (Bild 1.20).

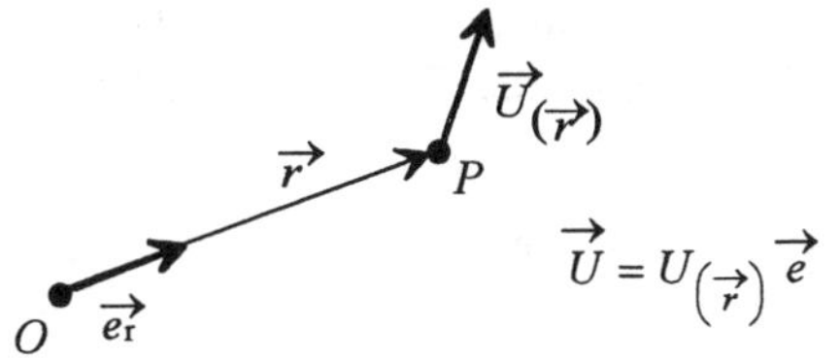

Bild 1.20 Allgemeine Beschreibung Vektorfeld

Für die Darstellung von Vektorfeldern benutzt man grundsätzlich zwei Formen.

Darstellung mittels Rasterpunkten. Die Darstellung von Vektorfeldern mittels Rasterpunkten ist aufwendig, da neben der räumlichen Lage des Feldpunktes über die Angabe der Koordinaten des Ortsvektors, der Betrag der Feldgröße maßstabsgerecht dargestellt werden muß. Einfacherweise entspricht die Länge des Vektors dem Betrag der Feldgröße (Bild 1.21).

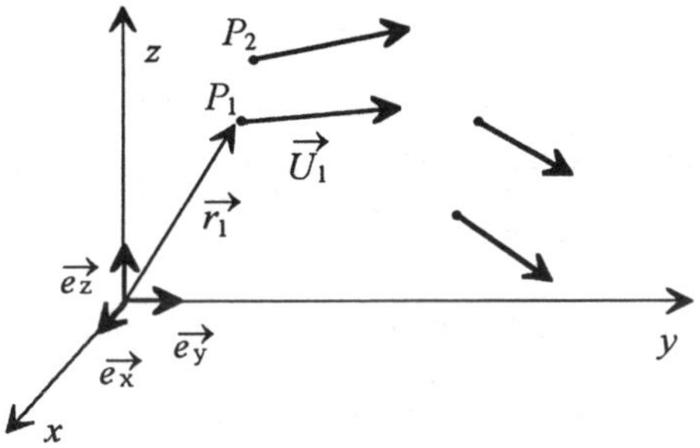

Bild 1.21 Darstellung eines Vektorfeldes mittels Rasterpunkten

Feldbilder, die den Verlauf elektrischer Feldgrößen in realen technischen Strukturen abbilden sollen, werden sehr schnell unübersichtlich. In Computersimulationsprogrammen sind zum Teil recht umfangreiche Module zur Auswertung der Feldberechnungen enthalten, um die anschaulichste Darstellungsform zu finden.

Darstellung mittels Feldlinien. Eine andere Darstellungsform des Feldverlaufes erhält man über das Zeichnen von Feldlinienbildern.

Eine Feldlinie ist eine Raumkurve, die tangential am Feldvektor im Raumpunkt anliegt.

Die Richtung der Feldlinie entspricht der Richtung der Feldgröße. Die Dichte der Feldlinien entspricht dem Betrag der Feldgröße. Es gilt: Je dichter die Feldlinien, umso größer der Betrag.

Im Bild 1.22 ist dieser Zusammenhang dargestellt.

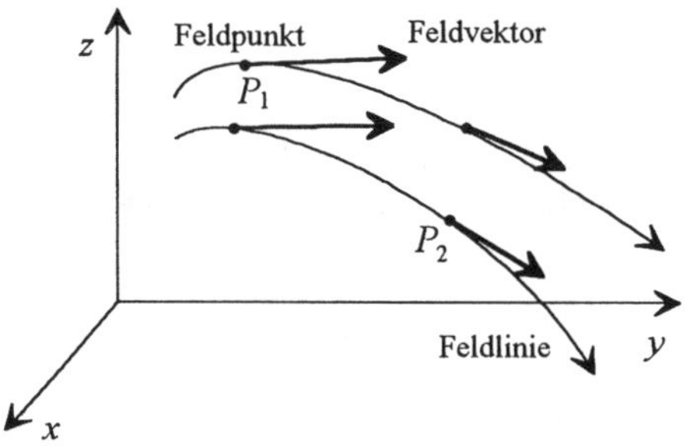

Bild 1.22 Zusammenhang zwischen der Darstellung von Feldern mittels Rasterpunkten oder Feldlinien

Die Länge des Feldvektors im Punkt P_1 ist größer als im Punkt P_2. Demzufolge ist die Dichte der Feldlinien in der Umgebung des Punktes P_1 größer als in der Umgebung des Punktes P_2. Ist der Feldlinienverlauf bekannt, kann eine Aussage über Betrag und Richtung der Feldgröße in einem Feldpunkt getroffen werden (Bild 1.23).

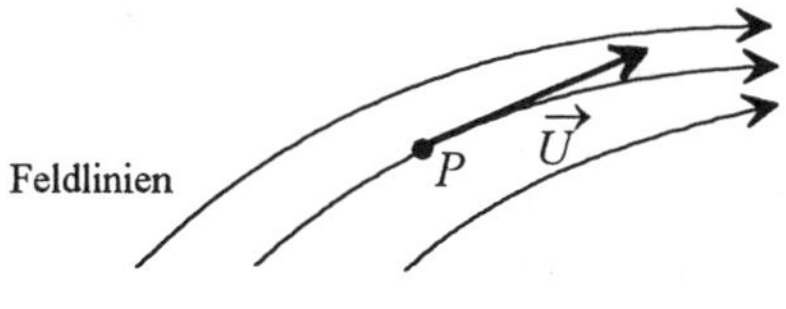

Bild 1.23 Feldlinien und Feldvektor

Flächen im Raum. In der Mathematik existieren mehrere Möglichkeiten zur Beschreibung einer Fläche A im Raum. In der Elektrotechnik werden häufig kugel- oder zylindersymmetrische Anordungen für grundlegenden Feldbetrachtungen verwendet, die sich auf Grund der Rotationssymmetrie mit dem Radius r als Variable ausdrücken lassen.
Der Weg von Ladungsträgern im Raum oder deren Wirkung ist durch Spuren im Raumgebiet vorstellbar, die durch Feldlinien erfaßt werden (Bild 1.24).
Es soll nun eine Fläche A von solchen Spuren durchsetzt werden. Für weitere Überlegungen wird nur eine Teilfläche als Flächenstück ΔA betrachtet, die von einer Spur durchsetzt wird.

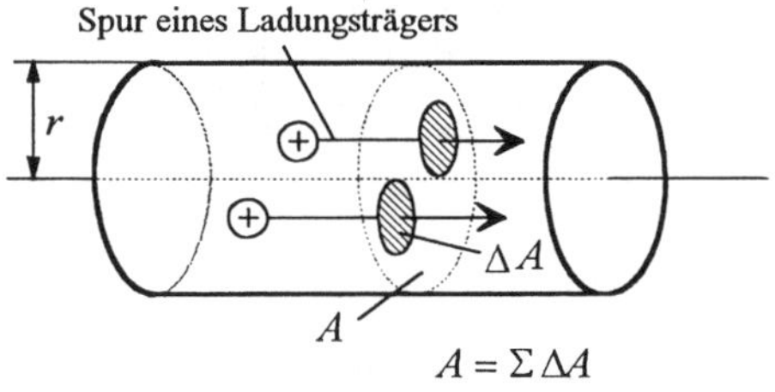

Bild 1.24 Spur (Weg) eines Ladungsträgers, die ein Flächenstück ΔA einer Zylinderanordnung mit dem Radius r durchsetzt

Normalenvektor. Betrachtet man eine Teilfläche gesondert, so läßt sich die Lage dieses ebenen Flächenstückes ΔA im Raum über einen Normalenvektor $\vec{n}$ beschreiben, der in einem Punkt P senkrecht auf dem Flächenstück steht. (Bild 1.25).

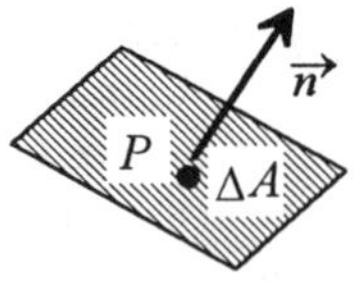

Bild 1.25 Flächenstück ΔA mit Normalenvektor $\vec{n}$ zur Beschreibung der Lage im Raum

Beschreibt man in einem Koordinatensystem den Normalenvektor $\vec{n}$ über seine Komponenten, ist die Lage des Flächenstückes im Raum eindeutig gegeben.

Vektorflächenelement. Denkt man sich das Flächenstück ΔA nach Bild 1.25 als infinitesimales Flächenelement und ordnet dessen Flächeninhalt $\mathrm{d}A$ als Betrag dem Normalenvektor $\vec{n}$ zu, hat man die Möglichkeit, Flächenelemente im Raum vektoriell zu beschreiben. Dadurch kann eine beliebige Fläche im Raum aus infinitesimal kleinen Flächenelementen zusammengesetzt werden.

In einem beliebigen Punkt P der Fläche A greift der Normalenvektor $\vec{n}$ senkrecht zum dazugehörigen Flächenelement $\mathrm{d}A$ an (Bild 1.26).

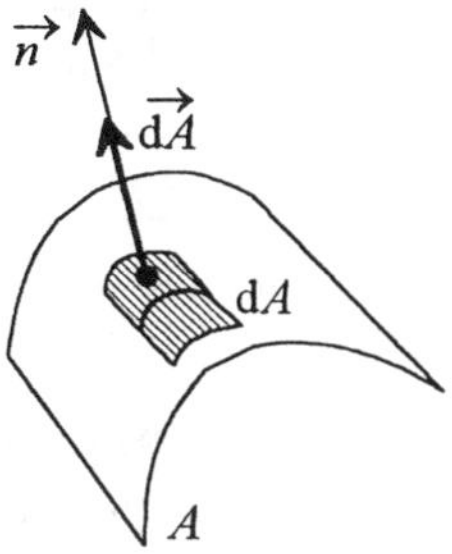

Bild 1.26 Zerlegung einer Fläche A in infinitesimale Flächenelemente

Die vektorielle Beschreibung des Flächenelementes lautet:

$$\vec{\mathrm{d}A} = \vec{n}\,\mathrm{d}A \tag{1.15}$$

Hüllfläche. Ist die Fläche A die Oberfläche eines eingeschlossenen Raumgebietes, bezeichnet man diese als *Hüllfläche*.

Die Normalenvektoren zur Beschreibung einer Hüllfläche sind immer vom Raumgebiet weg angeordnet, d.h., sie zeigen nach außen.

Flußgröße. Wird ein Teil einer beliebigen Hüllfläche von einem Vektorfeld durchsetzt, schneiden die Feldlinien die Oberfläche in beliebigen Winkeln (Bild 1.27). Zerlegt man die betrachtete Hüllfläche wiederum in infinitesimal kleine Flächenelemente, kann in jedem Punkt aus dem Vektorflächenelement $\vec{\mathrm{d}A}$ und dem Feldvektor $\vec{U}$ ein Skalarprodukt gebildet werden.

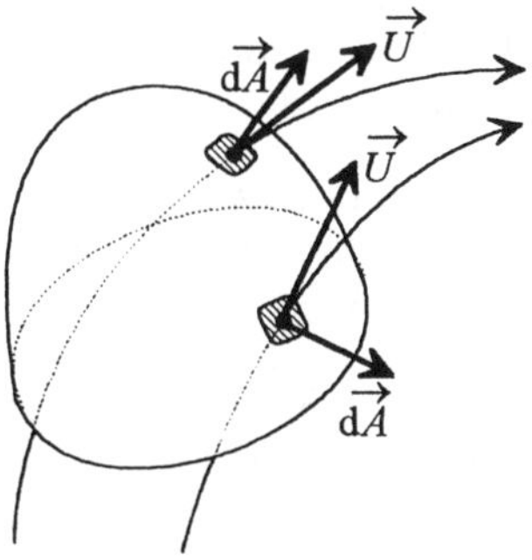

Bild 1.27 Fluß durch eine beliebige Hüllfläche

Man bezeichnet das Skalarprodukt

$$\mathrm{d}\Psi = \vec{U} \cdot \vec{\mathrm{d}A} \tag{1.16}$$

als *Fluß* des Vektorfeldes durch das infinitesimale Flächenelement.

Summiert bzw. integriert man die Beiträge des Flußes, welche von allen infinitesimalen Flächenelementen geliefert werden, erhält man den Gesamtfluß Ψ des Vektorfeldes durch eine Oberfläche A.

$$\Psi = \int_A \vec{U} \cdot \vec{dA} \qquad (1.17)$$

Wird mit der Gleichung (1.17) eine in sich geschlossene Oberfläche berechnet, wird das Integral auch als *Hüllenintegral* bezeichnet.

$$\Psi = \oint \vec{U} \cdot \vec{dA} \qquad (1.18)$$

Feldarten. Feldlinien veranschaulichen den räumlichen Verlauf von Feldern. In der Elektrotechnik unterscheidet man zwei grundsätzliche Feldarten.

- Feldlinien mit Anfang (Quelle) und Ende (Senke) nennt man *Quellenfeld* (Bilder 1.28 und 1.29). Ein typisches Quellenfeld ist das elektrische Feld. Die Feldlinien beginnen dabei stets an positiven Ladungen und enden an negativen Ladungen.

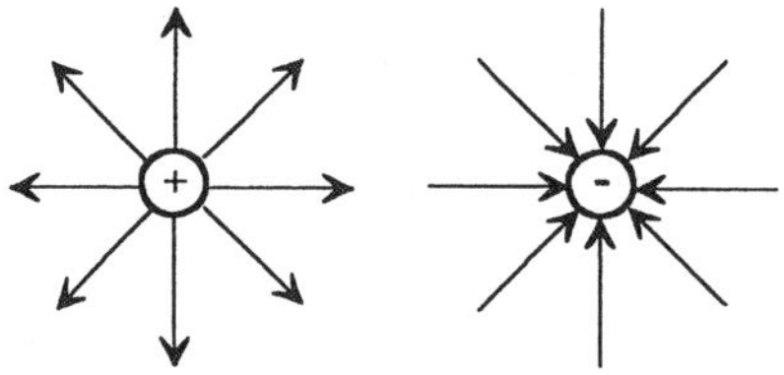

Bild 1.28 Feldlinien eines Quellenfeldes von Einzelladungen

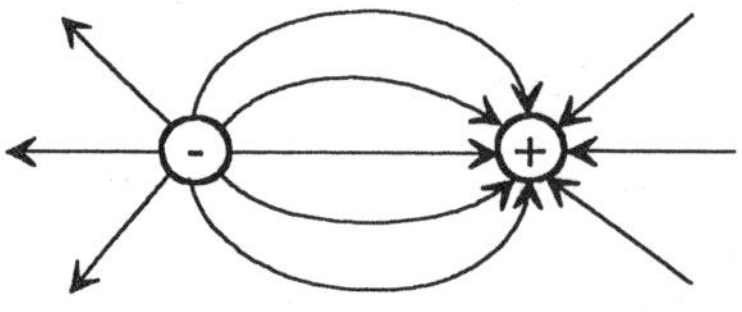

Bild 1.29 Feldlinien eines Quellenfeldes bei einem Ladungsdipol

- Feldlinien, die in sich geschlossen sind, nennt man *Wirbelfelder*. Sie sind *quellenfrei*. Beispiele sind das *Strömungsfeld* (Kontinuität des elektrischen Stromes) und das *Magnetfeld* (Wirbelfeld) (Bilder 1.30 und 1.31).

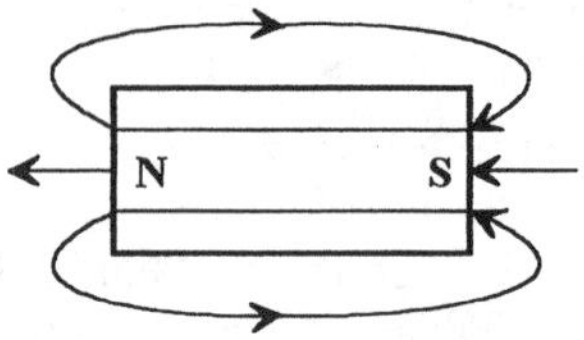

Bild 1.30 Feldlinienverlauf eines quellenfreien magnetischen Feldes bei einem Dauermagneten

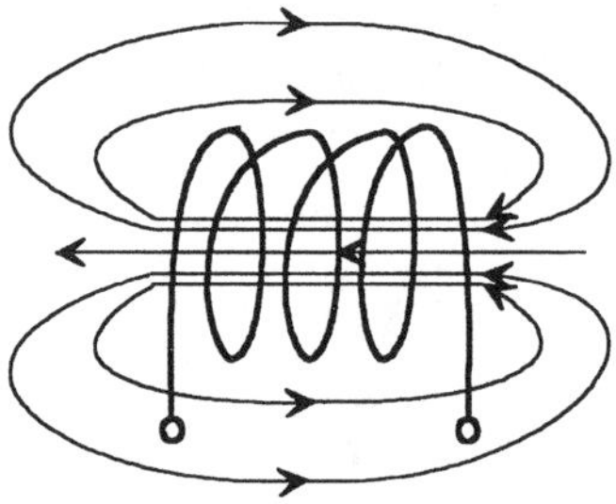

Bild 1.31 Feldlinien einer stromdurchflossenen Spule (Wirbelfeld)

Koordinatensysteme. Zur Berechnung von Feldern in speziellen geometrischen Anordnungen ist ein Koordinatensystem zu wählen. Für rotationssymmetrische Anordnungen steht das Kreiszylinderkoordinatensystem zur Verfügung. Für die punktförmige Abstrahlung elektromagnetischer Felder in den Raum wählt man üblicherweise das Kugelkoordinatensystem. Zylinderkoordinaten- und Kugelkoordinatensystem setzen immer den Bezug auf das kartesische Koordinatensystem voraus. In den Bildern 1.32 bis 1.34 sind die Koordinatensysteme dargestellt. Die eingezeichneten Einheitsvektoren geben stets die Richtung des Voranschreitens der jeweiligen Koordinate im Raum an.

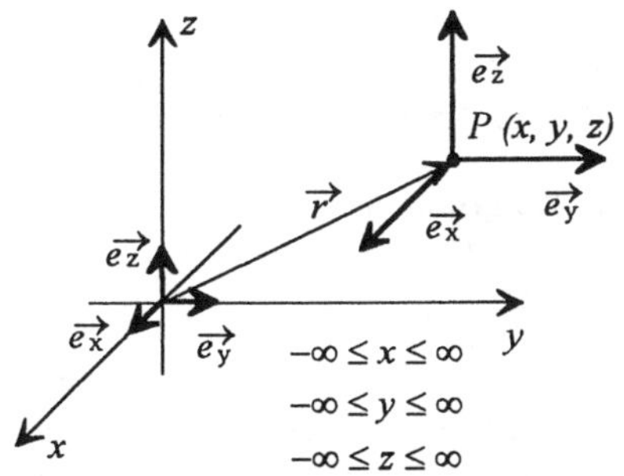

Bild 1.32 Kartesisches Koordinatensystem

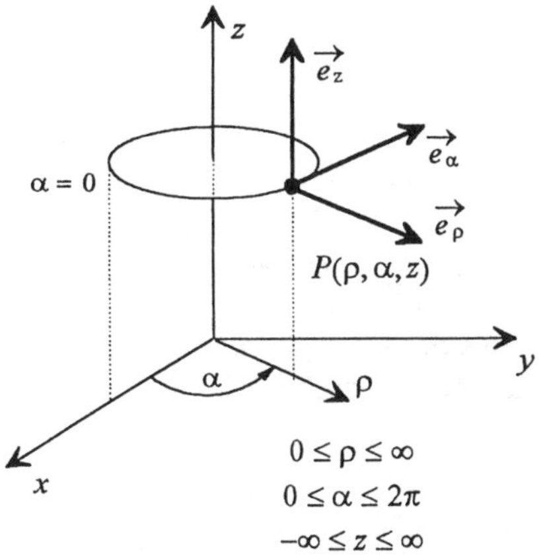

Bild 1.33 Kreiszylinderkoordinatensystem

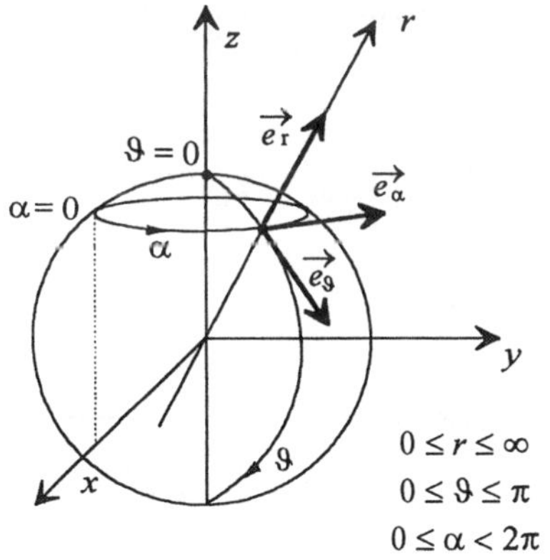

Bild 1.34 Kugelkoordinatensystem

1.2 Elektrische Größen

1.2.1 Elektrische Ladung

Die Erscheinungen und Wirkungen der Elektrizität beruhen auf dem Vorhandensein elektrischer Ladungen.

Einheit. Die Ladung hat das Formelzeichen Q.

$$[Q] = 1 \text{ A·s} = 1 \text{ C (Coulomb)}$$

Diese Einheit wird aus meßtechnischen Gründen auf die SI-Basiseinheiten der elektrischen Stromstärke (Ampere) und der Zeit t (Sekunde) zurückgeführt (siehe Definition der elektrischen Stromstärke, Abschnitt 1.2.4).

Elementarladung. Jede Ladung ist ein ganzzahliges Vielfaches der *Elementarladung*

$$e = 1,6027733 \cdot 10^{-19} \text{A·s}$$

Elektronen sind Träger der negativen und Protonen Träger der positiven Elementarladung. Ein Mangel an Elektronen auf einem Körper bewirkt eine positive Ladung des Körpers, ein Überschuß an Elektronen eine negative Ladung.

Leiter, Nichtleiter. Sind in einer Materie weniger als $(1 \cdot 10^7 - 1 \cdot 10^9)\,\text{cm}^{-3}$ freie Elektronen vorhanden, wird das Material als *Isolator* oder *Nichtleiter*, sind $(1 \cdot 10^{10}$ bis $1 \cdot 10^{18})\,\text{cm}^{-3}$ freie Elektronen vorhanden, wird das Material als Halbleiter bezeichnet.

In metallischen Materialien existiert zu fast jedem Atom ein freies Elektron (ca. $1 \cdot 10^{23}\,\text{cm}^{-3}$). Solche Materialien werden als *elektrische Leiter* eingesetzt.

In Kupfer gibt jedes Atom ein Elektron für den Leitungsmechanismus frei. Damit stehen $8,5 \cdot 10^{22}$ Elektronen pro cm^3 Material zur Verfügung.

Ladungsmenge. Eine Ladungsmenge Q, kurz Ladung, wird als ganzzahliges Vielfaches der Elementarladung angegeben.

$$\boxed{Q = \pm n \cdot e} \qquad (1.19)$$

Beträgt die Ladung $Q = 1\,\text{A·s}$, so ist die Anzahl n der Elementarladungen nach Gleichung (1.19):

$$n = \frac{Q}{e} = \frac{1\,\text{A} \cdot \text{s}}{1{,}6 \cdot 10^{-19}\,\text{A} \cdot \text{s}} = 6{,}3 \cdot 10^{18}$$

Diese Anzahl n von Elementarladungen bewegt sich je Sekunde durch den Querschnitt eines Leiters, wenn ein Gleichstrom von $I = 1\,\text{A}$ fließt.

Kenngrößen der Ladung sind:

- Raumladungsdichte ρ
- Flächenladungsdichte σ
- Linienladungsdichte τ

Aus den Grenzwertbetrachtungen

$$\rho = \lim_{\Delta V \to 0} \frac{\Delta Q}{\Delta V}; \quad \sigma = \lim_{\Delta A \to 0} \frac{\Delta Q}{\Delta A}; \quad \tau = \lim_{\Delta l \to 0} \frac{\Delta Q}{\Delta l}$$

folgt:

$$Q = \int_V \rho \, \mathrm{d}V \qquad (1.20.1)$$

$$Q = \int_A \sigma \, \mathrm{d}A \qquad (1.20.2)$$

$$Q = \int_L \tau \, \mathrm{d}l \qquad (1.20.3)$$

Interpretation dieser Gleichungen. Ist die Ladungsverteilung eines Raumes, einer Fläche, einer Linie oder in einem bzw. verschiedenen Punkten bekannt, so ergibt sich die Gesamtladung eines gesamten Bereiches durch Integration über den jeweiligen Bereich. Die Gesamtladung ist eine Integralgröße der Ladungsverteilung.

Erhaltungssatz der Ladung [2]. Der Satz von der Erhaltung der Ladung gilt als Naturgesetz.

> Die algebraische Summe der in einer abgeschlossenen Hülle enthaltenen Ladungen Q_{ab} (Gesamtladung) ist stets konstant.

$$\boxed{Q_{\text{ab}} = \text{konst.}} \qquad (1.21)$$

Bei *homogener Ladungsverteilung* gilt:

$$\rho = \frac{Q}{V}; \quad \sigma = \frac{Q}{A}; \quad \tau = \frac{Q}{l}$$

Die *Punktladung* ist eine Ladung, deren Träger die Linearabmessung Null besitzt.

1.2.2 Coulombsches Gesetz

Zwischen zwei Ladungen Q_1 und Q_2 im Abstand r wird eine Kraft F gemessen, deren Wirkungslinie auf der Verbindungslinie beider Ladungen liegt (Bild 1.35).

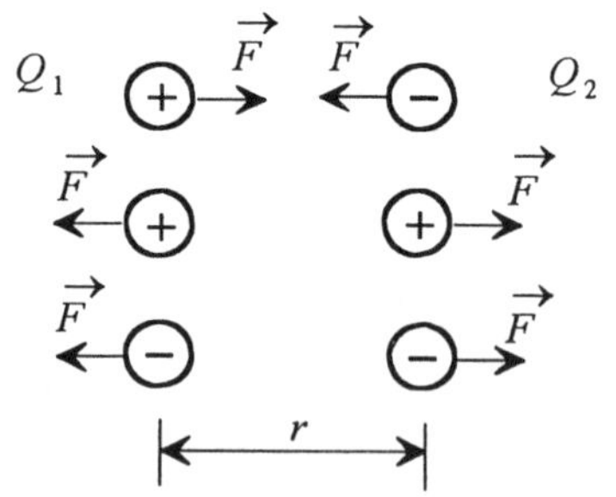

Bild 1.35 Richtung der Kraftwirkung

Coulombsches Gesetz. Die Kraftwirkung zwischen den elektrischen Ladungen wird durch das *Coulombsche Gesetz* (Kraftgesetz) formuliert.

> Ladungen gleichen Vorzeichens stoßen sich ab. Ladungen ungleichen Vorzeichens ziehen sich an.

$$\vec{F} = k \frac{Q_1 Q_2}{r^2} \vec{e} \qquad (1.22)$$

Für den Betrag gilt:

$$F = k \frac{Q_1 Q_2}{r^2} \qquad (1.23)$$

Mit $\vec{e} = \frac{\vec{r}}{r}$ folgt eine weitere Schreibweise von Gleichung (1.22):

$$\vec{F} = k \frac{Q_1 Q_2}{r^3} \vec{r} \qquad (1.24)$$

Die Proportionalitätskonstante k lautet:

$$k = \frac{1}{4\pi\varepsilon_0 \varepsilon_r}$$

Dabei bedeuten:

- ε_0 elektrische Feldkonstante mit

  $$\varepsilon_0 = 8,854 \cdot 10^{-12} \frac{\text{A} \cdot \text{s}}{\text{V} \cdot \text{m}}$$

- ε_r relative Permittivität
- ε absolute Permittivität.

Es gilt:

$$\varepsilon = \varepsilon_r \cdot \varepsilon_0 \qquad (1.25)$$

Für das *Vakuum* mit $\varepsilon_r = 1$ ergibt sich dann der Betrag der Fraft F zwischen zwei Ladungen:

$$F = \frac{1}{4\pi\varepsilon_0} \frac{Q_1 Q_2}{r^2} \qquad (1.26)$$

❑ **Beispiel 1.9**

Ein elektrischer Dipol besteht aus zwei Ladungen Q_{1+} und Q_{1-}, die im Abstand l angeordnet sind und ein Dipolmoment $M_{Q1} = Q_1 \, l$ erzeugen.
Welche Kraft wirkt auf die Ladung Q_2 im jeweiligen Abstand r von Q_{1+} und Q_{1-} (Bild 1.36)?

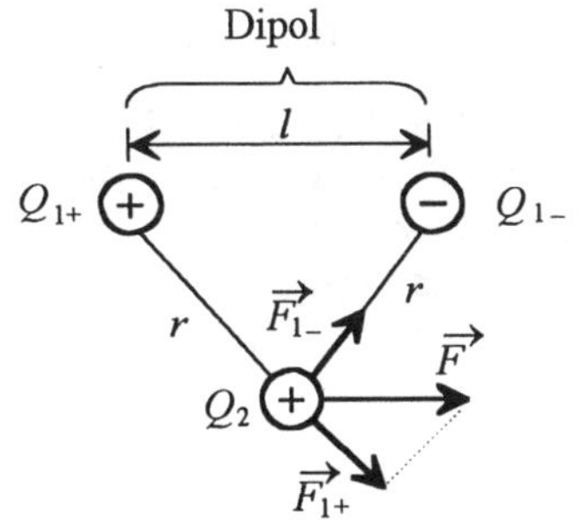

Bild 1.36 Kräfte auf eine Ladung Q_2, hervorgerufen von einem Dipolmoment $M_{Q1} = Q_1 \, l$

Lösung:

Da das Dreieck mit den Ladungen an den Eckpunkten dem Kräftedreieck ähnlich ist, gilt:

$$\frac{F}{F_1} = \frac{l}{r} \quad \Rightarrow \quad F = \frac{l}{r} F_1 = \frac{l}{r} k \left(\frac{Q_1 Q_2}{r^2} \right)$$

$$F = Q_2 \, k \frac{Q_1 \, l}{r^3} = Q_2 \, k \frac{M_{Q1}}{r^3}$$

Interpretation:

Die Kraft, die ein Dipol auf eine Ladung Q_2 ausübt, ist umgekehrt proportional zur 3. Potenz des Abstandes r.

❑ **Beispiel 1.10**

Es ist die Kraft F zwischen den zwei Ladungen

$Q_1 = 2 \cdot 10^{-6}\,\text{A·s}$ und $Q_2 = 5 \cdot 10^{-5}\,\text{A·s}$,

die einen Abstand $r = 25\,\text{cm}$ voneinander entfernt sind, zu berechnen.

Lösung:

Unter Anwendung von Gl. (1.26) mit $\varepsilon_r = 1$ gilt:

$$F_{12} = \frac{Q_1 Q_2}{4\pi\varepsilon_0 r^2}$$

$$F_{12} = 14{,}38$$

1.2.3 Elektrische Feldstärke

Feldlinien. Die Krafteinwirkung zwischen den Ladungen Q_1 und Q_2 gemäß Gl. (1.26) entsteht infolge des elektrischen Feldes. Die Kraftlinien bilden die Feldlinien des elektrischen Feldes (Bild 1.37).

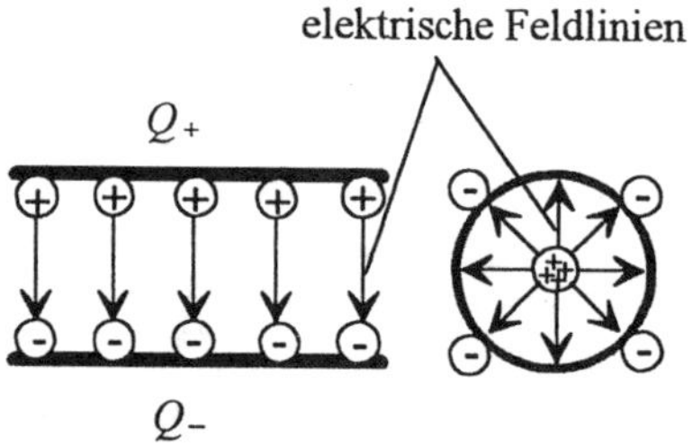

Bild 1.37 Beispiele des elektrischen Feldes

Die Feldlinien im Bild 1. stehen senkrecht auf den geladenen Metalloberflächen. Sie verlaufen von Q_+ nach Q_-.

Elektrische Feldstärke. Ausgehend von Gl. (1.26), bildet die *elektrische Feldstärke* den Proportionalitätsfaktor zwischen der Kraft $\vec{F}$ und der Ladung Q_2.

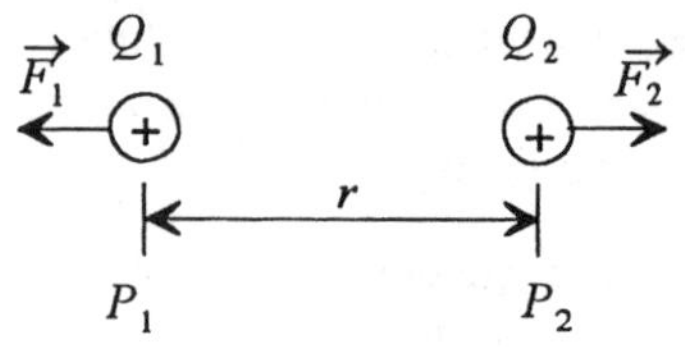

Bild 1.38 Kraftwirkung zwischen zwei Ladungen

Betrachtet man die in Bild 1.38 dargestellten Verhältnisse, so gilt:

$$\vec{F}_2 = Q_2 \frac{k Q_1}{r^2} \vec{e} = Q_2 \vec{E}$$

Die elektrische Feldstärke $\vec{E}$ ist die Fähigkeit einer gerichteten Kraftwirkung auf die ruhende Ladung Q. Die Definitionsgleichung und die Betragsgleichung lauten:

$$\boxed{\vec{E} = \frac{\vec{F}}{Q}} \quad (1.27) \qquad \boxed{E = \frac{F}{Q}} \quad (1.28)$$

mit der Einheit

$$[E] = \frac{[F]}{[Q]} = \frac{1\,\text{N}}{1\,\text{A}\cdot\text{s}} = \frac{1\frac{\text{V·A·s}}{\text{m}}}{1\,\text{A}\cdot\text{s}} = 1\,\frac{\text{V}}{\text{m}}$$

Die Festlegungen zum Richtungssinn der elektrischen Feldstärke sind im Bild 1.39 dargestellt.

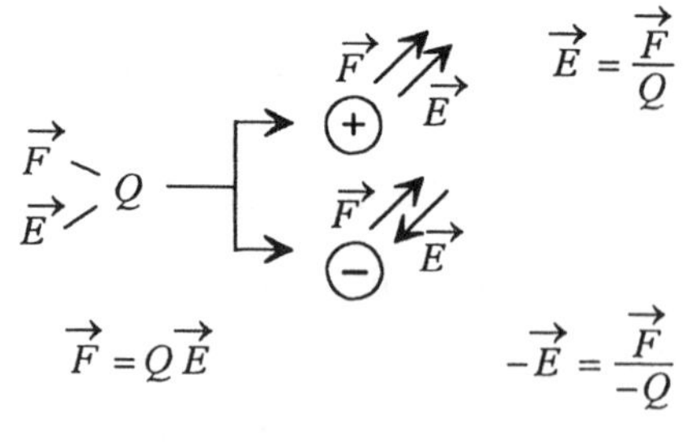

Bild 1.39 Festlegungen zum Richtungsinn der elektrischen Feldstärke

Mit Gl. (1.26) und Gl. (1.28) kann man die Feldstärke einer Punktladung angeben.

$$E = \frac{1}{4\pi\varepsilon_0}\frac{Q}{r^2} \qquad (1.29)$$

Die Abhängigkeit der Feldstärke einer Punktladung vom Abstand r im Vakuum nach Gl. (1.29) zeigt Bild 1.40.

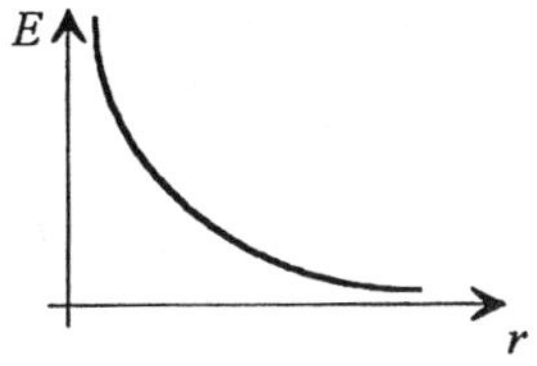

Bild 1.40 Verlauf der elektrischen Feldstärke in der Umgebung einer Punktladung

Größenvorstellungen [2]

- Atmosphäre (klares Wetter): $E \approx 100 ... 200$ V/m
- Oberfläche einer Rundfunkemfangsantenne: $E \approx 1 \cdot 10^{-3} ... 10 \cdot 10^{-3}$ V/m
- Oberfläche einer Hochspannungsleitung: $E \approx 1 \cdot 10^{6}$ V/m
- Durchschlagsfestigkeit der Luft: $E \approx 30$ kV/cm
- Kondensator: $E \approx 1 \cdot 10^{6} ... 1 \cdot 10^{7}$ V/m
- Halbleiterbauelement (Sperrschicht): $E \approx 1 \cdot 10^{4} ... 1 \cdot 10^{6}$ V/cm

❑ **Beispiel 1.11**

Welche Kraft wirkt im Abstand $r = 50$ c von der Ladung $Q = 2{,}5 \cdot 10^{-8}$ A·s im Vakuum auf ein einzelnes Elektron?

$$E = \frac{Q}{4\pi\varepsilon_0 r^2} = \frac{2{,}5 \cdot 10^{-8}\,\text{A s V m}}{4\pi \cdot 8{,}854 \cdot 10^{-12}\,\text{As} \cdot 0{,}5^2\,\text{m}}$$

$$E = 899{,}2\,\frac{\text{V}}{\text{m}}$$

Für die Kraft F ergibt sich mit $F = eE$:

$$F = 899{,}2\,\frac{\text{V}}{\text{m}}\left(-1{,}6 \cdot 10^{-19}\,\text{A} \cdot \text{s}\right)$$

$$F = -1{,}439 \cdot 10^{-16}\,\text{N}$$

❑ **Beispiel 1.12 [42]**

Es ist die elektrische Feldstärke im Punkt P im Abstand z von der Metallfläche nach Bild 1.41 bei gegebener Flächenladungsdichte σ zu berechnen.

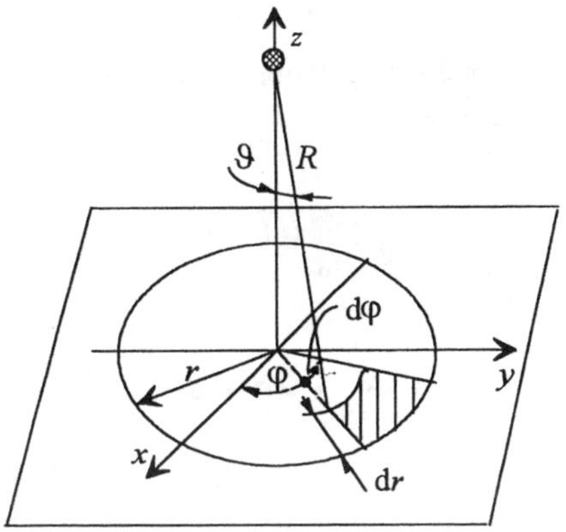

Bild 1.41 Berechnung der elektrischen Feldstärke im Punkt P nach Beispiel 1.12

Lösung:

Aus den Gleichungen (1.20.2) und (1.26) folgt:

$$\sigma = \frac{dQ}{dA}$$

$$dE = \frac{1}{4\pi\varepsilon_0}\frac{dQ}{R^2}$$

$$dQ = 4\pi\varepsilon_0 R^2\,dE$$

Für die Flächenladungsdichte σ gilt:

$$\sigma = 4\,\pi\,\varepsilon_0 R^2 \frac{\mathrm{d}E}{\mathrm{d}A}$$

Stellt man die Gleichung nach dE um und ersetzt $\mathrm{d}A = r\,\mathrm{d}r\,\mathrm{d}\varphi$ (siehe Bild 1.41), so gilt:

$$\mathrm{d}E = \frac{\sigma}{4\,\pi\,\varepsilon_0 R^2}\,\mathrm{d}A$$

$$\mathrm{d}E = \frac{\sigma}{4\,\pi\,\varepsilon_0}\,\frac{r}{R^2}\,\mathrm{d}r\,\mathrm{d}\varphi$$

Da nach E_z gefragt ist, gilt folgender Ansatz

$$E_z = E\cos\vartheta \quad \text{bzw.} \quad E = \frac{E_z}{\cos\vartheta}$$

Daraus folgt:

$$\mathrm{d}E_z = \frac{\sigma}{4\,\pi\,\varepsilon_0}\,\frac{r}{R^2}\,\mathrm{d}r\,\mathrm{d}\varphi\,\cos\vartheta$$

Die zweifache Integration führt dann zu folgendem Ergebnis:

$$E_z = \frac{\sigma}{4\,\pi\,\varepsilon_0}\int_0^{\infty}\int_0^{2\pi}\frac{r\cos\vartheta}{R^2}\,\mathrm{d}r\,\mathrm{d}\varphi$$

$$E_z = \frac{\sigma}{2\,\varepsilon_0}\int_0^{\infty}\frac{r\cos\vartheta}{R^2}\,\mathrm{d}r$$

Mit

$$r = z\tan\vartheta, \quad R = \frac{z}{\cos\vartheta}, \quad \mathrm{d}r = \frac{z}{\cos^2\vartheta}\,\mathrm{d}\vartheta$$

folgt:

$$E_z = \frac{\sigma}{2\,\varepsilon_0}\int_0^{\frac{\pi}{2}}\sin\vartheta\,\mathrm{d}\vartheta = \frac{\sigma}{2\,\varepsilon_0}$$

Interpretation:

Der Feldstärkewert hängt nicht von der Lage des Punktes P ab, sondern ist im ganzen Raum durch die Konstante ε_0 und σ bestimmt.

1.2.4 Elektrische Stromstärke

Unter der *elektrischen Stromstärke* (Intensität der elektrischen Strömung) versteht man den Quotienten der Ladungsmenge ΔQ, die während eines Zeitintervalls Δt durch den Querschnitt eines elektrischen Leiters strömt.

Ein elektrischer Strom fließt nur bei zeitlicher Änderung der Ladung. Ist die zeitliche Änderung der elektrischen Strömung konstant, spricht man vom Gleichstrom I.

Aus dem Grenzübergang

$$i = \lim_{\Delta t \to 0}\frac{\Delta Q}{\Delta t}$$

folgt für den *Augenblickswert* der elektrischen Stromstärke

$$\boxed{i = \frac{\mathrm{d}Q}{\mathrm{d}t}} \qquad (1.30)$$

und für die Berechnung des *Gleichstromes*:

$$\boxed{I = \frac{Q}{t}} \qquad (1.31)$$

$$[i] = \frac{[Q]}{[t]} = \frac{1\,\mathrm{A\cdot s}}{1\,\mathrm{s}} = 1\,\mathrm{A}\ \text{(Ampere)}$$

Die elektrische Stromstärke ist eine skalare Größe.

Hinweis: Im Internationalen Einheitensystem (SI) ist die Stromstärke als (einzige) Basiseinheit der Elektrotechnik festgelegt (elektrische Bezugsgröße).

Den Zusammenhang zwischen einer gegebenen Ladungs-Zeit-Funktion und dem dazugehörigen Stromverlauf zeigt Bild 1.42.

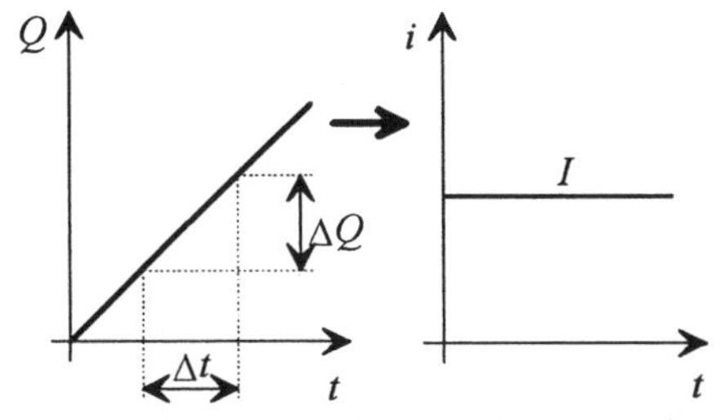

Bild 1.42 Grafische Interpretation der Definitionsgleichung des elektrischen Stromes

Größenvorstellungen [2]:

- Blitzstrom ≈ 10... 100 kA
- Strom einer Sammelschiene ≈ 10^2... 10^5 A
- Autoanlasser ≈ 20... 100 A
- Anfahrstrom einer Straßenbahn ≈ 100 A
- Kochplatte, Tauchsieder ≈ 2...10 A
- Glühlampe ≈ 0,1... 1 A
- Strom in Meßinstrumenten ≈ 10^{-3}...10^{-4} A
- Stromempfindlichkeit des Menschen ≈ 5... 10 mA
- Strahlstrom in einer Fernsehbildröhre einige µA

Physikalischer Richtungssinn (Stromrichtung). Die Stromrichtung entspricht der Bewegungsrichtung der Ladungen.
Die positive Stromrichtung stimmt mit der Bewegungsrichtung positiver Ladungen überein.
Negative Ladungen (Elektronen) bewegen sich entgegengesetzt (Bild 1.43).

Positive Ladungsträger fließen vom positiven zum negativen Pol, negative Ladungsträger vom negativen zum positiven Pol.
Demnach fließt der Strom außerhalb der Spannungsquelle vom Pluspol zum Minuspol.
Innerhalb der Spannungsquelle (z.B. einer Batterie) fließt der Strom vom Minuspol zum Pluspol.

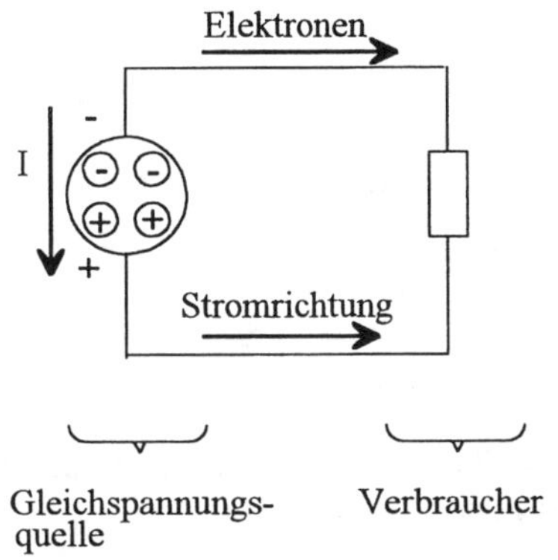

Bild 1.43 Elektronenströmung, Polarität und Stromrichtung im geschlossenen Stromkreis

Bezugssinn und Richtungspfeile. In Schaltplänen und Netzwerken wird der Bezugssinn des elektrischen Stromes durch einen Bezugspfeil angegeben (DIN 5489).

- Der Bezugspfeil wird bevorzugt in den Stromleiter gezeichnet (Bild 1.44 a).
- Ist die Darstellung gemäß Bild 1.44 a nicht günstig, dann darf der Pfeil nach Bild 1.44 b neben die Stromleitung gesetzt werden.
- Wird aus Übersichtsgründen kein Bezugspfeil verwendet, dann sind Anfangs- und Endpunkte des Stromzweiges durch einen Doppelindex gemäß Bild 1.44 c zu markieren.

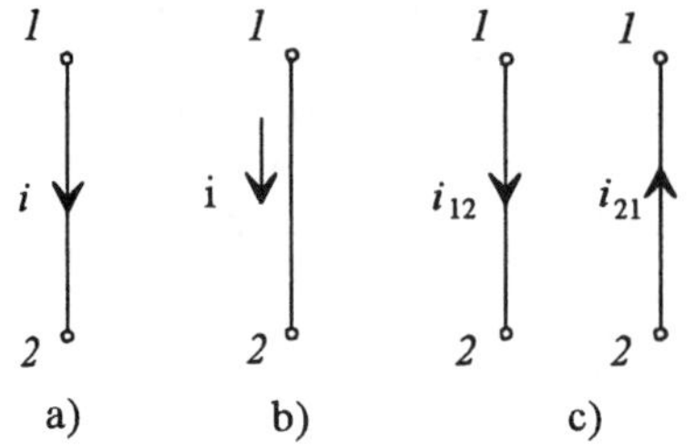

Bild 1.44 Bezugspfeile für den elektrischen Strom

Zusammenhang zwischen Strom und Ladung. Wird zum gegebenen Strom die transportierte Ladung gesucht, so folgt aus Gl. (1.30)

$$\boxed{Q = \int i \, \mathrm{d}t} \qquad (1.32)$$

Für eine Zeitspanne von t_0 bis t ergibt sich daraus folgende Gleichung:

$$Q(t) - Q(t_0) = \int_{t_0}^{t} i \, \mathrm{d}t \quad \text{bzw.}$$

$$Q(t) \;=\; Q(t_0) \;+\; \int_{t_0}^{t} i \, \mathrm{d}t \qquad (1.33)$$

Gesamt ladung	Anfangs- ladung	vom Strom $i = \mathrm{f}(t)$ transportierte Ladung

Die Ladung ist die Summe aus der Integralgröße des Stromes und der Anfangsladung $Q(t_0)$.

☐ Beispiel 1.13

Es ist mit Hilfe der Raumladungsdichte nach Gl. (1.20.1) und der Definitionsgleichung des elektrischen Stromes nach Gl. (1.30) die Ladungsgeschwindigkeit durch einen Leiter mit dem Querschnitt A zu berechnen.

Lösung:

Aus Gl. 1.20.1 folgt

$$\rho = \frac{\mathrm{d}Q}{\mathrm{d}V}; \qquad \mathrm{d}V = A\,\mathrm{d}l$$

$$\rho = \frac{\mathrm{d}Q}{A\,\mathrm{d}l} \qquad \Rightarrow \qquad \mathrm{d}l = \frac{\mathrm{d}Q}{\rho A}$$

Für die Ladungsgeschwindigkeit gilt allgemein der Ansatz:

$$v = \frac{\mathrm{d}l}{\mathrm{d}t} = \frac{\mathrm{d}Q}{\rho A\,\mathrm{d}t}$$

Mit Gl. (1.30) folgt:

$$v = \frac{i}{\rho A} \qquad \text{bzw.} \qquad i = \rho A v \qquad (1.34)$$

Interpretation:

Die Bewegung der Ladung in einem Leiter kann durch die beiden Größen

- Ladungsströmung (elektrischer Strom) oder $\quad \frac{\mathrm{d}Q}{\mathrm{d}t} = i$
- Ladungsgeschwindigkeit $\quad \frac{\mathrm{d}l}{\mathrm{d}t} = v$

beschrieben werden. Bei konstanter Ladungsströmung (Strom) ist die Ladungsgeschwindigkeit nur vom Leiterquerschnitt bei gegebener Raumladungsdichte abhängig.

☐ Beispiel 1.14

Gegeben ist der zeitliche Verlauf einer elektrischen Ladung $Q(t)$, die den Querschnitt eines stromdurchflossenen Leiters passiert (Bild 1.45).
Es ist der dazugehörige quantitative Verlauf des Stromes zu berechnen und darzustellen.

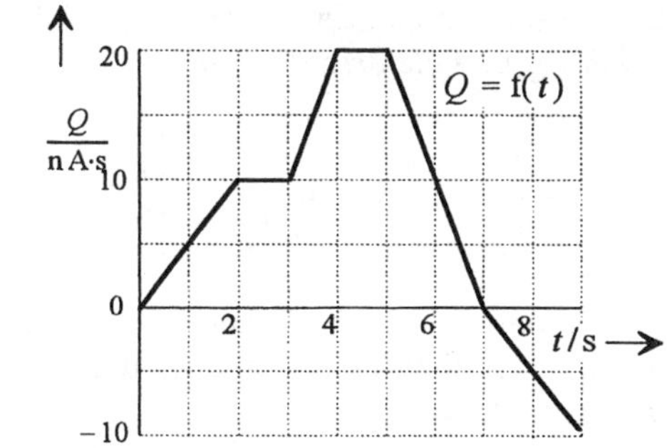

Bild 1.45 Zeitlicher Verlauf einer elektrischen Ladung

Lösung:

Mit der Gl. (1.30) ist der Strom als Anstieg der Ladungs-Zeit-Funktion in den einzelnen Zeitintervallen zu berechnen.

Intervall $(0 \le t \le 2)\,\text{s}$: $i = 5 \cdot 10^{-9}\,\text{A}$

Intervall $(2 < t \le 3)\,\text{s}$: $i = 0\,\text{A}$

Intervall $(3 < t \le 4)\,\text{s}$: $i = 10 \cdot 10^{-9}\,\text{A}$

Intervall $(4 < t \le 5)\,\text{s}$: $i = 0\,\text{A}$

Intervall $(5 < t \le 7)\,\text{s}$: $i = -10 \cdot 10^{-9}\,\text{A}$

Intervall $(7 < t \le 9)\,\text{s}$: $i = -5 \cdot 10^{-9}\,\text{A}$

Der zeitliche Verlauf des Stromes ist im Bild 1.46 dargestellt.

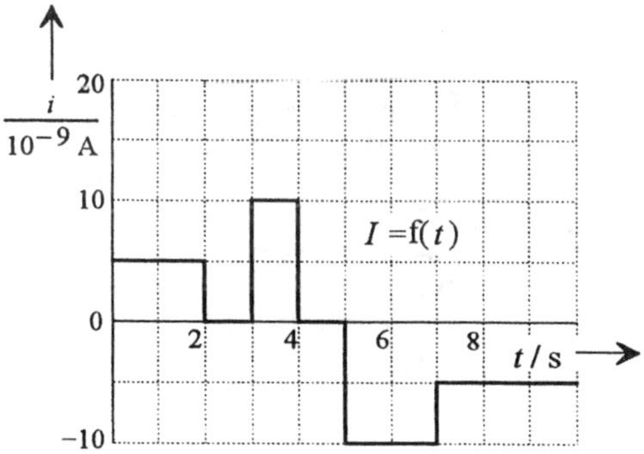

Bild 1.46 Zeitlicher Verlauf des Stromes zum Beispiel 1.14

Wirkungen des elektrischen Stromes. Die wichtigsten Wirkungen des elektrischen Stromes sind:

- *Thermische Wirkung*: Ein stromdurchflossener Leiter wird durch die thermische Wirkung des Stromes erwärmt. Dabei wird die Verlustleistung $P_V = I^2 R$ (siehe Abschnitt 8) in Wärme umgesetzt.

- *Magnetische Wirkung*: In der Umgebung eines stromdurchflossenen Leiters wird ein magnetisches Feld aufgebaut. Die Folge davon ist z.B. die Kraftwirkung auf ferromagnetische Stoffe.

- *Chemische Wirkung*: Elektrolyte werden infolge der Ladungsströmung chemisch verändert. Die Ionenströmung ist mit einem nennenswerten Materialtransport verbunden. Es gilt z.B:

  Ein Gleichstrom $I = 1\,\text{A}$ trägt von einer Straßenbahnschiene (Rückleiter des Fahrstromes) im Jahr 9,6 kg Eisen ab (Streustromkorrosion).

  Ein Gleichstrom $I = 1\,\text{A}$ scheidet aus einer Kupferlösung in einer Sekunde 0,328 mg Kupfer ab.

  Ein Gleichstrom $I = 1\,\text{A}$ scheidet aus einer Nickellösung in einer Sekunde 0,304 mg Nickel ab.

> Die Größe, die angibt, wieviel Milligramm eines Metalls in einer Sekunde durch einen Strom von $I = 1\,\text{A}$ abgeschieden werden, ist das *elektrochemische Äquivalent* α des betreffenden Metalls.

Es gilt:

$$\boxed{m = \alpha Q = \alpha I t} \qquad (1.35)$$

1.2.5 Elektrische Spannung und elektrisches Potential

Wie in den Abschnitten 1.2 und 1.3 beschrieben, wirkt im elektrischen Feld auf eine Ladung Q eine Kraft. Das hat zur Folge, daß bei einer Ladungsverschiebung von einem Raumpunkt A nach einem Raumpunkt B (Wegelement ds) eine Energiedifferenz auftritt.

$$W_{AB} = W_A - W_B = \int_A^B F\,\mathrm{d}s \qquad (1.36)$$

Setzt man für die Kraft F die Definitionsgleichung der elektrischen Feldstärke E nach Gl. (1.10) ein, so folgt daraus:

$$W_{AB} = Q\int_A^B E\,\mathrm{d}s \qquad (1.37)$$

Elektrische Spannung. Dividiert man beide Seiten der Gl. (1.37) durch die Ladung Q, erhält man die Definitionsgleichung der *elektrischen Spannung*.

$$\frac{W_{AB}}{Q} = \int_A^B E\,\mathrm{d}s$$

$$u_{AB} = \frac{W_{AB}}{Q} \qquad (1.38)$$

$$[u] = \frac{[W]}{[Q]} = \frac{1\,\mathrm{V}\cdot\mathrm{A}\cdot\mathrm{s}}{\mathrm{A}\cdot\mathrm{s}} = 1\,\mathrm{V}\,(\mathrm{Volt})$$

Die elektrische Spannung u_{AB} zwischen zwei Raumpunkten A und B ist definiert durch die bei Verschiebung einer positiven Ladung im Feld verrichtete Arbeit (= Energie W_{AB}) bezogen auf diese Ladung.

Aus der gleichen Betrachtung ergibt sich der Zusammenhang zwischen *elektrischer Spannung* und *elektrischer Feldstärke*.

$$u_{AB} = \int_A^B E\,\mathrm{d}s \qquad (1.39) \qquad\qquad E = \frac{\mathrm{d}u}{\mathrm{d}s} \qquad (1.40)$$

Für *homogene Feldverhältnisse* (parallel verlaufende Feldlinien) gehen die Gln. (1.39) und (1.40) über in:

$$u_{AB} = E\,s \qquad (1.41) \qquad\qquad E = \frac{u_{AB}}{s} \qquad (1.42)$$

Führt man die energetischen Betrachtungen so durch, daß man die Energie (bezogen auf die Punkte A und B) auf einen gemeinsamen Bezugspunkt P_0 bezieht, so folgt aus Gl. (1.37) der Ansatz (Bild 1.47):

$$W_{AB} = Q\int_A^0 E\,\mathrm{d}s + Q\int_0^B E\,\mathrm{d}s$$

$$\frac{W_{AB}}{Q} = u_{AB} = \int_A^0 E\,\mathrm{d}s - \int_B^0 E\,\mathrm{d}s \qquad (1.43.1)$$

$$u_{AB} = u_{A0} - u_{B0} = \varphi_A - \varphi_B \qquad (1.43.2)$$

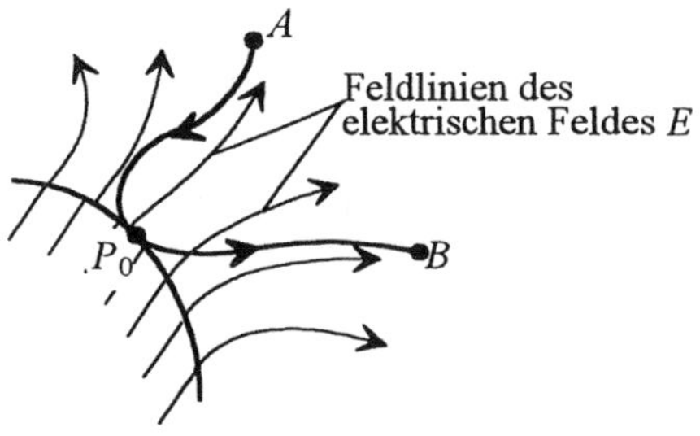

Bild 1.47 Feldbilddarstellung zur Definition des elektrischen Potentials und der elektrischen Spannung zwischen den Punkten A und B.

Potential. Man bezeichnet die Spannung u_{AB} als *Potentialdifferenz* zwischen den Punkten A und B. Es gilt:

$\varphi_A = u_{A0}$ *Potential* im Punkt A gegenüber dem Bezugspunkt P_0

$\varphi_B = u_{B0}$ *Potential* im Punkt B gegenüber dem Bezugspunkt P_0

Das Potential φ im Bezugspunkt P_0 ist gleich Null ($\varphi_0 = 0$). Daraus folgt für das Potential im Punkt A:

$$u_{A0} = \frac{W_{A0}}{Q_0} = \varphi_A - \varphi_0 = \varphi_A$$

$$u_{A0} = \int_A^0 E\,\mathrm{d}s = \varphi_A \qquad \text{bzw.}$$

$$\boxed{\varphi_A = -\int_0^A E\,\mathrm{d}s} \qquad (1.44.1)$$

Für den Punkt B gilt:

$$u_{B0} = \frac{W_{B0}}{Q_0} = \varphi_B - \varphi_0 = \varphi_B$$

$$u_{B0} = \int_B^0 E\,\mathrm{d}s = \varphi_B \qquad \text{bzw.}$$

$$\boxed{\varphi_B = -\int_0^B E\,\mathrm{d}s} \qquad (1.44.2)$$

$$[\varphi] = [u] = [E] \cdot [s] = 1\,\frac{\mathrm{V}}{\mathrm{m}} \cdot 1\,\mathrm{m} = 1\,\mathrm{V}\ (\text{Volt})$$

Für einen beliebigen Punkt P gilt:

$$\boxed{\varphi_P = -\int_0^P E\,\mathrm{d}s} \qquad (1.44.3)$$

Feldstärke und Potential. Die Gleichungen (1.44.1) bis (1.44.3) beschreiben für unterschiedliche Punkte den Potentialverlauf entlang einer Feldstärkelinie, d.h., die Richtung des Wegeelementes ds liegt parallel zur Richtung der Feldstärke E. Für diese Voraussetzung können diese Gleichungen umgestellt werden.

$$\boxed{E = -\frac{\mathrm{d}\varphi}{\mathrm{d}s}} \qquad (1.45)$$

Die Zusammenhänge zwischen Potential- und Feldstärkeverlauf sind im Bild 1.48 dargestellt.

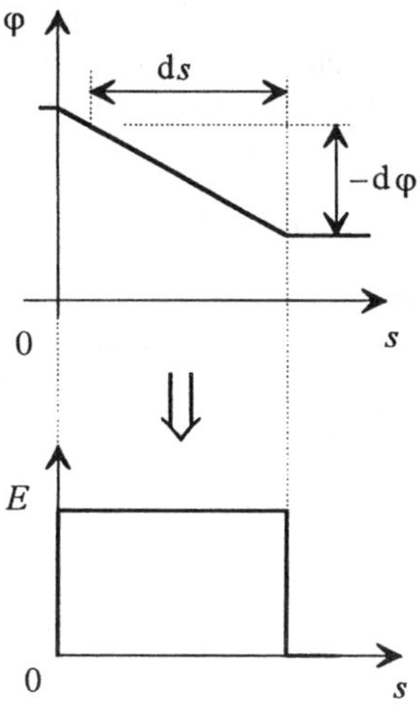

Bild 1.48 Zusammenhang zwischen Potential- und Feldstärkeverlauf nach Gl. (1.45)

Interpretationen

- Das Potential kennzeichnet die potentielle Energie W_{A0} bzw. W_{B0} einer positiven Ladung im Punkt A bzw. B gegenüber einem Bezugspunkt P_0.
- Das Potential ist positiv, wenn die potentielle Energie einer positiven Ladung höher ist als im Bezugspunkt.

- Das Potential ist negativ, wenn die potentielle Energie einer positiven Ladung niedriger ist als im Bezugspunkt.
- Das Potential ist eine skalare Feldgröße.

Potential und Feldstärke im Raum. Wie im Abschnitt 1.1.3 dargestellt, hängen die Komponenten der vektoriellen Feldgrößen vom gewählten Koordinatensystem ab.
Für die Betrachtung der Beziehung zwischen der elektrischen Feldstärke und dem elektrischen Potential soll das kartesische Koordinatensystem betrachtet werden.

Das Potential stellt eine skalare Funktion der Koordinaten dar, die jedem Punkt des vom Feld eingenommenen Raumes zugeordnet ist, d. h., es ist

$$\varphi = \varphi\,(x, y, z)$$

Verbindet man alle Punkte des Raumes, die gleiches Potential besitzen, dann erhält man die *Äquipotentialflächen*. Sie ergeben sich aus der Gleichung

$$\varphi\,(x, y, z) = \text{konst.}$$

Erteilt man dieser Funktion einen konkreten Wert $\varphi = K$, ergibt sich die Gleichung der K-ten Äquipotentialfläche.

Bei der Annahme, daß die Funktion $\varphi\,(x, y, z)$ stetig ist, entspricht einer sehr kleinen Änderung des Potentials φ eine neue Äquipotentialfläche, die sehr nahe an der ersten liegt. Der Unterschied zwischen diesen beiden Äquipotentialflächen beträgt

$$\mathrm{d}\varphi = \frac{\partial\varphi}{\partial x}\,\mathrm{d}x + \frac{\partial\varphi}{\partial y}\,\mathrm{d}y + \frac{\partial\varphi}{\partial z}\,\mathrm{d}z$$

Man kann $\mathrm{d}\varphi$ als skalares Produkt zweier Vektoren auffassen. Der eine Vektor ist:

$$\vec{K} = \frac{\partial\varphi}{\partial x}\vec{e}_x + \frac{\partial\varphi}{\partial y}\vec{e}_y + \frac{\partial\varphi}{\partial z}\vec{e}_z$$

Der andere Vektor ist:

$$\overrightarrow{\mathrm{d}l} = \vec{e}_x\,\mathrm{d}x + \vec{e}_y\,\mathrm{d}y + \vec{e}_z\,\mathrm{d}z$$

Daraus folgt:

$$\boxed{\mathrm{d}\varphi = \vec{K}\cdot\overrightarrow{\mathrm{d}l}} \qquad (1.46)$$

Durch Änderung der Koordinaten des Punktes P_1 mit dem Potential φ um $\mathrm{d}x$, $\mathrm{d}y$ und $\mathrm{d}z$ gelangt man zu dem Punkt P_2 mit dem Potential $\varphi + \mathrm{d}\varphi$. Das heißt, der Potentialzuwachs wird durch die Änderung der Koordinaten um $\mathrm{d}x$, $\mathrm{d}y$ und $\mathrm{d}z$ hervorgerufen (Bild 1.49).

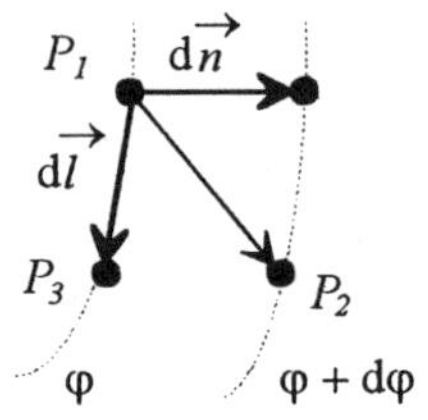

Bild 1.49 Potentialpunkte im Feld

Man kann aber auch die Koordinaten so wählen, daß man zum Punkt P_3 gelangt, der auf derselben Äquipotentialfläche liegt. In diesem Falle ist, wie bereits erwähnt, $\mathrm{d}\varphi = 0$, d. h., das Skalarprodukt $\vec{K}\cdot\overrightarrow{\mathrm{d}l} = 0$. Die Vektoren $\vec{K}$ und $\overrightarrow{\mathrm{d}l}$ stehen senkrecht aufeinander $\left(\vec{K} \perp \overrightarrow{\mathrm{d}l}\right)$.

Wenn man nun den Vektor $\overrightarrow{\mathrm{d}l}$ durch eine entsprechende Wahl von $\mathrm{d}x$, $\mathrm{d}y$, $\mathrm{d}z$ so dreht, daß $\overrightarrow{\mathrm{d}l} \perp \overrightarrow{\mathrm{d}n}$ ist, dann gilt für den

Betrag von $\left|\vec{K}\right|$:

$$\left|\vec{K}\right| = \frac{d\varphi}{dn}$$

In Vektorform:

$$\vec{K} = \frac{d\varphi}{dn}\,\vec{n}^0 = \left|\vec{K}\right|\,\vec{n}^0$$

$\vec{n}^0$ ist der Einheitsvektor in Richtung der Normalen zur Äquipotentialfläche im Punkt P_1. Weiterhin gilt:

1. Da $dl \leq dn$ ist, gilt in jedem Falle

$$\frac{d\varphi}{dl} \leq \frac{d\varphi}{dn}$$

2. Da $d\varphi = -\vec{E}\,\vec{dl}$ und $d\varphi = \vec{K}\,\vec{dl}$ ist, folgt:

$$\vec{E} = -\frac{d\varphi}{dn}\,\vec{n}^0 = -\vec{K}$$

$$\vec{E} = -\left[\vec{e}_x\,\frac{\partial\varphi}{\partial x} + \vec{e}_y\,\frac{\partial\varphi}{\partial y} + \vec{e}_z\,\frac{\partial\varphi}{\partial z}\right]$$

Die Komponenten der Feldstärke in Richtung der Koordinatenachsen lauten demnach:

$$\vec{E}_x = -\vec{e}_x\,\frac{\partial\varphi}{\partial x} \qquad \vec{E}_y = -\vec{e}_y\,\frac{\partial\varphi}{\partial y}$$

$$\vec{E}_z = -\vec{e}_z\,\frac{\partial\varphi}{\partial z}$$

Der Betrag der Gesamtfeldstärke ergibt sich aus dem quadratischen Mittelwert der einzelnen Feldstärkekomponenten.

$$E = \sqrt{E_x^2 + E_y^2 + E_z^2}$$

Überlagerung von Potentialen

> Das Potential in einem Punkt in der Umgebung mehrerer Ladungen ist gleich der Summe der einzelnen Potentiale.

Damit gilt:

$$\boxed{\varphi = \sum_{\lambda=1}^{\lambda=n} \varphi_\lambda = \sum_{\lambda=1}^{\lambda=n} \int E\,ds} \qquad (1.47)$$

Unter Verwendung von Gl. (1.29) folgt mit ($\varepsilon_r = 1$):

$$\boxed{\varphi = \frac{1}{4\pi\varepsilon_0} \sum_{\lambda=1}^{\lambda=n} \frac{Q_\lambda}{r_\lambda}} \qquad (1.48)$$

Sind die Ladungen kontinuierlich mit der Raumladungsdichte über das Volumen verteilt, so ergibt sich unter Verwendung der Gl. (1.20.1) gemäß Bild 1.15 folgende Beziehung für das Potential eines beliebigen Feldpunktes P:

$$\boxed{\varphi = \frac{1}{4\pi\varepsilon_0} \int_V \frac{\rho\,dV}{r}} \qquad (1.49)$$

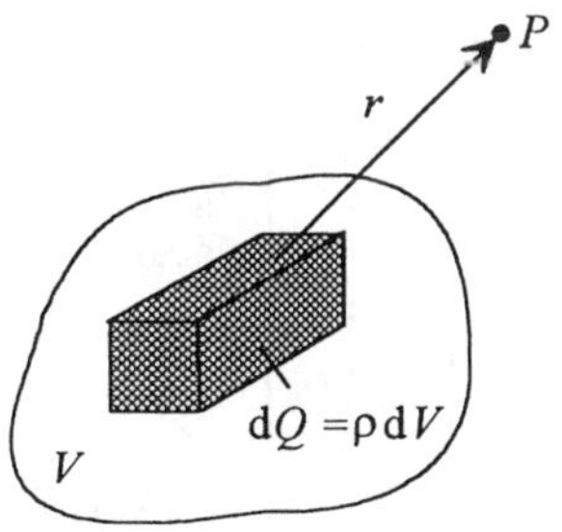

Bild 1.50 Bildliche Erläuterung zur Gl. (1.49)

Richtungs- und Bezugssinn für die Spannung. Als *Richtungssinn* der Spannung u ist die Richtung von A nach B definiert, wenn das Feld an einer positiven Ladung positive Arbeit verrichtet, dem Feld demzufolge Energie entzogen wird. Man spricht von einem *Spannungsabfall* u_{AB}, im umgekehrten Falle (Energiezufuhr) von einer *Quellenspannung*.
Der Bezugssinn wird durch einen Bezugspfeil dargestellt (Bild 1.51).

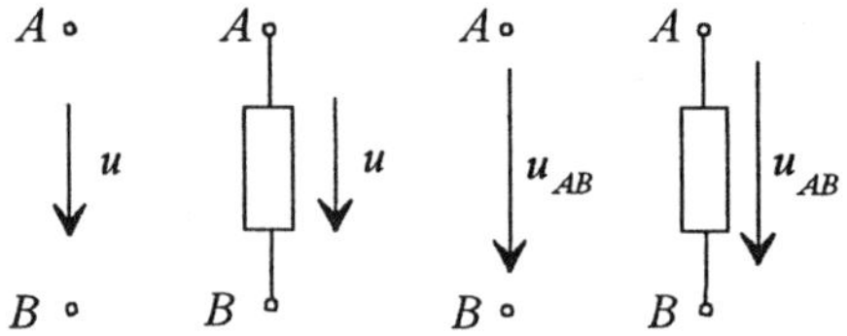

Bild 1.51 Bezugspfeile für die Spannung.

Daraus ergibt sich folgendes *Zählpfeilsystem* (siehe Tabelle 1.1):

- Quellenspannung und Elektronenströmung im Stromkreis haben die gleiche Richtung. Aus dieser Sicht stellt die Quellenspannung einen negativen Spannungsabfall dar.
- Der Spannungsabfall über einer Verbraucherstrecke ist in Richtung des Stromes gerichtet

Tabelle 1.1 Festlegungen zur Spannung

Spannungsabfall u_{AB}	Quellenspannung u_q
Spannungsabfall-strecke (siehe Widerstand Abschnitt 1.2.6)	Schaltzeichen einer idealen Spannungs-quelle
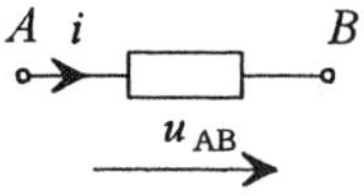 A i B u_{AB}	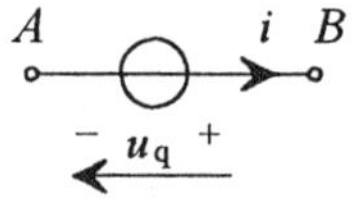 A i B $-$ u_q $+$

Potentialbetrachtungen. In den Bildern 1.52 bis 1.56 werden unterschiedliche Potential- und Spannungsangaben betrachtet.

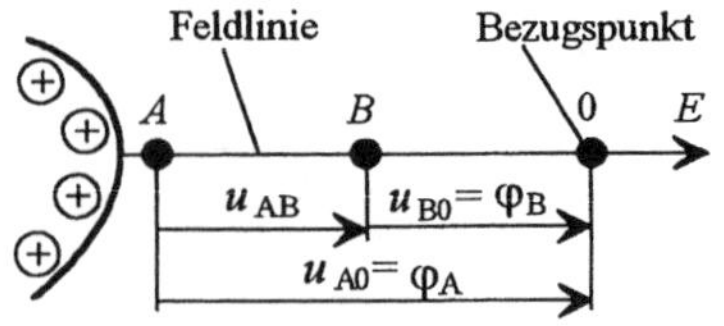

$$u_{AB} + u_{B0} = u_{A0}$$

$$u_{AB} = u_{A0} - u_{B0}$$

$$u_{AB} = \varphi_A - \varphi_B$$

Bild 1.52 Potentiale und Spannungen längs einer Feldlinie

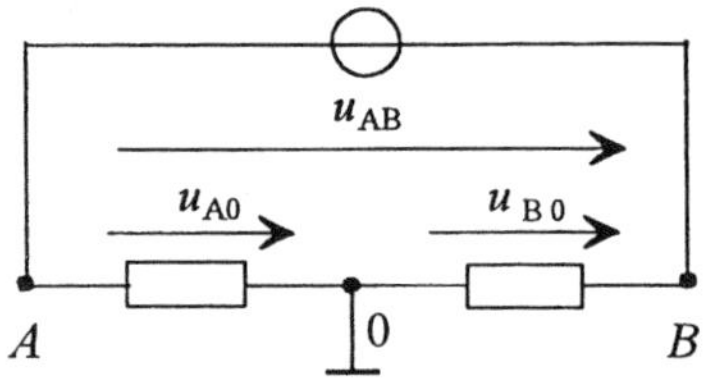

Bild 1.53 Schaltung mit symmetrischem Bezugspunkt

Die Spannungs- und Potentialgleichungen zur Schaltung nach Bild 1.53 lauten:

$$u_{A0} = \varphi_A - \varphi_0 \qquad u_{0B} = \varphi_0 - \varphi_B$$

$$\varphi_A = u_{A0} + \varphi_0 \qquad \varphi_B = \varphi_0 - u_{0B}$$

$$u_{AB} = u_{A0} + u_{0B}$$

$$u_{AB} = \varphi_A - \varphi_0 + \varphi_0 - \varphi_B$$

$$u_{AB} = \varphi_A - \varphi_B$$

Wird der Bezugspunkt der Schaltung nach Bild 1.53 verändert, sind die Spannung- und Potentialgleichungen erneut anzugeben (Bild 1.54).

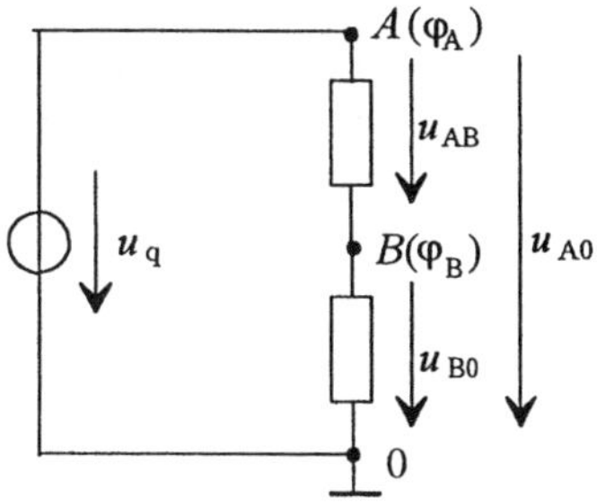

$$u_{A0} = u_{AB} + u_{B0} \qquad u_{AB} = u_{A0} - u_{B0}$$

$$u_{AB} = \varphi_A - \varphi_B$$

Bild 1.54 Spannungs- und Potentialangaben bei gewählten Bezugspunkt 0 an der Spannungsquelle

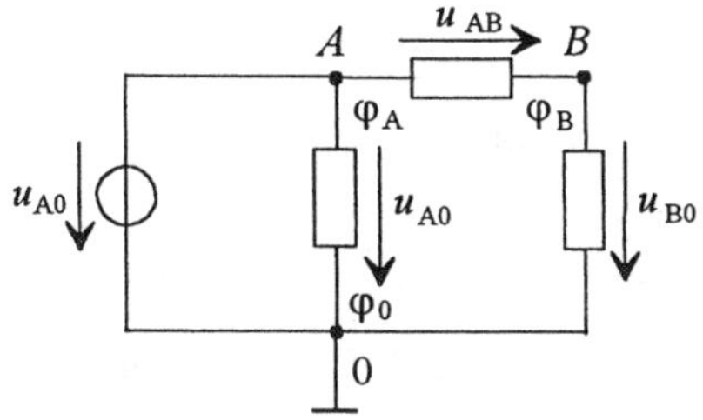

Bild 1.55 Potentialangaben in einer verzweigten Schaltung

Die Spannungs- und Potentialgleichungen zur Schaltung nach Bild 1.55 lauten:

$$u_{AB} = \varphi_A - \varphi_B \quad \left| \begin{array}{l} \varphi_A > \varphi_B \Rightarrow u_{AB} > 0 \\ \varphi_A < \varphi_B \Rightarrow u_{AB} < 0 \end{array} \right.$$

$$\varphi_B = u_{B0} - 0$$

$$\varphi_A = u_{A0} - 0$$

$$u_{AB} = u_{A0} - u_{B0}$$

Sind die Quellenspannungen und die Spannungen über den Widerständen einer Schaltung bekannt, lassen sich die Potentiale an den Knotenpunkten angeben (Bild 1.56). Der Bezugspunkt ist beliebig wählbar.

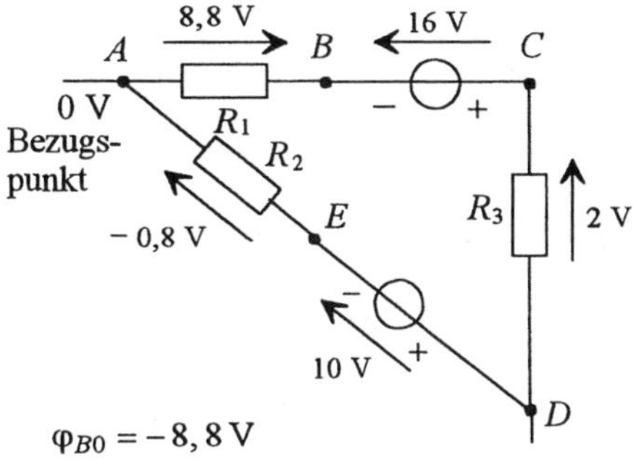

$$\varphi_{B0} = -8,8\,\mathrm{V}$$

$$\varphi_{C0} = 16\,\mathrm{V} - 8,8\,\mathrm{V} = 7,2\,\mathrm{V}$$

$$\varphi_{E0} = -0,8\,\mathrm{V}$$

$$\varphi_{D0} = 10\,\mathrm{V} - 0,8\,\mathrm{V} = 9,2\,\mathrm{V}$$

$$\varphi_{CD} = \varphi_{C0} - \varphi_{D0} = 7,2\,\mathrm{V} - 9,2\,\mathrm{V}$$

$$\varphi_{CD} = -2,0\,\mathrm{V}$$

Bild 1.56 Potentialangaben in einer verzweigten Schaltung

Bild 1.57 zeigt die Potentiale in Abhängigkeit vom Ort (Punkte *A* - *E*), bezogen auf die Bezugsebene mit dem Potential 0 V.

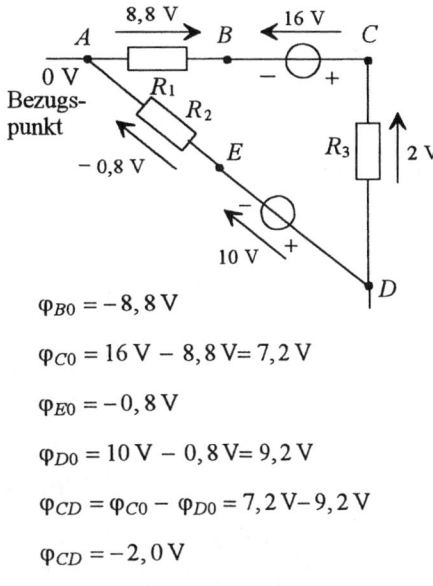

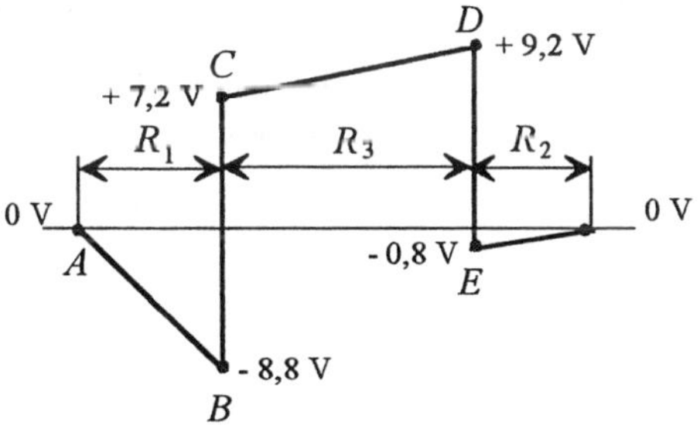

$$-8,8\,\mathrm{V} + 16\,\mathrm{V} + 2\,\mathrm{V} - 10\,\mathrm{V} + 0,8\,\mathrm{V} = 0$$

Bild 1.57 Potentialangaben in Abhängigkeit vom Ort zur Schaltung nach Bild 1.56

☐ **Beispiel 1.15** [28]

Wie groß sind die Potentiale φ_1 und φ_2 in zwei Punkten P_1 und P_2, die von einer Ladung $Q = 1 \cdot 10^{-6}$ A·s die Abstände r_1 = 25 cm und r_2 = 75 cm aufweisen?

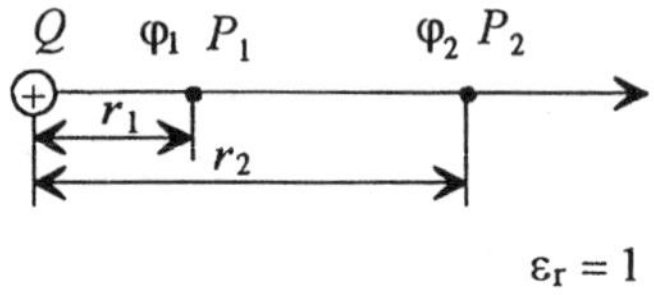

Bild 1.58 Anordnung zum Beispiel 1.15

Lösung:

$$\varphi_1 = \frac{Q}{4\pi\varepsilon_0 r_1} = \frac{10^{-6}\,\text{A}\cdot\text{s}\cdot\text{V}\cdot\text{m}}{4\pi\cdot 8{,}854\cdot 10^{-12}\,\text{A}\cdot\text{s}\cdot 0{,}25\,\text{m}}$$

$\varphi_1 = 36$ kV

$$\varphi_2 = \frac{Q}{4\pi\varepsilon_0 r_2} = \frac{10^{-6}\,\text{A}\cdot\text{s}\cdot\text{V}\cdot\text{m}}{4\pi\cdot 8.854\cdot 10^{-12}\,\text{A}\cdot\text{s}\cdot 0{,}75\,\text{m}}$$

$\varphi_2 = 12$ kV

Die Spannung zwischen P_1 und P_2 wird:

$u_{12} = \varphi_1 - \varphi_2 = 36\,\text{kV} - 12\,\text{kV} = 24$ kV

Tabelle 1.2 Materialangaben elektrischer Werkstoffe [1]

Material	Spezifischer elektrischer Widerstand $\rho/10^{-6}\,\Omega\cdot\text{m}$	Elektrische Leitfähigkeit $\kappa/10^{6}(\Omega\cdot\text{m})^{-1}$	Temperatur-koeffizient (linear) $\alpha/10^{-4}\,\text{K}^{-1}$	Tempera-turkoeffizi-ent (quadratisc $\beta/10^{-6}\,\text{K}^{-2}$
Widerstandslegierungen				
Chromnickel (80Ni,20Cr)	1,12	0,89	1,4	–
Konstantan (54Cu,45Ni,1Mn)	0,50	2,00	– 0,03	–
Manganin (86Cu,2Ni,12Mn)	0,42	2,38	0,1...0,2	0,4
Nickelin (54Cu,26Ni,20Zn)	0,43	2,27	1,1	–
Leiter- und Kontaktmaterial				
Leitungsaluminium	0,0286	35,0	37	1,3
Gold	0,0200	43,5	39	0,5
Leitungskupfer	0,0178	56,2	39	0,6
Silber	0,0165	60,6	38	0,7
Widerstandsschichtmaterial			–	
Platin	0,105	9,5	30	0,6
Palladium	0,102	9,8	37	–
Kohle	65	0,013	–4	–
Sonstige Metalle				
Eisen	0,1	10,0	66	6,0
Quecksilber	0,96	1,03	9	1,2
Zink	0,061	16,4	42	2,0

1.2.6 Elektrischer Widerstand, Leitwert und Ohmsches Gesetz

1.2.6.1 Bemessungsgleichung

Widerstand. Dem von der Quellenspannung angetriebenen Strom wirkt im elektrischen Stromkreis ein Widerstand entgegen. Dieser ist abhängig vom Querschnitt A des Leiters, seiner Länge l und vom spezifischen Widerstand bzw. der Leitfähigkeit des Leitermaterials (Materialkonstanten siehe Tabelle 1.2).
Mit der *Bemessungsgleichung* des elektrischen Widerstandes wird der physikalische Zusammenhang hergestellt:

$$\boxed{R = \frac{\rho l}{A}} \quad (1.50) \qquad \boxed{R = \frac{l}{\kappa A}} \quad (1.51)$$

$$\boxed{\kappa = \frac{1}{\rho}} \quad (1.52)$$

A Querschnitt des Leiters in mm^2

l Länge des Leiters in m

ρ spezifischer Widerstand des Leitermaterials in $\frac{\Omega \cdot mm^2}{m}$

κ elektrische Leitfähigkeit des Materials in $\frac{m}{\Omega \cdot mm^2}$

Leitwert. Der reziproke Widerstand wird als *Leitwert* definiert.

$$\boxed{G = \frac{1}{R}} \quad (1.53)$$

$$[G] = \frac{1}{\Omega} = 1\,\text{S (Siemens)}$$

❑ **Beispiel 1.16 [27]**

Die Kupferwicklung einer elektrischen Maschine hat einen Durchmesser von 0,8 mm und soll gegen eine Aluminiumwicklung gleichen Widerstandes ausgetauscht werden.

1. Wie groß muß der Durchmesser der Aluminiumwicklung sein?
2. Welches Masseverhältnis ergibt sich, wenn sich die Dichten von Aluminium und Kupfer wie 2,7 : 8,9 verhalten?

Lösung:

zu 1. $R_{Cu} = \frac{\rho_{Cu} l}{A_{Cu}}$ bzw. $\frac{l}{\kappa_{Cu} A_{Cu}}$

$R_{Al} = \frac{\rho_{Al} l}{A_{Al}}$ bzw. $\frac{l}{\kappa_{Al} A_{Al}}$

Da $R_{Cu} = R_{Al}$ sein soll, folgt:

$$\frac{l}{\kappa_{Cu} A_{Cu}} = \frac{l}{\kappa_{Al} A_{Al}}$$

$$\frac{4}{\kappa_{Cu} d_{Cu}^2 \pi} = \frac{4}{\kappa_{Al} d_{Al}^2 \pi}$$

$$\frac{d_{Al}^2}{d_{Cu}^2} = \frac{\kappa_{Cu}}{\kappa_{Al}}$$

$$d_{Al} = d_{Cu} \sqrt{\frac{\kappa_{Cu}}{\kappa_{Al}}}$$

Mit $\kappa_{Cu} = 56 \frac{m}{\Omega \cdot mm^2}$ und

$\kappa_{Al} = 35 \frac{m}{\Omega \cdot mm^2}$

gilt: $d_{Al} = 0,8\,mm \sqrt{\frac{56\,m \cdot \Omega \cdot mm^2}{35\,m \cdot \Omega \cdot mm^2}}$

$$d_{Al} = 1,01\,mm$$

zu 2. Mit der Dichte $\rho = m / V$ gilt:

$$\frac{m_{Al}}{m_{Cu}} = \frac{\rho_{Al} d_{Al}^2}{\rho_{Cu} d_{Cu}^2} = 0,48$$

$$m_{Al} = 0,48\,m_{Cu}$$

❑ Beispiel 17 [27]

Zwischen den beiden Adern einer in Erde liegenden Fernsprechleitung von 0,6 mm Durchmesser und 150 m Einfachlänge (Cu) ist ein Kurzschluß entstanden. Zur Bestimmung des Fehlerortes wird von der Seite *A* der Leitung her ein Widerstand R_1 = 10,85 Ω und von der Seite *B* her ein Widerstand R_2 = 13,02 Ω gemessen.

In welcher Entfernung von der Seite *A* befindet sich die Schadenstelle, und wie groß ist der Übergangswiderstand?

Lösung:

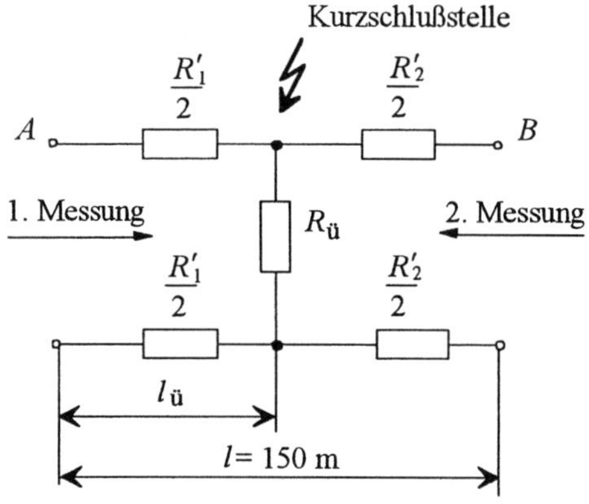

Bild 1.59 Widerstandsschaltung einer zweiadrigen Fernsprechleitung mit Kurzschlußstelle

1. Messung	2. Messung
$R_1 = 10,85\,\Omega$	$R_2 = 13,02\,\Omega$
$R_1 = R_1' + R_ü$	$R_2 = R_2' + R_ü$

Widerstand des Kabels:

$$R_K = 2\frac{l\rho}{A} = 2\frac{l\rho}{\pi\frac{d^2}{4}}$$

$$R_K = \frac{8 \cdot 150\text{ m} \cdot 17,8 \cdot 10^{-3}\,\Omega \cdot \text{mm}^2}{\text{m} \cdot 3,14 \cdot 0,6^2\text{ mm}^2}$$

$$R_K = 18,89\,\Omega$$

Übergangswiderstand der Kurzschlußstelle:

$$R_1 + R_2 - 2R_ü = R_K$$

$$R_ü = \frac{R_1 + R_2 - R_K}{2}$$

$$R_ü = \frac{10,85\,\Omega + 13,02\,\Omega - 18,87\,\Omega}{2}$$

$$R_ü = 2,5\,\Omega$$

Fehlerentfernung von Seite *A* her:

$$R_1' = R_1 - R_ü = 10,85\,\Omega - 2,5\,\Omega = 8,35\,\Omega$$

$$R_1' = 2\frac{l_x\rho}{A} = 2\frac{l_x\rho}{\frac{d^2}{4}\pi} = \frac{8\,l_x\rho}{\pi d^2}$$

$$l_x = \frac{R_1'\pi d^2}{8\rho}$$

$$l_x = \frac{8,35\,\Omega \cdot 3,14 \cdot 0,6^2\text{ mm}^2 \cdot \text{m}}{8 \cdot 17,8 \cdot 10^{-3}\,\Omega \cdot \text{mm}^2}$$

$$l_x = 66,40\text{ m}$$

❑ Beispiel 1.18 [27]

Gegeben ist eine Spule mit den Abmessungen nach Bild 1.60. Der Gleichstromwiderstand der Spule beträgt $R = 4,41\,\Omega$.
Die Spule ist mit Kupferdraht von einem Durchmesser $d = 2$ mm bewickelt, wobei für die Berechnung die Isolationsstärke vernachlässigt werden soll.

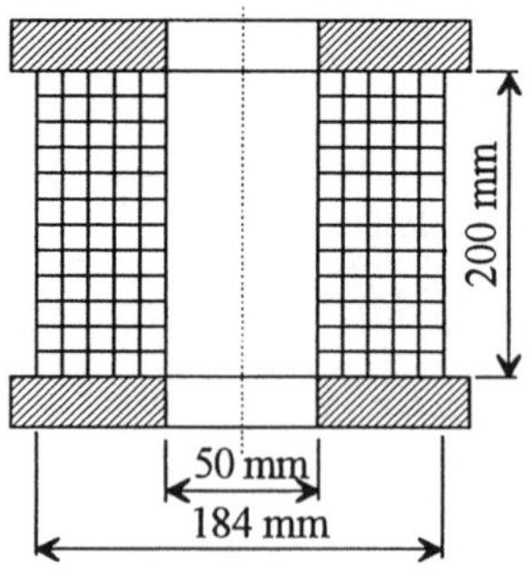

Bild 1.60 Abmessungen eines Spulenkörpers

Zu berechnen sind:

1. die aufgewickelte Drahtlänge
2. die Anzahl der Windungen
3. die Anzahl der übereinanderliegenden Lagen, wenn nebeneinander 80 Drähte liegen.

Lösung:

zu 1. $R = \frac{l\rho}{A} \quad \Rightarrow \quad l = \frac{R\frac{d^2\pi}{4}}{\rho}$

$$l = \frac{4,41\ \Omega \cdot 3,14 \cdot 2^2\ \text{mm}^2 \cdot \text{m}}{4 \cdot 17,8 \cdot 10^{-3}\ \Omega \cdot \text{mm}^2}$$

$$l = 778\ \text{m}$$

zu 2. Der mittlere Durchmesser der Spule ist:

$$d_\text{m} = \frac{(184 + 50)\ \text{mm}}{2} = 117\ \text{mm}$$

Länge der mittleren Windung:

$$\pi d_\text{m} = \pi \cdot 117\ \text{mm} = 368\ \text{mm}$$

Anzahl der Windungen:

$$N = \frac{778\ \text{m}}{0,368\ \text{m}} = 2114\ \text{Windungen}$$

zu 3. Die Anzahl der Lagen y ergibt sich zu:

$$80 \cdot y = 2114$$

$$y = \frac{2114\ \text{Wdg.}}{80\ \text{Wdg.}} = 26,4\ \text{Lagen}$$

1.2.6.2 Temperaturabhängigkeit des Widerstandes

Temperaturkoeffizient. Der spezifische Widerstand ρ von Werkstoffen und damit deren elektrische Leitfähigkeit κ sind temperaturabhängig. Diese Abhängigkeit wird durch den *linearen Temperaturkoeffizienten* α (nach DIN 5485 auch TK - Wert genannt) gekennzeichnet.

Die Maßeinheit beträgt:

$$[\alpha] = 1\ \text{K}^{-1}\ (\text{K Kelvin})$$

Der Temperaturkoeffizient gibt den Wert der Widerstandsänderung von 1 Ω bei einer Temperaturänderung um 1 K an (siehe Tabelle 1.2).

- Der Widerstandswert von *Kaltleitern* nimmt bei Temperaturerhöhung zu. Kaltleiter haben einen positiven Temperaturkoeffizienten (PTC-Widerstand; positive temperature coefficient resistance).
- Der Widerstandswert von *Heißleitern* nimmt bei Temperaturerhöhung ab. Heißleiter haben einen negativen Temperaturkoeffizienten. (NTC-Widerstand; negative temperature coefficient resistance).
- Metalle erhöhen ihren Widerstandswert um etwa 0,4 % je Kelvin.

Dieser gesamte Sachverhalt soll anhand der Kennlinie im Bild 1.61 verdeutlicht werden:

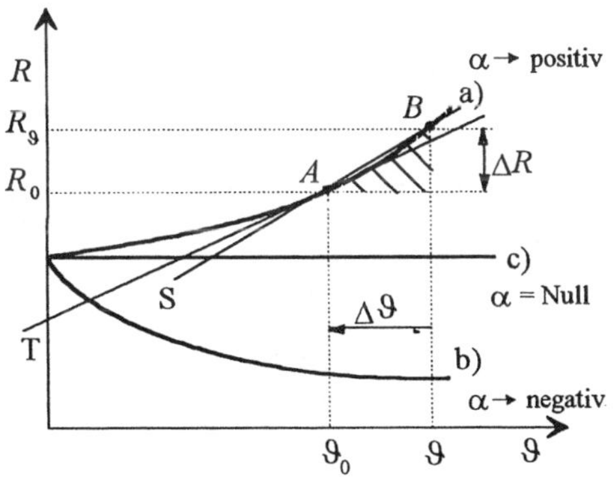

Bild 1.61 Widerstandskennlinien zur Ableitung der Temperaturabhängigkeit

Zur mathematischen Erläuterung:

- Der Differenzenquotient $\frac{\Delta R}{\Delta\vartheta} = \frac{R_\vartheta - R_0}{\vartheta - \vartheta_0}$ drückt das zu untersuchende Verhalten der Kurve im Punkt A um so besser aus, je näher B an A liegt. Wandert der Punkt B auf der Kurve gegen den Punkt A, so geht die Sekante S durch A und B in die Tangente T im Punkt A an die Kurve über.
- Um den Anstieg der Tangente im Punkt A zu bestimmen, ist der Grenzwert $\lim\limits_{\Delta\vartheta \to 0} \frac{\Delta R}{\Delta\vartheta}$ zu ermitteln.
  Dieser heißt Differentialquotient der Funktion $R = f(\vartheta)$ im Punkt A.
- Für den Fall im Bild 1.61 lautet der Differentialquotient: $\frac{dR}{d\vartheta}$.

Widerstandsänderung. Zur Berechnung der Temperaturabhängigkeit des Widerstandes dienen folgende Ableitungen:
Der Widerstand ändert sich bei $\Delta\vartheta$ um ΔR:

$$R_\vartheta = R_0 + \Delta R \quad \text{bei } \vartheta = \vartheta_0 + \Delta\vartheta$$

Ist ΔR sehr klein, so kann im Bild 1.61 der Bereich $\vartheta_0 \ldots \vartheta = \vartheta_0 \ldots (\vartheta_0 + \Delta\vartheta)$ als eine Gerade $y = mx + n$ mit

$$y = \Delta R \quad \text{und } x = \Delta\vartheta$$

angesehen werden. Daraus folgt:

$$m = \frac{y}{x} \quad \Rightarrow \quad m = \frac{dR}{d\vartheta}$$

$$\Downarrow$$

$$\frac{\Delta R}{\Delta\vartheta} = \frac{dR}{d\vartheta}$$

$$\Delta R = \frac{dR}{d\vartheta}\,\Delta\vartheta$$

Für den Widerstand R_ϑ bei der Temperatur ϑ gilt:

$$\boxed{R_\vartheta = R_0\left(1 + \frac{dR}{R_0} \cdot \frac{\Delta\vartheta}{d\vartheta}\right)} \qquad (1.54)$$

Die Gl. (1.54) enthält den Ausdruck für den linearen Temperaturkoeffizienten α.

$$\boxed{\alpha = \frac{dR}{R\,d\vartheta}} \qquad (1.55)$$

Für die prozentuale Widerstandsänderung ergibt sich:

$$\frac{dR}{R} = \alpha\,d\vartheta$$

Man erhält somit die Gleichung:

$$\boxed{R_\vartheta = R_0(1 + \alpha\Delta\vartheta)} \qquad (1.56)$$

Richtwerte für Temperaturkoeffizienten α:

- reine Metalle $\alpha \approx +4 \frac{‰}{K}$
- Manganin
  Nickelin $\alpha \approx 0$
  Konstantan
- Elektrolyte, Halbleiter α negativ

Der Temperaturkoeffizient α_{20} wird in Tabellen, auf die Temperatur $\vartheta = 20$ °C bezogen, angegeben. (siehe dazu DIN 4897 - 4.11 sowie Tabelle 1.2)

Die Gl. (1.56) gilt jedoch nur näherungsweise; etwa für einen Temperaturbereich von – 50 °C bis + 200 °C.
Bei höheren Temperaturen ist der quadratischer Temperaturkoeffizient β_{20} zu berücksichtigen.

Es gilt die Beziehung:

$$R = R_{20}(1 + \alpha\Delta\vartheta + \beta\Delta\vartheta^2) \quad (1.57)$$

Supraleitfähigkeit. Werkstoffe, deren Widerstandswert in der Nähe des absoluten Nullpunktes (-273 °C; 0 K) außergewöhnlich kleine Werte annehmen, befinden sich im Zustand der Supraleitfähigkeit, d.h., der Elektronenströmung wird fast kein Widerstand entgegengesetzt. Eine Kenngröße dafür ist die *Sprungtemperatur* T_{Sp}.
Die Sprungtemperatur liegt bei den meisten metallischen Supraleitern bei ca. 1 bis 10 K.
Es ist bereits gelungen, supraleitende Materialien mit Sprungtemperaturen über 100 K herzustellen.

Tabelle 1.3 Sprungtemperaturen einiger Werkstoffe [11]

Werkstoff	Sprungtemperatur T_{Sp}
Aluminium	1,14 K
Blei	7,26 K
Quecksilber	4,17 K
Zinn	3,69 K

In den Bildern 1.62 bis 1.64 ist das Verhalten der Supraleitfähigkeit in Abhängigkeit von der Temperatur dargestellt.

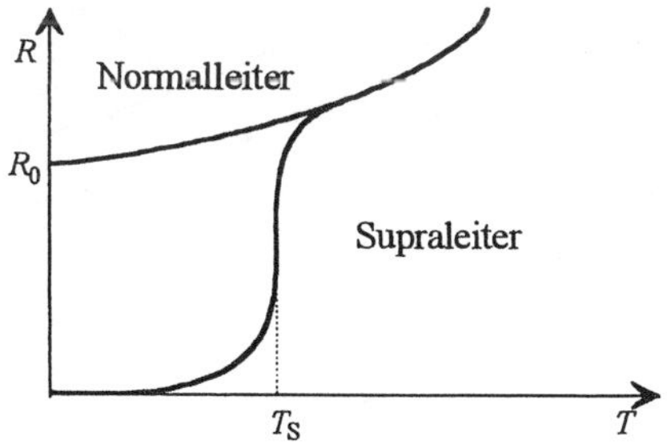

Bild 1.62 Temperaturabhängigkeit des Widerstandes von Normal- und Supraleiter

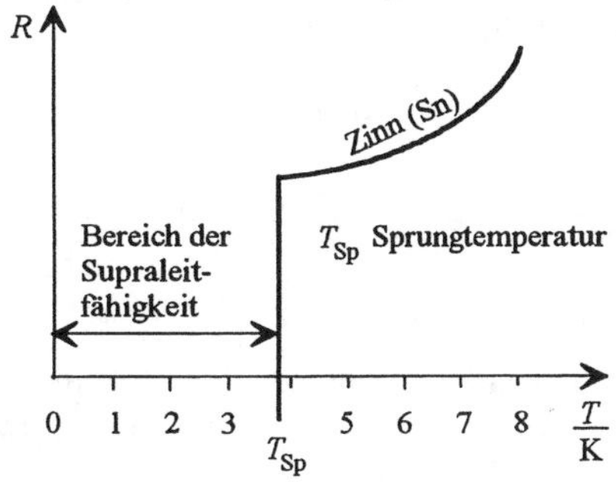

Bild 1.63 Bereich der Supraleitfähigkeit für Zinn [1]

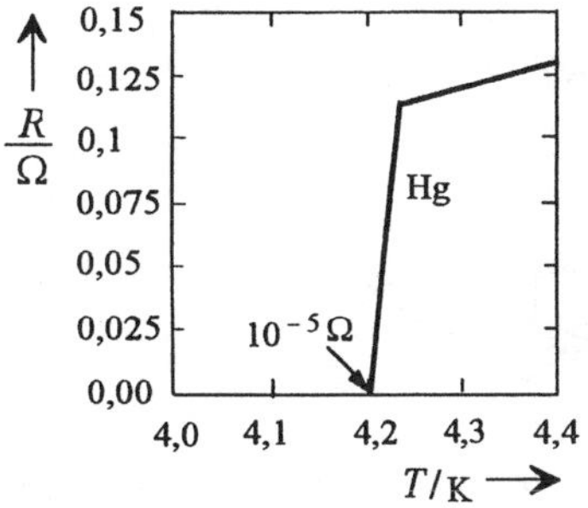

Bild 1.64 Bereich der Supraleitfähigkeit von Quecksilber [3].

❑ **Beispiel 1.19 [27]**

Der Glühfaden einer Wolframlampe hat bei 20 °C einen Widerstand von 80 Ω.

1. Wie groß ist sein Widerstand bei 2200 °C?
2. In welchem Verhältnis stehen bei 20 °C und bei 2200 °C die Ströme zueinander? ($\alpha_{20} = 4{,}1 \cdot 10^{-3}\ \mathrm{K}^{-1}$).

Lösung:

zu 1.

$$R_{2200} = R_{20}(1 + \alpha_{20}\Delta\vartheta)$$

$$R_{2200} = 80\,\Omega\left[1 + 0{,}0041\,K^{-1}(2200 - 20)\,\mathrm{K}\right]$$

$$R_{2200} = 795\,\Omega$$

zu 2. Sind in beiden Fällen die Spannungen gleich, so kann geschrieben werden:

$$I_{20}\,R_{20} = I_{2200}\,R_{2200}$$

$$\frac{I_{20}}{I_{2200}} = \frac{R_{2200}}{R_{20}} = \frac{795\,\Omega}{80\,\Omega} = 9{,}94$$

$$I_{20} \approx 10 \cdot I_{2200}$$

Die Glühlampe nimmt im Einschaltmoment etwa den 10fachen Strom gegenüber dem Strom im Glühzustand auf.
Den Verlauf R = f (ϑ) einer Glühlampe 100 W/230 V zeigt Bild 1.65.

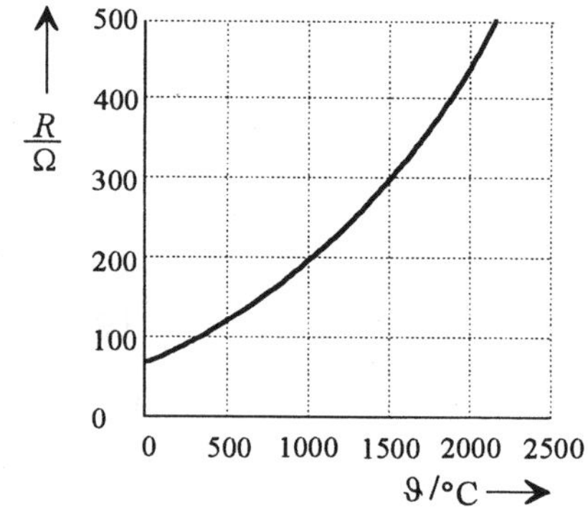

Bild 1.65 $R = f(\vartheta)$ der Glühlampe 100 W/230 V

❑ **Beispiel 1.20** [11]

Gegeben ist eine Kupferwicklung mit einem Widerstand von 100 Ω bei 20 °C.
1. Wie groß ist der Widerstand bei 60 °C?
2. Wie groß ist der Widerstand bei – 40 °C?

Lösung:

zu 1. $\Delta R = R_{20}\,\alpha\,\Delta\vartheta$

$$\Delta R = 100\,\Omega \cdot 0{,}0039\,\frac{1}{\text{K}} \cdot 40\,\text{K}$$

$\Delta R = 15{,}6\,\Omega$ (Widerstandsänderung)

$$R = R_{20} + \Delta$$
$$R = 100\,\Omega + 15{,}6\,\Omega$$
$$R = 115{,}6\,\Omega$$

zu 2. $\Delta R = R_{20}\,\alpha\,\Delta\vartheta$

$$\Delta R = 100\,\Omega \cdot 0{,}0039\,\frac{1}{\text{K}} \cdot 60\,\text{K} = 23{,}4\,\Omega$$

$$R = R_{20} - \Delta R = 76{,}6\,\Omega$$

❑**Beispiel 1.21 [11]**

Es ist ein Kohlewiderstand mit folgenden Daten gegeben: $R_{20} = 1000\,\Omega, \alpha_{20} = -0{,}0004\,\text{K}^{-1}$

1. Welchen Widerstandwert hat dieser Widerstand bei 100 °C?
2. Welchen Wert nimmt der Widerstand bei $\vartheta = -30$ °C an?

Lösung:

zu 1. $\Delta R = R_{20}\,\alpha\,\Delta\vartheta$

$$\Delta R = 1000\,\Omega\left(-0{,}0004\,\text{K}^{-1}\right) 80\,\text{K}$$
$$\Delta R = -32\,\Omega$$

$$R = R_{20} + \Delta R = 936\,\Omega$$

zu 2. $\Delta R = R_{20}\,\alpha\,\Delta\vartheta$

$$\Delta R = 1000\,\Omega\left(-0{,}0004\,\text{K}^{-1} \cdot 50\,\text{K}\right)$$
$$\Delta R = -20\,\text{K}$$

$$R = R_{20} - \Delta R = 1020\,\Omega$$

Kennlinien. Den Verlauf $R = f(\vartheta)$ für Heißleiter nach Gl. (1.57) zeigt das Bild 1.66.

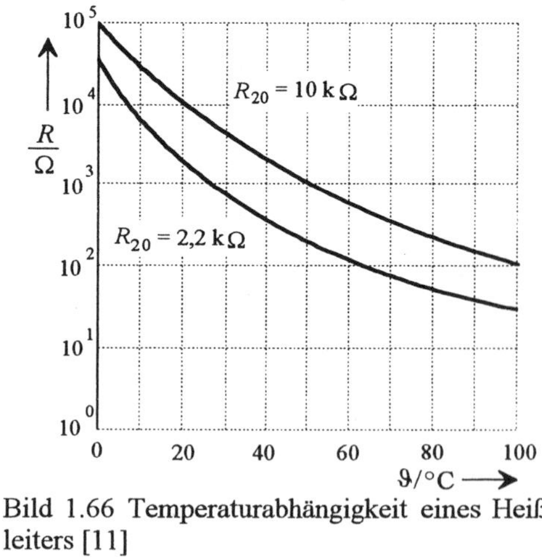

Bild 1.66 Temperaturabhängigkeit eines Heißleiters [11]

Den temperaturabhängigen Widerstandsverlauf $R = f(\vartheta)$ eines Kaltleiters nach Gl. (1.57) zeigt das Bild 1.67.

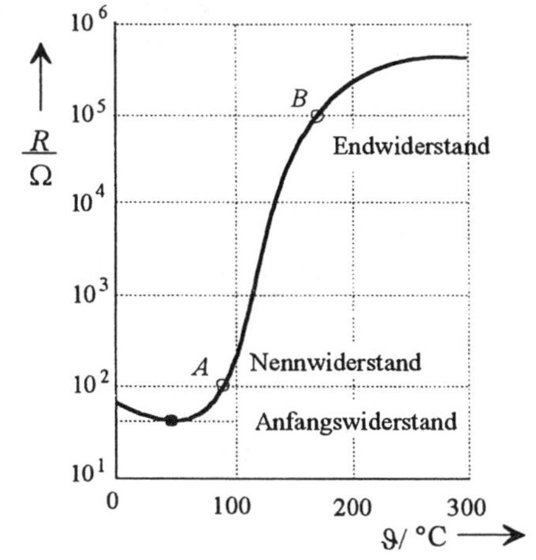

Bild 1.67 Temperaturabhängigkeit eines Kaltleiters [11]

Zwischen den Arbeitspunkten A und B der Kennlinie nach Bild 1.67 existiert ein linearer Bereich, der für Regelzwecke genutzt werden kann.

1.2.6.3 Definitionsgleichung und Ohmsches Gesetz

Ein elektrischer Leiter setzt der freien Bewegung der Ladung (Stromfluß) einen Widerstand entgegen. Diese Eigenschaft des Leiters wird durch die Größe *elektrischer Widerstand* gekennzeichnet.
Er ist um so größer,

- je mehr Energie für das Durchtreiben einer bestimmten Ladung nötig bzw.
- je höher der Spannungsabfall u_{AB} zwischen zwei Punkten A und B des Leiters bei einem bestimmten Strom I ist.

Proportionalitätsfaktor. Auf experimentellem Wege wurde nachgewiesen, daß zwischen dem Leitwert elektrischer Stoffe, der Spannung und dem Strom ein gesetzmäßiger Zusammenhang besteht.

Betrachtet man zeitunabhängige Größen, gilt:

$$\boxed{I = G\,U_{AB}} \quad (1.58) \qquad \boxed{G = \frac{I}{U_{AB}}} \quad (1.59)$$

Definitionsgleichung. Die Definitionsgleichung des elektrischen Widerstandes lautet:

$$\boxed{R_{AB} = \frac{U_{AB}}{I}} \quad (1.60)$$

Schaltzeichen:

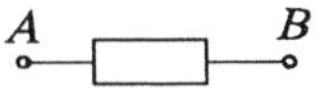

$$[R] = \frac{1\,\text{V}}{1\,\text{A}} = 1\,\Omega \text{ (Ohm)}$$

Allgemein gilt:

$$\boxed{u = R\,i} \quad (1.61)$$

Ohmsches Gesetz. Ist der elektrische Widerstand unabhängig von der Größe des fließenden Stromes, spricht man von einem ohmschen Widerstand. Es gilt das Ohmsche Gesetz.

$$\boxed{R = \frac{u}{i} = \text{konst.}} \quad (1.62)$$

Hinweis: Metallische Leiter verhalten sich bei konstanter Temperatur annähernd wie ein ohmscher Widerstand.

1.2.6.4 Strom-Spannungs-Kennlinien

Linearer Widerstand und linearer Leitwert. Bei einem linearen Widerstand verläuft die Strom-Spannungs-Kennlinie linear.
Sie ist eine Gerade, die durch den Nullpunkt des Koordinatensystems geht und deren Anstieg durch den Widerstand (R = konst.) bzw. Leitwert (G = konst.) bestimmt wird (Bild 1.68 und 1.69).

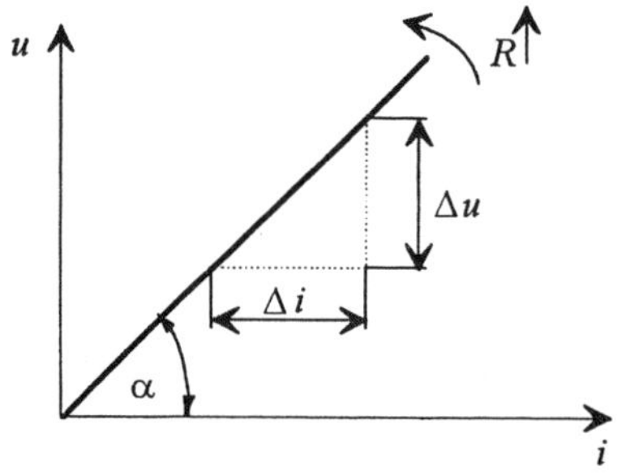

$$\tan\alpha = \frac{\Delta u}{\Delta i} \sim R$$

Bild 1.68 Kennlinie eines linearen Widerstandes

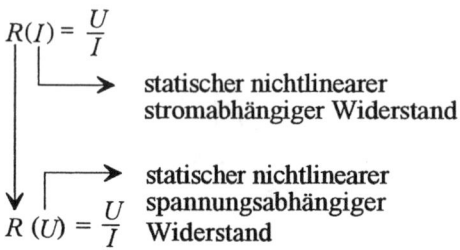

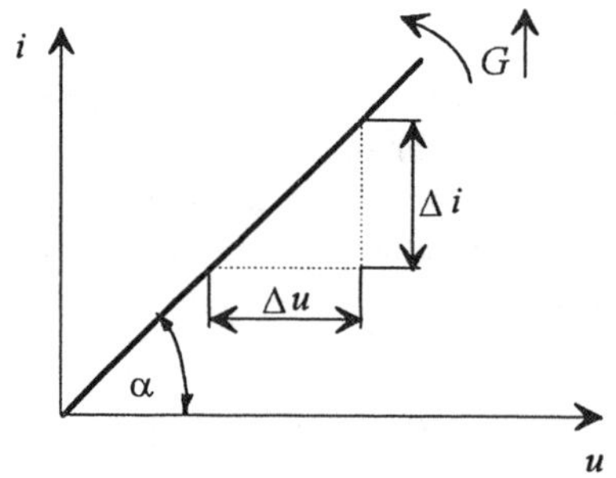

$$\tan\alpha = \frac{\Delta i}{\Delta u} \sim G$$

Bild 1.69 Kennlinie eines linearen Leitwertes

Nichtlinearer Widerstand und nichtlinearer Leitwert. Nichtlineare Widerstände sind Schaltelemente deren Strom-Spannungs-Kennlinie nichtlinear verläuft. Der Widerstand ist nicht konstant, sondern abhängig von der Größe des fließenden Stromes bzw. der angelegten Spannung.

$R(I) = \frac{U}{I}$ → statischer nichtlinearer stromabhängiger Widerstand

$R(U) = \frac{U}{I}$ → statischer nichtlinearer spannungsabhängiger Widerstand

Ursachen dieser Nichtlinearität sind:

- Einfluß der Temperatur (siehe Abschnitt 1.2.6.2)
- Einfluß von Licht, Druck und Magnetfeld
- Einfluß der Richtung des Stromes (z.B. Gleichrichter)

Typische Beispiele nichtlinearer Schaltelemente sind Halbleiterbauelemente, spannungs- oder temperaturabhängige Widerstände, Spulen mit Eisenkern, Gasentladungsröhren.

Nach der Form der Kennlinie unterscheidet man

- *symmetrische* und
- *unsymmetrische* Schaltelemente.

Symmetrische Schaltelemente. Symmetrischen Schaltelemente weisen eine symmetrische Kennlinie bezüglich der Nullachse auf. Der Widerstand ist unabhängig von der Stromrichtung.

Unsymmetrische Schaltelemente. Unsymmetrische Schaltelemente weisen eine unsymmetrische Kennlinie bezüglich der Nullachse auf. Der Widerstand ist abhängig von der Stromrichtung. Dazu gehören z.B. die Gleichrichter.
Die Bilder 1.70 und 1.71 zeigen *U-I*-Kennlinien von nichtlinearen Schaltelementen.

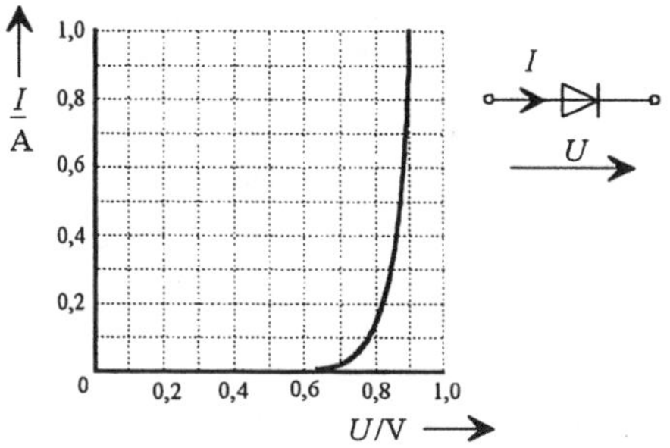

Bild 1.70 *I-U*-Kennlinie einer Si-Diode

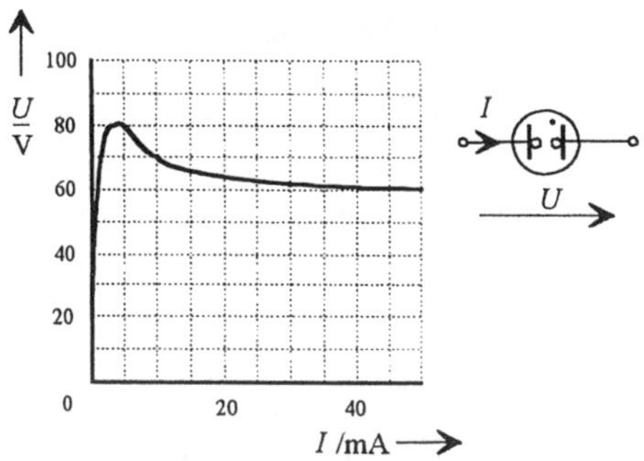

Bild 1.71 *U-I*-Kennlinie einer Glimmlampe

Technische Anwendungen. Schaltelemente mit nichtlinearer Strom-Spannungs-Kennlinie werden für Regelzwecke ausgenutzt, z.B. um bei einer auftretenden Spannungserhöhung den Strom mittels Widerstandserhöhung zu begrenzen. Dafür werden vorwiegend *Kaltleiter* verwendet. Wie der Name bereits ausdrückt, sind derartige Schaltelemente im kalten Zustand besser leitend, als im warmen Zustand.

Die größte Widerstandsänderung tritt unterhalb des Glühpunktes auf.
Ein besonderes Kennlinienverhalten zeigt chemisch reines Eisen. In einem bestimmten Belastungsbereich ergibt sich ein Widerstandsanstieg derart, daß man damit einen Strom konstant halten kann. In diesem Regelbereich steigt der Widerstand nahezu konstant mit der Spannung an (Bild 1.72).

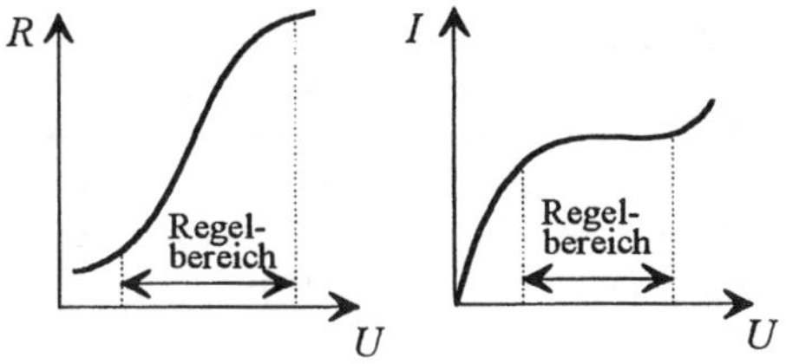

Bild 1.72 Kennlinien eines Eisenwiderstandes

Auch das entgegengesetzte Verhalten eines Widerstandes mit negativem Temperaturkoeffizienten wird zu Regelzwecken benutzt. Im Bild 1.73 sind dazu die Kennlinien eines *Heißleiters* (auch *Thermistor* genannt) dargestellt.

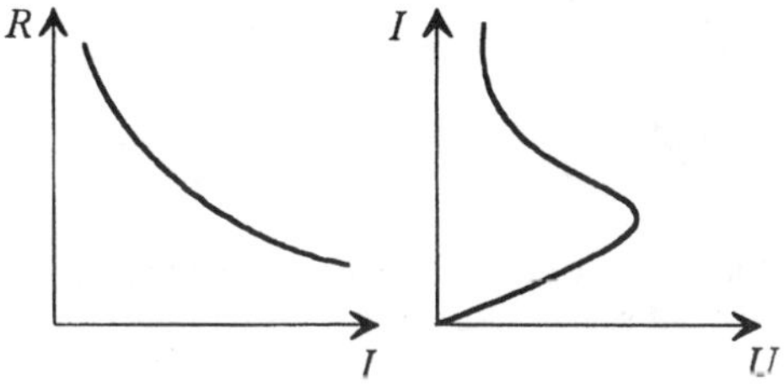

Bild 1.73 Kennlinien eines Heißleiters

Kenngrößen der Nichtlinearität. Da sich bei den nichtlinearen Kennlinien der Anstieg von Punkt zu Punkt ändert, sind zu deren Charakterisierung zwei *Kenngrößen* erforderlich:

- Gleichstromwiderstand
- differentieller Widerstand

Der *Gleichstromwiderstand* ist der Anstieg der Sekante im Arbeitspunkt A.
Der *differentielle* oder *dynamische Widerstand* entspricht der Ableitung der U-I-Kennlinie in dem betreffenden Arbeitspunkt und ist somit dem Anstieg der Tangente in diesem Punkt proportional.

- Der differentielle Widerstand kann sowohl positiv als auch negativ sein.
- Der Gleichstromwiderstand ist immer positiv.

Dieser Sachverhalt soll anhand zweier Kennlinien erläutert werden.
Im Bild 1.74 ist eine nichtlineare Strom-Spannungs-Kennlinie mit positivem Anstieg dargestellt.

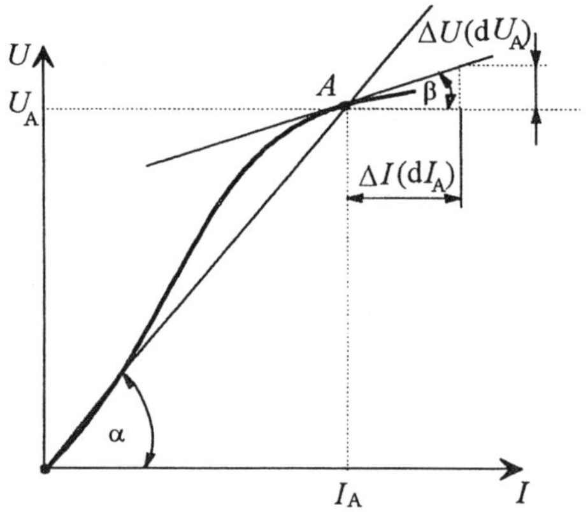

Bild 1.74 Nichtlineare Strom-Spannungs-Kennlinie mit ständig positivem Anstieg.

- Der Gleichstromwiderstand ist proportional dem tan α.

$$R = \frac{U_A}{I_A} \sim \tan\alpha$$

- Der differentielle Widerstand ist proportional dem tan β.

$$r_\mathrm{d} = \frac{\mathrm{d}U_A}{\mathrm{d}I_A} \sim \tan\beta$$

Im Bild 1.75 ist eine Strom-Spannungs-Kennlinie dargestellt, die in einem bestimmten Bereich eine fallende Charakteristik aufweist.

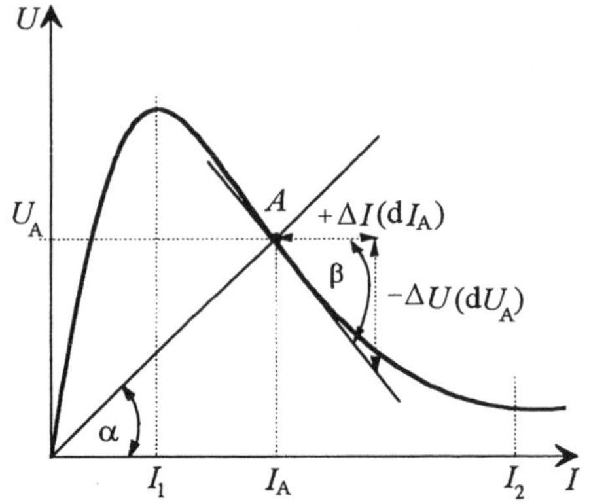

Bild 1.75 Nichtlineare Strom-Spannungs-Kennlinie mit positivem und negativem Anstieg

Für den Bereich von I_1 bis I_2 gilt:

- Gleichstromwiderstand:

$$R = \frac{U_A}{I_A} \sim \tan\alpha$$

- Differentieller Widerstand:

$$r_\mathrm{d} = \frac{-\mathrm{d}U_A}{\mathrm{d}I_A} \sim \tan\beta$$

In diesem Fall ist der differentielle Widerstand negativ, während der Gleichstromwiderstand positiv bleibt. Man spricht daher von einem negativen Widerstand.

Maßstabsfragen, Kennliniendiskussion. Werden die Kennlinien nichtlinearer Schaltelemente genutzt, um Werte für statische oder dynamische Widerstände bzw. Leitwerte zu bestimmen, sind die Maßstäbe an den Koordinatenachsen zu beachten. Zur Erläuterung wird Bild 1.76 betrachtet [18].

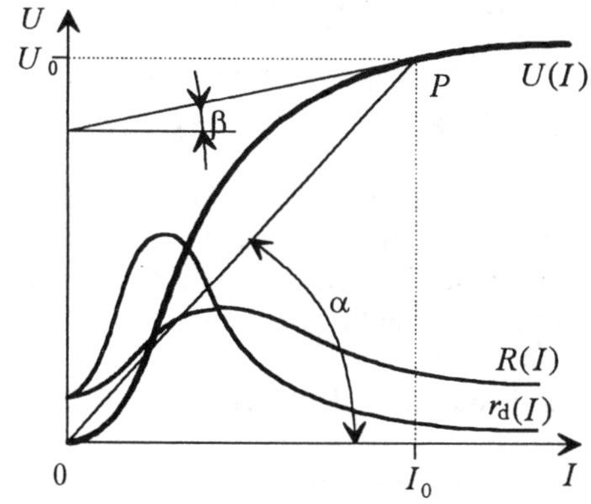

Bild 1.76 Strom-Spannungs-Kennlinie sowie Verlauf von $R(I)$ und $r_d(I)$ eines nichtlinearen Schaltelements [18]

Für einen beliebigen Punkt P im Bild 1.76 gilt:

$$\tan\alpha = \frac{m_u U}{m_i I}$$

m_u Maßstab der Spannung in cm/V
m_i Maßstab des Stromes in cm/A

Nach einer Umstellung entsteht:

$$\frac{U}{I} = \frac{m_i}{m_u}\tan\alpha = R(I)$$

Weiterhin gilt:

$$G(I) = \frac{m_u}{m_i}\cot\alpha$$

Führt man die Proportionalitätskonstanten k_1 und k_2 ein, entsteht:

$$R(I) = k_1 \tan\alpha$$

bzw.

$$G(I) = k_2 \cot\alpha$$

Ändert sich die angelegte Spannung U_0 um einen bestimmten Wert ΔU, so wird sich auch der Strom I_0 um einen Wert ΔI ändern, d.h., das Verhältnis der Änderungen

$$R_\Delta(I_0) = \frac{\Delta U}{\Delta I}$$

ist vom Arbeitspunkt I_0 bzw. U_0 abhängig.

Durch die Grenzwertbetrachtung ($\Delta U \to 0$) erhält man den differentiellen Widerstand bzw. Leitwert im Arbeitspunkt.

$$r_d(I_0) = \frac{dU}{dI}$$

$$g_d(U_0) = \frac{dI}{dU}$$

Unter Berücksichtigung der Maßstäbe gilt:

$$r_d(I) = \frac{m_i}{m_u}\tan\beta = k_1 \tan\beta$$

bzw.

$$g_d(I) = \frac{m_u}{m_i}\cot\beta = k_2 \cot\beta$$

Schlußfolgerungen. Aus diesen Betrachtungen folgt für die statischen Kennlinien:

$$R(I)\,G(I) = 1$$

$$r_d(I)\,g_d(I) = 1$$

Wie Bild 1.76 zeigt, gilt:

$$R(I) \neq r_d(I)$$

$$G(I) \neq g_d(I)$$

- Bei einem *linearen Schaltelement* sind der statische und der differentielle Widerstand bzw. Leitwert gleich groß.

$$\alpha = \frac{r_d}{R} = \frac{G}{g_d} = 1$$

- Bei nichtlinearen Elementen gilt dagegen:

$$\alpha = \frac{r_d}{R} = \frac{G}{g_d} \neq 1$$

Die Größe α mit der Einheit 1 dient zur Beurteilung der Nichtlinearität.
Je ausgeprägter die Abweichung der Größe α von 1 ist, desto ausgeprägter ist die Nichtlinearität. Aus

$$\alpha = \frac{r_d}{R} = \frac{\frac{dU}{dI}}{\frac{U}{I}}$$

folgt:

$$\frac{dU}{dI} = \alpha \frac{U}{I}$$

$$\frac{dU}{U} = \alpha \frac{dI}{I}$$

Werden beide Seiten dieser Gleichung integriert, erhält man:

$$\ln U = \alpha \ln I + \ln C = \ln(C I^{\alpha})$$

$\ln C$ Integrationskonstante

Mit einer weiteren Umformung entsteht eine Gleichung zur Beurteilung der Nichtlinearität von Kennlinien.

$$\boxed{U = CI^{\alpha}} \qquad (1.63)$$

Je mehr α von 1 abweicht, um so mehr weicht die Kennlinie von einer Geraden ab, um so größer ist die Nichtlinearität.

Verwendet man den reziproken Wert von α zur Beurteilung der Nichlinearität, so gilt folgender Ansatz:

$$\beta = \frac{R}{r_d} = \frac{g_d}{G} = \frac{1}{\alpha}$$

Daraus folgt:

$$\boxed{I = C' U^{\beta}} \qquad (1.64)$$

1.2.7 Elektrische Stromdichte

1.2.7.1 Zusammenhang zwischen Stromdichte und Stromstärke

Strömungslinien. Um den Zusammenhang zwischen Stromdichte und Stromstärke zu verdeutlichen, wird die Verteilung des Stromes innerhalb eines Leiterquerschnittes untersucht.
Man denkt sich den gesamten Strom in einzelne Teilströme Δi aufgeteilt, wobei jeder Teilstrom in einer *Stromröhre* fließt.
Die Spuren der Ladungsträger bei der Bewegung durch diese Stromröhren bilden die *Strömungslinien* (Bild 1.77).

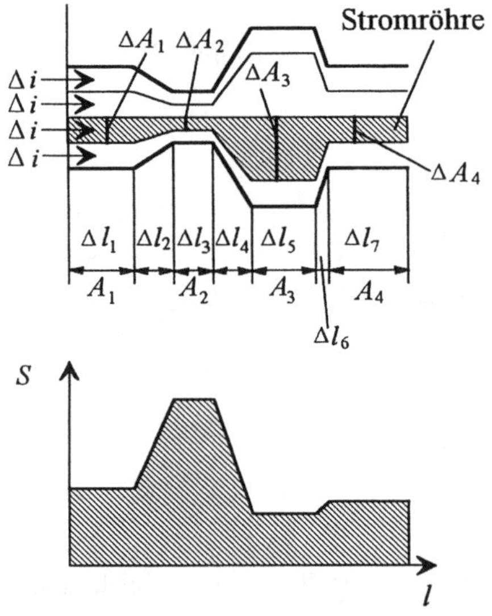

Bild 1.77 Verlauf der Stromdichte in einem Leiter mit unterschiedlichen Querschnitten

Stromdichte. Wie aus dem Bild 1.77 hervorgeht, ist bei einer hohen Liniendichte die Stromdichte sehr groß. Bezogen auf die senkrecht vom Strom durchflossene Fläche, gilt folgender Zusammenhang:

$$S = \frac{\Delta i}{\Delta A_{\perp}}$$

Betrachtet man ein infinitesimal kleines Flächenelement dA, welches von einen differentiellen Teilstrom di durchsetzt wird, lautet die Stromdichte in jedem Punkt des Leiters:

$$\boxed{S = \frac{\mathrm{d}i}{\mathrm{d}A_{\perp}}} \qquad (1.65)$$

Vektorcharakter. Betrachtet man die Strömungslinien als Bahnen der Ladungsträger, kann neben deren Dichte in jedem Punkt des Leiters eine Richtung angegeben werden. Dazu wird tangential zur Strömungslinie in jedem Punkt ein Feldvektor eingeführt, der als *Strömungsvektor* oder *Stromdichtevektor* bezeichnet wird (Bild 1.78).

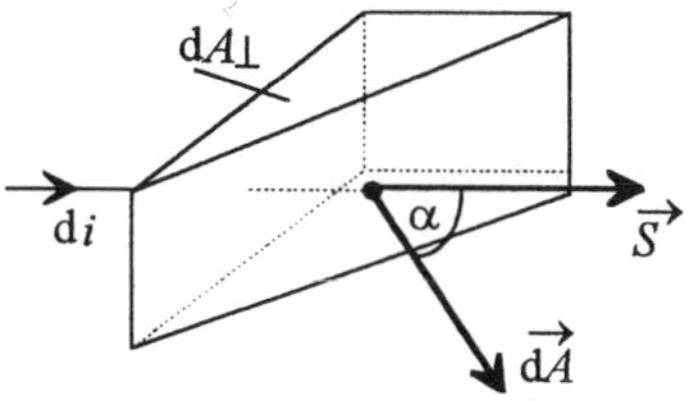

Bild 1.78 Stromdichtevektor, der ein Flächenelement dA durchsetzt

Der Stromfluß durch das Flächenelement läßt sich als Skalarprodukt angeben.

$$\mathrm{d}i = \vec{S} \cdot \vec{dA}$$

Für den Gesamtstrom durch einen Leiter gilt demnach:

$$\boxed{i = \int \vec{S} \cdot \vec{dA}} \qquad (1.66)$$

Ist der Querschnitt des Leiters homogen, verlaufen die Strömungslinien parallel zueinander. Es gilt dann:

$$\boxed{i = S A_{\perp}} \quad (1.67) \quad \text{bzw.} \quad \boxed{S = \frac{i}{A_{\perp}}} \quad (1.68)$$

Die Maßeinheit des Betrages der Stromdichte ist:

$$[S] = \frac{[i]}{[A]} = \frac{1\,\mathrm{A}}{1\,\mathrm{m}^2}$$

Praktisch übliche Einheiten sind:

$$[S] = \mathrm{A/cm^2},\ \mathrm{A/mm^2}$$

| Die Stromdichte ist ein Maß für die elektrische Belastbarkeit eines Leiters zur Vermeidung unzulässig hoher Erwärmung.

Die Stromdichte ist, wie u.a. die Kraft und die elektrische Feldstärke, eine vektorielle Größe. Größenvorstellungen für praktische Stromdichtewerte sind der Tabelle 1.4 zu entnehmen.

Tabelle 1.4 Stromdichtewerte einiger ausgewählter Leiterquerschnitte [1]

Querschnitt	Stromdichte bei isolierten Leitungen		Elektrische Belastbarkeit	
A/mm^2	$S/A{\cdot}\mathrm{mm}^{-2}$		I/A	
1	12	-	12	
1,5	10,7	-	16	
2,5	8,4	6,4	21	16
4	6,8	5,25	27	21

❑ **Beispiel 1.22 [27]**

Der Anschluß einer Zylinderelektrode erfolgt über einen Leiter, der sich konisch erweitert. Für das Durchmesserverhältnis gilt:
$d_1 : d_2 = 1 : 6$

Es ist der Verlauf der normierten Stromdichte als Funktion des bezogenen Abstandes x/l zu berechnen.

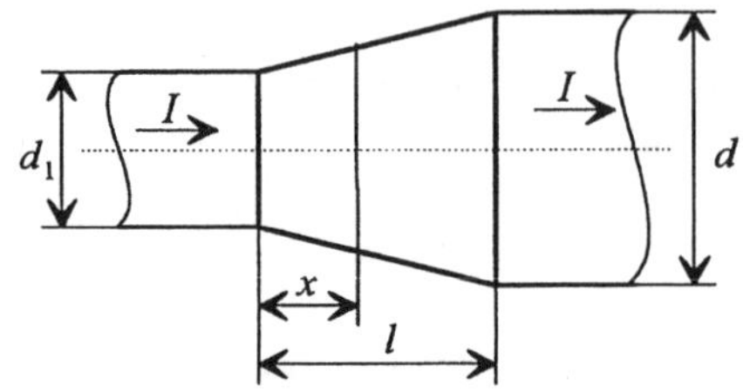

Bild 1.79 Zylinderelektrode zur Berechnung der Stromdichte

Lösung:

$$S_x = \frac{I}{A_x} = \frac{I}{\frac{d_x^2 \pi}{4}}$$

$$d_x = d_1 + cx$$

Für $d_x = d_2$ gilt $x = l$:

$$d_2 = d_1 + cl$$

$$c = \frac{d_2 - d_1}{l}$$

Somit gilt:

$$d_x = d_1 + \frac{d_2 - d_1}{l} x$$

$$d_x = d_1 \left[1 + \left(\frac{d_2}{d_1} - 1 \right) \frac{x}{l} \right]$$

Diese Gleichung wird in die Ausgangsgleichung eingesetzt:

$$S_x = \underbrace{\frac{I}{\frac{\pi d_1^2}{4}}}_{S_1} \frac{1}{\left[1 + \left(\frac{d_2}{d_1} - 1 \right) \frac{x}{l} \right]^2}$$

$$\frac{S_x}{S_1} = \frac{1}{\left[1 + \left(\frac{d_2}{d_1} - 1 \right) \frac{x}{l} \right]^2} \quad \Leftarrow \quad \frac{d_2}{d_1} = 6$$

$$\frac{S_x}{S_1} = \frac{1}{\left[1 + 5 \frac{x}{l} \right]^2}$$

Wertetabelle:

$\frac{x}{l}$	0	0,1	0,2	0,4	1
$\frac{S_x}{S_1}$	1	0,45	0,25	0,11	0,03

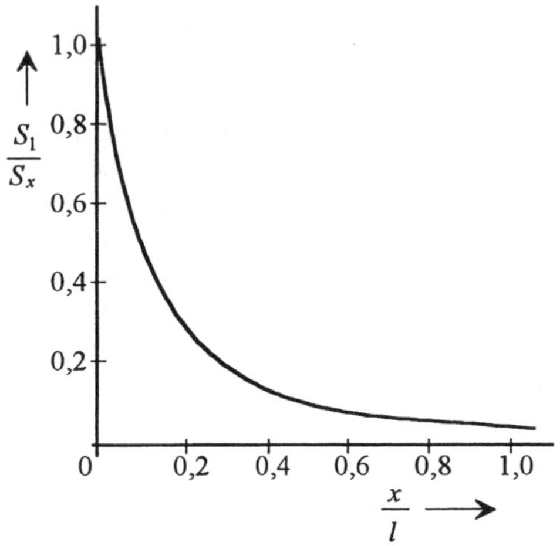

Bild 1.80 Stromdichte in einer Zylinderelektrode gemäß Bild 1.79

1.2.7.2 Widerstandsberechnungen bei inhomogenen Strukturen

Unter inhomogenen Strukturen sollen für die Praxis (Starkstrom-Anlagenbau) wichtige Leiteranordnungen verstanden werden, bei denen z.B. der elektrische Widerstand infolge des inhomogenen Verlaufes der Strömungslinien vom Radius oder von einem bestimmten Winkel abhängig ist.
Grundlage für die Berechnung bildet die Bemessungsgleichung (1.51). Diese Gleichung gilt für homogenen Verlauf der Strömungslinien im Leiter. Für inhomogenen Verlauf kann man den Raumbereich, in dem sich die Strömungslinien ausbreiten, infinitesimal klein betrachten.
Für eine Berechnung nimmt man dann nä-

herungsweise homogene Feldverhältnisse an. Dieses Anliegen soll anhand von drei Beispielen verständlich gemacht werden [30].

❑ **Beispiel 1.23 [30]**

Gegeben ist ein Rohr (Bild 1.81) mit folgenden technischen Daten:

l Länge des Rohres
κ Leitfähigkeit
r_1 Innenradius
r_2 Außenradius

Die Stirnseiten sind mit einem gut leitenden Material beschichtet.

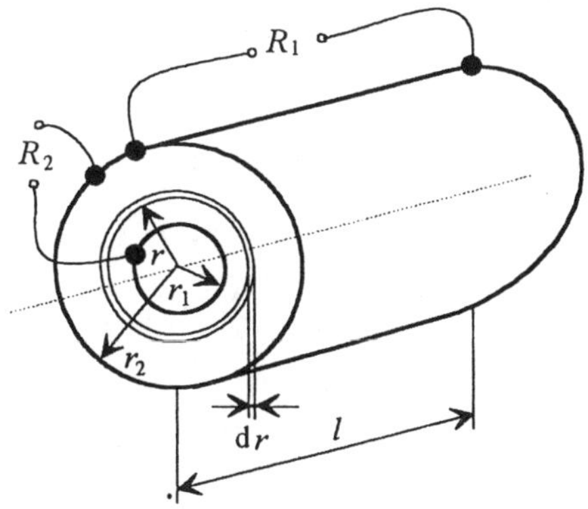

Bild 1.81 Skizze des elektrisch leitenden Rohres zum Beispiel 1.23

Es sind jeweils der elektrische Widerstand zwischen den beiden Stirnseiten und zwischen Innen- und Außenleiter zu berechnen.

Lösung:

Elektrischer Widerstand R_1 des Rohres zwischen den beiden Stirnseiten:

$$R_1 = \frac{l}{\kappa\pi\left(r_2^2 - r_1^2\right)}$$

Fließt der Strom nicht längs des Rohres, sondern vom Innen- zum Außenleiter, so gilt infolge des inhomogenen Verlaufes der elektrischen Strömungslinien unter Anwendung der Bemessungsgleichung (1.51).

$$\mathrm{d}R_2 = \frac{\mathrm{d}r}{A(r)\,\kappa} = \frac{\mathrm{d}r}{2\pi\, r\, l\, \kappa}$$

$$R_2 = \int_{r=r_1}^{r=r_2} \mathrm{d}R_2(r) = \int_{r_1}^{r_2} \frac{\mathrm{d}r}{2\pi r l \kappa}$$

$$R_2 = \frac{1}{2\pi l \kappa} \int_{r_1}^{r_2} \frac{\mathrm{d}r}{r} = \frac{1}{2\pi l \kappa}(\ln r_2 - \ln r_1)$$

$$\boxed{R_2 = \frac{\ln \frac{r_2}{r_1}}{2\pi l \kappa}}$$

❑ **Beispiel 1.24 [30]**

Gegeben ist ein halbkreisförmig gebogener Leiter mit rechteckigem Querschnitt (Bild 1.82).

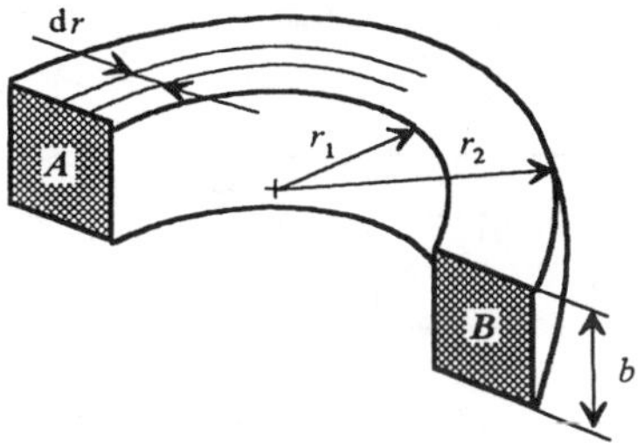

Bild 1.82 Halbkreisförmiger elektrischer Leiter

Die Leitfähigkeit ist vom Radius r abhängig und genügt der folgenden Funktion:

$$\kappa(r) = \kappa_0\left(1 + \frac{r}{r_1}\right)$$

Zu berechnen ist der elektrische Widerstand R zwischen den Flächen A und B.

Lösung:

Der Ansatz für einen Teilwiderstand dR lautet:

$$\mathrm{d}R(r) = \frac{l(r)}{\mathrm{d}A\,\kappa(r)} = \frac{\pi r}{b\,\mathrm{d}r\,\kappa(r)}$$

Der Gesamtwiderstand entspricht einer Parallelschaltung dieser einzelnen Teilwiderstände. Deshalb ist es günstiger, mit den Leitwerten zu rechnen.

$$\mathrm{d}G(r) = \frac{1}{\mathrm{d}R(r)} = \frac{b\,\kappa(r)\,\mathrm{d}r}{\pi r}$$

$$G_{AB} = \int_{r=r_1}^{r=r_2} \mathrm{d}\,G(r) = \frac{b}{\pi}\int_{r_1}^{r_2} \frac{\kappa(r)}{r}\mathrm{d}r$$

Darin wird die gegebene Gleichung für $\kappa(r)$ eingesetzt.

$$G_{AB} = \frac{b\,\kappa_0}{\pi}\int_{r_1}^{r_2} \frac{(1+\frac{r}{r_1})}{r}\mathrm{d}r$$

$$G_{AB} = \frac{b\,\kappa_0}{\pi}\int_{r_1}^{r_2} \frac{\mathrm{d}r}{r} + \frac{b\,\kappa_0}{\pi r_1}\int_{r_1}^{r_2}\mathrm{d}r$$

$$G_{AB} = \frac{b\,\kappa_0}{\pi}\left(\ln\frac{r_2}{r_1} + \frac{r_2 - r_1}{r_1}\right)$$

$$\boxed{R_{AB} = \frac{\pi r_1}{b\,\kappa_0\left(r_1 \ln\frac{r_2}{r_1} + r_2 - r_1\right)}}$$

❑ Beispiel 1.25 [30]

Der elektrische Widerstand eines Keiles gemäß Bild 1.83 ist zu berechnen. Der Keil ist aus Materialien unterschiedlicher Leitfähigkeit zusammengesetzt.

Lösung:

Der inhomogene Widerstandsverlauf setzt sich aus zwei Teilwiderständen zusammen.

Für den Widerstand R_1 mit κ_1 gilt:

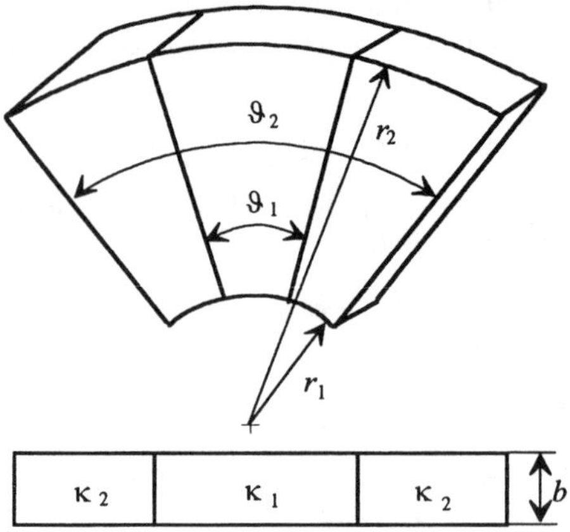

Bild 1.83 Skizze des Keils zum Beispiel 1.25

$$\mathrm{d}R_1(r) = \frac{\mathrm{d}r}{b\,r\,\vartheta_1\,\kappa_1}$$

$$R_1 = \int_{r=r_1}^{r=r_2} \mathrm{d}R(r) = \frac{1}{b\,\vartheta_1\,\kappa_1}\int_{r_1}^{r_2}\frac{\mathrm{d}r}{r}$$

$$R_1 = \frac{\ln\frac{r_2}{r_1}}{b\,\vartheta_1\,\kappa_1}$$

Daraus folgt für R_2:

$$R_2 = \frac{\ln\frac{r_2}{r_1}}{b\,(\vartheta_2 - \vartheta_1)\,\kappa_2}$$

Der Gesamtwiderstand R wird über die Addition der Leitwerte ermittelt.

$$G = G_1 + G_2 = \frac{b\,(\vartheta_1\,\kappa_1 + \vartheta_2\,\kappa_2 - \vartheta_1\,\kappa_2)}{\ln\frac{r_2}{r_1}}$$

$$\boxed{R = \frac{\ln\frac{r_2}{r_1}}{b\,(\vartheta_1\,\kappa_1 + \vartheta_2\,\kappa_2 - \vartheta_1\,\kappa_2)}}$$

1.2.7.3 Zusammenhang zwischen Feldstärke und Stromdichte

Der Zusammenhang zwischen elektrischer Feldstärke und Stromdichte soll anhand einer Plattenanordnung, zwischen der sich ein leitfähiges Medium befindet, erläutert werden.

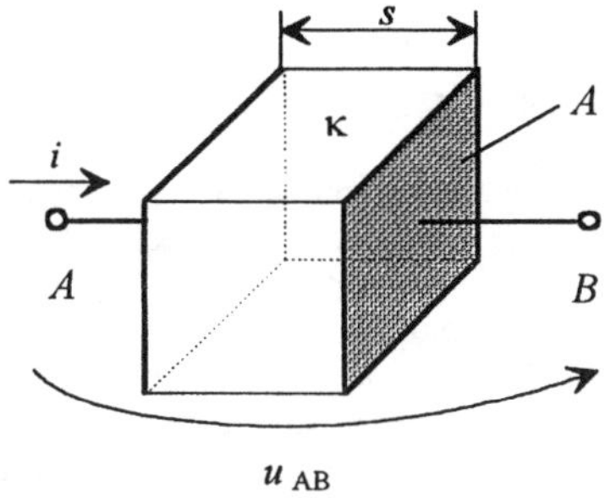

Bild 1.84 Plattenanordnung mit leitfähigem Medium

Für den Strom gilt nach dem Ohmschen Gesetz gemäß Gl. (1.59):

$$i = \frac{u_{AB}}{R_{AB}}$$

Der Widerstand R_{AB} kann mit Hilfe der Bemessungsgleichung (1.51) berechnet werden.

$$R_{AB} = \frac{l}{\kappa A_{\perp}}$$

Zusammenhang zwischen Feldstärke und Stromdichte. Mit Gl. (1.42) wurde ein Zusammenhang zwischen elektrischer Feldstärke und elektrischer Spannung definiert.
Für den vorliegenden Fall gilt:

$$E = \frac{u_{AB}}{s} \qquad u_{AB} = E s$$

Daraus folgt:

$$i = \frac{E s \kappa A_{\perp}}{s} = E \kappa A_{\perp}$$

$$\frac{i}{A_{\perp}} = \kappa E \qquad \frac{i}{A_{\perp}} = S$$

$$\boxed{S = \kappa E} \tag{1.69}$$

bzw.

$$\boxed{S = \frac{1}{\rho} E} \tag{1.70}$$

Die Gleichungen (1.69) und (1.70) lauten in Vektorschreibweise.

$$\boxed{\vec{S} = \kappa \vec{E}} \quad (1.71) \qquad \boxed{\vec{S} = \frac{1}{\rho} \vec{E}} \quad (1.72)$$

Materialgleichungen. Sind die elektrische Stromdichte und die elektrische Feldstärke bekannt, können daraus die spezifische Leitfähigkeit bzw. der spezifische Widerstand bestimmt werden.

$$\boxed{\kappa = \frac{S}{E}} \quad (1.73) \qquad \boxed{\rho = \frac{E}{S}} \quad (1.74)$$

Maßeinheiten. Daraus lassen sich auch die Einheiten für die Materialgrößen ableiten.

Einheit der elektrischen Leitfähigkeit:

$$\kappa = \frac{[S]}{[E]} = \frac{1\,\mathrm{A} \cdot 1\,\mathrm{m}}{1\,\mathrm{m}^2 \cdot 1\,\mathrm{V}} = \frac{1}{\Omega \cdot \mathrm{m}} = \frac{\mathrm{S}}{\mathrm{m}}$$

Einheit des spezifischen elektrischen Widerstandes:

$$[\rho] = \frac{1\,\text{V} \cdot 1\,\text{m}}{1\,\text{A}} = 1\,\Omega\cdot\text{m}$$

Die Gleichung (1.71) beschreibt den Zusammenhang beider vektorieller Größen an jeden Punkt des Raumgebietes, in dem sich die Strömungslinien ausbreiten.
Über die dazugehörige Betragsgleichung (1.69) lassen sich inhomogene Anordnungen berechnen.

❑ **Beispiel 1.26**

Es ist die Widerstandsanordnung gemäß Bild 1.80 erneut zu berechnen.

Lösung:

Mit Gl. (1.69) gilt:

$$S = \kappa E = \kappa \frac{\mathrm{d}u}{\mathrm{d}t}$$

Mit $S = \frac{i}{A}$ und $A = 2\,\pi\,r\,l$ folgt:

$$\kappa \frac{\mathrm{d}u}{\mathrm{d}r} = \frac{i}{2\,\pi\,r\,l}$$

$$\mathrm{d}u = \frac{i}{2\,\pi\kappa\,r\,l} \cdot \mathrm{d}r$$

Nach Integration beider Seiten entsteht:

$$\int \mathrm{d}u = \frac{i}{2\,\pi\,\kappa\,l} \int_{r_1}^{r_2} \frac{\mathrm{d}r}{r}$$

$$u = \frac{i}{2\,\pi\,\kappa\,l} [\ln r]_{r_1}^{r_2}$$

$$u = \frac{i}{2\,\pi\,\kappa\,l} (\ln r_2 - \ln r_1)$$

$$u = \frac{i}{2\,\pi\,\kappa\,l} \ln \frac{r_2}{r_1}$$

Bildet man nun den Quotienten aus der Spannung u und dem Strom i erhält man das gesuchte Ergebnis für den Widerstand R_2.

$$\frac{u}{i} = R_2 = \frac{\ln \frac{r_2}{r_1}}{2\,\pi\,\kappa\,l}$$

Das Ergebnis stimmt überein mit der Lösung nach Beispiel 1.23.

❑ **Beispiel 1.27**

Die Leitungsmaste von Hochspannungsfreileitungen werden geerdet. Bei bestimmten Störungsfällen (Erdschluß) im Netz, fließt vom Mast aus ein elektrischer Strom durch das Erdreich zum Nachbarmast oder zu einem entfernt liegenden Netzpunkt. Die Verbindung zur Erde wird durch Rohr- und Banderder hergestellt.
In der Praxis interessiert das elektrische Strömungsfeld in der Erde in unmittelbarer Nähe des Mastes.
Es ist eine Gleichung zur Berechnung der Schrittspannung (Gefährdung für den Menschen) im Störungsfall zu formulieren, wenn als Erder eine metallische Halbkugel mit dem Radius R verwendet wird.

Lösung:

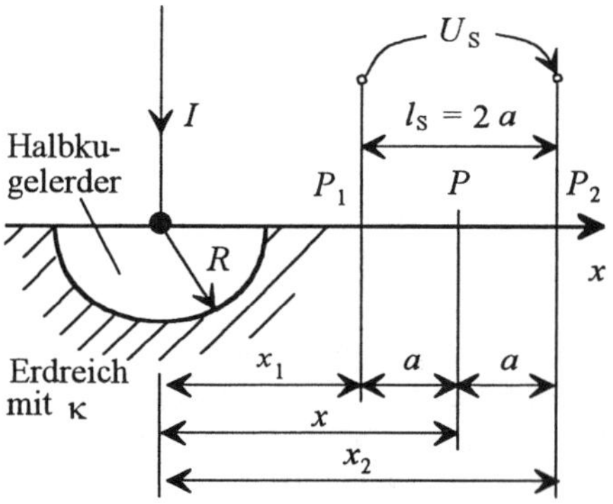

l_s Schrittlänge
U_S Schrittspannung
$x = x_1 + a$ und $x = x_2 - a$

Bild 1.85 Halbkugelerder mit Koordinaten zur Ermittlung der Schrittspannung

Bei der Berechnung der Schrittspannung geht man davon aus, daß eine Gegenelektrode gedanklich zur konzentrischen Halbkugelschale gebildet wird.

An der Stelle P gilt:

$$I = SA \quad \Rightarrow \quad A_{\text{Halbkugel}} = 2\,\pi x^2$$

$$S = \frac{I}{2\,\pi x^2} \quad \Rightarrow \quad S = \kappa E$$

Daraus folgt für die Feldstärke:

$$E = \frac{S}{\kappa} = \frac{I}{2\,\pi\kappa x^2}$$

Für das Potential im Punkt P an der Stelle x gilt:

$$\varphi(x) = -\int_0^x E\,\mathrm{d}x$$

$$U_S = \varphi(x_1) - \varphi(x_2)$$

$$U_S = -\int_0^{x_1} E\,\mathrm{d}x + \int_0^{x_2} E\,\mathrm{d}x$$

$$U_S = \int_{x_1}^{0} E\,\mathrm{d}x + \int_0^{x_2} E\,\mathrm{d}x = \int_{x_1}^{x_2} E\,\mathrm{d}x$$

$$U_S = \frac{I}{2\,\pi\kappa}\int_{x_1}^{x_2}\frac{\mathrm{d}x}{x^2} = \frac{I}{2\,\pi\kappa}\left[-\frac{1}{x}\right]_{x_1}^{x_2}$$

$$U_S = \frac{I}{2\,\pi\kappa}\left(-\frac{1}{x_2} + \frac{1}{x_1}\right)$$

$$\boxed{U_S = \frac{I}{2\,\pi\kappa}\left(\frac{1}{x_1} - \frac{1}{x_2}\right) = \frac{I}{2\,\pi\kappa}\left(\frac{x_2 - x_1}{x_1 x_2}\right)}$$

Mit $x_2 = x + a$ und $x_1 = x - a$ folgt:

$$\boxed{U_S = \frac{I}{\pi\kappa}\frac{a}{x^2 - a^2}}$$

Mit $I = 26{,}4$ A, $\kappa = 10^{-2}$ S/m, $2a = 0{,}70$ m und $x = 2{,}45$ m (Standort des Menschen) folgt:

$$U_S = \frac{26{,}4\text{A}\cdot 10^2\ \text{V}\cdot\text{m}}{\pi\cdot\text{A}}\left(\frac{0{,}35\ \text{m}}{2{,}45^2\,\text{m}^2 - 0{,}35^2\,\text{m}^2}\right)$$

$$U_S = 50\ \text{V}$$

Diskussion:

- Eine Gefährdung des Menschen darf durch die Schrittspannung nicht entstehen (die zulässige Grenzspannung beträgt nach VDE 0100 $U_S \le 50\,\text{V}$).
- Durch eine andere Elektrodenform können günstigere Verhältnisse geschaffen werden.
  Wird z.B. ein Kugelerder mit der Tiefe h in die Erde verlegt, so gilt für die Berührungsspannung folgende Gleichung:

$$U_S = \frac{I}{2\,\pi\kappa h}\left(\frac{1}{\sqrt{1 + \frac{(x-a)^2}{h^2}}} - \frac{1}{\sqrt{1 + \frac{(x+a)^2}{h^2}}}\right)$$

Bei einem Strom von $I = 2000$ A, $h = 10$ m bzw. $h = 20$ m, $\kappa = 10^{-2}$ S/m, $x = 7$ m und $2a = 0{,}8$ m ergeben sich 96 V und 25 V als Schrittspannungen. Man erkennt daraus welchen Einfluß die Verlegetiefe auf die Schrittspannung hat.

❑ Beispiel 1.28 [30]

Betrachtet wird eine kreisförmige, stromdurchflossene Platte mit einem Kontaktstift im Zentrum. Die Stromaustrittsstelle ist ein elektrisch leitender Mantel (Bild 1.86).

Es sind die Gleichungen zur Berechnung
der Stromdichte
der Feldstärke
der Spannung und
des Widerstandes aufzustellen.

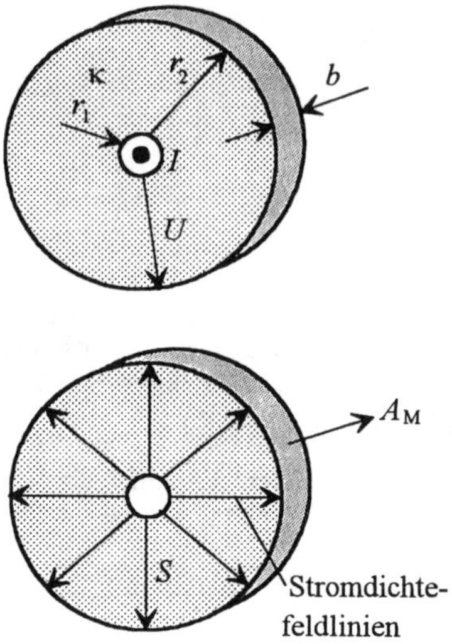

Bild 1.86 Kreisförmige, stromdurchflossene Platte [30]

Stromdichte $S(r)$:

Da das Strömungsfeld nur eine radiale Komponente besitzt, liefert das Skalarprodukt nur für die Mantelfläche einen von Null verschiedenen Betrag.

$$\int_A S\,\mathrm{d}A = S\,2\pi r b = I \quad \Rightarrow \quad \mathrm{d}A = \mathrm{d}r\,b$$

$$S = \frac{I}{2\pi r b}$$

Feldstärke $E(r)$:

$$E = \frac{1}{\kappa} S$$

$$E = \frac{I}{2\pi r b \kappa}$$

Elektrische Spannung $U(r)$:

$$U = \int_{r_1}^{r_2} E\,\mathrm{d}r = \frac{I}{2\pi b \kappa} \int_{r_1}^{r_2} \frac{\mathrm{d}r}{r}$$

$$U = \frac{I}{2\pi b \kappa} \ln \frac{r_2}{r_1}$$

Elektrischer Widerstand R:

$$R = \frac{U}{I} = \frac{\ln \frac{r_2}{r_1}}{2\pi b \kappa}$$

1.2.7.4 Zusammenhang zwischen Stromdichte und Kenngrößen der Ladung

Es wird eine Leiteranordnung mit konstantem Querschnitt A betrachtet.
Gemäß Gl. (1.20.1) gilt für die Ladung:

$$Q = \rho\, V = \rho A n$$

→ Volumen

→ Raumladungsdichte

Aus der Definitionsgleichung des elektrischen Stromes folgt:

$$i = \frac{Q}{t} = \frac{\rho A_\perp n}{t}$$

Darin ist $n/t = v$ die Raumladungsgeschwindigkeit.

Daraus folgt:

$$i = \rho A_\perp v$$

$$\frac{i}{A_\perp} = \rho v$$

bzw.

$$\boxed{S = \rho\, v} \tag{1.75}$$

Aus Gl. (1.20.1) folgt:

$$\boxed{i = \int \rho\, v\, \mathrm{d}A_\perp} \tag{1.76}$$

Die Stromdichte (Strom pro Fläche) ist proportional der Ladungsdichte und der Ladungsgeschwindigkeit.

❑ **Beispiel 1.29**

Mit welcher Geschwindigkeit v bewegen sich die Elektronen bei einer Stromdichte von $A = 4\ \text{A/mm}^2$ in einem linienhaften Leiter aus Silber mit $n = 1{,}2 \cdot 10^{23}$ freien Elektronen je cm^3?

Lösung:

Aus den Gleichungen

$$S = \rho v \qquad \rho = \frac{Q}{V} \qquad Q = n\, e$$

folgt:

$$v = \frac{S\, V}{n\, e} = \frac{4\,\text{A} \cdot 10^3\,\text{mm}^3}{\text{mm}^2 \cdot 1{,}2 \cdot 10^{23} \cdot 1{,}602 \cdot 10^{19}\,\text{A} \cdot \text{s}}$$

$$v = 0{,}21\,\text{mm/s}$$

1.2.8 Elektrische Leistung und Leistungsdichte

Die allgemeine Ausgangsgleichung ergibt sich aus der Energiegleichung. Sie besagt, daß sich die Leistung aus der zeitlichen Änderung der Energie berechnet.

$$p = \frac{\mathrm{d}W}{\mathrm{d}t}$$

Unter Verwendung der Definitionsgleichungen der elektrischen Spannung und des elektrischen Stromes nimmt die Energiegleichung die folgende Form an:

$$\mathrm{d}W = u\, i\, \mathrm{d}t$$

$$\boxed{W = \int u\, i\, \mathrm{d}t} \qquad (1.77)$$

Mit $\mathrm{d}W = p\, \mathrm{d}t$, gilt für die elektrische Leistung:

$$u\, i\, \mathrm{d}t = p\, \mathrm{d}t$$

$$\boxed{p = u\, i} \qquad (1.78)$$

$[p] = 1\,\text{V} \cdot 1\,\text{A} = 1\,\text{W}$ (Watt)

$[W] = 1\,\text{V} \cdot 1\,\text{A} \cdot 1\,\text{s} = 1\,\text{W} \cdot \text{s}$ (Wattsekunde)

Um einen Zusammenhang mit der elektrischen Feldstärke und der elektrischen Stromdichte herzustellen, wird die Gleichung $\mathrm{d}p = \mathrm{d}u\, \mathrm{d}i$ verwendet.

Ersetzt man die Größen $\mathrm{d}u$ und $\mathrm{d}i$ durch die Gleichungen:

$$\mathrm{d}i = S\, \mathrm{d}A_\perp$$

und

$$\mathrm{d}u = E\, \mathrm{d}n$$

entsteht:

$$\mathrm{d}p = E\, \mathrm{d}n\, S\, \mathrm{d}A_\perp$$

Mit der Gleichung

$$\mathrm{d}V = \mathrm{d}A_\perp\, \mathrm{d}n$$

ergibt sich:

$$\mathrm{d}p = E S\, \mathrm{d}V$$

Dividiert man durch $\mathrm{d}V$, läßt sich die *Leistungsdichte* berechen:

$$p_V = \frac{\mathrm{d}p}{\mathrm{d}V} = E\, S \qquad S = \kappa\, E$$

$$\boxed{p_V = \kappa\, E^2} \qquad (1.79)$$

$$\boxed{p_V = \frac{S^2}{\kappa}} \qquad (1.80)$$

2 Einfache Stromkreise

2.1 Kirchhoffsche Sätze

Die Kirchhoffschen Sätze (Kotenpunktsatz und Maschensatz) stellen fundamentale Grundsätze in der Elektrotechnik dar. Sie dienen zur Beschreibung der Strom-Spannungs-Beziehungen in einfachen Schaltungen und sind die Grundlage für Berechnungsalgorithmen in umfangreichen elektrotechnischen Schaltungen (Netzwerke).
Die Kirchhoffschen Sätze sind unmittelbares Handwerkszeug des Elektrotechnikers.

2.1.1 Knotenpunktsatz

Betrachtet man den elektrischen Strom i zunächst an Ladungsträger gebunden, so läßt sich der Knotenpunktsatz aus dem Satz der Erhaltung der Ladung ableiten. Dazu wird die vorgegebene Anzahl frei beweglicher Ladungsträger in einem Leiterstück durch eine Hüllenoberfläche erfaßt (Bild 2.1). Bei Zufluß von Ladungsträgern in die Hülle muß die gleiche Menge von Ladungen wieder abfließen, da es sonst zur Anhäufung von Ladungen in der Hülle käme. Dies ist jedoch nach dem Satz von der Erhaltung der Ladung ausgeschlossen. Diese Eigenschaft wird als *Kontinuität des elektrischen Stromes* bezeichnet.

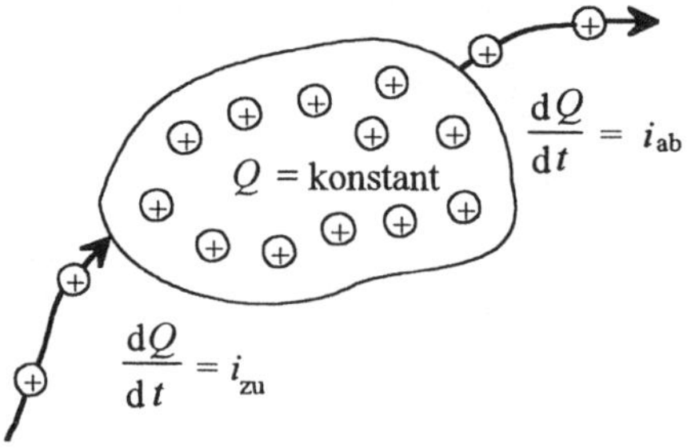

Bild 2.1 Kontinuität des elektrischen Stromes

In einem Knotenpunkt (durch die Hülle umfaßtes Volumen in Stromkreisen) ist die Summe der zufließenden Ströme gleich der Summe der abfließenden Ströme. Unter Anwendung der *Vorzeichenregel*

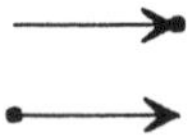

+ zufließende Ströme

– abfließende Ströme

lautet dazu die mathematische Formulierung:

$$i_{zu} = i_{ab}$$

$$i_{zu} - i_{ab} = 0$$

Verallgemeinert gilt:

Knotenpunktsatz
In einem Knotenpunkt ist die Summe aller Ströme unter Beachtung des Vorzeichens gleich Null.

$$\boxed{\sum_{\mu=1}^{n} i_{\mu} = 0} \qquad (2.1)$$

☐ **Beispiel 2.1**

Für den dargestellten Knotenpunkt ist der Knotenpunktsatz aufzustellen:

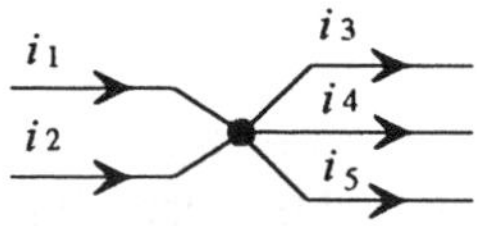

Bild 2.2 Schaltung zum Beispiel 2.1

Lösung:

$$i_1 + i_2 - i_3 - i_4 - i_5 = 0$$

bzw. $$i_1 + i_2 = i_3 + i_4 + i_5$$

2.1.2 Maschensatz

Bei der Bewegung der Ladungsträger durch den Leiter durchlaufen die Ladungen Bereiche unterschiedlichen Energieniveaus.
Betrachtet man den unverzweigten Stromkreis nach Bild 2.3, so kann man nach einem willkürlich vorgegebenen Umlaufsinn die Bewegung der Ladung durch den Stromkreis verfolgen.

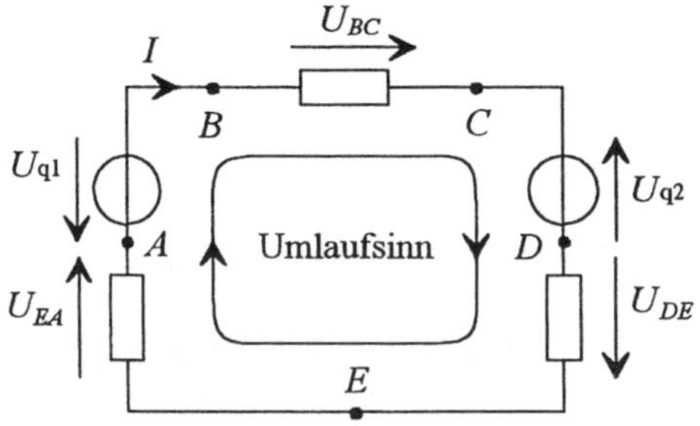

Bild 2.3 Umlaufsinn einer Masche

Dieser mögliche geschlossene Umlauf in Stromkreisen wird als *Masche* bezeichnet und muß dem Energieerhaltungssatz genügen:

$$\boxed{W_{zu} - W_{ab} = 0} \qquad (2.2)$$

Folgt man gedanklich der Bewegung einer Ladung, vom Punkt A aus beginnend, so erfährt diese Ladungsmenge ΔQ beim Durchlaufen der Spannungsquelle eine Energieerhöhung ΔW_{AB}, die in der Gl. (2.2) der Energie W_{zu} zuzuordnen ist. Bei der Bewegung der Ladungsmenge ΔQ durch den Widerstand wird die Energie ΔW_{BC} abgegeben, welche der Energie W_{ab} der Gleichung (2.2) zugeordnet werden muß.

Setzt man diese Überlegungen fort bis der Punkt A wieder erreicht ist (geschlossener Umlauf), so ergibt sich die Energiebilanz:

$$W_{zu} = W_{ab}$$

$$\Delta W_{AB} + \Delta W_{CD} = \Delta W_{BC} + \Delta W_{DE} + \Delta W_{EA}$$

Mit $\Delta W = U\,\Delta Q$ kann geschrieben werden:

$$U_{q_1}\Delta Q + U_{q_2}\Delta Q = U_{BC}\Delta Q + U_{DE}\Delta Q + U_{EA}\Delta Q$$

Nach dem Umstellen ergibt sich:

$$\underbrace{U_{BC} + U_{DE} + U_{EA}}_{\text{Spannungsabfall}} \underbrace{- U_{q_1} - U_{q_2}}_{\text{Quellenspannung}} = 0$$

Spannungsabfall Quellenspannung
\+ Vorzeichen –

Man erkennt, daß sich der Energieerhaltungssatz in einer Vorzeichenregel bei vorgegebenem Umlaufsinn widerspiegelt. Die Quellenspannungen erscheinen folglich wegen des Energieeintrages in den Stromkreis als negative Spannungen, während die Spannungsabfälle mit positiven Vorzeichen auftreten.

Eine Verallgemeinerung liefert die Aussage, daß in einer Masche die Spannungsangaben in Richtung des Umlaufsinns positives Vorzeichen erhalten, während für die Spannungsangaben entgegen dem Umlaufsinn negative Vorzeichen einzutragen sind. Dabei muß nicht mehr zwischen Spannungsabfall am Verbraucher und Quellenspannung unterschieden werden.

Verallgemeinert gilt:

Maschensatz
In einer Masche ist die Summe aller Spannungen unter Beachtung des Vorzeichens gleich Null.

$$\boxed{\sum_{\mu=1}^{n} u_\mu = 0} \qquad (2.3)$$

Interessant ist, daß sich der Maschensatz abstrahiert auf Spannungspfeile ohne konkrete Schaltungsangabe anwenden läßt, vorausgesetzt, es lassen sich geschlossene Umläufe finden.

❑ **Beispiel 2.2**

Für die zwischen den Knotenpunkten einer beliebigen Schaltung angegebenen Spannungen ist der Maschensatz aufzustellen.

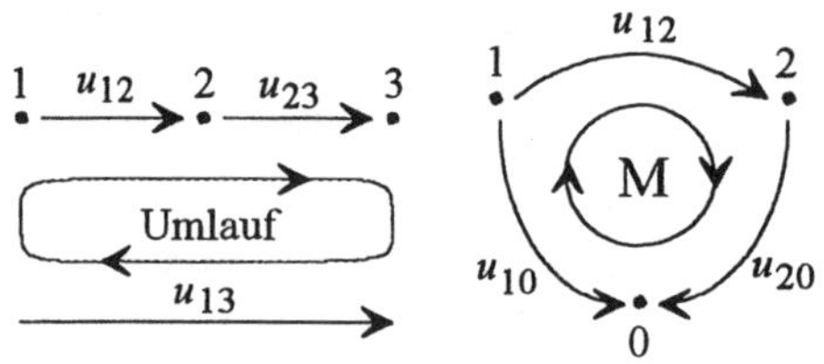

Bild 2.4 Maschenumläufe zum Beispiel 2.2

Lösung:

$$u_{12} + u_{23} - u_{13} = 0 \qquad u_{12} + u_{20} - u_{10} = 0$$

❑ **Beispiel 2.3**

Gegeben ist der Ausschnitt eines elektrischen Netzwerkes. Es sind die Knotengleichungen und die Maschengleichungen des Netzwerkes aufzustellen.

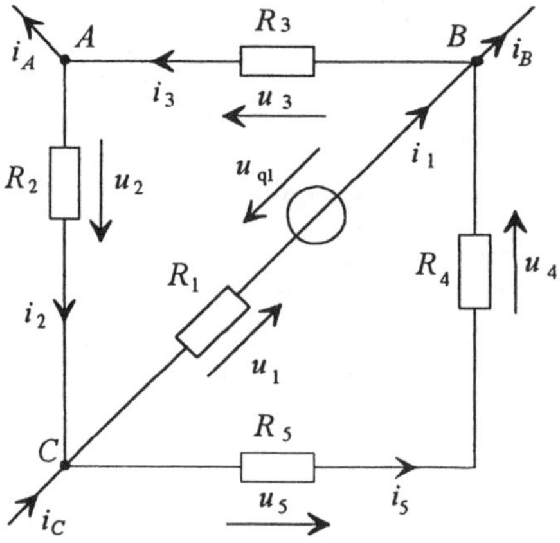

Bild 2.5 Netzwerk zum Beispiel 2.3

Lösung:

Nachdem man die Knotenpunkte gekennzeichnet hat, lassen sich die folgenden Knotenpunktgleichungen aufstellen:

$$A: \quad -i_2 + i_3 - i_A = 0$$
$$B: \quad i_1 - i_3 + i_5 - i_B = 0$$
$$C: \quad -i_1 + i_2 - i_5 + i_C = 0$$

Für die Maschen, als in sich geschlossene Umläufe in Uhrzeigerrichtung gedacht, ergeben sich folgende Gleichungen:

$$\text{I:} \quad u_{q_1} - u_1 - u_2 - u_3 = 0$$
$$\text{II:} \quad -u_{q_1} + u_1 - u_4 - u_5 = 0$$
$$\text{III:} \quad -u_2 - u_3 - u_4 - u_5 = 0$$

2.2 Zweipolersatzschaltungen

Bei der Betrachtung der Schaltung nach Bild 2.5 stellt man fest, daß sich das Netzwerk in einzelne Elemente zerlegen läßt, die an den jeweiligen Knotenpunkten zusammengefaßt sind. Diese Verbindung zweier Knotenpunkte durch Elemente nennt man einen *Zweig*.
Einen Zweig, der nur an zwei Punkten (Klemmenanschlüsse) zugängig ist, bezeichnet man als *Zweipol*.

Zweipol
Der Zweipol ist ein elektrisches Netzwerk mit zwei stromführenden Anschlüssen.

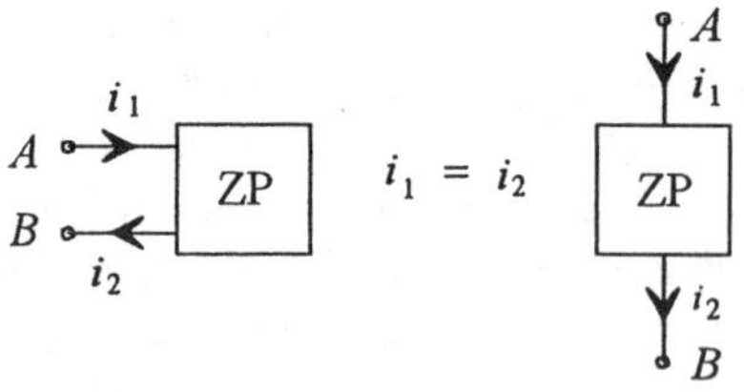

Bild 2.6 Darstellungsformen eines Zweipols

Für einen elektrischen Stromkreis muß generell der Energieerhaltungssatz gelten.

Es lassen sich zwei Arten von Zweipolen finden, die man nach der Energiebilanz, bezogen auf die elektrische Energieform, unterscheiden kann:

Aktiver Zweipol. Der *aktive Zweipol* (AZP) ist in der Lage, elektrische Energie in den Stromkreis einzubringen, die aus der Umwandlung einer bereitzustellenden Energieform (mechanische Antriebsenergie eines Generators, chemische Energie eines galvanischen Elementes) erzeugt werden muß.

Passiver Zweipol. Der *passive Zweipol* (PZP) dagegen entnimmt dem Stromkreis wieder die elektrische Energie und wandelt diese in eine andere Energieform um (z.B. Wärme an einem ohmschen Widerstand, mechanische Energie an einer Motorwelle, Schallwellen eines Lautsprechers).

Das Bild 2.7 zeigt diesen Zusammenhang nochmals schematisch:

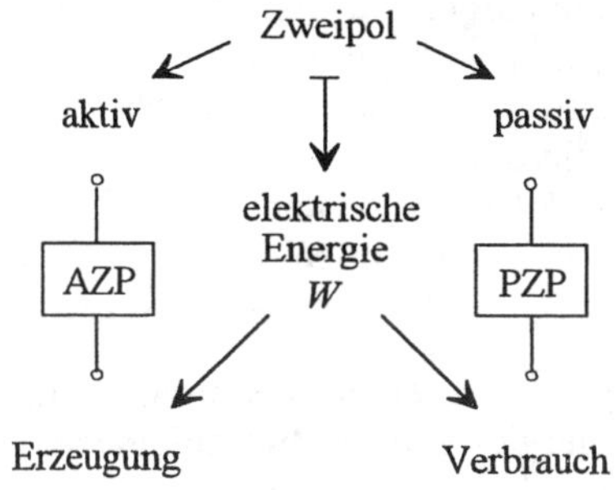

Bild 2.7 Einteilung von Zweipolen

Der Begriff Zweipol ist für eine allgemeingültige Behandlung elektrischer Stromkreise zweckmäßig, da er sowohl Erzeuger als auch Verbraucher unabhängig von dem konkreten elektrotechnischen Betriebsmittel beschreibt.
So wirkt z. B. ein Akkumulator als aktiver Zweipol, wenn er als Energiequelle (Erzeuger) in einen Stromkreis eingeschaltet wird, d.h., er wird entladen.
Beim Ladevorgang dagegen wirkt der Akkumulator als passiver Zweipol, d.h., er nimmt elektrische Energie aus dem Stromkreis auf.
Die gleichen Überlegungen gelten für die elektrischen Grundbauelemente Kondensator und Spule, die auf Grund der Speicherwirkung des elektrischen und magnetischen Feldes Energie aufnehmen (PZP) bzw. kurzzeitig Energie abgeben können (AZP).

Die Diskussion zur Energiebilanz an Zweipolen läßt sich wegen $\mathrm{d}W = p\,\mathrm{d}t$ auch mit Hilfe des Leistungsbegriffes führen, da elektrische Energie nichts anderes bedeutet als Leistungsumsatz in einem betrachteten Zeitintervall.
Unter Zuhilfenahme der im Abschnitt 1 eingeführten Bezugspfeile für Strom und Spannung lassen sich aktiver und passiver Zweipol unterscheiden.

Verbraucherzählpfeilsystem. Gibt man an dem Zweipol nach Bild 2.7 gleiche Bezugspfeile für u und i vor, so bedeuten nach dem *Verbraucherzählpfeilsystem*:

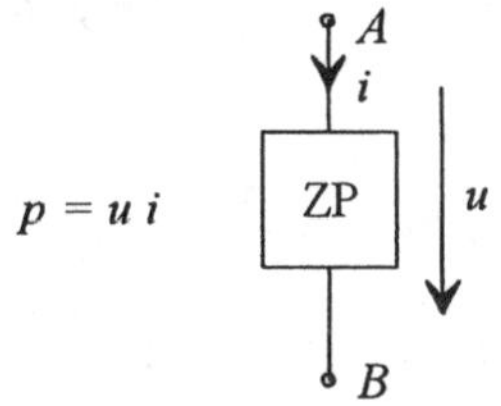

Bild 2.8 Zur Leistungsbilanz am Zweipol

- ein positiver Wert für die Momentanleistung ($p > 0$) $\Rightarrow$ Energieverbrauch, d.h., der Zweipol wirkt passiv,
- ein negativer Wert für die Momentanleistung ($p < 0$) $\Rightarrow$ Energieerzeugung, d.h., der Zweipol wirkt aktiv.

Für einen negativen Wert der Momentanleistung muß demzufolge entweder der Strom oder die Spannung ein negatives Vorzeichen besitzen, was einem entgegengesetzten Richtungssinn von u und i entspricht. Dies stimmt genau mit der Festlegung der Richtungspfeile an einer Quellenspannung überein, die vereinbarungsgemäß Energie zuführt.
Das Schema nach Bild 2.9 soll diese Überlegungen nochmals unterstützen:

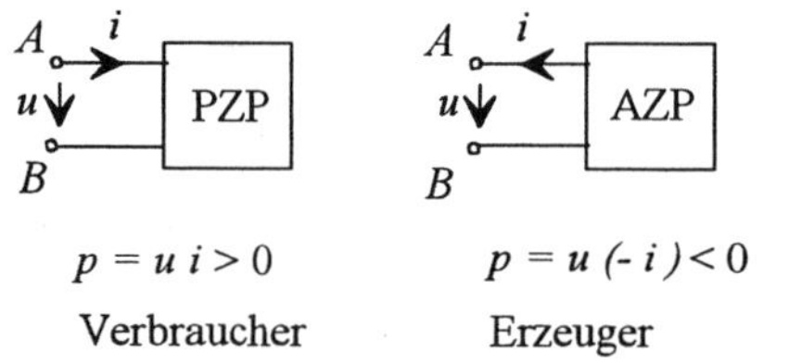

Bild 2.9 Verbraucherzählpfeilsystem

Stellt man die Leistung als Fläche im Vierquadrantenkennlinienfeld für Strom und Spannung dar (Bild 2.10), wirkt ein Zweipol im 1. und 3. Quadranten passiv und im 2. und 4. Quadranten aktiv.

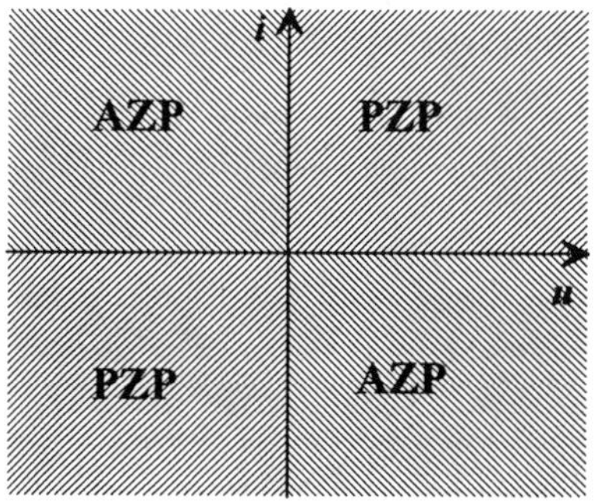

Bild 2.10 Leistungsbilanz in Vierquadrantendarstellung; AZP - aktiver Zweipol, PZP - passiver Zweipol

Ein Akkumulator ist demnach als Energiequelle eines Stromkreises dem 4. Quadranten zuzuordnen. Wird der Akkumulator dagegen geladen, muß sich unter der gleichen Annahme des Verbraucherzählpfeilsystems die Stromrichtung umkehren. Er wird damit zum Energieverbraucher und ist dem 1. Quadranten zuzuordnen.

Erzeugerzählpfeilsystem. Kehrt man die eingangs getroffene Festlegung nach gleicher Pfeilrichtung für u und i um, so vertauschen sich die Aussagen zur Leistungsbilanz. Es gilt das *Erzeugerzählpfeilsystem*.

Der Vorteil eines einheitlichen Zählpfeilsystems für elektrische Netzwerke besteht darin, daß zu jedem Zeitpunkt die Energieflußrichtung in umfangreichen Netzwerken angegeben werden kann. Dies ist z.B. für Lastflußberechnungen in Wechselstromnetzen von Interesse.

Bei der Untersuchung des elektrischen Verhaltens von Zweipolen mit Hilfe der Strom-Spannungs-Beziehung ist es zweckmäßiger, sowohl die in den Stromkreis eingebrachte Leistung des Erzeugers als auch die aufgenommene Leistung des Verbrauchers positiv zu werten.
Es kann dann mit der mathematischen Formulierung der Zweipolfunktion $i = f(u)$ (*Zweipolgleichung*) und deren grafischer Darstellung ausschließlich im 1. Quadranten des Bildes 2.10 gearbeitet werden.

Lediglich bei einer weiteren Diskussion von Energie- und Leistungsbilanzen ist der Energieerhaltungssatz wieder zu beachten. Bei der Erläuterung des Maschensatzes im Abschnitt 2.1.2 ist dieser Sachverhalt bereits berücksichtigt worden.

❑ **Beispiel 2.4**

Für die im Bild 2.11 dargestellten Zweipole ist anzugeben, ob der Zweipol als Verbraucher (PZP) oder Erzeuger (AZP) arbeitet.

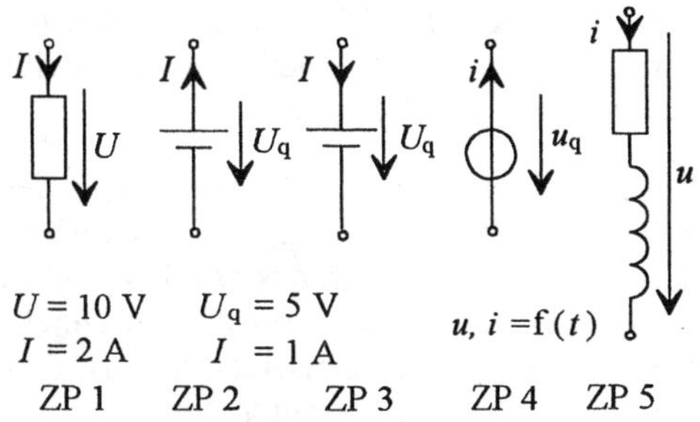

Bild 2.11 Beispiele für Zweipole

Lösung:

- ZP 1: $p = U\,I = 20$ W $(p > 0)$ Verbraucher
- ZP 2: $p = U_q(-I) = -5$ W $(p < 0)$ Erzeuger

Erläuterung zu ZP 2. Damit die tatsächliche Stromrichtung von I mit der Festlegung nach dem Verbraucherzählpfeilsystem übereinstimmt, ist dessen Richtungspfeil umzukehren. Daraus resultiert ein negatives Vorzeichen für den Strom I in der Gleichung für ZP 2.

- ZP 3: $p = U_q\,I = 5$ W $(p > 0)$ Verbraucher

Die Energiequelle ist selbst Verbraucher.

- ZP 4: Die Momentanleistung p ist aus dem Verlauf $u = \mathrm{f}(t)$ zu berechnen:

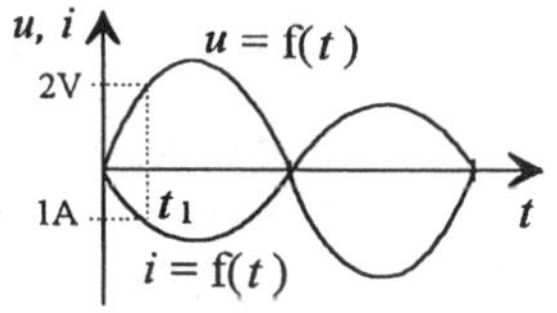

Bild 2.12 Verlauf von u und i an ZP 4

Erläuterung zu ZP 4. Gemäß der Vorgabe an der Quellenspannung muß zu jedem Zeitpunkt t_i das Produkt aus u und i negativ sein.

Für t_1 gilt: $p = -2$ W

- ZP 5: Der Verlauf $u = \mathrm{f}(t)$ ist wie folgt gegeben:

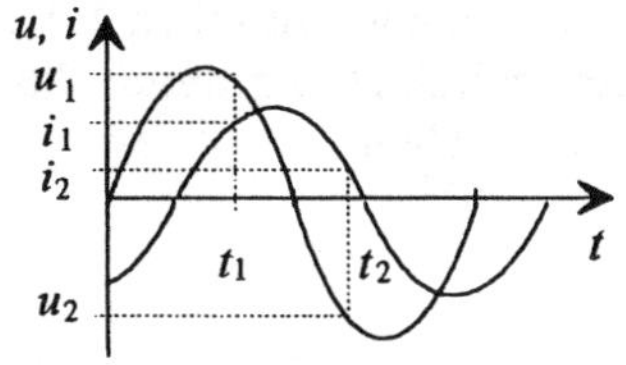

Bild 2.13 Verlauf von u und i an ZP 5

Für t_1 gilt: $p = u_1\,i_1 > 0$ ZP 5: Verbraucher
Für t_2 gilt: $p = (-u_2)\,i_2 < 0$ ZP 5: Erzeuger

Erläuterung zu ZP 5. Das Beispiel des ZP 5 zeigt, daß die Momentanleistung bei Zweipolen mit Energiespeichern negativ werden kann. Der Zweipol wird dabei kurzzeitig zum Energielieferanten.

Im folgenden sollen die Strom-Spannungs-Beziehungen von Zweipolen untersucht werden. Mit der Anwendung der Kirchhoffschen Gesetze lassen sich weitere Gesetze für die Zusammenschaltung von Zweipolen angeben.

2.2.1 Passive Zweipole

Passiver Zweipol
Einen Zweipol, der in elektrischen Netzwerken als Verbraucher wirkt, bezeichnet man als *passiven Zweipol.*

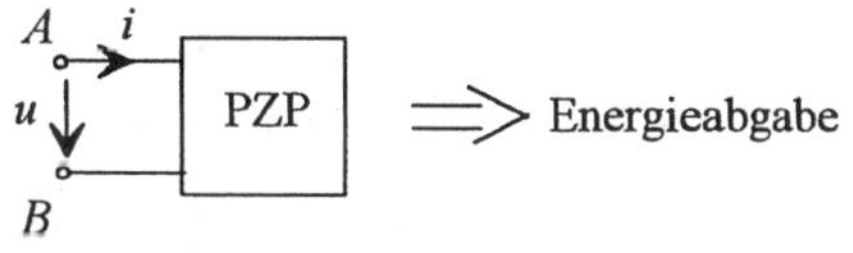

Bild 2.14 Passiver Zweipol

Das elektrische Verhalten eines passiven Zweipols wird durch sein Strom-Spannungs-Verhalten beschrieben. Für die Darstellung dieser u-i-Beziehung sind die *Zweipolgleichung* als mathematische Funktionsgleichung und die U-I-Kennlinie als *statische Zweipolkennlinie* üblich.

Für einen einfachen ohmschen Widerstand ist die Zweipolgleichung durch das Ohmsche Gesetz gegeben:

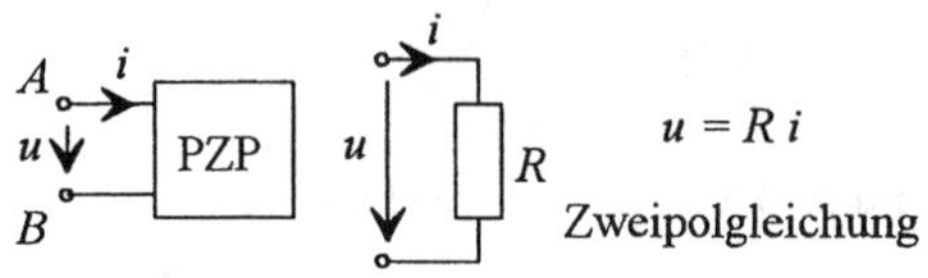

Bild 2.15 Zweipolgleichung für einen ohmschen Widerstand

Die statische Kennlinie eines passiven Zweipols wird mit einer regelbaren Gleichspannungsquelle durch Messung des jeweiligen Strom-Spannungs-Wertepaares bestimmt (siehe Abschnitt 2.5.3).

Für einen ohmschen Widerstand können mit der einfachen Meßschaltung nach Bild 2.16 Strom und Spannung nacheinander gemessen werden.

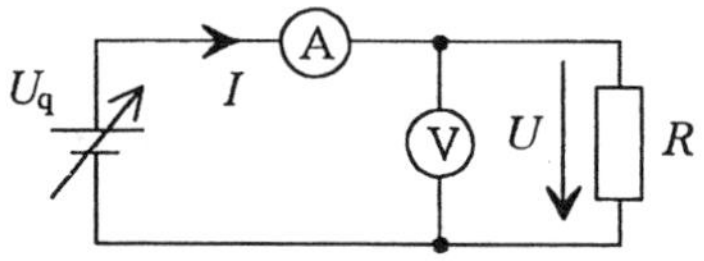

Bild 2.16 Meßschaltung zur statischen Kennlinienaufnahme

Die Meßwerte ergeben nach dem ohmschen Gesetz eine Gerade (Bild 2.17).

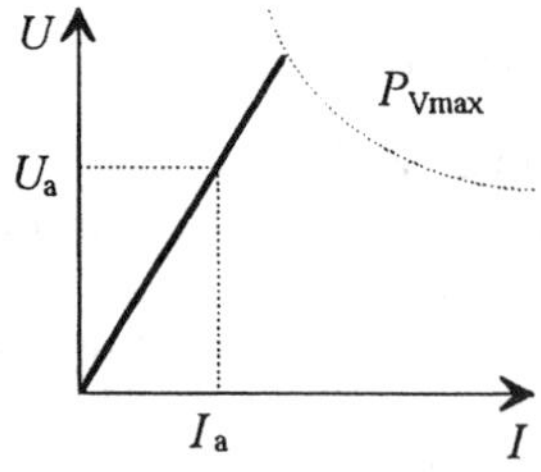

Bild 2.17 Zweipolkennlinie eines Widerstandes

Arbeitspunkt. Das Wertepaar (U_a, I_a), bei dem der Zweipol betrieben wird, heißt *Arbeitspunkt* des Zweipols.

Bei der Messung ist ein Überschreiten der zulässigen Verlustleistung P_{Vmax} zu verhindern. Es ist sinnvoll, in das *U*-*I*-Diagramm die *Verlustleistungshyperbel* einzuzeichnen, die sich durch Einsetzen von Stromwerten in die Gl. (2.4) ergibt:

$$U = \frac{P_{Vmax}}{I} \qquad (2.4)$$

Linearer Zweipol. Zweipole, für deren Zweipolkennlinie sich eine Gerade ergibt, nennt man *lineare Zweipole*.

Nichtlinearer Zweipol. Stellt die Zweipolkennlinie einen beliebigen, vom linearen Verlauf abweichenden Funktionsverlauf dar, wird der Zweipol als *nichtlinearer Zweipol* bezeichnet.
Die Arbeit mit nichtlinearen Zweipolen wird im Abschnitt 2.4 gesondert behandelt.

2.2.2 Passive Ersatzschaltungen

Häufig treten in einem Netzwerk oder einem beliebigen Schaltungsteil mehrere passive Zweipole auf. Man faßt diese zweckmäßigerweise zu einem Ersatzzweipol zusammen.

Ersatzzweipol. Einen Zweipol, der an seinen Anschlußklemmen das gleiche Strom-Spannungs-Verhalten aufweist wie der zu ersetzende Zweipol, bezeichnet man als *Ersatzzweipol* oder auch als *äquivalenten Zweipol*.
Das Bild 2.18 zeigt diesen Zusammenhang allgemeingültig.

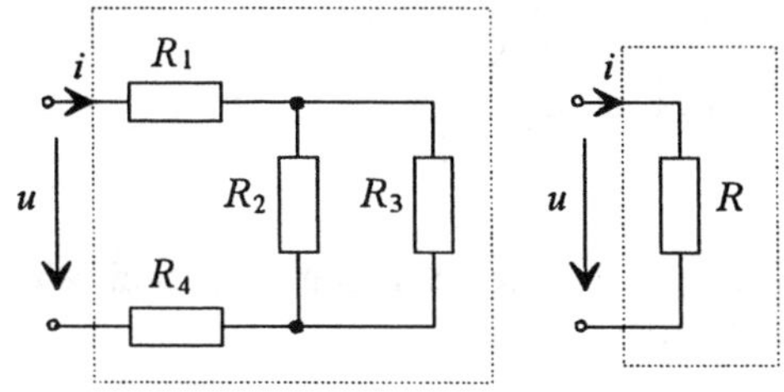

Bild 2.18 Bildung von Ersatzzweipolen

In der Regel lassen sich lineare passive Zweipole mit Hilfe der Kirchhoffschen Gesetze zusammenfassen.

Für ohmsche Widerstände ergeben sich die folgenden Berechnungsprinzipien.

2.2.2.1 Reihenschaltung von Widerständen

Die drei in Reihe geschalteten Widerstände R_1, R_2, R_3 im Bild 2.19 werden von einem gemeinsamen Strom i durchflossen, wenn an die Schaltung die Spannung u angelegt wird.

Es ist der Widerstand R gesucht, damit sich bei jeweils gleichem Stromfluß i durch die Reihenschaltung und dem Ersatzwiderstand R wieder die gleiche Spannung u einstellt.

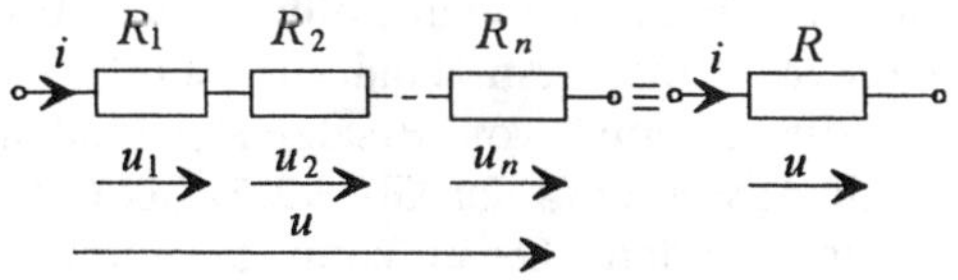

Bild 2.19 Reihenschaltung von Widerständen

Die Berechnung des Ersatzwiderstandes R erfolgt mit dem *Maschensatz*.

Es gilt:

$$u_1 + u_2 + \cdots + u_n - u = 0$$
$$u_1 + u_2 + \cdots + u_n = u$$

Mit Hilfe des Ohmschen Gesetzes gilt:

$$R_1\, i + R_2\, i + \cdots + R_n\, i = R\, i$$

Allgemein gilt demnach:

$$R_1 + R_2 + \cdots + R_n = R$$

$$\boxed{R = \sum_{\mu=1}^{n} R_\mu} \qquad (2.5)$$

Der Gesamtwiderstand der Reihenschaltung von Widerständen ist gleich der Summe der Teilwiderstände

Bei der Reihenschaltung von Widerständen ist der Ersatzwiderstand R stets größer als der größte Teilwiderstand.

2.2.2.2 Parallelschaltung von Widerständen

An den drei parallelgeschalteten Widerständen im Bild 2.20 liegt eine gemeinsame Spannung u, wenn in die Schaltung der Strom i fließt. Es ist der Ersatzwiderstand R zu berechnen, damit bei der Spannung u wieder der gleiche Strom i fließt.

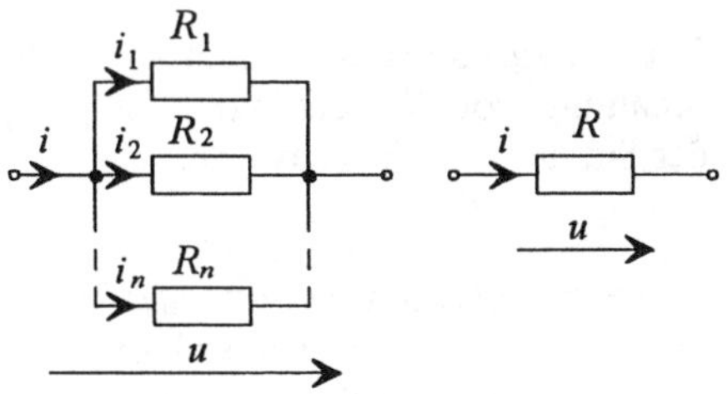

Bild 2.20 Parallelschaltung von Widerständen

Der Ersatzwiderstand wird mit dem *Knotenpunktsatz* berechnet. Es gilt:

$$-i_1 - i_2 - \cdots - i_n + i = 0$$

$$i_1 + i_2 + \cdots + i_n = i$$

Mit Hilfe des ohmschen Gesetzes gilt:

$$\frac{u}{R_1} + \frac{u}{R_2} + \cdots + \frac{u}{R_n} = \frac{u}{R}$$

Allgemein gilt:

$$\frac{1}{R_1} + \frac{1}{R_2} + \cdots + \frac{1}{R_n} = \frac{1}{R}$$

$$\boxed{\frac{1}{R} = \sum_{\mu=1}^{n} \frac{1}{R_\mu}} \quad (2.6)$$

Bei der Parallelschaltung von Widerständen ist der Gesamtwiderstand R kleiner als der kleinste Teilwiderstand.

Es ist zweckmäßig, bei Parallelschaltungen mit den Leitwert $G = 1/R$ zu arbeiten.

Die Gl. (2.6) läßt sich dann einfacher schreiben:

$$\boxed{G = \sum_{\mu=1}^{n} G_\mu} \quad (2.7)$$

Der Gesamtleitwert einer Parallelschaltung von Widerständen ist gleich der Summe der Teilleitwerte.

Für die Parallelschaltung von zwei Widerständen (Bild 2.21) erweisen sich die nachfolgend abgeleiteten Gleichungen als günstig.

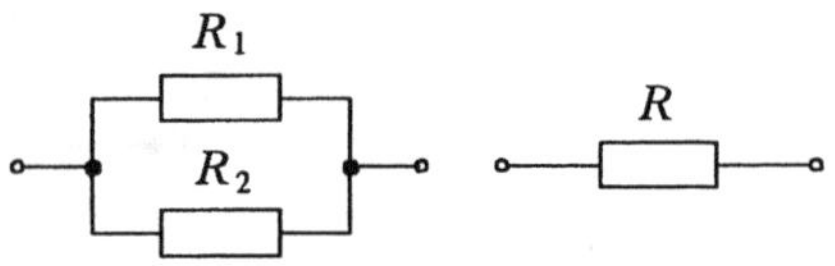

Bild 2.21 Parallelschaltung von zwei Widerständen

Mit Gl. (2.6) ergibt sich:

$$\frac{1}{R} = \frac{1}{R_1} + \frac{1}{R_2} = \frac{R_1 + R_2}{R_1 R_2}$$

$$\boxed{R = R_1 // R_2 = \frac{R_1 R_2}{R_1 + R_2}} \quad (2.8)$$

Außerdem kann man noch eine für die Praxis hilfreiche Beziehung ableiten:

Für n gleiche parallelgeschaltete Widerstände R_1 gilt:

$$\boxed{R = \frac{R_1}{n}} \quad (2.9)$$

2.2.2.3 Berechnung von Ersatzwiderständen

Das Zusammenfassen von Zweipolen zu einer Ersatzgröße stellt die Grundlage für weitere Berechnungsalgorithmen in der Elektrotechnik dar und sollte sicher beherrscht werden. An Hand von Beispielen soll die Bildung von Ersatzwiderständen durch Anwendung der Gln. (2.5) bis (2.9) gezeigt werden. Dabei kann es nützlich sein, eine vorgegebene Schaltung so umzuzeichnen, daß die Voraussetzungen für das Anwenden der Gleichungen für die Reihen- und Parallelschaltung von Widerständen deutlich werden.

❑ Beispiel 2.5

Für die nachstehende Schaltung ist der Ersatzwiderstand zu berechnen.

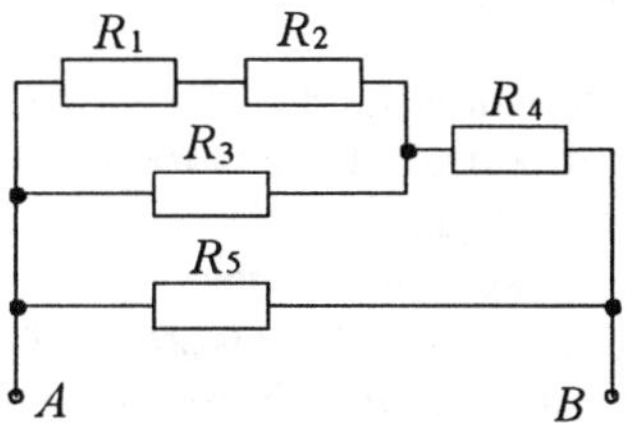

$R_1 = 390\ \Omega$
$R_2 = 25\ \Omega$
$R_3 = 427\ \Omega$
$R_4 = 64\ \Omega$
$R_5 = 2{,}8\ \text{k}\Omega$

Bild 2.22 Schaltung zum Beispiel 2.5

Lösung:

Nachfolgend soll gezeigt werden, wie durch schrittweises Zusammenfassen der Ersatzwiderstand gebildet werden kann:

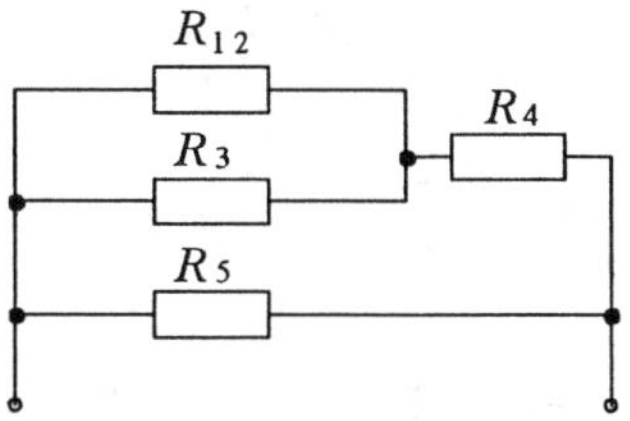

$$R_{12} = R_1 + R_2$$

$$\Downarrow$$

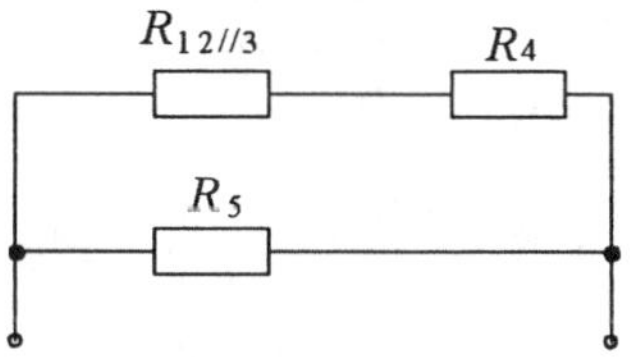

$$R_{12//3} = (R_1 + R_2)//R_3$$

$$\Downarrow$$

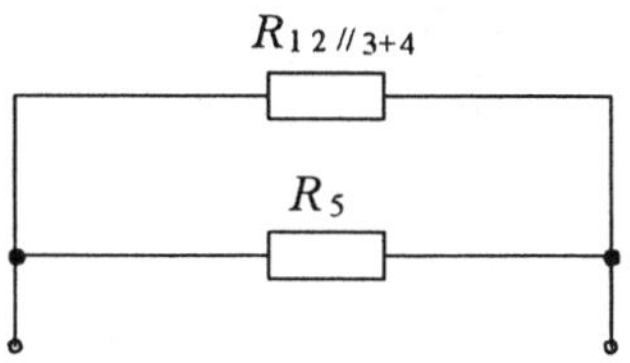

$$R_{12//3+4} = (R_1 + R_2)//R_3 + R_4$$

$$\Downarrow$$

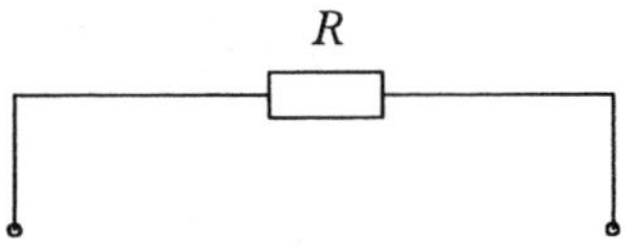

$$R = [(R_1 + R_2)//R_3 + R_4]//R_5 = 250\ \Omega$$

Der Ersatzwiderstand zwischen den Klemmen A und B im Bild 2.22 beträgt $R = 250\ \Omega$.

❑ Beispiel 2.6

Für die Kettenschaltung im Bild 2.23 ist der Ersatzwiderstand zu berechnen.

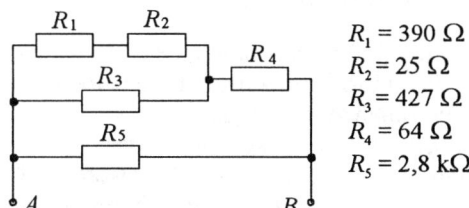

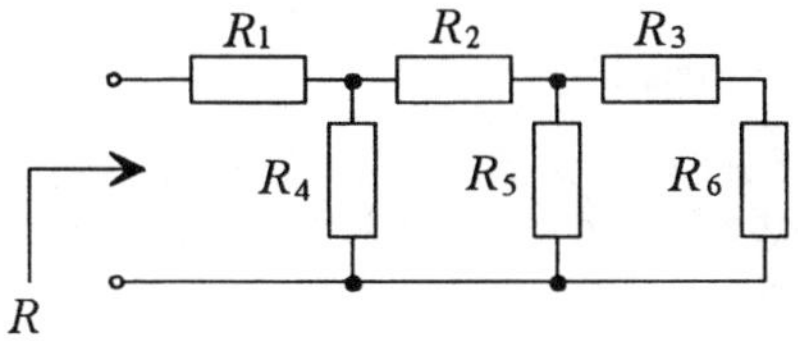

$R_1 = R_2 = R_3 = 10\ \Omega$
$R_4 = R_5 = R_6 = 50\ \Omega$

Bild 2.23 Schaltung zum Beispiel 2.6

Lösung:

Der Ersatzwiderstand für diese Schaltung ist mit der angegebenen Blickrichtung, von innen nach außen beginnend, zu berechnen.

$$R = \{[(R_3 + R_6)//R_5] + R_2\}//R_4 + R_1$$

$$R = 31{,}35\ \Omega$$

❑ Beispiel 2.7

Für die Widerstandsschaltung nach Bild 2.24 ist der Ersatzwiderstand zwischen den Klemmen A und B zu berechnen.

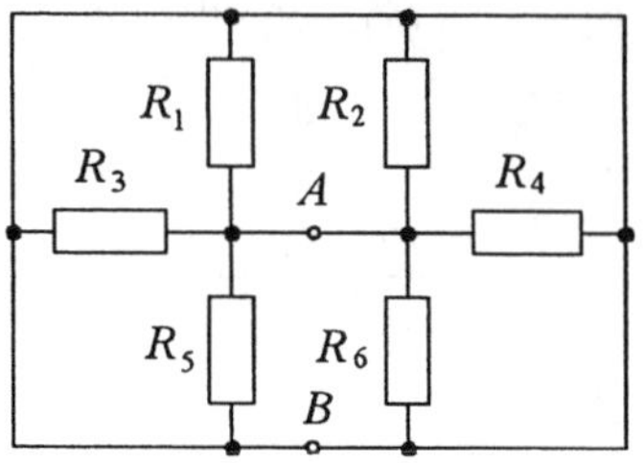

$R_1 = 10\ \Omega, R_2 = 20\ \Omega, R_3 = 30\ \Omega$
$R_4 = 40\ \Omega, R_5 = 50\ \Omega, R_6 = 60\ \Omega$

Bild 2.24 Schaltung zum Beispiel 2.7

Lösung:

Die Widerstände liegen alle parallel.

$$R = R_1 // R_2 // R_3 // R_4 // R_5 // R_6 = 4{,}08\ \Omega$$

❑ **Beispiel 2.8**

Für das Widerstandsnetzwerk nach Bild 2.25 sind die Ersatzwiderstände R_{AC} und R_{BC} zu berechnen.

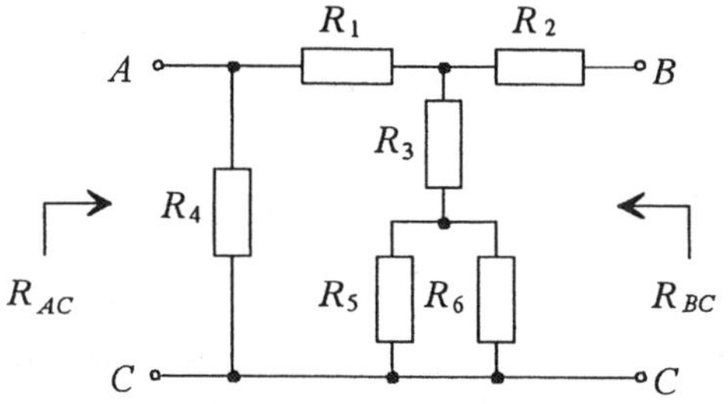

$R_1 = 3\ \Omega, R_2 = 2\ \Omega, R_3 = 30\ \Omega$
$R_4 = 15\ \Omega, R_5 = 20\ \Omega, R_6 = 20\ \Omega$

Bild 2.25 Schaltung zum Beispiel 2.8

Lösung:

Unter Beachtung der jeweiligen Blickrichtung zu den Anschlußklemmen gilt:

$$R_{AC} = (R_5 // R_6 + R_3 + R_1) // R_4 = 11{,}12\ \Omega$$

$$R_{BC} = [(R_4 + R_1) // (R_3 + R_5 // R_6)] + R_2$$

$$R_{BC} = 14{,}1\ \Omega$$

Grafische Lösung. Eine weitere Möglichkeit, einen Ersatzwiderstand zu bestimmen, besteht in einer grafischen Lösungsmethode, die für bestimmte Anwendungsfälle sinnvoll erscheint.

Für die Reihenschaltung zweier Widerstände R_1 und R_2 sind zunächst die beiden *U-I*-Kennlinien zu zeichnen.
Wegen der Gültigkeit des Maschensatzes sind bei vorgegebenen Stromwerten die Spannungen U_1 und U_2 zu addieren, so daß die Kennlinie des Ersatzwiderstandes R entsteht (Bild 2.26)

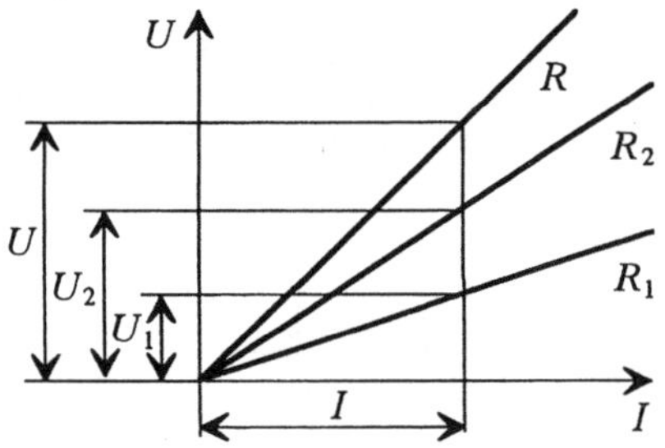

Bild 2.26 Reihenschaltung zweier Widerstände

Bei der Parallelschaltung zweier Widerstände R_1 und R_2 dagegen sind wegen der Gültigkeit des Knotenpunktsatzes die Ströme I_1 und I_2 bei gleicher Spannung U zu addieren (Bild 2.27).

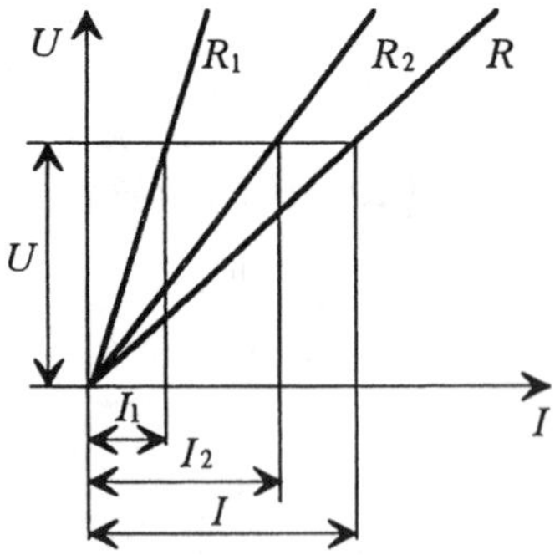

Bild 2.27 Parallelschaltung von Widerständen

2.2.2.4 Dreieck-Stern-, Stern-Dreieck-Transformation

Es gibt in der Elektrotechnik Widerstandsnetzwerke, wie z.B. *Brückenschaltungen*, bei denen sich der Ersatzwiderstand an den Anschlußklemmen nicht durch einfaches Zusammenfassen der Widerstände bilden läßt. Das Bild 2.28 zeigt eine solche Schaltung.

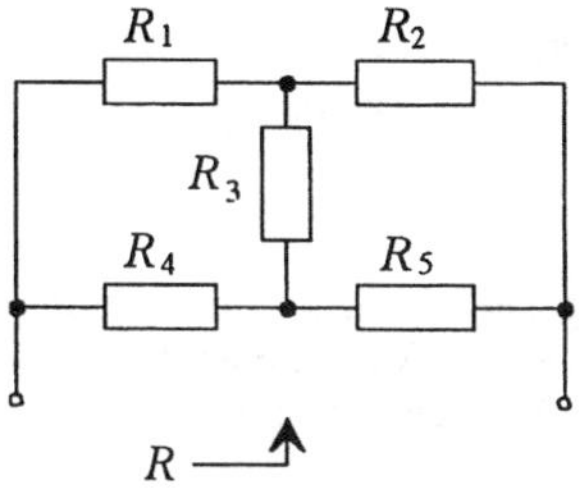

$R_1 = 20\ \Omega$
$R_2 = 5\ \Omega$
$R_3 = 10\ \Omega$
$R_4 = 10\ \Omega$
$R_5 = 5\ \Omega$

Bild 2.28 Widerstandsbrückenschaltung

In dieser Schaltung gibt es keine zwei Widerstände, durch die derselbe Strom fließt, und es gibt keine zwei Widerstände, über denen eine gemeinsame Spannung abfällt. Damit lassen sich keine Reihen- bzw. Parallelschaltungen von Widerständen finden. In diesem Fall kann es weiterhelfen, die *Dreieck-Stern-Transformation* anzuwenden.
Das Grundprinzip besteht darin, eine *Dreieck-* oder *π-Schaltung* (Bild 2.29) durch eine *Stern-* oder *T-Schaltung* (Bild 2.30) zu ersetzen, ohne daß sich das Strom-Spannungs-Verhalten an den Klemmen ändert (*Schaltungsäquivalenz*).

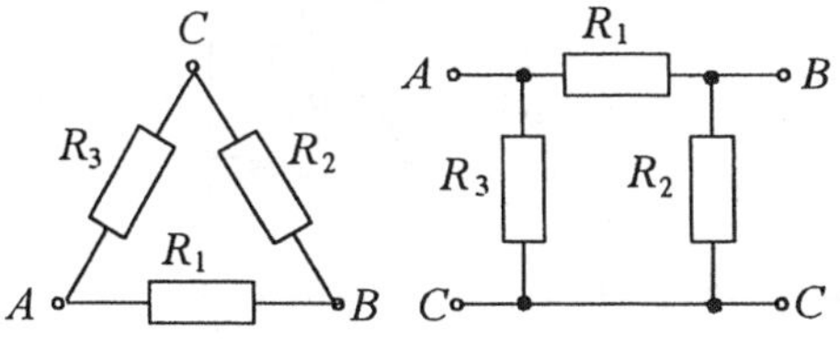

Bild 2.29 Dreieck- bzw. π-Schaltung

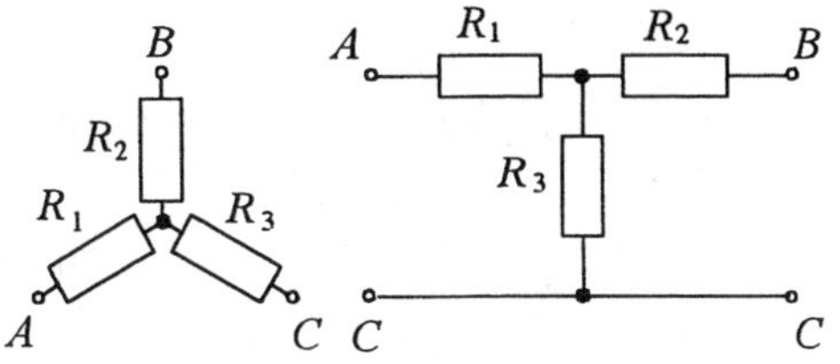

Bild 2.30 Stern- bzw. T-Schaltung

Wegen der vorausgesetzten Schaltungsäquivalenz können nun die bekannten Dreieckswiderstände R_1, R_2, R_3 im Bild 2.31 durch die zu bestimmenden Sternwiderstände R_1', R_2', R_3' ersetzt werden.
Es hat sich als praktikabel erwiesen, stets die unbekannten Widerstände als Strichgrößen zu kennzeichnen.

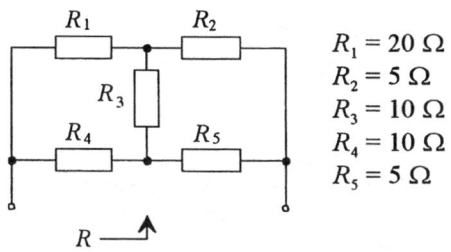

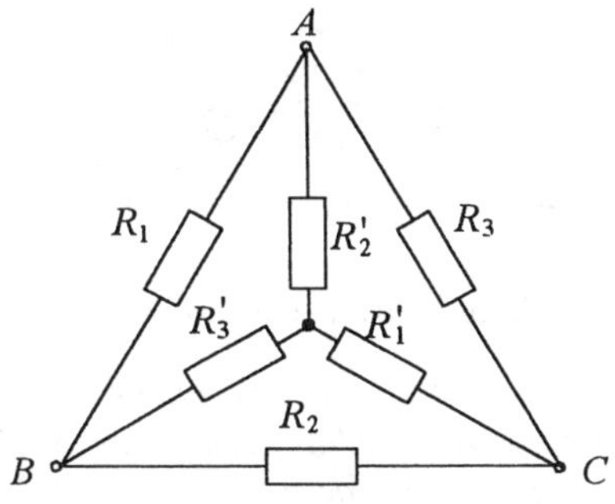

Bild 2.31 Dreieck-Stern-Transformation

Für die Berechnung der unbekannten Sternwiderstände gilt folgender allgemeingültiger Algorithmus, dessen Herleitung in [4] ausführlich angegeben ist.

> Bei der Dreieck-Stern-Transformation ergibt sich ein unbekannter Sternwiderstand R' aus dem Produkt der anliegenden Dreieckswiderstände R, dividiert durch die Summe der Dreieckswiderstände.

Mit den gewählten Indizes nach Bild 2.31 gelten damit die folgende Gleichungen:

$$R_1' = \frac{R_2 R_3}{R_1 + R_2 + R_3} \tag{2.10.1}$$

$$R_2' = \frac{R_1 R_3}{R_1 + R_2 + R_3} \tag{2.10.2}$$

$$R_3' = \frac{R_1 R_2}{R_1 + R_2 + R_3} \tag{2.10.3}$$

Die Dreieck-Stern-Transformation ist auch umkehrbar.

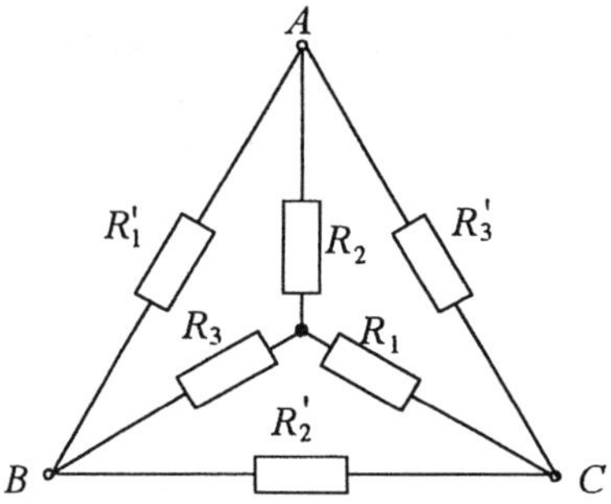

Bild 2.32 Stern-Dreieck-Transformation

Die unbekannten Dreieckswiderstände R' berechnet man aus den gegebenen Sternwiderständen R am besten über die folgende Leitwertsbeziehung:

Bei der Stern-Dreieck-Transformation ergibt sich ein unbekannter Dreiecksleitwert aus dem Produkt der anliegenden Sternleitwerte, dividiert durch die Summe der Sternleitwerte.

$$G_1' = \frac{G_2 G_3}{G_1 + G_2 + G_3} \tag{2.11.1}$$

$$G_2' = \frac{G_1 G_3}{G_1 + G_2 + G_3} \tag{2.11.2}$$

$$G_3' = \frac{G_1 G_2}{G_1 + G_2 + G_3} \tag{2.11.3}$$

Die Dreieck-Stern-Transformation stellt einen möglichen Fall der Schaltungsäquivalenz von Mehrpolen dar, die in der Netzwerksberechnung häufig zur Vereinfachung angewendet wird.
Das folgende Beispiel zeigt, wie man durch Umwandlung den Ersatzwiderstand der Schaltung nach Bild 2.28 errechnen kann.

❑ **Beispiel 2.9**

Für die Brückenschaltung nach Bild 2.28 ist der Ersatzwiderstand R zu berechnen.

Lösung:

Für die Schaltung sind mehrere Umformungen (Fall a und b) möglich. Anschließend läßt sich die Berechnung für den Ersatzwiderstand R ausführen:

a) Dreieck: R_1, R_3, R_4 $\Rightarrow$ Stern: R_1', R_2', R_3'

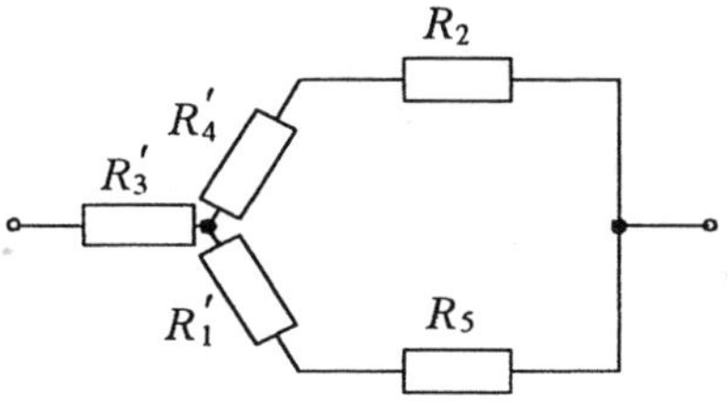

Bild 2.33 Dreieck-Stern-Umwandlung

$$R = R_3' + \left[\left(R_1' + R_5\right) // \left(R_4' + R_2'\right)\right] = 9{,}29\ \Omega$$

b) Stern: R_1, R_2, R_3 $\Rightarrow$ Dreieck: R_1', R_2', R_3'

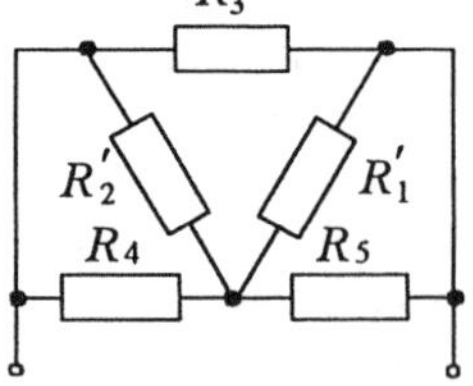

Bild 2.34 Stern-Dreieck-Umwandlung

$$R = R_3' // \left[R_2' // R_4 + R_1' // R_5\right] = 9{,}29\ \Omega$$

2.2.3 Aktive Zweipole

Aktiver Zweipol
Einen Zweipol, der in der Lage ist, elektrische Energie in den Stromkreis einzubringen, nennt man *aktiven Zweipol*. Es erhöht sich die potentielle Energie der Ladungsträger.

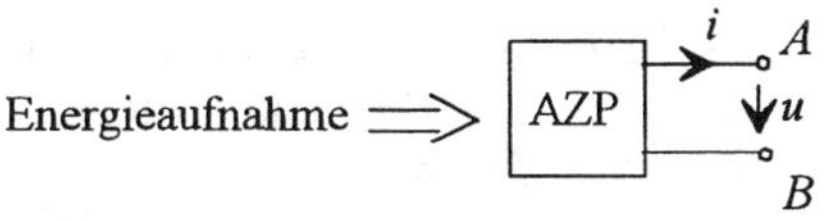

Bild 2.35 Aktiver Zweipol

Ein aktiver Zweipol wird durch sein *u-i*-Verhalten beschrieben. Ein Energie- bzw. Leistungseintrag in einen Stromkreis muß zu jedem Zeitpunkt die Gleichung

$$p = u \cdot i \quad \text{(Momentanleistung)}$$

erfüllen. Es ist demzufolge möglich, diesen Energieeintrag einer der beiden Größen Strom oder Spannung zuzuordnen. Man unterscheidet prinzipiell zwischen *Spannungs-* und *Stromquellen*.

2.2.3.1 Ideale Quellen

Eine ideale (Energie-) quelle ist ein Zweipol, der zwischen seinen Klemmen eine belastungsunabhängige Spannung (*Quellenspannung*) oder einen belastungsunabhängigen Strom (*Quellenstrom*) bzw. (*Kurzschlußstrom*) aufweist.

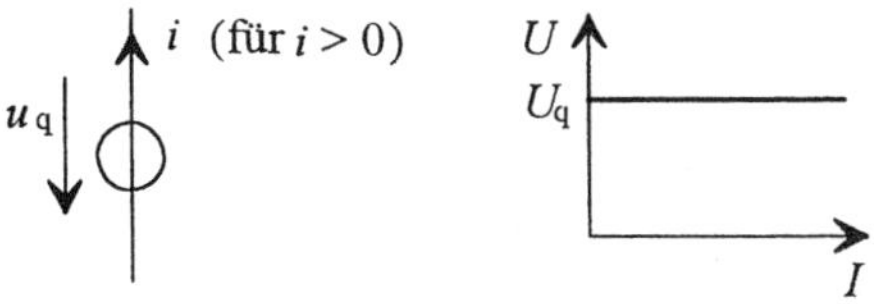

Bild 2.36 Schaltzeichen einer idealen *u*-Quelle (*U-I*-Kennlinie einer Gleichspannungsquelle)

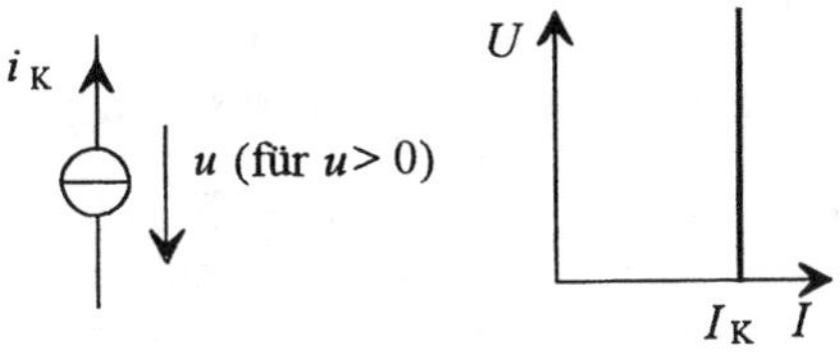

Bild 2.37 Schaltzeichen einer idealen *i*-Quelle (*U-I*-Kennlinie einer Gleichstromquelle)

Um die Forderung nach der Unabhängigkeit des Klemmenverhaltens von der Belastung zu realisieren, müßte die ideale Spannungsquelle einen unendlich hohen Strom treiben können, d.h., sie darf nach dem ohmschen Gesetz keinen *Innenwiderstand* besitzen. Für die Stromquelle bedeutet dies, daß sie eine unendlich hohe Spannung liefern sollte, d.h., nach dem Ohmschen Gesetz müßte der Innenwiderstand unendlich groß sein.

Solche idealen Quellen lassen sich technisch nicht oder nur annähernd, z.T. mit elektronischen Mitteln und nur in einen begrenzten technischen Einsatzbereich, realisieren. Man bezeichnet derartige Quellen dann auch als *Konstantspannungsquelle* bzw. *Konstantstromquelle*.

❑ **Beispiel 2.10**

Es ist die *U-I*-Kennlinie eines elektronisch stabilisierten Gleichspannungnetzteiles zu zeichnen, dessen Spannung sich im Bereich von 0...30 V und dessen Kurzschlußstrom sich im Bereich von 0...1 A getrennt einstellen läßt:

Lösung:

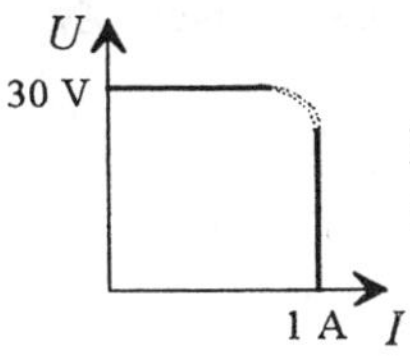

Die Darstellung erfolgt für die Maximalwerte.

Bild 2. 38 *U-I*-Kennlinie eines Netzteiles

2.2.3.2 Spannungs- und Stromquellen-Ersatzschaltungen

Die Vorstellungen über ideale Energiequellen nutzt man, um das Verhalten technisch realer Energiequellen (z.B. galvanische Elemente, Generatoren usw.) zu beschreiben.

Spannungsquellen-Ersatzschaltung.
Als *Spannungsquellen-Ersatzschaltung* bezeichnet man die Reihenschaltung einer idealen Spannungsquelle u_q ($R_{iUq} = 0$) mit einem inneren Widerstand R_i. Diesen Innenwiderstand kann man sich als die Widerstandskomponente vorstellen, die dem Stromfluß durch den Erzeuger selbst entgegengesetzt wird. Bei zeitlich veränderlichen Spannungsquellen ist zu prüfen, ob dieser Innenwiderstand durch einen Wechselstromwiderstand zu ersetzen ist.

Mit der Spannungsquellen-Ersatzschaltung nach Bild 2.39 ist das Klemmenverhalten eines aktiven Zweipols darstellbar.

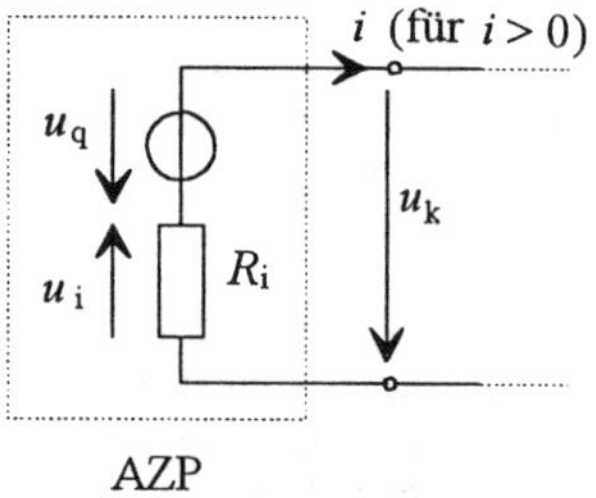

Bild 2.39 Spannungsquellen-Ersatzschaltung

Mit Anwendung des Maschensatzes läßt sich die Gleichung des aktiven Zweipols beschreiben:

$$u_k = u_q - u_i$$

$$u_k = u_q - R_i\, i$$

$$\boxed{u_k = -R_i\, i + u_q} \qquad (2.12)$$

Die Gl (2.12) entspricht einer Geradengleichung und beschreibt das Absinken der Klemmenspannung mit steigender Belastung des aktiven Zweipols durch die Zunahme des inneren Spannungsabfalls u_i.

Linearer aktiver Zweipol. Die Größen Quellenspannung u_q und Innenwiderstand R_i werden von der Konstruktion der Spannungsquelle bestimmt und können in der Regel als konstant angenommen werden. In diesem Fall spricht man von einem *linearen aktiven Zweipol*.
Die *u*-*i*-Kennlinie eines linearen aktiven Zweipols zeigt das Bild 2.40.

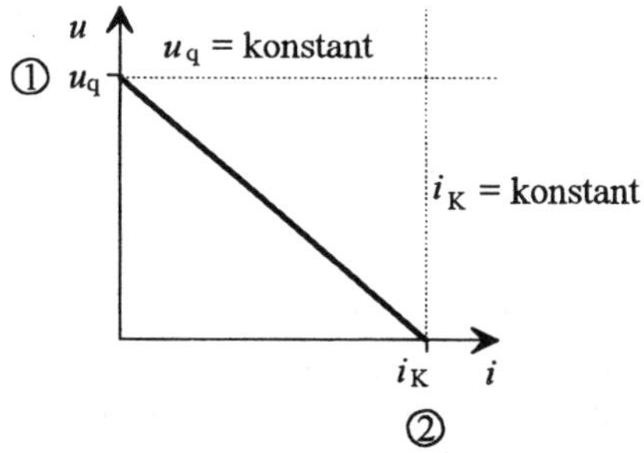

Bild 2.40 *u*-*i*-Kennlinie eines linearen AZP (gestrichelt: ideale *u*- und *i*-Quelle)

Die Schnittpunkte der Zweipolgeraden mit den Koordinatenachsen stellen besondere Belastungsfälle des aktiven Zweipols dar.

Fall 1: Leerlaufbetrieb

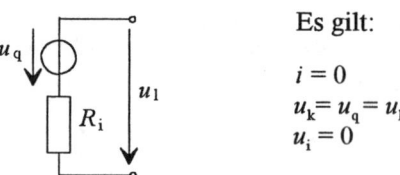

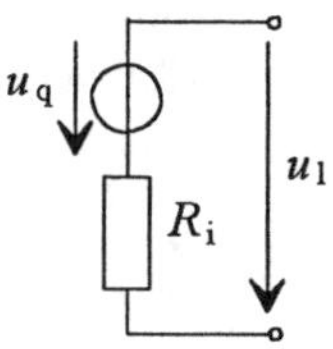

Es gilt:

$i = 0$
$u_k = u_q = u_l$
$u_i = 0$

Bild 2.41 Leerlaufbetrieb

Ohne eine Belastung des AZP liegt an den Klemmen die *Leerlaufspannung* u_l an.

Fall 2: Kurzschlußfall

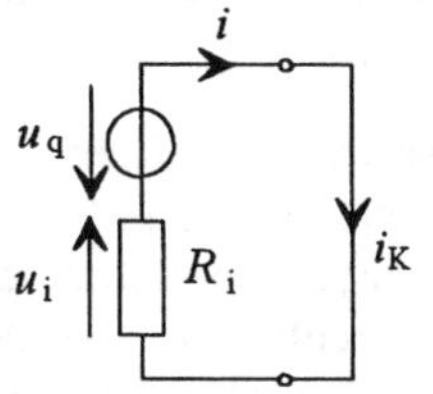

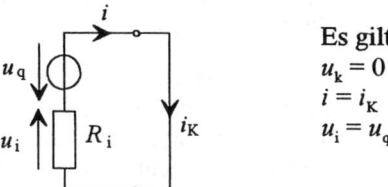

Es gilt:
$u_k = 0$
$i = i_K$
$u_i = u_q$

Bild 2.42 Kurzschlußbetrieb

Der *Kurzschlußstrom* i_K eines aktiven Zweipols wird nur von dem wirksamen Innenwiderstand der Quelle begrenzt und berechnet sich nach Gl (2.13):

$$\boxed{i_K = \frac{u_q}{R_i}} \qquad (2.13)$$

Stromquellen-Ersatzschaltung. Die Parallelschaltung einer idealen Stromquelle ($R_{iI_K} \to \infty$) mit dem Innenwiderstand R_i, welcher dem Innenwiderstand des Spannungsquellen-Ersatzschaltbildes entsprechen soll, bezeichnet man als *Stromquellen-Ersatzschaltung*.

Mit dieser Stromquellen-Ersatzschaltung nach Bild 2.43 ist das Klemmenverhalten eines aktiven Zweipols völlig gleichwertig zu beschreiben.

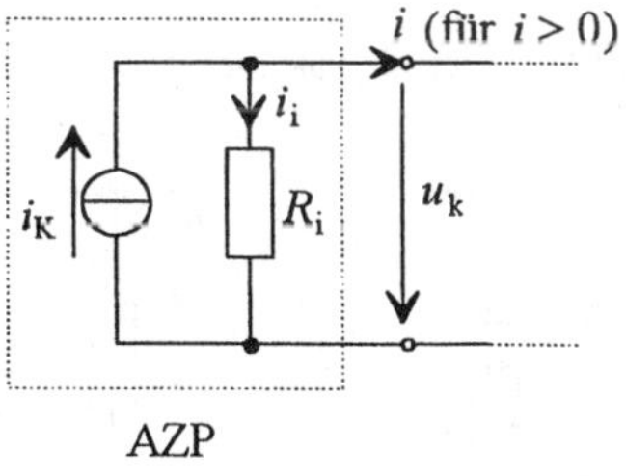

Bild 2.43 Stromquellen-Ersatzschaltung

Mit dem Knotenpunktsatz läßt sich die Gleichung des aktiven Zweipols erneut angeben:

$$i = i_K - i_i$$

$$i = i_K - \frac{u_k}{R_i}$$

$$\boxed{i = -\frac{1}{R_i}u_k + i_K} \qquad (2.14.1)$$

$$\boxed{i = -G_i\,u_k + i_K} \qquad (2.14.2)$$

Diese Gleichungen sind ebenfalls Geradengleichungen und lassen sich auch durch Umstellen der Gl (2.12) nach dem Strom i herleiten.

Mit der Diskussion der Belastungsfälle Leerlaufbetrieb und Kurzschlußbetrieb sollen die Vorstellungen über die Stromquellen-Ersatzschaltung erweitert werden:

Im *Leerlaufbetrieb* gilt:

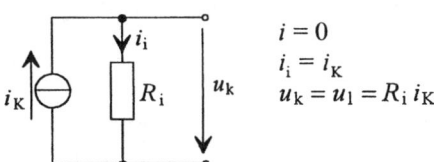

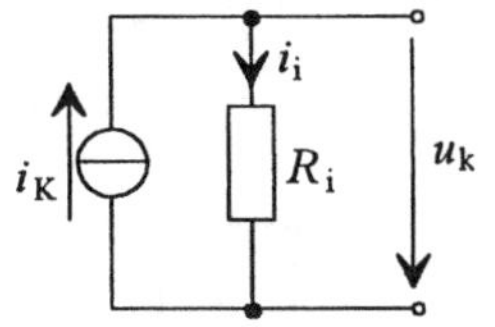

$i = 0$
$i_i = i_K$
$u_k = u_l = R_i\,i_K$

Bild 2.44 Leerlaufbetrieb

Ohne Belastung fließt kein Strom aus dem aktiven Zweipol heraus, so daß sich der gesamte Kurzschlußstrom über den Innenwiderstand der Quelle selbst schließen muß. Dabei entsteht als Klemmenspannung über dem Innenwiderstand R_i die Leerlaufspannung u_l, die der Quellenspannung u_q entsprechen muß.

Im *Kurzschlußbetrieb* dagegen fließt der gesamte Strom der Konstantstromquelle über die äußere Kurzschlußverbindung. Der innere Strom i_i wird Null.

Das Bild 2.45 zeigt das Klemmenverhalten für den Kurzschlußbetrieb.

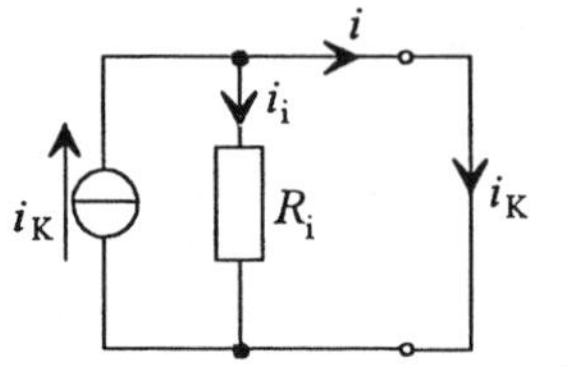

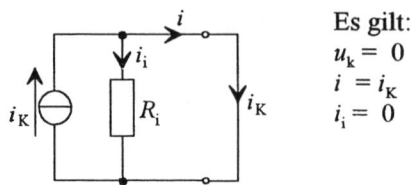

Es gilt:
$u_k = 0$
$i = i_K$
$i_i = 0$

Bild 2.45 Kurzschlußbetrieb

Äquivalenz zwischen Strom- und Spannungsquellen-Ersatzschaltbild. Wird für beide Ersatzschaltbilder der gleiche Innenwiderstand R_i und die Bedingung $R_i \neq 0$ vorausgesetzt, so kann das u-i-Verhalten eines aktiven Zweipols an den Klemmen A und B völlig gleichwertig sowohl durch das Spannungsquellen - Ersatzschaltbild als auch durch das Stromquellen-Ersatzschaltbild beschrieben werden (Bild 2.46). Mit Gl.(2.13), die auch im Bild 2.44 zur Berechnung der Leerlaufspannung angewendet wurde, können beide Ersatzschaltbilder ineinander umgerechnet werden.

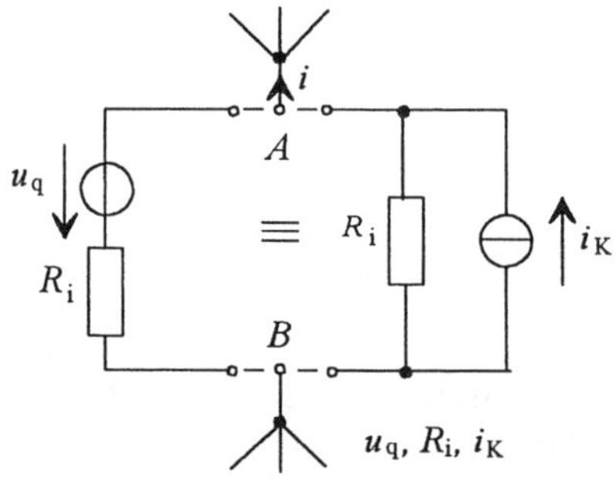

Bild 2.46 Äquivalenz zwischen Strom- und Spannungsquellen-Ersatzschaltbild

Es ist zu beachten, daß bei der Umrechnung der Richtungspfeil des Kurzschlußstromes i_K genau umgekehrt zum Richtungspfeil der Quellenspannung u_q einzuzeichnen ist, damit der Strom i den Zweipol jeweils an der Klemme A verläßt.

Parameter des aktiven Zweipols. Die Größen u_q, i_K, R_i bezeichnet man als Parameter des aktiven Zweipols.

Anwendung der Ersatzschaltbilder. Für Energiequellen, bei denen konstruktiv ein geringerer Innenwiderstand gegenüber dem Belastungswiderstand realisiert werden kann, wird meist das Spannungsquellen-Ersatzschaltbild bevorzugt (z.B Akkumulatoren, Generatoren).
Das Stromquellen-Ersatzschaltbild bietet sich dagegen an für Belastungsfälle, die dem Kurzschlußfall nahekommen. Die Forderung nach einem konstantem Stromfluß, unabhängig vom Belastungswiderstand, tritt häufig in elektronischen Schaltungen auf.

❑ **Beispiel 2.11**

Ein aktiver Zweipol liefert eine Leerlaufspannung von U_q = 6,3 V und einen Kurzschlußstrom von I_K = 3,0 A.
Es sind das Strom- und das Spannungsquellenersatzschaltbild mit dem dazugehörigen Innenwiderstand darzustellen.

Lösung:

Nach Gl (2.13) berechnet sich der Innenwiderstand zu:

$$R_i = \frac{U_q}{I_K} = 2{,}1\ \Omega$$

Damit läßt sich der aktive Zweipol darstellen:

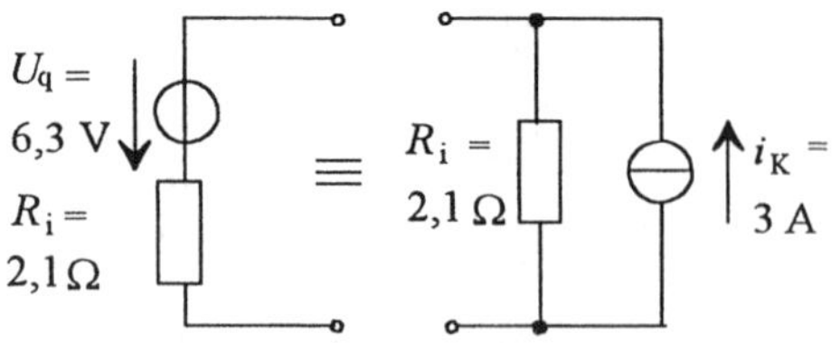

Bild 2.47 U- und I-Ersatzschaltbild

2.2.3.3 Aktive Ersatzzweipole

Treiben in einem Netzwerk zwischen zwei Knoten mehrere Quellen, so können diese nach den Kirchhoffschen Sätzen zusammengefaßt werden.

Reihenschaltung von Spannungsquellen. Die Reihenschaltung mehrerer Spannungsquellen kann durch eine Spannungsquellenersatzschaltung erfaßt werden (Bild 2.48). Dabei addieren sich die Quellenspannungen nach dem Maschensatz. Die Innenwiderstände werden bei Belastung von einem gemeinsamen Strom durchflossen und sind daher zu addieren.

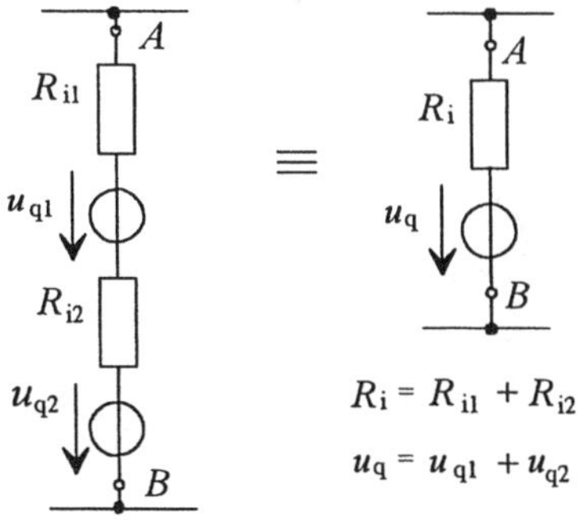

Bild 2.48 Reihenschaltung von U-Quellen

Parallelschaltung von Spannungsquellen. Treten mehrere parallelgeschaltete Spannungsquellen auf, so bietet es sich an, diese jeweils in das äquivalente Stromquellenersatzschaltbild umzuwandeln (Bild 2.49). Für die Darstellung in einem Stromquellenersatzschaltbild sind die Kurzschlußströme nach dem Knotenpunktsatz zu addieren. Für die Innenwiderstände gilt die Parallelschaltung.
Um Ausgleichströme zwischen den Quellen zu vermeiden, sollten praktisch nur Spannungsquellen mit gleicher Quellenspannung und gleichem Innenwiderstand parallelgeschaltet werden.

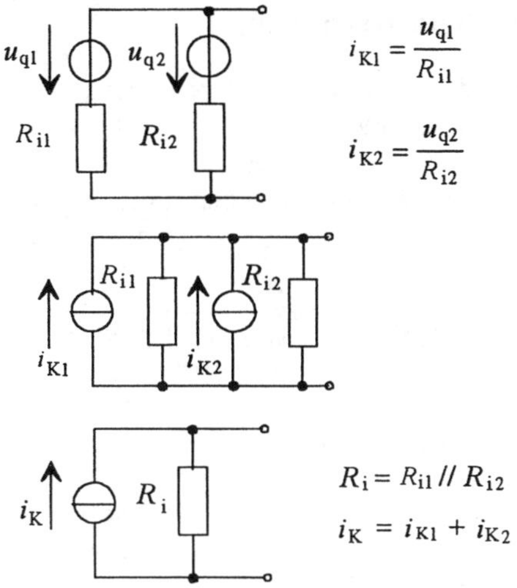

Bild 2.49 Umwandlung paralleler Spannungsquellen in eine Stromquellenersatzschaltung

Die Parallelschaltung von idealen Spannungsquellen mit unterschiedlichem Wert der Quellenspannung sowie die Reihenschaltung von idealen Stromquellen mit unterschiedlichem Wert des Kurzschlußstromes widersprechen den Festlegungen zu den idealen Quellen und sind daher *nicht zulässig*.

❑ **Beispiel 2.12**

Die Parallelschaltung zweier Gleichspannungsquellen mit U_{q1} = 4,8 V, R_{i1} = 0,5 Ω und U_{q2}= 6 V, R_{i2} = 0,55 Ω soll durch die U- und I- Ersatzschaltung eines AZP dargestellt werden.

Lösung:

Es ist gemäß Bild 2.49 vorzugehen:

$$I_{K1} = \frac{U_{q1}}{R_{i1}} = 9{,}6\ \text{A} \qquad I_{K2} = \frac{U_{q2}}{R_{i2}} = 10{,}9\ \text{A}$$

$$I_K = I_{K1} + I_{K2} = 20{,}5\ \text{A} \quad R_i = R_{i1} // R_{i2} = 0{,}26\ \Omega$$

$$U_l = R_i I_K = 5{,}37\ \text{V}$$

Die Werte der Ersatzschaltungen nach Bild 2.46 lauten: U_l = 5,37 V, $R_i = 0{,}26\,\Omega$, $I_K = 20{,}5\,\text{A}$.

2.3 Grundstromkreis

Verbindet man einen aktiven Zweipol mit einem passiven Zweipol, so entsteht ein Stromkreis einfachster Art, den man *Grundstromkreis* (GSK) nennt (Bild 2.50).

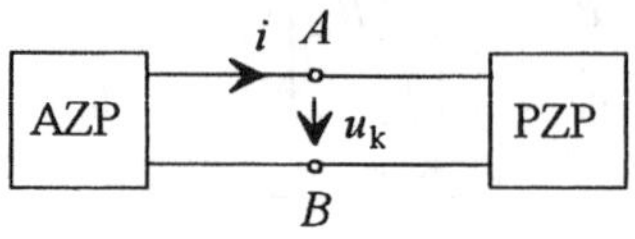

Bild 2.50 Grundstromkreis

Grundsätzlich lassen sich alle elektrischen Schaltungen auf den Grundstromkreis zurückführen, gegebenenfalls unter Anwendung weiterer Netzwerkberechnungsverfahren (siehe Abschnitt 8).

2.3.1 Strom-, Spannungsbeziehungen im Grundstromkreis

An Hand der Klemmengrößen u_k und i läßt sich die gegenseitige Abhängigkeit von Strom und Spannung bei konstanter sowie veränderlicher Belastung diskutieren.

Zur Vereinfachung beziehen sich alle folgenden Betrachtungen auf Gleichgrößen.

Im Bild 2.51 sind die Gleichungen des Grundstromkreises für das Spannungsquellen- und Stromquellen-Ersatzschaltbild dargestellt. Sie gelten prinzipiell auch für zeitlich veränderliche elektrische Größen, jedoch unter Beachtung der erforderlichen Berechnungsmethode, z.B bei sinusförmiger Erregung.

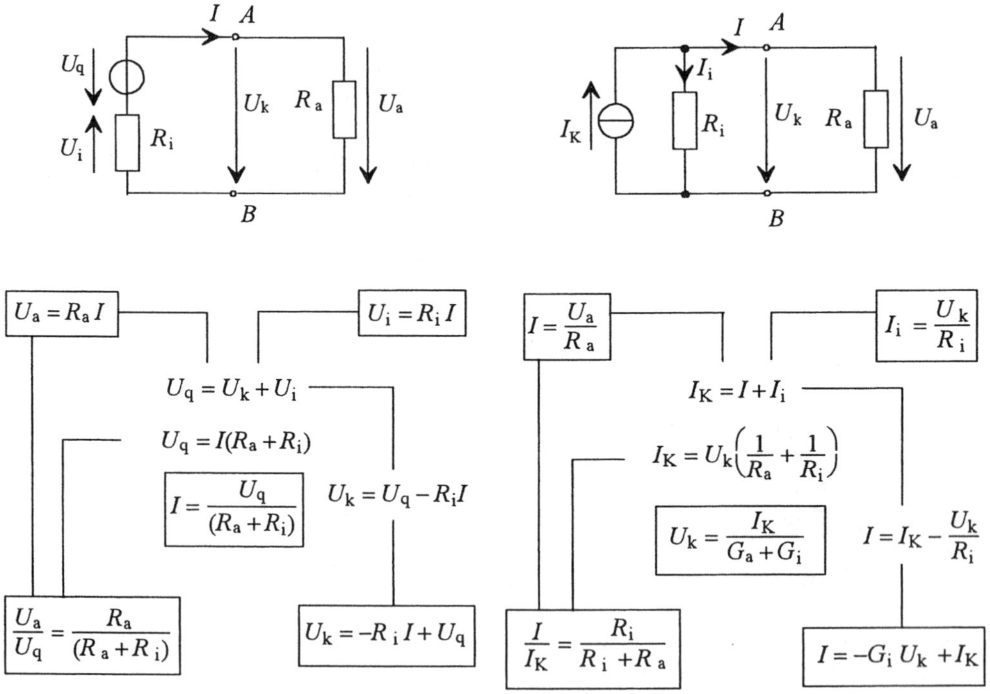

Bild 2.51 Grundgleichungen des Grundstromkreises für die Spannungs- und Stromquellenersatzschaltung (Anmerkung: U_k Klemmenspannung, U_a Spannung an R_a. Es gilt: $U_k = U_a$)

Die Vielzahl der Gleichungen im Bild 2.51 ergibt sich lediglich aus der Anwendung der Kirchhoffschen Sätze sowie des Ohmschen Gesetzes auf die Spannungs- bzw. Stromquellenersatzschaltung.
Man sollte deren Ableitung aus dem Ersatzschaltbild nachvollziehen. Folgende Beispiele unterstützen dieses Anliegen:

❑ **Beispiel 2.13**

In einem Grundstromkreis sind folgende Werte bekannt: $U_q = 12$ V, $U_a = 10{,}5$ V, $I = 0{,}8$ A.

Es sind alle unbekannten Spannungen und Widerstände zu berechnen.

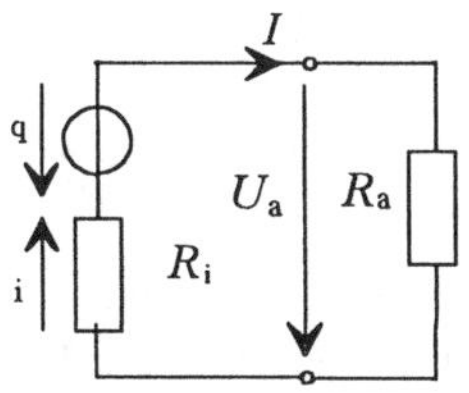

Lösung:

$$U_i = U_q - U_a = 1{,}5 \text{ V}$$

$$R_a = \frac{U_a}{I} = 13{,}1\ \Omega$$

$$R_i = \frac{U_i}{I} = 1{,}87\ \Omega$$

Bild 2.52 Grundstromkreis $R = R_i + R_a = 15\ \Omega$

❑ **Beispiel 2.14**

Zur Bestimmung des Innenwiderstandes und der Leerlaufspannung einer Spannungsquelle wird die Meßschaltung nach Bild 2.53 verwendet. In der Schalterstellung 1 wird ein Strom $I_1 = 0{,}24$ A und in Schalterstellung 2 ein Strom $I_2 = 0{,}1$ A gemessen.
Wie groß sind U_q und R_i ?

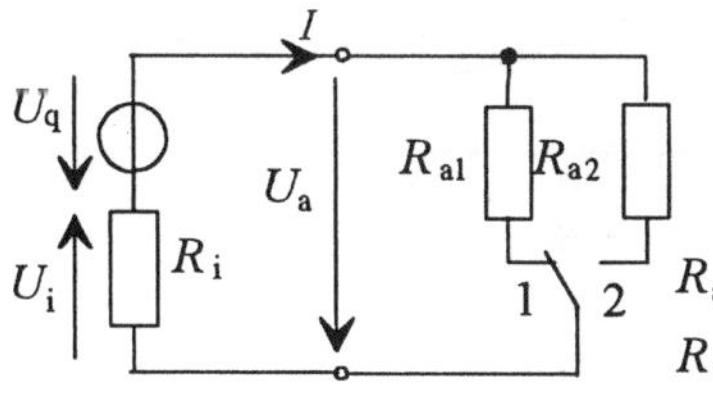

$$R_{a1} = 20\ \Omega$$

$$R_{a2} = 50\ \Omega$$

Bild 2.53 Schaltung zum Beispiel 2.14

Lösung:

Für den aktiven Zweipol sind die Parameter U_q und R_i als konstant anzusehen. Verwendet man die Bezeichnung der Schalterstellung als Indizes, so gilt:

$$U_{q(1)} = U_{q(2)}$$

Setzt man: $U_{q(n)} = (R_{a(n)} + R_i) I_{(n)}$

mit $n = 1, 2$ und stellt nach R_i um, so erhält man:

$$R_i = \frac{I_2 R_{a2} - I_1 R_{a1}}{I_1 - I_2}$$

bzw.

$$\boxed{R_i = \frac{U_{a2} - U_{a1}}{I_1 - I_2}} \qquad (2.15)$$

Mit den gegebenen Zahlenwerten gilt:

$$R_i = 1{,}43\ \Omega$$

$$U_q = (R_{a1} + R_i) I_1 = 5{,}14 \text{ V}$$

Erläuterung:
Die durch den Ansatz gefundene Gl. (2.15) stellt die Gleichung für den linearen Anstieg der Zweipolgeraden der Spannungsquelle dar (Bild 2.54).

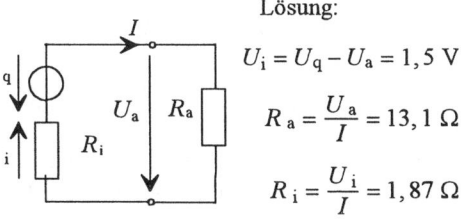

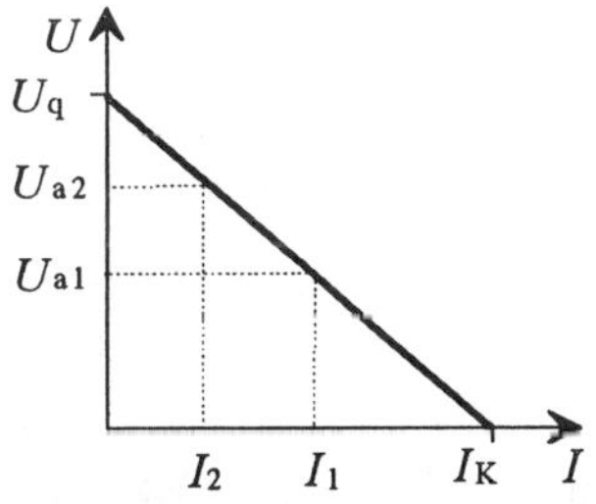

Bild 2.54 Grafische Darstellung von Gl. (2.15)

Es ist damit eine Möglichkeit dargestellt worden, mit zwei Belastungsmessungen den Innenwiderstand R_i einer linearen Spannungsquelle zu bestimmen.

❑ **Beispiel 2.15**

Durch eine Spannungsquelle fließt bei einer Klemmenspannung von $U_a = 22{,}5$ V ein Strom von $I = 4{,}5$ A .
Im Kurzschlußfall fließt ein Strom $I_K = 34$ A.
Es sind die Größen R_i und U_q zu bestimmen!

Lösung:

Für die Darstellung der Spannungsquelle bietet sich das Stromquellen-Ersatzschaltbild an:

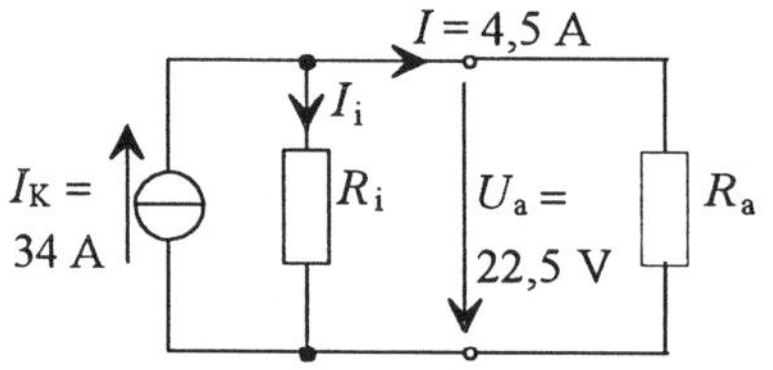

Bild 2.55 Stromquellen-Ersatzschaltbild zum Beispiel 2.15

Die Berechnung kann mit Gl.(2.15) erfolgen. Die beiden Belastungsfälle sind:

Fall 1: $U_a = 22{,}5$ V, $I = 4{,}5$ A

Fall 2: $U_a = 0$ V, $I_K = 34$ A

Damit lassen sich R_i und U_q bestimmen:

$$R_i = \frac{U_a}{I_K - I} = 0{,}763\ \Omega$$

$$U_q = R_i I_K = 26\ \text{V}$$

Die Spannungsquelle läßt sich somit als Zweipol beschreiben, mit den Parametern:

$$U_q = 26\ \text{V},\ R_i = 0{,}763\ \Omega,\ I_K = 34\ \text{A}$$

Klemmenverhalten des AZP. Untersucht man das Klemmenverhalten einer Spannungsquelle (aktiver Zweipol) in Abhängigkeit von der Belastung (passiver Zweipol), so gewinnt man grundsätzliche Erkenntnisse über die sich einstellenden Werte von Strom und Spannung in elektrischen Kreisen bei den vorgesehenen technischen Anwendungsfällen.
Die Auswertung der Funktionen $U_a = f(R_a)$ und $I = f(R_a)$ liefert diese Aussagen.
Um eine Allgemeingültigkeit der Aussage zu erreichen, werden die veränderlichen Größen U_a, I und R_a auf konstante feststehende Werte bezogen. Diese Vorgehensweise wird als *Normierung* bezeichnet und wird in der Technik bei der grafischen Darstellung von Funktionen häufig angewendet.
Als konstante Werte, auf die man im Grundstromkreis normieren kann, eignen sich die Parameter des aktiven Zweipols. Es sind demzufolge für die Funktionen

$$\frac{U_a}{U_q} = f\left(\frac{R_a}{R_i}\right) \quad \text{und} \quad \frac{I}{I_K} = f\left(\frac{R_a}{R_i}\right)$$

analytische Ausdrücke zu finden, die am besten grafisch auszuwerten sind.
Mit Anwendung der Gleichungen nach Bild 2.51 findet man folgende Beziehungen:

$$\boxed{\frac{U_a}{U_q} = \frac{1}{1 + \frac{1}{\frac{R_a}{R_i}}}} \quad (2.16) \qquad \boxed{\frac{I}{I_K} = \frac{1}{1 + \frac{R_a}{R_i}}} \quad (2.17)$$

Die gemeinsame Darstellung der Gln. (2.16) und (2.17) zeigt das Bild 2.56:

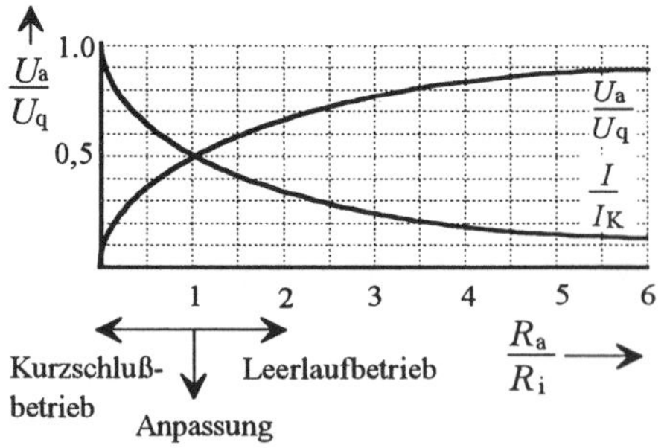

Bild 2.56 Normierte Strom-Spannungs-Verläufe im Grundstromkreis

Das Bild 2.56 zeigt, daß mit sinkender Belastung und der damit verbundenen Abnahme des Stromes gegen Null die Klemmenspannung gegenläufig ansteigt und sich dem Wert der Quellenspannung ($U_a / U_q = 1$) asymptotisch annähert.

Betriebsfälle des Grundstromkreises. Es ist zu beachten, daß der Abszissenwert des Diagrammes kein Absolutwert ist, sondern ein Verhältnis zwischen dem Belastungswiderstand und dem Innenwiderstand der Quelle darstellt.

Anpassung. Das Widerstandsverhältnis $R_a / R_i = 1$ liegt genau bei dem Schnittpunkt der beiden Funktionsverläufe. Dieser Betriebsfall des Grundstromkreises wird *Anpassung* genannt und im Abschnitt 2.6 genauer untersucht.

Weiterhin wird deutlich, daß sich die im Abschnitt 2.2.3.2 angegebenen Belastungsfälle des aktiven Zweipols Leerlauf und Kurzschluß nicht nur in Abhängigkeit vom Lastwiderstand R_a, sondern vielmehr vom Verhältnis R_a/R_i einstellen lassen.

Kurzschlußbetriebsbereich. Man spricht im Bereich $0 \le R_a/R_i \le$ vom Kurzschlußbetriebsbereich des Grundstromkreises oder auch von *Unteranpassung*. Kurzschlußbetrieb heißt also nicht nur widerstandsloses Überbrücken der Klemmen des aktiven Zweipols, sondern auch Einstellung der Widerstandsbedingung $R_i >> R$. Dieser Betriebsfall kommt dem Betrieb mit einer Konstantstromquelle nahe.

Leerlaufbetriebsbereich. Im Bereich $1 \le R_a / R_i \le \infty$ spricht man vom Leerlaufbetriebsbereich des Grundstromkreises oder von *Überanpassung*. Leerlauf läßt sich im Grundstromkreis nicht nur durch offene Klemmen des aktiven Zweipols einstellen, sondern auch, wenn bei einem endlichen Belastungswiderstand R_a die Bedingung $R_i << R_a$ eingestellt wird. Dieser Betriebsfall entspricht dem Einsatz einer Konstantspannungsquelle.

2.3.2 Grafische Arbeitspunktermittlung im Grundstromkreis

Die grafische Darstellung der Zweipolkennlinien vermittelt anschaulich eine Vorstellung über das *u*-*i*-Verhalten der verwendeten Zweipole. Stellt man die Kennlinie des aktiven und des passiven Zweipols in einem gemeinsamen Diagramm dar, so ergibt sich als Schnittpunkt der beiden Kennlinien der Arbeitspunkt, bei dem die Zweipole betrieben werden.

An Hand der Darstellung (Bild 2.57) lassen sich nochmals die Strom-Spannungs-Relationen im Grundstromkreis untersuchen.

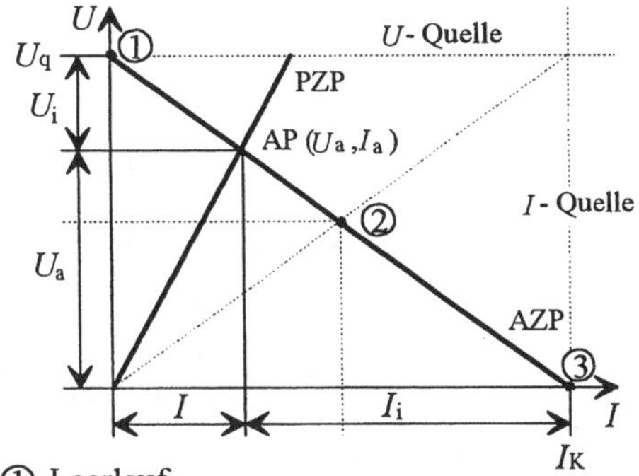

① Leerlauf

② Anpassung

③ Kurzschluß

Bild 2.57 Zweipolkennlinien zur Arbeitspunktermittlung

Die Lage der Kennlinie des aktiven Zweipols wird durch die Parameter U_q und I_K bestimmt. Der negative Anstieg entspricht dem Wert des Innenwiderstandes R_i.

Die Lage der Kennlinie des passiven Zweipols ist durch den Wert des Lastwiderstandes R_a bestimmt. Variiert man diesen Wert, so wandert der Arbeitspunkt auf der Geraden des aktiven Zweipols nach oben bzw. nach unten. Es werden die Grenzfälle Leerlauf bzw. Kurzschluß erreicht.

☐ Beispiel 2.16

Man bestimme grafisch den Arbeitspunkt des Grundstromkreises, wenn folgende Werte gegeben sind:

$$U_q = 10\ \text{V}, R_i = 1\ \Omega, R_a = 4\ \Omega$$

Welchen Wert muß R_a annehmen, damit ein Strom von $I = 6$ A fließt?
Auf welchen Wert erhöht sich der Strom, wenn die Quellenspannung auf $U_q = 12$ V eingestellt wird?

Lösung:

Für die Darstellung der Kennlinie des aktiven Zweipols nach der Geradengleichung

$$U_k = -R_i I + U_q$$

sind zwei Punkte erforderlich:

Punkt 1: $I = 0 \rightarrow U_k = U_q = 10$ V
Punkt 2: $U_k = 0 \rightarrow I = I_K = \frac{U_q}{R_i} = 10$ A

Der passive Zweipol folgt der Gleichung:

$$U_a = R_a I$$

Es werden ebenfalls zwei Punkte gewählt:

Punkt 1: $I = 0 \Rightarrow U_a = 0$
Punkt 2: $I = 1\ \text{A} \Rightarrow U_a = 4$ V

Mit diesen Überlegungen läßt sich der Arbeitspunkt grafisch ermitteln:

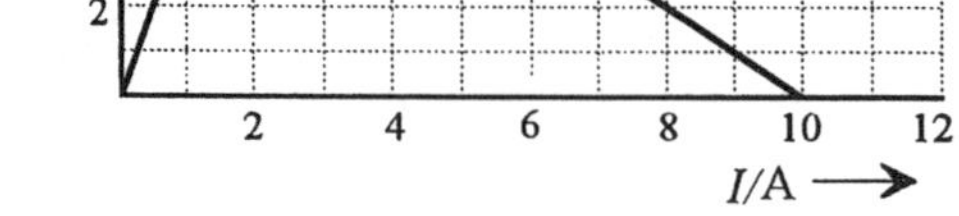

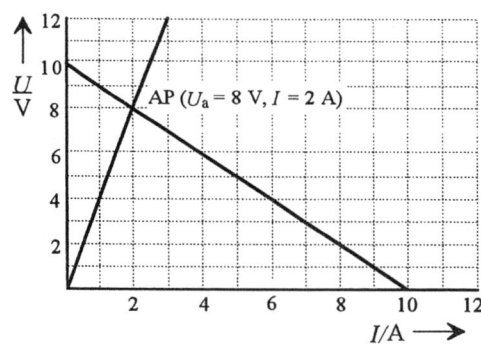

Bild 2.58 Grafische Arbeitspunktermittlung

Für die zwei möglichen Ersatzschaltbilder des Grundstromkreises lassen sich alle interessierenden Werte aus Bild 2.58 direkt ablesen:

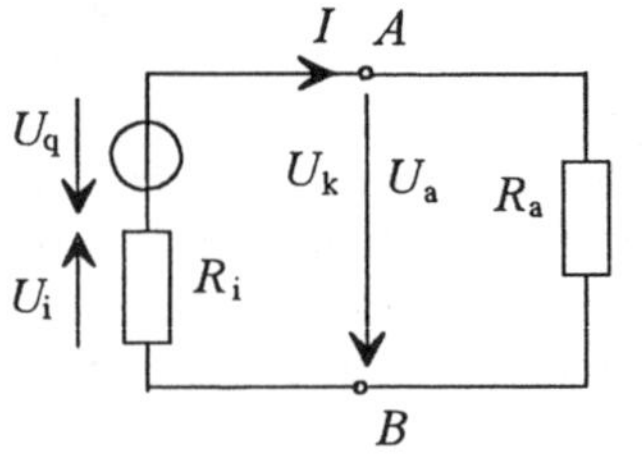

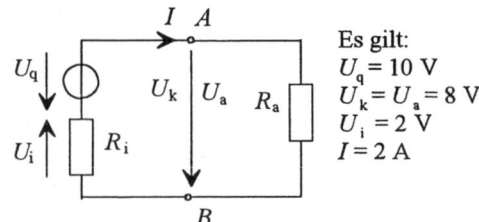

Es gilt:
$U_q = 10$ V
$U_k = U_a = 8$ V
$U_i = 2$ V
$I = 2$ A

Bild 2.59.1 Spannungsquellen-Ersatzschaltbild

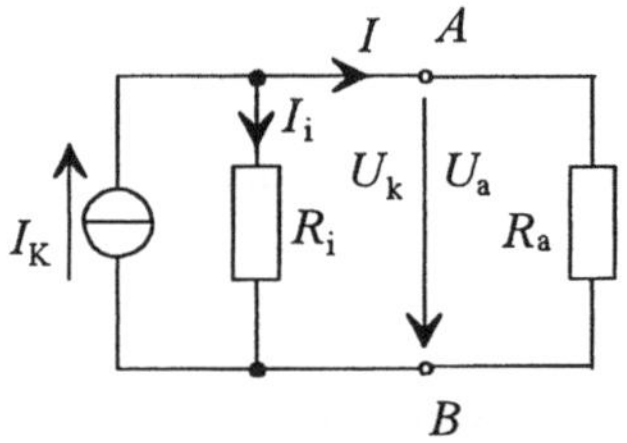

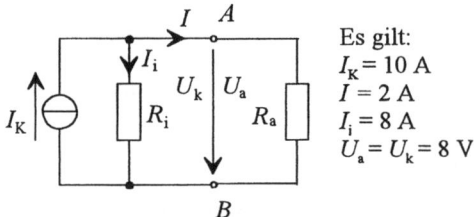

Es gilt:
$I_K = 10$ A
$I = 2$ A
$I_i = 8$ A
$U_a = U_k = 8$ V

Bild 2.59.2 Stromquellen-Ersatzschaltbild

Um R_a zu bestimmen, bei dem $I = 6$ A beträgt, sucht man den Schnittpunkt des Stromwertes $I = 6$ A mit der Kennlinie des aktiven Zweipols:

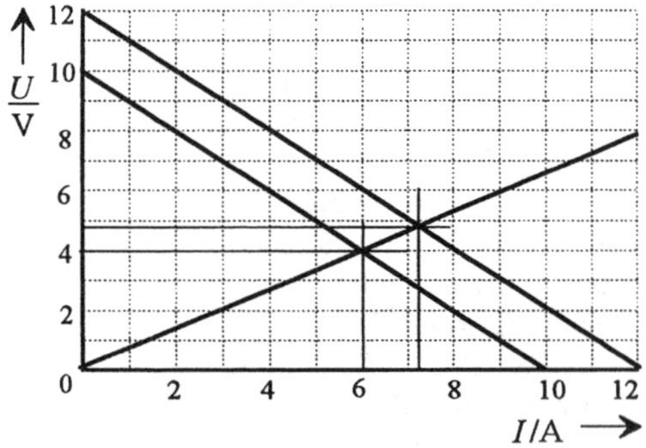

Bild 2.60 Grafische Arbeitspunktermittlung

Man liest den Wert $U_a = 4$ V ab. Damit beträgt der erforderliche Widerstandswert $R_a = 0,66\,\Omega$. Eine Erhöhung der Quellenspannung bedeutet eine Parallelverschiebung der Kennlinie des aktiven Zweipols. Es stellt sich ein Strom von $I = 7,2$ A ein.

2.4 Schaltungen mit nichtlinearen Zweipolen

Nichtlineare Zweipole. Aktive oder passive Zweipole können einen nichtlinearen Zusammenhang zwischen Strom und Spannung aufweisen, wenn sie mindestens ein nichtlineares Bauelement enthalten.
Durch den nichtlinearen Kennlinienverlauf ist der Widerstandswert im Gegensatz zu ohmschen Widerständen vom fließenden Strom bzw. der angelegten Spannung abhängig und kann nicht als bekannte Größe in eine Rechnung eingesetzt werden.
Statischer und dynamischer Betrieb. Für nichtlineare Bauelemente ist zwischen dem statischen und dynamischen Betrieb zu unterscheiden. Zunächst ist der *statische* Arbeitspunkt zu dimensionieren, der durch das *U-I*-Wertepaar am Bauelement bei angelegter Betriebsspannung eingestellt wird. Anschließend ist der *dynamische* Betrieb zu untersuchen. Wird das Bauelement durch eine Wechselgröße angesteuert, wandert der Arbeitspunkt entsprechend deren Verlauf auf der nichtlinearen Zweipolkennlinie um den zuvor eingestellten statischen Arbeitspunkt. Dabei wirkt der Wechselstromwiderstand des Bauelements, der vom Gleichstromwiderstand erheblich abweichen kann. Im Bild 2.61 ist diese Unterscheidung im Überblick dargestellt.

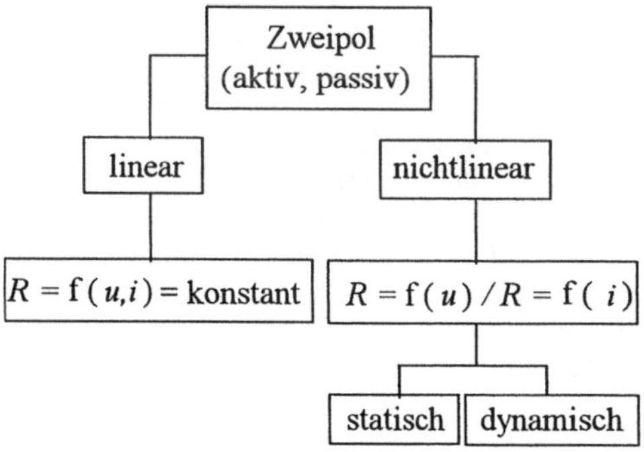

Bild 2.61 Verhalten von Zweipolen

Statischer Betrieb. Für eine statische Berechnung in Schaltungen mit nichtlinearen Zweipolen ist der *u-i*-Zusammenhang des nichtlinearen Bauelements analytisch zu formulieren. Dies ist nicht immer möglich bzw. erfordert u.U. einen erheblichen mathematischen Aufwand. Dazu wird die Schaltung nach Bild 2.62 betrachtet:

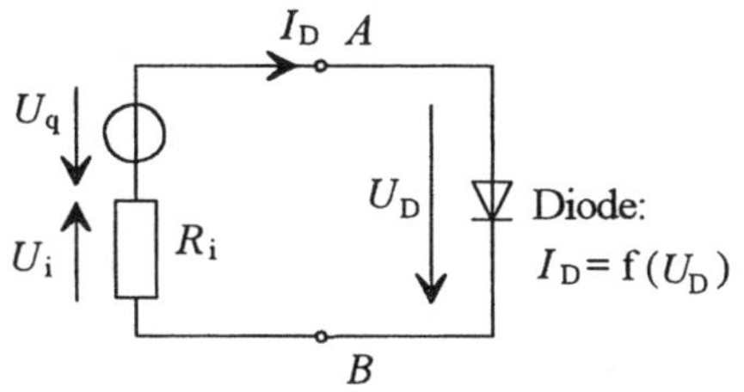

Bild 2.62 Grundstromkreis mit nichtlinearen Bauelementen

An einem linearen aktiven Zweipol wird eine Halbleiterdiode in Durchlaßrichtung als nichtlinearer passiver Zweipol geschaltet. Es ist der Strom I_D zu berechnen.
Nach dem Maschensatz gilt:

$$U_q = U_i + U_D$$

Für den Zusammenhang $I_D = f(U_D)$ läßt sich die Gleichung

$$\boxed{I_D = I_S\left(e^{\frac{U_D}{U_T}} - 1\right)} \qquad (2.18)$$

angeben, wobei die Temperaturspannung U_T und der Sättigungsstrom I_S Parameter der Halbleiterdiode darstellen [1].
Drückt man die Spannungen des Maschensatzes durch den Strom I_D aus, so gilt:

$$U_q = R_i\, I_D + U_T \ln\left(\frac{I_D}{I_S} + 1\right)$$

Diese Gleichung ist für den Strom I_D nicht

geschlossen lösbar. Eine numerische Lösung findet man erst durch die Anwendung eines geeigneten Näherungsverfahrens.

Grafische Arbeitspunktermittlung. Ein praktikables Verfahren für die Ermittlung von Strom und Spannung in einfachen Netzwerken mit nichtlinearen Bauelementen ist die grafische Arbeitspunktermittlung. Dabei sind die Kennlinien der eingesetzten Bauelemente in das *U-I*-Diagramm einzuzeichnen. Diese sind entsprechend der vorgegebenen Schaltung als aktiver und passiver Zweipol zusammenzufassen. Der Arbeitspunkt ergibt sich als Schnittpunkt der resultierenden Kennlinien.
Das grafische Verfahren liefert außerdem eine Aussage über die Veränderung von Strom und Spannung, wenn sich eine der Größen im Netzwerk ändert. Dies läßt sich häufig für die Erklärung des dynamischen Schaltungsverhaltens anwenden.
Das Bild 2.63 zeigt qualitativ die grafische Lösung für die Klemmengrößen U_D und I_D der Schaltung nach Bild 2.62.
Die Verschiebung des Arbeitspunktes bei Verringerung der Quellenspannung ist zusätzlich angedeutet.

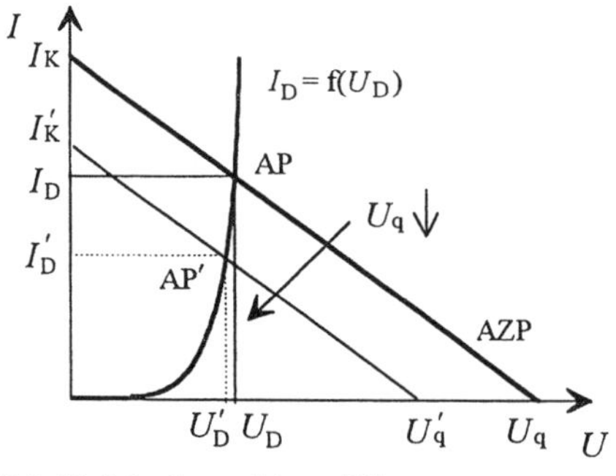

Bild 2.63 Arbeitspunktermittlung

Erläuterung. In der Elektronik ist es üblich, für Halbleiterbauelemente die *I-U*-Kennlinie darzustellen, während in der Elektroenergietechnik die *U-I*-Kennlinie in der grafischen Darstellung bevorzugt wird.

In technischen Anwendungsfällen überwiegen Schaltungen mit nichtlinearen Bauelementen, da durch die zielgerichtete Ausnutzung des Kennlinienverhaltens die unterschiedlichsten Wirkprinzipien, wie Stabilisierung von elektrischen Größen, Erzeugung negativer Widerstände, Verstärkerwirkung, Oberschwingungserzeugung, Modulation erreicht werden können. Dazu sind in der Regel neue Berechnungsmethoden entwickelt worden, die gesondert zu behandeln sind [14], [18], [19].

□ **Beispiel 2.17**

Für eine Stabilisierungsschaltung mit Z-Diode nach Bild 2.64 ist unter Beachtung der vorgegebenen Werte der Vorwiderstand R_v an Hand der Kennlinie zu dimensionieren.

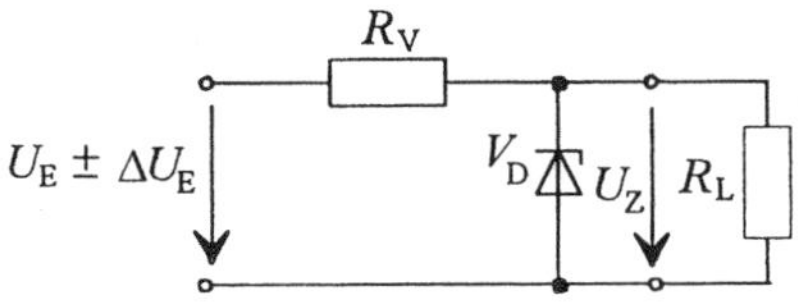

$U_E = 12\ V \pm 2\ V, R_L = 150\ \Omega$

Bild 2.64 Stabilisierungsschaltung mit Z-Diode

Lösung:

Die grafische Lösung erfolgt im III. Quadranten des Kennlinienfeldes der Zenerdiode, welche in Sperrichtung betrieben wird (Bild 2.65).
Die Eingangsspannung U_E wird als Konstantspannungsquelle betrachtet und auf der Spannungsachse angetragen. Der gesuchte Vorwiderstand R_V wird damit zum Innenwiderstand des aktiven Zweipols und ist aus dem Anstieg der Verbindungsgeraden zwischen U_E und dem gewählten Arbeitspunkt AP zu bestimmen. Die Kennlinie des passiven Zweipols ergibt sich aus der grafischen Konstruktion der Parallelschaltung von Z-Diode und Lastwiderstand R_L .

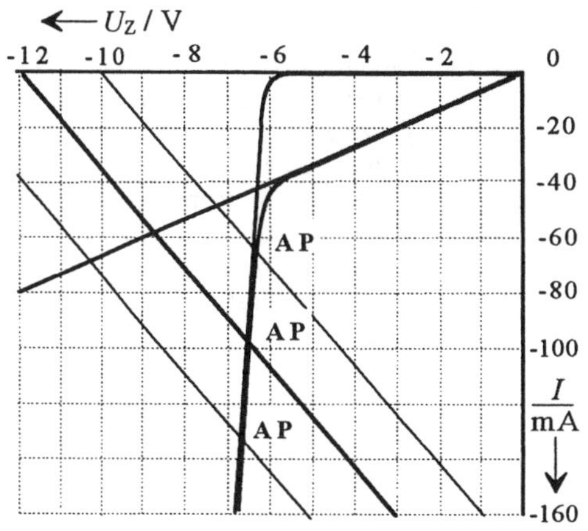

Bild 2.65 Grafische Lösung zum Beispiel 2.17

Als Arbeitspunkt wird das *U-I*-Wertepaar 6,6 V, 100 mA gewählt.
Der Vorwiderstand R_V ergibt sich zu:

$$R_V = \frac{\Delta U_Z}{\Delta I} = \frac{9\ \text{V}}{160\ \text{mA}} = 56{,}25\ \Omega$$

Bei Veränderung der Eingangsspannung U_E auf den Minimalwert von U_E = 10 V wandert der Arbeitpunkt auf die Werte 6,4 V, 65 mA und bei dem Maximalwert U_E = 14 V liegt der Arbeitspunkt bei den Werten 6,8 V, 130 mA.
Dem resultierenden Kennlinienverlauf ist zu entnehmen, daß die Änderung der Eingangsspannung um den Wert $\Delta U_E = \pm 2$ V über eine Stromänderung durch die Z-Diode abgefangen wird.
Der Strom durch den Lastwiderstand bleibt mit

$$I_L = \frac{U_Z}{R_L} = \frac{6{,}6\ \text{V}}{150\ \Omega} = 44\ \text{mA}$$

nahezu konstant. Die Stabilisierungswirkung der Schaltung bleibt auch bei Anliegen von $U_E - \Delta U$ erhalten.
Bei einer Änderung der Eingangsspannung von $\Delta U_E = \pm 2$ V ändert sich die Spannung über der Z-Diode und damit über dem Lastwiderstand lediglich um etwa $\Delta U_Z = \pm 0{,}2$ V. Der Glättungsfaktor *G* ergibt sich damit zu:

$$G = \frac{\Delta U_E}{\Delta U_Z} = 10$$

☐ Beispiel 2.18

Es ist die Spannung U_{AB} zu bestimmen, die durch Anschluß der Konstantstromquelle I_0 an den passiven Zweipol der Schaltung nach Bild 2.66 entsteht.

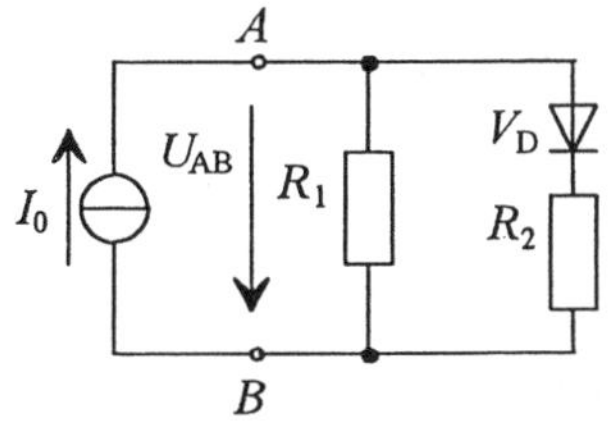

I_0 = 130 mA
R_1 = 10 Ω
R_2 = 20 Ω

Bild 2.66 Schaltung zum Beispiel 2.18

Die Diodenkennlinie ist durch eine Wertetabelle vorgegeben:

V_D: $I_D = f(U_D)$:

U_D / V	0	0,1	0,2	0,4	0,5	0,6	0,7
I_D / mA	0	0	0	2	10	38	120

Lösungsvariante 1:

Eine grafische Lösung zeigt Bild 2.67.

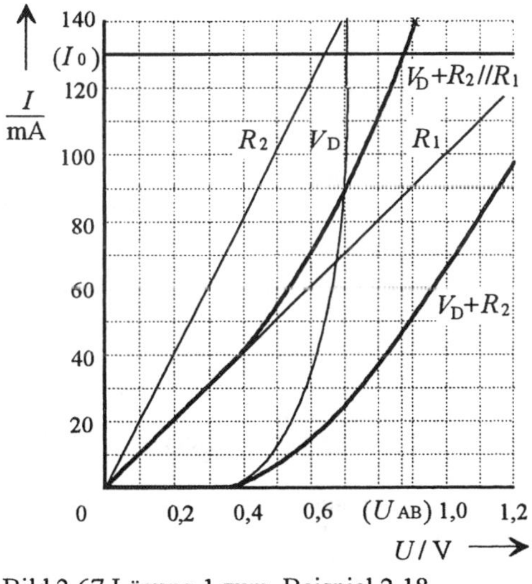

Bild 2.67 Lösung 1 zum Beispiel 2.18

Die grafische Lösung erfolgt schrittweise. Die Diodenkennlinie $I_D = f(U_D)$ wird in den I. Quadranten des Kennlinienfeldes eingetragen. Anschließend werden die beiden Widerstandskennlinien für R_1 und R_2 gezeichnet. Die Reihenschaltung der Diode V_D mit dem Widerstand R_2 ist zu konstruieren. Diese resultierende Kennlinie ist grafisch dem Widerstand R_1 parallel zu schalten. Der Schnittpunkt dieser Kennlinie mit der Geraden der Konstantstromquelle I_0 ergibt den Spannungswert $U_{AB} = 0{,}86$ V.

Lösungsvariante 2:

Weil der Widerstand R_1 als Parallelzweig im passiven Zweipol liegt, läßt sich das Beispiel 2.18 auch so lösen, daß man den Widerstand R_1 als Innenwiderstand des aktiven Zweipols auffaßt. In diesem Fall ist die Leerlaufspannung $U_l = R_1 I_0 = 1{,}3$ V zu berechnen und die Kennlinie des aktiven Zweipols zu zeichnen. Der Arbeitspunkt ergibt sich dann bereits aus dem Schnittpunkt der Geraden des aktiven Zweipols mit der resulierenden Kennlinie $V_D + R_2$. Es ergibt sich ebenfalls der Spannungswert $U_{AB} = 0{,}86$ V. Diese grafische Lösungsvariante zeigt Bild 2.68.

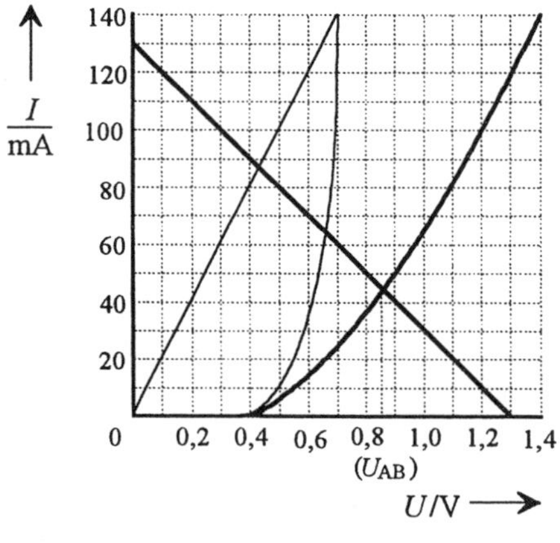

Bild 2.68 Lösung 2 zum Beispiel 2.18

Es wird in beiden Diagrammen sichtbar, daß der nichtlineare Kennlinienverlauf durch die Zusammenschaltung von ohmschen Widerständen mit der Halbleiterdiode linearisiert wird.

❑ **Beispiel 2.19**

Ein Solarelement mit der Kennlinie nach Bild 2.70 wird als aktiver nichtlinearer Zweipol eingesetzt (Bild 2.69). Es ist jeweils der Arbeitspunkt bei einer konstanten Beleuchtungsstärke von E = 3000 lx zu bestimmen, wenn das Solarelement nacheinander mit den Widerständen R_1, R_2, R_3 belastet wird. Für jeden Arbeitspunkt ist der Leistungsumsatz am Widerstand auszurechnen.

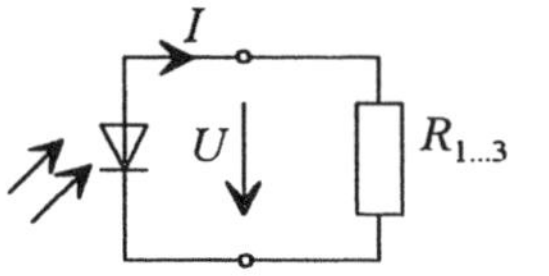

$R_1 = 800\ \Omega$
$R_2 = 630\ \Omega$
$R_3 = 500\ \Omega$

Bild 2.69 Schaltung zum Beispiel 2.19

Lösung:

In das Kennlinienfeld des Solarelements sind die Kennlinien der Widerstände R_1, R_2, R_3 einzutragen.

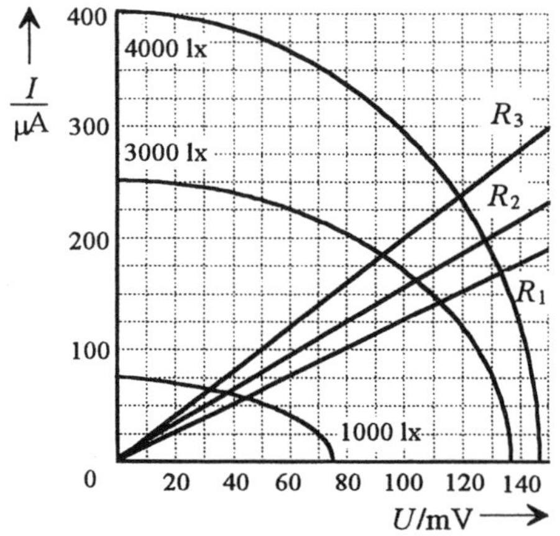

Bild 2.70 Grafische Lösung zum Beispiel 2.19

Die Ergebnisse sind tabellarisch dargestellt:

	U/ mV	I/ µA	P_a / µW
$R_1 = 800\ \Omega$	113	145	16,4
$R_2 = 630\ \Omega$	105	167	17,5
$R_3 = 500\ \Omega$	93	180	16,7

Beispiel 2.20

Die Begrenzerschaltung nach Bild 2.71 verhindert das Auftreten zu hoher Spannungswerte an einem beliebigen Lastwiderstand R_L.

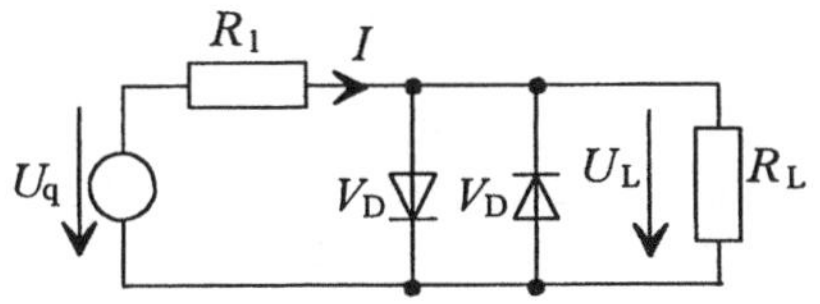

Bild 2.71 Einfache Begrenzerschaltung

Über die Variation der Quellenspannung ist die Funktionsweise der Schaltung mit Hilfe des grafischen Lösungsverfahrens zu erklären.

Lösung:

Die Konstruktion der Kennlinie des Ersatzzweipols zeigt Bild 2.72.

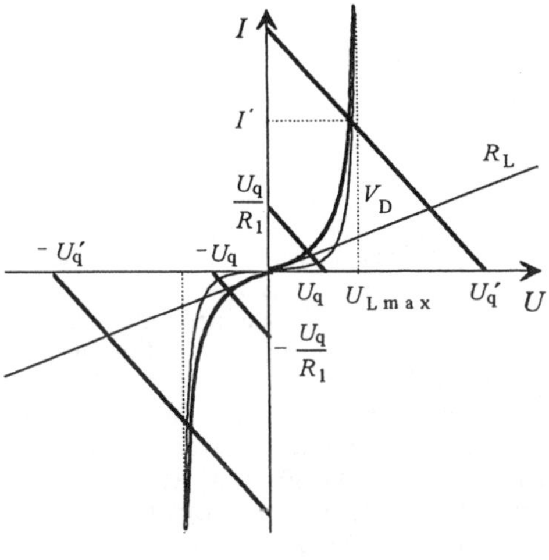

Bild 2.72 Grafische Lösung zum Beispiel 2.20

Die Parallelschaltung der Diode V_D mit dem Widerstand R_L ist über deren Kennlinien zu konstruieren. Wegen der Antiparallelschaltung der beiden Dioden arbeitet die Schaltung symmetrisch, so daß positive und negative Spannungen begrenzt werden.

Steigt die Spannung im Bereich $0 < U_q < U_{Lma}$ an, so gilt annähernd: $U_L \approx U_q$. Steigt die Spannung U_q weiter, z.B. auf den Wert U_q', so wandert der Arbeitspunkt auf der Kennlinie des Ersatzzweipols nach oben zu höheren Stromwerten, z.B. auf den Wert I'. Der Spannungswert U_{Lma}, der von der Schleusenspannung der verwendeten Diode abhängig ist, wird bei wachsender Spannung U_q nicht überschritten.

Beispiel 2.21

Zwei in Reihe geschaltete Generatoren speisen zwei parallele nichtlineare Widerstände (Bild 2.73). Die Kennlinien der verwendeten Bauelemente zeigt Bild 2.74. Es sind die Klemmengrößen U und I zu bestimmen.

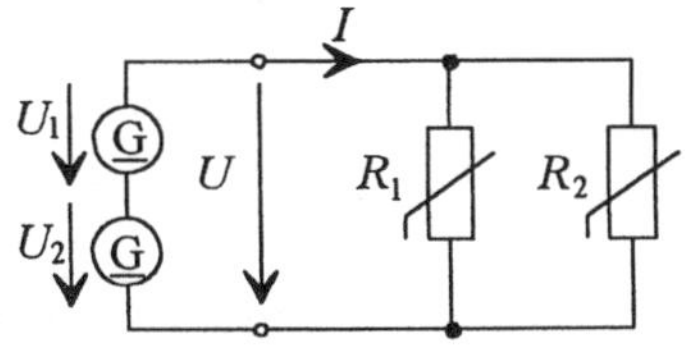

Bild 2.73 Schaltung zum Beispiel 2.21

Lösung:

Die Klemmengrößen werden über die grafische Arbeitspunktermittlung im Bild 2.74 bestimmt.

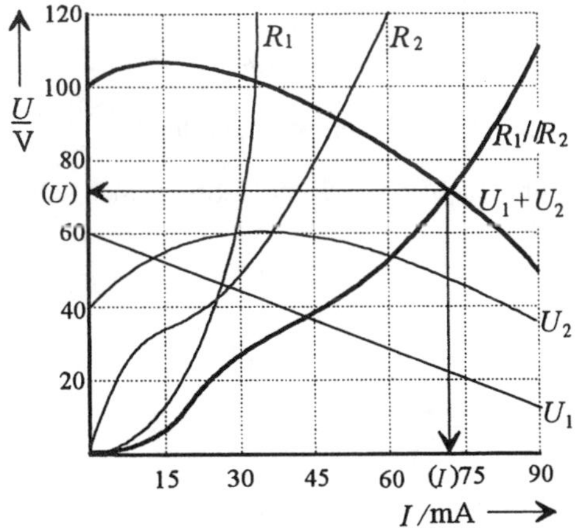

Bild 2.74 Grafische Lösung zum Beispiel 2.21

2.5 Anwendung der Kirchhoffschen Gesetze

Zielstellung. Um eine elektrische Schaltung bzw. ein Netzwerk zu analsysieren oder zu dimensionieren, interessieren immer wieder die einzelnen Teilspannungen über den Bauelementen sowie die auftretenden Stromverteilungen.
Prinzipiell gelten dabei immer die Kirchhoffschen Sätze. Aus diesen lassen sich allgemeingültige Gleichungen ableiten, um die Spannungs- bzw. Stromverteilung zu berechnen. Die Anwendungen dieser Gleichungen, die Spannungs- bzw. Stromteilerregel genannt werden, sollen auch im erweiterten Sinne gezeigt werden.

2.5.1 Spannungsteilerregel

Zwei in Reihe geschaltete Widerstände R_1 und R_2, die man zu einem Ersatzwiderstand R zusammenfassen kann, werden offensichtlich von dem gleichen Strom i durchflossen (Bild 2.75).

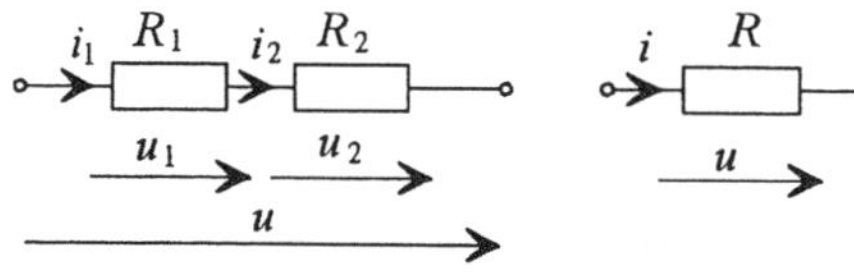

Bild 2.75 Einfacher Spannungsteiler

Für den Strom i kann man formal schreiben:

$$i_1 = i_2 = i$$

Mit dem Ohmschen Gesetz gilt:

$$\frac{u_1}{R_1} = \frac{u_2}{R_2} = \frac{u}{R}$$

Aus dieser Gleichung lassen sich zwei allgemeingültige Proportionen ableiten, die man als *unbelasteter Spannungsteiler* bezeichnet.

$$\boxed{\frac{u_1}{u_2} = \frac{R_1}{R_2}} \quad (2.19.1) \qquad \boxed{\frac{u_1}{u} = \frac{R_1}{R}} \quad (2.19.2)$$

> Werden Widerstände vom gleichen Strom durchflossen, so verhalten sich die Spannungen direkt proportional zu den dazugehörigen Widerständen.

❑ **Beispiel 2.22**

An der Schaltung nach Bild 2.76 liegt eine Spannung U = 36 V. Wie groß ist die Teilspannung U_3?

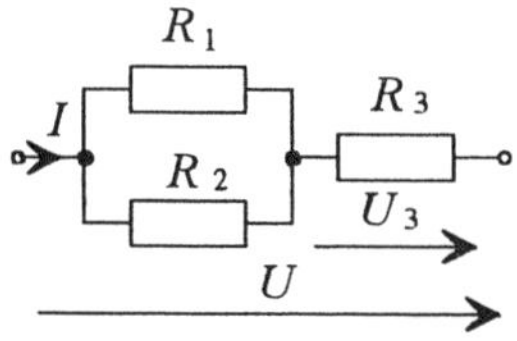

R_1 = 150 Ω
R_2 = 70 Ω
R_3 = 40 Ω

Bild 2.76 Schaltung zum Beispiel 2.22

Lösung:

Bei der Anwendung der Spannungsteilerregel erweist es sich als günstig, nicht nach einer Reihenschaltung von Widerständen zu suchen, sondern nach dem gemeinsamen Strom, der die Spannungen erzeugt, für die die Spannungsteilerregel aufzustellen ist.
Der Strom I erzeugt sowohl die Teilspannung U_3 am Widerstand R_3 als auch die Gesamtspannung U am Gesamtwiderstand $R_1 // R_2 + R$.
Mit Gl. (2.19.2) gilt unter Beachtung des gemeinsamen Stromes I:

$$\frac{U_3}{U} = \frac{R_3}{R_1 // R_2 + R_3}$$

Nach U_3 aufgelöst, gilt:

$$U_3 = U \frac{R_3}{\frac{R_1 R_2}{R_1 + R_2} + R_3} = 16{,}4 \text{ V}$$

Belasteter Spannungsteiler. Mit einem *belasteten Spannungsteiler* kann man auf einfache Art Spannungen verringern (Bild 2.77). Bildet man den Abgriff für die Spannung u_a verstellbar aus (*Potentiometer*), so ist diese Spannung regelbar in Abhängigkeit einer Längeneinheit (Schleiferbahn des Potentiometers).

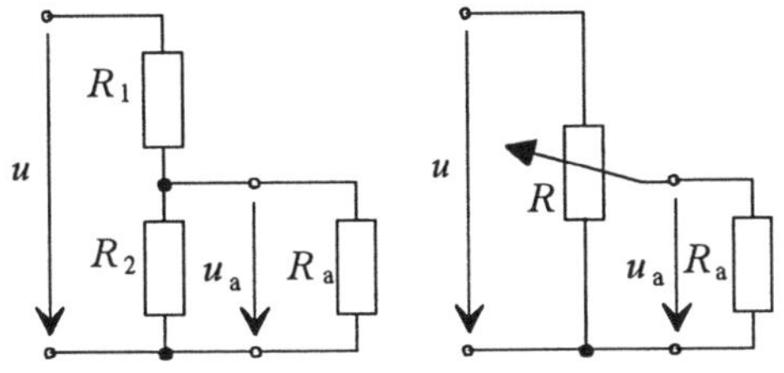

Bild 2.77 Belasteter Spannungsteiler

Die Anwendung eines belasteten Spannungsteilers ist nur sinnvoll für sehr kleine Ströme, um die Verlustleistung über den Teilwiderstand R_1 in Grenzen zu halten bzw. wenn die Bedingung $R_a/R > 1$ eingehalten wird, d.h., der Spannungsteiler sich dem unbelasteten Fall annähert.

Normierte Darstellung. Die Spannungsverhältnisse am belasteten Spannungsteiler werden üblicherweise normiert dargestellt. Für Bild 2.77 ist der Spannungsteileransatz unter Verwendung von $R = R_1 + R_2$ aufzustellen. Es gilt:

$$\frac{u_a}{u} = \frac{\frac{R_2 R_a}{R_2 + R_a}}{\frac{R_2 R_a}{R_2 + R_a} + R_1} = \frac{R_2 R_a}{R_a R + R_2 (R - R_2)}$$

Mit dem Teilerverhältnis R_2/R sowie dem Belastungsverhältnis R_a/R gilt weiter:

$$\boxed{\frac{u_a}{u} = \frac{\frac{R_2}{R}}{1 + \frac{\frac{R_2}{R}\left(1 - \frac{R_2}{R}\right)}{\frac{R_a}{R}}}} \qquad (2.20)$$

Die normierte Darstellung der Gl. (2.20) zeigt das Bild 2.78.

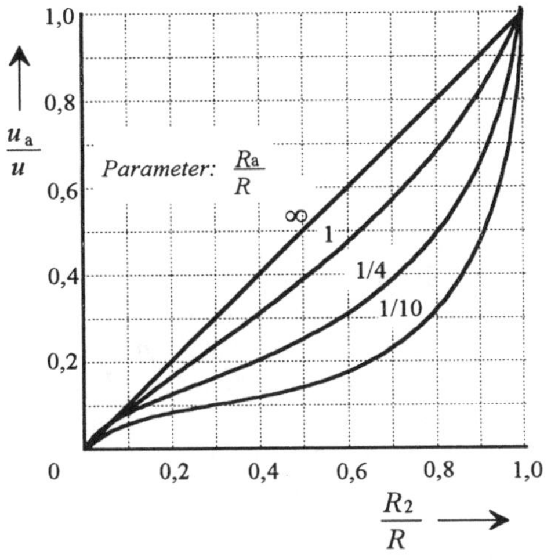

Bild 2.78 Normiertes Spannungsverhältnis des belasteten Spannungsteilers

Setzt man in Gl. (2.20) das Belastungsverhältnis $R_a/R \to \infty$ ein, so entsteht für die Schaltung nach Bild 2.77 wieder die Gleichung des unbelasteten Spannungsteilers.

$$\frac{u_a}{u} = \frac{R_2}{R}$$

Erweiterter Teileransatz. Treten in einem Netzwerk Stromverzweigungen auf, läßt sich die Spannungsteilerregel nicht über einen Knotenpunkt hinweg anwenden. Ist die Schaltung überschaubar, kann man durch das Einführen einer zusätzlichen Spannung den *erweiterten Spannungsteiler* anwenden, d.h., die Gleichungen für den jeweiligen Strom mehrmals aufstellen.
Dabei empfiehlt es sich, den Gleichungsansatz immer von einer Teilspannung aus in Richtung der Gesamtspannung zu wählen. Mit der Schaltung nach Bild 2.79 wird diese Vorgehensweise demonstriert.

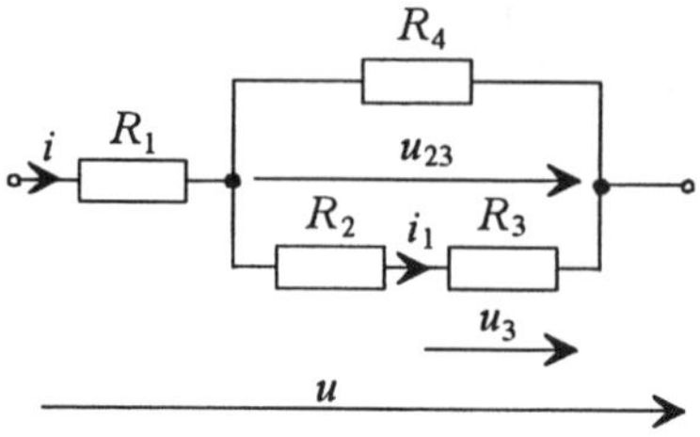

Bild 2.79 Erweiterter Spannungsteiler

Schlußfolgernd aus der Herleitung der Spannungsteilerregel, darf der Spannungsteiler u_3/u nicht direkt angesetzt werden.
In der Schaltung sind zunächst Widerstände zu suchen, die vom gleichen Strom durchflossen werden. Dementsprechend ist eine zusätzliche Spannung anzugeben, die diesen Strom treibt.
Für den Strom i_1, der von der Spannung u_{23} angetrieben wird, kann zunächst ein Spannungsteileransatz erfolgen.

Strom i_1: $$\frac{u_3}{u_{23}} = \frac{R_3}{R_2 + R_3}$$

Die Spannung u_{23} wiederum ist eine Teilspannung, die von dem Strom i erzeugt wird. Damit kann die Spannungsteilerregel erneut aufgestellt werden.

Strom i: $$\frac{u_{23}}{u} = \frac{R_4 // (R_2 + R_3)}{R_4 // (R_2 + R_3) + R_1}$$

Der Strom i wird bereits von der Gesamtspannung u angetrieben. Durch das Einsetzen der beiden gefundenen Teilansätze ineinander kann die zusätzlich eingeführte Spannung wieder eleminiert werden. Das gesuchte Teilerverhältnis u_3/u lautet nun allgemein:

$$\frac{u_3}{u} = \frac{R_3}{\mathrm{R}_2 + R_3} \cdot \frac{R_4 // (R_2 + R_3)}{R_4 // (R_2 + R_3) + R_1}$$

Sind für einen richtigen Gleichungsansatz weitere Spannungen zusätzlich einzuführen, ist zu prüfen, ob nicht andere Berechnungsverfahren effektiver sind.

❑ **Beispiel 2.23**

Für die Schaltung nach Bild 2.80 ist die Teilspannung U_4 mit Hilfe des erweiterten Spannungsteilers auszurechnen.

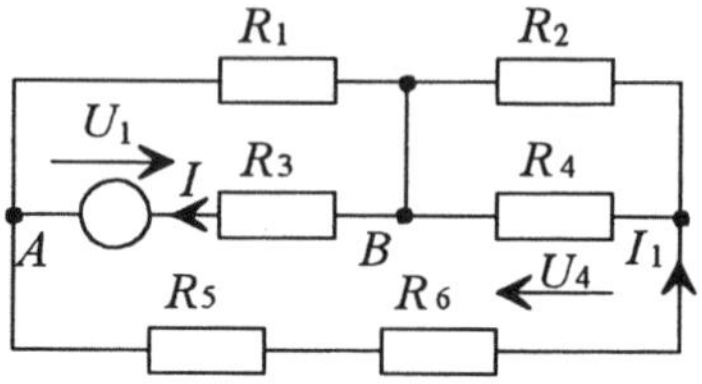

$R_1 = 1\,\mathrm{k\Omega}$
$R_n = nR_1$
$U_1 = U$

Bild 2.80 Schaltung zum Beispiel 2.23

Der Spannungsteiler U_4/U_1 kann nicht direkt angesetzt werden, da der Widerstand R_4 nicht vom gleichen Strom wie der Gesamtwiderstand der Schaltung durchflossen wird.
Die Teilspannung U_4 wird von dem Teilstrom I_1 erzeugt, welcher wiederum von der zusätzlich einzuführenden Spannung U_{AB} angetrieben wird (Schaltung gegebenenfalls umzeichnen!).
Es gilt der Ansatz:

Strom I_1: $$\frac{U_4}{U_{AB}} = \frac{R_2 // R_4}{R_2 // R_4 + R_5 + R_6}$$

Die Spannung U_{AB} ist eine Teilspannung, die vom Gesamtstrom I angetrieben wird. Damit lautet der zweite Spannungsteileransatz:

Strom I: $$\frac{U_{AB}}{U_1} = \frac{(R_2 // R_4 + R_5 + R_6) // R_1}{(R_2 // R_4 + R_5 + R_6) // R_1 + R_3}$$

Die allgemeine Gleichung für den gesuchten Spannungsteileransatz lautet:

$$\frac{U_4}{U_1} = \frac{R_2 // R_4}{R_2 // R_4 + R_5 + R_6} \cdot \frac{\left(R_2 // R_4 + R_5 + R_6\right) // R_1}{\left(R_2 // R_4 + R_5 + R_6\right) // R_1 + R_3}$$

Setzt man für die Widerstände Zahlenwerte gemäß der vorgegebenen Bedingung nach Bild 2.80 ein, so ergibt sich $U_4/U_1 = 0{,}236$.

2.5.2. Stromteilerregel

An zwei parallel geschalteten Widerständen R_1 und R_2, für die der Ersatzwiderstand R bzw. Ersatzleitwert G berechnet werden kann, liegt die gleiche Spannung u (Bild 2.81).

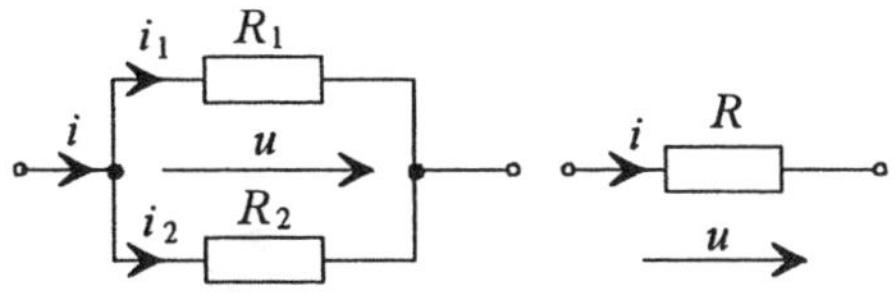

Bild 2.81 Einfache Stromteilerregel

Für die Spannung u, die eine Masche festlegt, kann man für R_1 und R_2 schreiben:

$$u_1 = u_2 = u$$

Mit dem Ohmschen Gesetz gilt:

$$R_1 i_1 = R_2 i_2 = iR$$

Aus dieser Proportion lassen sich zwei allgemeingültige Varianten der Stromteilerregel ableiten:

$$\boxed{\frac{i_1}{i_2} = \frac{R_2}{R_1} = \frac{G_1}{G_2}} \qquad (2.21.1)$$

$$\boxed{\frac{i_1}{i} = \frac{R}{R_1} = \frac{G_1}{G}} \qquad (2.21.2)$$

Liegt an Widerständen die gleiche Spannung, so verhalten sich die Ströme umgekehrt proportional zu den Widerständen bzw. direkt proportional zu den Leitwerten.

Bei der Anwendung der Stromteilerregel in der Netzwerksberechnung tritt häufig der Fall auf, daß der Teilstrom in einer Masche zu dem Gesamtstrom, der in die Masche hineinfließt, ins Verhältnis gesetzt werden muß.

In Gl. (2.21.2) wird dazu der Ersatzwiderstand R durch die zwei Widerständen R_1 und R_2 ausgedrückt. Die Gl. 2.21.2 lautet dann:

$$\frac{i_1}{i} = \frac{R}{R_1} = \frac{\frac{R_1 R_2}{R_1 + R_2}}{R_1}$$

$$\boxed{\frac{i_1}{i} = \frac{R_2}{R_1 + R_2}} \qquad (2.22)$$

Im Zusammenhang mit Bild 2.81 läßt sich für Gl. (2.22) folgender Satz formulieren:

Ein Teilstrom verhält sich zum Gesamtstrom, wie der nicht vom Teilstrom durchflossene Widerstand zum Ringwiderstand der Masche.

❑ **Beispiel 2.24**

Für die Schaltung nach Bild 2.82 sind mögliche Varianten des Stromteilers aufzustellen.

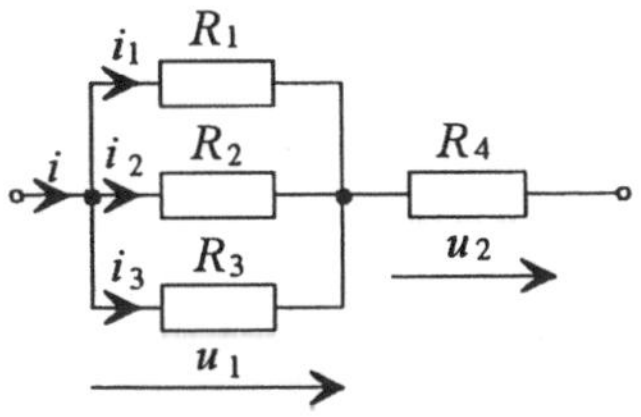

Bild 2.82 Schaltung zum Beispiel 2.24

In Analogie zur Spannungsteilerregel sind für den Stromteileransatz zunächst Widerstände zu suchen, an denen die gleiche Spannung abfällt. Für die Teilströme, hervorgerufen durch u_1, gilt:

$$i_1 : i_2 : i_3 = G_1 : G_2 : G_3$$

Für den Ansatz des Teilstromes i_1 zum Gesamtstrom i nach Gl. (2.22) ist die Schaltung von Bild 2.82 zweckmäßigerweise auf die Grundschaltung des Stromteilers im Bild 2.81 zurückzuführen. Mit dem Ersatzwiderstand $R_2//R_3$ gilt dann:

$$\frac{i_1}{i} = \frac{R_2//R_3}{R_2//R_3 + R_1}$$

❑ **Beispiel 2.25**

In der Schaltung nach Bild 2.83 ist der Widerstand R_4 für die Bedingung zu berechnen, daß sich die Spannung U_4 genau so groß wie die Spannung U_2 einstellt.

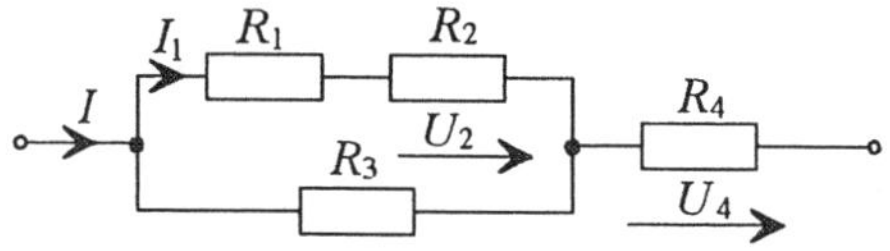

$R_1 = 20\ \Omega,\ R_2 = 5\ \Omega,\ R_3 = 10$

Bild 2.83 Schaltung zum Beispiel 2.25

Die Spannung U_2 wird von dem Teilstrom I_1, die Spannung U_4 wird vom Gesamtstrom I bestimmt.

Der Zusammenhang zwischen beiden Strömen I_1 und I ist durch den Stromteiler gegeben. Es gilt:

$$\frac{I_1}{I} = \frac{R_3}{R_1 + R_2 + R_3}$$

Die interessierenden Spannungen hängen mit den Strömen über das Ohmsche Gesetz zusammen. Mit den Gleichungen $I = U_4/R_4$ und $I_1 = U_2/R_2$ kann man in dem Ansatz die Ströme ersetzen.
Für den Widerstand R_4 gilt die Gleichung:

$$R_4 = \frac{R_2 R_3}{R_1 + R_2 + R_3}$$

Es ergibt sich der Wert $R_4 = 1{,}43\ \Omega$.

Erweiterter Teileransatz. Unterteilen sich in einem Netzwerk Ströme, die bereits Teilströme einer Masche sind, erneut in Teilströme, so kann man gegebenfalls die Stromteilerregel mehrfach anwenden. Diese Anwendung des *erweiterten Stromteilers* wird an Hand der Schaltung nach Bild 2.84 allgemein gezeigt.

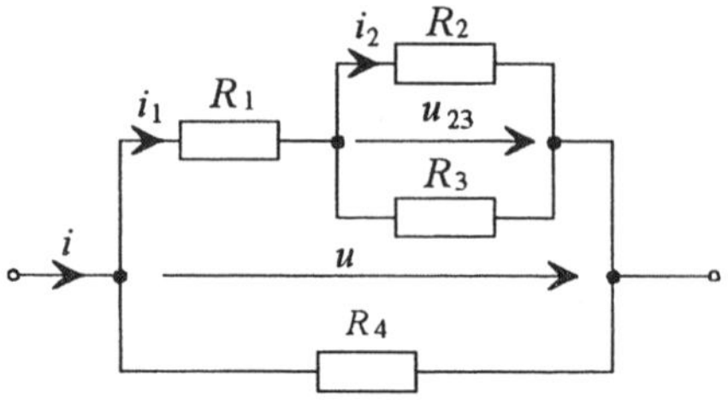

Bild 2.84 Erweiterter Stromteiler

Nach der Voraussetzung der Stromteilerregel darf der Stromteiler i_2/i nicht direkt angesetzt werden, da der Teilstrom i_2 nicht von der gleichen Spannung erzeugt wird, wie der Strom i. Für die Masche R_2, R_3, über der die Spannung u_{23} anliegt, stellt der Strom i_1 den Gesamtstrom dar. Damit lautet der Stromteiler für diese Masche

Spannung u_{23}: $\quad \dfrac{i_2}{i_1} = \dfrac{R_3}{R_2 + R_3}$

Der Strom i_1 wiederum ist ein Teilstrom des Gesamtstromes i, welcher von der Spannung u erzeugt wird. Um den Stromteiler erneut anzusetzen, ist jetzt die Masche zu betrachten, über der die Spannung u abfällt. Für diesen Ansatz gilt:

Spannung u: $\quad \dfrac{i_1}{i} = \dfrac{R_4}{R_2//R_3 + R_1 + R_4}$

Der erweiterte Stromteiler lautet damit allgemein:

$$\frac{i_2}{i} = \frac{R_3}{R_2 + R_3} \cdot \frac{R_4}{R_2//R_3 + R_1 + R_4}$$

❑ **Beispiel 2.26**

Für die Schaltung nach Bild 2.85 ist der Stromteiler i_5/i mit Hilfe der erweiterten Stromteilerregel zu berechnen.

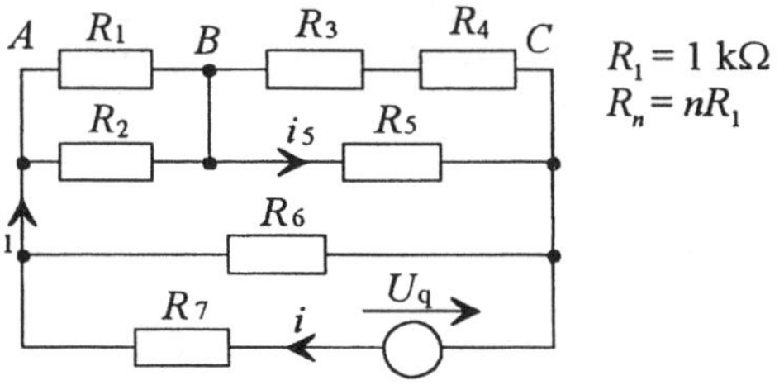

Bild 2.85 Schaltung zum Beispiel 2.26

Für den mehrfachen Ansatz des Stromteilers sind zunächst die Spannungen mit den dazugehörigen Maschen zu finden, die die Teilströme erzeugen.
Der Teilstrom i_5 wird von der Spannung u_{AB} erzeugt. Der Strom i_1 ist der Gesamtstrom, der in die Masche fließt, über der die Spannung u_{AB} abfällt. Damit lautet ein Teilansatz:

$$\frac{i_5}{i_1} = \frac{R_3 + R_4}{R_3 + R_4 + R_5}$$

Der Teilstrom i_1, welcher von der Spannung u_{AC} erzeugt wird, ist ein Teilstrom des Gesamtstromes i. Es ergibt sich der erneute Ansatz:

$$\frac{i_1}{i} = \frac{R_6}{R_1 // R_2 + (R_3 + R_4) // R_5 + R_6}$$

Unter Beachtung der vorgegebenen Widerstandwerte lautet der erweiterte Stromteiler:

$$\frac{i_5}{i} = \frac{R_3 + R_4}{R_3 + R_4 + R_5} \cdot \frac{R_6}{R_1 // R_2 + \left(R_3 + R_4\right) // R_5 + R_6} = 0{,}37$$

2.5.3 Messen von Strom und Spannung

Ausgehend von der Definition der Grundgrößen im Abschnitt 1, ergeben sich die nachfolgenden Sätze, die im Bild 2.86 als Meßschaltung umgesetzt sind.

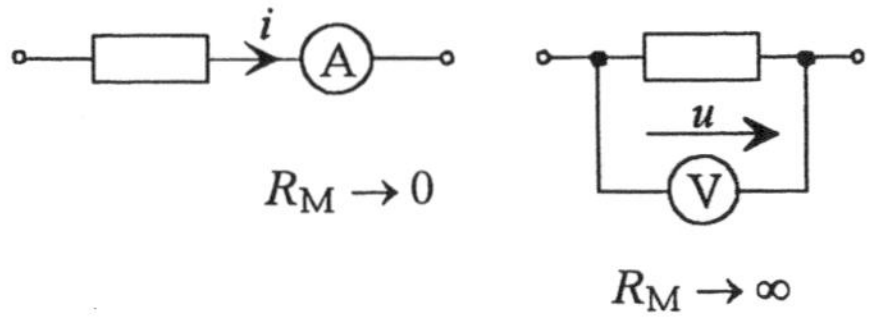

Bild 2.86 Strom- und Spannungs-Meßschaltung

Die Spannungsmessung erfolgt prinzipiell zwischen zwei Punkten des Stromkreises, d.h. parallel zum Meßobjekt.

Die Strommessung erfolgt prinzipiell in einem Punkt des Stromkreises, d.h. in Reihe zum Meßobjekt.

Meßgeräteanforderungen. Der jeweiligen Meßschaltung ist zu entnehmen, daß über einem Strommesser möglichst kein zusätzlicher Spannungsabfall, über dem Spannungsmesser möglichst kein zusätzlicher Stromfluß auftreten sollte. Dementsprechend ergeben sich die Anfordungen an die Meßgeräte-Innenwiderstände, wie im Bild 2.86 angegeben.

Durch die Entwicklung der Meßtechnik, insbesondere durch den Einsatz der Mikroelektronik, sind Meßgeräte verfügbar, die dieser Forderung bereits sehr nahekommen, diese jedoch unterschiedlich erfüllen.

Meßgeräteauswahl. Der Innenwiderstand eines Meßgerätes ist technisch bedingt und führt bei der Strommessung zur Spannungsteilung, bei der Spannungsmessung zur Stromteilung. Außerdem spielt bei der Meßgeräteauswahl die Zeitabhängigkeit der Meßgrößen eine wesentliche Rolle (siehe Abschnitt 3). Diese Faktoren sind bei der Meßgeräteauswahl zu beachten.

Meßbereichserweiterung. Strom- und Spannungsmeßgeräte ohne Hilfspannungsquelle verwenden das Drehspulmeßwerk oder das Dreheisenmeßwerk. Der erforderliche unterschiedliche Innenwiderstand ist entweder konstruktiv bestimmt oder durch eine Widerstandsbeschaltung des Meßwerkes beeinflußt.

Um einen großen Bereich der praktisch auftretenden Werte für Strom und Spannung messen zu können, ist eine Meßbereichserweiterung nötig.
Zur Meßbereichserweiterung eines Strommessers wird ein *Nebenwiderstand*, auch *Shunt* genannt, parallelgeschaltet. Zur Meßbereichserweiterung eines Spannungsmessers wird ein *Vorwiderstand* in Reihe geschaltet (Bild 2.87).

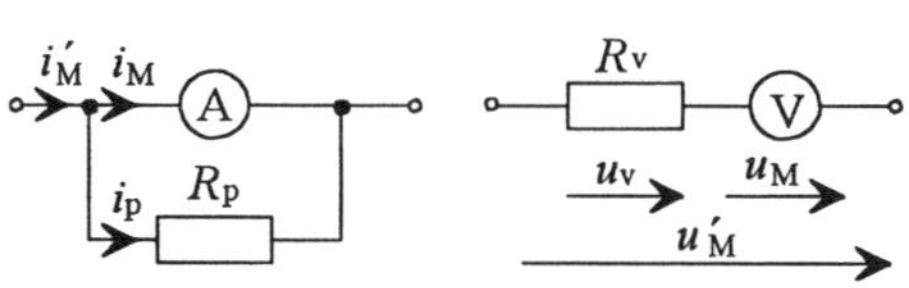

Bild 2.87 Meßbereichserweiterung bei Strom- und Spannungsmesser

Für die Meßbereichserweiterung wird ein Erweiterungsfaktor p angegeben, welcher das Verhältnis zwischen dem neuen Meßbereich, als Strichgröße im Bild 2.87 gekennzeichnet, und dem alten Meßbereich darstellt.
Mit der Anwendung der Strom- bzw. Spannungsteilerregel lassen sich bei vorgegebenen Erweiterungsfaktor die Widerstände wie folgt bestimmen:

Strommesser:

$$p = \frac{i_M'}{i_M} = \frac{R_M + R_p}{R_p}$$

$$p = \frac{R_M}{R_p} + 1$$

$$\boxed{R_p = \frac{R_M}{p-1}} \quad (2.23)$$

Spannungsmesser:

$$p = \frac{u_M'}{u_M} = \frac{R_v + R_M}{R_M}$$

$$p = \frac{R_v}{R_M} + 1$$

$$\boxed{R_v = R_M(p-1)} \quad (2.24)$$

Für die Labor- und Betriebsmeßtechnik werden *Vielfachmeßgeräte* (*Multimeter)* verwendet, mit denen über einen Wahlschalter unterschiedliche Strom- und Spannungsmeßbereiche angewählt werden können. In der Regel ändert sich dabei der Meßgeräteinnenwiderstand, was u.U. zu Meßfehlern führen kann und dementsprechend zu beachten ist.

Moderne Multimeter sind meist mit elektronischen Meßverstärkern ausgestattet. Damit kann erreicht werden, daß der Meßgeräteinnenwiderstand für alle Strom- bzw. Spannungsmeßbereiche konstant bleibt und außerdem empfindlichere Meßbereiche zur Verfügung stehen.
Es sind weiterhin Geräte mit automatischer Meßbereichsumschaltung sowie digitaler Meßwertanzeige verfügbar.

Indirekte Strommessung. Besteht die Forderung, den Strom mit einem hochohmigen Meßgerät, wie z.B. Oszilloskop, Digitalmultimeter mit Spannungsmeßbereich, zu messen, so kann die *indirekte Strommessung* angewendet werden. Dazu wird ein möglichst niederohmiger Widerstand in den Meßkreis eingeschaltet und der Spannungsabfall darüber ausgewertet.

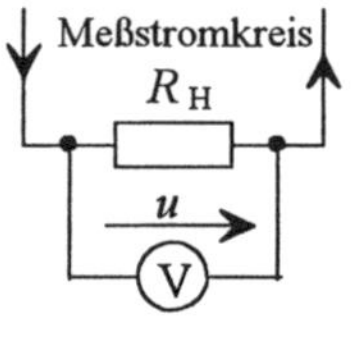

Es gilt z.B. für
$R = 1\,\Omega$
$1\,\text{V} \mathrel{\hat{=}} 1\,\text{A}$

Bild 2.88 Indirekte Strommessung

Soll durch eine gleichzeitige Strom- und Spannungsmessung eine Widerstandsbestimmung erfolgen, so ist zwischen der *spannungsrichtigen* und *stromrichtigen Meßschaltung* zu unterscheiden. Ausführungen dazu findet man in [12].

2.6 Leistungsumsatz im Grundstromkreis

Allgemeines. Mit dem Beginn der gezielten technischen Nutzung der elektrischen Energie seit dem vorigen Jahrhundert lassen sich allgemein zwei grundsätzliche Entwicklungsrichtungen erkennen.
Zum einen wurde mit der Erzeugung, Übertragung und dem Verbrauch der Elektroenergie der gesamte Bereich der *Elektroenergietechnik* (*Starkstromtechnik*) aufgebaut, zum anderen wurde klar, daß die elektrische Energie sehr gut als Informationsträger bzw. Signalträger geeignet ist. Dies stellte die Grundlage für den vielschichtigen Bereich der Nachrichtentechnik dar.
Die Fortschritte der Halbleitertechnik brachten völlig neue Fachdisziplinen, z.B. die Elektronik oder Mikrorechentechnik, hervor, die sich in ihrer Funktionsweise grundsätzlich auf elektrotechnische Gesetzmäßigkeiten stützen bzw. für deren Realisierung die elektrische Energie als Hilfsenergie genutzt wird.

Abstrahiert man unterschiedliche elektrotechnische Anwendungsfälle mit dem Ziel, diese auf den Grundstromkreis mit *Erzeuger* und *Verbraucher* im Bereich der Starkstromtechnik sowie *Quelle* und *Senke* im Bereich der Nachrichtentechnik zurückzuführen, erkennt man, daß zusätzliche technische Voraussetzung existieren müssen, die die dargestellten Entwicklungsrichtungen bedingen.

Elektroenergietechnik. Im Bereich der Elektroenergietechnik ist ein möglichst hoher Wirkungsgrad anzustreben, um bei der Energieerzeugung und -übertragung nicht unnütz Energie an die Umgebung abzugeben, sondern sie der vorgesehenen Nutzung zuzuführen.

Nachrichtentechnik. Im Gegensatz dazu beabsichtigt man in der Nachrichtentechnik die verlustfreie Übertragung von Informationen, damit dem Empfänger, unabhängig von der Darstellungsform der Information z.B. als Bild, Text oder Sprache, der vollständige Informationsgehalt geboten werden kann. Dies ist technisch nur dann gewährleistet, wenn das Trägersignal mit maximalen Leistungsumsatz am Empfänger zur Verfügung steht.

Unter diesen Gesichtspunkten ist der Leistungsumsatz im Grundstromkreis zu diskutieren, der sich durch die Wahl des Widerstandsverhältnisses R_a/R_i variieren läßt.

Leistungsumsatz. Für den Grundstromkreis nach Bild 2.88 ist unter Anwendung des Spannungsquellen-Ersatzschaltbildes die Gleichung des Leistungsumsatzes für zeitunabhängige Größen aufzustellen:

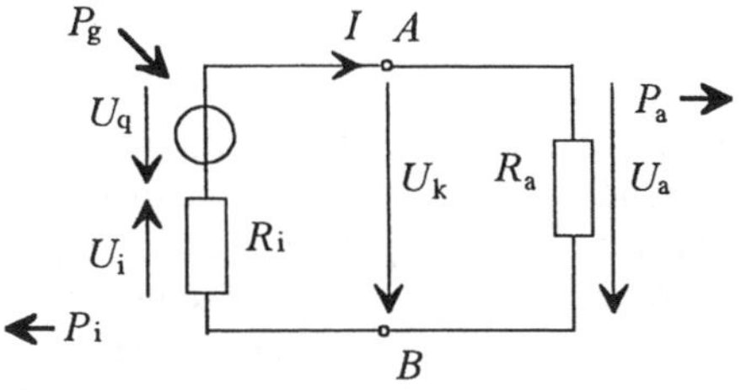

Bild 2.89 Leistungsumsatz im Grundstromkreis

$$P_i + P_a - P_g = 0$$

bzw.

$$\boxed{P_i + P_a = P_g} \qquad (2.25)$$

In Gl. 2.25 unterscheidet man:

- $P_i = i^2 R_i$ → innere Verlustleistung P_i
- $P_a = i^2 R_a$ → äußere Nutzleistung P_a
- $P_g = i^2(R_i + R_a) = u_q\, i$ ⇒ zu erzeugende Gesamtleistung P_g

Kurzschlußleistung. Betrachtet man Bild 2.90, so wird deutlich, daß die erzeugte Gesamtleistung P_g vollständig über dem Innenwiderstand R_i umgesetzt werden muß, da die Quellenspannung U_q für jeden Belastungsfall als konstant definiert wurde.

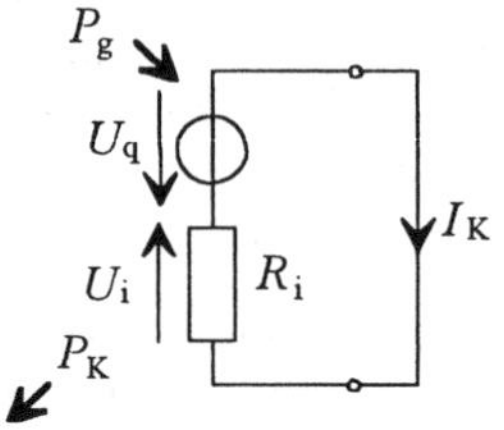

Bild 2.90 Kurzschlußleistung im Grundstromkreis

In diesen Fall kann man die *Kurzschlußleistung* P_K angeben, für die gilt:

$$\boxed{P_K = P_i = P_g = U_q I_K = I_K^2 R_i = \frac{U_q^2}{R_i}} \quad (2.26)$$

Die Kurzschlußleistung ist die maximal auftretende Leistung im Grundstromkreis überhaupt. Sie kann jedoch technisch nicht genutzt werden, da sie im Erzeuger selbst als Verlust umgesetzt werden würde.
Die Kurzschlußleistung ist eine praktisch zu beachtende Größe, da die auftretenden Kurzschlußströme eine Zerstörung des Generators nach sich ziehen können.
Starkstromtechnische Anlagen müssen diesen Kurzschlußkräften kurzzeitig standhalten bzw. durch Schutzeinrichtungen (Sicherungen, Leistungsschalter) vor deren Auftreten wirksam geschützt werden.
In nachrichtentechnischen Anlagen sind die Größenordnungen der umgesetzten Leistungen wesentlich geringer. Ein Generatorkurzschluß bewirkt aber ebenfalls einen Ausfall der Quelle, falls diese keinen elektronischen Überlastschutz besitzt.

2.6.1 Leistungsumsatz mit maximalem Wirkungsgrad

Aus dem Abschnitt 2.3.1 ist bekannt, daß die Wahl des Belastungsfalles im Grundstromkreis nicht von dem absoluten Wert des Verbraucherwiderstandes R_a abhängt, sondern vielmehr von dem gewählten Verhältnis R_a/R_i.
Normierte Darstellung. Um das notwendige Verhältnis R_a/R_i für $\eta \rightarrow 1$ zu bestimmen, ist die Funktion $\eta = f\left(\frac{R_a}{R_i}\right)$ unter Einbeziehung des Bildes 2.89 aufzustellen und zu diskutieren:

$$\eta = \frac{P_a}{P_a + P_i} = \frac{I^2 R_a}{I^2(R_a + R_i)} = \frac{R_a}{R_a + R_i}$$

$$\boxed{\eta = \frac{1}{1 + \frac{1}{\frac{R_a}{R_i}}}} \quad (2.27)$$

Zur Auswertung der Gl. (2.27) soll außerdem deren grafische Darstellung herangezogen werden (Bild 2.91).

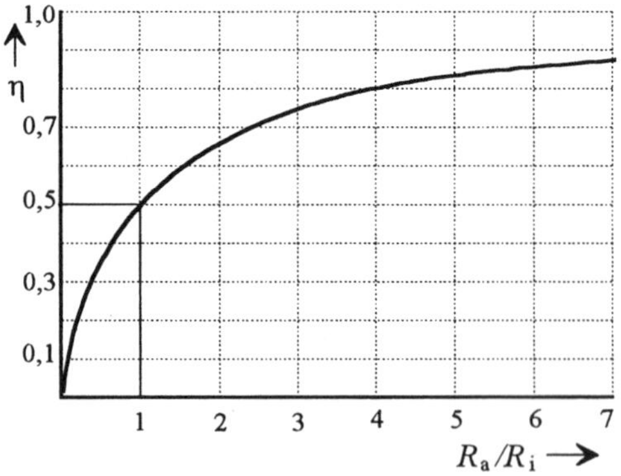

Bild 2.91 Normierte Darstellung des Wirkungsgrades im Grundstromkreis

Diskussion. Die Forderung nach maximalem Wirkungsgrad heißt in der technischen Realisierung, dem Wert 1 möglichst nahe zu kommen.
Dem Bild 2.91 entnimmt man, daß sich mit zunehmenden Verhältnis R_a/R_i der Funktionsverlaufs des Wirkungsgrades asymptotisch dem Wert 1 nähert, d.h., die Forderung nach einem hohen Wirkungsgrad im Bereich der Starkstromtechnik wird für eine Betriebsweise der Elektroenergieanlage im Leerlaufbereich (!) realisiert.
Daß dabei immer noch hohe Energiewerte umgesetzt werden können, erreicht man technisch, indem der Innenwiderstand R_i der Spannungsquelle sehr viel kleiner als der endliche Wert des Belastungswiderstandes R_a eingestellt wird.
Die Wahl eines hochohmigen Verbraucherwiderstandes ($R_a \to \infty$) ist energietechnisch bedeutungslos, da kaum ein Strom fließt. Die nutzbare Leistung wird Null.

Eine weitere wesentliche Gesetzmäßigkeit stellt die Übereinstimmung der Gl. (2.27) mit der normierten Funktion $\frac{U_a}{U_q} = f\left(\frac{R_a}{R_i}\right)$ nach Abschnitt 2.3.1 dar. Wegen

$$\eta = \frac{1}{1+\frac{1}{\frac{R_a}{R_i}}} \;\hat{=}\; \frac{U_a}{U_q} = \frac{1}{1+\frac{1}{\frac{R_a}{R_i}}}$$

wird bei der beschriebenen Betriebsweise der Elektroenergieanlage im Leerlaufbereich eine annähernde Unabhängigkeit der Klemmenspannung von der Belastung erreicht, denn es gilt im Leerlauf: $U_k \approx U_q$.
Gemäß den Erfahrungen im Umgang mit der Elektroenergie wird damit der Aufbau eines stabilen Elektroenergieversorgungsnetzes erst realisierbar. Maßnahmen, wie Querschnittserhöhung von Leitungen und Kabeln, Parallelschalten von Transformatoren, Vermaschen von Netzen bewirken grundsätzlich eine Verringerung des wirksamen Innenwiderstandes, wodurch des Verhältnis R_a/R_i weiter in den Leerlaufbereich verschoben wird.
Weitere grundsätzliche Aussagen zur Gestaltung von Elektroenergieversorgungssystemen findet man in [29].

❑ **Beispiel 2.27**

An einem Verbraucher mit einem Leistungsumsatz von 2,1 kW, der über eine 200 m lange Kupferleitung von 4 mm² Querschnitt versorgt wird, liegt eine Spannung von 212,4 V an (Bild 2.92).
Wie groß sind die Verluste über der Leitung, der Wirkungsgrad der Energieübertragung und die Spannung am Generator, wenn der Generatorinnenwiderstand vernachlässigt wird?

Wie ändern sich die Berechnungsergebnisse, wenn sich die Spannung am Verbraucher auf 684,5 V einstellt?

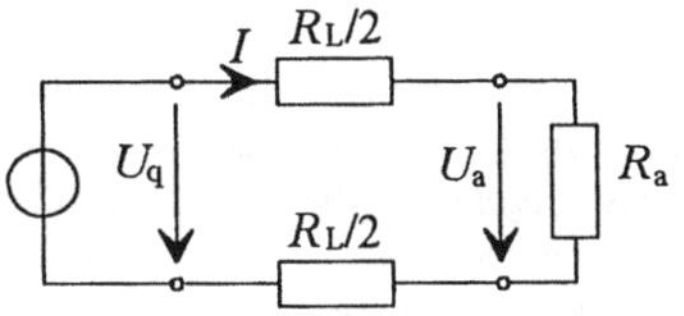

Bild 2.92 Schaltung zum Beispiel 2.27

Lösung:

Für die Verlustleistung P_{VL} über der Leitung gilt:

$$P_{VL} = \left(\frac{P_a}{U_a}\right)^2 R_L = \left(\frac{P_a}{U_a}\right)^2 \frac{\rho_{Cu} \cdot 2 \cdot l}{A} = 174\ \text{W}$$

Der Wirkungsgrad η berechnet sich zu:

$$\eta = \frac{P_a}{P_a + P_{VL}} = 0{,}923 \Rightarrow \eta = 92{,}3\%$$

Die Spannung U_q am Generator beträgt:

$$U_q = U_a + U_L = U_a + \frac{P_{VL} U_a}{P_a} = 230\ \text{V}$$

Führt man den gleichen Rechengang mit der veränderten Spannung $U_a = 684{,}5$ V durch, so ergeben sich:

$$P_{VL} = 16{,}75\ \mathrm{W}$$

$$\eta = 99{,}2\%$$

$$U_q = 690\ \mathrm{V}$$

Erläuterung:
Die Ergebnisse zeigen, daß mit Erhöhung der Generatorspannung der Wirkungsgrad der Energieübertragung verbessert wurde.
Der gleiche geforderte Leistungsbedarf wird mit einer höheren Spannung bei einem geringeren Strom erzeugt, womit wiederum eine geringere Verlustleistung über der Zuleitung verbunden ist.

Um für die Energieübertragung vom Erzeuger zum Verbraucher immer höhere Übertragungsspannungen einsetzen zu können, führt diese Gesetzmäßigkeit zum großtechnischen Einsatz von Transformatoren. Damit wird die Energieversorgung flächendeckend über immer größere Entfernungen möglich.

In Industrieanlagen wird die Verbraucherspannung des Dreiphasen-Wechselstromsystem von 400/690 V gegenüber der im öffentlichen Energieversorgungsnetz vorherrschenden Spannung von 230/400 V bevorzugt.

2.6.2 Leistungsanpassung

Maximale Verbraucherleistung. Geht man von der anderen Forderung nach maximalem Leistungsumsatz am Verbraucher bzw. Empfänger aus, wie sie die Nachrichtentechnik stellt, so muß man zunächst eine Funktion für die Abhängigkeit der Verbraucherleistung P_a vom Belastungswiderstand R_a finden.

Dazu kann man wiederum vom Spannungsquellenersatzschaltbild des aktiven Zweipols für zeitunabhängige Größen nach Bild 2.93 ausgehen.

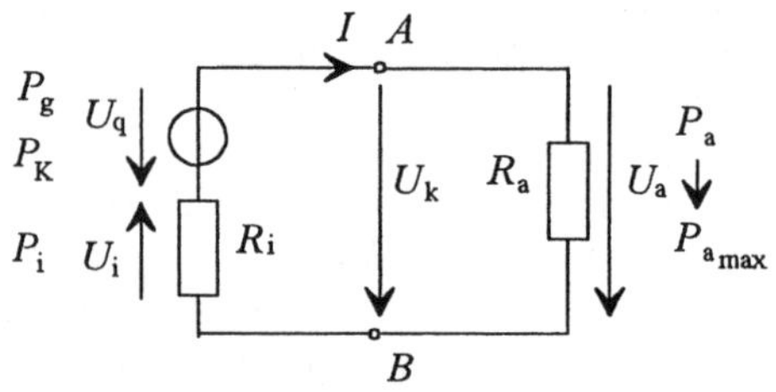

Bild 2.93 Spannungsquellen-Ersatzschaltung des Grundstromkreises

Es gilt:

$$P_a = I^2 R_a = \left(\frac{U_q}{R_a + R_i}\right)^2 R_a$$

Extremwertaufgabe. Um zu bestimmen, bei welchen Wert von R_a ein Leistungsmaximum P_a auftritt, ist diese Gleichung, die lediglich die konstanten Parameter U_q und R_i enthält, als Extremwertaufgabe zu betrachten. Dem technisch realen Zusammenhang folgend, kann dieser Extremwert nur ein Maximum darstellen, da bei $R_a = 0$ und $R_a \to \infty$ die Leistung $P_a = 0$ ist. Dieses Maximum berechnet sich aus:

$$\frac{\mathrm{d}P_a}{\mathrm{d}R_a} = 0$$

Nach der Quotientenregel gilt:

$$\frac{\mathrm{d}P_a}{\mathrm{d}R_a} = \frac{U_q^2\left[(R_a + R_i)^2 - 2(R_a + R_i)R_a\right]}{(R_a + R_i)^4}$$

$$\frac{\mathrm{d}P_a}{\mathrm{d}R_a} = \frac{U_q^2[(R_a + R_i) - 2R_a]}{(R_a + R_i)^3}$$

Mit dem Ansatz $(R_a + R_i) - 2R_a = 0$ ergibt sich:

$$\boxed{R_a = R_i} \qquad (2.28)$$

Diesen Belastungsfall für den Grundstromkreis nennt man *Leistungsanpassung*.

Unter Bezugnahme auf das Bild 2.93 werden die geltenden Gleichungen für Spannung und Strom dargestellt. Es gilt für die Anpassungsbedingung $R_a = R_i$:

Klemmenspannung: $U_k = U_a = \frac{U_q}{2}$

Strom: $I = \frac{I_K}{2} = \frac{U_q}{2R_i} = \frac{U_q}{2R_a}$

Die maximale Leistung am Verbraucher errechnet sich aus der Gl. (2.29):

$$P_{a\,max} = \frac{U_q^2}{4R_i} = \frac{P_K}{4} \qquad (2.29)$$

Normierte Darstellung. Für eine weitere Diskussion empfiehlt sich die grafische Darstellung der Funktion $P_a = f(R_a)$ in normierter Form. Als konstante Bezugsgröße wird die Kurzschlußleistung P_K gewählt.

Damit lautet die Funktion $\frac{P_a}{P_K} = f\left(\frac{R_a}{R_i}\right)$:

$$\frac{P_a}{P_K} = \frac{U_q^2 R_a}{(R_a + R_i)^2} \cdot \frac{R_i}{U_q^2} = \frac{R_a R_i}{(R_a + R_i)^2}$$

$$\frac{P_a}{P_K} = \frac{\frac{R_a}{R_i}}{\left(1 + \frac{R_a}{R_i}\right)^2} \qquad (2.30)$$

Die grafische Auswertung der Gl. (2.30) zeigt das Bild 2.94.

Außerdem sind in diesem Bild die möglichen Belastungsfälle des Grundstromkreises Kurzschlußbereich, Anpassung, Leerlaufbereich angegeben.

Nach Gl. (2.28) liegt das Leistungsmaximum bei dem Verhältnis $\frac{R_a}{R_i} = 1$ und beträgt ein Viertel der Kurzschlußleistung P_K. Ein Viertel der Leistung, die ein Generator an sich erzeugen könnte (Kurzschlußleistung), ist überhaupt nur technisch nutzbar. Für diesen Fall beträgt jedoch der Wirkungsgrad η nur 50%. Das ist eine Energiebilanz, die für den energietechnischen Bereich nicht zulässig ist, denn die gleiche Größenordnung wie für die nutzbare Verbraucherleistung würde im Erzeuger- und Übertragungssystem nochmals umgesetzt werden.

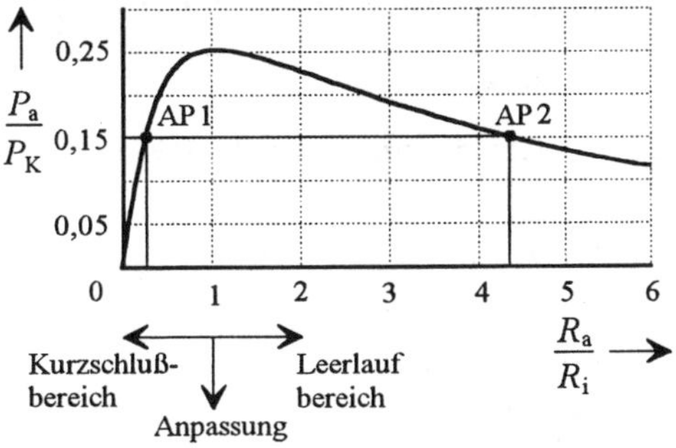

Bild 2.94 Normierte Darstellung der Verbraucherleistung im Grundstromkreis

Wahl des Arbeitspunktes. Abweichend vom Leistungsmaximum existieren generell zwei Arbeitspunkte im Grundstromkreis, um eine bestimmte geforderte Verbraucherleistung zu erzeugen.

Für $P_a/P_K = 0,15$ sind diese im Bild 2.94 angegeben.

Arbeitspunkt AP 1

Wählt man das Verhältnis $R_a/R_i < 1$, so entsteht ein Leistungsumsatz mit hohen Strom und geringer Spannung im Kurzschlußbereich. Der aktive Zweipol arbeitet annähernd als Konstantstromquelle. Für den Wirkungsgrad gilt: $\eta \ll 1$.

Wie bereits betont, ist dieser Belastungsfall für hohe Energieumsätze unzulässig. Technisch mögliche Anwendungsfälle sind z.B. das Elektroschweißen oder der Einsatz von

Konstantstromquellen in der Elektronik, wobei die benötigten Leistungen in der Regel nur im Milliwattbereich liegen.

Arbeitspunkt AP 2

Wählt man das Verhältnis $R_a/R_i > 1$, so ent- steht ein Leistungsumsatz mit hoher Spannung und geringem Strom. Der aktive Zweipol arbeitet annähernd als Konstantspannungsquelle. Für den Wirkungsgrad gilt: $\eta \to 1$.
Dieser Arbeitspunkt entspricht dem diskutierten Belastungsfall im Abschnitt 2.6.1.

☐ **Beispiel 2.28**

Für einen Grundstromkreis sind folgende Werte gegeben:

$U_q = 6{,}3\ \text{V}, \quad R_i = 0{,}5\ \Omega, \quad P_a = 10$

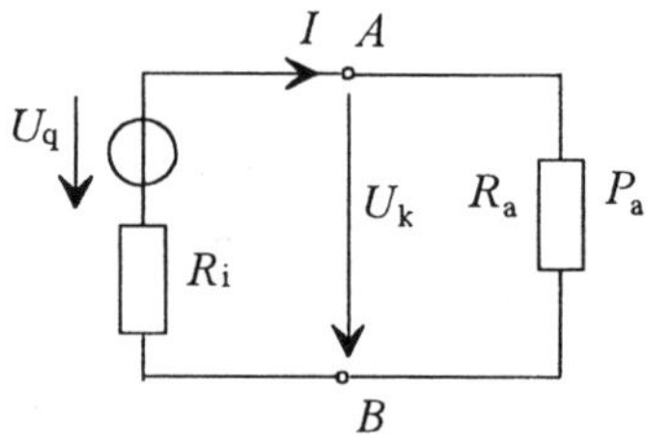

Bild 2.95 Schaltung zum Beispiel 2.28

Folgende Teilaufgaben sind zu bearbeiten:

1 Mit welchen Strömen wird die Leistung P_a erzeugt?

2 Welche Verbraucherwiderstände sind dazu erforderlich?

3 Wie groß ist der maximal mögliche Leistungsumsatz am Verbraucherwiderstand?

4 Welcher Wert für R_a ist in diesem Fall zu wählen, und welcher Strom stellt sich ein?

5 An Hand der Berechnungsergebnisse ist die Funktion $P_a = \text{f}\,(I)$ grafisch darzustellen.

Lösung:

1 Ausgehend von Gl. (2.25) läßt sich für den Strom eine quadratische Gleichung herleiten:

$$P_i + P_a = P_g$$

$$R_i I^2 + P_a = U_q I$$

$$I^2 - \frac{U_q}{R_i} I + \frac{P_a}{R_i} = 0$$

$$I_{1/2} = \frac{U_q}{2R_i} \pm \sqrt{\left(\frac{U_q}{2R_i}\right)^2 - \frac{P_a}{R_i}}$$

Ergebnissse: $I_1 = 10{,}7\ \text{A}, \quad I_2 = 1{,}86\ \text{A}$

2 Die Verbraucherwiderstände für die beiden möglichen Arbeitspunkte ergeben sich zu:

$$R_{a1} = \frac{P_a}{I_1^2} = 0{,}087\ \Omega \qquad \text{Kurzschlußbereich}$$

$$R_{a2} = \frac{P_a}{I_2^2} = 2{,}89\ \Omega \qquad \text{Leerlaufbereich}$$

3 Die maximale Verbraucherleistung entsteht für den Anpassungsfall. Es gilt:

$$P_{\text{amax}} = \frac{U_q^2}{4R_i} = 19{,}8\ \text{W}$$

4 $R_a = R_i = 0{,}5\ \Omega$

$$I_{\text{Anpassung}} = \frac{U_q}{2R_i} = 6{,}3\ \text{A}$$

5 Für die Darstellung der Funktion $P_a = \text{f}\,(I)$ läßt sich die Kurzschlußleistung berechnen:

$$I_K = \frac{U_q}{R_i} = 2I_{\text{Anpassung}} = 12{,}6\ \text{A}$$

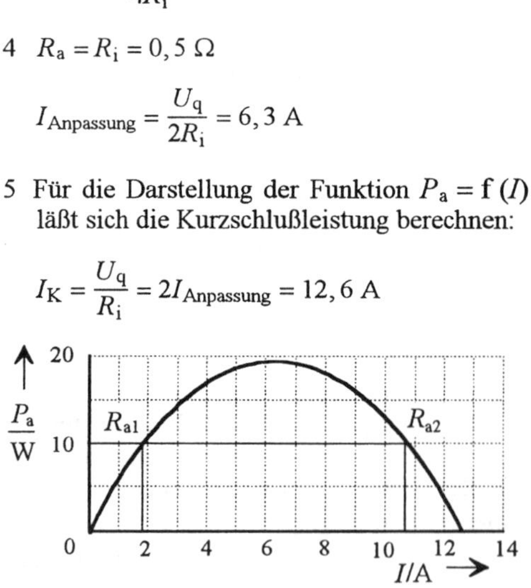

Bild 2.96 Grafische Darstellung $P_a = \text{f}\,(I)$

3 Zeitabhängige Größen

3.1 Klassifikation

Zeitabhängige Quellen. Bei vielen Anwendungsgebieten der Elektrotechnik treten die elektrotechnischen Größen als eine Funktion der Zeit auf.
Dabei wird der zeitliche Verlauf der veränderlichen Größen durch die wirkenden Spannungs- bzw. Stromquellen vorgegeben (Bild 3.1).

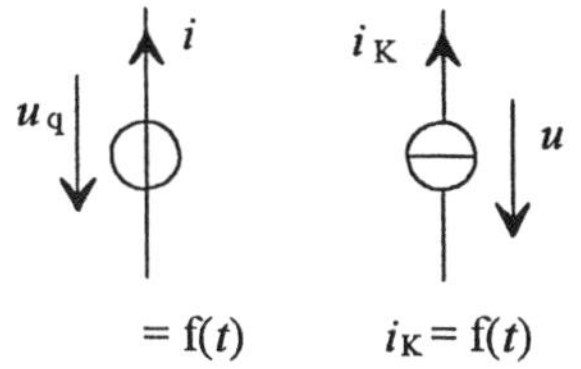

Bild 3.1 Ideale Spannungsquelle und Stromquelle als Funktion der Zeit

Darstellung. Zur anschaulichen Darstellung einer zeitabhängigen Größe $x = f(t)$ verwendet man das *Liniendiagramm*, in dem jedem *Zeitwert* oder *Zeitpunkt* t_i ein *Momentanwert* oder *Augenblickswert* x_i zugeordnet wird (Bild 3.2).

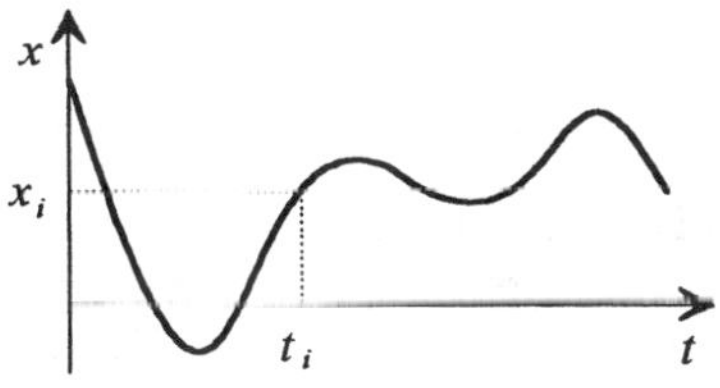

Bild 3.2 Liniendiagramm einer beliebigen zeitabhängigen Größe

Messen. Der Verlauf zeitlich veränderlicher Größen in Stromkreisen wird mit Hilfe des Elektronenstrahloszilloskops erfaßt. Derartige Meßgeräte sind z.T. mit digitalem Meßwertspeicher ausgerüstet. Damit ist im Anschluß an den Meßvorgang eine genaue Signalanalyse möglich.

Zeitabhängige Erscheinungen. Mit der zeitlichen Änderung elektrischer Größen treten auf Grund objektiver Gesetzmäßigkeiten zusätzliche Erscheinungen auf, die in ihren Wirkungen zu erfassen sind. Dies sind im wesentlichen:

- Das Auftreten des dielektrischen Verschiebungsstromes ⇒ kapazitive Wirkung.
- Der Vorgang der elektromagnetischen Induktion ⇒ induktive Wirkung.
- Die Auswirkungen nichtlinearer Bauelemente ⇒ Oberschwingungen.

Auftreten zeitabhängiger Größen. Bedingt durch die zunehmende Konzentration elektroenergetischer Anwendungen sowie die Ausnutzung elektrotechnischer Gesetzmäßigkeiten in anderen Wissenschafts- und Technikdisziplinen, wie Computer- und Kommunikationstechnik, Regelungstechnik, Maschinenbau, nimmt der zeitliche Verlauf von Strom- und Spannung die unterschiedlichsten Formen an.
Es ist von einem beliebigen Verlauf zeitabhängiger Größen auszugehen.

Eine eindeutige Systematisierung zeitabhängiger Größen und eine klare Zuordnung mathematischer Berechnungsvorschriften wird erforderlich.

Erläuterung. Mit Hilfe moderner Funktionsgeneratoren kann nahezu jede anwendungsspezifische Kurvenform nachgebildet bzw. verändert werden. Wendet man diese willkürlich auf nachgeschaltete elektrische Schaltungen an, so entstehen unterschiedliche Wirkungen und Verkopplungen, die u.U. Abweichungen von gewählten Berechnungsmethoden ergeben können.

Das Bild 3.3 zeigt eine mögliche Klassifikation zeitabhängiger Größen.

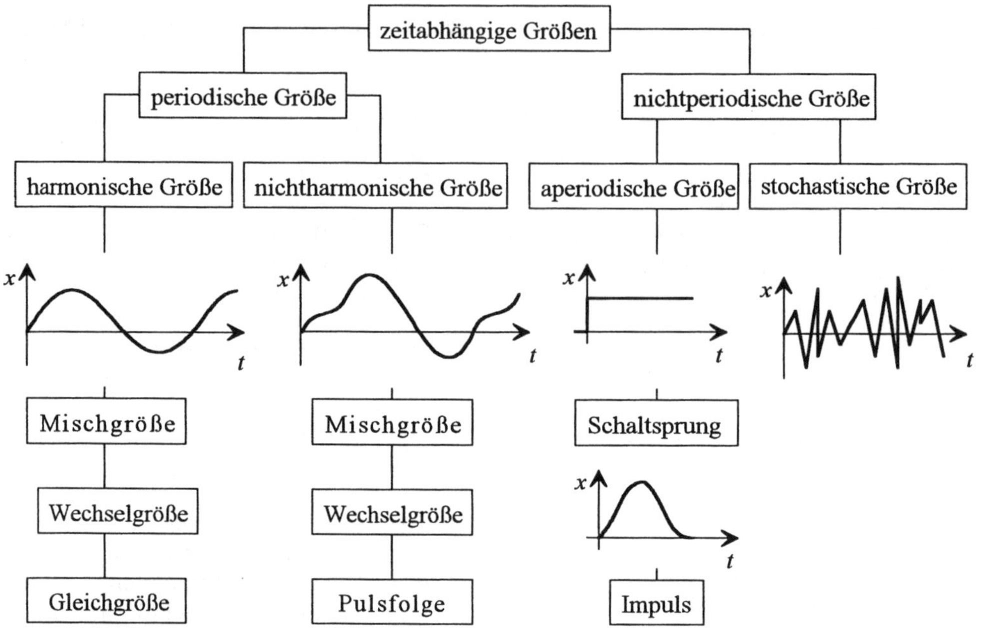

Bild 3.3 Klassifizierung zeitabhängiger Größen

Erläuterung. Bei den Problemen der Nutzung der Elektroenergie steht der Aspekt der kontinuierlichen und wirtschaftlichen Energieversorgung im Vordergrund. Die Vorgänge sind periodisch, und es werden harmonische Funktionsverläufe angestrebt. Stromkreise mit harmonischen Quellenspannungen bzw. Quellenströmen werden allgemein als *Wechselstromkreise* bezeichnet.

In der Nachrichtentechnik (auch *Informationstechnik* genannt) dienen elektrische Größen im allgemeinen als Träger von Informationen. Es entstehen *Signale*, wobei die zu übertragende Information eine zusätzliche Veränderung des Trägers erforderlich macht, z.B. Modulation, Abtastung, Quantisierung. Dabei wird vorrangig die Signale-System-Beziehung untersucht [14].

Nichtperiodische Größen. Nichtperiodische Größen treten z.B. bei Übergangsvorgängen in elektrischen Kreisen oder als Störgrößen durch Fremdbeeinflussung auf [15]. Außerdem können nichtperiodische Größen das Ergebnis gezielter elektrotechnischer Anwendungen sein.

Impuls. Eine einmalige stoßartige Änderung einer elektrischen Größe wird *Impuls* genannt. Die allgemeine Beschreibung eines Impulses zeigt Bild 3.4.

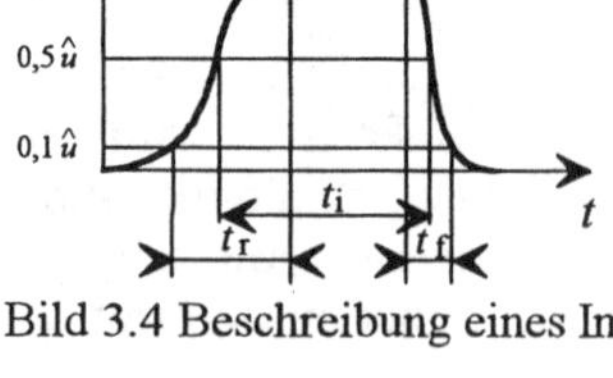

Kennwerte:
Scheitelwert $\hat{u}$
Impulsdauer t_i
Anstiegszeit t_r
Abfallzeit t_f

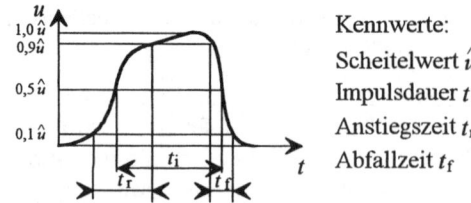

Bild 3.4 Beschreibung eines Impulses

3.2 Periodische Größen

Die Arbeit mit periodischen Größen soll, ihrer Bedeutung in der Elektrotechnik entsprechend, näher untersucht werden.

> **Periodische Größe** $x(t)$
> Größe, deren Momentanwerte sich nach dem Zeitintervall T immer wiederholen.
> Es gilt: $x(t+nT)=x(t)$; $n \in N$.

Den Funktionsverlauf einer periodischen Größe zeigt Bild 3.5.

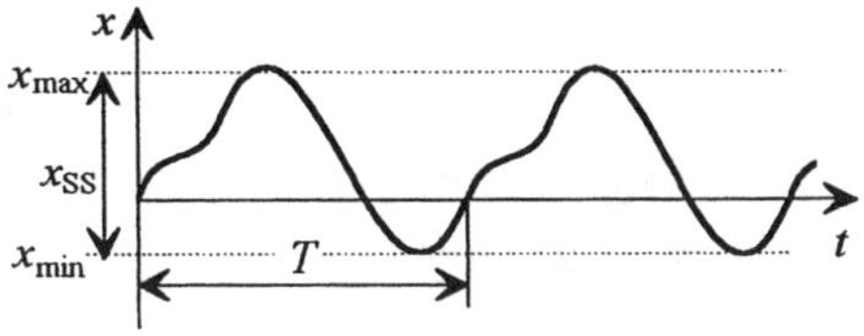

Bild 3.5 Verlauf einer beliebigen periodischen Funktion $x = f(t)$

Kennwerte. Das Zeitintervall des periodischen Funktionsverlaufes nach Bild 3.5 bezeichnet man als *Periodendauer* T (oder kurz: *Periode*).
Der Kehrwert der Periodendauer ist die *Frequenz* f, die angibt, wie oft sich der periodische Vorgang pro Zeiteinheit wiederholt.

$$f=\frac{1}{T} \quad [f]=\frac{1}{s}=1\,\text{Hz (Hertz)} \qquad (3.1)$$

Der innerhalb einer Periode auftretende Maximalwert x_{max} wird als *Scheitelwert* oder *Spitzenwert* bezeichnet und wie folgt gekennzeichnet: $x_{max}=\hat{x}$.
Für den innerhalb einer Periode auftretenden Minimalwert x_{min} wird auch $x_{min}=\check{x}$ geschrieben.
Die Differenz zwischen dem Maximalwert x_{max} und dem Minimalwert x_{min} nennt man *Spitze-Spitze-Wert* x_{SS}. Es gilt:

$$x_{SS}=x_{max}-x_{min} \qquad (3.2)$$

Periodische Größen. Periodische Größen untergliedern sich in:

> **Mischgröße** $x(t)$
> Periodische Größe, deren Momentanwert sich nach Betrag oder Vorzeichen ändert.

Der Funktionsverlauf nach Bild 3.5 stellt bereits eine Mischgröße dar.

> **Wechselgröße** $x_{\sim}$
> Periodische Größe, deren Momentanwert sich nach Betrag und Vorzeichen ändert und deren arithmetischer Mittelwert (Gleichwert) gleich Null ist.

Eine Wechselgröße kann grundsätzlich jeden beliebigen periodischen Kurvenverlauf annehmen. Die Forderung nach dem arithmetischen Mittelwert gleich Null wird erfüllt, wenn die positiven und negativen Flächeninhalte unter der Kurve gleich groß sind (Bild 3.6).

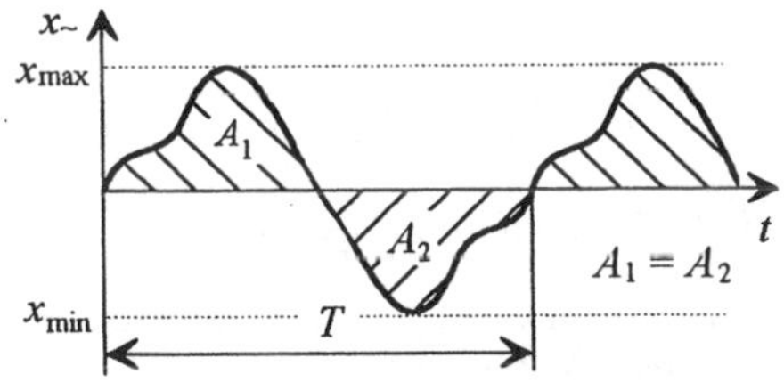

Bild 3.6 Verlauf einer Wechselgröße

> **Gleichgröße (Gleichwert)** X_o
> Größe, deren Momentanwerte zu allen Zeitpunkten konstant ist. Es gilt: $x(t)=X_o=$ konstant.

Den dazugehörigen Verlauf zeigt Bild 3.7.

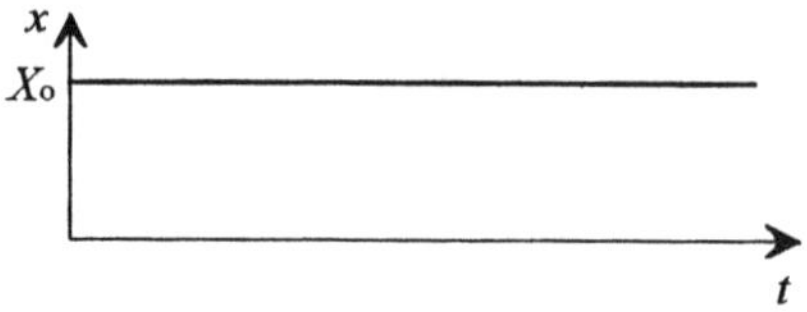

Bild 3.7 Verlauf einer Gleichgröße

Überlagerung. Eine Mischgröße x entsteht aus der Überlagerung einer Wechselgröße $x_\sim$ und einer Gleichgröße X_0.
Es gilt:

$$x = X_0 + x_\sim$$

In diesem Zusammenhang wird die Gleichgröße auch als *Gleichanteil* oder *Gleichglied* einer allgemeinen Wechselgröße bezeichnet.

❑ **Beispiel 3.1**

Ein Funktionsgenerator, der eine Dreieckspannung $u_\sim$ mit einen Spitze-Spitze-Wert von $u_{ss} = 10$ V bei einer Frequenz von $f = 1$ kHz liefert, wird mit einer Gleichspannungsquelle $U_0 = 2$ V in Reihe an einen ohmschen Widerstand geschaltet (Bild 3.8)

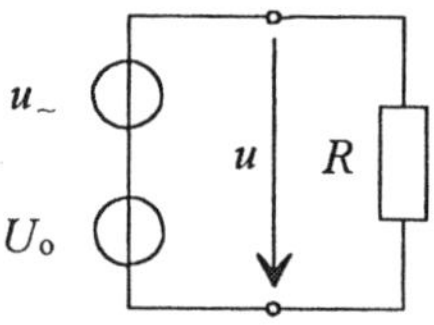

Bild 3.8 Schaltung zum Beispiel 3.1

Es sind die Liniendiagramme aller auftretenden Spannungen darzustellen.

Lösung:

Zu jedem Zeitpunkt t sind der Momentanwert der Dreieckspannung $u_\sim$ und die Gleichgröße U_0 zu addieren. Die Summe liefert den Momentanwert u der Gesamtspannung (Bild 3.9).

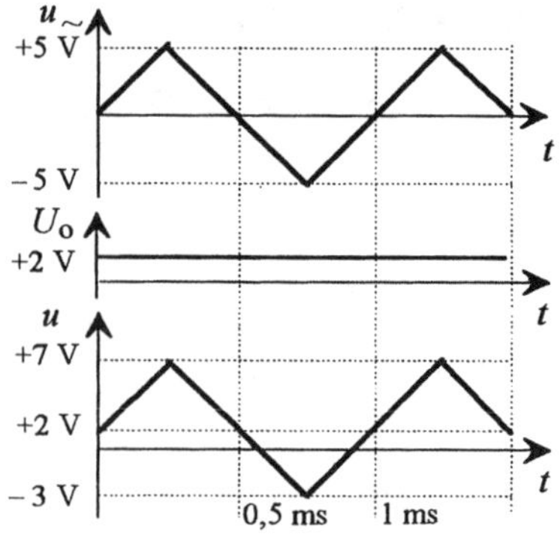

Bild 3.9 Mischspannung am Widerstand R

3.2.1 Mittelwerte und Bewertungsfaktoren

Bei der Vielzahl möglicher Verläufe zeitabhängiger Größen stellt sich die Frage, wie beliebige Kurvenformen von Größen gleicher Periodendauer und gleicher Scheitelwerte in vergleichbaren Anwendungen wirken. Folgendes Beispiel soll diese Überlegung veranschaulichen.

❑ **Beispiel 3.2**

Ein Funktionsgenerator, der bei einer fest eingestellten Ausgangsspannung von $u_q = 6$ V eine Glühlampe speist (Bild 3.10), wird zwischen den möglichen Kurvenformen Gleichspannung, Sinusspannung sowie Rechteckspannung mit einstellbarem Tastverhältnis umgeschaltet .
Es ist die zu erwartende Helligkeit der Glühlampe nach der Umschaltung anzugeben.

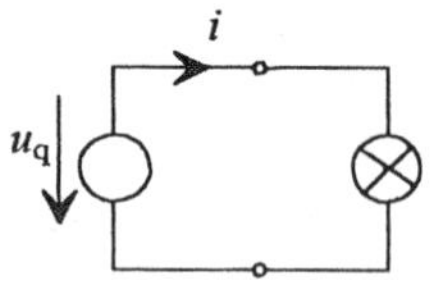

Bild 3.10 Schaltung zu Beispiel 3.2

Lösung:

Mit der treibenden Quellenspannung u_q, über die gleiche Periode betrachtet, wird eine Ladungsmenge bewegt, die zur Erwärmung des Glühfadens und damit zur Helligkeit der Lampe führt. Das Ergebnis zeigt Bild 3.11.

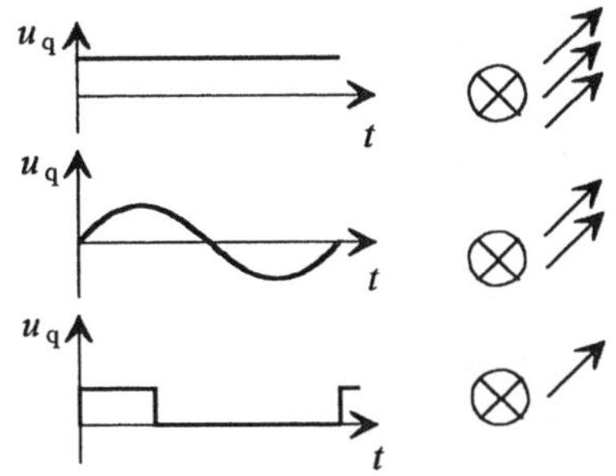

Bild 3.11 Ergebnis zu Beispiel 3.2

Mittelwerte. Für den Vergleich periodischer Größen untereinander verwendet man Mittelwerte, die, über eine Periodendauer betrachtet, die gleiche Wirkung hervorrufen, wie eine zeitinvariante Größe (Gleichgröße).
Mit den Wirkungen sind physikalisch relevante Vorgänge verbunden.

3.2.1.1 Arithmetischer Mittelwert (Gleichwert)

Definition. Die Definitionsgleichung des *arithmetischen Mittelwertes* lautet:

$$\boxed{\overline{X} = \frac{1}{T}\int_{t}^{t+T} x(t)\,\mathrm{d}t} \tag{3.3}$$

Der Zeitpunkt t ist ein beliebiger Anfangswert des Integrationsintervalls T (z.B. $t = 0$).

Grafische Interpretation. Eine geometrische Deutung der umgestellten Gl. (3.3) zeigt Bild 3.12.

$$\overline{X}T = \int_0^T x(t)\mathrm{d}t$$

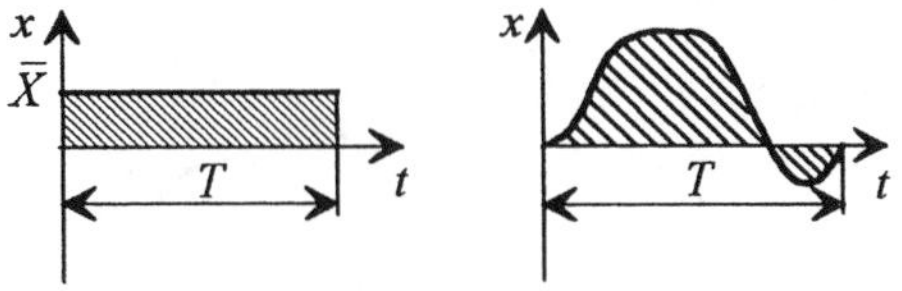

Bild 3.12 Grafische Interpretation des arithmetischen Mittelwertes

Man erkennt, daß der orientierte Flächeninhalt unter der Funktion $x = \mathrm{f}(t)$ im Liniendiagramm auf eine äquivalente Rechteckfläche abgebildet wird. Die Höhe dieses Rechtecks entspricht dem Gleichwert der periodischen Funktion.

Der arithmetische Mittelwert einer Sinusfunktion ist demnach gleich Null. Sinusförmige Spannungen und Ströme sind reine Wechselgrößen.

Physikalische Interpretation. Wendet man die gleiche Umstellung der Gl. (3.3) auf einen Stromverlauf i an, so wird deutlich, daß der Gleichwert ein Maß für die transportierte Ladungsmenge darstellt.

$$\overline{I}\,T = \int_0^T i\mathrm{d}t = Q$$

Der arithmetische Mittelwert des Stromes vergleicht die innerhalb einer Periode bewegte Ladungsmenge mit einem adäquaten Gleichstrom.

Messung. Konstruktiv bedingt, ist der Zeigerausschlag eines *Drehspulmeßwerkes* proportional zum arithmetischen Mittelwert einer zeitlich veränderlichen Größe und wird daher zur Messung eingesetzt [12].

❑ **Beispiel 3.3**

Es ist der arithmetische Mittelwert des Mischstromes nach Bild 3.13 zu berechnen.

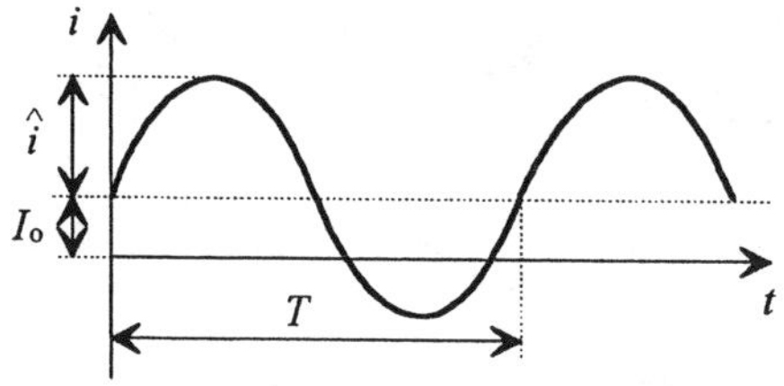

Bild 3.13 Stromverlauf zum Beispiel 3.3

Lösung:

Der Momentanwert des vorgegebenen Stromverlaufes folgt der Gleichung:

$$i = I_0 + \hat{i}\sin\omega t \quad \text{mit} \quad \omega = \frac{2\pi}{T}$$

Nach Gl. (3.3) errechnet sich der arithmetische Mittelwert zu:

$$\bar{I} = \frac{1}{T}\int_0^T \left(I_0 + \hat{i}\sin\omega t\right)\mathrm{d}t = \frac{1}{T}\left[I_0 t - \frac{\hat{i}T}{2\pi}\cos\frac{2\pi}{T}t\right]_0^T$$

$$\bar{I} = I_0$$

Der arithmetische Mittelwert entspricht dem Gleichanteil, um den die Sinusfunktion im Bild 3.13 verschoben ist.
Das Ergebnis wird mit der Überlegung, daß sich die positive und negative Halbwelle des Sinusanteils zu Null aufheben, verständlich.

Näherungsverfahren. Für zeitlich veränderliche Größen $x = \mathrm{f}(t)$, die sich nicht ohne weiteres durch eine mathematische Funktion beschreiben lassen, läßt sich ein praktikables Näherungsverfahren ableiten. Den mathematischen Grundlagen folgend, kann für Gl. (3.3) die folgende Näherungsformel geschrieben werden:

$$\boxed{\overline{X} \approx \frac{1}{T}\sum_{i=1}^{n} x_i\,\Delta t} \qquad (3.4)$$

An Hand einer einfachen Sinusfunktion (Bild 3.14) wird das Verfahren zunächst erläutert.

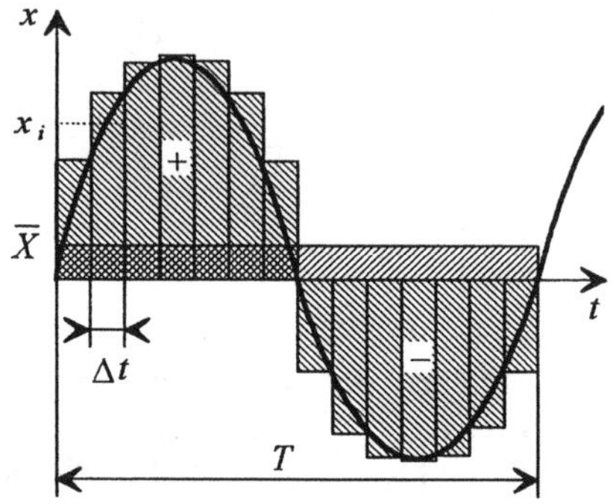

Bild 3.14 Erläuterung des Näherungsverfahrens

Nach Gl. (3.4) ist die Zeitachse t in n gleiche Intervalle Δt zu zerlegen. Das Aufsummieren der Teilflächen $x_i\,\Delta t$ unter Beachtung des Vorzeichens ergibt näherungsweise den Flächeninhalt unter der Kurve. Der gesuchte arithmetische Mittelwert ergibt sich nach der Division durch die Periodendauer T.

Zur weiteren Vereinfachung wird die Summe nach Gl. (3.4) für einige Werte von x ausgeschrieben und umgeformt.

$$\overline{X} \approx \frac{1}{T}\sum_{i=1}^{n} x_i\,\Delta t = \frac{\Delta t}{T}\left[x_1 + x_2 + x_3 + \ldots + x_n\right]$$

Mit

$$\frac{\Delta t}{T} = \frac{1}{\frac{T}{\Delta t}} = \frac{1}{n}$$

ist n die Anzahl der Intervalle, in die die t-Achse eingeteilt wird.

Allgemein läßt sich für das beschriebene Näherungsverfahren formulieren:

$$\overline{X} = \frac{1}{n}\sum_{i=1}^{n} x_i \qquad (3.5)$$

Das Verfahren liefert mit zunehmender Zahl n genauere Werte.

❑ **Beispiel 3.4**

Das Bild 3.16 zeigt die Spannungsverläufe einer Einweggleichrichtung mit Ladekondensator für die Schaltung nach Bild 3.15.
Es ist die Spannung am Widerstand R_a zu berechnen, wenn diese mit einem Drehspulmeßwerk gemessen wird.

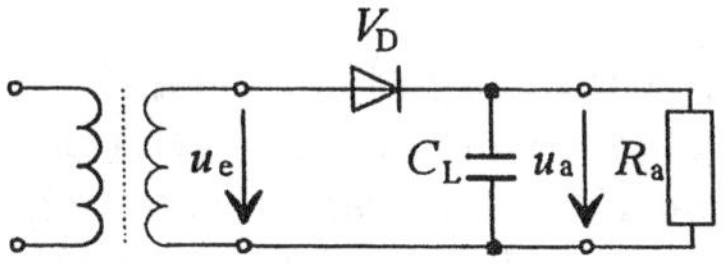

$u_e = \hat{u}_e \sin \omega t \quad \text{mit } \hat{u}_e = 3\text{ V}$

Bild 3.15 Schaltung zum Beispiel 3.4

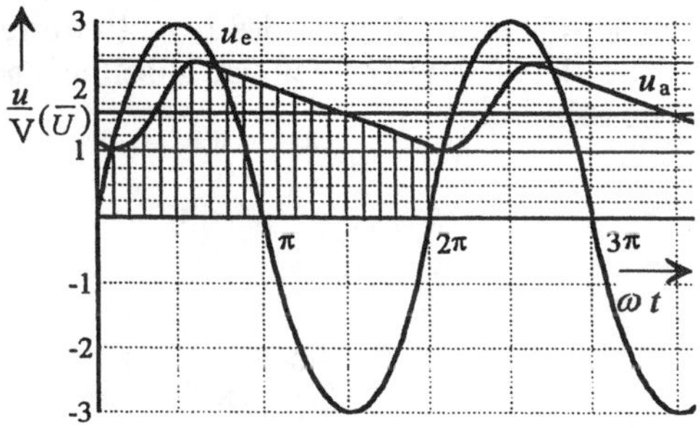

Bild 3.16 Spannungsverlauf einer Einweggleichrichtung mit Ladekondensator und Lastwiderstand R

Lösung:

Das Drehspulmeßwerk zeigt den arithmetischen Mittelwert der Spannung u_a an, welcher mit dem Näherungsverfahren nach Gl. (3.5) bestimmt wird.
Um die Vorgehensweise anzudeuten, zeigt die folgende Tabelle einige Werte für u_i, die aus dem Bild 3.16 entnommenen sind. Die gewählte Anzahl der Intervalle beträgt $n = 20$.

n	1 ...	3 ...	5...	6	7	8 ...	10...	...	20
u_i	1,05	1,25	2,2	2,4	2,3	2,25	2,05	...	1,05

Mit der Gl. (3.5) kann der Anzeigewert der Spannung berechnet werden.

$$\overline{U} \approx \frac{1}{n}[u_1 + u_2 + u_3 + ... + u_{20}]$$

$$\overline{U} \approx 1{,}67\text{ V}$$

3.2.1.2 Gleichrichtwert

Für reine Wechselgrößen liefert der arithmetische Mittelwert keine Aussage. Wird jedoch durch Einsatz von Gleichrichterschaltungen die negative Halbwelle der Wechselgröße in eine positive Halbwelle umgekehrt, kann der *Gleichrichtwert* gebildet werden. Mathematisch betrachtet ist der Betrag der Wechselgröße zu bilden.

Definition. Die Definitionsgleichung lautet:

$$\overline{|x|} = \frac{1}{T}\int_{t}^{t+T} |x(t)|\,\mathrm{d}t \qquad (3.6)$$

Für den Stromfluß in eine Richtung gilt:

$$\overline{|i|} = \frac{1}{T}\int_{0}^{T} |i|\,\mathrm{d}t$$

Der Gleichrichtwert vergleicht die elektrolytische Wirkung jeder Halbwelle eines Wechselstromes mit einer adäquaten Gleichgröße.

❑ **Beispiel 3.5**

Für die Ausgangsspannung einer Brückengleichrichterschaltung mit ohmscher Belastung (Bild 3.17) ist der Gleichrichtwert zu berechnen.

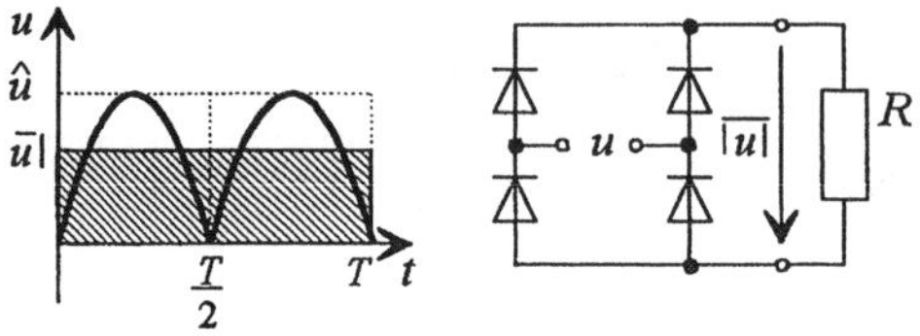

Bild 3.17 Brückengleichrichterschaltung

Lösung:

Für die Eingangsspannung u mit $u = \hat{u}\sin\omega t$ ist der Gleichrichtwert zu berechnen. Da der Gleichrichtwert in jeder Halbwelle gleich ist, genügt es, das Integrationsintervall von 0 bis $T/2$ zu wählen.

$$\overline{|u|} = \frac{1}{\frac{T}{2}}\int_0^{\frac{T}{2}} \hat{u}\sin\omega t\mathrm{d}t = \frac{2\hat{u}}{T\omega}[-\cos\omega t]_0^{\frac{T}{2}} = \frac{\hat{u}}{\pi}[1+1]$$

$$\boxed{\overline{|u|} = \frac{2\hat{u}}{\pi} = 0{,}63\hat{u}} \qquad (3.7)$$

❑ **Beispiel 3.6**

Im Vergleich zu Beispiel 3.5 ist der Gleichrichtwert der Ausgangsspannung für eine Einweggleichrichtung (Bild 3.18) an einer ohmschen Last zu berechnen.

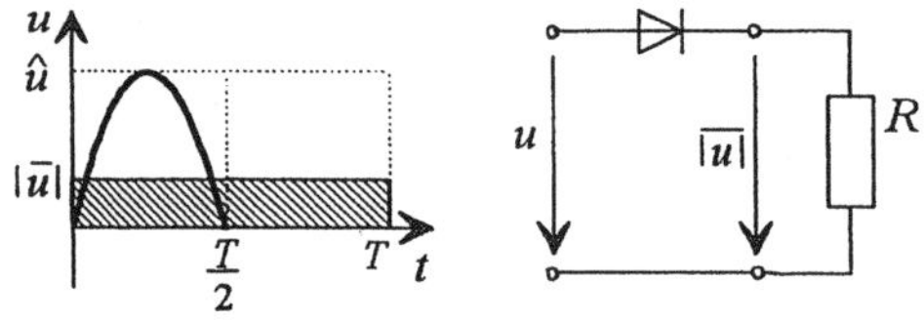

Bild 3.18 Einweggleichrichterschaltung

Lösung:

$$\boxed{\overline{|u|} = \frac{\hat{u}}{\pi} = 0{,}31\hat{u}} \qquad (3.8)$$

3.2.1.3 Effektivwert

Jeder Stromfluß in einem Stromkreis ist prinzipiell mit einem Energieumsatz verbunden. Wegen der quadratischen Abhängigkeit der umgesetzten Momentanleistung vom Strom nach der Gleichung $p = i^2R$ ist der Energieumsatz unabhängig von der Stromrichtung. Es ist daher sinnvoll, einen *quadratischen Mittelwert* zu bilden, den man als *Effektivwert* bezeichnet.

Definition. Die Definitionsgleichung lautet:

$$\boxed{X = \sqrt{\frac{1}{T}\int_t^{t+T} x^2(t)\mathrm{d}t}} \qquad (3.9)$$

Grafische Interpretation. Für die geometrische Interpretation des Effektivwertes ist eine sinusförmig gewählte Wechselgröße $a = \mathrm{f}(t)$ zunächst zu quadrieren. Nach einer Umformung von Gl. (3.9) wird deutlich, daß der Flächeninhalt unter der Funktion $a^2 = \mathrm{f}(t)$ einer äquivalenten Rechteckfläche gleichzusetzen ist. Die Höhe des Rechtecks entspricht dem Quadrat des Effektivwertes (Bild 3.19). Dieser Wert ist anschließend zu radizieren.

$$A^2T = \int_0^T a^2(t)\mathrm{d}t$$

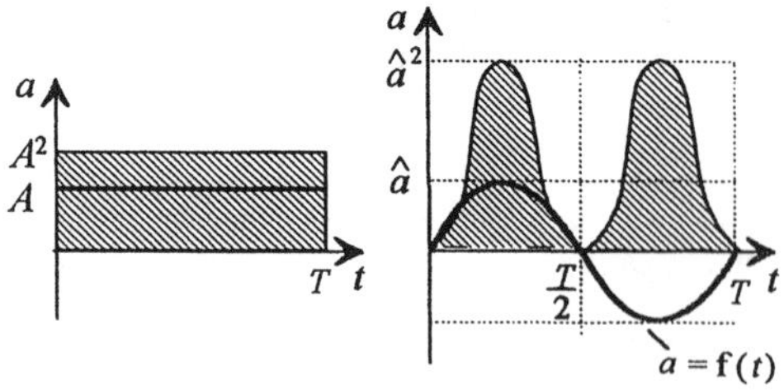

Bild 3.19 Grafische Deutung des Effektivwertes am Beispiel einer sinusförmigen Wechselgröße

Physikalische Interpretation. Ist die Wechselgröße ein Strom bzw. eine Spannung, so entsteht ein periodisch zeitveränderlicher Ladungsträgertransport. Dieser bewirkt, unabhängig von der Stromrichtung, an dem Verbraucher einen momentanen Energieumsatz. Dieser Energieumsatz wird im zeitlichen Mittel über eine Periode mit einer Gleichgröße verglichen.

Der Effektivwert eines Wechselstromes erzeugt an einem ohmschen Widerstand die gleiche Wärmemenge wie ein äquivalenter Gleichstrom.

Der Effektivwert bildet die Grundlage für die Bemessung von Anlagen der Elektrotechnik, da er letztlich die zulässige Belastung (Erwärmung) der elektrischen Betriebsmittel bestimmt.

❑ **Beispiel 3.7**

Effektivwert einer Sinusspannung. Für eine Sinusspannung, deren Momentanwert durch die Gleichung $u = \hat{u}\sin\omega t$ beschrieben wird, ist der Zusammenhang zwischen Spitzenwert und Effektivwert herzuleiten.

Lösung:

Für den Effektivwert gilt:

$$U = \sqrt{\frac{1}{T}\int_0^T (\hat{u}\sin\omega t)^2 \mathrm{d}t}$$

$$U = \sqrt{\frac{\hat{u}^2}{T}\int_0^T \left(\frac{1}{2} - \frac{1}{2}\cos 2\omega t\right)\mathrm{d}t}$$

$$U = \sqrt{\frac{\hat{u}^2}{T}\left[\frac{1}{2}t - \frac{1}{4\omega}\sin 2\omega t\right]_0^T}$$

mit $\omega = \frac{2\pi}{T}$ gilt:

$$U = \sqrt{\frac{\hat{u}^2}{T}\left[\frac{1}{2}T - \frac{1}{4\omega}\sin 4\pi - 0 + \frac{1}{4\omega}\sin 0\right]}$$

$$U = \sqrt{\frac{\hat{u}^2}{2}} = \frac{\hat{u}}{\sqrt{2}} = 0,707\hat{u}$$

Allgemein gilt für sinusförmige Wechselgrößen:

$$A = \frac{\hat{a}}{\sqrt{2}} = 0,707\hat{a} \tag{3.10}$$

Messen. Konstruktiv bedingt zeigen Dreheisenmeßwerke und elektrodynamische Meßwerke [12] direkt den Effektivwert der angelegten Wechselgröße an.
Der Eigenverbrauch dieser Meßgeräte ist relativ groß, so daß meist auf Drehspulmeßwerke mit vorgeschaltetem Gleichrichter zurückgegriffen wird. Der Zeigerausschlag ist dann proportional dem Gleichrichtwert der Wechselgröße. Die Skala des Drehspulmeßwerkes ist jedoch auf den Effektivwert einer Sinusgröße kalibriert, so daß dieser direkt abgelesen werden kann.
Mit Hilfe moderner Digitalmultimeter ist eine Echt-Effektivwert-Messung möglich, d.h., es wird der Effektivwert einer Wechselgröße mit beliebigem Kurvenverlauf angezeigt.

Näherungsverfahren. Läßt sich der Verlauf der Wechselgröße nicht ohne weiteres mathematisch beschreiben, kann das im Abschnitt 3.2.1.1 beschriebene Näherungsverfahren im übertragenen Sinne anwenden. Es gilt:

$$X \approx \sqrt{\frac{1}{n}\sum_{i=1}^{n} x_i^2} \tag{3.11}$$

Im weiteren werden Bewertungsfaktoren angegeben, die eine zusätzliche Beurteilung von periodischen Größen gestatten.

3.2.1.4 Bewertungsfaktoren

Scheitelfaktor. Als Scheitelfaktor k_s bezeichnet man das Verhältnis des Scheitelwertes zum Effektivwert einer Wechselgröße.

$$k_s = \frac{\hat{x}}{X} \quad (3.12)$$

Der Scheitelfaktor liefert eine Aussage über den Abstand des Scheitelwertes einer Wechselgröße von ihrem Effektivwert. Damit kann die Isolationsbeanspruchung, insbesondere in der Hochspannungtechnik, bewertet werden. Das Bild 3.20 zeigt einige Beispiele.

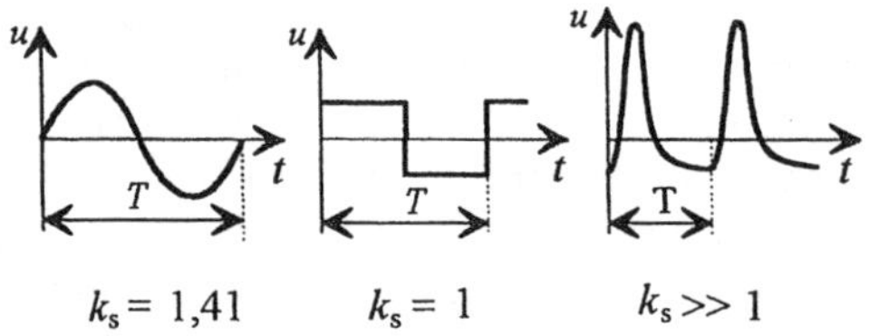

Bild 3.20 Scheitelfaktoren einiger Wechselspannungen

Formfaktor. Als Formfaktor k_f bezeichnet man das Verhältnis des Effektivwertes zum Gleichrichtwert einer Wechselgröße .

$$k_f = \frac{X}{\overline{|x|}} \quad (3.13)$$

Mit dem Formfaktor läßt sich die Kurvenform einer Wechselgröße beurteilen.
In der Meßtechnik dient der Formfaktor als Umrechnungsfaktor zwischen dem angezeigten Meßwert und dem Effektivwert der zu messenden Wechselgröße.

Das Bild 3.21 zeigt einige Beispiele.

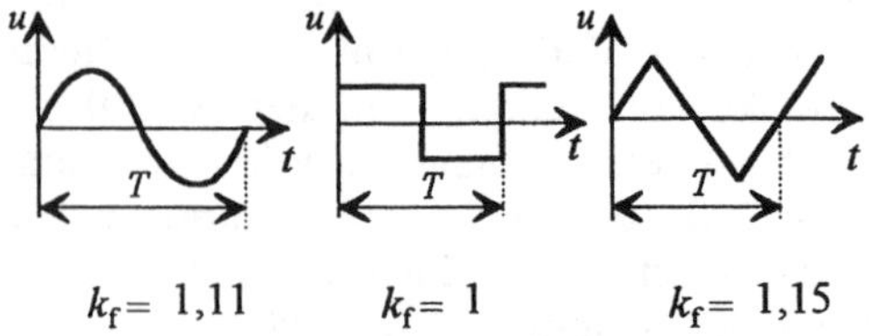

Bild 3.21 Formfaktoren einiger Wechselspannungen

Schwingungsgehalt. Als Schwingungsgehalt s bezeichnet man das Verhältnis des Effektivwertes des Wechselanteils zum Gesamteffektivwert einer Mischgröße.

$$s = \frac{X_{\sim}}{X} \quad (3.14)$$

Der Schwingungsgehalt gibt den Anteil der reinen Wechselgröße in einer Mischgröße an.
Der Schwingungsgehalt s bewegt sich in den Grenzen $0 \leq s \leq 1$. Dabei gilt:

- reine Gleichgröße: $s = 0$
- reine Wechselgröße: $s = 1$

Für den Mischstrom im Bild 3.22 beträgt der Schwingungsgehalt s = 0,9. Dabei wurde die Annahme $I_0 = \frac{1}{3}\hat{i}$ getroffen.

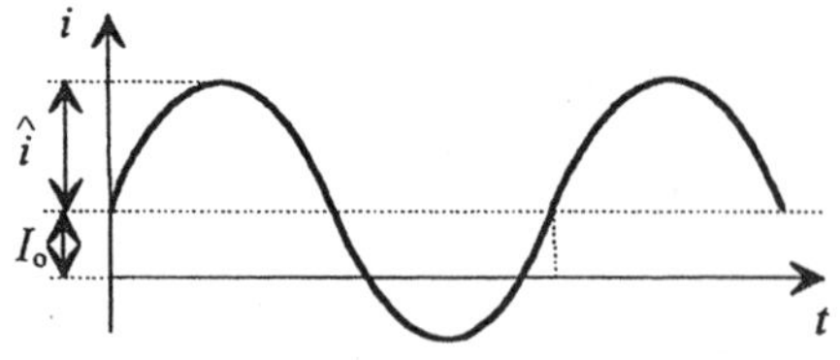

Bild 3.22 Mischstrom

Welligkeit. Als Welligkeit wird das Verhältnis des Effektivwertes des Wechselanteiles zum Gleichwert einer Wechselgröße bezeichnet.

$$w = \frac{X_{\sim}}{\overline{|x|}} \qquad (3.15)$$

Die Welligkeit gibt den Restwechselspannungsanteil einer gleichgerichteten Wechselgröße an und liefert damit eine Aussage über deren Güte.
Eine Restwechselspannung, die der Versorgungsspannung nach der Gleichrichtung noch überlagert ist, kann in elektroakustischen Anlagen als Brummspannung hörbar sein bzw. in elektronischen Schaltungen Störungen hervorrufen.
Bei einer reinen Gleichspannung (z.B. Akkumulator) beträgt die Welligkeit $w = 0$.

❑ **Beispiel 3.8**

Für die Ausgangsspannung einer Gleichrichterschaltung mit Ladekondensator (Bild 3.23) ist die Welligkeit zu bestimmen.

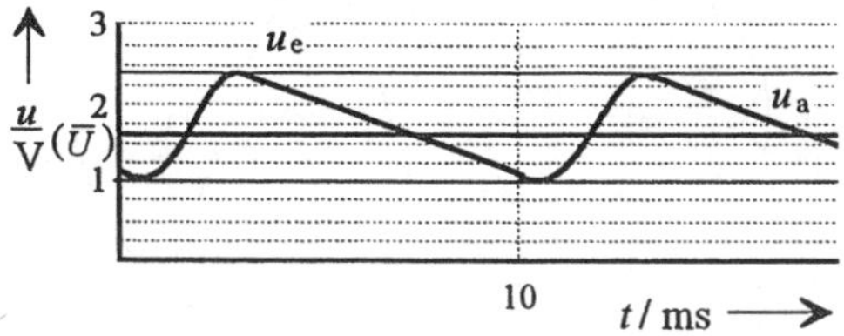

Bild 3.23 Spannung am Ladekondensator einer Gleichrichterschaltung

Lösung:

Mit Hilfe des Näherungsverfahrens nach Abschnitt 3.2.1.1 ermittelt man:

Restwechselspannungsanteil: $U_{\sim} \approx 0,5$ V

Gleichrichtwert: $\overline{|u|} \approx 1,67$ V

Die Welligkeit beträgt $w = \dfrac{U_{\sim}}{\overline{|u|}} = 0,32$.

❑ **Beispiel 3.9**

Gegeben ist eine Sägezahnspannung nach Bild 3.24. Es sind der arithmetische Mittelwert, der Effektivwert, der Scheitelfaktor sowie der Formfaktor zu bestimmen.

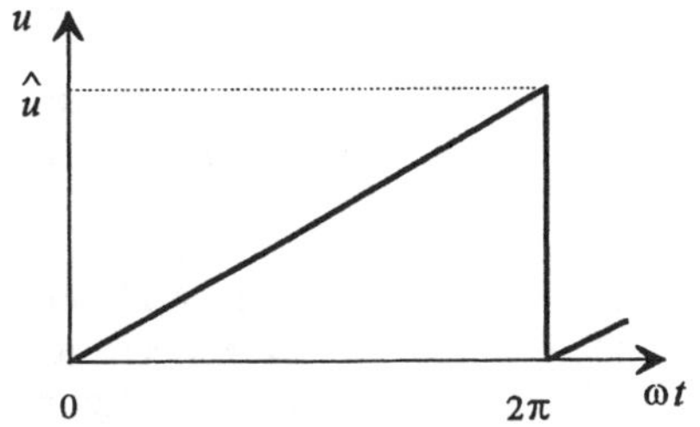

Bild 3.24 Liniendiagramm zum Beispiel 3.9

Lösung:

Die mathematische Funktion $u = f(t)$ der linear ansteigenden Sägezahnspannung lautet:

$$u = \frac{\hat{u}}{2\pi}\omega t$$

Der arithmetische Mittelwert wird nach Gl. (3.3) berechnet.

$$\overline{U} = \frac{1}{T}\int_0^T \frac{\hat{u}}{2\pi}\omega t \, dt \quad \text{mit} \quad \omega = \frac{2\pi}{T} \quad \text{bzw.} \quad T = 2\pi$$

$$\overline{U} = \frac{\hat{u}}{4\pi^2}\int_0^{2\pi} t \, dt = \frac{\hat{u}}{8\pi^2}\left[t^2\right]_0^{2\pi} = \frac{\hat{u}}{2}$$

Der Effektivwert wird nach Gl. (3.9) berechnet:

$$U = \sqrt{\frac{1}{T}\int_0^T u^2 dt} = \frac{\hat{u}}{2\pi}\sqrt{\frac{1}{2\pi}\int_0^{2\pi} t^2 \, dt}$$

$$U = \frac{\hat{u}}{2\pi}\sqrt{\frac{1}{6\pi}\left[t^3\right]_0^{2\pi}} = \frac{\hat{u}}{2\pi}\sqrt{\frac{4}{3}\pi^2} = \frac{\hat{u}}{\sqrt{3}}$$

Der Scheitelfaktor beträgt: $k_s = \dfrac{\hat{u}}{U} = \sqrt{3}$

Der Formfaktor beträgt: $k_f = \dfrac{U}{\overline{|u|}} = \dfrac{2}{\sqrt{3}}$

3.2.2 Harmonische Größen

In der Elektrotechnik hat die periodische Änderung elektrischer Größen nach einer Sinusfunktion, die auch als *harmonische Funktion* bezeichnet wird, neben allen anderen möglichen Funktionen die größte Bedeutung. Dafür lassen sich einige Argumente angeben, die eine ausführliche Beschreibung der Arbeit mit einer Sinusfunktion $a = f(t)$ begründen.

- Sinusförmige Größen sind eindeutig und leicht mathematisch beschreibbar. Technisch wird die Erzeugung von sinusförmigen Spannungen sicher beherrscht.
- Die Sinusfunktion kann als Grundfunktion aufgefaßt werden. Sie enthält keine weiteren Schwingungsanteile. Die Übertragung und Transformation von Sinusspannungen und -strömen braucht in der Energietechnik nur für eine Frequenz ausgelegt werden.
- Bei der Ableitung der Sinusfunktion nach der Zeit entsteht wieder eine sinusförmige Funktion. In linearen Netzwerken treten demnach nur sinusförmige Spannungen und Ströme auf.
- Nichtsinusförmige periodische Größen lassen sich nach *Fourier* als Summe von Sinusschwingungen darstellen. Es lassen sich gleiche mathematische Berechnungsmethoden anwenden.

3.2.2.1 Darstellung und mathematische Beschreibung

Kenngrößen. Die mathematische Beschreibung einer Sinusgröße $a = f(t)$, die für eine Spannung, einen Strom oder eine andere sinusförmige elektrische Größe stehen kann, lautet: $a = \hat{a} \sin\varphi$. Dabei sind:

- a Momentanwert, Augenblickswert
- $\hat{a}$ Scheitelwert, Amplitude
- φ Phasenwinkel

Erläuterung. Aus der Trigonometrie ist bekannt, daß man die Funktionswerte der Sinusfunktion aus dem Einheitskreis in ein kartesisches Koordinatensystem $a = f(\varphi)$ projizieren kann (Bild 3.25), wobei eine Multiplikation mit dem Faktor $\hat{a}$ eine Veränderung des Radius des Kreises bedeutet. Läßt man den Punkt P auf der Kreislinie rotieren, wird der Verlauf der Sinusschwingung vollständig in das rechtwinklige Koordinatensystem übertragen.
Die Lage des Punktes P ist vergleichbar mit der Stellung einer Leiterschleife in einem homogenen Magnetfeld. Bei deren Rotation wird eine sinusförmige Wechselspannung erzeugt, so daß die momentane Stellung der Leiterschleife mit dem Phasenwinkel φ beschrieben werden kann.

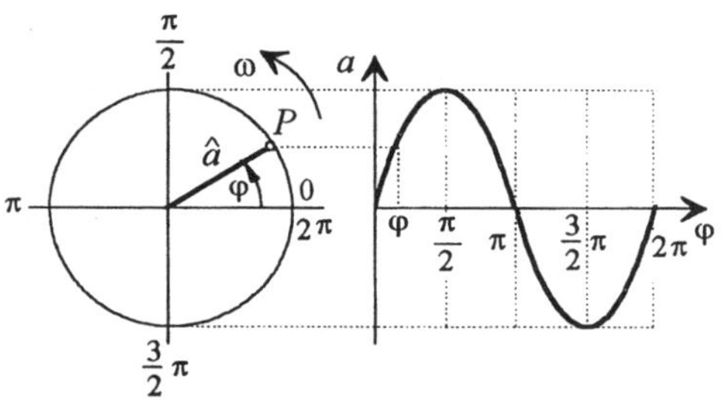

Bild 3.25 Sinusschwingung

Führt der Punkt P eine gleichförmige Drehbewegung aus, erhält man über die Winkelgeschwindigkeit ω eine Abhängigkeit des Phasenwinkels von der Zeit. Es gilt:

$$\omega = \frac{\varphi}{t} \quad \text{bzw.} \quad \varphi = \omega t$$

Für eine volle Drehbewegung ergibt sich für die *Kreisfrequenz* ω:

$$\omega = \frac{2\pi}{T} = 2\pi f \qquad (3.16)$$

Mit Einführung der Kreisfrequenz lautet die Sinusgröße nunmehr: $a = \hat{a} \sin \omega t$.
Hat die Sinusschwingung zum Zeitpunkt $t = 0$ bereits einen Momentanwert, so muß der Phasenwinkel ωt noch um den *Nullphasenwinkel* φ_0 ergänzt werden. Für eine vollständige Beschreibung einer sinusförmigen Wechselgröße gilt also:

$$a = \hat{a} \sin(\omega t + \varphi_0) = \hat{a} \sin(2\pi f t + \varphi_0) \qquad (3.17)$$

- a Momentanwert, Augenblickswert
- $\hat{a}$ Scheitelwert, Amplitude
- f Frequenz
- ω Kreisfrequenz, Winkelfrequenz
- ωt Phasenwinkel,
- φ_0 Nullphasenwinkel

Eine Sinusgröße wird durch die drei Kenngrößen Amplitude, Frequenz, Nullphasenwinkel vollständig beschrieben.

Darstellung im Liniendiagramm. Wie jede beliebige zeitabhängige Größe läßt sich die Sinusfunktion als *Zeitfunktion* im Liniendiagramm anschaulich abbilden (Bild 3.26). Dabei sind die Darstellungen $a = f(t)$ sowie $a = f(\omega t)$ möglich.

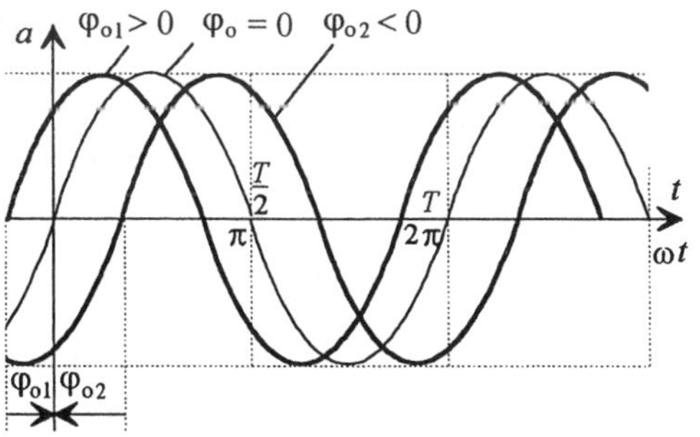

Bild 3.26 Liniendiagramm

Phasenverschiebung. Wird in Wechselstromkreisen nur eine Wechselgröße angegeben, wählt man sinnvollerweise $\varphi_0 = 0$. Treten mehrere Wechselgrößen mit unterschiedlichen Nullphasenwinkeln auf, so werden diese prinzipiell auf den Nullphasenwinkel $\varphi_0 = 0$ bezogen. Man spricht dann von einer *Phasenverschiebung*. Es gilt:

- voreilend für $\varphi_0 > 0$, d.h. $a > 0$ für $t = 0$
- nacheilend für $\varphi_0 < 0$, d.h. $a < 0$ für $t = 0$

Verwendung der cos-Funktion. Aus Zweckmäßigkeitsgründen wird für bestimmte mathematische Beschreibungen in Wechselstromnetzwerken anstelle der Sinusfunktion die Kosinusfunktion verwendet. Dies ergibt aus elektrotechnischer Sicht keine unterschiedlichen Wirkungen, da sich der Verlauf beider Funktionen nur um $\frac{\pi}{2}$ unterscheidet. Es gilt:

$$a = \hat{a} \cos \omega t = \hat{a} \sin\left(\omega t + \frac{\pi}{2}\right)$$

Darstellung als Linienspektrum. Eine Darstellung mehrerer Sinusgrößen unterschiedlicher Frequenz ist im Liniendiagramm unübersichtlich. Man verwendet dafür häufiger die *Frequenzfunktion*, wobei vereinbart wird, daß die Kenngrößen Amplitude und Nullphasenwinkel einer Sinusfunktion in Abhängigkeit der Frequenz dargestellt werden (Bild 3.27).

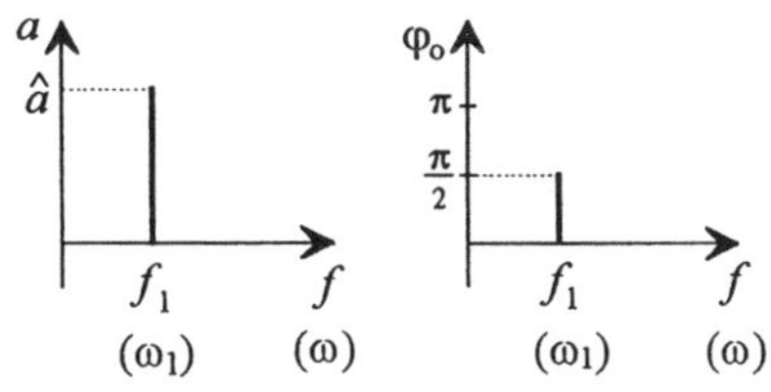

Bild 3.27 Amplituden-, Phasenspektrum

❑ **Beispiel 3.10**

Für eine sinusförmige Wechselspannung mit den Kenngrößen Amplitude $\hat{u} = 5$ V, Periodendauer $T = 25$ µs und Nullphase $\varphi_u = -30°$ sind die Frequenz, die Kreisfrequenz sowie der Momentanwert bei $t = T/5$ zu berechnen.
Es sind ferner das Liniendiagramm sowie das Linienspektrum zu zeichnen.

Lösung:

Für die Frequenz gilt: $f = \frac{1}{T} = 40$ kHz

Die Kreisfrequenz ist: $\omega = 2\pi f = 251327\ \text{s}^{-1}$

Der Momentanwert ergibt sich zu:

$$u = \hat{u}\sin(\omega t + \varphi_u)$$

$$u = 5\ \text{V}\sin(72° - 30°) = 3,35\ \text{V}$$

Der Momentanwert zum Zeitpunkt $t = 0$ kann zusätzlich berechnet werden:

$$u = 5\ \text{V}\sin(0° - 30°) = -2,5\ \text{V}$$

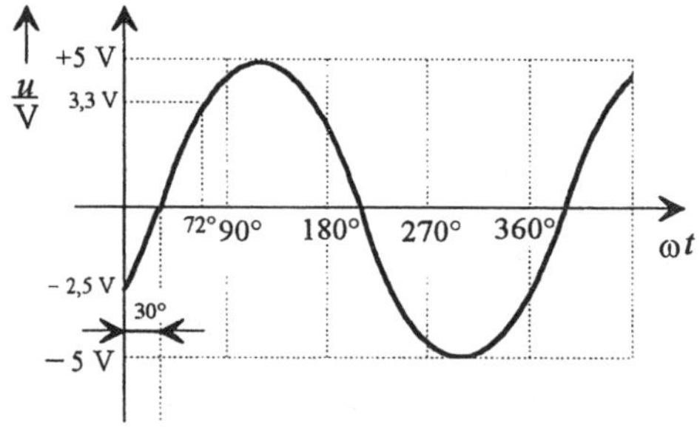

Bild 3.28 Liniendiagramm zum Beispiel 3.10

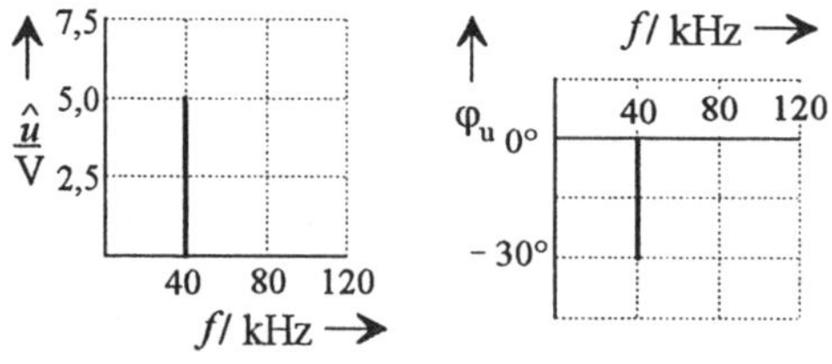

Bild 3.29 Linienspektrum zum Beispiel 3.10

3.2.2.2 Überlagerung

Zur Definition. Treten in einer elektrischen Schaltung mehrere zeitabhängige Spannungen oder Ströme auf, so müssen die Kirchhoffschen Sätze für jeden Zeitpunkt gelten, d.h., die Momentanwerte der einzelnen Größen überlagern sich zur resultierenden Größe.

Zu jedem Zeitpunkt entsteht unter Voraussetzung linearer Netzwerke eine Gesamtgröße aus der Summe der Einzelgrößen. Diesen Vorgang bezeichnet man als *Überlagerung* oder *Superposition*.

Einordnung. Bei sinusförmigen Verlauf der elektrischen Größen treten in Anlehnung an die Schwingungslehre der Physik die unterschiedlichsten Überlagerungsergebnisse auf, die sowohl harmonisch als auch nichtharmonisch sein können.
Für einen Vergleich sind genaue Vorgaben der drei Kenngrößen Amplitude, Frequenz und Nullphasenwinkel der Einzelschwingungen erforderlich. Außerdem können nahezu identische Zeitfunktionen durch andere technische Verfahren (z.B. Modulation) entstehen.

Als allgemeines Kriterium kann gelten, daß bei der Überlagerung keine neuen Frequenzen als die der treibenden Quellen auftreten. Diese Bedingung läßt sich mit Hilfe selektiver Meßgeräte leicht überprüfen.
Im folgenden werden charakteristische Fälle einer Überlagerung systematisch behandelt.

Sinusgrößen mit gleicher Frequenz. Die beiden Sinusgrößen

$$a_1 = \hat{a}_1\sin(\omega t + \varphi_{o1}) \quad \text{und}$$

$$a_2 = \hat{a}_2\sin(\omega t + \varphi_{o2}).$$

sind zur resultierenden Größe

$$a = \hat{a}\sin(\omega t + \varphi_0)$$

nach der Gleichung

$$\boxed{a = a_1 + a_2} \qquad (3.18)$$

zu addieren. Für die resultierende Größe a lassen sich nach [16] die Amplitude $\hat{a}$ und der Nullphasenwinkel φ_0 berechnen. Es gilt:

$$\boxed{\hat{a} = \sqrt{\hat{a}_1^2 + \hat{a}_2^2 + 2\hat{a}_1\hat{a}_2\cos(\varphi_{o1} - \varphi_{o2})}} \qquad (3.19)$$

$$\boxed{\varphi_0 = \arctan\frac{\hat{a}_1\sin\varphi_{o1} + \hat{a}_2\sin\varphi_{o2}}{\hat{a}_1\cos\varphi_{o1} + \hat{a}_2\cos\varphi_{o2}}} \qquad (3.20)$$

Im Liniendiagramm sind die Momentanwerte zu jedem Zeitpunkt zu addieren, um die resultierende Größe a zu erhalten (Bild 3.30).

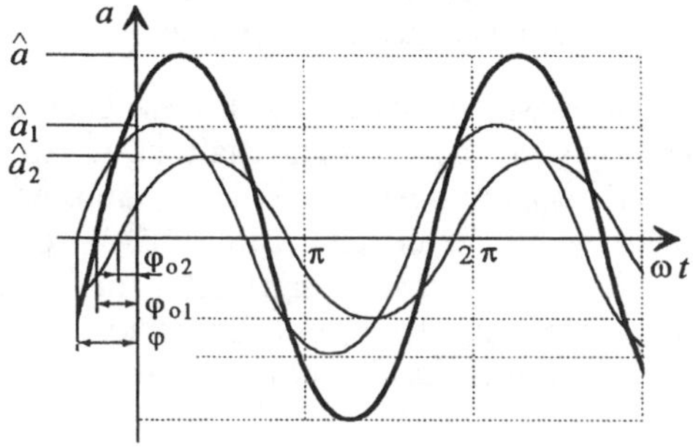

Bild 3.30 Addition gleichfrequenter Sinusgrößen im Liniendiagramm

Als Ergebnis entsteht eine Sinusgröße gleicher Frequenz, jedoch mit neuer Amplitude $\hat{a}$ und neuem Nullphasenwinkel φ_0.

Sind die beiden Nullphasenwinkel gleich groß, so gilt: $\varphi_0 = \varphi_{o1} = \varphi_{o2}$

$$\hat{a} = \hat{a}_1 + \hat{a}_2 \cdot$$

Schaltungstechnisch läßt sich diese Überlagerung z.B. als Reihenschaltung zweier Quellenspannungen an einem ohmschen Widerstand realisieren. Diese müssen von zwei synchronisierten Funktionsgeneratoren geliefert werden, um die Frequenzgleichheit zu garantieren (Bild 3.31).

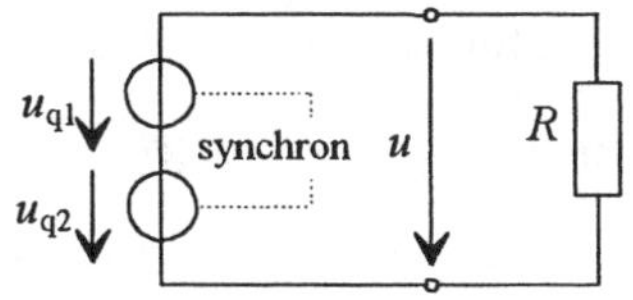

Bild 3.31 Schaltung zur Überlagerung zweier Sinusspannungen

Im Netzverbund der Elektroenergie-Versorgung werden Synchrongeneratoren als treibende Quellenspannungen parallelgeschaltet, so daß i m Netzverbund nur eine Frequenz (z.B. 50 Hz) auftreten kann. Die auftretenden Spannungen und Ströme können sich nur in der Amplitude und der Phasenlage zueinander (Nullphasenwinkel) unterscheiden.

Sonderfall. Im Bild 3.32 wird die Überlagerung zweier Spannungen gleicher Frequenz dargestellt. Die Spannungen

$$u_1 = \hat{u}\sin(\omega t) \text{ und}$$

$$u_2 = \hat{u}\sin(\omega t + 180°)$$

sind bei gleicher Amplitude um 180° gegeneinander phasenverschoben, so daß die resultierende Spannung u_{res} Null wird.

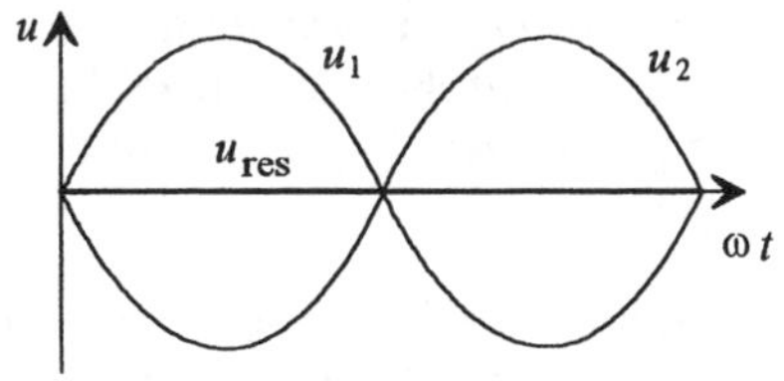

Bild 3.32 Überlagerung zweier um 180° phasenverschobener Spannungen

Sinusgrößen mit unterschiedlichen Frequenzen. Die Sinusgrößen

$$a_1 = \hat{a}\sin(\omega_1 t + \varphi_{o1})$$

$$a_2 = \hat{a}\sin(\omega_2 t + \varphi_{o2})$$

mit den unterschiedlichen Frequenzen ω_1 und ω_2 sind nach Gl. (3.18) für den Fall gleicher Amplituden zu addieren. Es gilt:

$$a = \hat{a}[\sin(\omega_1 t + \varphi_{o1}) + \sin(\omega_2 t + \varphi_{o2})]$$

Unter Anwendung eines Additionstheorems [16] kann die Summe der Sinusgrößen als Produkt geschrieben werden. Mit

$$\frac{\omega_1 + \omega_2}{2} = \omega \quad \text{und} \quad \frac{\varphi_{o1} + \varphi_{o2}}{2} = \varphi_o$$

$$\frac{\omega_1 - \omega_2}{2} = \Delta\omega \quad \text{und} \quad \frac{\varphi_{o1} - \varphi_{o2}}{2} = \Delta\varphi_o$$

gilt:

$$\boxed{a = 2\hat{a}\cos(\Delta\omega t + \Delta\varphi_o)\sin(\omega t + \varphi_o)} \quad (3.21)$$

Die resultierende Größe a nach Gl. (3.21) stellt scheinbar wieder eine Sinusfunktion

$$a = \hat{A}(t)\sin(\omega t + \varphi_o)$$

dar, bei der sich jedoch die Amplitude nach der Zeitfunktion

$$\hat{A}(t) = 2\hat{a}\cos(\Delta\omega t + \Delta\varphi_o)$$

ändert. Es entsteht eine nichtsinusförmige periodische Funktion oder *nichtharmonische Funktion*. In Abhängigkeit der gewählten Kenngrößen der Einzelschwingungen ergeben sich folgende Fallunterscheidungen:

Anmerkung. Wählt man $\omega_1 = \omega_2$, dann wird $\Delta\omega = 0$. Die Zeitabhängigkeit der Amplitude verschwindet, und es ensteht wieder eine Sinusgröße, deren Amplitude sich in den Grenzen

$$\hat{A} = 2\hat{a} \text{ für } \Delta\varphi_o = 0° \text{ und}$$

$$\hat{A} = 0 \text{ für } \Delta\varphi_o = 180° \text{ (siehe Bild 3.32)}$$

einstellt.

Fall 1: Wählt man $\omega_1 >> \omega_2$, dann schwingt die Sinusfunktion mit der höheren Frequenz ω_1 um die periodische Achse der Sinusfunktion mit der Frequenz ω_2 (Bild 3.33)

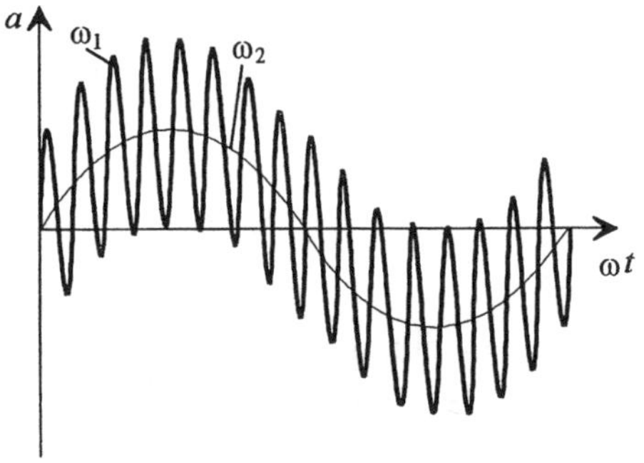

Bild 3.33 Überlagerung zweier Sinusfunktionen mit $\omega_1 >> \omega_2$ und gleicher Amplitude

Schaltungstechnisch läßt sich diese Überlagerung mit der Reihenschaltung zweier Quellenspannungen an einem ohmschen Widerstand erzeugen (Bild 3.34). Das Amplitudenspektrum zeigt, daß gemäß der Voraussetzung der Überlagerung nur zwei Frequenzen in der Schaltung auftreten.

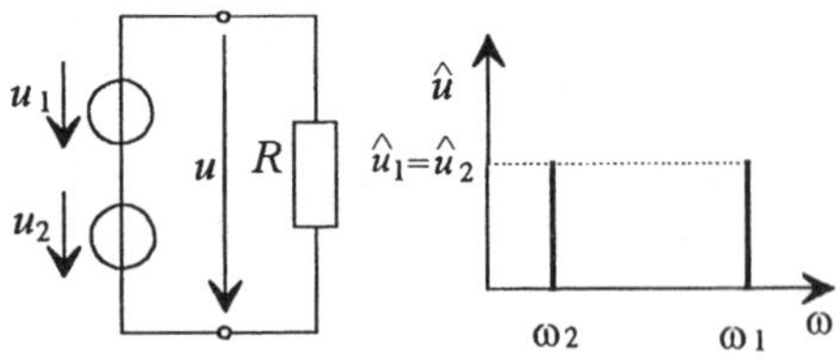

Bild 3.34 Schaltung und Amplitudenspektrum einer Überlagerung zweier Sinusspannungen mit $\omega_1 >> \omega_2$ und gleicher Amplitude

Liegen die Frequenzen der Einzelspannungen u_1 und u_2 im Hörbereich, würde man bei einer elektroakustischen Wandlung der Spannung u (Bild 3.34) die Spannungen u_1 und u_2 als zwei Einzeltöne wahrnehmen.

Die Kreisfrequenz $\omega = (\omega_1 + \omega_2)/2$ in Gl. (3.21) stellt einen Mittelwert im mathematischen Sinne und keine technisch reale neue Frequenz dar.

Fall 2: Wählt man $\omega_1 \approx \omega_2$, d.h., liegen die beiden Frequenzen sehr eng aneinander, entsteht der Sonderfall der *Schwebung*.

Legt man $\varphi_{o1} = \varphi_{o2} = 0$ fest, so ändert sich die Amplitude der überlagerten Sinusgröße nach der Gleichung

$$\hat{A}(t) = 2\hat{a}\cos\Delta\omega t$$

sehr langsam wegen $\Delta\omega \to 0$.

Das Bild 3.35 zeigt eine Schwebung mit $\hat{a}_1 = \hat{a}_2$ und $\omega_1 \approx \omega_2$.

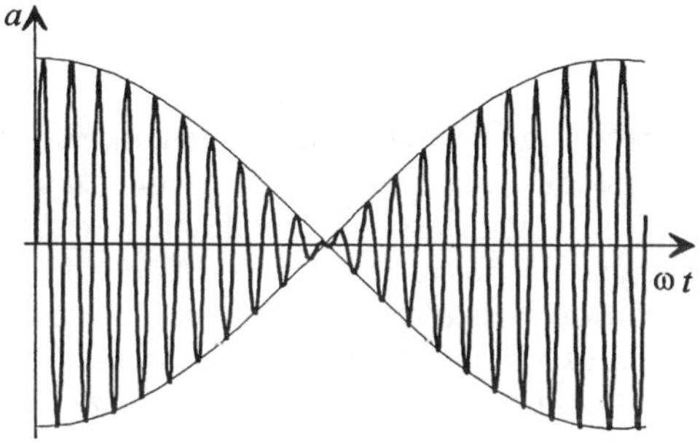

Bild 3.35 Überlagerungsfall der Schwebung

Die Änderung der Amplitude kommt bei $\omega_1 = \omega_2$ zum Stillstand. Es ist das *Schwebungsnull* erreicht.

Im Hörbereich nimmt man die Schwebung nur als einen Ton mit deutlich periodisch schwankender Lautstärke wahr.

Die Frequenz der Lautstärkeänderung beträgt $\Delta\omega$.

Bei $\omega_1 = \omega_2$ ist nur noch ein Ton konstanter Lautstärke zu hören.

Fall 3: Werden mehrere Sinusgrößen mit fest vorgegebenen Amplitudenwerten in einem ganzzahligen Frequenzverhältnis phasenstarr zueinander überlagert, so ergibt sich eine nichtharmonische Größe, die sich nach einer *Fourier-Reihe* beschreiben läßt.

Die Behandlung nichtharmonischer Größen erfolgt im Abschnitt 3.4.

Bemerkung: Man beachte, daß für eine schaltungstechnische Nachbildung der Fourier-Synthese die zu überlagernden Spannungen unbedingt synchronisiert werden müssen, da sich die Überlagerung sonst wie unter Fall 1 beschrieben verhält.

3.2.2.3 Zeigerdarstellung

Anwendung. Die bisherigen Ausführungen zur Arbeit mit harmonischen Größen wurden mit der Darstellung im Liniendiagramm veranschaulicht.

Der Vorteil dieser Darstellung liegt darin, daß der wahre Verlauf der elektrischen Größen sichtbar wird. Außerdem stimmt diese Darstellung mit der meßtechnischen Erfassung von Spannungen mittels Oszilloskop überein.

Die Darstellung von mehreren interessierenden elektrischen Größen wird im Liniendiagramm unübersichtlich.

Eine Vereinfachung ist möglich, wenn man eine Sinusgröße statt im Liniendiagramm in einem *Zeigerbild* darstellt, welches die drei Kenngrößen Frequenz, Amplitude und Nullphasenwinkel ebenfalls beinhaltet.

Zeigerbild. Der Zusammenhang zwischen dem Umlauf eines Punktes auf einer Kreislinie und der damit möglichen Abbildung der Sinusfunktion im Liniendiagramm ist bereits im Abschnitt 3.2.2 beschrieben.
Im Bild 3.25 definiert man die Verbindung des Kreismittelpunktes mit dem Punkt *P* als *Zeiger*.
Läßt man den Zeiger mit der Kreisfrequenz ω rotieren, entsteht die Darstellung der Sinusfunktion als Abbild eines umlaufenden Zeigers im Liniendiagramm (Bild 3.36).

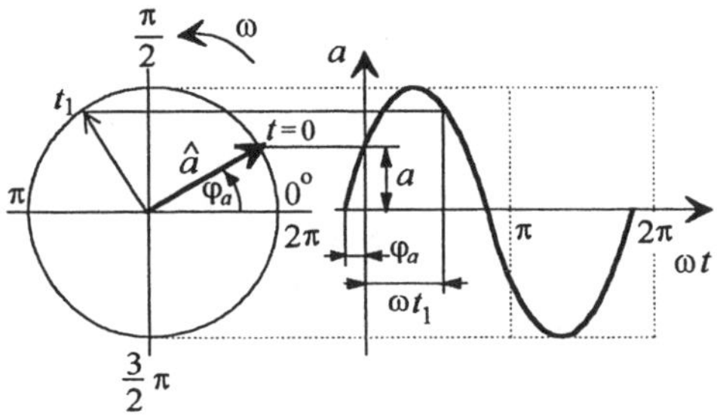

Bild 3.36 Zusammenhang zwischen Zeigerbild und Liniendiagramm

> Zeiger haben symbolischen Charakter und gelten nur für harmonische Größen.

> Ein umlaufenden Zeiger bildet im mathematisch positiven Drehsinn den Augenblickswert einer Sinusgröße ab.

> Die Kennzeichnung einer harmonischen Größe als Zeiger erfolgt durch Unterstreichen.

Umlaufender Zeiger. Ein umlaufender Zeiger oder *Momentanwertzeiger* $\underline{a}$ wird bestimmt durch seine Kenngrößen:

- Amplitude ≙ Länge des Zeigers
- Nullphase ≙ Lage des Zeigers zur Bezugsachse
- Frequenz ≙ Rotationsgeschwindigeit des Zeigers.

Das Bild 3.37 zeigt zwei Spannungen $\underline{u}_1$ und $\underline{u}_2$ gleicher Frequenz mit unterschiedlichem Nullphasenwinkel als Momentanwertzeiger.

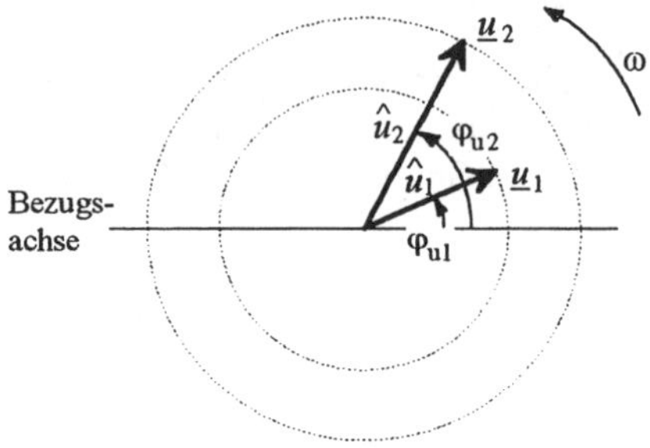

Bild 3.37 Darstellung zweier Sinusspannungen als umlaufender Momentanwertzeiger

Dem Bild 3.37 ist zu entnehmen, daß trotz der Rotation der Zeiger mit der Winkelgeschwindigkeit ω die relative Lage der Zeiger zueinander konstant bleibt.

Treten alle elektrischen Größen in einem Netzwerk mit der gleichen Frequenz auf, ist die Rotationsgeschwindigkeit der Zeigergrößen gleich. Damit ist es möglich, die Rotation wegzulassen, ohne daß ein Informationsverlust auftritt.
Man kann zur Darstellung des *ruhenden Maximalwertzeigers* übergehen.

Ruhender Maximalwertzeiger. Ein ruhender Maximalwertzeiger $\hat{\underline{A}}$ wird bestimmt durch seine Kenngrößen:

- Amplitude ≙ Länge des Zeigers
- Nullphase ≙ Lage des Zeigers zur Bezugsachse

Im Unterschied zum Bild 3.37 sind im Bild 3.38 die beiden Spannungen $\underline{u}_1$ und $\underline{u}_2$ als ruhender Maximalwertzeiger dargestellt.

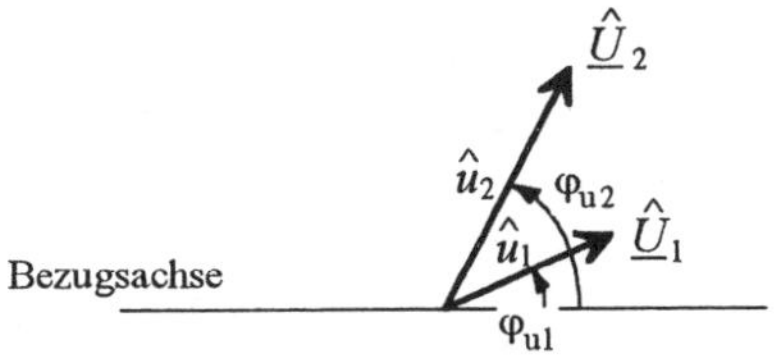

Bild 3.38 Darstellung gleichfrequenter Sinusspannungen als ruhender Maximalwertzeiger

Wie im Abschnitt 3.2.1.3 begründet, wird in der Elektrotechnik vorzugsweise mit Effektivwerten gearbeitet. Da der ruhende Maximalwertzeiger nur für Sinusgrößen definiert ist, kann man den Betrag (Zeigerlänge) durch $\sqrt{2}$ dividieren. Es entsteht der ruhende *Effektivwertzeiger*.

Ruhender Effektivwertzeiger. Ein ruhender Effektivwertzeiger $\underline{A}$ wird bestimmt durch seine Kenngrößen:

- Effektivwert $\hat{=}$ Länge des Zeigers
- Nullphase Lage des Zeigers zur Bezugsachse

Bild 3.39 zeigt die beiden Spannungen $\underline{u}_1$ und $\underline{u}_2$ als ruhenden Effektivwertzeiger. Unter der Voraussetzung gleicher Frequenz sind dem Zeigerbild die interessierenden Kenngrößen Effektivwert und Nullphasenwinkel zu entnehmen.

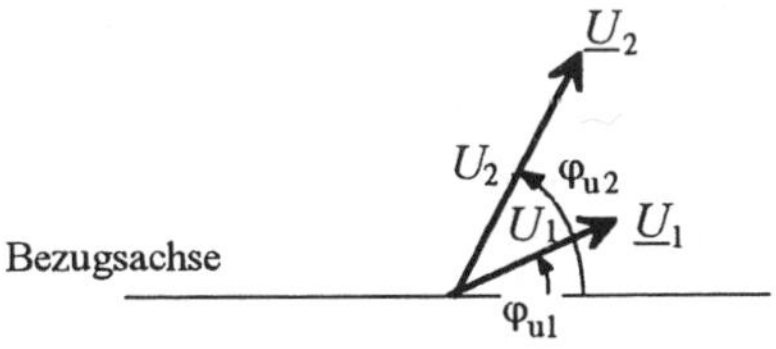

Bild 3.39 Darstellung zweier gleichfrequenter Spannungen als ruhender Effektivwertzeiger

Der Vorteil der Zeigerdarstellung liegt darin, daß Zeiger wie Vektoren grafisch addiert werden können.
Mit Hilfe von Zeigerbildern lassen sich die Strom-Spannungs-Verhältnisse in Wechselstromnetzwerken anschaulich darstellen (Abschnitt 6).

❑ **Beispiel 3.11**

In einem Netzwerk wurden die sinusförmigen Teilströme mit $I_1 = 2$ A und $I_2 = 3{,}2$ A gemessen (Bild 3.40). Zwischen beiden Strömen wurde ein Phasenwinkel $\varphi = 60\,°$ bestimmt. Welcher Effektivwert und welcher Nullphasenwinkel stellt sich für den Strom I_3 ein?

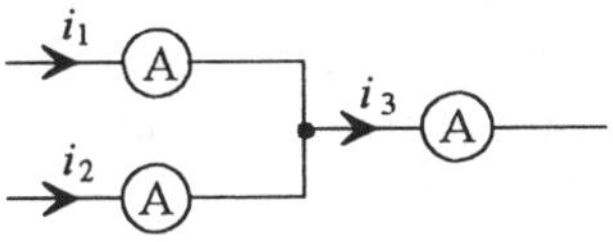

Bild 3.40 Schaltung zum Beispiel 3.11

Lösung:

Der Strom I_3 kann über die geometrische Addition der Effektivwertzeiger für die Ströme I_1 und I_2 im Zeigerbild erfolgen (Bild 3.41).

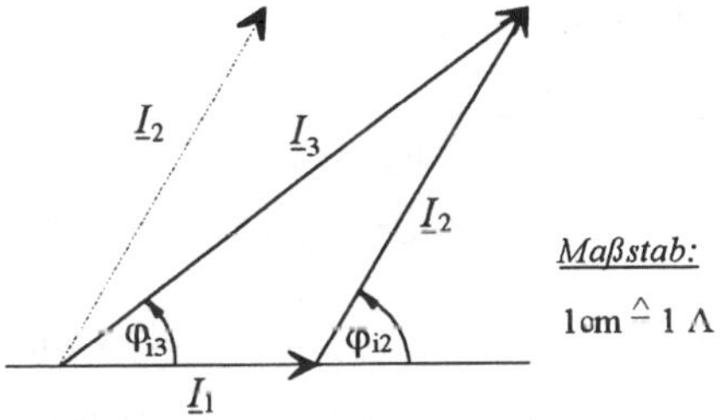

Bild 3.41 Zeigerbild zum Beispiel 3.11

Der Strom I_1 wird mit dem gewählten Nullphasenwinkel $\varphi_{i1} = 0\,°$ in die Bezugsachse gelegt. Damit liegt der Nullphasenwinkel $\varphi_{i2} = 60\,°$ fest.

Dem Zeigerbild werden die Werte $I_3 = 4{,}6$ A und $\varphi_{i3} = 38\,°$ entnommen.

3.2.3 Nichtharmonische periodische Größen

Analyse und Synthese. Im Abschnitt 3.3 wird gezeigt, daß durch die Überlagerung von sinusförmigen Größen mit verschiedenen Frequenzen und Amplituden periodische Größen mit unterschiedlichem zeitabhängigem Verlauf entstehen können.
Umgekehrt lassen sich beliebig verlaufende periodische Zeitfunktionen nach der *Fourier-Reihenentwicklung* in eine Summe von Sinusfunktionen mit ganzzahligem Frequenzverhältnis und festen Kenngrößen zerlegen, wenn die Zeitfunktion bestimmten Bedingungen genügt [14].
Ist der arithmetische Mittelwert der nichtharmonischen Größe ungleich Null, so ist den Sinusschwingungen noch ein Gleichanteil zu überlagern.

Die Bildung einer periodischen nichtharmonischen Größe aus der Überlagerung einzelner Sinusgrößen wird als *Fourier-Synthese* bezeichnet.

Die Zerlegung einer periodischen nichtharmonischen Größe in einzelne Sinusgrößen wird als *Fourier-Analyse* bezeichnet.

Mathematische Beschreibung. Die nichtharmonische periodische Funktion $x = \mathrm{f}(t)$ läßt sich als *reelle* Fourier-Reihe beschreiben. Es gilt:

$$x(t) = X_0 + \sum_{n=1}^{\infty} [A_n \cos n\omega t + B_n \sin n\omega t] \qquad (3.22)$$

Der Summand X_0 stellt den Gleichanteil der Funktion $x = \mathrm{f}(t)$ dar.
Die Faktoren A_n und B_n heißen *Fourier-Koeffizenten*.

Für mathematisch beschreibbare und integrierbare Funktionen ergibt sich folgende Berechnungsmöglichkeit:

$$X_0 = \frac{1}{T}\int_0^T x(t)\,\mathrm{d}t \qquad (3.23)$$

$$A_n = \frac{2}{T}\int_0^T x(t)\cos n\omega t\,\mathrm{d}t \qquad (3.24)$$

$$B_n = \frac{2}{T}\int_0^T x(t)\sin n\omega t\,\mathrm{d}t \qquad (3.25)$$

Außerdem können die Fourier-Koeffizienten bestimmt werden durch:

- Anwendung geeigneter Näherungsverfahren [17],
- Messung der Teilschwingungsanteile mittels geeigneter Meßgeräte (z.B. selektiver Spannungsmesser, Spektrum-Analysator).

Nach Gl. (3.22) ergibt sich die nichtharmonische Schwingung aus einer Summe unendlich vieler Teilschwingungen einschließlich eines möglichen Gleichanteiles.
Für die Beschreibung einer Fourier-Reihe gelten folgende begriffliche Festlegungen:

- n-te *Harmonische*, d.h. 1. Harmonische, 2. Harmonische, 3. Harmonische, ... $\hat{=}$ der Teilschwingung mit der Ordnungszahl n,
- *Grundschwingung* $\hat{=}$ der Teilschwingung, die der Periode der nichtharmonischen Schwingung entspricht ($n = 1$),
- n-te *Oberschwingung* $\hat{=}$ $(n + 1)$-ter Teilschwingung, d.h., die 1. Oberschwingung $\hat{=}$ der 2. Harmonischen, u.s.w.

Erläuterung. Die Frequenzen der Harmonischen stellen ein ganzzahliges Vielfaches der Grundschwingung dar. Je mehr Harmonische der Fourier-Reihe angegeben werden, umso genauer wird der Verlauf der nichtharmonischen Größe abgebildet.
Für elektrische Größen mit einer kurzen Anstiegszeit innerhalb einer Periode, z.B. bei gesteuerten Wechselrichtern für Netzbetrieb, sind Teilschwingungen bis zur 100-ten Harmonischen und mehr zu berücksichtigen.

❑ **Beispiel 3.12**

Für eine symmetrische Rechteckspannung mit $\hat{u} = 10$ V und $T = 2$ ms sind die ersten drei Glieder der Fourier-Reihe aufzustellen.
Im Liniendiagramm sind diese Harmonischen zur Gesamtschwingung zu überlagern.

Lösung:

Nach Tabelle 3.1 lautet die Fourier-Reihe für die ersten drei Harmonischen:

$$u(t) = \frac{4 \cdot 10\ \text{V}}{\pi}\left(\sin 1\omega t + \frac{1}{3}\sin 3\omega t + \frac{1}{5}\sin 5\omega t\right)$$

Die Frequenzen der Harmonischen lauten:

$$f_1 = 500\ \text{Hz},\quad f_3 = 1{,}5\ \text{kHz},\quad f_5 = 2{,}5\ \text{kHz}$$

Das Bild 3.42 zeigt die grafische Überlagerung der drei Harmonischen zur Gesamtschwingung $u = \mathrm{f}(\omega t)$ sowie die ideale Rechteckfunktion $u = \mathrm{f}(t)$ für $n \to \infty$.

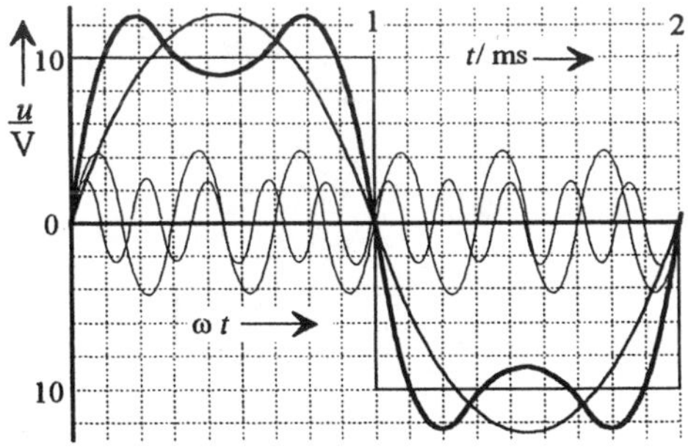

Bild 3.42 Liniendiagramm zum Beispiel 3.12

Linienspektrum. Für technische Anwendungsfälle ist die Kenntnis des Amplitudenwertes und des Nullphasenwinkels der auftretenden Harmonischen besonders wichtig, da ein Zusammenhang zwischen dem Verlauf der nichtharmonischer Größen und den vorhandenen Bauelementen in elektrischen Netzwerken besteht. Die Darstellung der nichtharmonischen Größe als Linienspektrum ist in diesem Falle sehr zweckmäßig.
Es sind zunächst die Fourier-Koeffizenten der Sinus- und Kosinusanteile A_n und B_n für gleiche Harmonische nach den Winkelbeziehungen am Dreieck zur Amplitude $\hat{a}_n$ und dem Nullphasenwinkel φ_n einer Harmonischen zusammenzufassen (Bild 3.43).

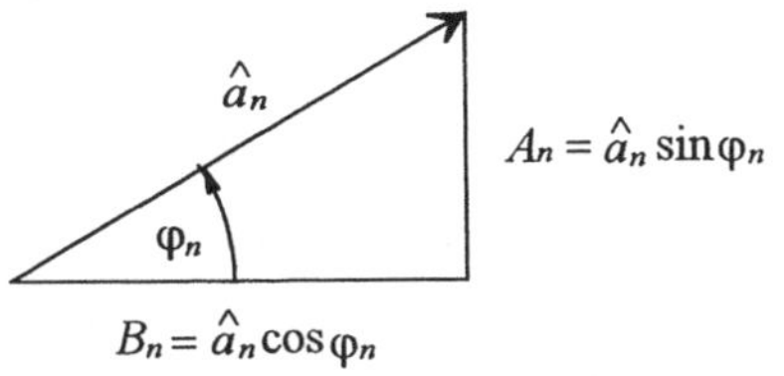

Bild 3.43 Amplitude und Nullphase einer Harmonischen

Nach Bild 3.43 gilt:

$$\boxed{\hat{a}_n = \sqrt{A_n^2 + B_n^2}} \tag{3.26}$$

$$\boxed{\varphi_n = \arctan\frac{A_n}{B_n}} \tag{3.27}$$

Wird der Gleichanteil X_0 zunächst Null gesetzt, kann Gl. (3.22) wie folgt geschrieben werden:

$$x(t) = \sum_{n=1}^{\infty} (\hat{a}_n \sin\varphi_n \cos n\omega t + \hat{a}_n \cos\varphi_n \sin n\omega t)$$

Mit dem Additionstheorem:

$$\sin(\alpha \pm \beta) = \sin\alpha\cos\beta \pm \cos\alpha\sin\beta$$

läßt sich die Fourier-Reihe nach Gl. (3.22) in einer zweiten Form darstellen, die für eine Spektraldarstellung geeignet ist. Der Gleichanteil X_o wird wieder mit erfaßt.

$$x(t) = X_o + \sum_{n=1}^{\infty} \hat{a}_n \sin(n\omega t + \varphi_n) \quad (3.28)$$

Das Amplituden- und Phasenspektrum ergibt sich, wenn jeder n-ten Harmonischen die jeweilige Amplitude und der jeweilige Nullphasenwinkel nach den Gln. (3.26) und (3.27) zugeordnet und als Linienspektrum dargestellt werden.

☐ **Beispiel 3.13**

Für die Sägezahnspannung nach Bild 3.44 ist die Fourier-Reihe aufzustellen.
Es sind das Amplituden- und Phasenspektrum anzugeben.
Die Überlagerung der ersten 3 Harmonischen ist im Liniendiagramm darzustellen.

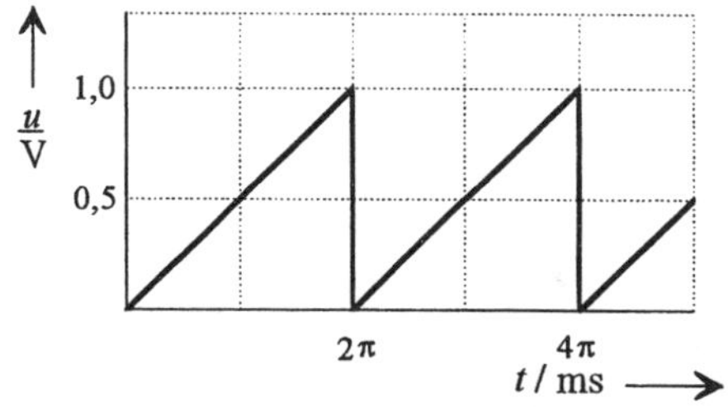

Bild 3.44 Sägezahnspannung zum Beispiel 3.13

Lösung:

Die mathematische Formulierung der Sägezahnspannung lautet im Bereich von $0 \le t \le 2\pi$ mit $T = 2\pi$:

$$u = f(t) = \frac{\hat{u}}{2\pi} t \quad \text{mit } \hat{u} = 1\text{ V}$$

Für die Berechnung des Gleichanteils gilt:

$$U_0 = \frac{1}{2\pi}\int_0^{2\pi} u\,dt = \frac{1}{2\pi}\int_0^{2\pi} \frac{\hat{u}}{2\pi} t\,dt = \frac{\hat{u}}{4\pi^2}\left[\frac{1}{2}t^2\right]_0^{2\pi}$$

$$U_0 = \frac{\hat{u}}{2}$$

Die Fourier-Koeffizienten werden wie folgt berechnet:

$$A_n = \frac{1}{\pi}\int_0^{2\pi} u\cos nt\,dt = \frac{\hat{u}}{2\pi^2}\left[\frac{t\sin nt}{n} + \frac{\cos nt}{n^2}\right]_0^{2\pi}$$

$$A_n = 0$$

$$B_n = \frac{1}{\pi}\int_0^{2\pi} u\sin nt\,dt = \frac{\hat{u}}{2\pi^2}\left[\frac{\sin nt}{n^2} - \frac{t\cos nt}{n}\right]_0^{2\pi}$$

$$B_n = -\frac{\hat{u}}{\pi n}$$

Damit lautet die Fourier-Reihe:

$$u = \frac{\hat{u}}{2} - \frac{\hat{u}}{\pi}\left(\sin\omega t + \frac{1}{2}\sin 2\omega t + \frac{1}{3}\sin 3\omega t + \ldots\right)$$

Wegen $a_n = 0$ gilt für die Spektraldarstellung:

$$u = \frac{\hat{u}}{2} - \frac{\hat{u}}{\pi}\sum_{n=1}^{\infty}\left[\frac{1}{n}\sin(n\omega t + 0°)\right]$$

Die Angabe des Phasenspektrums erübrigt sich für die gegebene Sägezahnfunktion, da für alle Harmonischen der Phasenwinkel $\varphi_n = 0°$ beträgt.
Das Amplitudenspektrum ist im Bild 3.45 dargestellt:

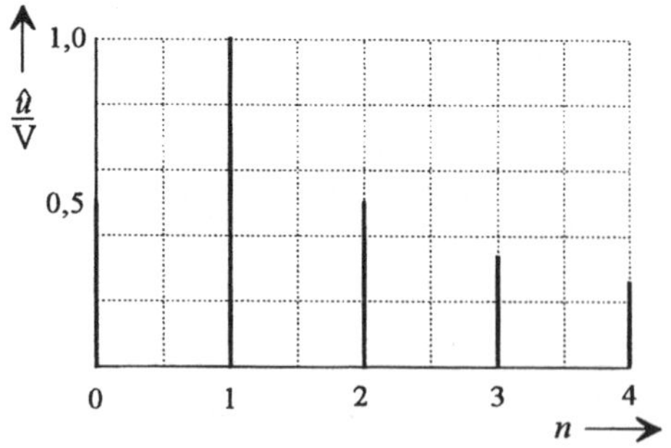

Bild 3.45 Amplitudenspektrum - Beispiel 3.13

Das Bild 3.46 zeigt die Teilschwingungen der ersten drei Harmonischen einschließlich des Gleichanteils sowie die daraus resultierende Überlagerung zur nichtharmonischen Größe $u = f(t)$.

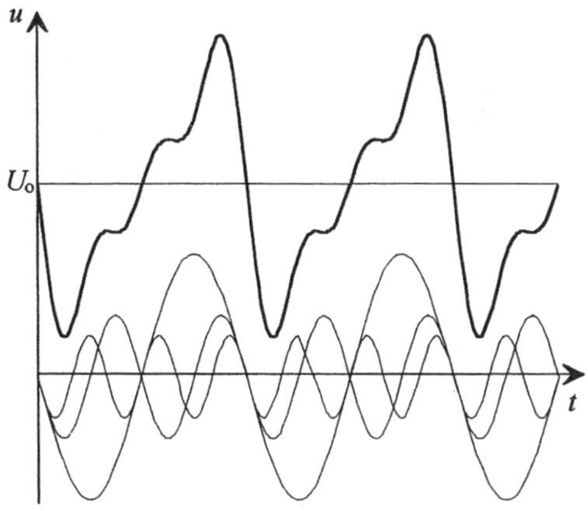

Bild 3.46 Sägezahnspannung aus der Überlagerung der 1. bis 3. Harmonischen

Der Verlauf der Sägezahnspannung ist bereits deutlich zu erkennen.

Im Bild 3.47 ist der Verlauf der Sägezahnspannung für $n = 100$ Harmonische mittels Computerprogramm berechnet worden, wobei der Spannungsverlauf nahezu exakt reproduziert wird. An den Unstetigkeitsstellen ist lediglich ein geringes Überschwingen der durch Überlagerung entstandenen Funktion zu erkennen.

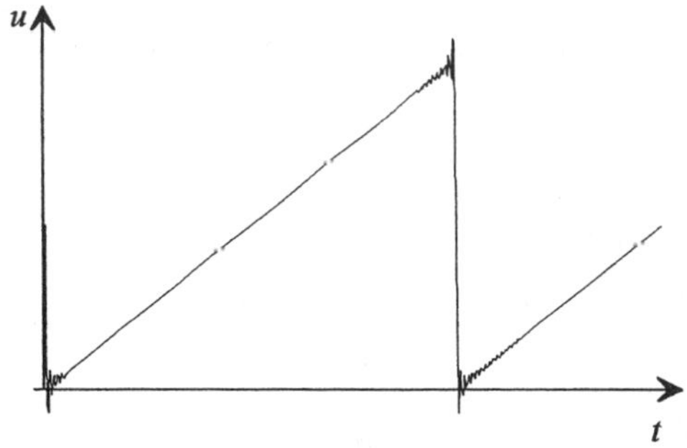

Bild 3.47 Sägezahnspannung aus der Überlagerung der 1. bis 100. Harmonischen

Je nach Anwendungsfall und vertretbaren Rechenaufwand ist die Fourier-Reihenentwicklung nach der n-ten Harmonischen abzubrechen.

Vereinfachung. Die Berechnung der Fourier-Koeffizienten läßt sich vereinfachen, wenn die zu analysierende nichtharmonische Funktion $x = f(t)$ folgenden Bedingungen genügt:

- Ist die Funktion $x = f(t)$ eine Wechselgröße, so gilt: $X_o = 0$ (Bild 3.48),

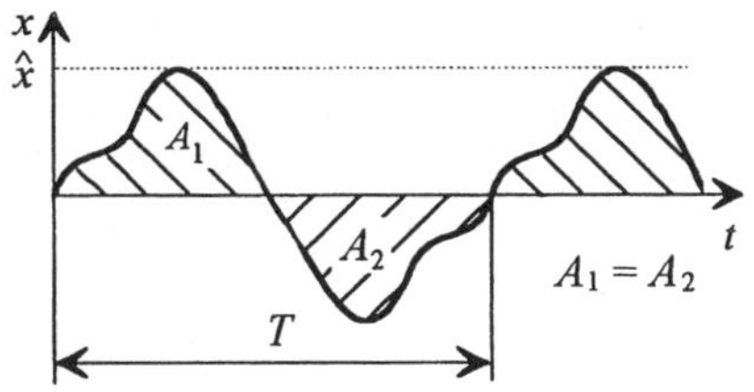

Bild 3.48 Wechselgröße

- Ist die Funktion eine *gerade* Funktion, d. h., $f(t) = f(-t)$, sind alle Koeffizienten $b_n = 0$ (Bild 3.49),

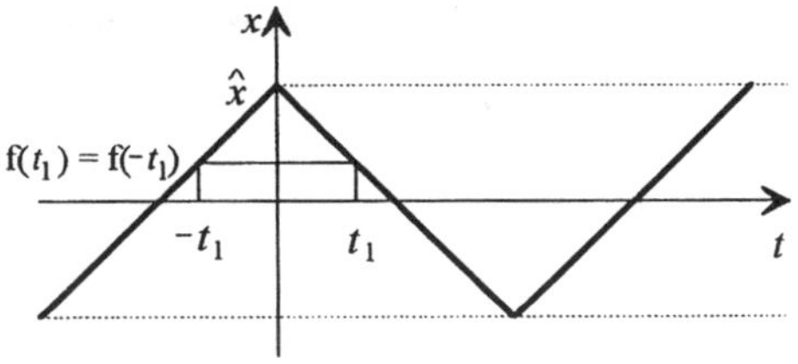

Bild 3.49 Gerade Funktion $x = f(t)$

- Ist die Funktion $x = f(t)$ eine *ungerade* Funktion, d.h., $f(t) = -f(-t)$, sind alle Koeffizienten $a_n = 0$ (Bild 3.50),

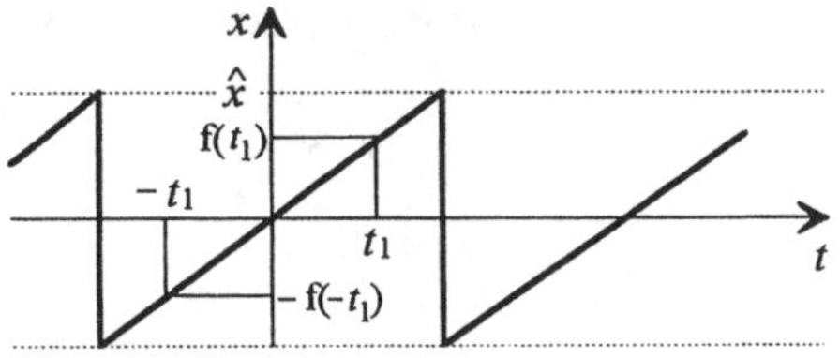

Bild 3.50 Ungerade Funktion $x = f(t)$

Tabelle 3.1 Fourier-Reihen nichtharmonischer Funktionen

Zeitfunktion $x = \mathrm{f}(t)$	**Fourier-Reihe** $x(t) = X_o + \sum\limits_{n=1}^{\infty} [a_n \cos n\omega t + b_n \sin n\omega t]$
Rechteckfunktion 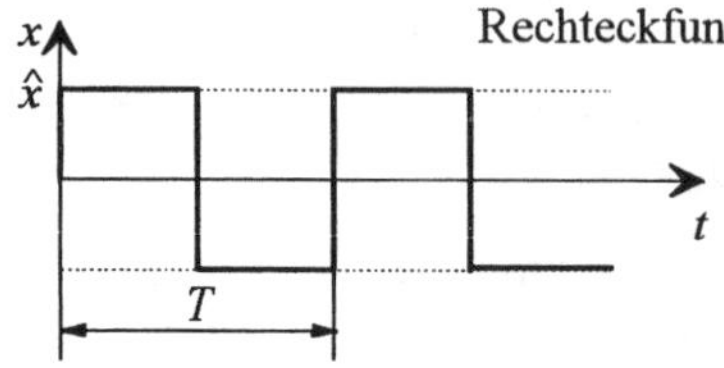	$x(t) = \frac{4\hat{x}}{\pi} \sum\limits_{n=1}^{\infty} \left\{ \frac{1}{2n-1} \sin[(2n-1)\omega t] \right\}$
Dreieckfunktion 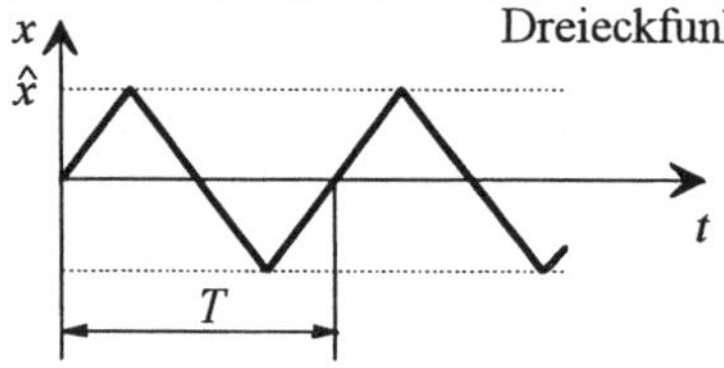	$x(t) = \frac{8\hat{x}}{\pi^2} \sum\limits_{n=1}^{\infty} \left\{ (-1)^{n+1} \frac{1}{(2n-1)^2} \sin[(2n-1)\omega t] \right\}$
Sägezahnfunktion 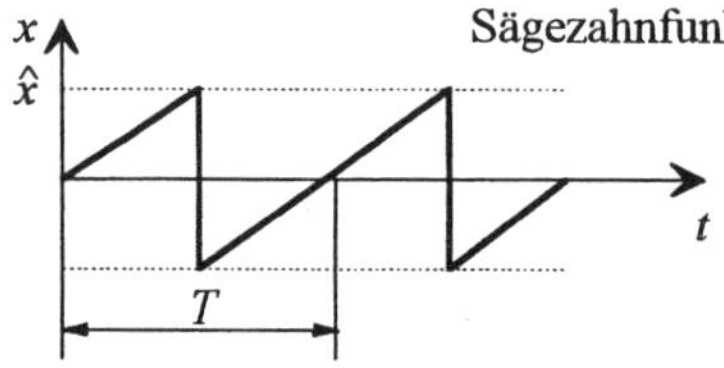	$x(t) = \frac{2\hat{x}}{\pi} \sum\limits_{n=1}^{\infty} \left[(-1)^{n+1} \frac{1}{n} \sin n\omega t \right]$
Sinushalbwellenfunktion 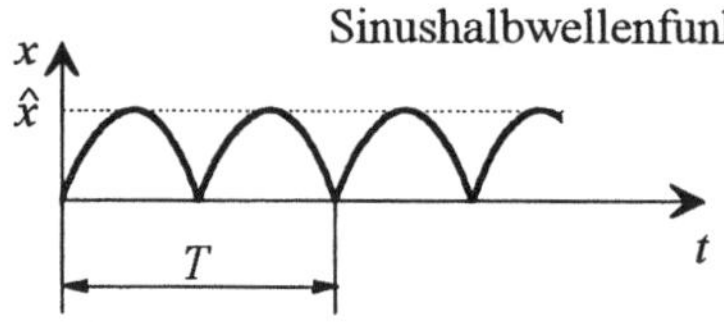	$x(t) = \frac{2\hat{x}}{\pi} \left[1 - \sum\limits_{n=1}^{\infty} \frac{2}{4n^2-1} \cos(2n\omega t) \right]$
Sinushalbwellenfunktion 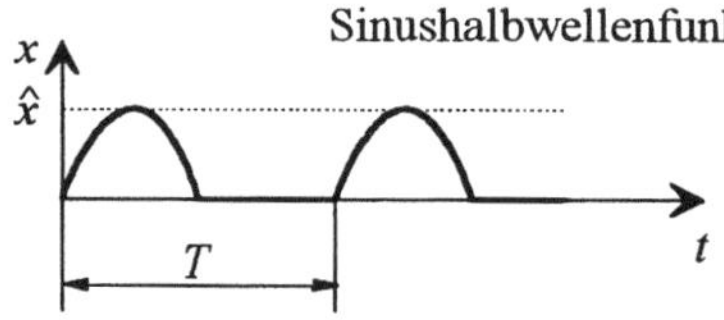	$x(t) = \frac{\hat{x}}{\pi} \left\{ 1 + \frac{1}{2} \sin\omega t - \sum\limits_{n=1}^{\infty} \frac{2}{4n^2-1} \cos(2n\omega t) \right\}$
Sinusfunktion mit Zündwinkel α $\alpha = \omega t_1$ 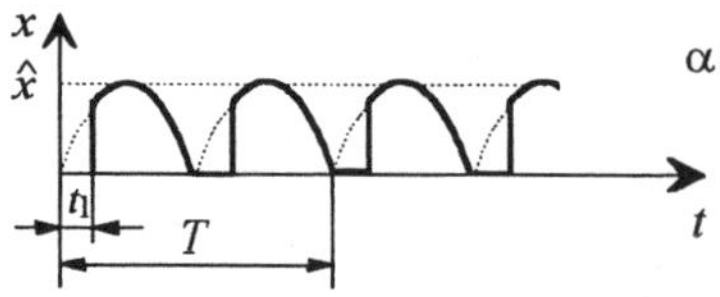	$x(t) = \frac{2\hat{x}}{\pi} \left\{ \cos^2 \frac{\alpha}{2} + \sum\limits_{n=1}^{\infty} \left[\frac{1 + 2n \sin\alpha \sin 2n\alpha + \cos\alpha \cos 2n\alpha}{1-4n^2} \cos 2n\omega t + \frac{\cos\alpha \sin 2n\alpha - 2n \sin\alpha \cos 2n\alpha}{1-4n^2} \sin 2n\omega t \right] \right\}$

4 Magnetischer Kreis

4.1 Magnetische Grundgrößen

Die wichtigsten magnetischen Grundgrößen sind:

- magnetischer Fluß,
- magnetische Durchflutung,
- magnetische Spannung,
- magnetischer Widerstand
- magnetische Feldstärke und
- magnetische Flußdichte.

Bei der magnetischen Flußdichte und der magnetischen Feldstärke handelt es sich um vektorielle Größen des magnetischen Feldes. Der magnetische Fluß und die magnetischen Spannungen stellen integrale Größen des magnetischen Feldes dar.

Magnetischer Kreis. Der Raum, in dem sich das magnetische Feld in seiner Gesamtheit ausbreitet, wird *magnetischer Kreis* genannt. Eine anschauliche Darstellung des magnetischen Feldes erfolgt mit Hilfe von Feldlinien (Bild 4.1 und 4.2).

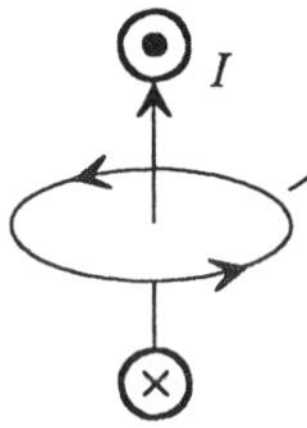

Bild 4.1 Linie des magnetischen Feldes eines stromdurchflossenen Einzelleiters

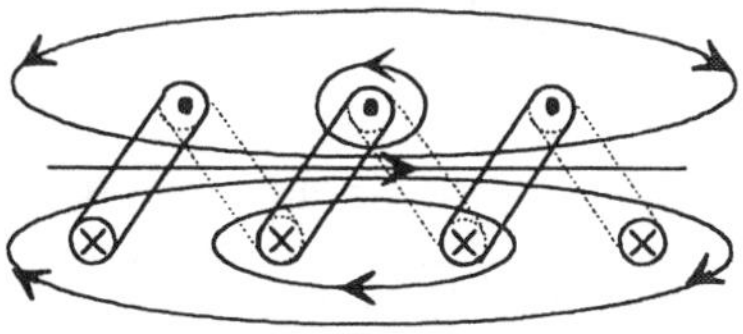

Bild 4.2 Linien des magnetischen Feldes einer stromdurchflossenen Spule

Der Verlauf der magnetischen Feldlinien im magnetischen Kreis ist immer geschlossen.

Richtungssinn. Bei der Berechnung magnetischer Kreise ist die Richtung des magnetischen Feldes, z.B. hervorgerufen durch einen elektrischen Strom, von Bedeutung. Es wird festgelegt, daß die positive Richtung der Feldlinien einer Rechtsschraube folgt, wobei die Schraubenspitze in positiv definierte Stromrichtung weist. Die *Rechte-Hand-Regel* stellt ein Hilfsmittel zur Bestimmung des Richtungssinns dar (Bild 4.3).

> Zeigt der abgespreizte Daumen der rechten Hand in die Richtung des Stromes, so geben die gekrümmten Finger die Richtung der Feldlinien an.

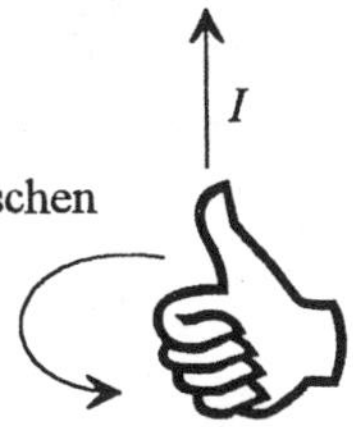

Bild 4.3 Rechte-Hand-Regel

4.1.1 Magnetischer Fluß und magnetische Flußdichte

Magnetischer Fluß. Die Gesamtheit aller Feldlinien des magnetischen Feldes bezeichnet man als *magnetischen Fluß*.

Der magnetische Fluß hat das Formelzeichen Φ.

$$[\Phi] = 1\,\text{V}\cdot\text{s} = 1\,\text{Wb (Weber)}$$

Analoge Größen sind im Strömungsfeld der elektrische Strom und im elektrostatischen Feld der elektrische Fluß.

Magnetische Flußdichte. Bezieht man den magnetischen Fluß auf ein Flächenelement dA, welches von den Teilflußlinien dΦ senkrecht durchsetzt wird (Bild 4.4), erhält man die *magnetische Flußdichte B.*

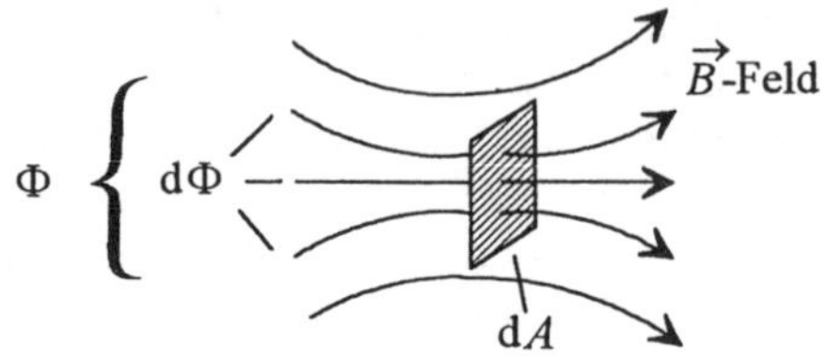

Bild 4.4 Zur Ableitung der Flußdichte

Die Gleichung zur Berechnung der magnetischen Flußdichte lautet:

$$B = \frac{\mathrm{d}\Phi}{\mathrm{d}A_\perp} \qquad (4.1)$$

$$[B] = \frac{[\Phi]}{[A]} = \frac{1\,\mathrm{V \cdot s}}{1\,\mathrm{m}^2} = \frac{1\,\mathrm{Wb}}{1\,\mathrm{m}^2} = 1\,\mathrm{T}\ \text{(Tesla)}$$

Für einen *homogenen Feldverlauf* (z.B im Inneren einer Zylinderspule nach Bild 4.2) kann Gl. (4.1) wie folgt geschrieben werden:

$$B = \frac{\Phi}{A_\perp} \qquad (4.2)$$

Vektorcharakter. Durch die räumliche Orientierung des Flächenelementes dA besitzt die Flußdichte Vektorcharakter und beschreibt damit den Verlauf des magnetischen Feldes durch den magnetischen Kreis ($\vec{B}$-Feld).

Verlaufen die Linien der magnetischen Flußdichte parallel zur Normalen des Flächenelementes dA, so erfaßt das Flächenelement gerade den Teilfluß dΦ in voller Höhe.
Wird das Flächenelement dA jedoch um den Winkel α im Raum geneigt, verringert sich der erfaßte Wert des Flusses (Bild 4.5).

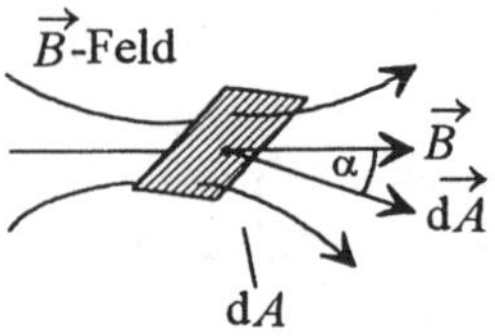

Bild 4.5 Vektorcharakter der Flußdichte

Dieser Zusammenhang wird durch das Skalarprodukt der Vektoren $\vec{B}$ und $\vec{dA}$ wiedergegeben. Es gilt:

$$\mathrm{d}\Phi = \vec{B}\,\mathrm{d}\vec{A}$$

bzw. $$\mathrm{d}\Phi = B\,\mathrm{d}A\,\cos\alpha$$

Der Fluß Φ des magnetischen Kreises läßt sich durch Integration berechnen (integrale Größe).

$$\Phi = \int B \cdot \mathrm{d}A \cdot \cos\alpha \qquad (4.3)$$

$$\Phi = \int \vec{B}\,\mathrm{d}\vec{A} \qquad (4.4)$$

4.1.2 Durchflutung

Wird der Fluß in magnetischen Kreisen durch einen elektrischen Stromfluß erzeugt, läßt sich zeigen, daß der magnetische Fluß durch Überlagerung mehrerer Ströme beeinflußt werden kann.
Es ist zweckmäßig, für die Summe aller

am Aufbau des magnetischen Feldes beteiligten Ströme eine neue Größe einzuführen, die den magnetischen Fluß treibt. Diese Größe bezeichnet man als *Durchflutung*, und sie hat den Charakter einer magnetischen Urspannung (Bild 4.6).

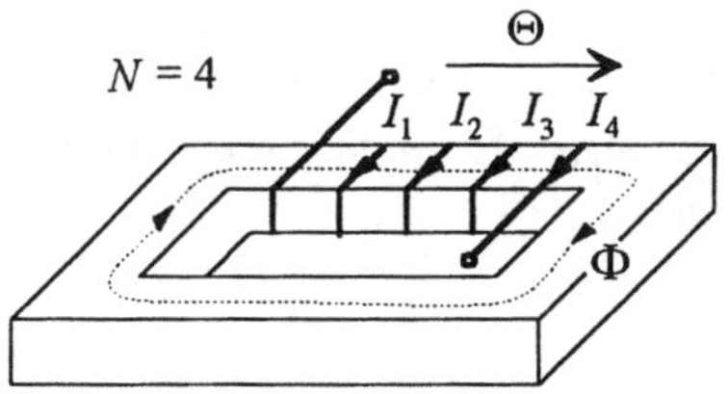

Bild 4.6 Unverzweigter magnetischer Kreis mit Erregerspule

Für die elektrische Durchflutung gilt demnach:

$$\Theta = \sum_{\nu=1}^{\nu=N} I_\nu \tag{4.5}$$

Da die Windungen N des stromdurchflossenen Leiters in Bild 4.6 den gleichen Querschnitt des magnetischen Kreises umfassen, kann man schreiben:

$$I_1 = I_2 = I_3 = I_4$$

$$\Theta = \sum I = 4I$$

Für die Durchflutung gilt allgemein:

$$\Theta = NI \tag{4.6}$$

Für die Einheit der Durchflutung übernimmt man die Einheit der elektrischen Stromstärke und spricht von *Amperewindungen*:

$$[\Theta] = 1\text{A (Amperewindungen)}$$

Durchflutung und Wickelsinn. Existieren einzelne Windungen, die den gleichen magnetischen Kreis umschlingen und in denen entgegengesetzte Ströme fließen, so entstehen einander entgegengesetzte Durchflutungen. Der erzeugte magnetische Fluß verringert sich. Dabei ist es gleichgültig, ob in einzelnen Windungen die Stromrichtung umgekehrt wird (z.B. zwei Wicklungen mit zwei entgegengesetzten Strömen), oder ob der Wickelssinn einzelner Windungen umgekehrt wird (z.B. gleicher Stromfluß durch zwei Wicklungen mit entgegengesetzten Wickelsinn). In den Bildern 4.7 und 4.8 ist der erläuterte Sachverhalt dargestellt.

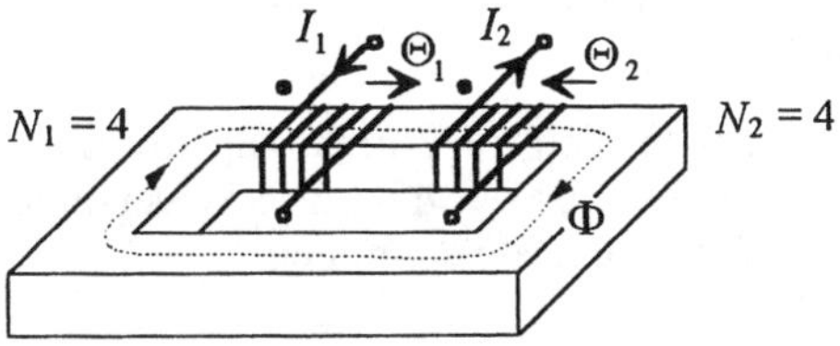

$$I_1 = I_2 \qquad \Theta_1 = \Theta_2 \qquad \Phi = 0$$

Bild 4.7 Magnetischer Kreis mit zwei gleichsinnigen Erregerwicklungen und entgegengesetztem Stromfluß

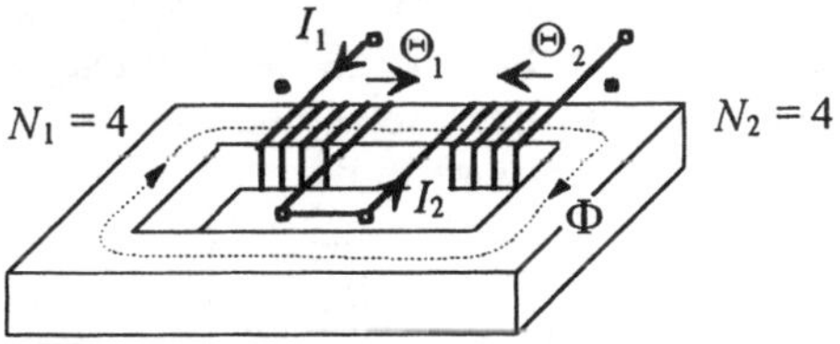

$$I_1 = I_2 \qquad \Theta_1 = \Theta_2 \qquad \Phi = 0$$

Bild 4.8 Magnetischer Kreis mit zwei gegensinnigen Erregerwicklungen und gleichem Stromfluß

Der Wickelsinn wird zur eindeutigen Festlegung der Richtung der Durchflutung mit einem Punkt gekennzeichnet.

4.1.3 Magnetischer Widerstand und magnetische Spannung

Festlegungen. Die Ausbreitungsbedingungen des magnetischen Feldes sind abhängig vom Material und der Geometrie des magnetischen Kreises. Der magnetische Kreis kann durch einen *magnetischen Widerstand* beschrieben werden. An diesem tritt, bedingt durch den magnetischen Fluß, eine *magnetische Spannung* V_m auf (Bild 4.9).

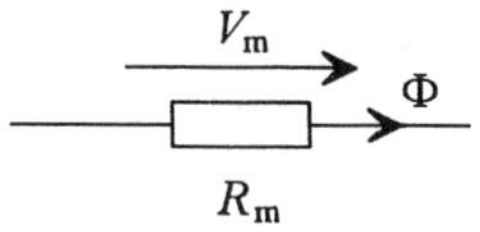

Bild 4.9 Festlegungen zum magnetischen Widerstand

Diese läßt sich in Anlehnung an elektrische Kreise als Produkt des Widerstandes und der Flußgröße schreiben.

$$V_m = \Phi R_m \qquad (4.7)$$

Definitionsgleichung. Die Definitionsgleichung der *magnetischen Spannung* nach Gl. (4.8) ergibt sich aus der magnetischen Energie, bezogen auf den magnetischen Fluß (elektrische Energie wird in magnetische Energie umgesetzt und auf den magnetischen Kreis verteilt).

$$V_m = \frac{dW_{magn}}{d\Phi} \qquad (4.8)$$

$$[V_m] = 1\frac{W \cdot s}{V \cdot s} = 1\frac{V \cdot A \cdot s}{V \cdot s} = 1\,A \text{ (Ampere)}$$

Gemäß Bild 4.9 wird der *magnetische Widerstand* als Proportionalitätsfaktor zwischen dem magnetischen Fluß und der magnetischen Spannung definiert.

$$R_m = \frac{V_m}{\Phi} \qquad (4.9)$$

$$[R_m] = \frac{1\,A}{1\,V \cdot s} = \frac{1}{\Omega \cdot s} = \frac{1}{H}$$

Der Kehrwert des magnetischen Widerstandes wird als *magnetischer Leitwert* Λ definiert.

$$\Lambda = \frac{\Phi}{V_m} \qquad (4.10)$$

$$[\Lambda] = \frac{1\,V \cdot s}{1\,A} = 1\,\Omega \cdot s = 1\,H \text{ (Henry)}$$

Bemessungsgleichung. Wird ein homogener Verlauf des magnetischen Feldes in einem magnetischen Kreis angenommen, kann der magnetische Widerstand mit Hilfe der Bemessungsgleichung berechnet werden.

$$R_m = \frac{l}{\mu A_\perp} \qquad (4.11)$$

Für den magnetischen Leitwert gilt demnach:

$$\Lambda = \frac{\mu A_\perp}{l} \qquad (4.12)$$

In den Gln. (4.11) und (4.12) bedeuten die einzelnen Größen:

- l mittlere Feldlinienlänge in Bereichen gleichen Materials
- $A_\perp$ vom magnetischen Fluß senkrecht durchsetzter Querschnitt
- μ absolute Permeabilität

Mit Hilfe der *absoluten Permeabilität* wird die "magnetische Leitfähigkeit" unterschiedlicher Stoffe erfaßt. Diese setzt sich aus der *magnetischen Feldkonstanten* μ_o sowie der *relativen Permeabilität* μ_r zusammen (siehe Tabelle 4.1). Es gilt:

$$\boxed{\mu = \mu_0 \cdot \mu_r} \qquad (4.13)$$

$$\mu_0 = \frac{4\pi}{10} \cdot 10^{-6} \frac{\mathrm{V \cdot s}}{\mathrm{A \cdot m}} = 1{,}257 \cdot 10^{-6} \frac{\mathrm{H}}{\mathrm{m}}$$

Tabelle 4.1 Relative Permeabilität einiger Werkstoffe [1]

Eigenschaft	μ_r	Werkstoffe
ferromagnetisch	>> 1	Fe, Stähle
ferrimagnetisch	>> 1	Ferrite
antiferromagnetisch	1	Cr, FeO_2
paramagnetisch	> 1	Al, Pt, Luft
diamagnetisch	< 1	Cu, Si, Bi, H_2O

4.1.4 Magnetische Feldstärke

Definition. Die *magnetische Feldstärke* $\vec{H}$ wird als Ursachengröße für die Ausbildung des magnetischen Feldes im Raum (magnetischer Kreis) betrachtet.
In Analogie zur Feldstärke des elektrischen Feldes besitzt die magnetische Feldstärke Vektorcharakter.
Liegen die Punkte A und B auf einer Feldlinie, so gilt:

$$\boxed{H = \frac{\mathrm{d}V_{\mathrm{mAB}}}{\mathrm{d}l}} \qquad (4.14)$$

$$[H] = 1\,\frac{\mathrm{A}}{\mathrm{m}}$$

Aus der Gl (4.14) läßt sich der magnetische Spanungsabfall längs einer Feldstärkelinie berechnen.

$$\boxed{V_{\mathrm{mAB}} = \int_A^B H\,\mathrm{d}l} \qquad (4.15)$$

Sind die Punkte A und B beliebige Punkte im Feld, die durch das vektorielle Wegeelement d $\vec{l}$ beschrieben werden, so gilt:

$$V_{\mathrm{mAB}} = \int_A^B H\,\mathrm{d}l \cos\alpha$$

In Vektorenschreibweise entsteht:

$$\boxed{V_{\mathrm{mAB}} = \int_B^A \vec{H}\,\mathrm{d}\,\vec{l}} \qquad (4.16)$$

Befindet sich zwischen den Punkten A und B ein *homogenes Magnetfeld*, so vereinfacht sich Gl. (4.14) zu:

$$H = \frac{V_{mAB}}{l}$$

❑ **Beispiel 4.1**

Im Bild 4.10 ist ein symmetrisch belastetes dreiphasiges Leitersystem dargestellt.

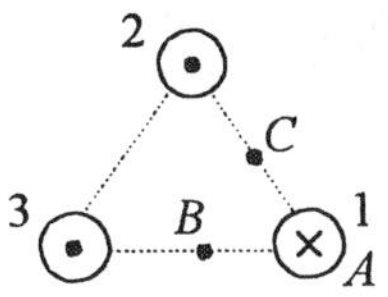

Bild 4.10 Symmetrisches Dreileitersystem

In den Punkten A, B und C ist jeweils der Vektor der magnetischen Feldstärke qualitativ anzugeben.

Lösung:

Der Vektor der magnetischen Feldstärke ergibt sich aus der richtungsabhängigen Überlagerung der Feldstärkekomponenten in dem jeweiligen Punkt, hervorgerufen von den drei Einzelleitern.

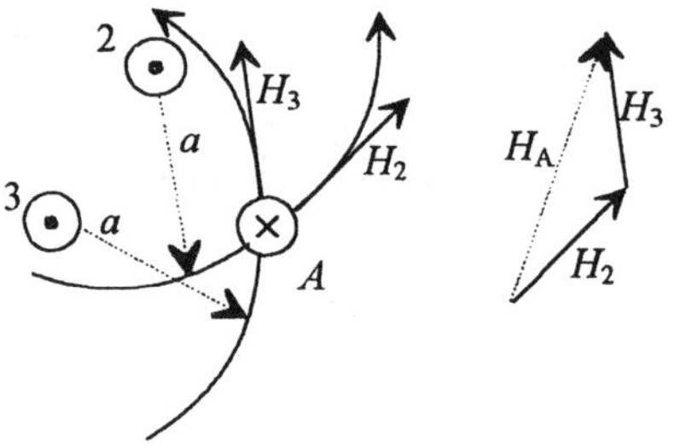

Bild 4.11 Magnetische Feldstärke im Punkt A

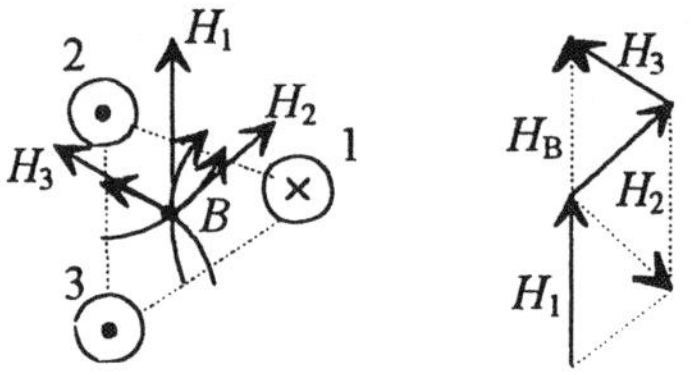

Bild 4.12 Magnetische Feldstärke im Punkt B

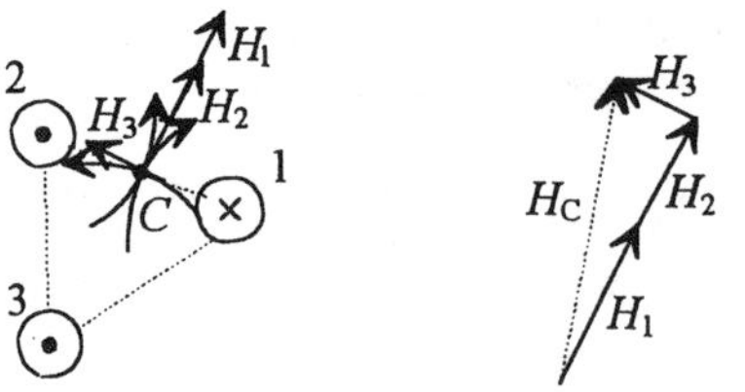

Bild 4.13 Magnetische Feldstärke im Punkt C

4.1.5 Zusammenhang zwischen Feldstärke und Flußdichte

Für einen homogenen Verlauf des magnetischen Feldes läßt sich mit den Gln. (4.7) und (4.11) ein Zusammenhang über den Einfluß des Materials im magnetischen Kreis herstellen.

$$V_m = \Phi R_m$$

$$V_m = \Phi \frac{l}{\mu A_\perp}$$

$$\frac{\Phi}{A_\perp} = \mu \frac{V_m}{l}$$

$$\boxed{B = \mu H} \tag{4.17}$$

Für inhomogene Felder ist der Vektorcharakter zu berücksichtigen.

$$\boxed{\vec{B} = \mu \vec{H}} \tag{4.18}$$

Eine grafische Auswertung der Gl. (4.17) liefert die *Magnetisierungskennlinie* des magnetischen Kreises.

1. Fall: μ = konstant

Die Magnetisierungskurve ist in diesem Fall eine Gerade (Bild 4.14).

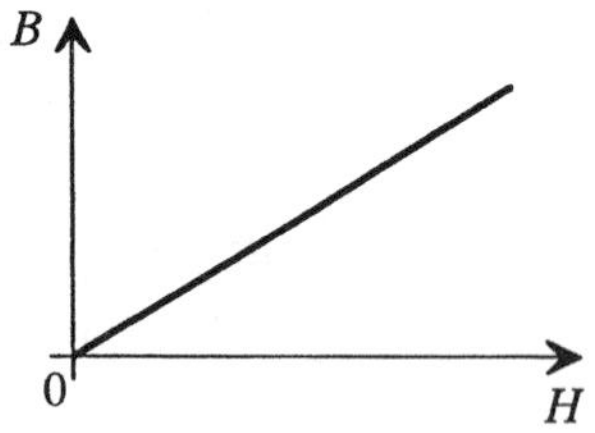

Bild 4.14 Magnetisierungskurve für magnetische Werkstoffe mit μ = konstant

2. Fall: $\mu_r = f(H)$

Bei ferromagnetischen Stoffen ist die Permeabilität μ sehr stark von der Feldstärke abhängig. Als Magnetisierungskennlinie entsteht eine *Hystereseschleife* (Bild 4.16), die experimentell aufgenommen werden muß.

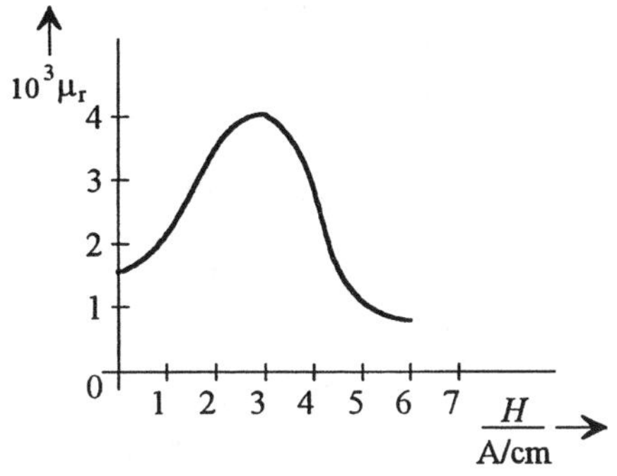

Bild 4.15 Verlauf der relativen Permeabilität in Abhängigkeit der magnetischen Feldstärke

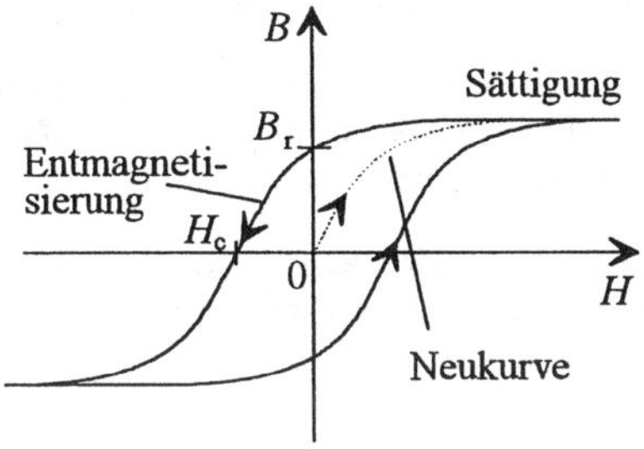

Bild 4.16 Magnetisierungskurve ferromagnetischer Werkstoffe (Hystereseschleife)

Aufnahme der Magnetisierungskurve. Von Null beginnend, wird der Strom vergrößert, bis der Bereich der *Sättigung* erreicht ist. Man erhält die *Neukurve*. Anschließend wird der Strom und damit die magnetische Feldstärke wieder verkleinert. Es ergeben sich nun grundsätzlich höhere Werte für die Flußdichte gegenüber der Neukurve. Dieser physikalische Effekt wird als *Hysterese* bezeichnet.

Erreicht die magnetische Feldstärke den Wert Null, so bleibt im Kern ein Restmagnetismus erhalten, die *Remanenzflußdichte* B_r.
Wird die Stromrichtung umgekehrt, so wird die Feldstärke negativ. Es tritt die Entmagnetisierung ein. Mit der *Koerzitivfeldstärke* H_c wird erreicht, daß die Flußdichte Null wird. Bei weiterer Steigerung der Feldstärke in entgegengesetzter Richtung verläuft der Prozeß wie am Anfang. Bei Abnahme der Feldstärke nach dem Erreichen des Sättigungspunktes tritt wiederum eine Hysterese auf. Die Neukurve kann nur beim Aufmagnetisieren gemessen werden.
Magnetische Werkstoffe. Die Form der Hystereseschleife gibt Auskunft über die magnetischen Eigenschaften eines Stoffes. *Weichmagnetische Stoffe* besitzen eine kleine Koerzitivfeldstärke (schmale Hystereseschleife), *hartmagnetische Stoffe* dagegen eine große Koerzitivfeldstärke (breite Hystereseschleife).
Die Bezeichnungen "weich" und "hart" beziehen sich auf die magnetischen Eigenschaften des Werkstoffes (Bild 4.17).

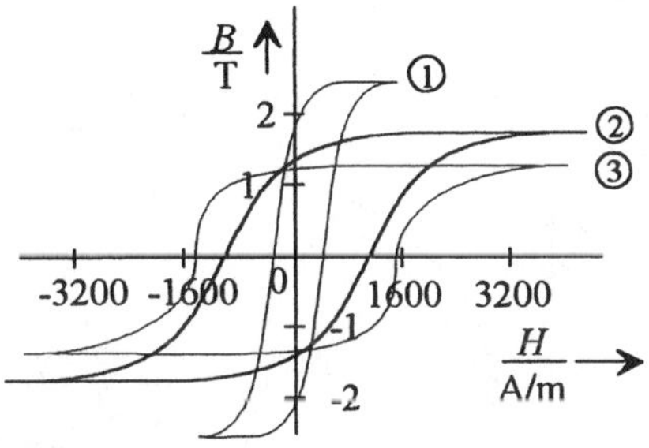

① weicher Stahl $H_C < 10\,A/cm$ (weichmagnetisch)
② harter Stahl $H_C > 10\,A/cm$ (hartmagnetisch)
③ Rechteckferrit $\frac{B_r}{B_s} \geqq 0{,}9$

Bild 4.17 Magnetisierungskurven magnetischer Werkstoffe

Werkstoffe lassen sich nach ihrer magnetischen Permeabilität einteilen (Bild 4.18)

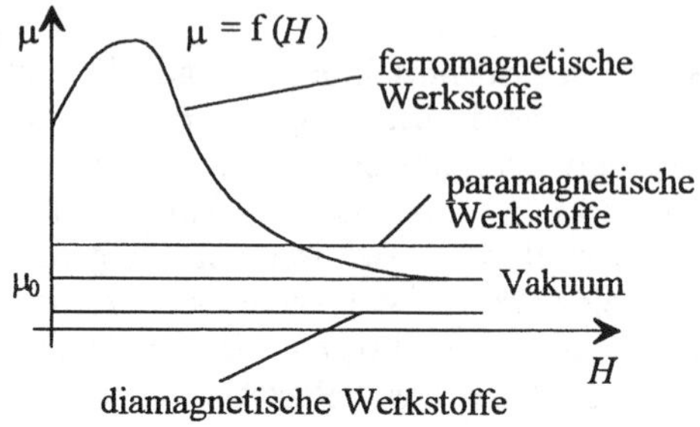

Bild 4.18 Einteilung der Werkstoffe nach ihrer magnetischen Permeabilität

- *Diamagnetische Werkstoffe* (Cu, Ag) sind nicht magnetisierbar, μ ist unabhängig von H.
- *Paramagnetische Werkstoffe* (Al, Pt) sind schwach magnetisierbar, μ ist unabhängig von H.
- *Ferromagnetische Werkstoffe* (Fe, Ni) sind stark magnetisierbar, μ verändert sich in Abhängigkeit von H.

Das Bild 4.19 zeigt die Magnetisierungskurven typischer ferromagnetischer Werkstoffe.

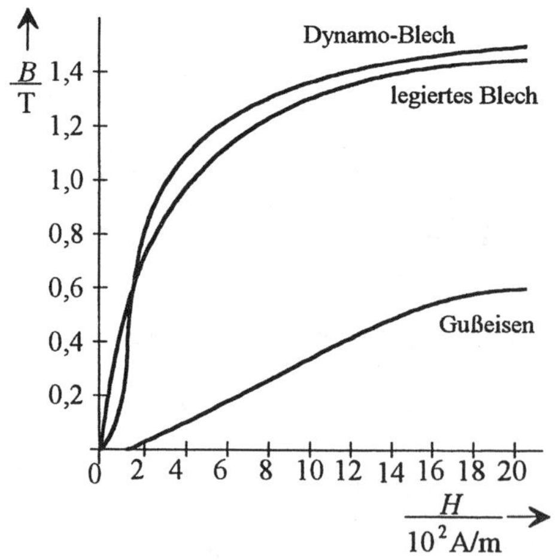

Bild 4.19 Magnetisierungskurven

❑ **Beispiel 4.2 [32]**

Die Achsen zweier langer, gerader Leiter liegen in der Ebene $y = 0$ an den Stellen $x = a$ und $x = -a$ (Bild 4.20).

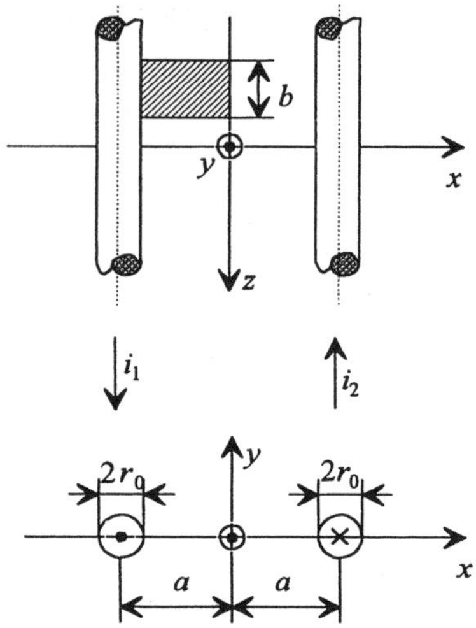

Bild 4.20 Leiteranordnung zum Beispiel 4.2

1. Es ist der Verlauf der H_y-Komponente der magnetischen Feldstärke in Abhängigkeit der x-Richtung zu berechnen.

2. Wie groß ist der magnetische Fluß durch das schraffierte Flächenelement (Bild 4.20)?

Lösung:

zu 1. Die Anwendung der Rechten-Hand-Regel ergibt die Richtung der Feldstärkekomponenten in y-Richtung, hervorgerufen durch die beiden Leiter. Es gilt:

$$H_y = H_{y_1} + H_{y_2}$$

$$H_y = \frac{i_1}{2\pi(a + x)} + \frac{i_2}{2\pi(a - x)}$$

$$H_y = \frac{1}{2\pi} \cdot \left(\frac{i_1}{a + x} + \frac{i_2}{a - x}\right)$$

zu 2. Wegen der Ausbreitung des magnetischen Feldes in der Luft gilt:

$$B_y = \mu_0 \cdot H_y$$

$$B_y = \frac{\mu_0}{2\pi} \cdot \left(\frac{i_1}{a+x} + \frac{i_2}{a-x} \right)$$

Der Fluß durch die Fläche ergibt sich durch Integration in x-Richtung. Mit $\mathrm{d}A = b\,\mathrm{d}x$ gilt:

$$\Phi = \int_A B_y \,\mathrm{d}A = \int_A B_y b \,\mathrm{d}x$$

$$\Phi = \frac{\mu_0 b}{2\pi} \int_{-a+r_0}^{0} \left(\frac{i_1}{a+x} + \frac{i_2}{a-x} \right) \mathrm{d}x$$

Nach erfolgter Integration in den angegebenen Grenzen ergibt sich für den Fluß:

$$\Phi = \frac{\mu_0 b}{2\pi} \left[i_1 \ln \frac{a}{r_0} + i_2 \ln \frac{2a - r_0}{a} \right]$$

☐ Beispiel 4.3 [13]

Sammelschienen mit rechteckigem Querschnitt sind typische Leiter in Elektroenergieanlagen, in denen hohe Ströme fließen können.

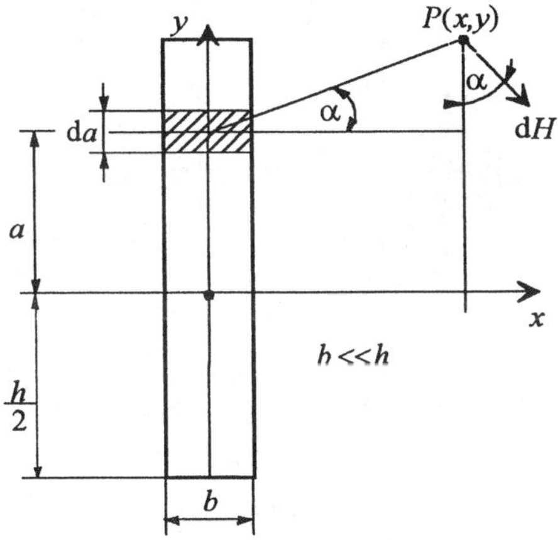

Bild 4.21 Sammelschiene mit x-y-Koordinatensystem

Es ist die magnetische Feldstärke im Punkt P zu berechnen.

Lösung:

Auf jeden Teilabschnitt der Sammelschiene entfällt die Stromstärke:

$$\mathrm{d}I = I \frac{\mathrm{d}a}{h}$$

Aus Bild 4.21 lassen sich folgende Feldstärkekomponenten ermitteln:

$$\mathrm{d}H_y = \mathrm{d}H \cos\alpha \text{ mit } \cos\alpha = \frac{x}{\sqrt{(y-a)^2 + x^2}}$$

$$\mathrm{d}H_x = \mathrm{d}H \sin\alpha \text{ mit } \sin\alpha = \frac{y-a}{\sqrt{(y-a)^2 + x^2}}$$

Unter Anwendung des Durchflutungsgesetzes ergibt sich die Feldstärkekomponente $\mathrm{d}H$, hervorgerufen durch den Teilstrom $\mathrm{d}I$ des Leiterabschnitts $\mathrm{d}a$:

$$\mathrm{d}H = \frac{\mathrm{d}I}{2\pi\sqrt{(y-a)^2 + x^2}}$$

Die Gesamtfeldstärke im Punkt $P_{(x,y)}$ ergibt sich durch Integration längs des Sammelschienenabschnitts:

$$H_y = \frac{Ix}{2\pi h} \int_{-\frac{h}{2}}^{\frac{h}{2}} \frac{1}{(y-a)^2 + x^2} \mathrm{d}a$$

$$H_y = -\frac{I}{2\pi h} \left[\arctan\left(\frac{2y-h}{2x} \right) - \arctan\left(\frac{2y+h}{2x} \right) \right]$$

$$H_x = \frac{I}{2\pi h} \int_{-\frac{h}{2}}^{\frac{h}{2}} \frac{(y-a)\,\mathrm{d}a}{(y-a)^2 + y^2}$$

$$H_x = \frac{I}{4\pi h} \ln \frac{\left(y + \frac{h}{2}\right)^2 + x^2}{\left(y - \frac{h}{2}\right)^2 + x^2}$$

Diskussion:

Bei größeren Entfernungen gehen beide Gleichungen für H_y und H_x in die Ergebnisse eines einfachen stromdurchflossenen Drahtes über.

4.2 Durchflutungsgesetz

Das *Durchflutungsgesetz* stellt einen Zusammenhang zwischen elektrischen und magnetischen Größen ($I \rightarrow \Theta$) her.

Ausgangsgleichungen. Die Grundlage für die Formulierung des Durchflutungsgesetzes bilden folgende Gleichungen:

$$V_{mAB} = \int_A^B \vec{H}\, d\,\vec{l}$$

$$\sum V_{mv} = \Theta = \sum I = N\,I$$

Betrachtet man die Teilabschnitte eines magnetischen Kreises, so gilt:

$$\sum V_{mv} = \sum \int \vec{H}\, d\,\vec{l}$$

Durchflutungsgesetz. Unter Verwendung des Umlaufintegrales (Integration längs einer geschlossenen Kurve) ergibt sich das Durchflutungsgesetz in allgemeiner Form:

$$\boxed{\Theta = \oint \vec{H}\, d\,\vec{l}} \qquad (4.19)$$

Rechnung mit Beträgen. Haben Betrachtungsweg und Feldlinie die gleiche Richtung, so kann auf die vektorielle Schreibweise verzichtet werden, und es gilt für einen geschlossenen Umlauf:

$$\boxed{\Theta = \oint H\, dl} \qquad (4.20)$$

Führt man die Integration längs einer bekannten Feldlinie aus, so kann ebenfalls der Vektor $\vec{H}$ durch seinen Betrag H ersetzt werden. Setzt man

$$H = \frac{B}{\mu} = \frac{\Phi}{\mu A}$$

und betrachtet einen konstanten Fluß, so gilt:

$$\boxed{\Theta = \Phi \int \frac{dl}{\mu A} = \Phi R_m} \qquad (4.21)$$

Homogener Feldverlauf. Für zahlreiche magnetische Kreise in der Technik ist es typisch, daß sie aus Abschnitten unterschiedlichen Querschnitts bestehen, in denen das magnetische Feld angenähert homogen verläuft.

Für jeden Teilabschnitt kann man einen magnetischen Spannungsabfall V_{mv} als Produkt der magnetischen Feldstärke H_n und dem dazugehörigen Feldlinienabschnitt l_n ausrechnen. Die Gesamtdurchflutung Θ ergibt sich dann aus der Summation aller Spannungsabfälle entlang eines geschlossenen Feldlinienverlaufes (Bild 4.22).

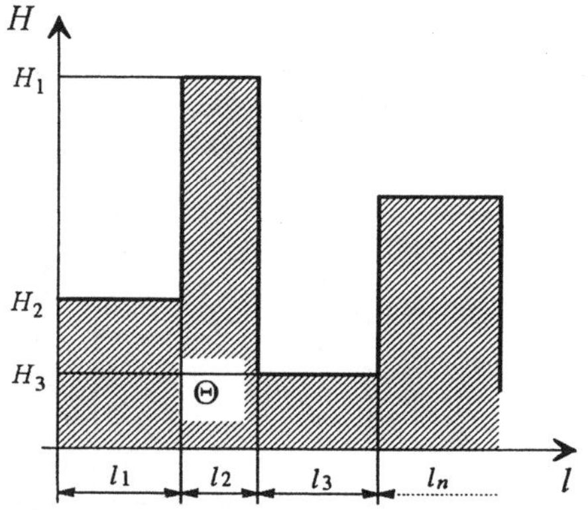

Bild 4.22 Feldstärkeverlauf längs der mittleren Feldlinie eines stückweise homogenen magnetischen Kreises

Die Gl. 4.20 läßt sich damit vereinfacht anwenden. Es gilt:

$$\Theta = H_1\,l_1 + H_2\,l_2 + \ldots + H_n\,l_n = \sum_{i=1}^{i=n} H_i\,l_i$$

❑ **Beispiel 4.4**

Betrachtet wird ein stromdurchflossener Leiter gemäß Bild 4.23. Zu berechnen ist die magnetische Feldstärke innerhalb und außerhalb des Leiters.

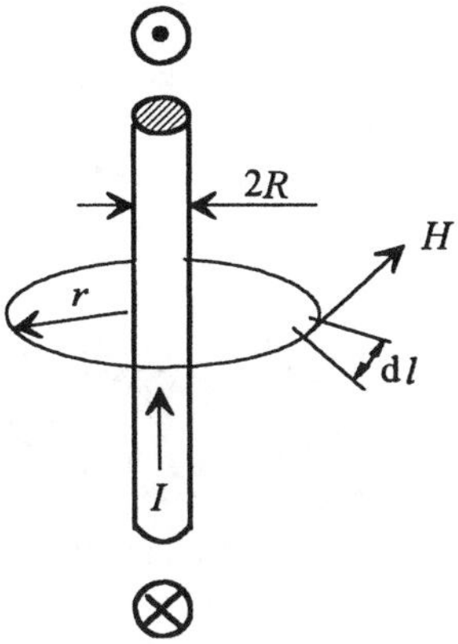

Bild 4.23 Einfacher stromdurchflossener Leiter ($N = 1$)

Lösung:

1. Feldstärkeverlauf außerhalb des Leiters

$$I = \oint H \, \mathrm{dl}$$

$$I = H \, 2\pi r$$

$$\boxed{H = \frac{I}{2\pi r}} \qquad (4.22)$$

2. Feldstärkeverlauf innerhalb des Leiters

Im Inneren des Leiters wird nur ein von r abhängiger Strom von den Feldlinien umschlossen. Es gilt das Verhältnis:

$$\frac{I(r)}{I} = \frac{A(r)}{A}$$

$$A(r) = r^2 \pi$$

$$A = R^2 \pi$$

Daraus folgt:

$$I(r) = I \frac{r^2 \pi}{R^2 \pi} = I \frac{r^2}{R^2}$$

$$\oint H \, \mathrm{d}l = I(r) = I\left(\frac{r}{R}\right)^2$$

$$H \, 2\pi r = I(r)$$

Für die Feldstärke gilt damit:

$$H = \frac{I \, r^2}{2\pi \, r R^2}$$

$$\boxed{H = \frac{I \, r}{2\pi R^2} = \frac{I}{2A} \, r} \qquad (4.23)$$

Grafische Auswertung der Gln. (4.4) und (4.5):

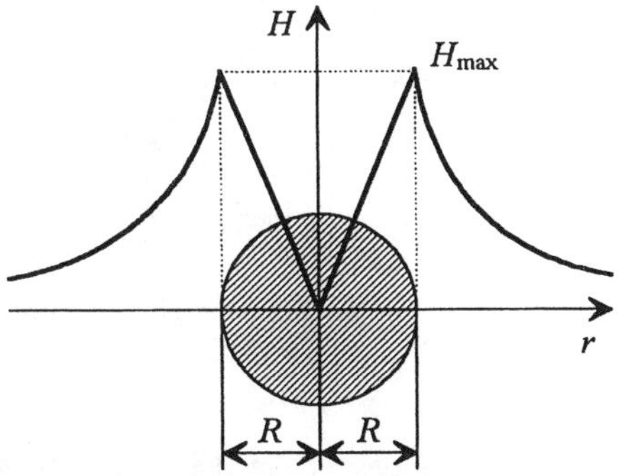

Bild 4.24 Verlauf der magnetischen Feldstärke eines stromdurchflossenen Leiters

Innerhalb des Leiters verläuft die Feldstärke linear. Sie besitzt an der Leiteroberfläche einen Maximalwert. Außerhalb des Leiters nimmt die Feldstärke hyperbolisch mit dem Abstand r vom Leiter ab. In beiden Fällen ist die Feldstärke den Strom proportional.

❑ **Beispiel 4.5 [32]**

Durch zwei lange, gerade und parallele Leiter fließt jeweils der Strom I.
Zu berechnen sind der Betrag und die Richtung der magnetischen Feldstärke H in der Ebene $x = 0$ als Funktion von y.

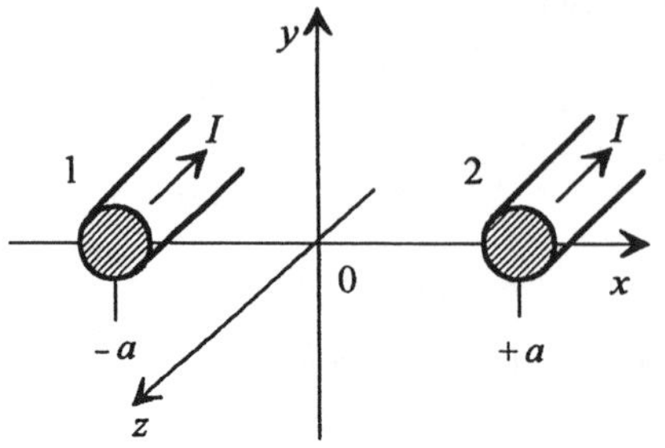

Bild 4.25 Leiteranordnung zum Beispiel 4.5

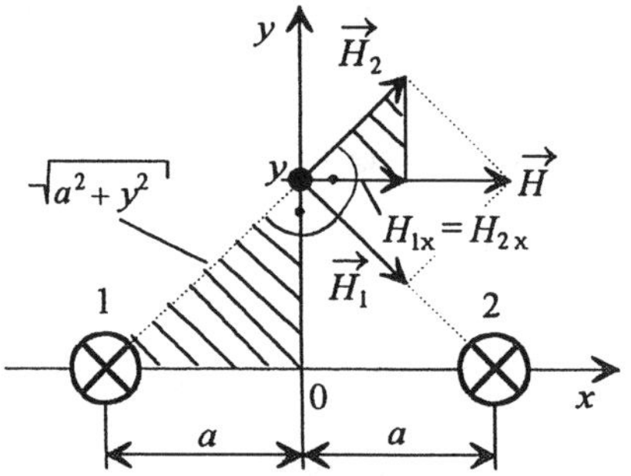

Bild 4.26 Richtung der Feldstärkekomponenten

Lösung:

Für den Betrag des Feldstärkevektors $\vec{H_2}$ gilt gemäß Beispiel:

$$H_2 = \frac{I}{2\pi\sqrt{a^2+y^2}}$$

Auf Grund der Ähnlichkeit der schraffierten Dreiecke gilt:

$$\frac{H_2}{H_{2x}} = \frac{\sqrt{a^2+y^2}}{y}$$

$$H_{2x} = \frac{H_2 y}{\sqrt{a^2+y^2}}$$

Daraus folgt:

$$H_{2x} = \frac{Iy}{2\pi\left(a^2+y^2\right)} = H_{1x}$$

Die Komponenten der Teilfeldstärken beider Leiter sind in x-Richtung zu addieren:

$$H_x = H_{1x} + H_{2x}$$

$$H_x = \frac{Iy}{\pi\left(a^2+y^2\right)}$$

Wegen $H_{2y} = -H_{1y}$ kompensieren sich die y-Komponenten.
Der Vektor der magnetischen Feldstärke hat also nur eine x-Komponente. Mit dem Einheitsvektor $\vec{e_x}$ folgt:

$$\vec{H} = \vec{e_x}\frac{Iy}{\pi\left(a^2+y^2\right)} \tag{4.24}$$

Verlauf der Feldstärke in y-Richtung:

1. Fall: $y = a$

$$H = \frac{Ia}{2\pi a^2} = \frac{I}{2\pi a} \tag{4.25}$$

2. Fall: $y = 4a$

$$H = \frac{I\,4a}{\pi\left(a^2+16a^2\right)} = \frac{4}{17}\frac{I}{\pi a}$$

$$H \approx \frac{I}{4\pi a} \tag{4.26}$$

Grafische Auswertung der Gln. (4.7) und (4.8):

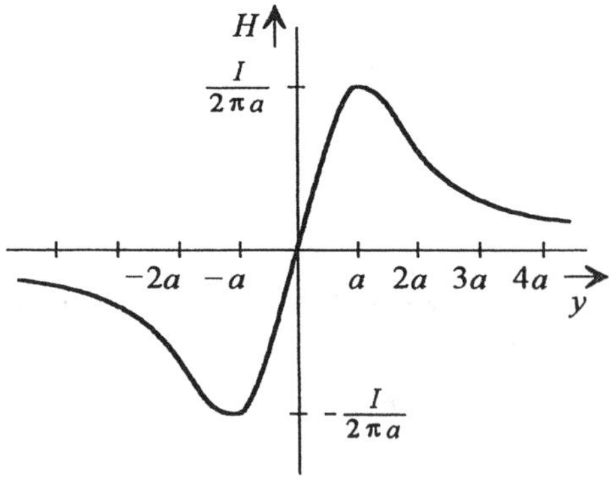

Bild 4.27 Verlauf der magnetischen Feldstärke in y-Richtung einer stromdurchflossenenen Leiteranordnung nach Bild 4.25

☐ Beispiel 4.6 [35]

In Bild 4.28 ist der Eisenkern eines Drehschleifenoszilloskopes skizziert. Im Luftspalt ist eine Flußdichte $B_L = 0,6\,\mathrm{T}$ erforderlich. Es soll die notwendige Durchflutung bei Vernachlässigung der Streuung berechnet werden.

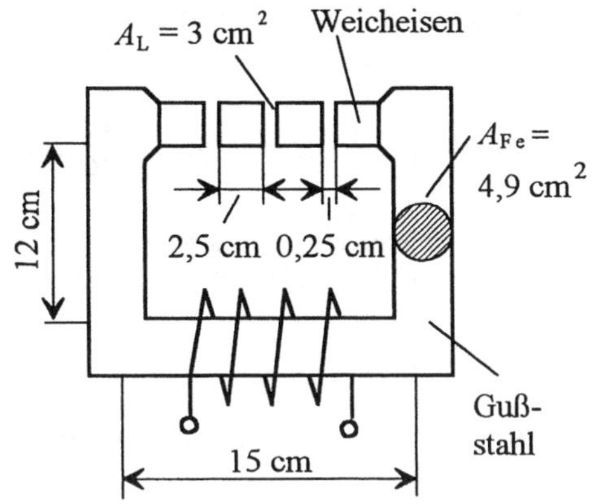

Bild 4.28 Eisenkern eines Drehschleifenoszilloskopes

Lösung:

Der notwendige Fluß im Luftspalt des magnetischen Kreises ergibt sich aus:

$$\Phi = B_L A_L = 0,6\,\mathrm{T}\cdot 3\,\mathrm{cm}^2 = 1,8\cdot 10^{-4}\,\mathrm{V\cdot s}$$

Mit dem Querschnitt A_{Fe} läßt sich die erforderliche Flußdichte im Eisen berechnen:

$$B_{Fe} = \frac{\Phi}{A_{Fe}} = \frac{1,8\cdot 10^{4}\,\mathrm{V\cdot s}}{4,9\cdot 10^{4}\,\mathrm{m}^2} = 0,36\,\mathrm{T}$$

Zur Aufrechterhaltung dieser Flußdichte wird nach der Magnetisierungskurve des Gußeisens eine magnetische Feldstärke

$$H_{Fe} = 4,3\,\frac{\mathrm{A}}{\mathrm{cm}}$$

benötigt.

Der magnetische Spannungsabfall über dem Weicheisen kann wegen der hohen Permeabilität des Materials vernachlässigt werden.

Demzufolge ergibt sich für den magnetischen Spannungsabfall entlang des geschlossenen Eisenkreises:

$$V_{m0} = \frac{B_L}{\mu_0} 3\, l_L + H_{Fe}\, l_{Fe}$$

$$V_{m0} = \frac{0,6\,\mathrm{T}}{\mu_0}\cdot 0,75\,\mathrm{cm} + 4,3\,\frac{\mathrm{A}}{\mathrm{cm}}\,(2\cdot 12 + 15)\mathrm{cm}$$

$$V_{m0} = 3748\,\mathrm{A}$$

Die magnetische Spannung V_{m0} entspricht annähernd der notwendigen Durchflutung Θ, die zur Aufrechterhaltung der erforderlichen Flußdichte im Luftspalt notwendig ist.

☐ Beispiel 4.7 [35]

Es soll der magnetische Leitwert der im Bild 4.29 gezeichneten Nut einer Gleichstrommaschine berechnet werden. Die Länge der Nut beträgt $l_S = 20\,\mathrm{cm}$. Die Streuung des Zahnkopfes (die über h_4 verlaufende Feldlinien) wird vernachlässigt.

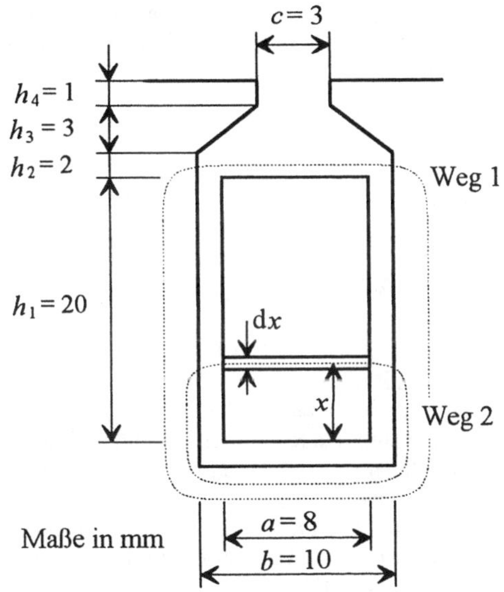

Bild 4.29 Nut einer Gleichstrommaschine

Lösung:

Zunächst wird der Leitwert einer äquivalenten idealen Nut ermittelt. Dabei ist der am Boden der Ersatznut konzentrierte Leiter mit ebensoviel Feldlinien verkettet, wie der Leiter der tatsächlichen Nut.
Die Permeabilität des Eisens wird unendlich angenommen, so daß die Feldlinien horizontale Geraden sind, die senkrecht in das Eisen eintreten.
Die auf das Eisen entfallende magnetische Spannung ist praktisch Null. Deshalb wird die von den Wegen 1 und 2 umschlossene Durchflutung vollständig in dem auf die Luft entfallenden Abschnitt, d.h. zwischen den beiden Wänden der Nut, aufgenommen.
In den Abschnitten h_2, h_3 und h_4 ruft der gesamte Strom i die magnetische Spannung hervor. Der Fluß des Abschnittes h_2 ist:

$$\Phi_2 = H_2 \mu_0 A_2 = \frac{i}{b} \mu_0 l_S h_2$$

Der Fluß im Abschnitt $h_4$ist:

$$\Phi_4 = \frac{i}{c} \mu_0 l_S h_4$$

Die schrägen Kanten des Abschnittes h_3 können in guter Näherung durch Senkrechte in der Entfernung

$$d = \frac{c+b}{2}$$

ersetzt werden.

Dann ist

$$\Phi_3 = \frac{i}{d} \mu_0 l_S h_3$$

Im Abschnitt h_1 wird aus der Zahl der verketteten Feldlinien ein gleichwertiger magnetischer Leitwert berechnet.
Die in verschiedenen Höhen liegenden Feldlinien werden nur von der unter ihnen liegenden Durchflutung erzeugt.
Durch die Flußröhre $l_S dx$, die im Abstand x vom Boden des Leiters in der Nut liegt, tritt der folgende Teilfluß hindurch:

$$d\Phi_1 = \frac{i\,x}{h_1 b} \mu_0 l_S \, dx$$

Diese Flußröhre ist nur mit dem unter ihr liegenden x/h_1-ten Teil des Leiters verbunden. Die Verkettung, also der "elementare Spulenfluß", ist dann

$$d\Phi_{S1} = \frac{i\,x^2}{b\,h_1^2} \mu_0 l_S \, dx$$

Auf der gesamten Höhe h_1 beträgt die Verkettung

$$\Phi_{S1} = \int_0^{h_1} d\Phi_{S1} = \frac{i}{b} \mu_0 l_S \int_0^{h_1} \frac{x^2}{h_1^2} dx = \frac{i}{b} \frac{h_1}{3} \mu_0 l_S$$

Die so berechneten Flüsse sind parallel geschaltet. Der gesamte Fluß, also die gesamte Verkettung der Nut, ist deshalb

$$\Phi_S = \Phi_{S1} + \Phi_2 + \Phi_3 + \Phi_4$$

Für den magnetischen Leitwert der idealen Nut erhält man:

$$\Lambda = \frac{\Phi_S}{i} = \mu_0 \left(\frac{h_1}{3b} + \frac{h_2}{b} + \frac{h_3}{d} + \frac{h_4}{c} \right) l_S$$

$$\Lambda = \mu_0 \left(\frac{2}{3,1} + \frac{0,2}{1} + \frac{0,3}{0,65} + \frac{0,1}{0,3} \right) 20 \, \frac{\text{V} \cdot \text{s}}{\text{A}}$$

$$\Lambda = 1,256 \cdot 33,2 \cdot 10^{-8} \, \frac{\text{V} \cdot \text{s}}{\text{A}}$$

Der Fluß des untersten Nutenabschnittes beträgt:

$$\Phi_1 = \int_0^{h_1} d\Phi_1 = \int_0^{h_1} \frac{i}{b} \frac{x}{h_1} \mu_0 l_S \, dx = \frac{i}{b} \frac{h_1}{2} \mu_0 l_S$$

Für die Flüsse der anderen Abschnitte gelten die gleiche Ausdrücke wie oben. Damit ist der wahre Leitwert der Nut:

$$\Lambda = \mu_0 \left(\frac{h_1}{2b} + \frac{h_2}{b} + \frac{h_3}{d} + \frac{h_4}{c} \right) l_S$$

$$\Lambda = \mu_0 \left(\frac{2}{2,1} + \frac{0,2}{1} + \frac{0,3}{0,6} + \frac{0,1}{0,3} \right) 20 \, \frac{\text{V} \cdot \text{s}}{\text{A}}$$

$$\Lambda = 1,256 \cdot 39,9 \cdot 10^{-8} \, \frac{\text{V} \cdot \text{s}}{\text{A}}$$

4.3 Berechnung magnetischer Kreise

4.3.1 Unverzweigter magnetischer Kreis

Magnetischer Grundstromkreis. Im Bild 4.30 ist ein einfacher unverzweigter magnetischer Kreis dargestellt. In Inneren des Eisenkerns bildet sich annähernd ein homogenes magnetisches Feld aus.

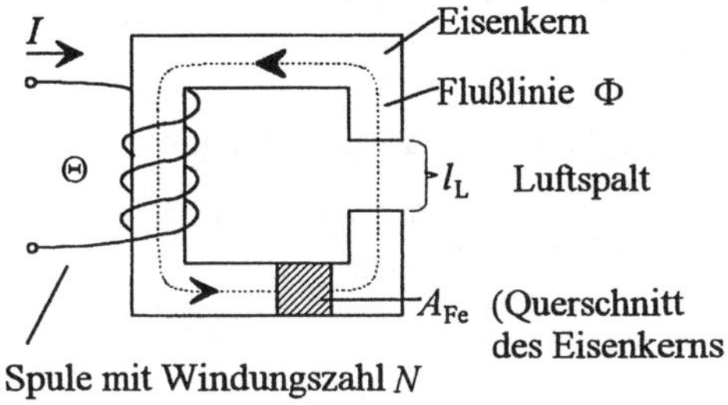

Bild 4.30 Unverzweigter magnetischer Kreis

In Analogie zu elektrischen Stromkreisen kann die Berechnung magnetischer Kreise auf einen magnetischen Grundstromkreis zurückgeführt werden (Bild 4.31).

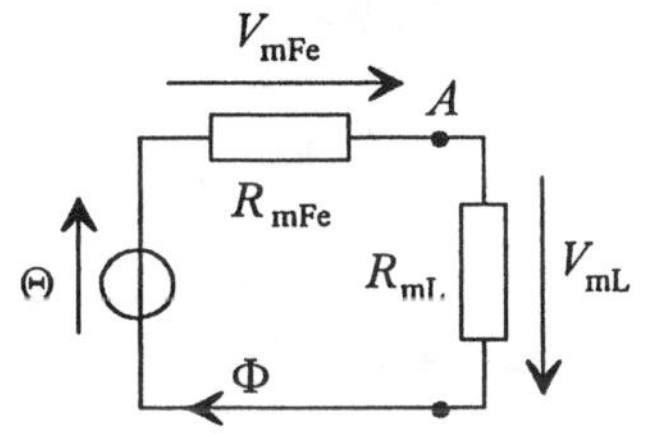

Bild 4.31 Magnetischer Grundstromkreis

Reihenschaltung. Werden die magnetischen Widerstände von einem gemeinsamen Magnetfluß durchsetzt, läßt sich der magnetische Gesamtwiderstand berechen.

$$R_m = \sum_{\nu=1}^{\nu=n} R_{m\nu} \tag{4.27}$$

Gemäß der im Abschnitt 4.1 behandelten Grundgesetze gelten folgende Gleichungen:

$$R_{mFe} = \frac{l_{Fe}}{\mu_0 \mu_r A}$$

$$R_{mL} = \frac{l_L}{\mu_0 A}$$

$$R_m = R_{mFe} + R_{mL}$$

Unter der Bedingung $A_{Fe} = A_L = A$ gilt:

$$R_m = \frac{1}{\mu_0 A}\left(\frac{l_{Fe}}{\mu_r} + l_L\right) \tag{4.28}$$

Durchflutung. Die Durchflutung (Antrieb der Magnetflußlinien, hervorgerufen durch eine elektrische "Stromumschlingung") entspricht der magnetischen Spannung über den Widerständen in einem unverzweigten magnetischen Kreis. Sind mehrere Durchflutungen im Kreis vorhanden, gilt die resultierende Größe (siehe Abschnitt 4.1.2).

$$\sum_{\mu=1}^{\mu=m} \Theta_\mu = \sum_{\nu=1}^{\nu=n} V_{m\nu} \tag{4.29}$$

Für den magnetischen Grundstromkreis nach Bild 4.31 gilt damit:

$$\Theta = V_{mFe} + V_{mL}$$

$$\Theta = \Phi(R_{mFe} + R_{mL})$$

Der Magnetfluß ergibt sich aus:

$$\Phi = \frac{\Theta}{R_{mFe} + R_{mL}}$$

$$\Phi = \frac{N I \mu_0 A}{\frac{l_{Fe}}{\mu_r} + l_L} \tag{4.30}$$

Beispiel 4.8

Für den magnetischen Kreis nach Bild 4.32 ist allgemein die notwendige Durchflutung auszurechnen.

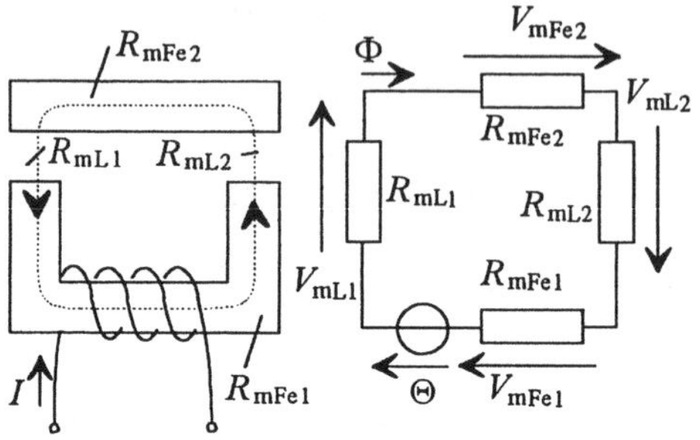

Bild 4.32 Unverzweigter magnetischer Kreis mit dazugehöriger Ersatzschaltung

Lösung:

Die unterschiedlichen Bereiche des magnetischen Kreises werden durch die Reihenschaltung magnetischer Widerstände erfaßt.

$$\Theta = \Phi\,(R_{mFe1} + R_{mFe2} + R_{mL1} + R_{mL2})$$

$$\Theta = V_{mFe1} + V_{mFe2} + V_{mL1} + V_{mL2}$$

$$\Theta = \Sigma\, V_{m\nu}$$

Beispiel 4.9 [37]

In einer Spule mit einem Eisenkern aus Dynamoblech (Bild 4.33) herrscht eine magnetische Feldstärke von $H_{Fe} = 400$ A/m . Wie groß sind

1. die Flußdichte B_{Fe} im Eisenkern
2. die relative Permeabilität μ_r
3. der magnetische Fluß Φ
4. der magnetische Widerstand R_m
5. die Durchflutung Θ ?

Lösung:

zu1.

Aus der Magnetisierungskurve Bild 4.19 liest man für die Feldstärke $H_{Fe} = 400$ A/m eine Flußdichte von $B_{Fe} = 1{,}15$ V·s ab.

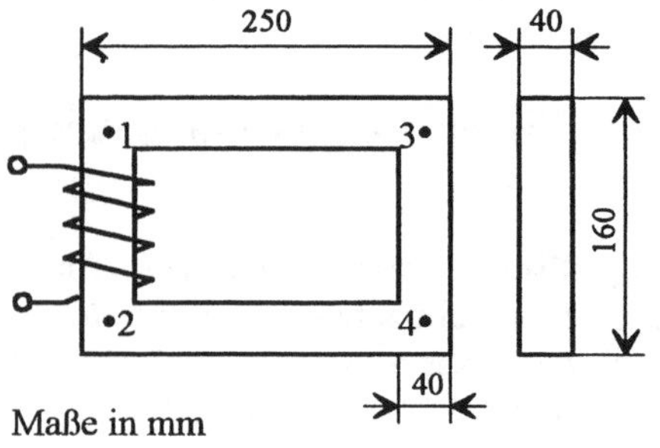

Bild 4.33 Spule mit geschlossenem Eisenkern

zu 2.

Mit der Gleichung $B = \mu_0 \mu_r H$ ergibt sich:

$$\mu_r = \frac{B}{\mu_0 H} = \frac{1{,}15\ \text{V}\cdot\text{s}\cdot\ \text{A}\cdot\text{m}\cdot\text{m}}{\text{m}^2\cdot 1{,}256\cdot 10^{-6}\,\text{V}\cdot\text{s}\cdot\ 400\ \text{A}}$$

$$\mu_r = 2289$$

zu 3.

Für die weitere Rechnung ist im Bild 4.34 das magnetische Ersatzschaltbild des Eisenkerns nach Bild 4.33 dargestellt.

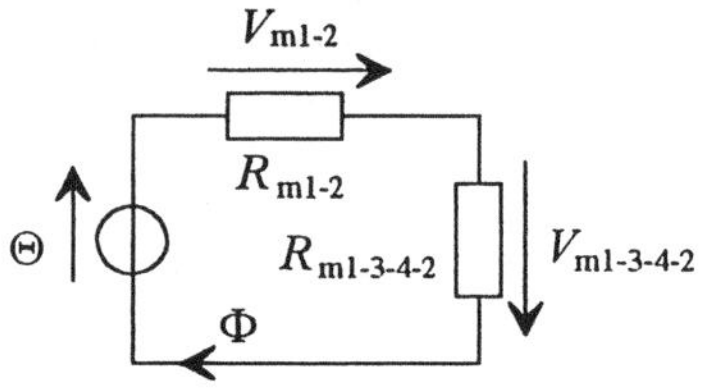

Bild 4.34 Ersatzschaltbild des magnetischen Kreises

Aus den Abmessungen des Eisenkerns läßt sich die von den Feldlinien durchsetzte Querschnittsfläche $A_{Fe} = 40 \cdot 40\,\text{mm}^2$ berechnen.

Damit wird:

$$\Phi = B_{Fe} A_{Fe} = \frac{1{,}15\,\text{V}\cdot\text{s}\cdot 1600\cdot 10^{-6}\,\text{m}^2}{\text{m}^2}$$

$$\Phi = 1{,}84\cdot 10^{-3}\,\text{V·s}$$

zu 4.

Für die Berechnung der magnetischen Widerstände werden die dazugehörigen mittleren Feldlinienlängen benötigt.

$$l_{1-2} = 120\,\text{mm}$$

$$l_{1-3-4-2} = 540\,\text{mm}$$

Es gilt:

$$R_{\text{m1-2}} = \frac{l_{12}}{\mu_0\,\mu_r A_{\text{Fe}}} = 26,1 \cdot 10^3 \frac{\text{A}}{\text{V}\cdot\text{s}}$$

$$R_{\text{m1-3-4-2}} = \frac{l_{1-3-4-2}}{\mu_0\,\mu_r A_{\text{Fe}}} = 117,4 \cdot 10^3 \frac{\text{A}}{\text{V}\cdot\text{s}}$$

zu 5.

Die Durchflutung wird nach Gl. (4.29) berechnet:

$$\Theta = V_{\text{mi}} + V_{\text{ma}} = \Phi(R_{\text{mi}} + R_{\text{ma}})$$

$$\Theta = 264\,\text{A (Amperewindungen)}$$

☐ **Beispiel 4.10 [35]**

In den Eisenkern nach Bild 4.33 wird ein Luftspalt von 4 mm eingebracht (Bild 4.35). Welche Durchflutung ist erforderlich, um im Eisen die Feldstärke von $H_{\text{Fe}} = 400\,\text{A/m}$ aufrecht zu erhalten?
Wie groß wird die Feldstärke im Luftspalt?

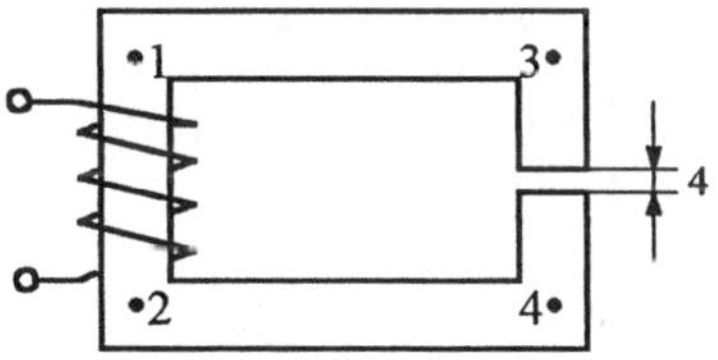

Maße in mm

Bild 4.35 Eisenkern mit Luftspalt zum Beispiel 4.10

Das Ersatzschaltbild des magnetischen Kreises ist um den magnetischen Widerstand des Luftspaltes zu ergänzen. (Bild 4.36).

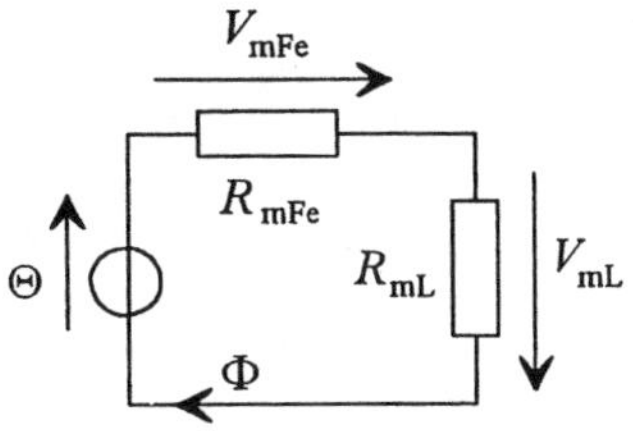

Bild 4.36 Magnetisches Ersatzschaltbild zum Beispiel 4.10

Wegen $H_{\text{Fe}} = 400\,\text{A/m}$ bleibt die Flußdichte $B_{\text{Fe}} = 1,15\,\text{V·s}$ gegenüber Beispiel 4.9 unverändert.
Die mittleren Feldlinienlängen betragen:

$$l_{\text{Fe}} = 656\,\text{mm},\; l_{\text{L}} = 4\,\text{mm}$$

Für den magnetischen Widerstand gilt:

$$R_{\text{m}} = R_{\text{mFe}} + R_{\text{mL}}$$

$$R_{\text{m}} = \frac{l_{\text{Fe}}}{\mu_0\,\mu_r A} + \frac{l_{\text{L}}}{\mu_0 A} = \frac{1}{\mu_0 A}\left(\frac{l_{\text{Fe}}}{\mu_r} + l_{\text{L}}\right)$$

$$R_{\text{m}} = \left(0,1 \cdot 10^6 + 2 \cdot 10^6\right) \frac{\text{A}}{\text{V}\cdot\text{s}}$$

$$R_{\text{m}} = 2,1 \cdot 10^6 \frac{\text{A}}{\text{V}\cdot\text{s}}$$

Der Luftspalt beeinflußt wegen $\mu_r >> 1$ den magnetischen Widerstand des Kreises in hohem Maße. Die Magnetisierungskurve des magnetischen Kreises wird damit linearisiert.

Die Durchflutung lautet:

$$\Theta = B_{\text{Fe}} A_{\text{Fe}} \left(R_{\text{mFe}} + R_{\text{mL}}\right)$$

$$\Theta = 3864\,\text{A}$$

Bei Vernachlässigung der Streuung des magnetischen Feldes im Luftspalt gilt:

$$B_{\text{Fe}} = B_{\text{L}}$$

Die Feldstärke im Luftspalt beträgt:

$$\mu_0\,\mu_r H_{\text{Fe}} = \mu_0 H_{\text{L}}$$

$$H_L = \mu_r H_{\text{Fe}} = 0,92 \cdot 10^6 \frac{\text{A}}{\text{m}}$$

❑ **Beispiel 4.11 [35]**

Der magnetische Fluß des Eisenkerns aus Dynamoblech im Bild 4.37 beträgt $\Phi = 8 \cdot 10^{-4}\,\text{V}\cdot\text{s}$.
Wie groß ist der magnetische Widerstand des Magnetkreises?

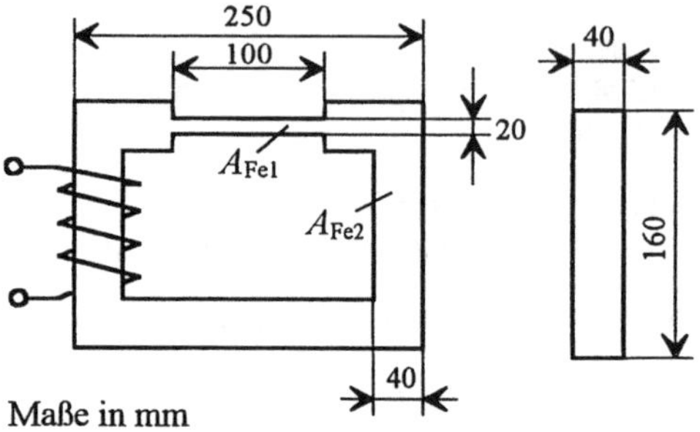

Maße in mm

Bild 4.37 Eisenkern zum Beispiel 4.11

Lösung:

Durch die Querschnittsreduzierung im oberen Joch entstehen zwei unterschiedliche magnetische Widerstände R_{m1} und R_{m2}, denen die Querschnitte A_{Fe1} und A_{Fe2} zuzuordnen sind. Die dazugehörige magnetische Ersatzschaltung ist im Bild 4.38 dargestellt.

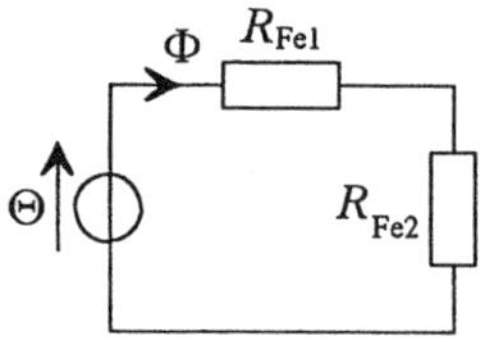

$$l_{Fe1} = 100\,\text{mm}$$

$$l_{Fe2} = 560\,\text{mm}$$

Bild 4.38 Magnetische Ersatzschaltung zum Beispiel 4.11

Da der Magnetfluß Φ im gesamten Kreis gleich ist, treten unterschiedliche Flußdichten auf, die auf Grund der nichtlinearen Magnetisierungskurve des Eisenkerns unterschiedliche Permeabilitäten hervorrufen. Es gilt:

$$B_{Fe1} = \frac{\Phi}{A_{Fe1}} = 1\,\text{T}$$

$$B_{Fe2} = \frac{\Phi}{A_{Fe2}} = 0{,}5\,\text{T}$$

Aus der Magnetisierungskurve Bild 4.19 sind die Feldstärken zu bestimmen.

$$H_{Fe1} = 300\,\text{A/m}, \quad \mu_{r1} = \frac{B_{Fe1}}{\mu_0 H_{Fe1}} = 2670$$

$$H_{Fe2} = 100\,\text{A/m}, \quad \mu_{r2} = \frac{B_{Fe2}}{\mu_0 H_{Fe2}} = 4000$$

Der magnetische Widerstand R_m ergibt sich zu:

$$R_m = \frac{l_{Fe1}}{\mu_0\,\mu_{r1}\,A_{Fe1}} + \frac{l_{Fe2}}{\mu_0\,\mu_{r2}\,A_{Fe2}}$$

$$R_m = (37255 + 69630)\frac{\text{A}}{\text{V}\cdot\text{s}} = 107 \cdot 10^3\,\frac{\text{A}}{\text{V}\cdot\text{s}}$$

4.3.2 Verzweigter magnetischer Kreis

Tritt auf Grund der Konstruktion des magnetischen Kreises eine Verzweigung des magnetischen Flusses auf, lassen sich ebenfalls Analogiebeziehungen zu elektrischen Kreisen herstellen. Für homogene Feldverläufe kann mit den mittleren Feldlinienlängen gearbeitet werden, an dessen Verzweigungen Knotenpunkte k angenommen werden können (Bild 4.39).

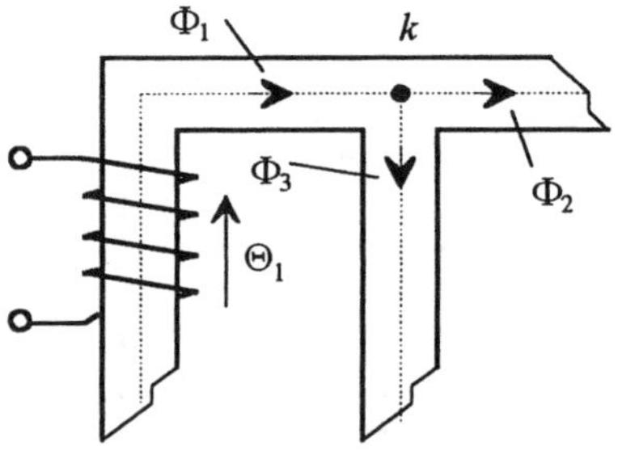

Bild 4.39 Ausschnitt aus einem verzweigten magnetischen Kreis

Der von der Durchflutung Θ angetriebene Gesamtfluß Φ_1 ergibt sich aus der Summe der beiden Teilflüsse Φ_2 und Φ_3. Allgemein gilt:

Die Summe der magnetischen Flüsse in einem Knotenpunkt ist gleich Null.

$$\sum_{\nu=1}^{\nu=n} \Phi_\nu = 0 \qquad (4.31)$$

Parallelschaltung. Für den Gesamtwiderstand parallelgeschalteter magnetischer Widerstände gilt für annähernd homogene Feldverhältnisse:

$$\frac{1}{R_m} = \sum_{\nu=1}^{\nu=n} \frac{1}{R_{m\nu}} \qquad (4.32) \qquad \Lambda = \sum_{\nu=1}^{\nu=n} \Lambda_\nu \qquad (4.33)$$

❑ **Beispiel 4.12**

Für den magnetischen Kreis nach Bild 4.40 ist der Gesamtwiderstand anzugeben.

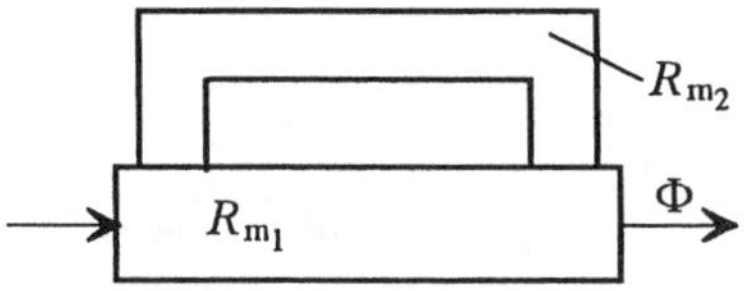

Bild 4.40 Parallelschaltung zweier magnetischer Widerstände

Lösung:

$$R_m = \frac{R_{m1} R_{m2}}{R_{m1} + R_{m2}}$$

❑ **Beispiel 4.13**

Gegeben ist der im Bild 4.41 dargestellte verzweigte magnetische Kreis.
Es sind das magnetische Ersatzschaltbild sowie die Gleichungen zur Berechnung der magnetischen Flüsse, der magnetischen Spannungen und der magnetischen Flußdichte im Luftspalt anzugeben.

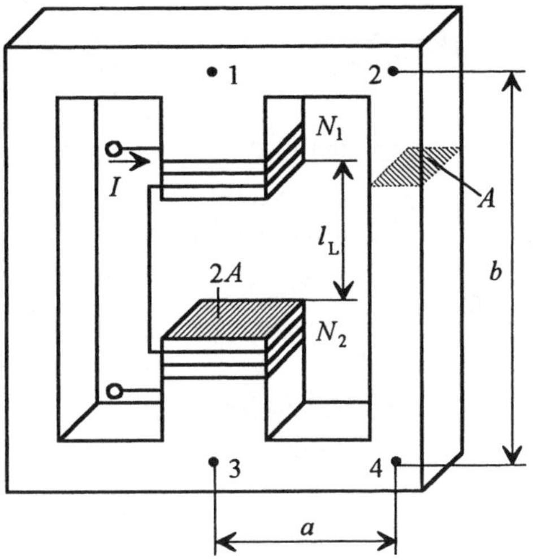

Bild 4.41 Magnetischer Kreis mit Luftspalt

Lösung:

- Magnetische Ersatzschaltung:

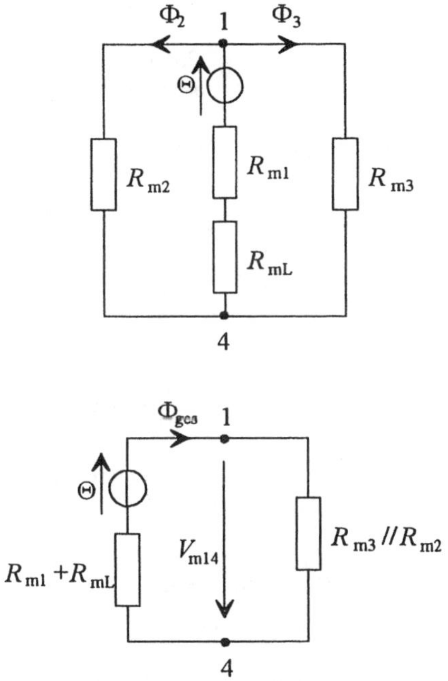

Bild 4.42 Ersatzschaltung zu Beispiel 4.13

- Gesamtfluß:

$$\Phi_{ges} = \frac{\Theta}{R_{mges}} = \frac{\Theta}{R_{m1} + R_{mL} + \frac{R_{m2}R_{m3}}{R_{m2}+R_{m3}}}$$

Wegen $R_{m2} = R_{m3}$ folgt:

$$\Phi_{ges} = \frac{\Theta}{R_{m1} + R_{mL} + \frac{1}{2}R_{m2}}$$

$$\Phi_{ges} = \frac{2\,\Theta\,\mu_0 A}{\frac{b-l_L}{2\mu_r} + \frac{l_L}{2} + \frac{2a+b}{\mu_r}}$$

$$\Phi_{ges} = \frac{2I(N_1 + N_2)\,\mu_0 A}{\frac{b-l_L}{2\mu_r} + \frac{l_L}{2} + \frac{2a+b}{\mu_r}}$$

Da der Kreis symmetrisch aufgebaut ist gilt:

$$\Phi_2 = \Phi_3 = \frac{\Phi_{ges}}{2} = \frac{I(N_1 + N_2)\mu_0 A}{\frac{b-l_L}{2\mu_r} + \frac{l_L}{2} + \frac{2a+b}{\mu_r}}$$

- Magnetische Spannungsabfälle

Die magnetischen Spannungsabfälle werden, wie folgt, berechnet:

$$V_{m14} = \Phi_3 R_{m3} = \Phi_3 \frac{2a + b}{\mu_0 \mu_r A}$$

$$V_{m14} = \Phi_{ges} \frac{1}{2} R_{m3} = \Phi_{ges} R_{m2}$$

$$V_{m14} = \Theta - V_{m1} - V_{mL}$$

$$V_{mL} = \Phi_{ges} R_{mL} = \Phi_{ges} \frac{l_L}{\mu_0 2A}$$

$$V_{m14} = \Theta\left(1 - \frac{\frac{b-l_L}{\mu_r} + l_L}{\frac{b-l_L}{2\mu_r} + \frac{l_L}{2} + \frac{2a+b}{\mu_r}}\right)$$

Wendet man die Spannungsteilerregel an, so ergibt sich folgender Ansatz:

$$\frac{V_{m14}}{\Theta} = \frac{R_{m2}//R_{m3}}{R_{m1} + R_{mL} + R_{m2}//R_{m3}}$$

$$V_{m14} = \Theta \frac{R_{m3}}{2\left(R_{m1} + R_{mL} + \frac{1}{2}R_{m3}\right)}$$

- Magnetische Flußdichte

Auf Grund der homogenen Feldverhältnisse kann die Flußdichte mit dem Durchflutungsgesetz wie folgt berechnet werden:

$$H_{Fe}\, l_{Fe} + H_L\, l_L = I(N_1 + N_2)$$

$$H_{Fe} = \frac{B}{\mu_0 \mu_r}$$

$$H_L = \frac{B}{\mu_0}$$

Daraus folgt:

$$B\left(\frac{l_{Fe}}{\mu_0 \mu_r} + \frac{l_L}{\mu_0}\right) = I(N_1 + N_2)$$

$$B = \frac{I(N_1 + N_2)\,\mu_0 \mu_r}{l_{Fe} + \mu_r l_L}$$

Eine weitere Möglichkeit bietet eine Berechnung mit Hilfe der magnetischen Widerstände. Bei dieser Vorgehensweise wird nur der halbe Kreis betrachtet. Dafür gilt:

$$B = \frac{\Theta}{\left(\frac{R_{m1}}{2} + \frac{R_{mL}}{2} + R_{m3}\right)A}$$

$$B = \frac{I(N_1 + N_2)}{A\left(\frac{b-l_L}{\mu_0 \mu_r A} + \frac{l_L}{\mu_0 A} + \frac{2a+b}{\mu_0 \mu_r A}\right)}$$

$$B = \frac{I(N_1 + N_2)\,\mu_0 \mu_r}{2a + 2b - l_L + \mu_r l}$$

$$l_{Fe} = 2a + 2b - l_L$$

$$B = \frac{I(N_1 + N_2)\,\mu_0 \mu_r}{l_{Fe} + \mu_r l_L}$$

❑ **Beispiel 4.14 [35]**

Der Eisenkern eines Schaltschützes hat die im Bild 4.43 dargestellte Form. Die auf dem Mittelschenkel angeordnete Erregerspule hat $N = 800$ Windungen und führt einen Strom von $I = 600\,\text{mA}$; $\mu_r = 4000$.
Wie groß ist der Magnetfluß, wenn der Luftspalt zwischen Kern und Anker $l_L = 0{,}5$ mm breit ist?

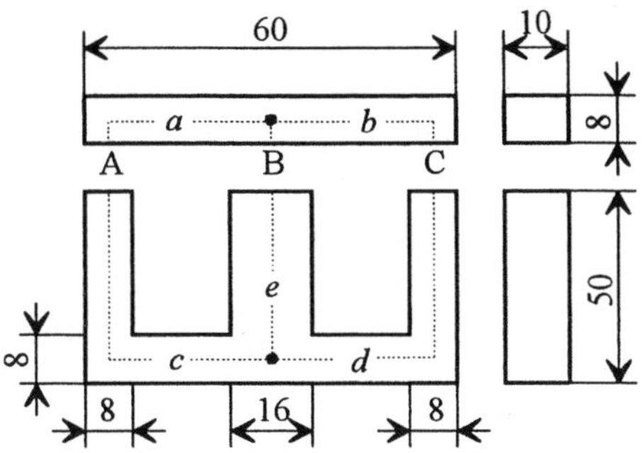

Bild 4.43 Eisenkreis eines Schaltschützes

Lösung:

Die magnetische Ersatzschaltung des Eisenkernes zeigt Bild 4.44.

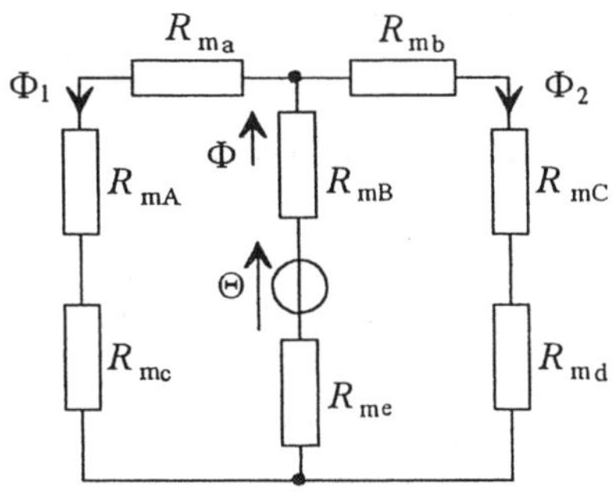

Bild 4.44 Magnetische Ersatzschaltung

Auf Grund der Symmetriebedingungen gilt:

$$R_{mA} = R_{mC} = R_{mB}$$

$$R_{ma} = R_{mb}$$

$$R_{mc} = R_{md}$$

$$R_{m1} = R_{ma} + R_{mA} + R_{mc}$$

$$R_{m2} = R_{mb} + R_{mC} + R_{md}$$

$$R_{mi} = R_{me}$$

Die Durchflutung ergibt sich zu:

$$\Theta = IN = 600\,\text{mA}\cdot 800 = 480\,\text{A}$$

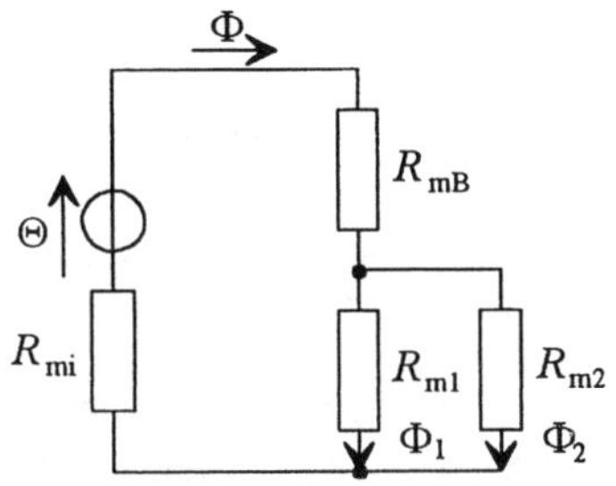

Bild 4.45 Reduzierte magnetische Ersatzschaltung

Für die Berechnung der Widerstände werden die mittleren Feldlinienlängen benötigt.

$$l_L = 0{,}5\,\text{mm}$$

$$l_a = l_b = 30\,\text{mm}$$

$$l_c = l_d = 72\,\text{mm}$$

$$l_e = 50\,\text{mm}$$

Mit $\mu_r = 4000$ gilt für die Widerstände:

$$R_{mi} = \frac{l_e}{\mu_0 \mu_r A_B} = 62 \cdot 10^3 \, \frac{\text{A}}{\text{V} \cdot \text{s}}$$

$$R_{mB} = \frac{l_L}{\mu_0 A_B} = 2{,}5 \cdot 10^6 \, \frac{\text{A}}{\text{V} \cdot \text{s}}$$

$$R_{m1} = \frac{1}{\mu_0 A}\left(\frac{l_a + l_c}{\mu_r} + l_L\right)$$

$$R_{m1} = R_{m2} = 5{,}23 \cdot 10^6 \, \frac{\text{A}}{\text{V} \cdot \text{s}}$$

$$R_{m3} = R_{mB} + R_{m1} // R_{m2} = 5{,}12 \cdot 10^6 \, \frac{\text{A}}{\text{V} \cdot \text{s}}$$

Für den Gesamtfluß gilt:

$$\Phi = \frac{\Theta}{R_{mi} + R_{m3}} = 92{,}6 \cdot 10^{-6}\,\text{V}\cdot\text{s}$$

Für die Flußverteilung gilt die Proportion:

$$\Phi_1 = \Phi \frac{R_{m2}}{R_{m1} + R_{m2}} = \frac{\Phi}{2}$$

$$\Phi_1 = \Phi_2 = 46{,}3 \cdot 10^{-6}\,\text{V} \cdot \text{s}$$

4.4 Induktionsgesetz

Induktionsvorgang. Der Vorgang der elektromagnetischen Induktion (kurz: *Induktionsvorgang*) resultiert aus der doppelten Wirbelverkopplung zwischen dem magnetischen und elektrischen Feld.
Das Durchflutungsgesetz (Abschnitt 4.2) beschreibt den gesetzmäßigen Zusammenhang zwischen dem Auftreten eines magnetischen Feldes und dem Fließen eines elektrischen Stromes.
Wird die Flußgröße des magnetischen Feldes geändert, entsteht ein zusätzlicher Wirbel der elektrischen Feldstärke, der versucht, der vorgegebenen Änderung des Magnetflusses entgegenzuwirken (Lenzsche Regel). Diese Erscheinung wird als *Induktion* bezeichnet und liegt in der Trägheit des magnetischen Feldes als Energiespeicher begründet.

> Durch den Induktionsvorgang wird in einer offenen Leiterschleife eine elektrische Spannung induziert, hervorgerufen durch einen zeitlich veränderlichen Magnetfluß.

Die Magnetflußänderung ist die Ursachengröße, die induzierte Spannung die Wirkungsgröße.
Die induzierte Spannung hat den Charakter einer Quellenspannung (vergleiche elektrischer Grundstromkreis, Abschnitt 2.3 sowie Bild 4.1).

Induktionsgesetz. Die Naturgesetzmäßigkeit der elektromagnetischen Induktion wird allgemein unter Anwendung des magnetischen Flusses als *Induktionsgesetz* beschrieben.

$$\boxed{u_\mathrm{q} = \frac{\mathrm{d}\Phi}{\mathrm{d}t}} \qquad (4.34)$$

Durchsetzt der Fluß mehrere Leiterschleifen bzw. Windungen, addieren sich die induzierten Spannungen jeder Windung. Erfaßt die Flußänderung alle Windungen mit der *Windungszahl N*, so gilt:

$$\boxed{u_\mathrm{q} = N\frac{\mathrm{d}\Phi}{\mathrm{d}t}} \qquad (4.35)$$

Ersetzt man in Gl. (4.35) die integrale Größe magnetischer Fluß durch die magnetische Flußdichte, die den Verlauf des magnetischen Feldes im magnetischen Kreis beschreibt, entsteht:

$$u_\mathrm{q} = N\frac{\mathrm{d}}{\mathrm{d}t}\left(\int \vec{B}\,\mathrm{d}\vec{A}\right) = N\frac{\mathrm{d}}{\mathrm{d}t}(A_\perp B)$$

Durch Differentation nach der Zeit ergibt sich:

$$u_\mathrm{q} = N\left(A_\perp\frac{\mathrm{d}B}{\mathrm{d}t} + B\frac{\mathrm{d}A_\perp}{\mathrm{d}t}\right)$$

$$\boxed{u_\mathrm{q} = u_\mathrm{q(B)}\Big|_{A=\mathrm{konst}} + u_\mathrm{q(A)}\Big|_{B=\mathrm{konst}}} \qquad (4.36)$$

Interpretation. Nach Gl. (4.36) entsteht eine Induktionsspannung durch:

- eine zeitliche Änderung des magnetischen Flusses bei konstanter Fläche.

$$\boxed{u_{\mathrm{q}(B)}\Big|_{A=\mathrm{konst.}} = N\frac{\mathrm{d}\Phi}{\mathrm{d}t} = N A_\perp \frac{\mathrm{d}B}{\mathrm{d}t}} \qquad (4.37)$$

Diese Form des Induktionsvorganges wird als *Ruheinduktion* bezeichnet.

- eine zeitliche Änderung der durchsetzten Fläche bei konstanter Flußdichte.

$$u_{q(A)}\Big|_{B=\text{konst}} = N\frac{d\Phi}{dt} = N\,B\,\frac{dA_\perp}{dt} \qquad (4.38)$$

Diese Form des Induktionsvorganges wird als *Bewegungsinduktion* bezeichnet.

Ruheinduktion. Wird eine offene Leiterschleife von einem zeitlich veränderlichen Magnetfeld durchsetzt, so wird längs der Leiterschleife eine Spannung induziert, die sich als Quellenspannung an den Enden nachweisen läßt (Bild 4.46).

$$u_q = N\frac{d\Phi}{dt} \qquad (4.39)$$

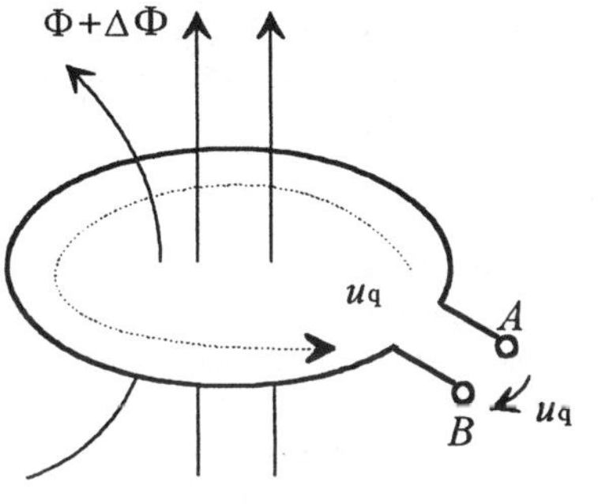

Bild 4.46 Offene Leiterschleife im zeitlich veränderlichen Magnetfeld (Flußzunahme)

Das dazugehörige elektrische Ersatzschaltbild unter Vernachlässigung des Widerstandes der Leiterschleife zeigt Bild 4.47.

Wird die Leiterschleife kurzgeschlossen, so treibt die Quellenspannung einen *Induktionsstrom* durch die Leiterschleife, dessen Größe durch den Widerstand R der Schleife begrenzt wird (Bild 4.48).

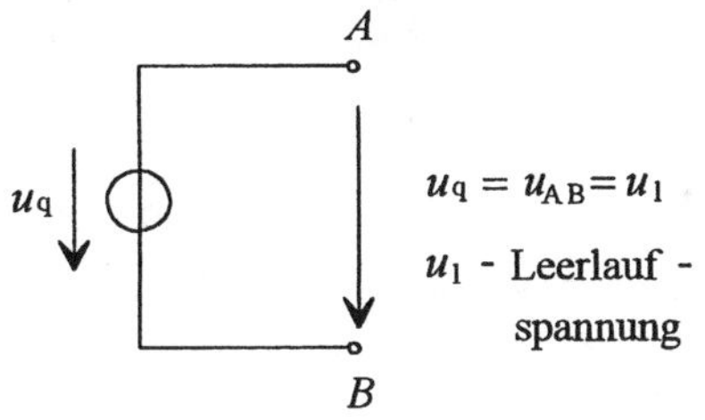

Bild 4.47 Elektrisches Ersatzschaltbild der Leiterschleife nach Bild 4.46

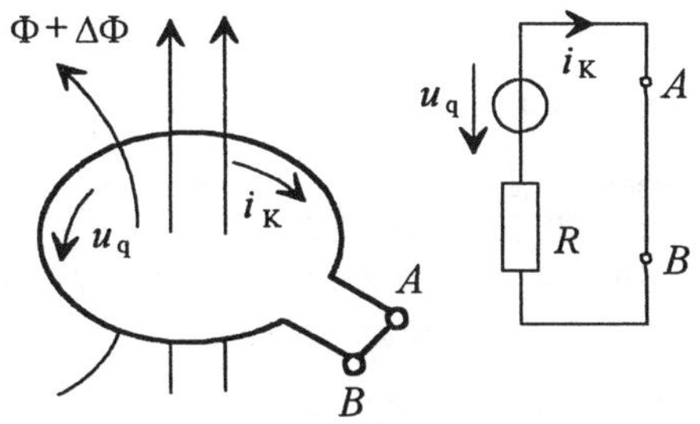

Bild 4.48 Induktionsstrom in einer kurzgeschlossenene Leiterschleife (Flußzunahme)

Richtungssinn. Die Richtung der induzierten Spannung ist von der Richtung der Flußänderung abhängig. Bei einer Flußabnahme sind die Richtungen der elektrischen Größen in den Bildern 4.46 und 4.48 umzukehren.

Wird die Leiterschleife mit einem Widerstand belastet, stellt sich ein Stromfluß nach der Größe des Lastwiderstandes R_L ein (Bild 4.49). Die Spannung u_{AB} verringert sich um der Spannungsabfall an dem Widerstand der Leiterschleife. Es gilt:

$$i = \frac{u_{AB}}{R_L}$$

Wird die Flußänderung durch eine zweite stromdurchflossenen Leiterschleife erzeugt, wird das Transformatorprinzip realisiert (siehe Abschnitt 8.5.2.4).

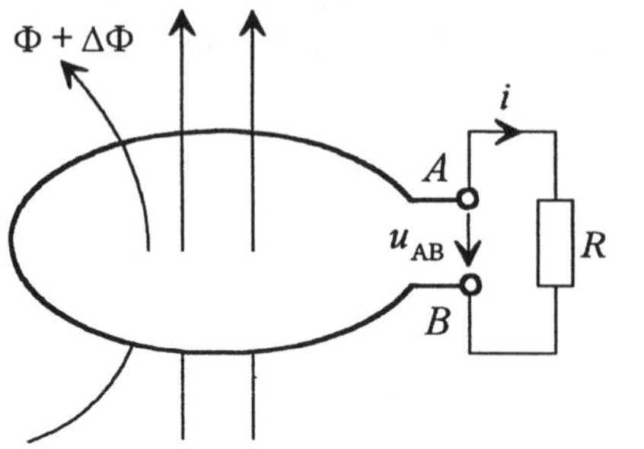

Bild 4.49 Klemmenspannung an einer belasteten Leiterschleife bei zeitlicher Änderung des magnetischen Flusses (Flußzunahme)

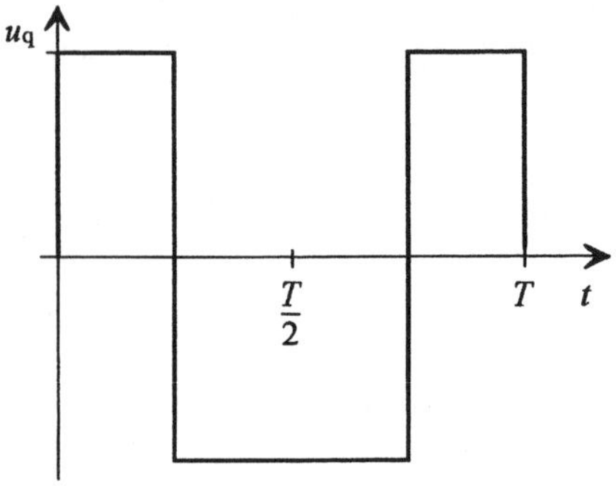

Bild 4.51 Verlauf der induzierten Spannung bei der vorgegebenen Flußänderung nach Bild 4.50

☐ **Beispiel 4.15**

Gegeben ist der im Bild 4.50 dargestellte Flußverlauf. Mit Hilfe des Induktionsgesetzes ist der zeitliche Verlauf der Quellenspannung zu bestimmen.

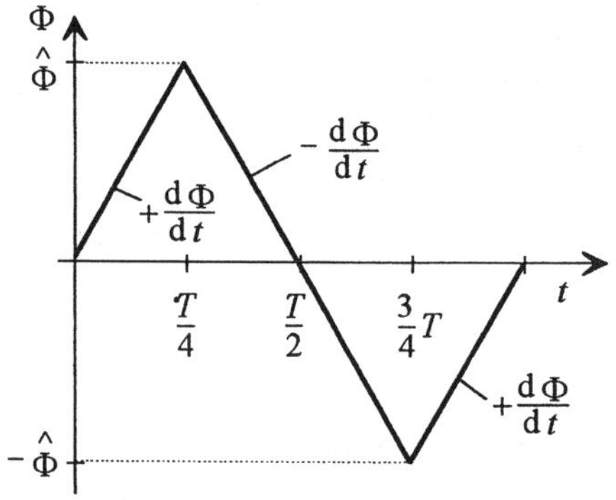

Bild 4.50 Flußverlauf zum Beispiel 4.15

Lösung:

Nach Gl. (4.34) stellt die induzierte Quellenspannung u_q den Anstieg der gegebenen Fluß-Zeit-Funktion dar. Dieser läßt sich abschnittsweise aus dem Funktionsverlauf nach Bild 4.50 ermitteln. Die Änderung des Anstieges ist mit einer sprunghaften Richtungsänderung der induzierten Spannung verbunden (Bild 4.51).

☐ **Beispiel 4.16 [27]**

Die Schaltung nach Bild 4.52 ermöglicht es, die Hysteresekurve $B = f(H)$ magnetischer Werkstoffe aufzunehmen. Bei geschlossenem Schalter S wird der Strom I eingestellt. Nach Öffnen des Schalters ist am Galvanometer die im Stromkeis 2 bewegte Ladungsmenge abzulesen. Mit Hilfe des Induktionsgesetzes ist eine Gleichung zur Bestimmung der Flußdichte des magnetischen Kreises aus der gemessenen Ladungsmenge anzugeben.

Lösung:

Die magnetische Feldstärke ergibt sich aus dem Strom I durch die Spule 1 (mittels Widerstand R_1 eingestellt) und der Windungszahl N_1.

$$H = \frac{\Theta}{l_s} = N_1 \frac{I}{l_s}$$

l_s mittlere Feldlinienlänge im magnetischen Kreis

Wird der Stromkreis 1 geöffnet, ergibt sich eine zeitliche Änderung des Flusses, und in Spule2 wird infolge des Induktionsgesetzes eine Spannung induziert. Diese treibt in dieser Spule den Strom i_2.

$$i_2 = \frac{u_{q2}}{R_2}$$

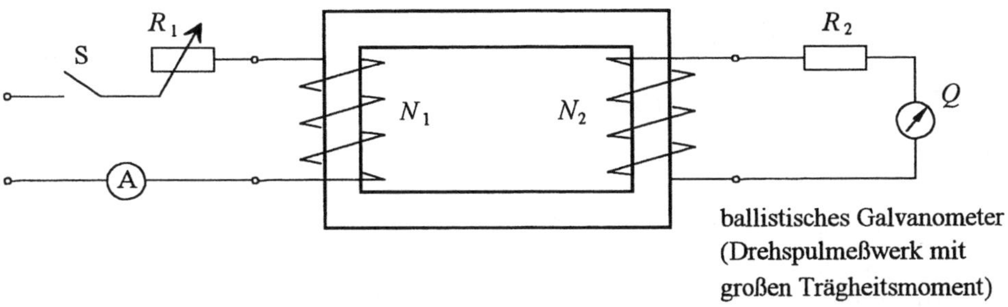

Bild 4.52 Schaltung zur Aufnahme der Hysteresekurve magnetischer Werkstoffe

Am Galvanometer wird die folgende Ladungsmenge abgelesen:

$$Q = \int_0^\infty i_2 \mathrm{d}t = \frac{1}{R_2} \int_0^\infty u_2 \mathrm{d}t$$

$$Q = \frac{N_2}{R_2} \int_0^\infty \frac{\mathrm{d}\Phi}{\mathrm{d}t} \mathrm{d}t = \frac{N_2}{R_2} \int_\Phi^0 \mathrm{d}\Phi$$

Mit $\mathrm{d}\Phi = A\,\mathrm{d}B$ folgt:

$$Q = -\frac{N_2}{R_2} A \int_B^0 \mathrm{d}B = \frac{N_2}{R_2} AB$$

Daraus folgt:

$$B = \frac{Q R_2}{N_2 A}$$

Die Werte H und B bilden das Wertepaar für einen Punkt auf der Magnetisierungskurve. Durch Veränderung der Stromstärke kann auf diese Weise die gesamte Magnetisierungskurve ermittelt werden.

Bewegungsinduktion. Nach Gl. (4.38) wird bei der Bewegung eines Leiters in einem konstanten Magnetfeld ebenfalls eine Spannung induziert.
Für die Herleitung dieser anwendungsbezogenen Form des Induktionsgesetzes wird von der Darstellung im Bild 4.53 ausgegangen.

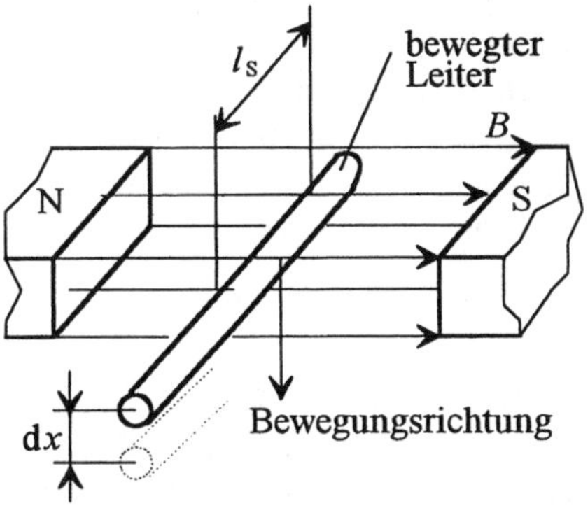

Bild 4.53 Bewegter Leiter im homogenen Magnetfeld

Folgende Ausgangsgleichungen werden verwendet:

$$u_\mathrm{q} = N \frac{\mathrm{d}\Phi}{\mathrm{d}t}$$

Da im vorliegenden Falle $N = 1$ ist, gilt:

$$u_\mathrm{q} = \frac{\mathrm{d}\Phi}{\mathrm{d}t}$$

Mit $\mathrm{d}\Phi = B\,\mathrm{d}A$ und $\mathrm{d}A = l_\mathrm{S}\mathrm{d}x$ wird:

$$\mathrm{d}\Phi = B\, l_\mathrm{S}\, \mathrm{d}x$$

Daraus folgt:

$$u_q = B l_S \frac{dx}{dt}$$

Mit $\frac{dx}{dt} = v$ (Bewegungsgeschwindigkeit) folgt:

$$\boxed{u_q = B l_S v} \qquad (4.40)$$

Bezieht man die Spannung auf die Länge l_S, so erhält man die elektrische Feldstärke E.

$$\boxed{E = Bv} \qquad (4.41)$$

Stehen die Flußdichte B und die elektrische Feldstärke E nicht senkrecht aufeinander, sondern bilden einen Winkel α, so hat nur die auf dem Geschwindigkeitsvektor $\vec{v}$ senkrecht stehende Komponente $B \sin\alpha$ Bedeutung. Es gilt dann:

$$E = Bv \sin\alpha$$

Allgemein bilden alle drei Vektoren $\vec{E}$, $\vec{B}$ und $\vec{v}$ ein Rechtssystem. Es kann die Rechte-Hand-Regel angewendet werden (Bild 4.54).

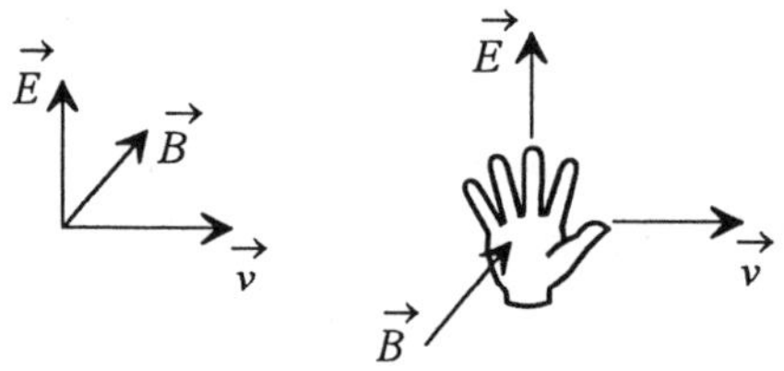

Bild 4.54 Richtung der induzierten Feldstärke

Mit Hilfe der Vektorrechnung läßt sich die Feldstärke als Kreuzprodukt berechnen.

$$\boxed{\vec{E} = \vec{v} \times \vec{B}} \qquad (4.42)$$

❑ **Beispiel 4.17 [32]**

Durch eine Leiterschleife tritt die Flußdichte $B = \hat{B} \sin\left(\frac{\pi}{b} x\right) \cos \omega t$ senkrecht hindurch.

1. Wie groß ist die induzierte Quellenspannung u_q?
2. Wie groß wird der Strom i beim Anschluß eines Widerstandes R?

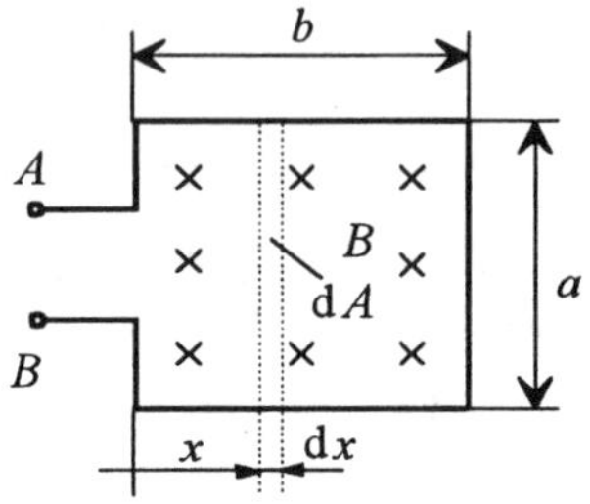

Bild 4.55 Skizze zum Beispiel 4.17

Lösung:

zu 1. Für den magnetischen Fluß gilt allgemein:

$$\Phi = \int_A \vec{B} \, d\vec{A}$$

Da die Richtungen beider Vektoren gleich sind, gilt:

$$\Phi = \int_A B dA,$$

wobei für die vom Fluß durchsetzte Teilfläche gilt:

$$dA = a dx$$

Damit wird der Gesamtfluß Φ:

$$\Phi = a \hat{B} \cos\omega t \int_{x=0}^{x=b} \sin\left(\frac{\pi}{b} x\right) dx$$

$$\Phi = a \hat{B} \cos(\omega t) \frac{b}{\pi} \left[-\cos \frac{\pi}{b} x \right]_0^b$$

$$\Phi = \frac{2ab}{\pi} \hat{B} \cos\omega t$$

$$u_q = \frac{d\Phi}{dt} = \frac{2ab}{\pi} \hat{B} \frac{d}{dt}(\cos \omega t)$$

$$u_q = \frac{2ab}{\pi} \omega \hat{B} (-\sin \omega t)$$

zu 2. Unter Anwendung des Ohmschen Gesetzes gilt:

$$i = \frac{u_q}{R}$$

$$i = \frac{2ab\,\omega\,\hat{B}}{\pi R}(-\sin \omega t)$$

Im Bild 4.56 ist das Liniendiagramm des vorgegebenen magnetischen Flusses sowie der induzierten Spannung und des Stromes dargestellt.

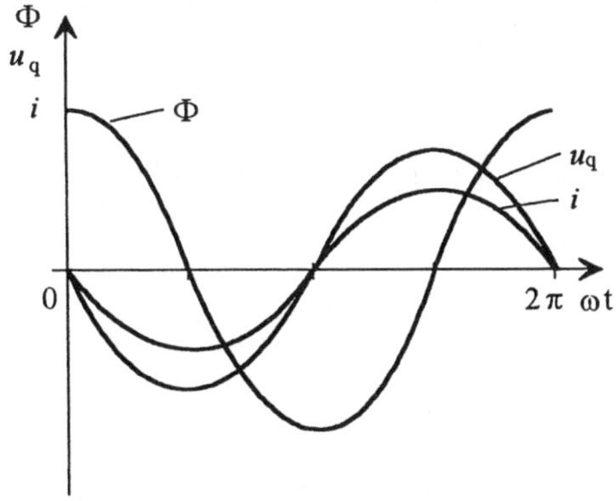

Bild 4.56 Verlauf des magnetischen Flusses und der induzierten elektrischen Größen zum Beispiel 4.56

❑ Beispiel 4.18 [32]

In einem homogenen Magnetfeld befindet sich ein ebenes Drahtnetz. Die magnetische Flußdichte

$$B = \hat{B}(1 + \cos \omega t)$$

durchsetzt die Ebene des Netzes senkrecht. Der Draht des Netzes hat die Leitfähigkeit κ und den Querschnitt A.

1. Es sind die Spannung zwischen den Punkten 1-1' sowie der Strom i_2 zu berechnen.
2. Bei geschlossener Masche sind die Zweigströme zu berechnen!

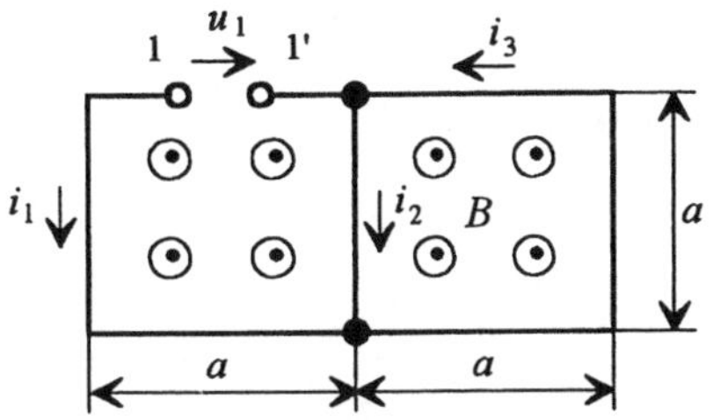

Bild 4.57 Drahtnetz im homogenen Magnetfeld

Lösung:

Mit Hilfe der Dimensionierungsgleichung des elektrischen Widerstandes läßt sich ein elektrisches Ersatzschaltbild (Bild 4.58) ableiten:

$$R = \frac{l}{\kappa A} \rightarrow R = \frac{a}{\kappa A}$$

$$\Downarrow$$

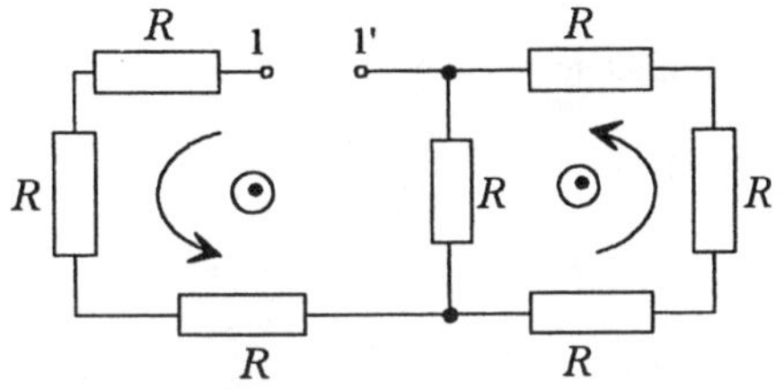

Bild 4.58 Elektrische Ersatzschaltung zum Beispiel 4.18

zu 1. Für den Fluß gilt:

$$\Phi = BA$$

$$\Phi = Ba^2 = a^2 \hat{B} (1 + \cos \omega t)$$

$$\frac{d\Phi}{dt} = -a^2 \hat{B}\, \omega \sin \omega t$$

Das Induktionsgesetz ergibt für die rechte Masche:

$$4Ri_2 = \frac{d\Phi}{dt}$$

Daraus folgt:

$$i_2 = -\frac{a^2 \hat{B}\,\omega}{4R}\sin\omega t = -\frac{a\hat{B}\,\omega\kappa A}{4}\sin\omega t$$

$$i_2 = -\frac{1}{4}a\,\omega\,\kappa\,\hat{B}\,A\sin\omega t$$

Für die linke Masche gilt:

$$u_{\text{ind}} = u_1 + R i_2$$

$$u_1 = u_{\text{ind}} - R i_2$$

$$u_1 = \frac{d\Phi}{dt} - R i_2$$

$$u_1 = a^2\hat{B}\,\omega\sin\omega t + \frac{a^2\,\omega\kappa A\hat{B}}{4\kappa A}\sin\omega t$$

$$u_1 = a\hat{B}\,\omega\sin\omega t\left(a + \frac{1}{4}a\right)$$

$$u_1 = \frac{5}{4}a^2\,\omega\,\hat{B}\sin\omega t$$

zu 2. Wegen der Symmetrie der Anordnung gilt:

$$i_1 = i_3 \text{ und } i_2 = 0$$

Für die linke Masche gilt:

$$4Ri_1 - Ri_3 = \frac{\mathrm{d}\Phi}{\mathrm{d}t}$$

Mit $i_3 = i_1$ gilt:

$$3R i_1 = \frac{\mathrm{d}\Phi}{\mathrm{d}t} = a^2\hat{B}\,\omega\sin\omega t$$

$$i_1 = i_3 = \frac{1}{3}a\,\omega\,\kappa\,\hat{B}\,A\sin\omega t$$

❑ **Beispiel 4.19 [32]**

Ein konstantes homogenes Magnetfeld durchsetzt die Hälfte eines mit der Winkelgeschwindigkeit ω rotierenden Rades, dessen Leitfähigkeit κ und Querschnitt A bekannt sind (Bild 4.59). Die Feldlinien verlaufen parallel zur Achse des Rades. Das Rad befindet sich zum Zeitpunkt $t = 0$ in der Stellung $\varphi = 0$.

Es ist die induzierte Spannung an den Klemmen A und B zu berechnen.

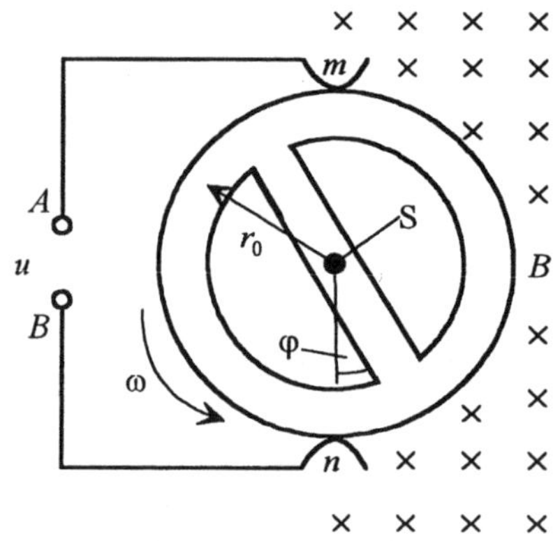

Bild 4.59 Rotierendes Rad im konstanten homogenen Magnetfeld zum Beispiel 4.19

Lösung:

Zur Berechnung der induzierten Spannung wird das Rad in zwei Maschen eingeteilt (Bild 4.60).

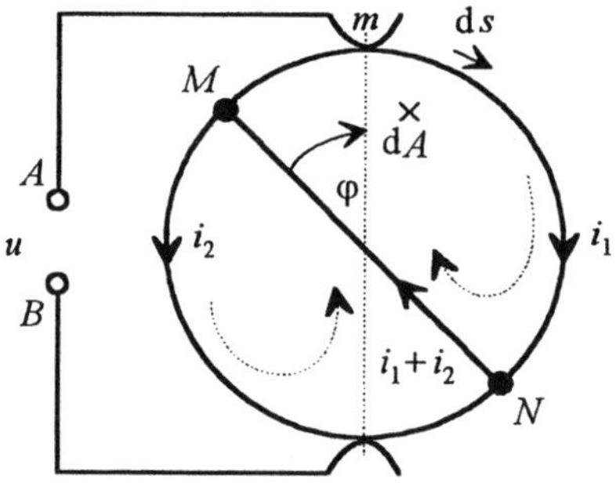

Bild 4.60 Lösungsskizze zum Beispiel 4.19

1. Schritt: Berechnung der Widerstände

Der Widerstand des halben Rades berechnet sich zwischen den Punkten M und N mit Hilfe der Bemessungsgleichung:

$$R_{MN} = \frac{\pi r_0}{\kappa A}$$

Der Widerstand zwischen dem Schleifkontakt n und den Bezugspunkt N sowie zwischen m und M ist abhängig von dem Drehwinkel φ. Es handelt sich um Kreisbögen.

$$R_\varphi = \frac{\varphi r_0}{\kappa A} = \omega t \frac{r_0}{\kappa A}$$

Der Widerstand des Mittelsteges beträgt:

$$R_d = \frac{2 r_0}{\kappa A}$$

2. Schritt: Berechnung der Zweigströme

Für eine halbe Radumdrehung gilt:

$$\omega = \frac{\pi}{T} \text{ bzw. } T = \frac{\pi}{\omega}$$

mit $0 < t < \frac{\pi}{\omega}$.

Mit Hilfe des Maschensatzes können die Maschengleichungen aufgestellt werden.

$$(i_1 + i_2)R_d + i_1 R_{MN} = u_q$$

$$(i_1 + i_2)R_d + i_2 R_{MN} = u_q$$

Die induzierte Quellenspannung ergibt sich zu:

$$u_q = \frac{d\Phi}{dt} = \frac{B\,dA}{dt}$$

$$u \int dt = B \int dA$$

$$u_q t = BA \text{ mit } A = \frac{\pi r_0^2}{2}$$

Daraus folgt:

$$u_q = \frac{B \pi r_0^2}{2t} \text{ mit } t = \frac{\pi}{\omega}$$

$$u_q = \frac{B \pi r_0^2 \omega}{2 \pi} = \frac{B \omega r_0^2}{2}$$

Die Addition der beiden Maschengleichungen mit den eingesetzten Spannungen ergibt:

$$2 R_d (i_1 + i_2) + R_{MN} (i_1 + i_2) = 2 \frac{B \omega r_0^2}{2}$$

$$i_1 + i_2 = \frac{B \omega r_0^2}{2R_d + R_{MN}}$$

Auf Grund der symmetrischen Konstruktion des Rades folgt:

$$i_1 = i_2 = \frac{B \omega r_0}{2(2R_d + R_{MN})} \tag{4.43}$$

3. Schritt: Formulierung der Spannungsgleichung

Für die Berechnung kann zunächst folgender Ansatz formuliert werden:

$$u = i_1 (R_{MN} - R_\varphi) + i_2 R_\varphi$$

Mit $i_1 = -i_2$ folgt:

$$u = i_1 \left(\frac{\pi r_0}{\kappa A} - \frac{\omega t r_0}{\kappa A} \right) - i_1 \frac{\omega t r_0}{\kappa A}$$

$$u = i_1 \frac{r_0 (\pi - 2 \omega t)}{\kappa A}$$

Mit der Gl. (4.43) gilt:

$$u = \frac{B \omega r_0^3 (\pi - 2 \omega t)}{2 \left(\frac{4 r_0}{\kappa A} + \frac{\pi r_0}{\kappa A} \right) \kappa A}$$

$$u = \frac{B \omega r_0^2}{2 (4 + \pi)} (\pi - 2 \omega t \tag{4.44}$$

4. Schritt: Diskussion und grafische Auswertung

Aus Gl. (4.44) folgt für den Zeitpunkt $t = 0$:

$$u(0) = \frac{B \omega r_0^2 \pi}{2(4 + \pi)}$$

Die Spannung beginnt mit diesem Wert und nimmt bis zum Zeitpunkt $t = \pi/\omega$ linear ab.

Für den Zeitpunkt $t = \pi/\omega$ folgt aus Gl. (4.44):

$$u\left(\frac{\pi}{\omega}\right) = \frac{1}{2}\,\frac{B\,\omega\,r_0^2}{(4+\pi)}(\pi - 2\pi)$$

$$u\left(\frac{\pi}{\omega}\right) = -\frac{1}{2}\,\frac{B\,\omega\,r_0^2\,\pi}{(4+\pi)}$$

Mit der Diskussion der Spannungswerte zu den einzelnen Zeitpunkten kann der zeitliche Verlauf der induzierten Klemmenspannung dargestellt werden (Bild 4.61).

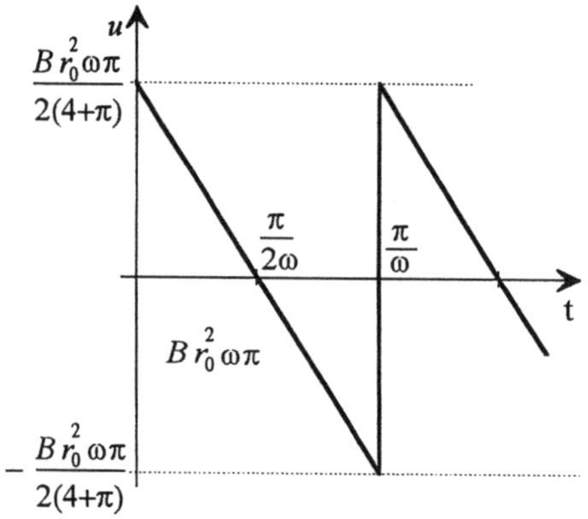

Bild 4.61 Verlauf der induzierten Spannung zum Beispiel 4.19

☐ Beispiel 4.20 [34]

Welche Flußdichte herrscht in einem homogenen Magnetfeld, wenn in einer Spule mit N = 1000 Windungen und einer Wicklungsfläche von $A = a\,b = 100\,\text{mm}\cdot 6\,\text{mm}$, eine Scheitelspannung von $\hat{u} = 100$ V erzeugt wird?
Die Spule wird mit 50 Umdrehungen je Sekunde um ihre senkrecht zur Feldrichtung stehenden Mittelachse gedreht (Bild 4.62).

Lösung:

Mit einem angenommenen zeitlich konstanten homogenen Verlauf der magnetischen Fluß-

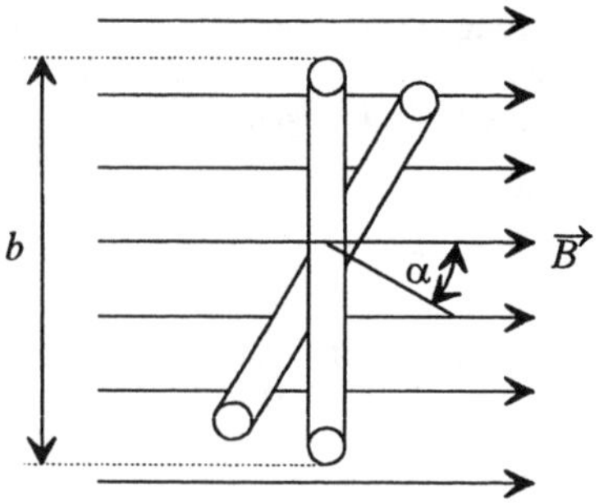

Bild 4.62 Rotierende Spule im konstanten Magnetfeld

dichte gilt:

$$\Phi = B A = B a b$$

Dabei ist A die vom Drehwinkel der Spule abhängige Fläche, welche vom Fluß Φ durchsetzt wird. Es gilt:

$$A(\alpha) = A\cos\alpha$$

Unter Anwendung des Induktionsgesetzes folgt:

$$u = N\frac{\text{d}\Phi}{\text{d}t} = N B A\frac{\text{d}}{\text{d}t}\cos\alpha$$

Für eine konstante Winkelgeschwindigkeit gilt:

$$\alpha = \omega\,t$$

Für die induzierte Spannung entsteht die Beziehung:

$$u = N B A\,\omega\,\sin\omega t$$

Die in der Spule induzierte Spannung ändert sich nach einer Sinus-Zeit-Funktion. Die Amplitude beträgt:

$$\hat{u} = N B A\,\omega$$

Mit den gegebenen Werten folgt:

$$B = \frac{\hat{u}}{N\omega A} = \frac{100\ \text{V}\cdot\text{s}}{10^3\cdot 2\pi\cdot 50\cdot 6\cdot 10^{-4}\,\text{m}^2}$$

$$B = 0{,}53\,\frac{\text{V}\cdot\text{s}}{\text{m}^2}$$

5 Elektrische Energiespeicher

Wesentliche Energiespeicher in der Elektrotechnik sind der Kondensator und die Spule. Beide sollen hinsichtlich ihrer elektrischen Eigenschaften behandelt werden.

5.1 Kapazität

Formelzeichen	C
Schaltzeichen	○—┤├—○

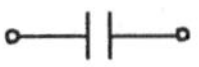

5.1.1 Elektrischer Fluß und Flußdichte

Mit Gl. (1.69) wurde im Abschnitt 1.2.7.3 ein Zusammenhang zwischen der Stromdichte und der elektrischen Feldstärke in Abhängigkeit der elektrischen Leitfähigkeit des Mediums hergestellt. Unter Einfluß der elektrischen Feldstärke können sich die Ladungsträger bewegen (Stromfluß).

Es soll nun der Fall betrachtet werden, daß die elektrische Leitfähigkeit des Mediums Null beträgt. Diese Bedingung wird von Isolierstoffen erfüllt, in denen keine frei beweglichen Ladungsträger vorhanden sind.

Dielektrikum. Den Isolierstoff im Raum zwischen zwei geladenen Metallplatten bezeichnet man als *Dielektrikum*. Die von den Ladungen auf den Metallplatten ausgehenden Linien der elektrischen Feldstärke bilden im Dielektrikum ein *elektrostatisches Feld*.

In derartigen Anordnungen ist die elektrische Feldstärke in einem Feldpunkt nicht nur von der Ladung Q, sondern auch von der Art des Dielektrikums abhängig. Das Verhältnis der auf das Vakuum bezogenen Feldstärke E_0 zur Feldstärke E_1 im Dielektrikum ist bei konstanter Ladung Q in allen Feldpunkten bei homogenen Dielektrika gleich und ergibt die relative Permittivität ε_r (siehe Abschnitt 1.2.2). Es gilt:

$$\varepsilon_r \geq 1 \quad \text{und} \quad \frac{E_0}{E_1} = \varepsilon_r \quad \text{bei } Q = \text{konst.}$$

Elektrischer Fluß. Zur Beschreibung der elektrischen Erscheinungen im Dielektrikum führt man eine Größe ein, die bei konstanter Ladung unabhängig von der Art des Dielektrikums ist, den *elektrischen Fluß* Ψ (Bild 5.1).

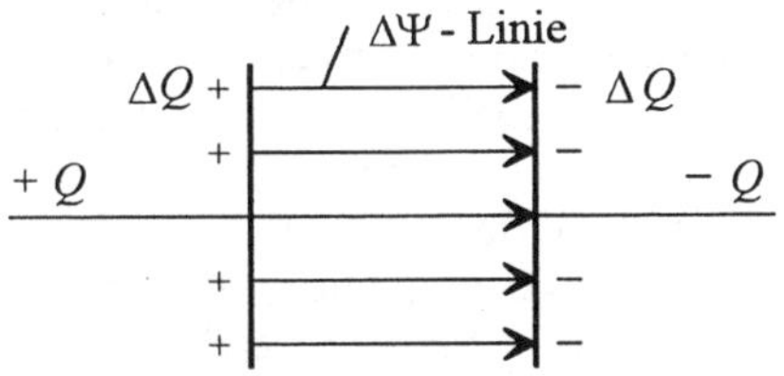

Bild 5.1 Elektrischer Fluß im Dielektrikum

Für den elektrischen Fluß gilt:

$$\Psi_{\text{ges}} = Q \tag{5.1}$$

$$[\Psi] = 1\,\text{A·s} = 1\,\text{C}$$

Die Wirkung einer Teilladung ΔQ im Dielektrikum wird durch eine *Flußlinie* verkörpert. Die Gesamtheit aller Flußlinien bildet den elektrischen Fluß und ist die vergleichbare Größe zum Strom in elektrischen Kreisen.

Flußlinien beginnen und enden auf Ladungen.

Influenz. Bringt man einen metallischen Körper in das elektrische Feld zweier geladenen Metallplatten, so weichen die frei beweglichen Ladungsträger den wirkenden Feldkräften aus (Bild 5.2).

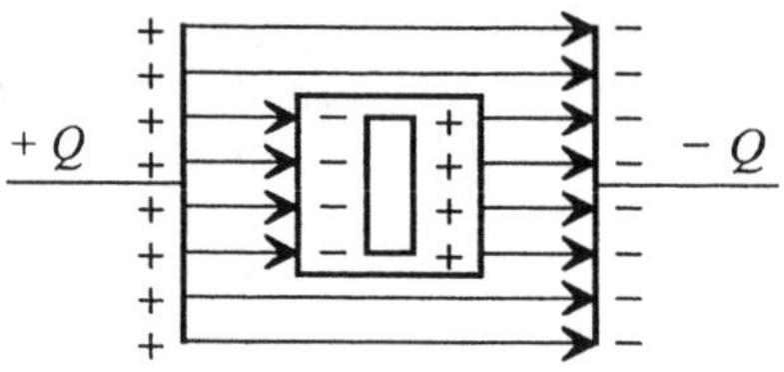

Bild 5.2 Influenz in einem metallischen Körper

Es setzt eine Ladungstrennung solange ein, bis die Wirkung des äußeren Feldes kompensiert ist. Das Innere des metallischen Körpers wird feldfrei (*Faradayscher Käfig*).

Polarisation. Wird an die Plattenanordnung eine Spannung angelegt, so entsteht zwischen den Elektroden ein elektrisches Feld, welches eine Ladungsträgerverschiebung innerhalb der Moleküle des Dielektrikums zur Folge hat. Die Atome erhalten Dipolcharakter. Man bezeichnet diesen Vorgang als *Polarisation* (Bild 5.3).

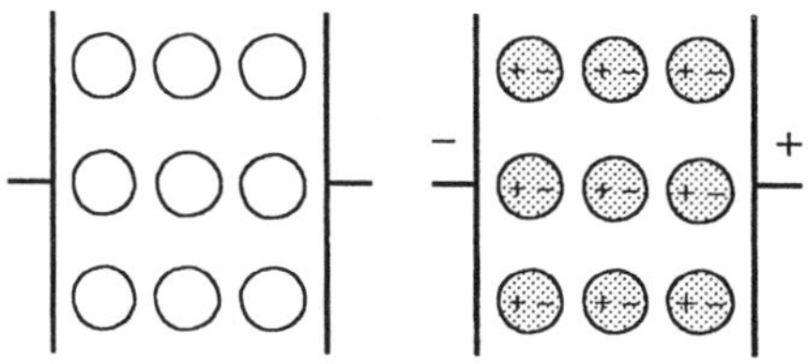

Bild 5.3 Polarisation dielektrischer Stoffe (Modell)

Innerhalb des Isolierstoffes bilden sich Ladungsketten in Feldrichtung aus, deren polarisierte Enden an der Oberfläche zusätzliche Teilladungen auf den Metallplatten binden. Der elektrische Fluß nimmt zu.

Elektrische Flußdichte. Wird der elektrische Fluß auf die von ihm senkrecht durchsetzte Fläche A bezogen, erhält man die elektrische Flußdichte als analoge Größe zur elektrischen Stromdichte.

$$D = \frac{\mathrm{d}\Psi}{\mathrm{d}A_{\perp}} \tag{5.2}$$

$$[D] = 1\frac{\mathrm{A \cdot s}}{\mathrm{m}^2} = 1\frac{\mathrm{C}}{\mathrm{m}^2}$$

Die elektrische Flußdichte ist ein Vektor. Die Richtung ist ausgehend von positiven Ladungsträgern definiert und stimmt mit der Richtung der elektrischen Feldstärke überein. Die Veränderung der Flußdichte bei unterschiedlichen Isolierstoffen im elektrischen Feld, bedingt durch den Vorgang der Polarisation, wird über Gl. (5.3) erfaßt.

$$\vec{D} = \varepsilon\,\vec{E} \tag{5.3}$$

Mit dem Vektorcharakter der Flußdichte läßt sich der elektrische Fluß durch eine Hüllenfläche in inhomogenen Feldern berechen (Bild 5.4).

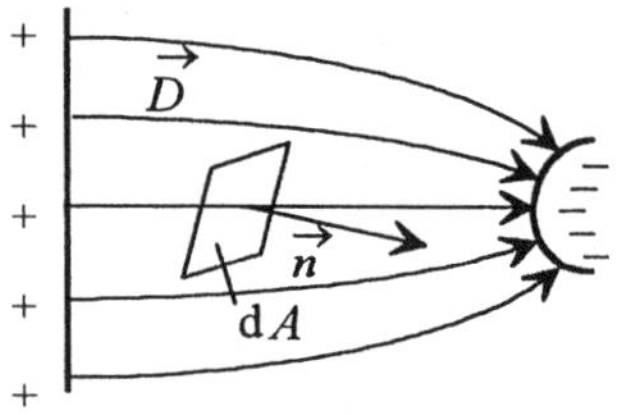

Bild 5.4 Inhomogenes elektrisches Feld

Es gilt:

$$\Psi = \int_A \vec{D}\,\mathrm{d}\vec{A} \tag{5.4}$$

5.1.2 Definitions- und Bemessungsgleichung

Zur Herleitung der Definitionsgleichung soll von folgenden Gleichungen ausgegangen werden:

Inhomogenes Feld	Homogenes Feld
$U_{AB} = \int_A^B E\,\mathrm{d}s$	$U_{AB} = Es$
$\vec{D} = \varepsilon\,\vec{E}$	$D = \varepsilon\,E$
$\Psi = Q = \int_A D\,\mathrm{d}A_\perp$	$Q = DA_\perp$

Definitionsgleichung. Wählt man eine Plattenanordnung nach Bild 5.1, lassen sich elektrische Ladungen bzw. elektrische Feldenergie speichern. Eine Aussage über das Speichervermögen liefert die *Kapazität*. Es gilt:

$$U_{AB} = Es = \frac{D}{\varepsilon}\,s = \frac{Qs}{A_\perp\,\varepsilon}$$

$$U_{AB} = \frac{Q}{C_{AB}} \qquad Q = U_{AB}\,C_{AB}$$

$$\boxed{C_{AB} = \frac{Q_{AB}}{U_{AB}}} \tag{5.5}$$

Allgemein formuliert, gilt:

$$\boxed{C = \frac{\mathrm{d}Q}{\mathrm{d}u}} \tag{5.6}$$

$$[C] = \frac{[Q]}{[U]} = \frac{1\,\mathrm{A\cdot s}}{1\,\mathrm{V}} = 1\,\mathrm{F}\ \text{(Farad)}$$

Anordnungen bzw. Bauelemente, die Ladungen speichern, nennt man *Kondensatoren*.

Größenvorstellungen [2]

- Plattenkondensator mit $A = 1\,\mathrm{mm}^2$, $s_{AB} = 1\,\mathrm{mm} \Rightarrow C = 8{,}85 \cdot 10^{-3}\,\mathrm{pF}$
- Doppelleitung (Drahtradius 1 mm, Abstand 3 mm, Papierisolation) $C \approx 50\,\mathrm{pF}$ je Meter Länge
- Kondensatoren der Rundfunktechnik $\Rightarrow$ 1 pF bis einige 1000 µF

Bemessungsgleichung. Mit der Gl. (5.5) ergibt sich folgender Ansatz:

$$C_{AB} = \frac{\int_A D\,\mathrm{d}A_\perp}{\int_A^B E\,\mathrm{d}s}$$

Wird diese Gleichung differenziert, entsteht unter Anwendung von Gl. (5.3):

$$\mathrm{d}C = \frac{D\,\mathrm{d}A_\perp}{E\,\mathrm{d}s} = \varepsilon\,\frac{\mathrm{d}A_\perp}{\mathrm{d}s}$$

Für Kondensatoren mit homogenen Feldverlauf gilt demzufolge:

$$\boxed{C_{AB} = \varepsilon_0\,\varepsilon_r\,\frac{A_\perp}{s_{AB}}} \tag{5.7}$$

> Die Kapazität ist von den geometrischen Abmessungen der Anordnung und vom Dielektrikum abhängig.

5.1.3 Schaltung von Kondensatoren

Reihenschaltung. Bei der Reihenschaltung von Kondensatoren addieren sich die Spannungen, die Ladungsmenge jedes Kondensators ist infolge der Influenz gleich (Bild 5.5).

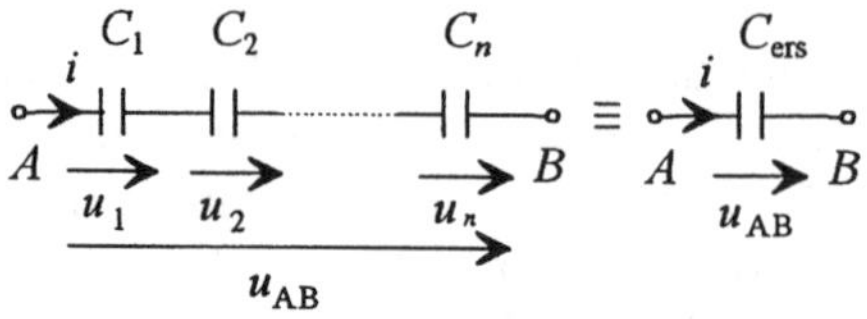

Bild 5.5 Reihenschaltung von Kondensatoren

Unter Verwendung von Gl. (5.5) folgt:

$$u_{AB} = u_1 + u_2 + \ldots + u_n$$

$$\frac{Q}{C_{ers}} = \frac{Q}{C_1} + \frac{Q}{C_2} + \ldots + \frac{Q}{C_n}$$

$$\boxed{\frac{1}{C_{ers}} = \sum_{\nu=1}^{\nu=n} \frac{1}{C_\nu}} \qquad (5.8)$$

Für zwei in Reihe geschaltete Kondensatoren ergibt sich nach Gl. (5.8) die Vereinfachung:

$$\frac{1}{C_{ers}} = \frac{1}{C_1} + \frac{1}{C_2} = \frac{C_1 + C_2}{C_1 C_2}$$

$$\boxed{C_{ers} = \frac{C_1 C_2}{C_1 + C_2}} \qquad (5.9)$$

Parallelschaltung. Bei der Parallelschaltung addieren sich die Teilladungen auf den einzelnen Kondensatoren zur Gesamtladung (Bild 5.6).

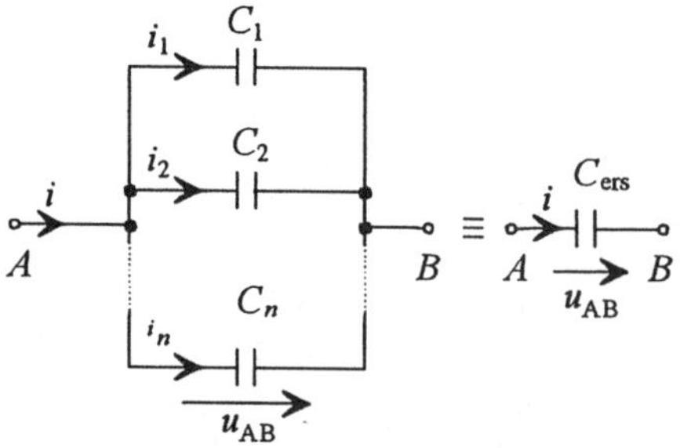

Bild 5.6 Parallelschaltung von Kondensatoren

Mit $Q = C\,U$ ergibt sich die Ableitung:

$$Q_{ers} = Q_1 + Q_2 + \ldots + Q_{n2}$$

$$C_{ers}\, u_{AB} = C_1\, u_{AB} + C_2\, u_{AB} + \ldots + C_n\, u_{AB}$$

$$\boxed{C_{ers} = \sum_{\nu=1}^{\nu=n} C_\nu} \qquad (5.10)$$

5.1.4 Energie und Kräfte

Energiegleichung. Betrachtet man die Reihenschaltung eines ohmschen Widerstandes mit einer Kapazität nach Bild 5.7, so gilt folgende Ausgangsgleichung:

$$u_{AB} = u_R + u_C$$

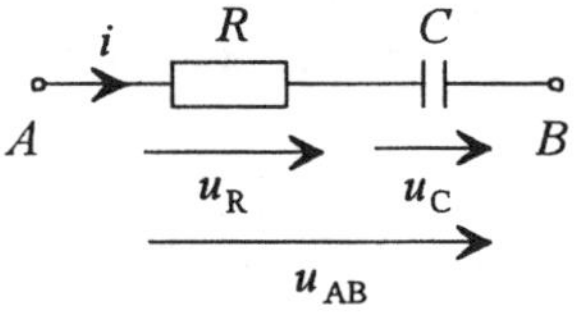

Bild 5.7 Elektrische Größen in einer Reihenschaltung von R und C

Werden beide Seiten der Gleichung mit dem Ausdruck $i\,\mathrm{d}t$ erweitert, so erhält man die Energiegleichung mit den Komponenten:

$$u_{AB}\; i\,\mathrm{d}t = u_R\; i\,\mathrm{d}t + u_C\; i\,\mathrm{d}t$$

- Gesamtenergie

$$\mathrm{d}W_{ges} = u_{AB}\; i\,\mathrm{d}t$$

- In Wärme umgesetzte Energie im ohmschen Widerstand

$$\mathrm{d}W_R = u_R\; i\,\mathrm{d}t$$

- Elektrische Energie zum Aufbau des elektrischen Feldes im Kondensator.

$$\mathrm{d}W_e = u_C\; i\,\mathrm{d}t$$

Unter Verwendung der Definitionsgleichungen für die Kapazität und den elektrischen Strom folgt:

$$\mathrm{d}u_\mathrm{C} = \frac{\mathrm{d}Q}{C} \qquad i = \frac{\mathrm{d}Q}{\mathrm{d}t}$$

$$u_\mathrm{C} = \frac{1}{C}\int i\,\mathrm{d}t \quad \text{bzw.} \quad i = C\frac{\mathrm{d}u_\mathrm{C}}{\mathrm{d}t}$$

$$\mathrm{d}W_\mathrm{e} = u_\mathrm{C}\,C\,\frac{\mathrm{d}u_\mathrm{C}}{\mathrm{d}t}\,\mathrm{d}t$$

$$\int \mathrm{d}W_\mathrm{e} = C\int u_\mathrm{C}\,\mathrm{d}u_\mathrm{C}$$

$$\boxed{W_\mathrm{e} = \frac{C}{2}u_\mathrm{C}^2} \qquad (5.11)$$

Die Gl. (5.11) dient zur Berechnung der gespeicherten Energie in der Kapazität. Sie ist vom Quadrat der Spannung abhängig.

Abgeleitete Formeln sind:

$$\boxed{W_\mathrm{e} = \frac{Q\,u_\mathrm{C}}{2}} \qquad (5.12)$$

$$\boxed{W_\mathrm{e} = \frac{Q^2}{2C}} \qquad (5.13)$$

Energiedichte. Mit den Gln. (5.3), (5.4) und (5.7) läßt sich die Energiedichte berechnen.

$$W_\mathrm{e} = \frac{\varepsilon^2 E^2 A^2}{2C} = \frac{D\varepsilon E A^2 s}{2\varepsilon A}$$

$$W_\mathrm{e} = \frac{1}{2} D E A\, s$$

$$\boxed{\frac{W_\mathrm{e}}{V} = w_\mathrm{e} = \frac{1}{2} D E} \qquad (5.14)$$

Kraft auf ruhende Ladungen. Bei Bewegung der Ladung von Punkt 1 nach 2 (Bild 5.8) leistet das elektrische Feld die Arbeit:

$$W_{12} = \int_1^2 \vec{F}\,\mathrm{d}\vec{s} = \int_1^2 Q\vec{E}\,\mathrm{d}\vec{s}$$

$$W_{12} = Q(\varphi_1 - \varphi_2) = Q\,U_{12} = Q\,\Delta U$$

Durch die Krafteinwirkung wird die Ladung im elektrischen Feld gleichförmig beschleunigt.

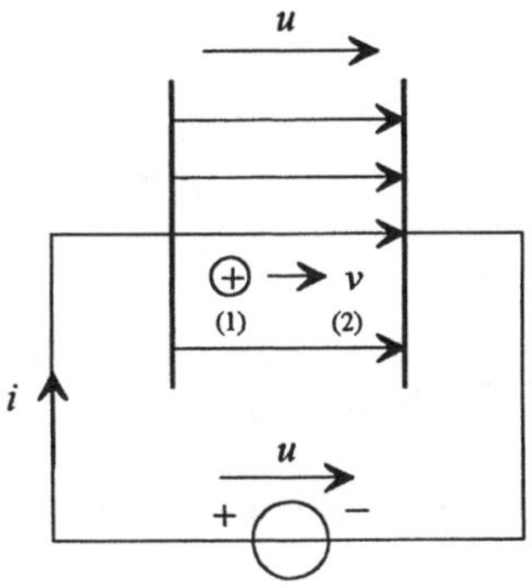

Bild 5.8 Kinetische Energieerhöhung im elektrischen Feld [2], [58]

Mit dem Ansatz $\vec{F} = m\,\vec{a}$ gilt:

$$W_{12} = \int_1^2 m\,\frac{\mathrm{d}v}{\mathrm{d}t}\,\mathrm{d}s = \int_1^2 m\,\frac{\mathrm{d}s}{\mathrm{d}t}\,\mathrm{d}v$$

$$W_{12} = \int_1^2 m\,v\,\mathrm{d}t = \frac{1}{2} m\left(v_2^2 - v_1^2\right)$$

Wird die elektrische und mechanische Verschiebungsarbeit gleichgesetzt, gilt:

$$Q\,U_{12} = \frac{1}{2} m\left(v_2^2 - v_1^2\right)$$

Daraus folgt weiter:

$$Q\varphi_1 - Q\varphi_2 = \frac{m}{2}v_2^2 - \frac{m}{2}v_1^2$$

$$Q\varphi_1 + \frac{m}{2}v_1^2 = Q\varphi_2 + \frac{m}{2}v_2^2 = \text{konst.} \tag{5.15}$$

Bei Gl. (5.15) handelt es sich um den *Energieerhaltungssatz* (Konstanz der Summe von potentieller und kinetischer Energie).
Ist die Anfangsgeschwindigkeit $v_1 = v$, so folgt für die Geschwindigkeit der Ladung beim Auftreffen auf die negative Elektrode:

$$v = \sqrt{\frac{2QU_{12}}{m}} \tag{5.16}$$

Gibt man für die Ladung Q die Elementarladung und für m die Ruhemasse des Elektrons an, so ergibt sich bei einer Spannung von $U = 100\,\text{kV}$ eine Geschwindigkeit von $v = 6 \cdot 10^3\,\text{km/s}$.

Kraft auf Kondensatorflächen. Betrachtet wird ein Kondensator mit einer beweglichen Elektrode (Bild 5.9)

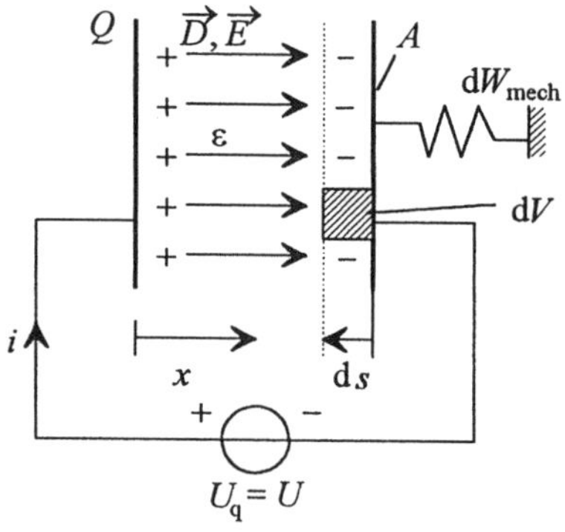

Bild 5.9 Energieänderung in einem Kondensator mit einer beweglichen Elektrode bei konstanter Ladung und Spannung [2], [58]

Aus $\mathrm{d}W_\mathrm{e} = \mathrm{d}W_\mathrm{mech}$ folgt, wenn die linke Seite mit $\mathrm{d}C$ erweitert wird:

$$\frac{\mathrm{d}W_\mathrm{e}\,\mathrm{d}C}{\mathrm{d}C} = F\,\mathrm{d}s$$

Für den vorliegenden Fall (konstante Ladung und konstante Spannung) folgt daraus:

$$F = \frac{\mathrm{d}W_\mathrm{e}\,\mathrm{d}C}{\mathrm{d}C\,\mathrm{d}s}$$

Mit $W_\mathrm{e} = Q^2/2C$ ergibt sich dann Gl. (5.17).

$$F = \frac{Q^2\,\mathrm{d}C}{2C^2\,\mathrm{d}s} \tag{5.17}$$

Der Kraftbetrag ist der räumlichen Kapazitätsänderung proportional. Mit $Q = UC$ folgt daraus für den Plattenkondensator:

$$F = \frac{U^2\,\mathrm{d}C}{2\,\mathrm{d}s} \tag{5.18}$$

In beiden Fällen vergrößert sich die Kraftwirkung der Kapazität durch die Abstandsverringerung der Platten.

❑ **Beispiel 5.1 [11]**

Zwei vollkommen isolierte Kugeln sind elektrisch geladen. Die erste Kugel mit einer Kapazität von $C = 2{,}5 \cdot 10^{-11}\,\text{F}$ hat eine Spannung von $U = 12\,\text{kV}$ gegen Erde, die zweite Kugel mit einer Kapazität von $C = 1 \cdot 10^{-11}\,\text{F}$ hat eine Spannung von $U = -6\,\text{kV}$ gegen Erde. Die beiden Kugeln werden durch einen dünnen Draht, dessen Kapazität vernachlässigt werden kann, leitend miteinander verbunden.

Es sind zu berechnen:

1. die Elektrizitätsmenge auf jeder Kugel vor der Verbindung,
2. die Elektrizitätsmenge auf jeder Kugel nach der Verbindung,
3. die Elektrizitätsmenge, die durch den Draht fließt,
4. die Spannung der beiden Kugeln nach der Verbindung.

Lösung:

zu 1.

$$Q_1 = C_1 U_1 = 3 \cdot 10^{-7}\,\mathrm{C}$$

$$Q_2 = C_2 U_2 = -6 \cdot 10^{-8}\,\mathrm{C}$$

zu 2.

Die Elektrizitätsmenge bleibt auf beiden Kugeln auch nach der Verbindung erhalten. Beide Kugeln besitzen die gleiche Spannung gegen Erde. Es gilt:

$$Q = Q_1' + Q_2' = 2,4 \cdot 10^{-7}\,\mathrm{C}$$

$$U_1 = U_2 = U$$

Daraus folgt:

$$U = \frac{Q_1'}{C_1} = \frac{Q_2'}{C_2}$$

$$Q_2' = \frac{C_2}{C_1} Q_1' \quad \text{und} \quad Q_2' = Q - Q_1'$$

$$Q - Q_1' = \frac{C_2}{C_1} Q_1'$$

$$Q = Q_1' \left(\frac{C_2}{C_1} + 1\right)$$

$$Q_1' = \frac{Q}{\frac{C_2}{C_1} + 1} = 1,714 \cdot 10^{-7}\,\mathrm{C}$$

$$Q_2' = Q - Q_1' = 0,686 \cdot 10^{-7}\,\mathrm{C}$$

$$Q_2' = 0,686 \cdot 10^{-7}\,\mathrm{C}$$

zu 3.

Durch den Draht fließt die Elektrizitätsmenge:

$$Q_1 - Q_1' = 1,286 \cdot 10^{-7}\,\mathrm{C}$$

$$Q_2 - Q_2' = -1,286 \cdot 10^{-7}\,\mathrm{C}$$

Die Elektrizitätsmenge fließt von der zweiten Kugel zur ersten Kugel.

zu 4.

Die Spannung gegen Erde beträgt:

$$U = \frac{Q_1'}{C_1} = \frac{Q_2'}{C_2}$$

$$U = 6,86\,\mathrm{kV}$$

❑ **Beispiel 5.2 [22]**

Es ist die veränderbare Kapazität des Drehkondensator nach Bild 5.10 zu berechnen.

Lösung:

Die Kapazitätsänderung wird bei einem Drehkondensator durch die Veränderung der wirksamen Plattenfläche erreicht (Bild 5.10).

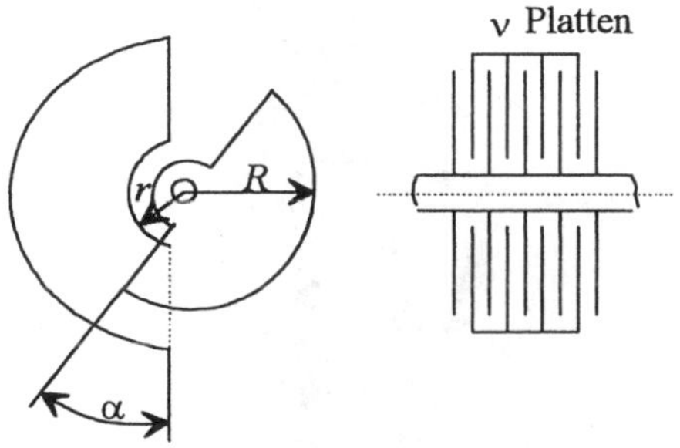

Bild 5.10 Kreisplatten-Drehkondensator

Die wirksame Fläche im Bogen (α) beträgt:

$$A = \left(\frac{R^2}{2} - \frac{r^2}{2}\right)\alpha$$

Für eine Kapazität mit ν parallelen Platten gilt:

$$C = (\nu - 1)\frac{\varepsilon_0 \varepsilon_r A}{s_{AB}}$$

Mit $\varepsilon_0 = 8{,}854 \cdot 10^{-12} \frac{\mathrm{A \cdot s}}{\mathrm{V \cdot m}}$ entsteht:

$$C = (\nu - 1)\varepsilon_0 \varepsilon_r \frac{R^2 - r^2}{2 s_{AB}} \alpha$$

Der Maximalwert der Kapazität tritt bei $\alpha = \pi$ auf.

☐ **Beispiel 5.3 [42]**

Bei einem Kappenisolator (Kugelkopf) beträgt $r_1 = 2{,}5\,\mathrm{cm}$ und $r_2 = 5\,\mathrm{cm}$ (Bild 5.11).
Die Durchschlagfestigkeit des Porzellans beträgt 100 kV/cm ($\varepsilon_r = 7$). An dem Isolator liegt eine Spannung von $U = 30\,\mathrm{kV}$ an.
Es sind zu bestimmen:

1. die Kapazität des Kappenisolators
2. die größte Feldstärke im Porzellan
3. die kleinste Feldstärke im Porzellan
4. die Feldstärke im Abstand von 3 cm vom Mittelpunkt des Isolators
5. den Sicherheitsfaktor gegen Durchschlag.

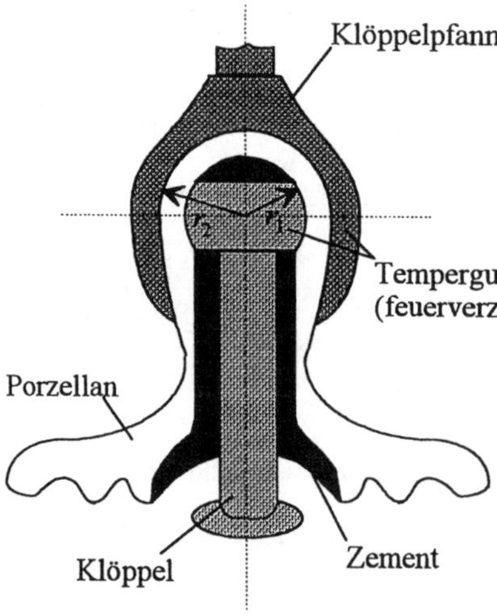

Bild 5.11 Schnitt durch einen Kappenisolator

Lösung:

zu 1.

Berechnung der Kapazität und der Feldstärke von zwei konzentrischen Kugeln (Bild 5.12):

Bei der Lösung ist zu beachten, daß die Feldliniendichte innen größer ist als außen.

Mit den Gleichungen

$$D = \varepsilon_r \varepsilon_0 E \qquad D = \frac{Q}{A}$$

ergibt sich Gl. (5.19) als Ausgangsgleichung.

$$\boxed{E = \frac{Q}{\varepsilon_r \varepsilon_0 A}} \tag{5.19}$$

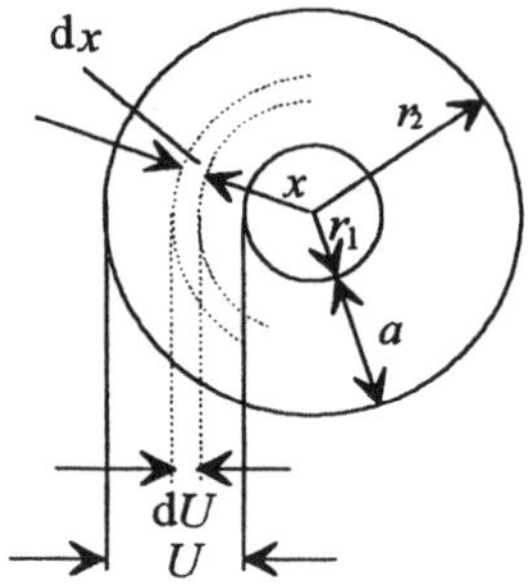

Bild 5.12 Schnitt durch zwei konzentrische Kugeln

zu 2.

Berechnung der Feldstärke an der Oberfläche der inneren Kugel

$$E_i = \frac{Q}{\varepsilon A_i} \qquad A_i = 4\pi r_1^2$$

zu 3.

Berechnung der Feldstärke an der Oberfläche der äußeren Kugel

$$E_a = \frac{Q}{\varepsilon A_a} \qquad A_a = 4\pi r_2^2$$

Weiterhin gilt:

$$E_x = \frac{\mathrm{d}U}{\mathrm{d}x} \qquad E_x = \frac{Q}{\varepsilon\,\mathrm{d}A_x} \qquad A_x = 4\pi x$$

$$E_x = \frac{\mathrm{d}U}{\mathrm{d}x} = \frac{Q}{\varepsilon_r \varepsilon_0 4\pi x^2}$$

$$U = \int_{r_1}^{r_2} \frac{Q\,\mathrm{d}x}{\varepsilon_r \varepsilon_0 4\pi x^2}$$

$$U = \frac{Q}{4\pi\varepsilon_r\varepsilon_0}\left[-\frac{1}{x}\right]_{r_1}^{r_2} = \frac{Q}{4\pi\varepsilon_r\varepsilon_0}\left(-\frac{1}{r_2}+\frac{1}{r_1}\right)$$

Die Kapazität der Anordnung ergibt sich damit zu:

$$C = \frac{Q}{U} = \varepsilon_r \varepsilon_0 \frac{4\pi}{\frac{1}{r_1} - \frac{1}{r_2}} \qquad (5.20)$$

Mit den gegebenen Zahlenwerten ergibt sich eine Kapazität von $C = 3{,}9 \cdot 10^{-11}$ F.

Mit Gl. (5.19) und Gl. (5.20) folgt:

$$E_x = \frac{CU}{\varepsilon_r \varepsilon_0 4\pi x^2} = \frac{U}{\left(\frac{1}{r_1} - \frac{1}{r_2}\right)x^2}$$

$$E_x = \frac{U r_1 r_2}{x^2 (r_2 - r_1)} \qquad (5.21)$$

zu 4.

Berechnung der maximalen Feldstärke an der Stelle $x = r_1$:

$$E_{r_1} = \frac{U r_2}{r_1 (r_2 - r_1)} = 24\,\frac{\mathrm{kV}}{\mathrm{cm}}$$

zu 5.

Berechnung der geringsten Feldstärke an der Stelle $x = r_2$:

$$E_{r_2} = \frac{U r_1}{r_2 (r_2 - r_1)} = 6\,\frac{\mathrm{kV}}{\mathrm{cm}}$$

zu 6.

Berechnung der Feldstärke an der Stelle $x = 3$ cm

$$E_x = \frac{U r_1 r_2}{x (r_2 - r_1)} = 16{,}7\,\frac{\mathrm{kV}}{\mathrm{cm}}$$

zu 7.

Berechnung des Sicherheitsfaktors:

$$S = \frac{E_d}{E_{r_1}} = \frac{100\,\mathrm{kV \cdot cm}}{24\,\mathrm{kV \cdot cm}} = 4{,}2$$

❑ **Beispiel 5.4 [42]**

Der Isolatorkörper einer Hochspannungsdurchführung bildet einen dreifach geschichteten Kreiszylinder (Bild 5.13).

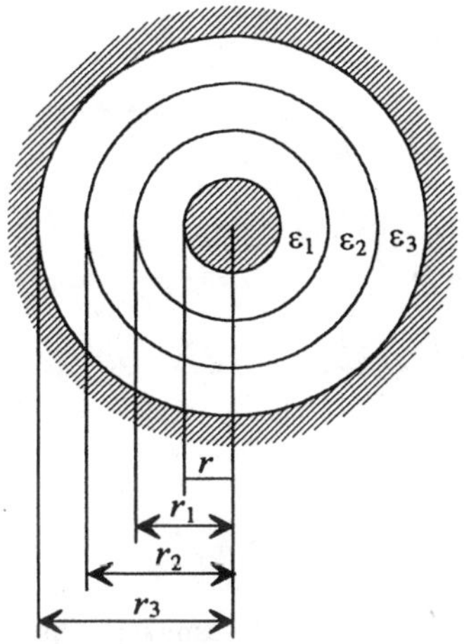

Bild 5.13 Querschnitt einer Hochspannungsdurchführung

Unter Vernachlässigung der Randstreuung ist die Kapazität je Längeneinheit zu berechnen. Ferner ist der Verlauf der Feldstärke bei einer Spannung $U = 10$ kV längs des Radius zu ermitteln, wenn die relative Permittivität $\varepsilon_1 = 4{,}0$, $\varepsilon_2 = 3{,}0$, $\varepsilon_3 = 2{,}0$ und die Radien $r = 1$ cm, $r_1 = 2$ cm, $r_2 = 3$ cm und $r_3 = 4$ cm betragen.

Lösung:

Die Anordnung stellt mehrfach ineinander geschichtete Zylinder dar.
Für die *Gesamtkapazität* gilt:

$$C = \frac{1}{\frac{1}{C_1} + \frac{1}{C_2} + \frac{1}{C_3}}$$

Die Zylindersymmetrie der Elektroden überträgt sich auf den Feldverlauf. Für die Ermittlung der Einzelkapazitäten kann man daher den Raum zwischen den Metallflächen in Zylinderschalen der Dichte dr zerlegen.

Mit Hilfe von Gl. (5.11) ergibt sich für den vorliegenden Fall folgender Ansatz:

$$\mathrm{d}\left(\frac{1}{C}\right) = \frac{\mathrm{d}r}{\varepsilon A} = \frac{\mathrm{d}r}{\varepsilon\, 2\pi r l}$$

$$C = \frac{1}{\int_{R_i}^{R_a} \frac{\mathrm{d}r}{2\pi\varepsilon r l}} = \varepsilon \frac{2\pi l}{\ln \frac{R_a}{R_i}}$$

Daraus folgt:

$$C_1 = \frac{2\pi\varepsilon_0\varepsilon_1 l}{\ln \frac{r_1}{r}}$$

$$C_2 = \frac{2\pi\varepsilon_0\varepsilon_2 l}{\ln \frac{r_2}{r_1}}$$

$$C_3 = \frac{2\pi\varepsilon_0\varepsilon_3 l}{\ln \frac{r_3}{r_2}}$$

Für die Ermittlung der Gesamtkapazität werden die Gleichungen zur Berechnung der Einzelkapazitäten in die Ausgangsgleichung eingesetzt:

$$\boxed{C = \frac{2\pi\varepsilon_0 l}{\frac{1}{\varepsilon_1}\ln\frac{r_1}{r} + \frac{1}{\varepsilon_2}\ln\frac{r_2}{r_1} + \frac{1}{\varepsilon_3}\ln\frac{r_3}{r_2}}} \qquad (5.22)$$

Die Ermittlung des Feldstärkeverlaufes erfolgt für die einzelnen Schichten.

Liegt die Spannung U zwischen Innenleiter und Außenleiter (Fassung) an, so berechnet sich die Feldstärke in einer Schicht vom Radius R mit der relativen Permittivität ε_r wie folgt:

$$E = \frac{D}{\varepsilon_0 \varepsilon_r}$$

$$E = \frac{Q}{2\pi\varepsilon_0\varepsilon_r R l}$$

$$E\, 2\pi\varepsilon_0\varepsilon_r R l = C U$$

$$E \varepsilon_r R = \frac{U}{\frac{1}{\varepsilon_1}\ln\frac{r_1}{r} + \frac{1}{\varepsilon_2}\ln\frac{r_2}{r_1} + \frac{1}{\varepsilon_3}\ln\frac{r_3}{r_2}}$$

$$\boxed{E = \frac{U}{\varepsilon_r R\left[\frac{1}{\varepsilon_1}\ln\frac{r_1}{r} + \frac{1}{\varepsilon_2}\ln\frac{r_2}{r_1} + \frac{1}{\varepsilon_3}\ln\frac{r_3}{r_2}\right]}} \qquad (5.23)$$

$$\boxed{E = \frac{U}{\varepsilon_r R\,[K]}} \qquad (5.24)$$

Der Klammerausdruck [K] ergibt für das vorliegende Beispiel den Zahlenwert $K = 0,45$. Somit wird die Feldstärke auf der Oberfläche des Innenleiters

$$E_i = \frac{U}{\varepsilon_1 r\,[K]} = 5,6\,\frac{\text{kV}}{\text{cm}}$$

An der ersten Trennfläche springt der Betrag der Feldstärke von

$$E_{11} = \frac{u}{\varepsilon_1 r_1\,[K]} = 2,8\,\frac{\text{kV}}{\text{cm}}$$

auf

$$E_{12} = \frac{U}{\varepsilon_2 r_1\,[K]} = 3,7\,\frac{\text{kV}}{\text{cm}}.$$

Entsprechend erhält man für die zweite Trennschicht:

$$E_{22} = \frac{U}{\varepsilon_2 r_2\,[K]} = 2,5\,\frac{\text{kV}}{\text{cm}}$$

$$E_{23} = \frac{U}{\varepsilon_3 r_2 [K]} = 3,7 \frac{\text{kV}}{\text{cm}}$$

An der Fassung gilt:

$$E_a = \frac{U}{\varepsilon_3 r_3 [K]} = 2,8 \frac{\text{kV}}{\text{cm}}$$

Ist der Isolierkörper nicht geschichtet, sondern gilt $\varepsilon_1 = \varepsilon_2 = \varepsilon_3 = \varepsilon_r$, so folgt aus den Gln. (5.22) und (5.23):

$$C = \frac{2\pi\varepsilon_0 \varepsilon_r l}{\ln \frac{r_3}{r}} \qquad E = \frac{Q}{2\pi\varepsilon_0 \varepsilon_r R l}$$

$$\boxed{E = \frac{U}{R \ln \frac{r_3}{r}}} \qquad (5.25)$$

Die gegebenen Zahlenwerte in Gl. (5.25) eingesetzt, ergibt für $R = r$ bzw. $R = r_3$ folgende Werte:

$$E_i' = 7,2 \frac{\text{kV}}{\text{cm}} \qquad E_a' = 1,8 \frac{\text{kV}}{\text{cm}}$$

Die grafische Auswertung des Feldstärkeverlaufs im geschichteten Isolierkörper zeigt Bild 5.14. Außerdem ist der Verlauf der Feldstärke eines nichtgeschichteten Isolierkörpers gestrichelt dargestellt.

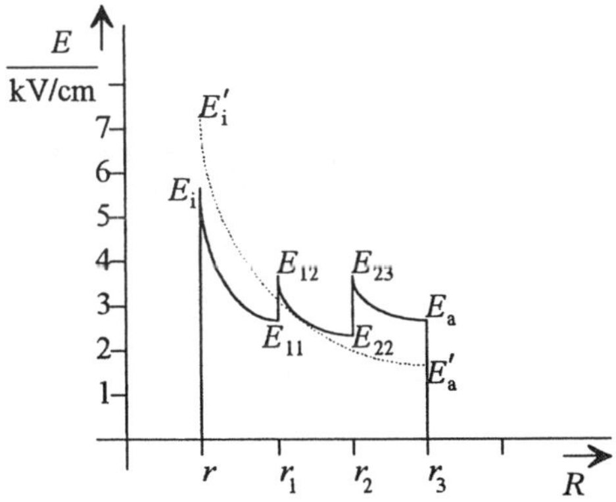

Bild 5.14 Verlauf der Feldstärke bei einem geschichteten Zylinderkondensator gemäß Beispiel 5.4

Der Stoff mit der größten Permittivität erfährt stets die kleinste elektrische Beanspruchung .

Durch entsprechend feine Unterteilung (Schichtung) und geeignete Wahl der Permittivität ist es möglich, eine annähernd konstante Feldstärke in allen Schichten einzustellen.

❑ **Beispiel 5.5 [42]**

Es ist die Kapazität einer Doppelleitung nach Bild 5.15 zu berechnen.

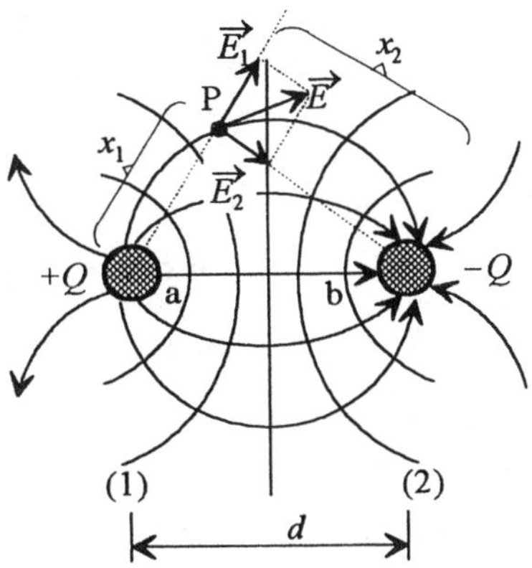

Bild 5.15 Feldbild einer Doppelleitung

Lösung:

Berechnung der Feldstärkekomponenten:

Die Flächen, durch die die beiden Kraftliniengruppen im Abstand x_1 bzw. x_2 hindurchstoßen, sind Zylinderflächen mit dem Umfang $2\pi x_1$ bzw. $2\pi x_2$ und der Höhe l, die gleich der Leitungslänge ist. Daraus folgt:

$$\left|\vec{D}_1\right| = \frac{Q}{2\pi x_1 l} \qquad \left|\vec{D}_2\right| = \frac{-Q}{2\pi x_2 l}$$

Für die dazugehörigen Feldstärken im Punkt P gilt demzufolge:

$$\left|\vec{E}_1\right| = \frac{\left|\vec{D}_1\right|}{\varepsilon_0 \varepsilon_r} = \frac{Q}{2\pi x_1 l \varepsilon_0 \varepsilon_r} = \frac{Q}{\varepsilon_0 \varepsilon_r 2\pi l} \frac{1}{x_1}$$

$$\left|\vec{E}_2\right| = \frac{\left|\vec{D}_2\right|}{\varepsilon_0 \varepsilon_r} = \frac{-Q}{2\pi l \varepsilon_0 \varepsilon_r} \frac{1}{x_2}$$

Die resultierende Feldstärke $\vec{E}$ ergibt sich aus der geometrischen Summe dieser beiden Teilfeldstärken.

Berechnung der Spannung zwischen den beiden Leitern:

Für die Berechnung gibt es zwei Wege, die getrennt dargestellt werden:

Weg 1:

Zunächst wird mit Hilfe der resultierenden Feldstärke $\vec{E}$ die Arbeit berechnet, die geleistet werden muß, um die Ladung 1 vom Leiter 1 zum Leiter 2 zu bringen. Welcher Weg dabei zu wählen ist, ist gleichgültig, da die zu leistende Arbeit, d.h., die zwischen den Leitern liegende Spannung U, immer die gleiche ist.

Zur Vereinfachung der Rechnung wählt man den Weg längs der Abstandslinie *a-b*. Dafür liegen die Einzelfeldstärken $\vec{E}_1$ und $\vec{E}_2$ in der gleichen Richtung und können algebraisch addiert werden.

$$\left|\vec{E}\right| = \left|\vec{E}_1\right| + \left|\vec{E}_2\right| = E = \frac{Q}{\varepsilon_0 \varepsilon_r \pi l}\left(\frac{1}{x_1} - \frac{1}{x_2}\right)$$

Bewegt man in dieser Richtung die Ladung 1 über die Strecke $\mathrm{d}x$, so gilt:

$$\mathrm{d}U = E\,\mathrm{d}x = \frac{Q}{\varepsilon_0 \varepsilon_r 2\pi l}\left(\frac{\mathrm{d}x_1}{x_1} - \frac{\mathrm{d}x_2}{x_2}\right)$$

Bei Bewegung der Ladung 1 vom Leiter 1 zum Leiter 2 gilt für die Spannung, wenn angenommen wird, daß $d > r$:

$$U = \int_r^d E\,\mathrm{d}x = \frac{Q}{\varepsilon_0 \varepsilon_r 2\pi l}\left(\int_r^d \frac{\mathrm{d}x_1}{x_1} - \int_d^r \frac{\mathrm{d}x_2}{x_2}\right)$$

$$U = \frac{Q}{\varepsilon_0 \varepsilon_r 2\pi l}\left(\ln\left(\frac{d}{r}\right) - \ln\left(\frac{r}{d}\right)\right)$$

$$\boxed{U = \frac{Q}{\varepsilon_0 \varepsilon_r 2\pi l} 2 \ln\left(\frac{d}{r}\right)} \qquad (5.26)$$

Weg 2:

Es werden die Potentiale als Hilfsgrößen verwendet. Für die Potentiale, die vom Leiter 1 bzw. 2 im Punkt P erzeugt werden, gilt mit den Feldstärken in diesen Punkten.

$$E_1 = -\frac{\mathrm{d}\varphi_1}{\mathrm{d}x_1} \qquad E_2 = -\frac{\mathrm{d}\varphi_2}{\mathrm{d}x_2}$$

Das negative Vorzeichen deutet hierbei an, daß eine Zunahme des Abstandes x_1 bzw. x_2 eine Abnahme der Potentiale zur Folge hat.

Daraus folgt:

$$\mathrm{d}\varphi_1 = -E_1\,\mathrm{d}x_1 \qquad \text{bzw.} \qquad \mathrm{d}\varphi_2 = -E_2\,\mathrm{d}x_2$$

$$\mathrm{d}\varphi_1 = \frac{-Q}{\varepsilon_0 \varepsilon_r 2\pi l} \frac{\mathrm{d}x_1}{x_1}$$

$$\mathrm{d}\varphi_2 = \frac{Q}{\varepsilon_0 \varepsilon_r 2\pi l} \frac{\mathrm{d}x_2}{x_2}$$

$$\varphi_1 = -\frac{Q}{\varepsilon_0 \varepsilon_r 2\pi l}\int \frac{\mathrm{d}x_1}{x_1} = \frac{Q}{\varepsilon_0 \varepsilon_r 2\pi l} \ln x_1 + K$$

$$\varphi_2 = \frac{Q}{\varepsilon_0 \varepsilon_r 2\pi l}\int \frac{\mathrm{d}x_2}{x_2} = \frac{Q}{\varepsilon_0 \varepsilon_r 2\pi l} \ln x_2 + K$$

Es ist das resultierende Potential im Punkt P:

$$\varphi_P = \varphi_1 + \varphi_2 = \frac{Q}{\varepsilon_0 \varepsilon_r 2\pi l}(\ln x_2 - \ln x_1) + 2K$$

$$\varphi_P = \frac{Q}{\varepsilon_0 \varepsilon_r 2\pi l} \ln\left(\frac{x_2}{x_1}\right) + 2K$$

Das Potential φ_I des Leiters 1 erhält man, wenn für $x_1 = r$, $x_2 = d$ ($d >> r$) eingesetzt wird.

$$\varphi_I = \frac{Q}{\varepsilon_0 \varepsilon_r 2\pi l} \ln\left(\frac{d}{r}\right) + 2K$$

Analog dazu gilt mit $x_1 = d$ und $x_2 = r$:

$$\varphi_{II} = -\frac{Q}{\varepsilon_0 \varepsilon_r 2\pi l} \ln\left(\frac{d}{r}\right) + 2K$$

Die Spannung U erhält man aus der Potentialdifferenz:

$$U = \varphi_I - \varphi_{II}$$

$$\boxed{U = \frac{Q}{\varepsilon_0 \varepsilon_r 2\pi l} 2 \ln\left(\frac{d}{r}\right)} \quad (5.27)$$

Aus der Gleichung zur Berechnung von φ_P erkennt man, daß das Potential für alle Punkte konstant ist, für die das Verhältnis der Radien gleich ist.

Berechnung der Kapazität:

Mit Hilfe der Spannung erhält man die Kapazität C:

$$C = \frac{Q}{U} = \frac{Q}{\frac{Q}{\varepsilon_0 \varepsilon_r 2\pi l} 2 \ln\left(\frac{d}{r}\right)}$$

$$\boxed{C = \frac{\varepsilon_0 \varepsilon_r \pi\, l}{\ln\left(\frac{d}{r}\right)}} \quad (5.28)$$

Mit den angenommenen Zahlenwerten für eine Doppelleitung $l = 10\,\text{m}$, $\varepsilon_r = 1$, $d = 30\,\text{cm}$, $r = 1\,\text{mm}$, ergibt sich eine Kapazität von $C \approx 49\,\text{pF}$.

5.2 Induktivität

5.2.1 Selbstinduktivität

Formelzeichen	L
Schaltzeichen	 ohne Eisenkern  mit Eisenkern

5.2.1.1 Definitions- und Bemessungsgleichung

Ein sich zeitlich ändernder Fluß $\mathrm{d}\Phi/\mathrm{d}t$, bedingt durch einen sich zeitlich ändernden Strom $\mathrm{d}i/\mathrm{d}t$, induziert im Schaltelement selbst eine Quellenspannung. Diese läßt sich unter Verwendung des Induktions- und Durchflutungsgesetzes berechnen.

$$u_q = N\frac{\mathrm{d}\Phi}{\mathrm{d}t} \qquad \Theta = \sum i = N\,i$$

$$\Phi = \frac{\Theta}{R_m} = \frac{N\,i}{R_m}$$

Die Flußänderung wird durch die Stromänderung erreicht. Damit gilt:

$$\mathrm{d}\Phi = \frac{N}{R_m}\mathrm{d}i$$

$$\boxed{u_q = \frac{N^2}{R_m}\frac{\mathrm{d}i}{\mathrm{d}t}} \quad (5.29)$$

Bemessungsgleichung. Der Proportionalitätsfaktor (Induktionskoeffizient) zwischen der Spannung und dem sich zeitlich ändernden Strom ist nur von der Windungszahl des elektrischen Kreises sowie von dem magnetischen Widerstand der Anordnung abhängig und wird als *Selbstinduktivität* (kurz: *Induktivität*) bezeichnet. Die Bemessungsgleichung lautet damit:

$$L = \frac{N^2}{R_m} \quad (5.30) \qquad L = N^2 \Lambda \quad (5.31)$$

Spannungsabfall. Die induzierte Quellenspannung u_q wirkt nach der *Lenzschen Regel* der Bewegung der Ladungsträger entgegen.
Um den Stromfluß aufrechtzuerhalten, muß vom elektrischen Kreis eine zusätzliche Spannungskomponente aufgebracht werden, die gerade die induzierte Quellenspannung überwindet (Bild 5.16).
Die Spannung an der Induktivität lautet damit:

$$u_L = L\frac{di}{dt} \quad (5.32)$$

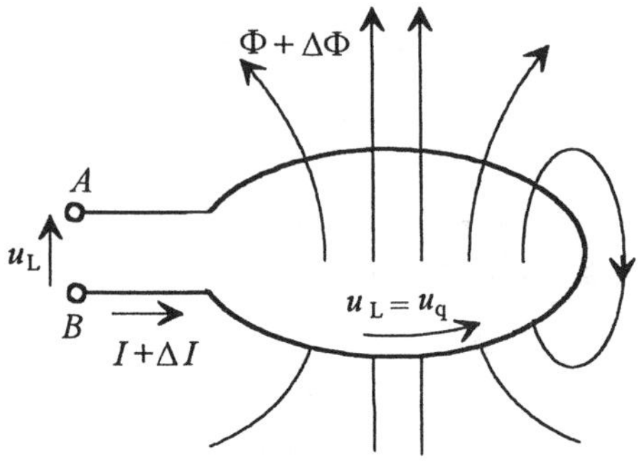

Bild 5.16 Richtung der Spannung bei Strom- bzw. Flußzunahme

Bei einer Stromabnahme kehrt sich die Richtung der Spannung um, d.h., die induzierte Quellenspannung versucht den Stromfluß aufrecht zu erhalten (Bild 5.17).

Definitionsgleichung. Wird in Gl. (5.32) die Spannung wieder durch das Induktiongesetz ersetzt, entsteht:

$$N\frac{d\Phi}{dt} = L\frac{di}{dt}$$

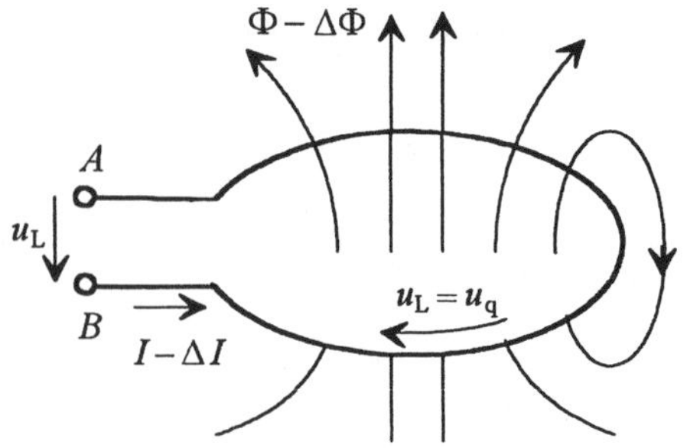

Bild 5.17 Richtung der Spannung u_L bei einer Strom- bzw. Flußabnahme

Durch Umstellen erhält man:

$$L = \frac{N d\Phi}{di}$$

Da der Fluß Φ vom Strom i unmittelbar abhängt, lautet die Definitionsgleichung der Induktivität:

$$L = \frac{N\Phi}{i} \quad (5.33)$$

Das Produkt $N\Phi$ drückt aus, daß alle vom Strom i durchflossenen Windungen an der Flußerzeugung beteiligt sind.
Führt man dafür den *verketteten Fluß* Ψ ein, gilt allgemeiner:

$$L = \frac{\Psi}{i} \quad (5.34)$$

$$[L] = \frac{[\Psi]}{[i]} = \frac{1\,\text{V}\cdot\text{s}}{\text{A}} = 1\,\text{H (Henry)}$$

Die Induktivität L definiert das Verhältnis des verketteten Flusses (Wirkung) zu seiner Ursache, dem elektrischen Strom.
Wird die Induktivität einer Anordnung durch konstruktive Maßnahmen hervorgehoben, bezeichnet man ein solches Bauelement als Spule.

❑ **Beispiel 5.6**

Gegeben ist die im Bild 5.18 dargestellte Schaltung. Mit Hilfe des Widerstandes R_v wird die Strom-Zeit-Funktion nach Bild 5.19 eingestellt. Es ist qualitativ der zeitliche Verlauf aller auftretenden Spannungen darzustellen.

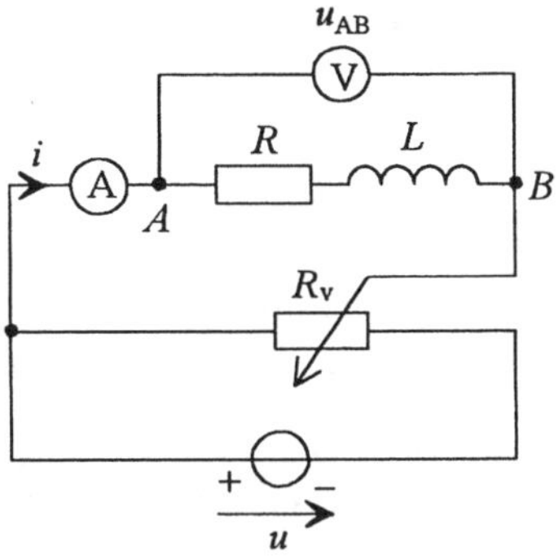

Bild 5.18 Schaltung zum Beispiel 5.6

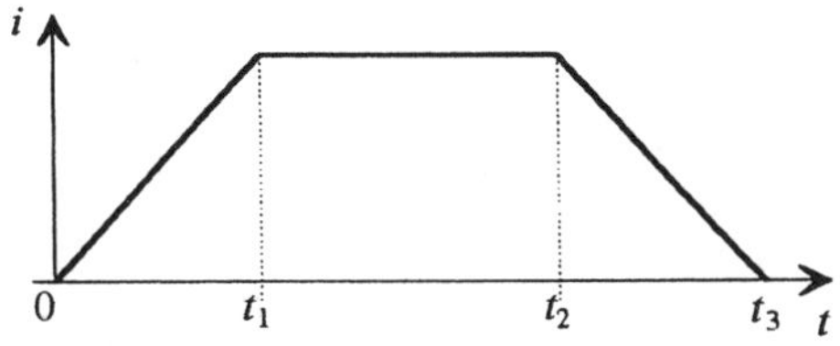

Bild 5.19 Strom-Zeit-Funktion

Lösung:

Der Spannungverlauf am ohmschen Widerstand verläuft proportional zur vorgegebenen Strom-Zeit-Funktion. Der Verlauf der Spannung über der Spule ist der Anstieg der Strom-Zeit-Funktion (Bild 5.20).

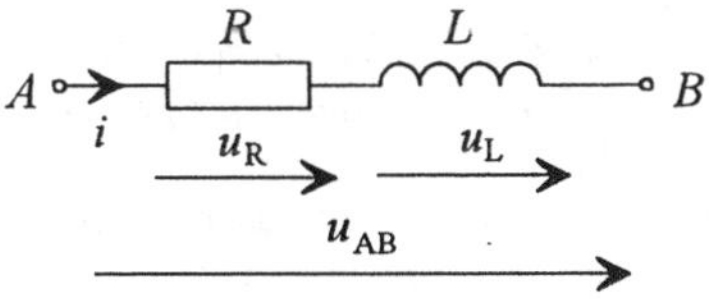

$$u_{AB} = u_R + u_L$$

$$u_{AB} = iR + L\frac{di}{dt}$$

Bild 5.20 Gleichungsansatz zum Beispiel 5.6

Die gesuchten Spannungsverläufe zeigt Bild 5.21.

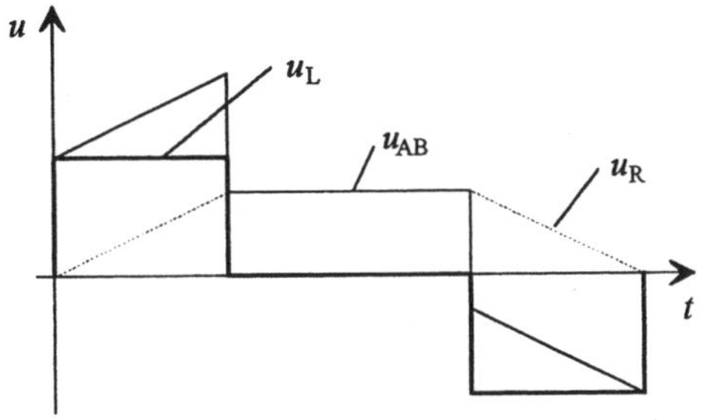

Bild 5.21 Spannungsverläufe zum Beispiel 5.6

5.2.1.2 Schaltung von Induktivitäten

Für die Reihen- und Parallelschaltung von Induktivitäten können in Analogie zu Widerständen und Kapazitäten Gleichungen aus den Kirchhoffschen Gesetzen abgeleitet werden. Diese gelten jedoch nur, wenn eine Beeinflussung der magnetischen Flüsse beider zu verschaltender Induktivitäten ausgeschlossen wird. Dies ist durch die Konstruktion der magnetischen Kreise zu erreichen.
Netze mit induktiver Kopplung werden im Abschnitt 8.6 dargestellt.

Reihenschaltung. Für die Schaltung im Bild 5.22 gilt nach dem Maschensatz der Ansatz:

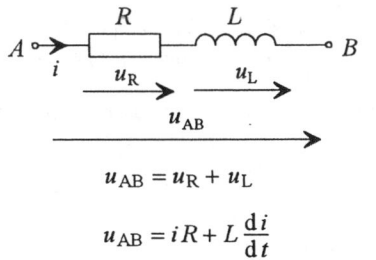

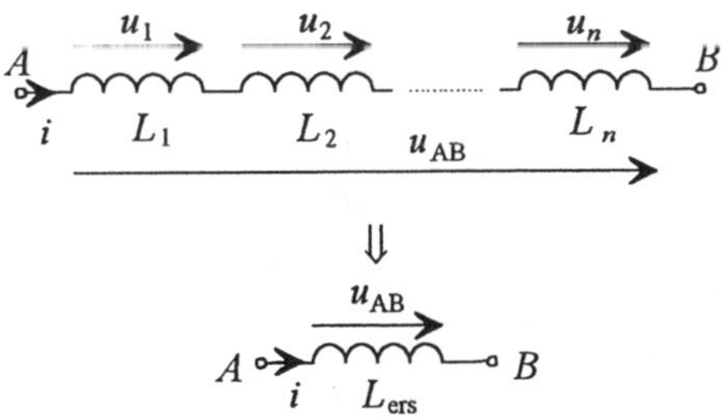

Bild 5.22 Reihenschaltung von Induktivitäten

$$u_{AB} = u_1 + u_2 + \ldots + u_n$$

Mit Gl. (5.32) folgt daraus:

$$u_{AB} = L_1 \frac{di}{dt} + L_2 \frac{di}{dt} + \ldots + L_n \frac{di}{dt} = L_{ers} \frac{di}{dt}$$

$$L_{ers} = L_1 + L_2 + \ldots + L_n$$

$$\boxed{L_{ers} = \sum_{\nu=1}^{\nu=n} L_\nu} \qquad (5.35)$$

Parallelschaltung. Die Parallelschaltung von Induktivitäten zeigt Bild 5.23.

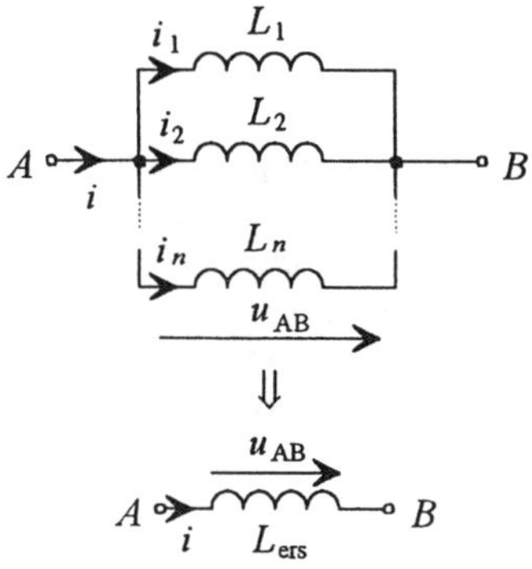

Bild 5.23 Parallelschaltung von Induktivitäten

Mit Hilfe des Knotenpunktsatzes kann geschrieben werden:

$$i = i_1 + i_2 + \ldots + i_n$$

Weiterhin gilt:

$$\frac{di}{dt} = \frac{di_1}{dt} + \frac{di_2}{dt} + \ldots + \frac{di_n}{dt}$$

mit $u_L = L \frac{di}{dt} \Rightarrow \frac{di}{dt} = \frac{u_L}{L}$ folgt:

$$\frac{u}{L_{ers}} = \frac{u}{L_1} + \frac{u}{L_2} + \ldots + \frac{u}{L_n}$$

$$\frac{1}{L_{ers}} = \frac{1}{L_1} + \frac{1}{L_2} + \ldots + \frac{1}{L_n}$$

$$\boxed{\frac{1}{L_{ers}} = \sum_{\nu=1}^{\nu=n} \frac{1}{L_\nu}} \qquad (5.36)$$

❑ **Beispiel 5.7 [34]**

Gegeben ist die im Bild 5.24 skizzierte Zylinderspule mit der Länge *l* und dem Spulendurchmesser *d*.
Mit der Anwendung des Durchflutungsgesetzes ist die Selbstinduktivität der Spule zu berechnen.

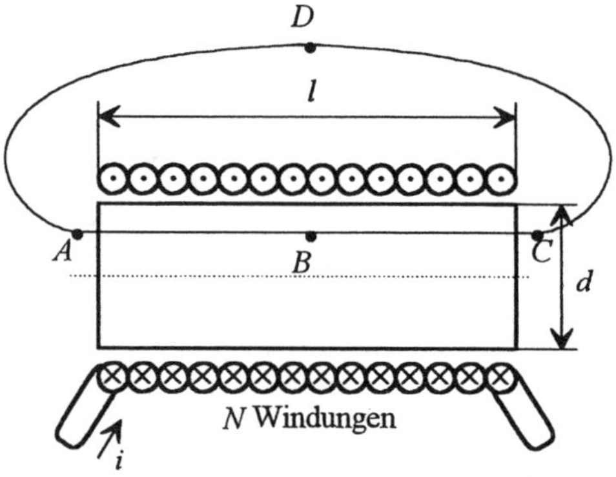

Bild 5.24 Schnittdarstellung einer Zylinderspule mit der Windungszahl N

Lösung:

Aus dem Feldbild erkennt man: Je länger und dünner die Spule ist, desto größer ist das Verhältnis H_i/H_a.
Dabei ist H_i die magnetische Feldstärke im Inneren und H_a die magnetische Feldstärke außerhalb der Spule.
Wählt man als Integrationsweg eine Feldlinie, deren Verlauf man nicht genau kennt, aber gut abschätzen kann, so kann man mit Hilfe des Durchflutungsgesetzes formulieren:

$$\sum i_v = iN = \oint H\,ds = \int_{ABC} H_i ds + \int_{CDA} H_a ds$$

Für eine Spule mit dem Verhältnis $l/d >> 1$ gilt:

$$iN \approx \int_{ABC} H_i\, ds$$

Unter der Annahme, daß H_i = konst. ist, wird

$$H_i \approx \frac{iN}{l}$$

Mit der inneren Feldstärke läßt sich der Fluß durch die Zylinderspule berechnen.

$$\Phi = BA = \mu_0 H_i A \approx \mu_0 \frac{iN}{l} A$$

Dabei ist A die Querschnittsfläche der Spule mit $A = \pi d^2/4$.
Da alle N Windungen den gleichen Fluß Φ umfassen, gilt für die Induktivität:

$$L = \frac{\Psi}{i} = \frac{N\Phi}{i} \approx \frac{\mu_0 N^2 A}{l}$$

Das gleiche Ergebnis erhält man, wenn man den magnetischen Widerstand im Inneren der Zylinderspule nach der Bemessungsgleichung $R_m = l/\mu_0 A$ für homogenen Feldverlauf berechnet.

❑ **Beispiel 5.8**

Für die Ringspule mit Eisenkern nach Bild 5.25 ist die Induktivität allgemein zu berechnen.

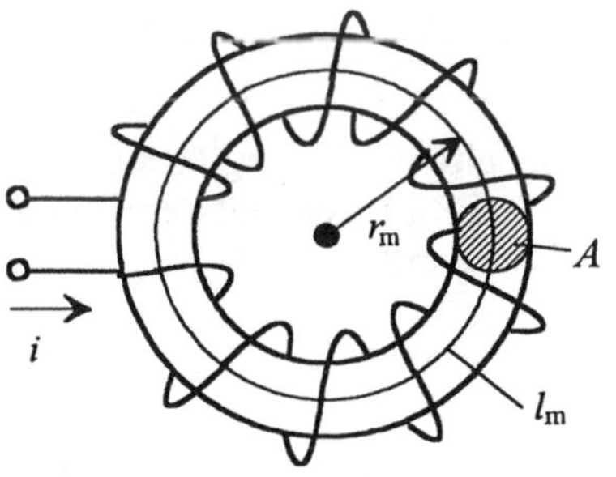

Bild 5.25 Ringspule mit Eisenkern

Lösung:

Der Feldverlauf im Inneren der Ringspule ist homogen. Die Induktivitätsberechnung erfolgt über den magnetischen Widerstand. Es gilt:

$$R_m = \frac{2\pi r_m}{\mu A}$$

$$L = \frac{N^2 \mu_0 \mu_r A}{2\pi r_m}$$

Der Wert für μ_r ist aus der Magnetisierungskurve $B = f(H)$ zu bestimmen (Abschnitt 5.3.1). Dazu ist die Feldstärke bei vorgegebenen Strom mit Hilfe des Durchflutungsgesetzes zu berechnen.

$$H = \frac{iN}{2\pi r_m} \qquad \mu_r = \frac{B}{H\mu_0}$$

> Die Induktivität einer Spule mit Eisenkern ist stromabhängig.

Durch das Einbringen eines Luftspaltes kann die Kennlinie des magnetischen Kreises linearisiert werden. Es gilt:

$$R_m = \frac{1}{\mu_0 A}\left(\frac{l_{Fe}}{\mu_r} + l_L\right)$$

$$L = N^2 \mu A / \left(\frac{l_{Fe}}{\mu_r} + l_L\right)$$

❑ **Beispiel 5.9 [30]**

Wie groß ist die Induktivität eines konzentrischen Kabels der Länge l ohne Berücksichtigung von Innenleiter und Mantel ?

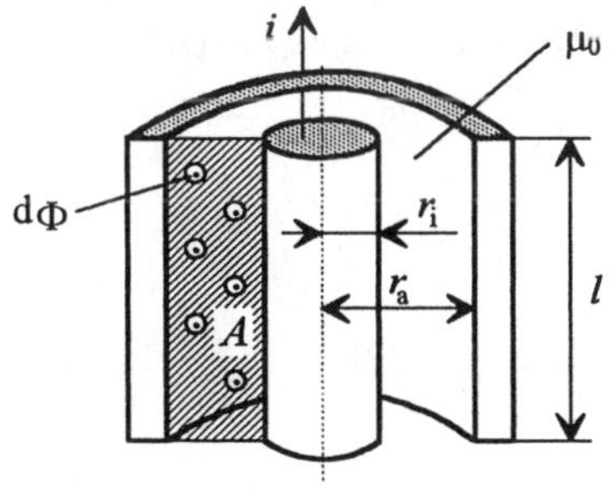

Bild 5.26 Querschnitt eines konzentrischen Kabels

Lösung:

Weg 1:

Der Gesamtfluß ergibt sich aus:

$$\Phi = \int_A B\,\mathrm{d}A = \int_{r_\mathrm{i}}^{r_\mathrm{a}} Bl\,\mathrm{d}r = \int_{r_\mathrm{i}}^{r_\mathrm{a}} \mu_0 H l\,\mathrm{d}r$$

Mit $H = i/2\pi r$ (außerhalb eines langen geraden Leiters) wird:

$$\Phi = \frac{i\mu_0 l}{2\pi}\int_{r_\mathrm{i}}^{r_\mathrm{a}} \frac{\mathrm{d}r}{r} = \frac{i\mu_0 l}{2\pi}\ln\frac{r_\mathrm{a}}{r_\mathrm{i}}$$

Wegen $N = 1$ gilt:

$$L = \frac{\Phi}{i} = \frac{\mu_0 l}{2\pi}\ln\frac{r_\mathrm{a}}{r_\mathrm{i}}$$

Weg 2:

Für $N = 1$ wird $L = \Lambda$. Zur Berechnung von Λ wird der magnetische Kreis in viele dünnwandigen Hohlzylinder unterteilt (Bild 5.27), deren magnetischer Leitwert $\mathrm{d}\Lambda$ berechnet wird. Der Gesamtleitwert entsteht durch Integration.

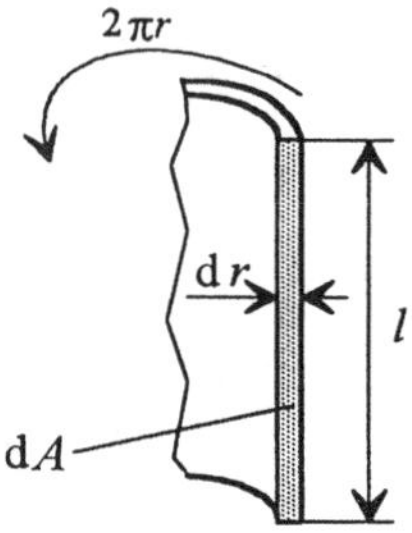

Bild 5.27 Zur Berechnung von dΛ

$$\mathrm{d}\Lambda = \frac{\mu_0 l\,\mathrm{d}r}{2\pi r}$$

$$\Lambda = \int d\Lambda$$

$$\Lambda = \frac{\mu_0 l}{2\pi}\int_{r_\mathrm{i}}^{r_\mathrm{a}} \frac{\mathrm{d}r}{r}$$

$$L = \Lambda = \frac{\mu_0 l}{2\pi}\ln\frac{r_\mathrm{a}}{r_\mathrm{i}}$$

5.2.2 Gegeninduktivität

Formelzeichen	M
Schaltzeichen	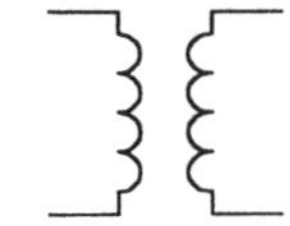 ohne Eisenkern 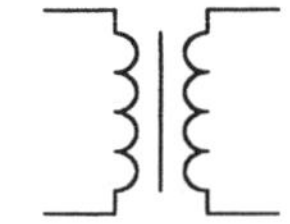 mit Eisenkern

Definitionsgleichung. Zur Erläuterung werden zwei Leiterschleifen (1) und (2) betrachtet, die magnetisch miteinander gekoppelt sind (Bild 5.28). Die Klemmen der Leiterschleife (2) sind offen (Leerlauf).

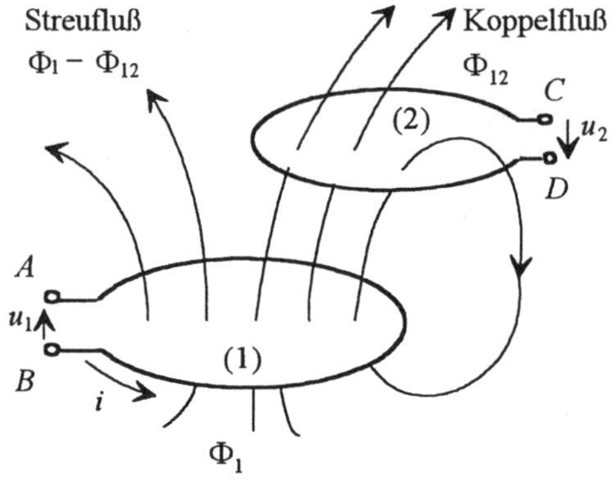

Bild 5.28 Zwei magnetisch verkoppelte Leiterschleifen

Der Koppelfluß Φ_{12} ergibt sich aus dem Fluß Φ_1 multipliziert mit dem Kopplungsfaktor k_1. Es gilt:

$$\Phi_{12} = k_1 \Phi_1$$

→ Leiterschleife (2) ⇒ Wirkung
→ Leiterschleife (1) ⇒ Ursache

Der Streufluß strömt an der Leiterschleife (2) vorbei.
Analog zur Selbstinduktivität L definiert man eine Gegeninduktivität M, die die Verkopplung des magnetischen Flusses im elektrischen Kreis (2), hervorgerufen durch den Stromfluß im elektrischen Kreis (1), beschreibt.

$$\boxed{M_{12} = \frac{\Phi_{12}}{i_1}} \qquad (5.37)$$

Wird der Kreis (2) von N Windungen gebildet, ist der verkettete Fluß Ψ einzusetzen.

$$\boxed{M_{12} = \frac{\Psi_{12}}{i_1}} \qquad (5.38)$$

$$[M] = \frac{1\,\mathrm{V}\cdot\mathrm{s}}{\mathrm{A}} = 1\,\mathrm{H}\,(\text{Henry})$$

Bemessungsgleichung. Bedingt durch die Wirkung des Induktionsgesetzes wird bei veränderlichem Strom in der ersten Leiterschleife an den Klemmen C-D der zweiten Leiterschleife eine Leerlaufspannung induziert. Diese Spannung berechnet sich zu:

$$u_2 = N_2 \frac{\mathrm{d}\Phi_{12}}{\mathrm{d}t}$$

Mit

$$\Phi_{12} = k_1\,\Phi_1 = k_1\,\frac{\Theta_1}{R_{\mathrm{m1}}} = k_1\,\frac{i_1 N_1}{R_{\mathrm{m1}}}$$

gilt:

$$u_2 = k_1 \frac{N_1 N_2}{R_{\mathrm{m1}}} \frac{\mathrm{d}i_1}{\mathrm{d}t} \qquad (5.39)$$

Der Proportionalitätsfaktor zwischen der Spannung u_2 und der zeitlichen Änderung des Stromes i_1 ist nur von der Konstruktion der magnetisch gekoppelten Kreise abhängig. Mit diesen Größen kann die Gegeninduktivität berechnet werden.

$$M_{12} = k_1 \frac{N_2 N_1}{R_{\mathrm{m1}}}$$

Setzt man für die magnetische Kopplung einen *linearen magnetischen Widerstand* voraus, läßt sich die Betrachtungsweise von der Leiterschleife (2) zur Leiterschleife (1) vertauschen. Es ergibt sich analog:

$$M_{21} = k_2 \frac{N_1 N_2}{R_{\mathrm{m2}}}$$

In der Praxis wird für beide Leiterschleifen der gleiche Kopplungsfaktor erreicht. Außerdem erfolgt die Kopplung über denselben magnetischen Kreis. Kann dessen Magnetisierungskennlinie als linear angenommen werden (μ_r = konst.), so gilt:

$$M_{12} = M_{21} = M \qquad (5.40)$$

> Für zwei elektrische Kreise, die über einen linearen magnetischen Widerstand gekoppelt sind, existiert eine Gegeninduktivität M.

Die Bemessungsgleichung lautet:

$$\boxed{M = \frac{k N_1 N_2}{R_{\mathrm{m}}}} \qquad (5.41)$$

Erläuterung. Für den magnetischen Kreis mit μ_r = konst nach Bild 5.29 läßt sich zeigen, daß die Gegeninduktivitäten M_{12} und M_{21} gleich groß sind.
Für den Fall, daß alle Windungen der Spule 2 den gleichen Fluß $k_1\Phi_{11}$ und alle Windungen der Spule 1 den gleichen Fluß $k_2\Phi_{22}$ umfassen, gilt folgender Ansatz:

$$R_{\mathrm{m1}} = R_{\mathrm{mBE}} + (R_{\mathrm{mBAFE}} // R_{\mathrm{mBCDE}})$$

$$R_{\mathrm{m1}} = \frac{l}{\mu A} + \frac{1}{2}\frac{3l}{\mu A}$$

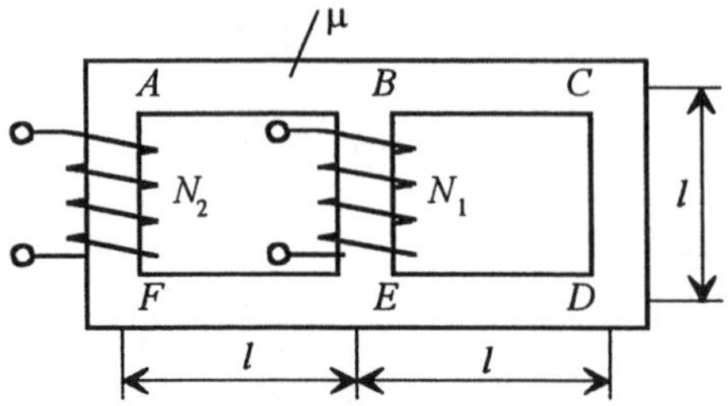

Bild 5.29 Magnetischer Kreis mit zwei Spulen

$$R_{m1} = \frac{5}{2}\frac{l}{\mu A} = \frac{5}{2}R_{m0}$$

$$R_{m2} = R_{mBAFE} + (R_{mBE} // R_{mBCDE})$$

$$R_{m2} = \frac{3l}{\mu A} + \left(\frac{l}{\mu A} // \frac{3l}{\mu A}\right)$$

$$R_{m2} = \frac{15}{4}\frac{l}{\mu A} = \frac{15}{4}R_{m0}$$

Der Fluß, der durch die Spule 1 erzeugt wird, teilt sich zu gleichen Teilen auf die beiden Stege auf. Damit gilt für den Kopplungsfaktor:

$$k_1 = \frac{1}{2}$$

Die Gegeninduktivität lautet:

$$M_{12} = \frac{N_1 N_2}{5 R_{m0}}$$

Geht man von der Spule 2 aus und wendet die Flußteilerregel an, so gilt:

$$\frac{\Phi_{21}}{\Phi_2} = k_2 = \frac{R_{mBCDE}}{R_{mBE} + R_{mBCDE}}$$

$$k_2 = \frac{3R_{m0}}{4R_{m0}} = \frac{3}{4}$$

Daraus folgt:

$$M_{21} = \frac{3 \cdot 4 N_1 N_2}{4 \cdot 15 R_{m0}} = \frac{N_1 N_2}{5 R_{m0}}$$

Somit gilt: $M_{12} = M_{21} = M$

Zusammenhang zwischen Selbst- und Gegeninduktivität. Bildet man

$$M^2 = M_{12}\, M_{21}$$

$$M^2 = \frac{k_1 N_1 N_2}{R_{m1}} \frac{k_2 N_1 N_2}{R_{m2}}$$

$$M^2 = k_1 k_2 \frac{N_1^2 N_2^2}{R_{m1} R_{m2}}$$

und ersetzt

$\frac{N_1^2}{R_{m1}} = L_1$ sowie $\frac{N_2^2}{R_{m2}} = L_2$ folgt daraus:

$$\boxed{M = K\sqrt{L_1 L_2}} \tag{5.42}$$

$$\boxed{K = \sqrt{k_1 k_2}} \tag{5.43}$$

In Gl. (5.43) ist K der Kopplungsfaktor beider elektrischen Kreise. Es gilt:

$$\boxed{0 \le K \le 1} \tag{5.44}$$

Spannungsabfall. Wird in Gl. (5.39) die Gl. (5.41) eingesetzt, ergibt sich eine allgemeingültige Gleichung zur Berechnung der Gegeninduktionsspannung. Sie hat den Charakter einer Quellenspannung und ist in den Maschengleichungen der magnetisch gekoppelten Kreise zu berücksichtigen.

$$\boxed{u = M\frac{\mathrm{d}i}{\mathrm{d}t}} \tag{5.45}$$

Im Bild 5.30 wird der elektrische Kreis (1) vom Strom i_1 durchflossen, der die Selbst-

induktionsspannung $L_1 \mathrm{d}i_1/\mathrm{d}t$ hervorruft. Im Kreis (2) wird die Spannung $M\mathrm{d}i_1/\mathrm{d}t$ induziert, welche den Strom i_2 treibt.
Dieser ist mit einem Fluß verbunden, der im Kreis (2) die Selbstinduktionsspannung $L_2 \mathrm{d}i_2/\mathrm{d}t$ erzeugt. Im Kreis (1) tritt die Spannung $M\mathrm{d}i_2/\mathrm{d}t$ auf.
Außerdem treten in beiden Kreisen Spannungsabfälle über den Widerständen der Leiterschleifen auf.

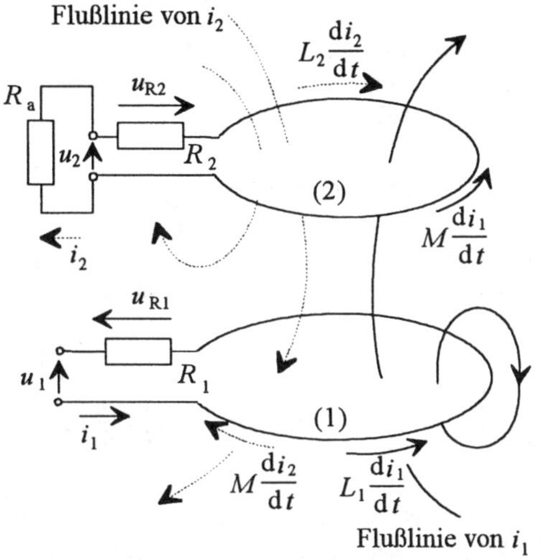

Bild 5.30 Magnetische Kopplung zweier Leiterschleifen (Transformatorprinzip)

Die gegenseitige Verkopplung der Spannungskomponenten nach dem Ursache-Wirkungs-Prinzip zeigt Bild 5.31.

Leiterschleife (1): $i_1 \rightarrow L_1\frac{\mathrm{d}i_1}{\mathrm{d}t} \leftarrow M\frac{\mathrm{d}i_2}{\mathrm{d}t}$

$\downarrow \qquad \nearrow$

Leiterschleife (2): $M\frac{\mathrm{d}i_1}{\mathrm{d}t} \rightarrow i_2 \rightarrow L_2\frac{\mathrm{d}i_2}{\mathrm{d}t}$

Bild 5.31 Verkopplung der elektrischen Größen nach Bild 5.30

Unter Anwendung des Maschensatzes ergeben sich für die beiden Kreise nachstehende Maschengleichungen:

Kreis (1):

$$u_1 - i_1 R_1 - L_1\frac{\mathrm{d}i_1}{\mathrm{d}t} + M\frac{\mathrm{d}i_2}{\mathrm{d}t} = 0$$

$$\boxed{u_1 = i_1 R_1 + L_1\frac{\mathrm{d}i_1}{\mathrm{d}t} - M\frac{\mathrm{d}i_2}{\mathrm{d}t}} \qquad (5.46)$$

Kreis (2):

$$u_2 + i_2 R_2 + L_2\frac{\mathrm{d}i_2}{\mathrm{d}t} - M\frac{\mathrm{d}i_1}{\mathrm{d}t} = 0$$

$$\boxed{u_2 = M\frac{\mathrm{d}i_1}{\mathrm{d}t} - i_2 R_2 - L_2\frac{\mathrm{d}i_2}{\mathrm{d}t}} \qquad (5.47)$$

☐ **Beispiel 5.10 [42]**

Es ist die Gegeninduktivität zweier paralleler Doppelleitungen nach Bild 5.32 zu berechnen.

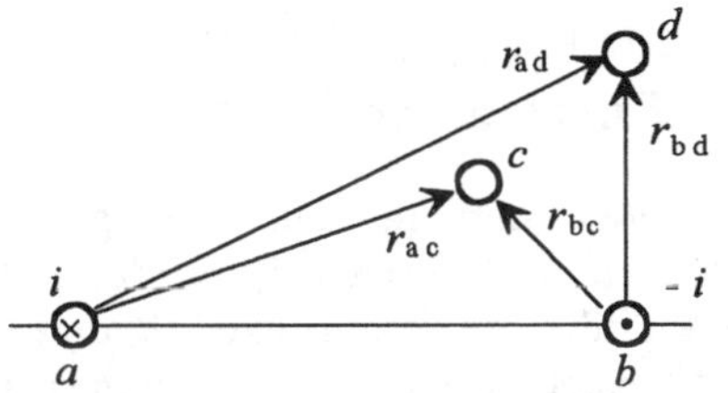

Bild 5.32 Zwei parallel verlaufende Doppelleitungen mit der Länge l. Die Doppelleitung c-d ist stromlos.

Lösung:

Die Gleichungen $B = \mu H$ und $H = i/2\pi r$ sowie $\Phi = BA$ bilden die Ausgangsgleichungen.
Für den Teilfluß durch die Fläche zwischen den Leitern c und d, hervorgerufen durch den Strom i im Leiter a, gilt:

$$\Phi_a = \int\limits_{r_{ac}}^{r_{ad}} \frac{i\,\mu_0\,l}{2\pi r}\,dr = \frac{i\,\mu_0\,l}{2\pi} \ln \frac{r_{ad}}{r_{ac}}$$

Der Teilfluß durch dieselbe Fläche, hervorgerufen vom Strom $-i$ im Leiter b, ist:

$$\Phi_b = -\int\limits_{r_{bc}}^{r_{bd}} \frac{i\,\mu_0\,l}{2\pi r}\,dr = -\frac{i\,\mu_0\,l}{2\pi} \ln \frac{r_b}{r_b}$$

Der mit der Leiteranordnung c-d verkettete magnetische Fluß ergibt sich aus der Summe der beiden Teilflüsse.

$$\Phi_{cd} = \Phi_a + \Phi_b = i\,\frac{\mu_0\,l}{2\pi} \ln \frac{r_{ad}\,r_{bc}}{r_{ac}\,r_{bd}}$$

Mit Gl. (5.37) läßt sich die Gegeninduktivität berechnen.

$$M = \frac{\Phi_{cd}}{i} = \frac{\mu_0\,l}{2\pi} \ln \frac{r_{ad}\,r_{bc}}{r_{ac}\,r_{bd}}$$

Die Gegeninduktivität zwischen Paralleldrahtleitungen ist in der Regel unerwünscht und kann durch eine geeignete Wahl der Anordnung der Leiter verringert werden.

5.2.3 Energie und Kräfte

Energiegleichungen. Die Energie des magnetischen Feldes wird von der Arbeit bestimmt, die die Strom- bzw. Spannungsquelle leistet, wenn sie das zum Strom gehörende magnetische Feld aufbaut.
Zur Ableitung der Energiegleichung gibt es zwei Möglichkeiten.

Weg 1:

Die *Energiebeziehung* wird mit *elektrischen Größen* abgeleitet. Für eine Reihenschaltung von R und L nach Bild 5.33 gilt die Maschengleichung:

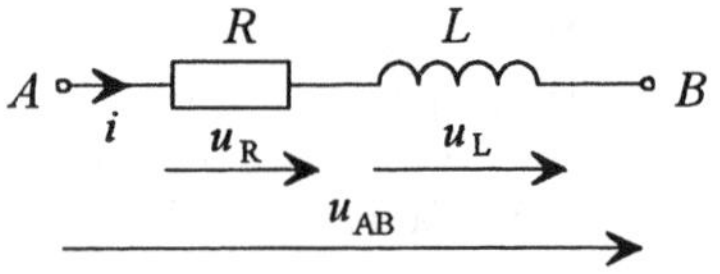

Bild 5.33 Reihenschaltung von R und L

$$u = u_R + u_L$$

$$u = iR + L\frac{di}{dt}$$

Um daraus eine Energiegleichung zu erhalten, sind die Gleichungskomponenten jeweils mit $i\,dt$ zu multiplizieren.

$$ui\,dt = i^2R\,dt + L\frac{di}{dt}i\,dt$$

Interpretiert man die Gleichung vom Zeitpunkt des Einschaltens ($t = 0$) bis zu einem beliebigen Zeitpunkt t, so erhält man:

$$\underbrace{\int\limits_0^t ui\,dt}_{\text{Gelieferte Energie der Spannungsquelle}} = \underbrace{\int\limits_0^t i^2R\,dt}_{\text{In Wärme umgesetzte Energie im Widerstand}} + \underbrace{\int\limits_0^t L\frac{di}{dt}i\,dt}_{\text{In der Magnetspule gespeicherte Energie}}$$

Gelieferte Energie der Spannungs quelle	In Wärme umgesetzte Energie im Widerstand	In der Magnetspule gespeicherte Energie

Für die Betrachtung interessiert nur die *magnetische Energie*.

$$W_m = L\int\limits_0^i i\,di$$

$$\boxed{W_m = \frac{L\,i^2}{2}} \qquad (5.48)$$

Die in einer Induktivität gespeicherte Energie ist abhängig vom Quadrat des Stromes.

Erläuterung. Die Gl. (5.48) ist vergleichbar mit der in einer Masse gespeicherten kinetischen Energie sowie der in einer Kapazität gespeicherten elektrischen Energie.

Kinetische Energie	Energie des elektrischen Feldes
$W_{kin} = \frac{mv^2}{2}$	$W_{el} = \frac{Cu^2}{2}$

Setzt man die Gl. (5.34) in Gl. (5.48) ein, ensteht eine weitere Form der Energiegleichung des magnetischen Feldes.

$$W_m = \frac{\Psi}{2} i \qquad (5.49)$$

Weg 2:

Die *Energiebeziehung* wird mittels *magnetischen Größen* abgeleitet.
In die Maschengleichung der Reihenschaltung von R und L nach Bild 5.33 wird die Spannung u_L mit Hilfe des Induktionsgesetzes ausgedrückt.

$$u = u_R + u_L$$

$$u = iR + N\frac{d\Phi}{dt}$$

Erweitert man die Gleichung mit $i\,dt$, entsteht ein Ausdruck für die Energie:

$$\int_0^t ui\,dt = \int_0^t i^2 R\,dt + \int_0^t Ni\frac{d\Phi}{dt}dt$$

$$W_m = \int_0^\Phi iN\,d\Phi$$

Mit $iN = \Theta = Hl$ und $d\Phi = A\,dB$ folgt:

$$W_m = \int_0^B HlA\,dB$$

Energiedichte. Der Ausdruck lA stellt das Volumen des magnetischen Kreises dar, in dem sich das magnetische Feld ausbreitet.

$$W_m = Al\int_0^B H\,dB = V\int_0^B H\,dB$$

Bezieht man die Energie auf das Volumen, entsteht die gespeicherte Energiedichte des magnetischen Feldes je Raumeinheit.

$$w_m = \frac{W_m}{V} = \int_0^B H\,dB \qquad (5.50)$$

Die Energiedichte ferromagnetischer Stoffe entspricht der Fläche oberhalb der Magnetisierungskurve (Bild 5.34).

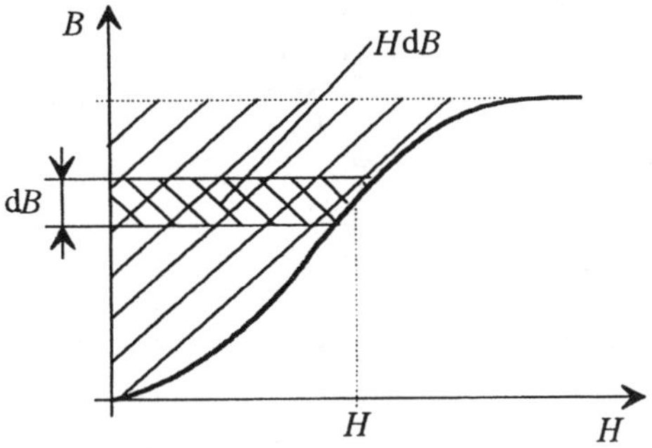

Bild 5.34 Energiedichte von Ferromagnetika

Hystereseverluste. Die bei der Auf- bzw. Entmagnetisierung geleistete Arbeit kann positiv oder negativ sein, je nach dem, ob die Richtungen von $\vec{H}$ und $d\vec{B}$ gleich oder entgegengesetzt sind.
Bedeutet der positive Wert die aufzuwendende Energie, so ergibt ein negativer Wert die zurückgewonnene Energie.

Betrachtet man die vollständige Magnetisierungskurve nach Bild 5.35, so wird beim Aufmagnetisieren der positive Flächeninhalt (+) im 1.Quadranten überstrichen.

Beim Entmagnetisieren dagegen wird nur der dem kleineren Flächenanteil (–) entsprechende Energiebetrag zurückgewonnen.
Die Differenz wird im ferromagnetischen Material in Verlustwärme umgesetzt. Diese bezeichnet man als *Hystereseverluste*.

> Die *Hystereseverluste* ferromagnetischer Materialien entsprechen der von der Hysteresekurve eingeschlossenen Fläche.

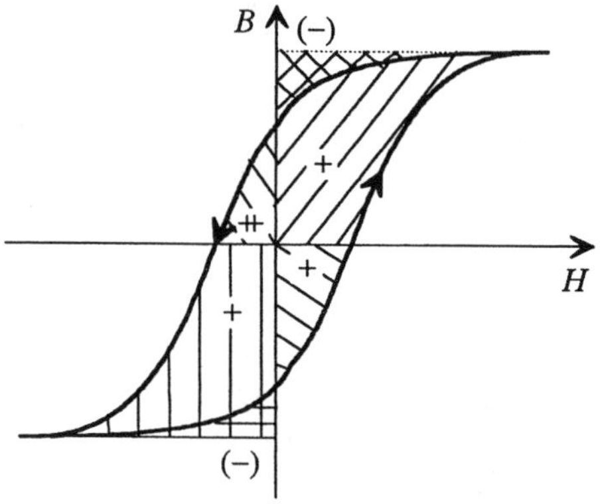

Bild 5.35 Magnetisierungskurve mit Hystereseverlusten

Die Gl. (5.50) kann für Werkstoffe mit konstanter Permeabilität mit der Beziehung $\mathrm{d}B = \mu\,\mathrm{d}H$ umgeformt werden.

$$w_\mathrm{m} = \mu \int_0^H H\,\mathrm{d}H$$

$$\boxed{w_\mathrm{m} = \frac{1}{2}\mu H^2} \qquad (5.51)$$

$$\boxed{w_\mathrm{m} = \frac{1}{2}BH} \qquad (5.52)$$

Energie magnetisch gekoppelter Stromkreise. Betrachtet man zwei induktiv gekoppelte Stromkreise mit L_1, i_1 und L_2, i_2 sowie M (Bild 5.30), so ist mit Gl. (5.45) die in der Gegeninduktivität gespeicherte Energie abzuleiten. Es gilt:

$$u_\mathrm{m1} = M\frac{\mathrm{d}i_2}{\mathrm{d}t}$$

Die Energie, die die Spannungsquelle zusätzlich aufbringen muß, ergibt sich durch Multiplikation der Gleichung mit $i\,\mathrm{d}t$.

$$\mathrm{d}W_\mathrm{m1M} = i_1 M \,\mathrm{d}i_2$$

$$W_\mathrm{m1M} = \int_{i_2=0}^{i_2=i_2} i_1 M\,\mathrm{d}i_2$$

$$W_\mathrm{m1M} = i_1\, i_2\, M \qquad (5.53)$$

Für die Gesamtenergie gilt dann:

$$\boxed{W_\mathrm{m} = \frac{1}{2}i_1^2 L_1 + \frac{1}{2}i_2^2 L_2 + i_1\, i_2\, M} \qquad (5.54)$$

Sind mehrere gekoppelte Stromkreise vorhanden, gilt verallgemeinert:

$$\boxed{W_\mathrm{mn} = \frac{1}{2}\sum_{\lambda=1}^{\lambda=n} L_\lambda i_\lambda^2 + \frac{1}{2}\sum_{\lambda=1}^{\lambda=n}\sum_{\nu=1}^{\nu=n} M_{\lambda\nu}\, i_\nu} \qquad (5.55)$$

☐ **Beispiel 5.11**

Für einen stromdurchflossenen zylindrischen Leiter der Länge l ist die innere Induktivität zu berechnen (Bild 5.36). Der Strom fließt in die Darstellungsebene hinein.

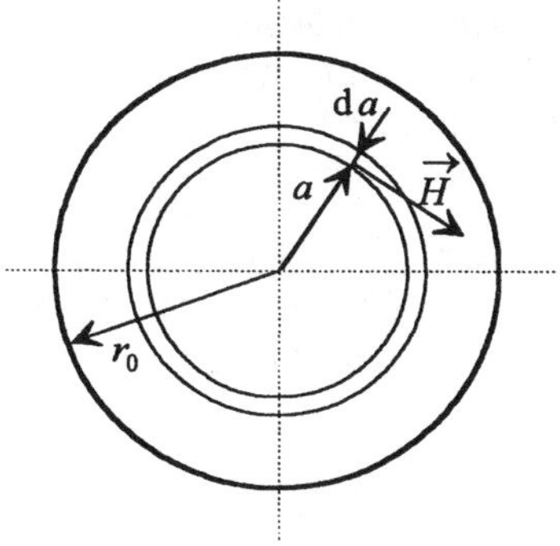

Bild 5.36 Querschnitt eines zylindrischen Leiters

Lösung:

Für das Raumelement da gilt:

$$\mathrm{d}W_\mathrm{m} = \frac{1}{2}\mu\left|\vec{H}\right|^2 \mathrm{d}V$$

$$\mathrm{d}W_\mathrm{m} = \frac{1}{2}\mu\left|\vec{H}\right|^2 2\pi a\, l\, \mathrm{d}a$$

Unter Verwendung des Durchflutungsgesetzes gilt für den vorliegenden Fall:

$$H\oint_l \mathrm{d}l = S\int_A \mathrm{d}A$$

$$H 2\pi a = \frac{I}{\pi r_0^2}\pi a^2$$

$$H = \frac{I a}{2\pi r_0^2}$$

Daraus folgt:

$$\mathrm{d}W_\mathrm{m} = \frac{1}{2}\mu\frac{I^2 a^3 l}{2\pi r_0^4}\,\mathrm{d}a$$

$$W_\mathrm{m} = \frac{1}{2}\mu\frac{I^2 l}{2\pi r_0^4}\int_0^{a=r_0} a^3\,\mathrm{d}a$$

$$\boxed{W_\mathrm{m} = \frac{I^2 \mu l}{16\pi}}$$

Aus $W_\mathrm{m} = L i^2/2$ folgt für die innere Induktivität:

$$L_\mathrm{i}\frac{I^2}{2} = \frac{I^2\mu l}{16\pi}$$

$$\boxed{L_\mathrm{i} = \frac{\mu l}{8\pi}} \qquad (5.56)$$

Mit $\mu_\mathrm{r} = 1$ folgt:

$$L_\mathrm{i} = \frac{\mu_0 l}{8\pi}$$

Die innere Induktivität ist unabhängig vom Radius des Leiters.

Kraftwirkungen im magnetischen Feld. Die im magnetischen Kreis gespeicherte Energiedichte ist in der Lage je Volumenelement Arbeit zu verrichten. Mit der Tatsache, daß die magnetischen Feldlinien immer in sich geschlossen sind, entstehen Kraftwirkungen, die auf grundsätzlichen Aussagen beruhen.

Feldlinien im magnetischen Kreis haben das Bestreben sich zu verkürzen.

Bei der Überlagerung von magnetischen Feldern kommt es zu Wechselwirkungen zwischen Erzeugergrößen.

Bereits mit einfachen Dauermagneten lassen sich diese Aussagen belegen (z.B. Anziehen eines Eisenstückes, Abstoßen zweier Magneten gleichartiger Polarität).

Auf Grund des untrennbaren Zusammenhangs zwischen bewegten Ladungen (Konvektionsstrom) und dem magnetischen Feld lassen sich mit stromdurchflossenen Leitern untereinander sowie in Verbindung mit magnetischen Kreisen eine Vielzahl physikalisch-technischer Anwendungen erreichen.

Im folgenden soll eine Auswahl veranschaulicht werden.

- Zwei stromdurchflossene parallele Leiter unterliegen bei gleicher Stromrichtung einem *Längszug* (Bild 5.37).

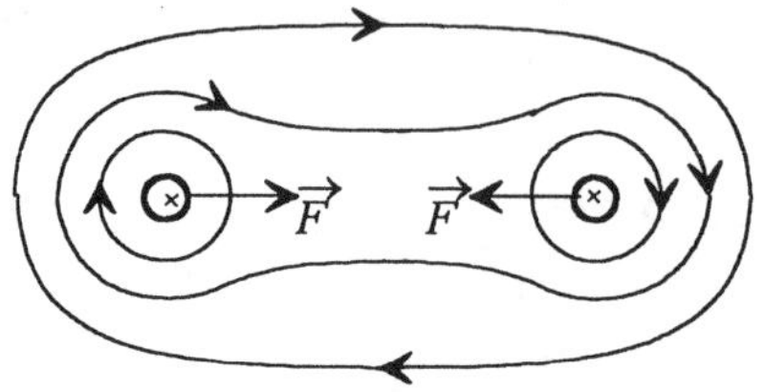

Bild 5.37 Längszug im Magnetfeld

- Zwei stromdurchflossene parallele Leiter unterliegen bei unterschiedlicher Stromrichtung einem *Querdruck* (Bild 5.38).

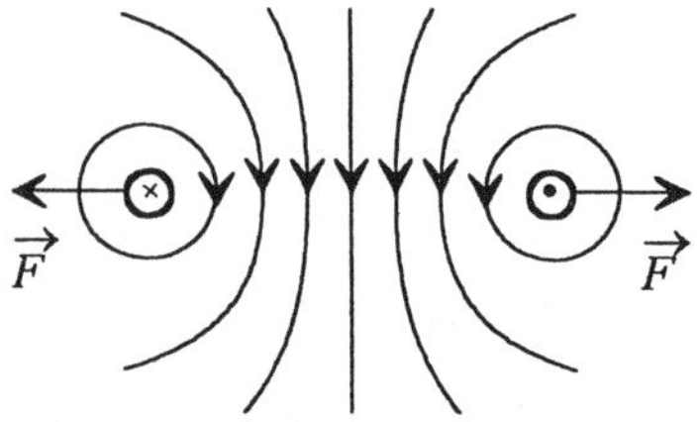

Bild 5.38 Querdruck im Magnetfeld

- Das Magnetfeld hat das Bestreben, den magnetischen Widerstand der Anordnung zu verkleinern. Im Luftspalt eines Eisenkreises wirken Zugkräfte.
  Ein Weicheisenkern wird in eine Spule hineingezogen (Bild 5.39).

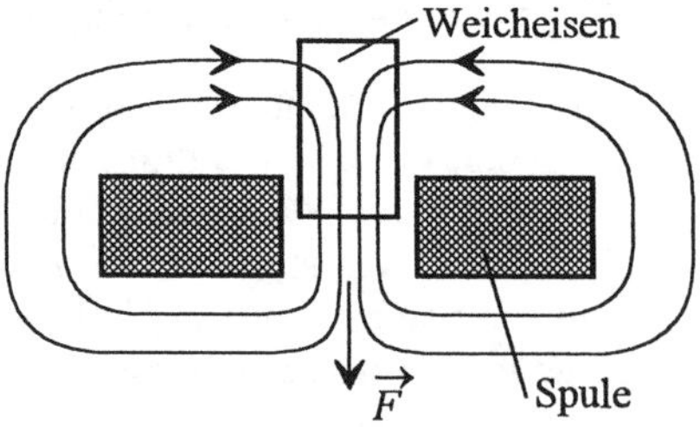

Bild 5.39 Prinzip einer Tauchspule

Praktische Anwendung findet dieser Sachverhalt bei der Herstellung von elektrischen Meßinstrumenten, Schallwandlern, Magnetkupplungen, Elektromagneten, Schaltgeräten (Relais).

Kraft eines Zugmagneten. Es wird ein magnetischer Kreis mit einem beweglichen Joch betrachtet (Bild 5.40).

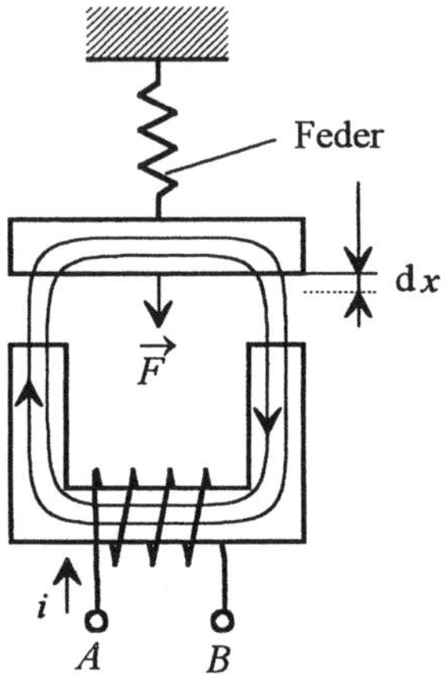

Bild 5.40 Magnetischer Kreis mit beweglichem Joch

Ausgangsgleichung ist der Energieerhaltungssatz.

$$\mathrm{d}W_\mathrm{m} = \mathrm{d}W_\mathrm{mech} = F\,\mathrm{d}x$$

Berechnet man die magnetische Energie $\mathrm{d}W_\mathrm{m}$ mit magnetischen Größen, so gilt:

$$\mathrm{d}W_\mathrm{m} = \frac{B^2}{2\mu}\,\mathrm{d}V = \frac{B^2}{2\mu}A\,\mathrm{d}x$$

Daraus folgt:

$$\frac{B^2}{2\mu}A\,\mathrm{d}x = F\,\mathrm{d}x$$

$$F = \frac{B^2 A}{2\mu}$$

Da nur im Luftspalt die Volumenänderung und damit die Energieänderung erfolgt, gilt $\mu_r = 1$.
Somit ermittelt sich die Kraft auf das Joch zu:

$$\boxed{F = \frac{B^2 A}{2\mu_0}} \tag{5.57}$$

Aus Gl. (5.57) lassen sich weitere Gleichungsvarianten ableiten.

$$F = \frac{\mu_0}{2} H^2 A \tag{5.58}$$

$$F = \frac{BHA}{2} \tag{5.59}$$

Berechnet man die magnetische Energie über die Induktivität der Anordnung, so muß diese als veränderlich angenommen werden. Es gilt damit:

$$\mathrm{d}W_\mathrm{m} = \frac{i^2\,\mathrm{d}L}{2}$$

Daraus folgt:

$$\frac{i^2\mathrm{d}L}{2} = F\,\mathrm{d}x$$

$$\boxed{F = \frac{i^2\mathrm{d}L}{2\,\mathrm{d}x}} \tag{5.60}$$

Interpretation. Mit der Kraftwirkung, also mit dem Anziehen des Joches, ist eine Änderung der Induktivität verbunden. Dies bringt der Differentialquotient $\mathrm{d}L/\mathrm{d}x$ zum Ausdruck.

Kraft auf einen stromdurchflossenen Leiter im Magnetfeld. Wird ein Leiter von einem Strom durchflossen, so verändert dessen Magnetfeld das gegebene Fremdfeld, und man kann aus den Kraftwirkungen der Feldlinien schließen, daß die Kraft senkrecht zum Leiter in Richtung der geringsten Feldliniendichte wirken muß (Bild 5.41).

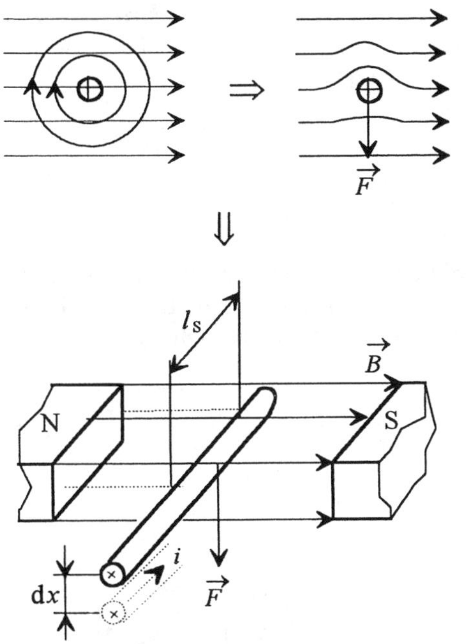

Bild 5.41 Kraftwirkung auf einem stromdurchflossenen Leiter im Magnetfeld

Ein stromdurchflossener Leiter wird in Richtung geringerer Feldliniendichte bewegt . Auf diesen Zusammenhang läßt sich die *Rechte-Hand-Regel* anwenden.

Der Betrag der Kraft läßt sich aus dem Energieerhaltungssatz berechnen:

$$W_\mathrm{e} = W_\mathrm{mech}$$

$$u\,i\,\mathrm{d}t = F\,\mathrm{d}x$$

Setzt man für u die Gleichung der Bewegungsinduktion (5.40) ein, so folgt daraus:

$$B\,l_\mathrm{S}\,\frac{\mathrm{d}x}{\mathrm{d}t}\,i\,\mathrm{d}t = F\,\mathrm{d}x$$

$$\boxed{F = i\,B\,l_S} \qquad (5.61)$$

Aus Gl. (5.61) läßt sich in Verbindung mit dem Bild 5.41 das *elektrodynamische Kraftwirkungsgesetz* in vektorieller Schreibweise formulieren.

$$\boxed{\vec{F} = i\left(\vec{l_S} \times \vec{B}\right)} \qquad (5.62)$$

Befindet sich eine drehbare stromdurchflossene Spule im Magnetfeld (Bild 5.42), dann gilt für das Drehmoment:

$$\boxed{M_d = i\,B\,A\,N = 2\,i\,B\,l_S\,a\,N} \qquad (5.63)$$

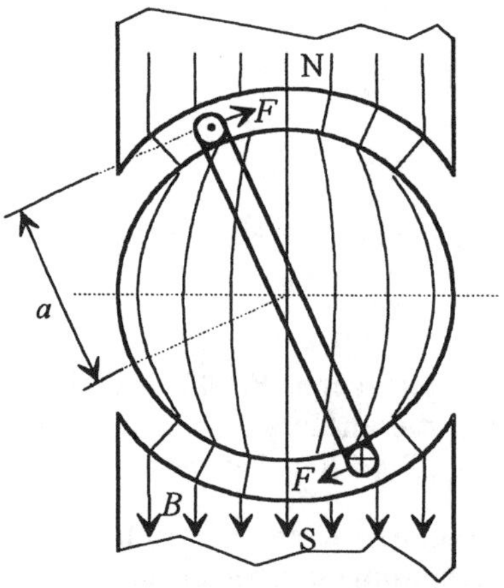

Bild 5.42 Drehbar gelagerte stromdurchflossene Leiterschleife im Magnetfeld

Kraft zwischen zwei stromdurchflossenen Leitern. Zwei Leiter werden von Strömen entgegengesetzter Richtung durchflossen (Bild 5.43). Auf Grund der Richtung der Magnetfelder stoßen sich beide Leiter voneinander ab.

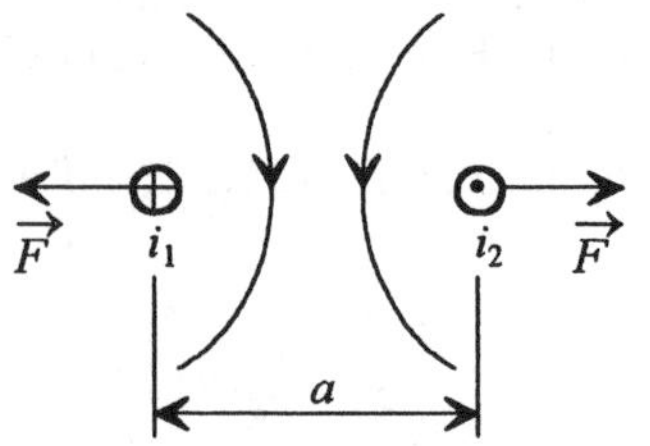

Bild 5.43 Zwei stromdurchflossene Leiter und deren Kraftwirkung

Die Berechnung des Betrages der wirkenden Kraft (Querdruck) kann mit Hilfe der Gl. (5.61) erfolgen. Der Leiter mit dem fließenden Strom i_2 erzeugt die magnetische Flußdichte:

$$B_2 = \mu_0\,H_2$$

Die magnetische Feldstärke H_2 wiederum ergibt sich aus dem Durchflutungsgesetz.

$$H_2 = \frac{i_2}{2\pi a}$$

Damit gilt für die Kraft F:

$$\boxed{F = \frac{\mu_0 l_S}{2\pi a} i_1 i_2} \qquad (5.64)$$

❑ **Beispiel 5.12 [34]**

Betrachtet wird eine Spule mit einem beweglichem Kern (Bild 5.44).

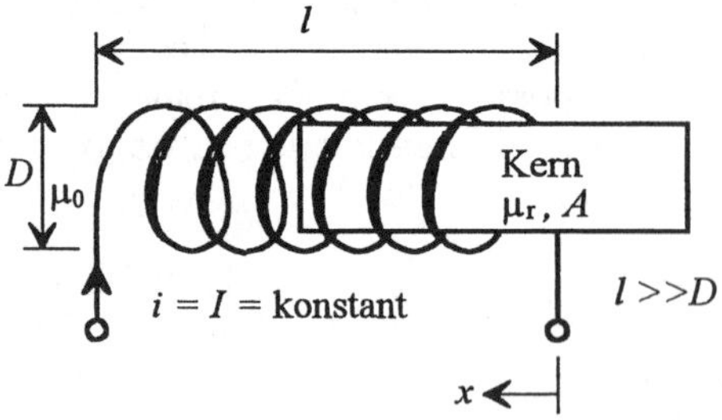

Bild 5.44 Spule mit verschiebbaren Kern

Es sind zu berechnen:

1. die in der Spule gespeicherte Energie als Funktion der Eintauchtiefe x des Kernes für $0 \le x \le l$,
2. die Kraft F, mit welcher der Kern in die Spule gezogen wird.

Lösung:

zu 1.

Ausgangsgleichungen sind:

$$W_{\mathrm{m}} = \frac{LI^2}{2}$$

$$L = \frac{N^2}{R_{\mathrm{m}}} = N^2 \frac{\mu A}{l}$$

$$L = L_1 + L_2$$

$$L_1 = N^2 \frac{\mu_0 A}{l} \frac{l-x}{l}$$

$$L_2 = N^2 \frac{\mu_0 \mu_{\mathrm{r}} A}{l} \frac{x}{l}$$

Bei $x = l$ wird $L_1 = 0$, und es gilt nur L_2. Bei $x = 0$ wird $L_2 = 0$, und es gilt nur L_1.

Daraus folgt:

$$L = N^2 \frac{\mu_0 A}{l^2} (l - x + \mu_{\mathrm{r}} x$$

Die Gleichung für die gespeicherte Energie in Abhängigkeit der Eintauchtiefe lautet:

$$W_{\mathrm{m}}(x) = \frac{1}{2} I^2 N^2 \frac{\mu_0 A}{l^2} (l - x + \mu_{\mathrm{r}} x$$

zu 2.

Für die Kraft $F(x)$ gilt:

$$F(x) = \frac{\mathrm{d}W(x)}{\mathrm{d}x}$$

$$F(x) = \frac{1}{2} I^2 N^2 \frac{\mu_0 A}{l^2} (\mu_{\mathrm{r}} - 1$$

❑ **Beispiel 5.13 [42]**

Eine gleichmäßig bewickelte Ringspule nach Bild 5.26 mit dem Kernquerschnitt A hat einen mittleren Radius r_{m}.
Welche Kraft wirkt im Kern?

Lösung:

Für die Ringspule gelten die Gleichungen:

$$L = \frac{N^2}{R_{\mathrm{m}}} = \frac{N^2 \mu A}{l} \quad \text{mit } l = 2\pi r_{\mathrm{m}}$$

$$F = \frac{i^2}{2} \frac{\mathrm{d}L}{\mathrm{d}r_{\mathrm{m}}} - \frac{i^2 N^2 \mu A}{2 \cdot 2\pi r_{\mathrm{m}}^2}$$

$$F = -\frac{i^2 N^2 \mu A \pi}{l^2}$$

Die Kraft ist radial nach innen gerichtet und versucht die Kernlänge, also den Ringdurchmesser, zu verkleinern.

6 Die komplexe Rechnung in der Wechselstromtechnik

Grundstromkreis bei harmonischer Erregung. Der Abschnitt 3 zeigt die notwendigen mathematischen Beschreibungsmethoden für zeitlich veränderliche Größen in elektrischen Netzwerken. Dabei spielen die harmonischen Funktionen der treibenden Quellen eine dominierende Rolle.

Die Berechnung der interessierenden Strom-Spannungs-Relationen in elektrischen Netzwerken mit Hilfe der Kirchhoffschen Sätze ist um die kapazitive und induktive Wirkung zu erweitern. Das Bild 6.1 deutet diesen Sachverhalt an.

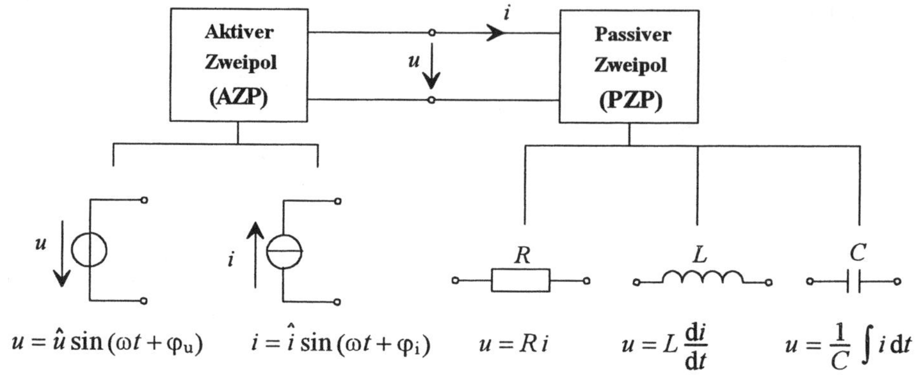

Bild 6.1 Strom-Spannungs-Relationen des Grundstromkreises im Zeitbereich

Grenzen der Zeigerdarstellung. Für die Darstellung der Strom-Spannungs-Relationen in elektrischen Netzwerken mit harmonischer Erregung ist die Zeigerdarstellung besonders geeignet. Weisen alle Quellenspannungen bzw. -ströme die gleiche Frequenz auf, kann mit ruhenden Effektivwertzeigern gearbeitet werden [20].

Für eine Berechnung von elektrischen Schaltungen ist die Zeigerdarstellung nur bedingt geeignet, da über eine grafische Lösung mit Ungenauigkeiten zu rechnen ist bzw. für eine hohe Anzahl elektrischer Größen keine übersichtliche Lösung mehr möglich ist.

Rechnung im Zeitbereich. Nutzt man für die Berechnung der Strom-Spannungs-Relationen im Zeitbereich die Kirchhoffschen Sätze, so ergeben sich bei Vorhandensein von Kapazitäten und Induktivitäten die gesuchten elektrischen Größen als Lösung linearer Differentialgleichungen.

Es wird die Schaltung nach Bild 6.2 betrachtet.

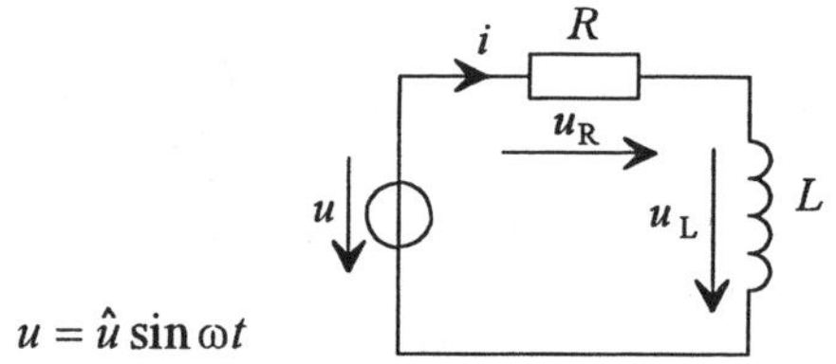

Bild 6.2 Reihenschaltung von R und L

Nach dem Maschensatz gilt für die Spannungen im Bild 6.2:

$$u = u_R + u_L$$

Setzt man die Strom-Spannungs-Relationen für R und L nach Bild 6.2 ein, so gilt:

$$u = R\,i + L\frac{\mathrm{d}i}{\mathrm{d}t}$$

Nach Einsetzen der Spannung $u = \mathrm{f}(t)$ entsteht:

$$\hat{u}\sin\omega t = R\,i + L\frac{\mathrm{d}i}{\mathrm{d}t} \qquad (6.1)$$

Eine formale Umstellung der Gl. (6.1) nach dem Strom i ist nicht möglich.
Diese Gleichung stellt eine lineare Differentialgleichung mit harmonischer Erregerfunktion dar, deren Lösung mit Hilfe der Algebra nicht möglich ist.

Zielstellung. Für die Berechnung umfangreicher Netzwerke der Wechselstromtechnik mit kapazitiven und induktiven Schaltelementen wird ein Verfahren gesucht, welches den erheblichen Berechnungsaufwand im Zeitbereich verhindert, die Anwendung der Kirchhoffschen Sätze jedoch gestattet.
Für harmonische elektrische Größen soll die Möglichkeit der Berechnung über die komplexe Zahlenebene gezeigt werden.

6.1 Komplexe Zeiger

Im Abschnitt 3.2.2.3 wurde gezeigt, daß sich eine harmonische Größe

$$a = \hat{a}\sin(\omega t + \varphi_a)$$

im Zeigerbild durch einen rotierenden Zeiger der Länge $\hat{a}$ darstellen läßt, der zum Zeitpunkt t den Winkel $\omega t + \varphi_a$ zur Bezugsachse einschließt.
Komplexe Zeiger. Legt man die Darstellungsebene des rotierenden Zeigers in die Gaußsche Zahlenebene, so daß die Bezugsachse mit der reellen Achse übereinstimmt, entsteht der *komplexe umlaufende Zeiger* (Bild 6.3).
Es wird die Darstellung einer komplexen Zahl als Zeiger genutzt (siehe Abschnitt 1.1.1).

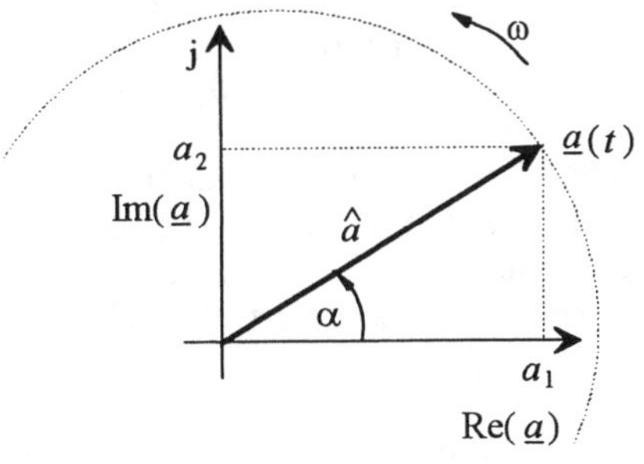

Bild 6.3 Komplexer umlaufender Zeiger

Die mathematische Beschreibung des Zeigers in der Exponentialform lautet:

$$\underline{a}(t) = \hat{a}\,e^{\mathrm{j}\alpha} = \hat{a}\,e^{\mathrm{j}(\omega t + \varphi_a)}$$

Nach Ausmultiplizieren des Exponenten ergibt sich:

$$\boxed{\underline{a}(t) = \hat{a}\,e^{\mathrm{j}\varphi_a}\cdot e^{\mathrm{j}\omega t} = \underline{\hat{a}}\cdot e^{\mathrm{j}\omega t}} \qquad (6.2)$$

Komplexe Amplitude. Der Ausdruck

$$\underline{\hat{a}} = \hat{a}\,e^{\mathrm{j}\varphi_a}$$

entspricht einem ruhenden Zeiger mit der Amplitude $\hat{a}$ sowie dem Nullphasenwinkel φ_a (Bild 6.4) und wird als *komplexe Amplitude* bezeichnet.

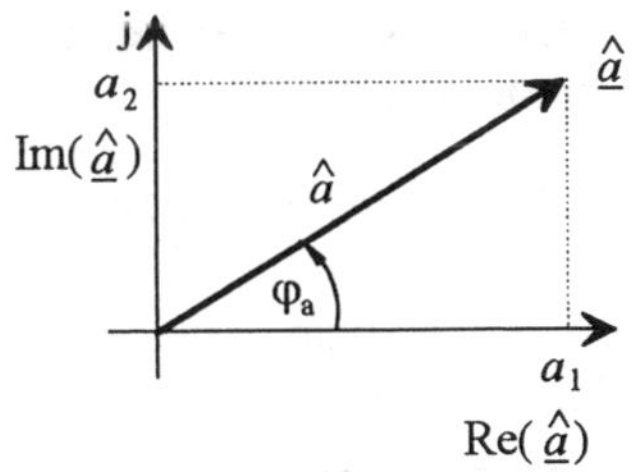

Bild 6.4 Komplexe Amplitude

Winkelfaktor. Den Ausdruck $e^{j\omega t}$ nennt man *Winkelfaktor*. Es gilt:

Der komplexe umlaufende Zeiger ergibt sich aus der Multiplikation der komplexen Amplitude mit dem Winkelfaktor.

Der Winkelfaktor gibt die Rotation des umlaufenden Zeigers in der komplexen Zahlenebene an.
Die komplexe Amplitude ist ein *ruhender Zeiger*.

Konjugiert komplexer umlaufender Zeiger. Die Gl. (6.2) ist eine Beschreibungsform einer zeitabhängigen Sinusgröße in der komplexen Ebene.
Es existiert eine zweite, völlig gleichwertige Möglichkeit, eine Sinusgröße in der komplexen Ebene abzubilden, wenn man die Darstellung einer reellen Größe durch das Paar konjugiert komplexer Zahlen nutzt.

Es gilt:

$$a(t) = \hat{a}\cos(\omega t + \varphi_a) = \frac{1}{2}(\underline{a}(t) + \underline{a}^*(t)) \tag{6.3}$$

Dabei ist der Zeiger

$$\frac{1}{2}\underline{a}^*(t) = \frac{1}{2}\hat{a}\,e^{-(j\omega t + \varphi_a)}$$

ein Zeiger, der entgegengesetzt zu $\underline{a}(t)$, d.h. mit der Kreisfrequenz $-\omega$ umläuft (Bild 6.5). Die negative Frequenz $-\omega$ ist physikalisch nicht real.

Komplexer Effektivwertzeiger. Dividiert man noch die Amplitude $\hat{a}$ des Zeigers $\underline{\hat{a}}$ durch $\sqrt{2}$, erhält man den *komplexen ruhenden Effektivwertzeiger*,

$$\underline{A} = A\,e^{j\varphi_a} \tag{6.4}$$

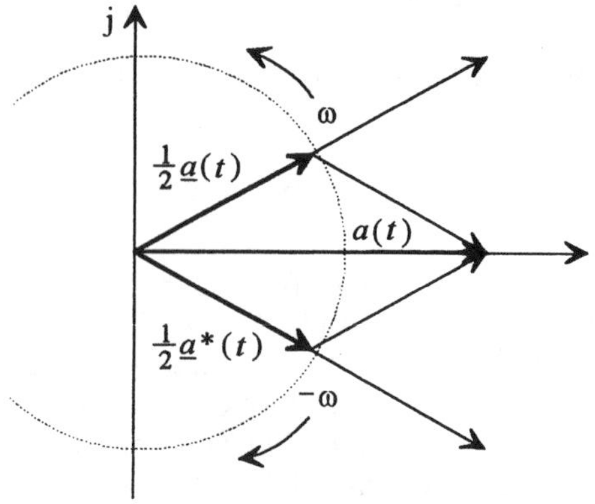

Bild 6.5 Konjugiert komplexe umlaufende Zeiger

der die in der Elektrotechnik interessierenden Größen Effektivwert und Nullphase enthält (Bild 6.6).

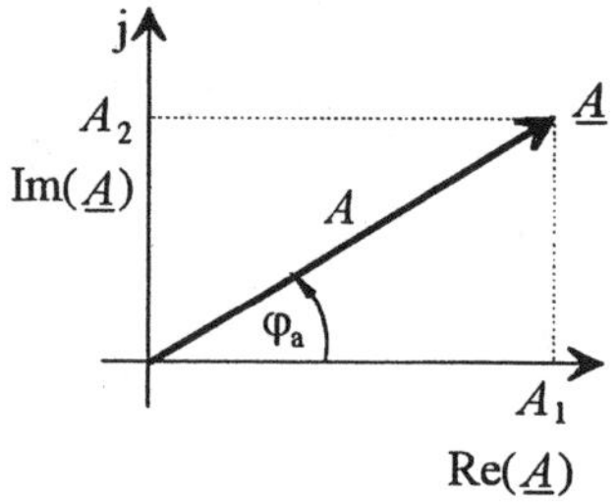

Bild 6.6 Komplexer Effektivwertzeiger

6.2 Symbolische Methode

Transformation. Mit dem Übertragen der Zeiger harmonischer Größen in die komplexe Zahlenebene, auch *Bildbereich* genannt, lassen sich die Kirchhoffschen Sätze und die damit verbundenen Gleichungen auf Wechselstromkreise anwenden.
Diese Vorgehensweise wird als *symbolische Methode* bezeichnet. Die Transformation für Strom und Spannung lautet allgemein:

$$i = \hat{i}\sin(\omega t + \varphi_i) \quad \Rightarrow \quad \underline{i} = \hat{i}\, e^{j(\omega t + \varphi_i)}$$

$$u = \hat{u}\sin(\omega t + \varphi_u) \quad \Rightarrow \quad \underline{u} = \hat{u}\, e^{j(\omega t + \varphi_u)}$$

Originalbereich $\Rightarrow$ Bildbereich

Vergleicht man den Transformationsvorgang, ausgehend von der Spannung

$$u = \hat{u}\sin(\omega t + \varphi_u)$$

im Zeitbereich, mit dem Ergebnis im Bildbereich, dargestellt in der trigonometrischen Form

$$\underline{u} = \hat{u}[\cos(\omega t + \varphi_u) + j\sin(\omega t + \varphi_u)],$$

so stellt man fest, daß die Ausgangsfunktion des Zeitbereiches im Imaginärteil des Bildbereiches erscheint. Sie ist um einen Kosinusanteil als Realteil erweitert.
Durch das symbolhafte Rechnen im Bildbereich wird die Ausgangsfunktion des Zeitbereiches verändert.
Es ist zu prüfen, für welche Rechenoperationen die Transformation zulässig ist, d.h., ob die Rechnung über den Bildbereich das gleiche Ergebnis liefert, wie die Rechnung im Originalbereich.

Addition. Die Addition zweier Spannungen im Zeitbereich lautet allgemein:

$$u = u_1 + u_2 = \hat{u}_1 \sin\omega t + \hat{u}_2 \sin\omega t \quad (6.5)$$

Transformiert man beide Spannungen in die trigonometrische Form des Bildbereiches, gilt:

$$\underline{u}_1 = \hat{u}_1\cos\omega t + j\,\hat{u}_1\sin\omega t$$
$$\underline{u}_2 = \hat{u}_2\cos\omega t + j\,\hat{u}_2\sin\omega t$$

Für die Addition gilt:

$$\underline{u} = \underline{u}_1 + \underline{u}_2 = [\hat{u}_1\cos\omega t + \hat{u}_2\cos\omega t] + j[\hat{u}_1\sin\omega t + \hat{u}_2\sin\omega t]$$

Bei der Rücktransformation in den Zeitbereich ist nur der Imaginärteil des Ergebnisses zu verwenden:

$$u = \mathrm{Im}[\underline{u}] = \hat{u}_1\sin\omega t + \hat{u}_2\sin\omega t \quad (6.6)$$

Vergleicht man die Gln (6.5) und (6.6) miteinander, stellt man Übereinstimmung fest. Die Addition über den Bildbereich ist zulässig.
Diese Aussage läßt sich auch auf die Subtraktion erweitern.

Differentiation. Eine Sinusspannung

$$u = \hat{u}\sin(\omega t + \varphi_u)$$

ist im Zeitbereich zu differenzieren. Es gilt:

$$\frac{du}{dt} = \frac{d[\hat{u}\sin(\omega t + \varphi_u)]}{dt} = \omega\hat{u}\cos(\omega t + \varphi_u)$$

Für die Differentation der Spannung

$$\underline{u} = \hat{u}\, e^{j(\omega t + \varphi_u)}$$

im Bildbereich gilt:

$$\frac{d\underline{u}}{dt} = \frac{d\left[\hat{u}e^{j(\omega t + \varphi_u)}\right]}{dt} = j\omega\hat{u}e^{j(\omega t + \varphi_u)} = j\omega\underline{u}$$

Dieses Ergebnis, in der trigonometrischen Form dargestellt, ergibt:

$$\frac{d\underline{u}}{dt} = -\omega\hat{u}\sin(\omega t + \varphi_u) + j\omega\hat{u}\cos(\omega t + \varphi_u)$$

Für die Rücktransformation ist nur der Imaginärteil zu verwenden. Der Ausdruck

$$\mathrm{Im}\left[\frac{d\underline{u}}{dt}\right] = \omega\hat{u}\cos(\omega t + \varphi_u)$$

stimmt mit dem Differentiationsergebnis im Zeitbereich überein.

Die Differentation über den Bildbereich komplexer Zahlen ist zulässig.

Integration. Die Integration einer Sinusspannung

$$u = \hat{u}\sin(\omega t + \varphi_u)$$

im Zeitbereich lautet:

$$\int u\,dt = \int \hat{u}\sin(\omega t + \varphi_u)dt = -\frac{\hat{u}}{\omega}\cos(\omega t + \varphi_u)$$

Führt man die Integration nach der Transformation der Sinusspannung in den Bildbereich aus, so ergibt sich:

$$\int \underline{u}\,dt = \int \hat{u}e^{j(\omega t + \varphi_u)}dt = \frac{\hat{u}}{j\omega}e^{j(\omega t + \varphi_u)} = \frac{1}{j\omega}\underline{u}$$

Die trigonometrische Form des Ergebnisses lautet:

$$\int \underline{u}\,dt = \frac{\hat{u}}{\omega}\sin(\omega t + \varphi_u) - j\frac{\hat{u}}{\omega}\cos(\omega t + \varphi_u)$$

Der Ausdruck

$$\mathrm{Im}\left[\int \underline{u}\,dt\right] = -\frac{\hat{u}}{\omega}\cos(\omega t + \varphi_u)$$

für die Rücktransformation stimmt mit dem Integrationsergebnis der Rechnung im Zeitbereich überein.
Die Integration über den Bildbereich der komplexen Zahlen ist zulässig.

Multiplikation und Division von harmonischen Größen über den Bildbereich sind nicht zulässig, da die Rechnung über beide Wege zu unterschiedlichen Ergebnissen führt.

Transformationsregeln. Es lassen sich folgende allgemeingültige Gleichungen als Transformationsregeln (Bild 6.7) zusammenfassend angeben:

Originalbereich	⇒	Bildbereich	
$a = \hat{a}\sin(\omega t + \varphi_a)$ $a = \hat{a}\cos(\omega t + \varphi_a)$	⇒	$\underline{a} = \hat{a}\,e^{j(\omega t + \varphi_a)}$	(6.7)
$\frac{da}{dt}$	⇒	$j\omega\underline{a}$	(6.8)
$\int a\,dt$	⇒	$\frac{1}{j\omega}\underline{a}$	(6.9)

Bild 6.7 Transformationsregeln harmonischer Größen für die Berechnung über die komplexe Zahlenebene

Wendet man die Transformationsregeln gemäß den Gln. (6.7) und (6.8) auf die Differentialgleichung Gl. (6.1)

$$\hat{u}\sin\omega t = R\,i + L\frac{di}{dt}$$

an, so wird diese in den Bildbereich überführt und die Lösung als algebraische Gleichung wird möglich.

Nach erfolgter Transformation gilt:

$$\underline{u} = R\underline{i} + Lj\omega\underline{i}$$

Die Umstellung nach $\underline{i}$ ergibt:

$$\underline{i} = \frac{\underline{u}}{R + j\omega L}$$

$$\underline{i} = \frac{\hat{u}}{\sqrt{R^2 + (\omega L)^2}}\,e^{j\left(\omega t + \varphi_u - \arctan\frac{\omega L}{R}\right)} \qquad (6.9)$$

Die Gl. (6.9) stellt das Ergebnis des im Bild 6.2 gesuchten Stromes als komplexer umlaufender Stromzeiger dar.

Die Rücktransformation unter Verwendung von Im[$\underline{i}$] liefert die gesuchte Lösung im Zeitbereich:

$$i = \frac{\hat{u}}{\sqrt{R^2 + (\omega L)^2}} \sin\left(\omega t + \varphi_u - \arctan\frac{\omega L}{R}\right)$$

Nach dem allgemeinen Ausdruck $i = \hat{i}\sin(\omega t + \varphi_i)$ ergibt sich für den Strom die Amplitude

$$\hat{i} = \frac{\hat{u}}{\sqrt{R^2 + (\omega L)^2}} \quad (6.10)$$

und der Nullphasenwinkel

$$\varphi_i = \varphi_u - \arctan\frac{\omega L}{R} \quad (6.11)$$

Für lineare Netzwerke mit *sinusförmig* treibenden Quellen kann die Berechnung von Strom und Spannung über die komplexe Zahlenebene erfolgen.

Lösung im Bildbereich. Vergleicht man die Gln. (6.10) und (6.11) als Ergebnisse im Zeitbereich mit der Lösung im Bildbereich, so stellt man fest, daß die interessierenden Größen Amplitude $\hat{i}$ und Nullphasenwinkel φ_i bereits in Gl. (6.9) enthalten sind.

In der Elektrotechnik wird vorzugsweise mit den Effektivwerten gearbeitet (Abschnitt 3).
Nach Kürzen des Winkelfaktors $e^{j\omega t}$ und Division durch $\sqrt{2}$ in Gl. (6.9) ergibt sich:

$$Ie^{j\varphi_i} = \frac{U}{\sqrt{R^2 + (\omega L)^2}} e^{j\varphi_u - \arctan\frac{\omega L}{R}}$$

Durch Betrags- und Winkelvergleich erhält man das Ergebnis des gesuchten Stromes im Bildbereich.

$$I = \frac{U}{\sqrt{R^2 + (\omega L)^2}}$$

$$\varphi_i = \varphi_u - \arctan\frac{\omega L}{R}$$

Bei entsprechender Interpretation der berechneten Werte ist eine Rücktransformation in den Zeitbereich nicht mehr erforderlich.
Findet man einen Ansatz für die zu berechnenden Größen im Bildbereich, kann der Schritt des Transformierens eingespart und die Rechnung im Bildbereich durchgeführt werden.

❑ **Beispiel 6.1**

Eine sinusförmige Spannung von $U = 120$ V wird mit einem Phasenwinkel von $\varphi = 35°$ gegenüber einem Strom gemessen.
Die Spannung ist als ruhender komplexer Effektivwertzeiger in Versorform und in arithmetischer Form darzustellen.

Lösung:

Der Nullphasenwinkel des Stromes wird sinnvollerweise in die Bezugsachse gelegt ($\varphi_i = 0°$).

Für die Spannung gilt im Zeitbereich:

$$u = \sqrt{2}\ 120 \text{ V} \sin(\omega t + 35°)$$

Für den Effektivwert gilt im Bildbereich:

$$\underline{U} = 120 \text{ V}\angle 35° = (98{,}3 + j68{,}8) \text{ V}$$

❑ **Beispiel 6.2**

In einem Netzwerk werden die sinusförmigen Teilströme mit $I_1 = 2$ A und $I_2 = 3{,}2$ A gemessen. Zwischen beiden Strömen wird ein Phasenwinkel $\varphi = 60°$ bestimmt (Bild 6.8).
Mit Hilfe der komplexen Rechnung sind der Effektivwert und der Nullphasenwinkel des Stromes I_3 zu berechnen.

Hinweis: Die Aufgabenstellung entspricht dem Beispiel 3.10.

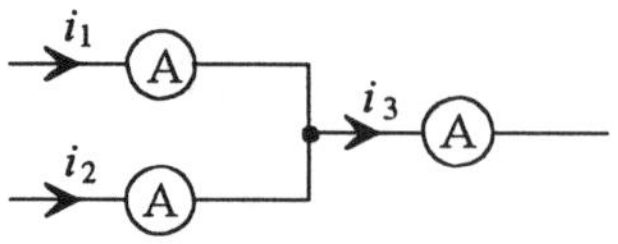

Bild 6.8 Schaltungsauszug zum Beispiel 6.2

Lösung:

Die Ströme betragen im Bildbereich:

$$\underline{I}_1 = 2\,\mathrm{A}\angle 0^\circ$$
$$\underline{I}_2 = 3{,}2\,\mathrm{A}\angle 60^\circ$$

Für den Strom $\underline{I}_3$ gilt:

$$\underline{I}_3 = \underline{I}_1 + \underline{I}_2 = 4{,}6\,\mathrm{A}\angle 38^\circ$$

Für den Strom I_3 beträgt der Effektivwert I_3 = 4,6 A und der Nullphasenwinkel $\varphi_{i3} = 38^\circ$.
Das Ergebnis stimmt folgerichtig mit der grafischen Lösung über das Zeigerbild nach Beispiel 3.11 überein.

6.2.1 Widerstands- und Leitwertoperator

Nach Bild 6.7 lassen sich die Gleichungen zur Berechnung von sinusförmigen Strömen oder Spannungen in linearen Netzwerken zur einfacheren Rechnung in den Bildbereich transformieren. Mit der Definition eines *Operators* wird es möglich, die Rechnung sofort im Bildbereich auszuführen.

Widerstandsoperator. In Anlehnung an die Darstellung in der Gleichstromtechnik fällt über einen beliebigen linearen passiven Zweipol eine sinusförmige Spannung ab, wenn dieser von einem sinusförmigen Strom durchflossen wird (Bild 6.9).

Nach Transformation in den komplexen Bereich definiert man den Quotienten

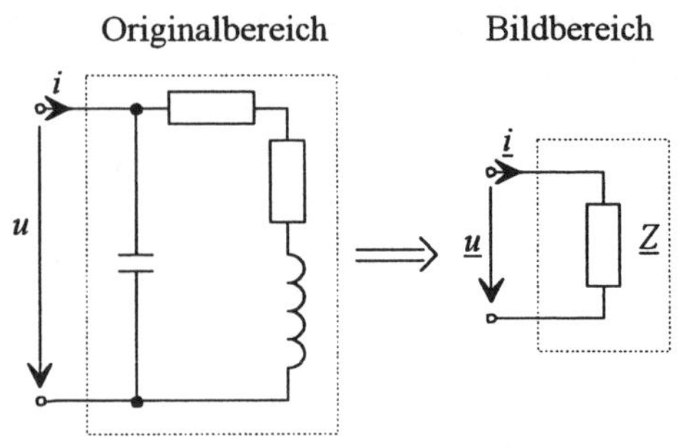

$$u = \hat{u}\sin(\omega t + \varphi_u) \Rightarrow \underline{u} = \hat{u}\,e^{j(\omega t + \varphi_u)}$$
$$i = \hat{i}\sin(\omega t + \varphi_i) \Rightarrow \underline{i} = \hat{i}\,e^{j(\omega t + \varphi_i)}$$

Bild 6.9 Zur Definition des Widerstandsoperators

Größen als *Widerstandsoperator* oder *Impedanz*.

$$\boxed{\underline{Z} = \frac{\underline{u}}{\underline{i}}} \qquad (6.12)$$

Schreibt man die umlaufenden komplexen Zeiger der beiden Größen in der Exponentialform, kürzt sich der Winkelfaktor heraus. Nach anschließender Division durch $\sqrt{2}$ entsteht:

$$\underline{Z} = \frac{\hat{u}e^{j(\omega t + \varphi_u)}}{\hat{i}e^{j(\omega t + \varphi_i)}} = \frac{Ue^{j\varphi_u}}{Ie^{j\varphi_i}}$$

$$\boxed{\underline{Z} = Ze^{j\varphi_z} = \frac{U}{I}e^{j(\varphi_u - \varphi_i)}} \qquad (6.13)$$

Die Impedanz ist zeitunabhängig und stellt eine reine Rechengröße mit der Dimension eines Widerstandes im Bildbereich dar.
Die Komponenten der Gl. (6.13) lauten im einzelnen:

- $\underline{Z} = Ze^{j\varphi_z}$ Impedanz

- $|\underline{Z}| = Z = \frac{U}{I}$ Scheinwiderstand
- $\varphi_z = \varphi_u - \varphi_i$ Phasenwinkel zwischen Spannung und Strom

Der Widerstandsoperator $\underline{Z}$ stellt wiederum eine komplexe Zahl nach Betrag und Phase dar, so daß $\underline{Z}$ als ruhender Zeiger (zeitunabhängig) in der Gaußschen Zahlenebene dargestellt werden kann (Bild 6.10).

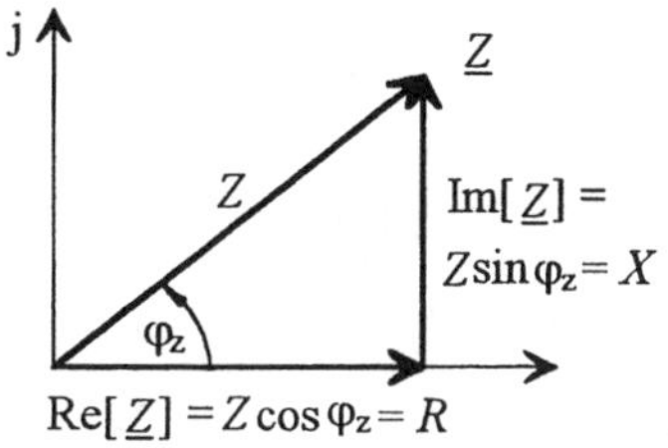

Bild 6.10 Zeigerbild des Widerstandsoperators

Durch eine andere Schreibweise des Widerstandsoperators $\underline{Z}$ erhält man:

$$\underline{Z} = Z\,e^{j\varphi_z}$$

$$\underline{Z} = Z(\cos\varphi_z + j\sin\varphi_z)$$

$$\boxed{\underline{Z} = R + jX} \qquad (6.14)$$

Real- und Imaginärteil in Gl. (6.14) heißen :

- R Wirkwiderstand (*Resistanz*)
- X Blindwiderstand (*Reaktanz*)

Mit Gl. (6.16381) gilt:

$$\underline{Z} = R + jX = \sqrt{R^2 + X^2}\, e^{j\arctan\frac{X}{R}}$$

Leitwertoperator. Der Quotient aus dem umlaufenden Strom- und Spannungszeiger wird als *Leitwertoperator* oder *Admittanz* bezeichnet.

$$\boxed{\underline{Y} = \frac{\underline{i}}{\underline{u}}} \qquad (6.15)$$

Der Leitwertoperator ist als Kehrwert des Widerstandsoperators definiert.

$$\boxed{\underline{Y} = \frac{1}{\underline{Z}}} \qquad (6.16)$$

Für den Leitwertoperator gilt:

$$\underline{Y} = \frac{\hat{i}e^{j(\omega t + \varphi_i)}}{\hat{u}e^{j(\omega t + \varphi_u)}} = \frac{Ie^{j\varphi_i}}{Ue^{j\varphi_u}}$$

$$\boxed{\underline{Y} = Y e^{j\varphi_y} = \frac{I}{U} e^{j(\varphi_i - \varphi_u)}} \qquad (6.17)$$

Die Komponenten der Gl. (6.17) lauten im einzelnen:

- $\underline{Y} = Ye^{j\varphi_y}$ Admittanz
- $|\underline{Y}| \mathrel{\hat{=}} Y = \frac{I}{U}$ Scheinleitwert
- $\varphi_y = \varphi_i - \varphi_u$ Phasenwinkel zwischen Strom und Spannung

Der Leitwertoperator $\underline{Y}$ kann ebenfalls als ruhender Zeiger dargestellt werden (Bild 6.11).

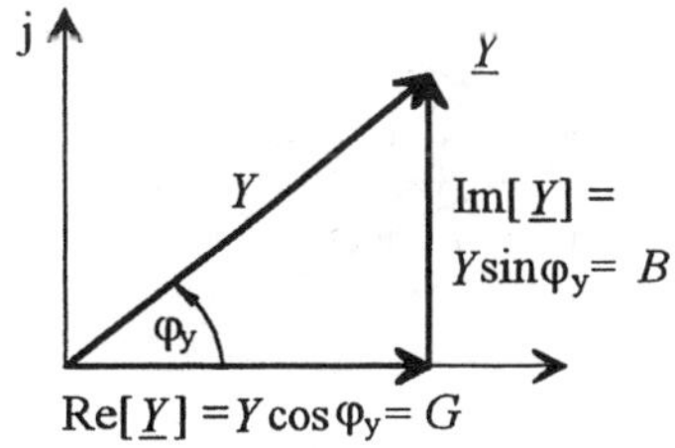

Bild 6.11 Zeigerbild des Leitwertoperators

In der arithmetischen Form von $\underline{Y}$ erhält man:

$$\underline{Y} = Y e^{j\varphi_Y}$$

$$\underline{Y} = Y(\cos\varphi_Y + j\sin\varphi_Y)$$

$$\boxed{\underline{Y} = G + jB} \qquad (6.18)$$

Real- und Imaginärteil in Gl. (6.18) heißen:

- G Wirkleitwert (*Konduktanz*)
- B Blindleitwert (*Suszeptanz*)

Wegen Gl. (6.16) gilt:

$$\underline{Z} = R + jX = Z e^{j\varphi_u}$$

$$\underline{Y} = Y e^{j\varphi_Y} = \frac{1}{\underline{Z}} = \frac{1}{Z} e^{-j\varphi_Z} = G - jB$$

Der Betrag- und Winkelvergleich liefert :

$$Y = \frac{1}{Z}$$

$$\varphi_Y = -\varphi_Z \qquad \varphi_Y < 0$$

Ein positiver Blindwiderstand ergibt einen negativen Blindleitwert und umgekehrt (Bild 6.12).

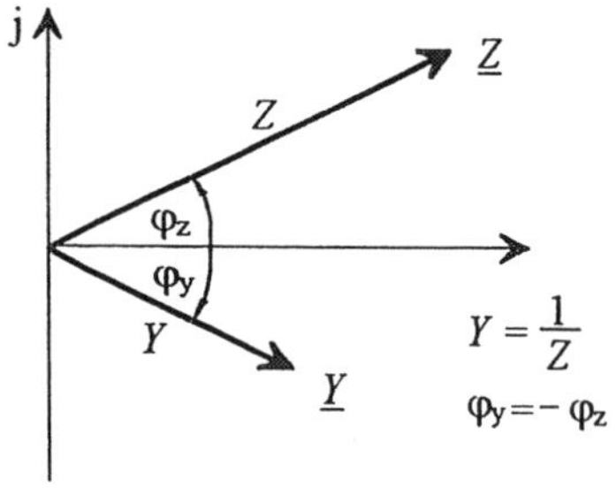

Bild 6.12 Leitwertzeiger als Kehrwert des Widerstandszeigers

❑ **Beispiel 6.3**

In der Meßschaltung nach Bild 6.13 wird bei einer Klemmenspannung von $U_{AB} = 230$ V, $f = 50$ Hz ein Stromfluß von $I = 4{,}6$ A durch den Zweipol $\underline{Z}_{AB}$ gemessen.
Der Phasenwinkel zwischen U und I wird oszillografisch mit $\varphi = 28°$ bestimmt, wobei der Innenwiderstand des Strommessers gleichzeitig für die indirekte Strommessung mittels Oszilloskop genutzt wurde.

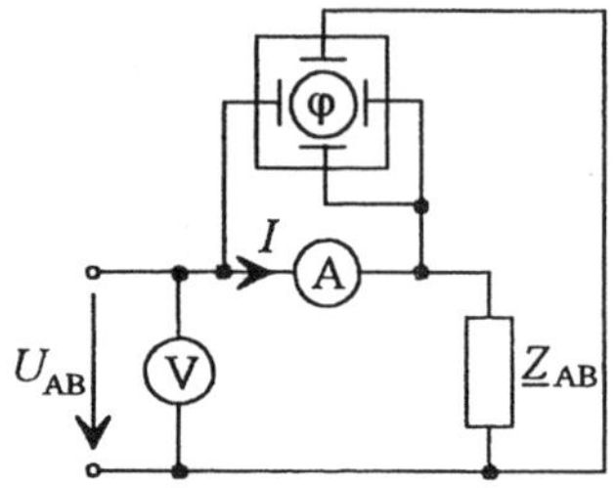

Bild 6.13 Meßschaltung zum Beispiel 6.3

Es sind die Impedanz und die Admittanz des Zweipoles sowie deren Komponenten zu bestimmen.

Lösung:

Ein positiver Phasenwinkel zwischen U und I bedeutet, daß die Spannung gegenüber dem Strom voreilt. Damit wird der Stromzeiger mit dem Nullphasenwinkel $\varphi_i = 0°$ festgelegt.
Die Meßgrößen lauten im Bildbereich:

Spannung: $\underline{U} = 230 \text{ V}\angle 28°$
Strom: $\underline{I} = 4{,}6 \text{ A}\angle 0°$

Nach den Gln. (6.13) und (6.17) ergibt sich:

$$\underline{Z} = \frac{220 \text{ V}}{4{,}6 \text{ A}} e^{j(28°-0°)} = 50\ \Omega\angle 28° = (45 + j24)\ \Omega$$

Resistanz: $R = 45\ \Omega$
Reaktanz: $X = 24\ \Omega$

$$\underline{Y} = \frac{1}{50\ \Omega\angle 28°} = 0{,}02\,\text{S}\angle\text{-}28° = (17 - j9{,}2)\ \text{mS}$$

Konduktanz: $G = 17\,\text{mS}$
Suszeptanz: $B = -9{,}2\,\text{mS}$

6.2.2 Operatoren der Grundschaltelemente

Für die Ableitung der Operatoren der idealen Schaltelemente R, L, C sind deren Strom-Spannungs-Beziehungen, im Bild 6.16372 angegeben, in den Bildbereich zu transformieren und als Ouotient gemäß den Gln. (6.12) und (6.15) darzustellen. Zum besseren Verständnis ist zusätzlich der Verlauf von Strom und Spannung im Zeitbereich angegeben.

Ohmscher Widerstand. Ausgehend von einem sinusförmigen Strom (Bild 6.13), gilt für den Spannungsabfall über einem ohmschen Widerstand:

$$u = R\,i \tag{6.19}$$

$$\hat{u}\sin(\omega t + \varphi_u) = R\hat{i}\sin(\omega t + \varphi_i)$$

$i = \hat{i}\sin(\omega t + \varphi_i)$

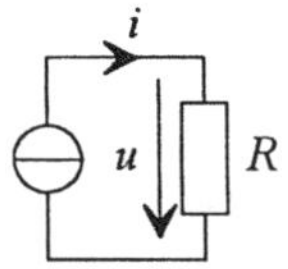

Bild 6.14 Ohmscher Widerstand bei sinusförmiger Stromspeisung

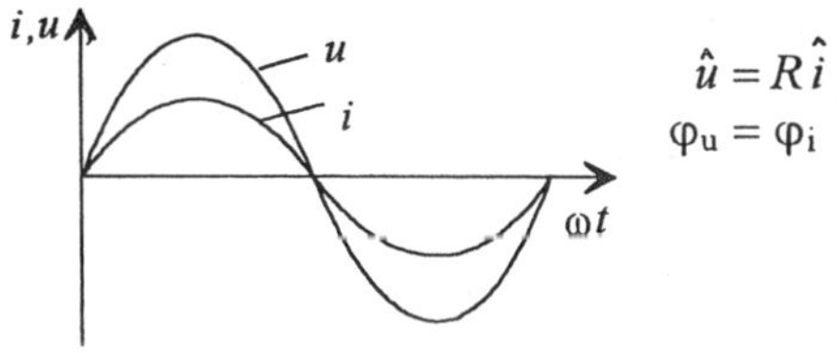

Bild 6.15 Phasenlage von Strom und Spannung am ohmschen Widerstand

> An einem ohmschen Widerstand sind Strom und Spannung phasengleich.

Nach Transformation der Gl. (6.19) in den Bildbereich gilt:

$$\underline{u} = R\,\underline{i}$$

Widerstandsoperator. Für den Widerstandsoperator $\underline{Z}_R$ ergibt sich:

$$\underline{Z}_R = \frac{\underline{u}}{\underline{i}} = R + j0$$

$$\boxed{\underline{Z}_R = R} \tag{6.20}$$

Leitwertoperator. Der Leitwertoperator läßt sich aus Gl. (6.17) berechnen:

$$\underline{Y}_R = \frac{1}{\underline{Z}_R} = \frac{1}{R} = G + j0$$

$$\boxed{\underline{Y}_R = G} \tag{6.21}$$

Im Bild 6.16 sind die dazugehörigen Zeigerbilder dargestellt:

Zeigerbild ($\underline{Z}$, $\underline{Y}$): Zeigerbild ($\underline{U}$, $\underline{I}$):

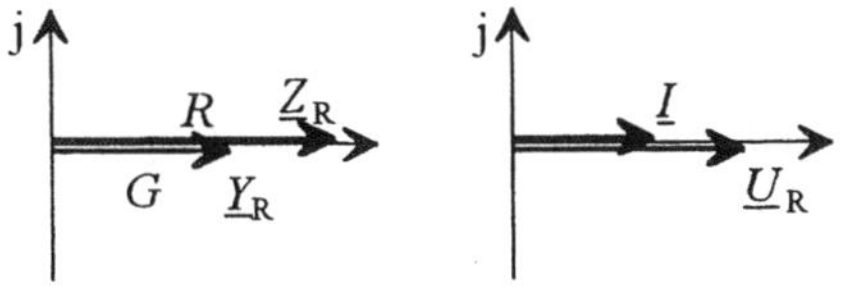

Bild 6.16 Zeigerbilder ohmscher Widerstand

Induktivität. Ein sinusförmiger Strom (Bild 6.17) erzeugt an einer Induktivität einen Spannungsabfall, der sich im Zeitbereich, wie folgt, berechnet:

$$u = L\frac{di}{dt}$$

$i = \hat{i}\sin(\omega t + \varphi_i)$

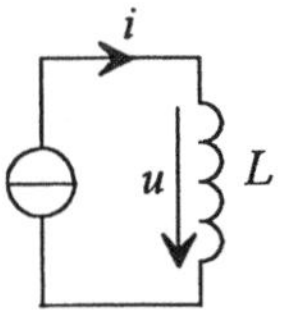

Bild 6.17 Induktivität bei sinusförmiger Stromspeisung

Mit dem Strom $i = \hat{i}\sin(\omega t + \varphi_i)$ gilt:

$$u = L\frac{\mathrm{d}\left[\hat{i}\sin(\omega t + \varphi_i)\right]}{\mathrm{d}t} = L\omega\hat{i}\cos(\omega t + \varphi_i) \qquad (6.22)$$

Wegen $\cos\alpha = \sin(\alpha + 90°)$, entsteht für die Spannung u:

$$\hat{u}\sin(\omega t + \varphi_u) = \omega L\hat{i}\sin(\omega t + \varphi_i + 90°)$$

$$\hat{u} = \omega L\hat{i}$$

$$\varphi_u = \varphi_i + 90°$$

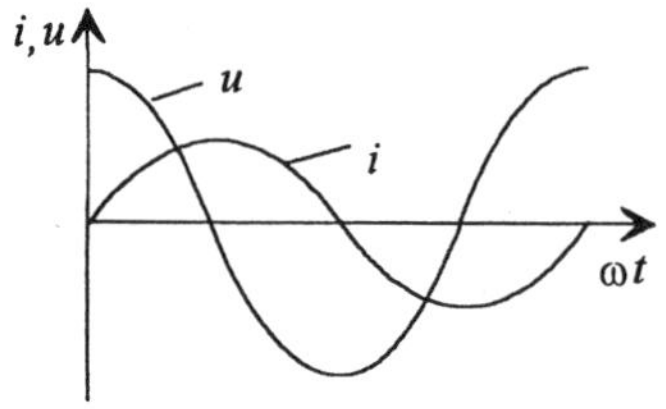

Bild 6.18 Phasenlage von Strom und Spannung an einer Induktivität

An einer Induktivität eilt die Spannung gegenüber dem Strom um 90° voraus.

Nach der Transformation der Gl. (6.22) in den Bildbereich ergibt sich:

$$\underline{u} = \mathrm{j}\omega L\,\underline{i}$$

Widerstandsoperator. Für den Widerstandsoperator $\underline{Z}_L$ gilt damit:

$$\underline{Z}_L = \frac{\underline{u}}{\underline{i}} = \mathrm{j}\omega L = 0 + \mathrm{j}X_L$$

$$\boxed{\underline{Z}_L = \mathrm{j}\omega L = \omega L\angle 90°} \qquad (6.23)$$

Es gelten die Größen:

Blindwiderstand: $X_L = \omega L$

Phasenwinkel: $\varphi_z = 90°$

Leitwertoperator. Der Leitwertoperator berechnet sich nach Gl. (6.16) zu

$$\underline{Y}_L = \frac{1}{\underline{Z}_L} = \frac{1}{\mathrm{j}\omega L} = -\mathrm{j}\frac{1}{\omega L} = 0 + \mathrm{j}B_L$$

$$\boxed{\underline{Y}_L = \frac{1}{\mathrm{j}\omega L} = \frac{1}{\omega L}\angle -90°} \qquad (6.24)$$

Es gilt dabei:

Blindleitwert: $B_L = -\frac{1}{\omega L}$

Phasenwinkel: $\varphi_y = -90°$

Das Bild 6.19 stellt die Zeigerbilder dar.

Zeigerbild ($\underline{Z}$, $\underline{Y}$): Zeigerbild ($\underline{U}$, $\underline{I}$):

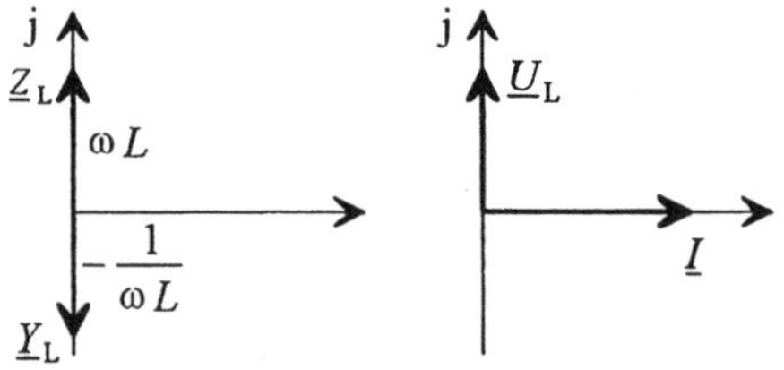

Bild 6.19 Zeigerbilder Induktivität

Kapazität. Wird eine Kapazität von einem sinusförmigen Strom gespeist (Bild 6.20), gilt für den Spannungsabfall im Zeitbereich:

$$u = \frac{1}{C}\int i\mathrm{d}t$$

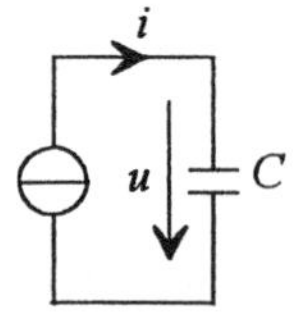

Bild 6.20 Kapazität bei sinusförmiger Stromspeisung

Mit dem vorgegebenen Strom gilt:

$$u = \frac{1}{C}\int \hat{i}\sin(\omega t + \varphi_i)\mathrm{d}t = -\frac{\hat{i}}{\omega C}\cos(\omega t + \varphi_i) \tag{6.25}$$

Weiterhin gilt:

$$\hat{u}\sin(\omega t + \varphi_u) = \frac{1}{\omega C}\hat{i}\sin(\omega t + \varphi_i - 90°)$$

$$\hat{u} = \frac{1}{\omega C}\hat{i}$$

$$\varphi_u = \varphi_i - 90°$$

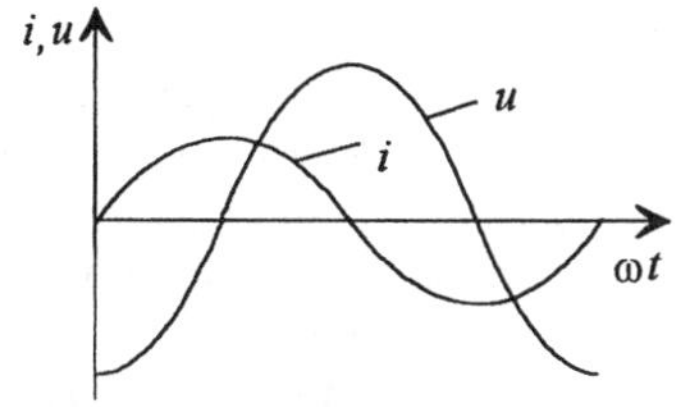

Bild 6.21 Phasenlage zwischen Strom und Spannung an der Kapazität

An einer Kapazität eilt die Spannung gegenüber dem Strom um 90° nach.

Die Gl. (6.25) in den Bildbereich transformiert, ergibt:

$$\underline{u} = \frac{1}{\mathrm{j}\omega C}\underline{i}$$

Widerstandsoperator. Für den Widerstandsoperator $\underline{Z}_C$ gilt damit:

$$\underline{Z}_C = \frac{\underline{u}}{\underline{i}} = \frac{1}{\mathrm{j}\omega C} = -\mathrm{j}\frac{1}{\omega C} = 0 + \mathrm{j}X_C$$

$$\boxed{\underline{Z}_C = -\mathrm{j}\frac{1}{\omega C} = \frac{1}{\omega C}\angle -90°} \tag{6.26}$$

Es gelten die Größen:

Blindwiderstand: $X_C = -\frac{1}{\omega C}$

Phasenwinkel: $\varphi_z = -90°$

Leitwertoperator. Der Leitwertoperator wird aus Gl. (6.17) ermittelt. Es gilt:

$$\underline{Y}_C = \frac{1}{\underline{Z}_C} = \mathrm{j}\omega C = 0 + \mathrm{j}B_C$$

$$\boxed{\underline{Y}_C = \mathrm{j}\omega C = \omega C\angle 90°} \tag{6.27}$$

Es gelten dabei:

Blindleitwert: $B_C = \omega C$

Phasenwinkel: $\varphi_y = 90°$

Im Bild 6.22 sind die dazugehörigen Zeigerbilder dargestellt:

Zeigerbild ($\underline{Z}$, $\underline{Y}$): Zeigerbild ($\underline{U}$, $\underline{I}$):

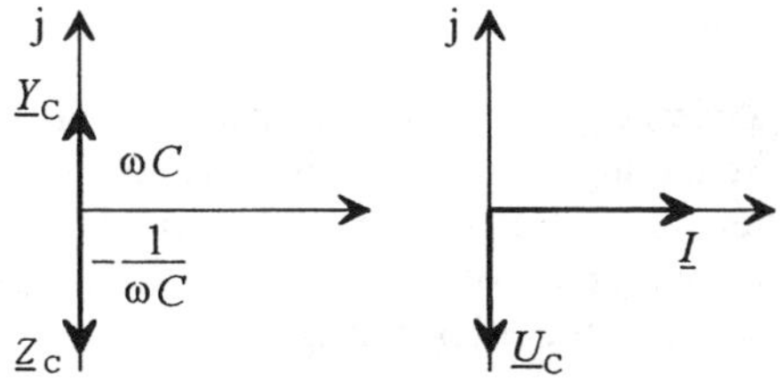

Bild 6.22 Zeigerbilder Kapazität

Für die Rechnung im Bildbereich sind die Widerstands- und Leitwertoperatoren der Grundschaltelemente im Bild 6.23 zusammenfassend dargestellt.

	R	L	C
$\underline{Z}$	R	$\mathrm{j}\omega L$	$\frac{1}{\mathrm{j}\omega C}$
$\underline{Y}$	G	$\frac{1}{\mathrm{j}\omega L}$	$\mathrm{j}\omega C$

Bild 6.23 Operatoren der Grundschaltelemente

6.3 Die komplexe Berechnung von Wechselstromschaltungen

Mit der Anwendung der symbolischen Methode lassen sich die Kirchhoffschen Sätze und die daraus abgeleiteten Gesetzmäßigkeiten im Abschnitt 2 für sinusförmig veränderliche Größen übertragen.
Elektrische Schaltungen können damit vom Berechnungsansatz her für Gleich- und Wechselgrößen identisch behandelt werden, wenn folgende Voraussetzungen gegeben sind:

- Die Berechnung erfolgt für konzentrierte Bauelemente (*quasistationärer Fall*, d.h., alle elektrischen Größen sollen sich so langsam ändern, daß deren räumliche Ausbreitungsgeschwindigkeit vernachlässigbar bleibt).
- Zwischen den einzelnen Zweigen einer Schaltung bzw. eines Netzwerkes dürfen keine kapazitiven oder induktiven Kopplungen vorliegen. Diese sind gesondert zu berücksichtigen.
- Die Berechnung erfolgt für den eingeschwungenen Zustand, d.h., Übergangsvorgänge dürfen nicht stattfinden.
- Das technische Grundprinzip der Superposition (siehe Abschnitt 3.3.2) soll im allgemeinen gewährleistet sein.
- Eine Abweichung von der Sinusform der wirkenden elektrischen Größen ist nicht zulässig.

6.3.1 Komplexe Zweipolquellen

Die nach Bild 3.1 im Abschnitt 3 festgelegte ideale Strom- und Spannungsquelle lassen sich für rein sinusförmige Erregung in den komplexen Bereich nach Gl. (6.3) transformieren. Genaue Festlegungen dazu findet man in DIN 5489, Abschnitt 6.2.

Zweipolquellen. Im allgemeinen ist es ausreichend, in der Praxis vorkommende Zweipolquellen (Wechselspannungsgeneratoren, Funktionsgeneratoren) als *lineare aktive Zweipole* darzustellen. Die ohmschen, induktiven und kapazitiven Anteile der Quelle sind je nach Konstruktion durch eine *Innenimpedanz* bzw. *Innenadmittanz* zu erfassen.
Wird, wie bereits im Abschnitt 2.2 erläutert, für den aktiven Zweipol das Erzeugerzählpfeilsystem gewählt, so läßt sich eine Zweipolquelle entweder durch eine *Ersatz-Spannungsquelle* oder durch eine *Ersatz-Stromquelle* wiedergeben. In den Bildern 6.24 und 6.25 sind außerdem die dazugehörigen Zweipolgleichungen dargestellt.

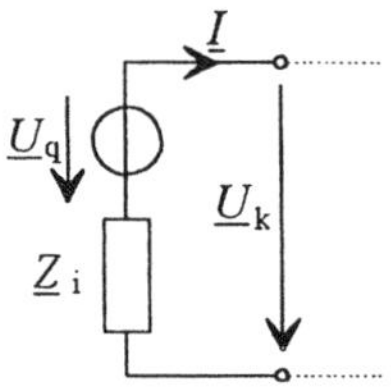

$\underline{U}_k = -\underline{Z}_i\underline{I} + \underline{U}_q$

Gleichung des aktiven Zweipols in komplexer Form

Bild 6.24 Ersatz-Spannungsquelle

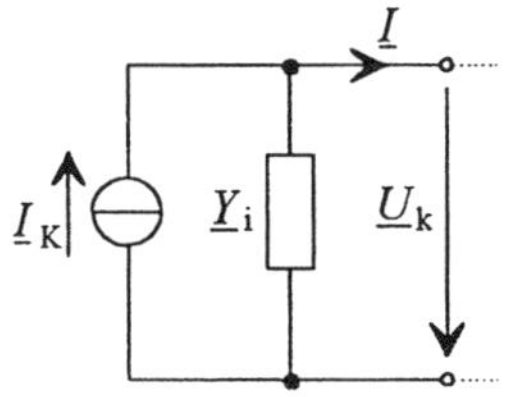

$\underline{I} = -\underline{Y}_i\,\underline{U}_k + \underline{I}_K$

Gleichung des aktiven Zweipols in komplexer Form

Bild 6.25 Ersatz-Stromquelle

Wenn beide Ersatzschaltbilder die gleiche Zweipolquelle beschreiben sollen, dann müssen die folgenden Beziehungen gelten:

$$\boxed{\underline{U}_q = \underline{Z}\,\underline{I}} \quad (6.28) \qquad \boxed{\underline{Z}\,\underline{Y} = 1} \quad (6.29)$$

Richtungspfeile. Für eine Berechnung wird wie bei Gleichgrößen ebenfalls eine Richtung der treibenden Quellengrößen mittels Richtungspfeile festgelegt.
Da die Spannungen und Ströme in Wechselstromnetzen jedoch ihre Richtung periodisch wechseln, kann diese Festlegung nur eine willkürliche Festlegung der Phasenlage der treibenden Quellengröße sein.
Zweckmäßigerweise werden die Zeiger auf die Bezugsachse, d.h. auf die reelle Achse der Gaußschen Zahlenebene, gelegt. Ein negatives Vorzeichen bedeutet eine Phasenverschiebung um 180° (Bild 6.26).

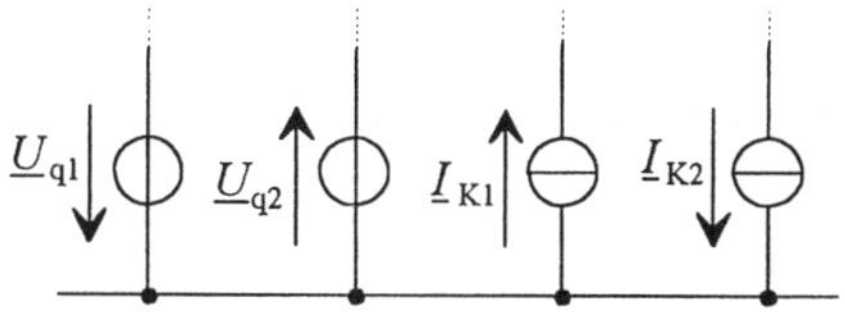

$\underline{U}_{q1} = U_{q1}\angle 0°$ $\underline{U}_{q2} = -\underline{U}_{q1}$ $\underline{U}_{q2} = U_{q2}\angle 180°$

$\underline{I}_{K1} = I_{K1}\angle 0°$ $\underline{I}_{K2} = -\underline{I}_{K1}$ $\underline{I}_{K2} = I_{K2}\angle 180°$

Bild 6.26 Richtungspfeile an Zweipolquellen im komplexen Bereich

Komplexer Grundstromkreis. Wird an eine aktive Zweipolquelle ein passiver Zweipol angeschlossen, entsteht der Grundstromkreis (Bild 6.27).

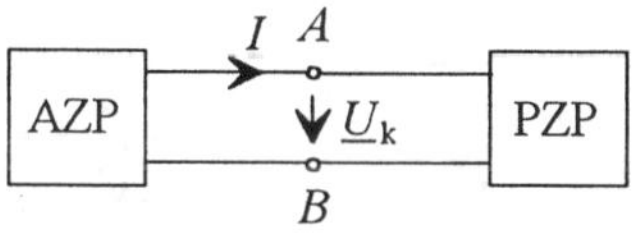

Bild 6.27 Grundstromkreis im komplexen Bereich

Die Größe und die Charakteristik der Belastungsimpedanz des passiven Zweipols bestimmen die Klemmengrößen $\underline{U}_k$ und $\underline{I}$ nach ihren Effektivwerten und ihrer relativen Phasenlage zueinander.

6.3.2 Komplexe Ersatzschaltungen

6.3.2.1 Die Kirchhoffschen Sätze in komplexer Form

Mit den Transformationsregeln nach Gl. (6.8) lassen sich die Kirchhoffschen Sätze in komplexer Form schreiben, wobei der ruhende Effektivwertzeiger verwendet wird.

Knotenpunktsatz **Maschensatz**

$$\sum_{\mu=1}^{n} \underline{I}_{\mu} = 0 \quad (6.30) \qquad \sum_{\mu=1}^{n} \underline{U}_{\mu} = 0 \quad (6.31)$$

Mit der Definition des Widerstands- bzw. Leitwertoperators nach den Gln. (6.12) und (6.15) ist der Zusammenhang zwischen Strom und Spannung im Bildbereich beschrieben.
Ohmsches Gesetz. Man bezeichnet Gl. (6.32) als das *Ohmsche Gesetz der Wechselstromtechnik.*

$$\underline{Z} = \frac{\underline{U}}{\underline{I}} \quad (6.32)$$

6.3.2.2 Ersatzimpedanz, Ersatzadmittanz

Ersatzimpedanzen. Für die Reihenschaltung von Impedanzen (Bild 6.28) gilt:

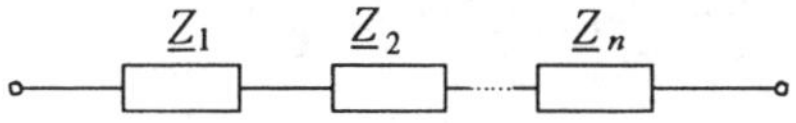

Bild 6.28 Reihenschaltung von Impedanzen

$$\underline{Z} = \underline{Z}_1 + \underline{Z}_2 + \ldots + \underline{Z}_n$$

$$\boxed{\underline{Z} = \sum_{\mu=1}^{n} \underline{Z}_\mu} \qquad (6.33)$$

Ersatzadmittanzen. Prinzipiell lassen sich für die Parallelschaltung von Impedanzen die selben Formeln verwenden, wie für die Parallelschaltung von ohmschen Widerständen (siehe Abschnitt 2.2.2.2).
Während man versucht, in der Gleichstromtechnik bei einer Parallelschaltung mit ohmschen Widerständen zu rechnen, ist es in der Wechselstromtechnik einfacher, Admittanzen anzusetzen (Bild 6.29).

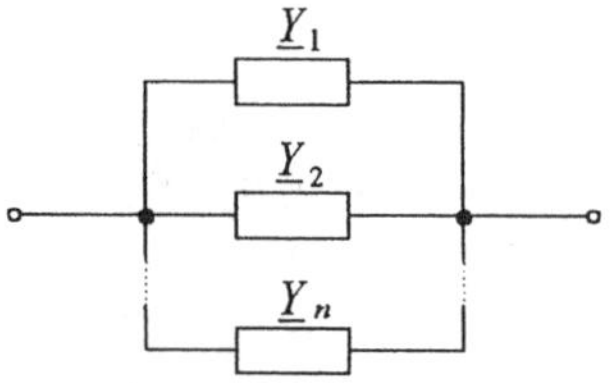

Bild 6.29 Parallelschaltung von Admittanzen

Es gilt:

$$\underline{Y} = \underline{Y}_1 + \underline{Y}_2 + \ldots + \underline{Y}_n$$

$$\boxed{\underline{Y} = \sum_{\mu=1}^{n} \underline{Y}_\mu} \qquad (6.34)$$

Mit den Gln. (6.33) und (6.34) lassen sich Ersatzschaltungen passiver Zweipole im komplexen Bereich berechnen.

❑ **Beispiel 6.4**

Für die Reihenschaltung mit $R = 0{,}5\,\mathrm{k\Omega}$, $L = 0{,}8\,\mathrm{H}$, $C = 5\,\mu F$ ist die Ersatzimpedanz bei einer Frequenz $f = 50$ Hz zu berechnen. Es sind das Zeigerbild für $\underline{Z}$ zu zeichnen sowie die Elemente der Reihenersatzschaltung anzugeben.

Lösung:

Die Reihenschaltung der Schaltelemente R, L, C zwischen den Zweipolklemmen A und B wird sofort im komplexen Bereich dargestellt (Bild 6.30). Die Widerstandsoperatoren der einzelnen Grundschaltelemente sind zur Ersatzimpedanz $\underline{Z}_{AB}$ zu addieren.

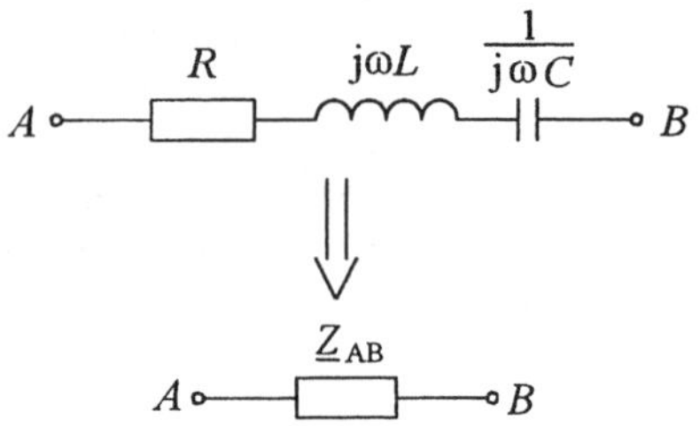

Bild 6.30 Reihenschaltung von R, L, C

Es gilt:

$$\underline{Z}_{AB} = \underline{Z}_R + \underline{Z}_L + \underline{Z}_C$$

$$\underline{Z}_{AB} = R + j\omega L + \frac{1}{j\omega C} = R + j\left(\omega L - \frac{1}{\omega C}\right)$$

$$\underline{Z}_{AB} = 500\,\Omega + j(251{,}3\,\Omega - 636{,}6\,\Omega)$$

$$\underline{Z}_{AB} = (500 - j385{,}3)\,\Omega = 631{,}2\,\Omega\angle -37{,}6°$$

Das dazugehörige Zeigerbild zeigt Bild 6.31.

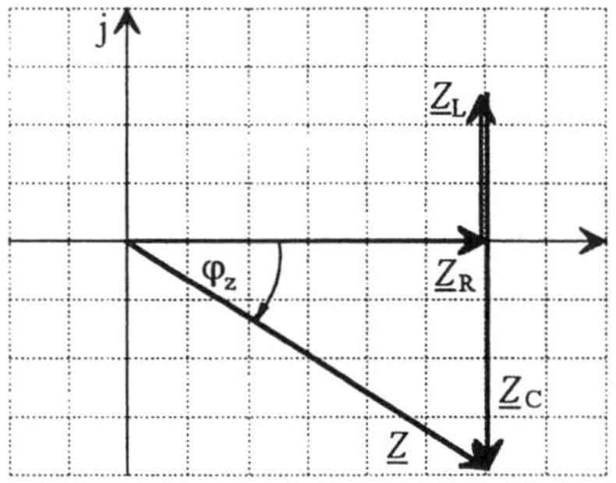

Bild 6.31 Zeigerbild zum Beispiel 6.4

Der Zweipol zeigt kapazitives Verhalten. Die Ersatzimpedanz läßt sich durch eine Reihenersatzschaltung darstellen, die an den Klemmen A und B das gleiche elektrische Verhalten aufweist (Bild 6.32).

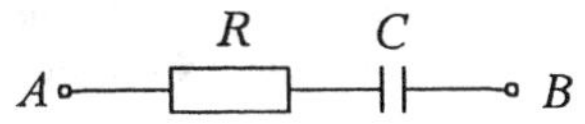

Bild 6.32 Reihenersatzschaltung Beipiel 6.4

Die Werte der notwendigen Schaltelemente lassen sich aus der Impedanz ablesen.

$$\underline{Z}_{AB} = (500 - j385,3)\,\Omega$$

Es gilt:

$$R = 500\,\Omega$$

Mit $X_C = -385,3\ \Omega$ wird:

$$C = 8,3\ \mu F \text{ für } f = 50\text{ Hz}$$

❑ **Beispiel 6.5**

Für die Parallelschaltung von $R = 0{,}8\ k\Omega$, $L = 0{,}4\ H$, $C = 5\ \mu F$ ist die Ersatzimpedanz bei einer Frequenz $f = 50$ Hz zu berechnen. Es ist das Zeigerbild für $\underline{Z}$ zu zeichnen sowie die Elemente der Reihenersatzschaltung anzugeben.

Lösung:

Die Rechnung erfolgt über die Leitwertoperatoren der Grundschaltelemente (Bild 6.33).

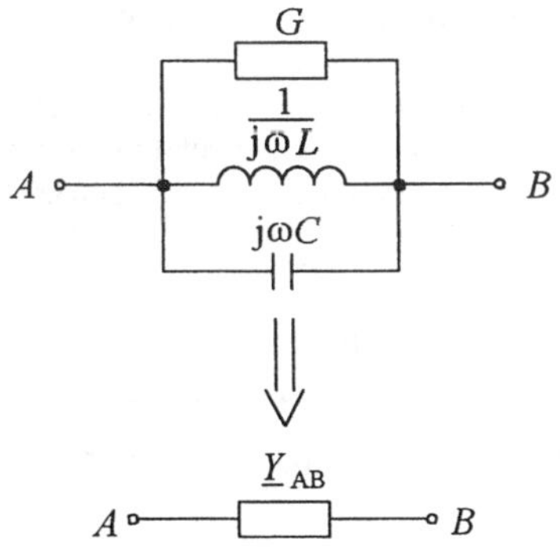

Bild 6.33 Parallelschaltung von R, L, C

Es gilt: $\underline{Y}_{AB} = \underline{Y}_R + \underline{Y}_L + \underline{Y}$

$$\underline{Y}_{AB} = \frac{1}{R} + \frac{1}{j\omega L} + j\omega C = G + j\left(\omega C - \frac{1}{\omega L}\right)$$

$$\underline{Y}_{AB} = 1,25\text{ mS} + j(1,57\text{ mS} - 7,96\text{ mS})$$

$$\underline{Y}_{AB} = (1,25 - j6,39)\text{ mS} = 6,51\text{ mS}\angle -78,9^\circ$$

Die Impedanz berechnet sich nach Gl. (6.12) zu

$$\underline{Z}_{AB} = \frac{1}{\underline{Y}_{AB}} = 153,6\ \Omega\angle 78,9^\circ$$

Das dazugehörige Zeigerbild für Admittanzen zeigt Bild 6.34.

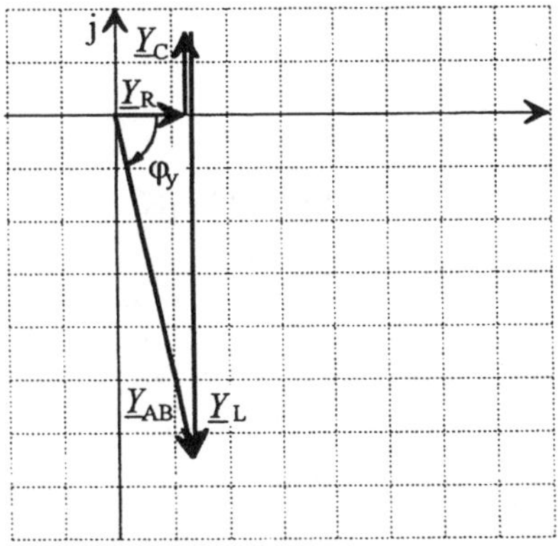

Bild 6.34 Zeigerbild zum Beispiel 6.5

Die Parallelschaltung des vorgegebenen Zweipols weist induktives Verhalten auf.
Die Schaltelemente der Reihenersatzschaltung (Bild 6.35) ergeben sich aus der Normalform der Impedanz.

$$\underline{Z}_{AB} = 153,6\ \Omega\angle 78,9^\circ = (29,6 + j150,7)\ \Omega$$

Bild 6.35 Reihenersatzschaltung Beispiel 6.5

Damit wird:

$$R = 29,6\ \Omega$$
$$\omega L = 150,7\ \Omega \Rightarrow L = 0,48\text{ H für } f = 50\text{ Hz}$$

☐ Beispiel 6.6

Für die gemischte Schaltung eines passiven Zweipols (Bild 6.36) ist die Ersatzimpedanz $\underline{Z}_{AB}$ für eine Frequenz $f = 800$ Hz zu berechnen.
Es sind die Schaltelemente der Reihenersatzschaltung sowie der Parallelersatzschaltung anzugeben.

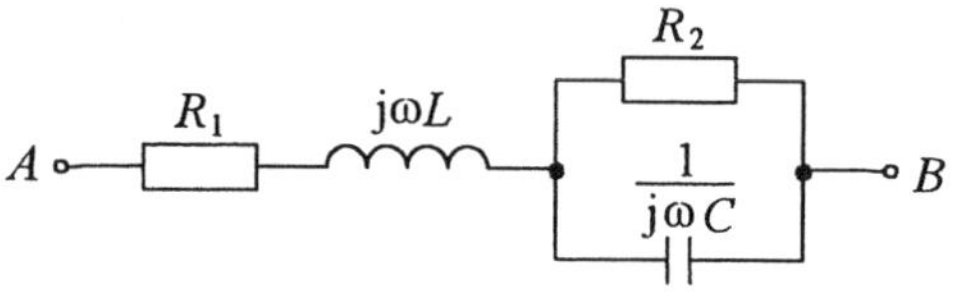

$R_1 = 40\ \Omega,\ R_2 = 1\ \text{k}\Omega,\ L = 15\ \text{mH},\ C = 0{,}1\ \mu\text{F}$

Bild 6.36 Schaltung zum Beispiel 6.6

Lösung:

Der allgemeine Ansatz lautet:

$$\underline{Z}_{AB} = \underline{Z}_{R1} + \underline{Z}_{L} + \underline{Z}_{R2} // \underline{Z}_{C}$$

Für die Rechnung gilt:

$$\underline{Z}_{AB} = R_1 + j\omega L + \frac{R_2 \cdot \frac{1}{j\omega C}}{R_2 + \frac{1}{j\omega C}}$$

$$\underline{Z}_{AB} = 40\,\Omega + j75{,}4\,\Omega + \frac{1000\,\Omega \cdot -j1990\,\Omega}{1000\,\Omega - j1990\,\Omega}$$

$$\underline{Z}_{AB} = 900\,\Omega \angle -21{,}2^\circ = (838{,}4 - j325{,}8)\,\Omega$$

Für die Reihenersatzschaltung nach Bild 6.37 gilt:

$$R = 838{,}4\,\Omega$$

$$X_C = -325{,}8\,\Omega \quad \Rightarrow \quad C = 0{,}61\ \mu\text{F}$$

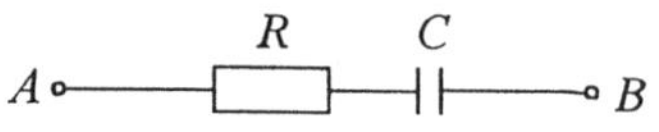

Bild 6.37 Reihenersatzschaltung zum Beispiel 6.6

☐ Beispiel 6.7

Für die Schaltung nach Bild 6.38 ist eine allgemeine Lösung für die Impedanz aufzustellen.

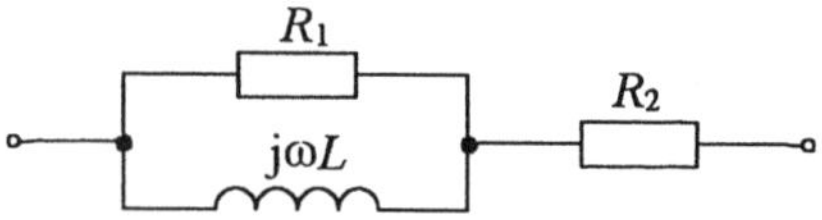

Bild 6.38 Schaltung zum Beispiel 6.7

Lösung:

Der allgemeine Ansatz lautet:

$$\underline{Z} = \underline{Z}_{R1} // \underline{Z}_{L} + \underline{Z}_{R2}$$

$$\underline{Z} = R_2 + \frac{1}{\frac{1}{R_1} - j\frac{1}{\omega L}} = R_2 + \frac{\frac{1}{R_1} + j\frac{1}{\omega L}}{\left(\frac{1}{R_1}\right)^2 + \left(\frac{1}{\omega L}\right)^2}$$

Der allgemeine Ausdruck läßt sich in Real- und Imaginärteil auftrennen.

$$\underline{Z} = \qquad \text{Re}[\underline{Z}] \qquad + \qquad j[\underline{Z}]$$

$$\underline{Z} = \left(R_2 + \frac{\frac{1}{R_1}}{\left(\frac{1}{R_1}\right)^2 + \left(\frac{1}{\omega L}\right)^2} \right) + j\left(\frac{\frac{1}{\omega L}}{\left(\frac{1}{R_1}\right)^2 + \left(\frac{1}{\omega L}\right)^2} \right)$$

☐ Beispiel 6.8

Für die Schaltung nach Bild 6.39 ist der komplexe Leitwert zu berechnen.
Welchen Wert muß der Widerstand R_2 annehmen, damit die Phasenverschiebung zwischen Strom und Spannung gerade 45° beträgt (allgemeine Lösung)?

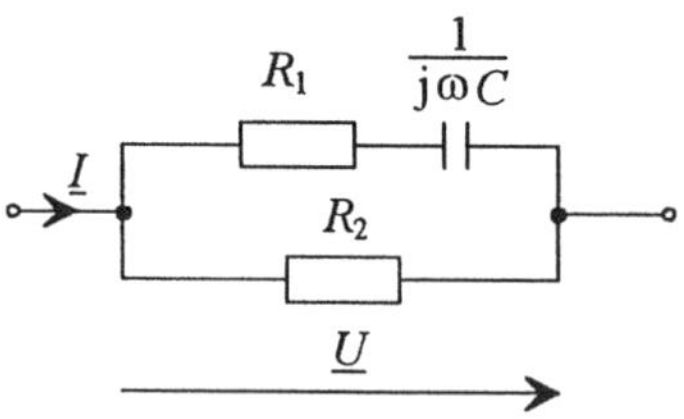

Bild 6.39 Schaltung zum Beispiel 6.8

Lösung:

Die Admittanzen der beiden Parallelzweige sind zu addieren.

$$\underline{Y} = \frac{1}{R_1 - \mathrm{j}\frac{1}{\omega C}} + \frac{1}{R_2} = \frac{R_1 + \mathrm{j}\frac{1}{\omega C}}{R_1^2 + \left(\frac{1}{\omega C}\right)^2} + \frac{1}{R_2}$$

$$\underline{Y} = \frac{R_1}{R_1^2 + \left(\frac{1}{\omega C}\right)^2} + \frac{1}{R_2} + \mathrm{j}\frac{\frac{1}{\omega C}}{R_1^2 + \left(\frac{1}{\omega C}\right)^2}$$

Die Schaltung zeigt kapazitives Verhalten. Für $\varphi_y = \varphi_i - \varphi_u = 45°$ ist die geforderte Phasenverschiebung zwischen Strom und Spannung gegeben. Damit muß gelten:

$$45° = \arctan \frac{\dfrac{\frac{1}{\omega C}}{R_1^2 + \left(\frac{1}{\omega C}\right)^2}}{\dfrac{R_1}{R_1^2 + \left(\frac{1}{\omega C}\right)^2} + \dfrac{1}{R_2}}$$

Nach einer Vereinfachung läßt sich der Ausdruck nach R_2 umstellen.

$$1 = \frac{\frac{1}{\omega C} R_2}{R_1 R_2 + R_1^2 + \left(\frac{1}{\omega C}\right)^2}$$

$$R_2 = \frac{R_1^2 + \left(\frac{1}{\omega C}\right)^2}{\frac{1}{\omega C} - R_1}$$

6.3.2.3 Einfache Strom- und Spannungsberechnungen

Mit den Kirchhoffschen Sätzen lassen sich die Strom- und Spannungsverhältnisse im komplexen Bereich für einfache Schaltungsanordnungen nach Betrag und Nullphasenwinkel berechnen. Die Darstellung der Zeigerbildes vermittelt eine Vorstellung von der relativen Phasenlage der Zeiger zueinander.

❑ **Beispiel 6.9**

Für die Reihenschaltung einer Induktivität $L = 2$ mH mit einem Widerstand $R = 3\ \Omega$ nach Bild 6.40 sind bei einem vorgegebenen Strom von $I = 200$ mA alle Spannungen für eine Frequenz $f = 478$ Hz zu berechnen.

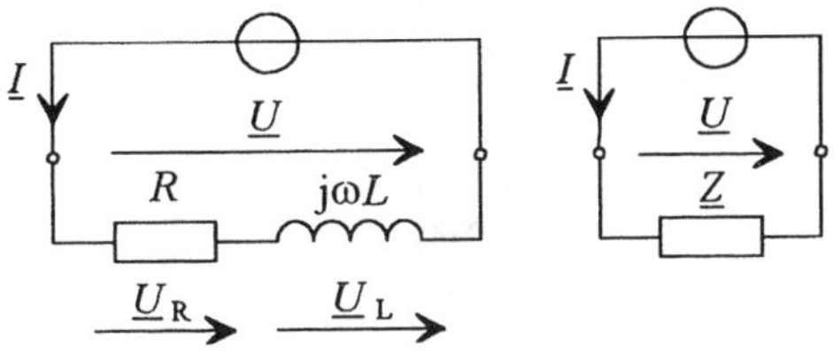

Bild 6.40 Schaltung zum Beispiel 6.9

Es sind die Zeigerbilder für $\underline{Z}$, $\underline{U}$ und $\underline{I}$ zu zeichnen.

Lösung:

Es ist die Ersatzimpedanz $\underline{Z}$ zu errechnen.

$$\underline{Z} = R + \mathrm{j}\omega L = (3 + \mathrm{j}6)\,\Omega = 6{,}71\,\Omega\angle 63{,}4°$$

Zeigerbild ($\underline{Z}$):

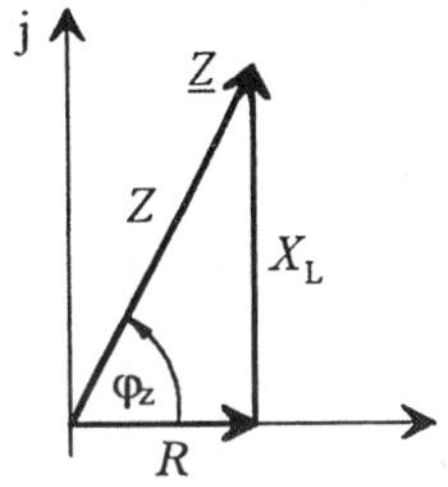

Bild 6.41 Zeigerbild zum Beispiel 6.9

Für die Spannung $\underline{U}$ gilt:

$$\underline{U} = \underline{Z}\,\underline{I} = 6{,}71\,\Omega\angle 63{,}4° \cdot 0{,}2\,\mathrm{A}\angle 0°$$

$$\underline{U} = 1{,}34\,\mathrm{V}\angle 63{,}4° = (0{,}6 + \mathrm{j}1{,}2)\,\mathrm{V}$$

Die Teilspannungen ergeben sich zu:

$$\underline{U}_\mathrm{R} = R\,\underline{I}_\mathrm{R} = 3\,\Omega \cdot 0{,}2\,\mathrm{A}\angle 0° = 0{,}6\,\mathrm{V}\angle 0°$$

$$\underline{U}_\mathrm{L} = \mathrm{j}\omega L\,\underline{I} = 6\,\Omega\angle 90° \cdot 0{,}2\,\mathrm{A}\angle 0° = 1{,}2\,\mathrm{V}\angle 90°$$

Die Teilspannungen $\underline{U}_R$ und $\underline{U}_L$ entsprechen dem Real- bzw. Imaginärteil der Spannung $\underline{U}$.

Zeigerbild ($\underline{U}$, $\underline{I}$):

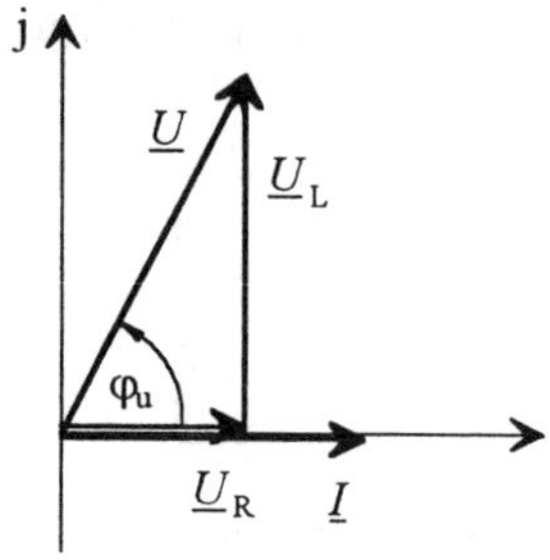

Bild 6.42 Zeigerbild zum Beispiel 6.9

Für die komplexen Spannungen nach Bild 6.40 gilt:

$$\underline{U} = \underline{U}_R + \underline{U}_L$$

Für die Beträge gilt:

$$U = \sqrt{U_R{}^2 + U_L{}^2}$$

☐ **Beispiel 6.10**

Für die Parallelschaltung einer Kapazität $C = 32\,\mu F$ mit einem Widerstand $R = 200\,\Omega$ nach Bild 6.43 sind für eine Spannung U = 220 V und einer Frequenz f = 50 Hz alle Ströme zu berechnen.
Es sind die Zeigerbilder für $\underline{Y}$, $\underline{U}$ und $\underline{I}$ zu zeichnen.

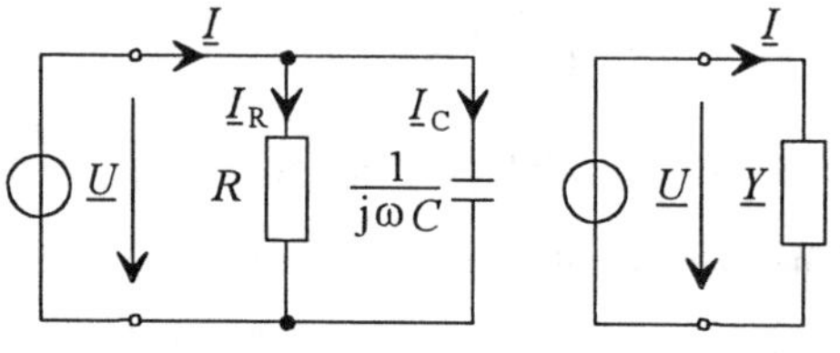

Bild 6.43 Schaltung zum Beispiel 6.10

Lösung:

Es ist zunächst die Ersatzadmittanz zu berechnen.

$$\underline{Y} = \frac{1}{R} + j\omega C = (5 + j10)\,\text{mS} = 11{,}2\,\text{mS}\angle 63{,}4°$$

Zeigerbild ($\underline{Y}$):

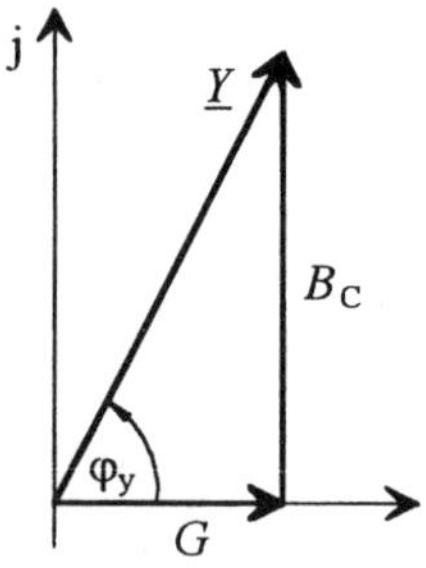

Bild 6.44 Zeigerbild zum Beispiel 6.10

Für den Strom $\underline{I}$ gilt:

$$\underline{I} = \underline{Y}\,\underline{U} = 11{,}2\,\text{mS}\angle 63{,}4° \cdot 220\,\text{V}\angle 0°$$

$$\underline{I} = 2{,}46\,\text{A}\angle 63{,}4° = (1{,}1 + j2{,}2)\,\text{A}$$

Ähnlich dem Beispiel 6.9 stellt man fest, daß die arithmetische Form von $\underline{I}$ den Wirkstrom $\underline{I}_R$ und den kapazitiven Blindstrom $\underline{I}_C$ enthält, was sich durch Rechnung leicht nachweisen läßt.

Es gilt: $\underline{I}_R = 1{,}1\,\text{A}\angle 0°$

$$\underline{I}_C = 2{,}2\,\text{A}\angle 90°$$

Für den Strom gilt allgemein:

$$\underline{I} = \underline{I}_R + \underline{I}_C$$

Für die Beträge der Ströme gilt:

$$I = \sqrt{I_R{}^2 + I_C{}^2}$$

Zeigerbild ($\underline{U}$, $\underline{I}$):

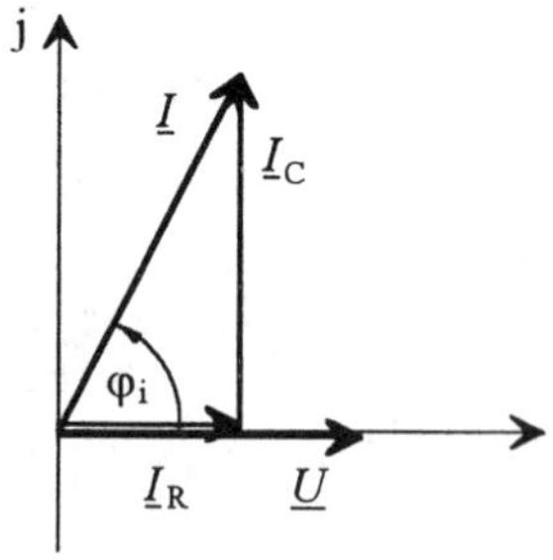

Bild 6.45 Zeigerbild zum Beispiel 6.10

❑ **Beispiel 6.11**

An eine Reihenschaltung der Grundschaltelemente $R = 340\,\Omega$, $L = 0{,}8$ H, $C = 2{,}5\,\mu\text{F}$ wird eine Spannung $U = 220$ V mit der Frequenz $f = 50$ Hz angelegt (Bild 6.46).

Es sind der Strom sowie die Teilspannungen über den Schaltelementen zu berechnen. Die Ergebnisse sind als Zeigerbild für $\underline{U}$ und $\underline{I}$ darzustellen.

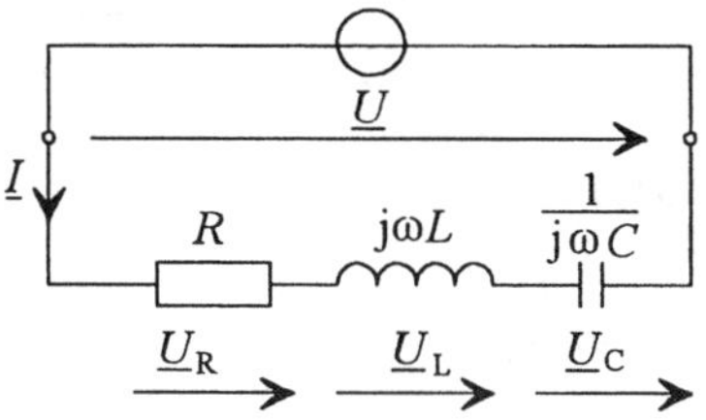

Bild 6.46 Schaltung zum Beispiel 6.11

Lösung:

Für die Impedanz der Schaltung gilt:

$$\underline{Z} = \underline{Z}_R + \underline{Z}_L + \underline{Z}_C$$

$$\underline{Z} = R + \mathrm{j}\left(\omega L - \frac{1}{\omega C}\right)$$

$$\underline{Z} = (340 - \mathrm{j}1022)\,\Omega = 1077\,\Omega\angle -72^\circ$$

Für die vorgegebene Frequenz weist die Impedanz kapazitives Verhalten auf.

Für den Strom gilt:

$$\underline{I} = \frac{\underline{U}}{\underline{Z}} = \frac{220\,\text{V}\angle 0^\circ}{1077\,\Omega\angle -72^\circ} = 0{,}2\,\text{A}\angle 72^\circ$$

Für die Teilspannungen gilt:

$$\underline{U}_R = R\underline{I} = 340\,\Omega \cdot 0{,}2\,\text{A}\angle 72^\circ = 69{,}4\,\text{V}\angle 72^\circ$$

$$\underline{U}_L = \mathrm{j}\omega L\underline{I} = 251{,}3\,\Omega\angle 90^\circ \cdot 0{,}2\,\text{A}\angle 72^\circ$$

$$\underline{U}_L = 50{,}3\,\text{V}\angle 162^\circ$$

$$\underline{U}_C = -\mathrm{j}\frac{1}{\omega C}\underline{I} = 1273\,\Omega\angle -90^\circ \cdot 0{,}2\,\text{A}\angle 72^\circ$$

$$\underline{U}_C = 254{,}6\,\text{V}\angle -18^\circ$$

Zeigerbild ($\underline{U}$, $\underline{I}$):

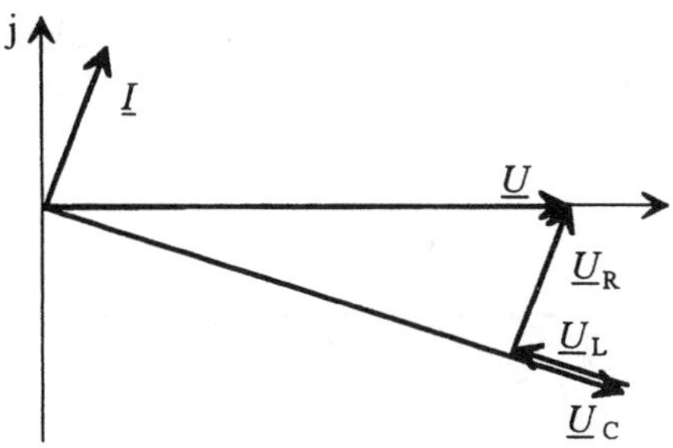

Bild 6.47 Zeigerbild zum Beispiel 6.11

Man beachte, daß die Spannung am Kondensator auf Grund seines wirkenden Blindwiderstandes betragsmäßig über den Wert der Eingangsspannung ansteigt (Isolationsfestigkeit!). Die Schaltung wird in der Nähe der Resonanz betrieben, wobei durch einen Anstieg des Stromes im elektrischen Kreis die Spannung an dem Blindelement ansteigt (siehe Abschnitt 9).

6.3.2.4 Komplexe Spannungs- und Stromteilerregel

Komplexer Spannungsteiler. In Anlehnung an die Gleichstromtechnik läßt sich für Impedanzen, die vom gleichen Strom durchflossen werden (Bild 6.48), der komplexe Spannungsteiler aufstellen.

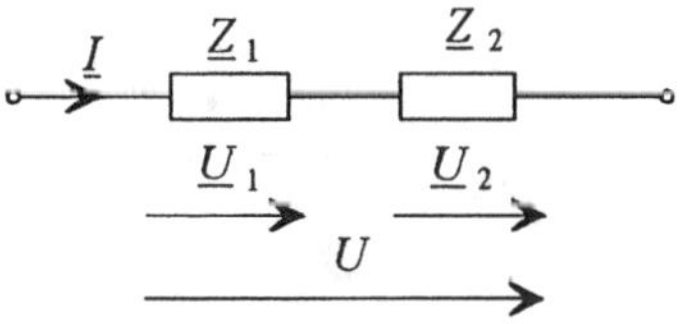

Bild 6.48 Komplexer Spannungsteiler

Es gelten die Gln. (6.35) und (6.36):

$$\boxed{\frac{\underline{U}_1}{\underline{U}_2} = \frac{\underline{Z}_1}{\underline{Z}_2}} \quad (6.35) \qquad \boxed{\frac{\underline{U}_1}{\underline{U}} = \frac{\underline{Z}_1}{\underline{Z}_1 + \underline{Z}_2}} \quad (6.36)$$

Komplexer Stromteiler. Für Impedanzen, über denen in einer Masche die gleiche Spannung abfällt (Bild 6.49), läßt sich die Stromteilerregel für den komplexen Bereich aufstellen.

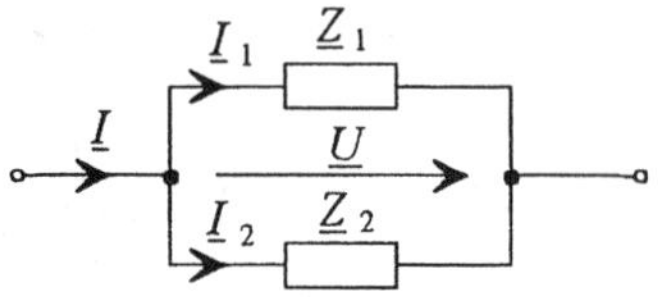

Bild 6.49 Komplexer Stromteiler

$$\boxed{\frac{\underline{I}_1}{\underline{I}_2} = \frac{\underline{Y}_1}{\underline{Y}_2}} \quad (6.37) \qquad \boxed{\frac{\underline{I}_1}{\underline{I}} = \frac{\underline{Y}_1}{\underline{Y}_1 + \underline{Y}_2}} \quad (6.38)$$

Mit Impedanzen ausgedrückt, gilt außerdem:

$$\boxed{\frac{\underline{I}_1}{\underline{I}} = \frac{\underline{Z}_2}{\underline{Z}_1 + \underline{Z}_2}} \quad (6.39)$$

❑ **Beispiel 6.12**

In der Schaltung nach Bild 6.50 ist der Spannungsabfall $\underline{U}_2$ am Parallelzweig zu berechnen, wenn die Schaltung mit einer Sinusspannung von $U = 230$ V, $f = 50$ Hz gespeist wird.

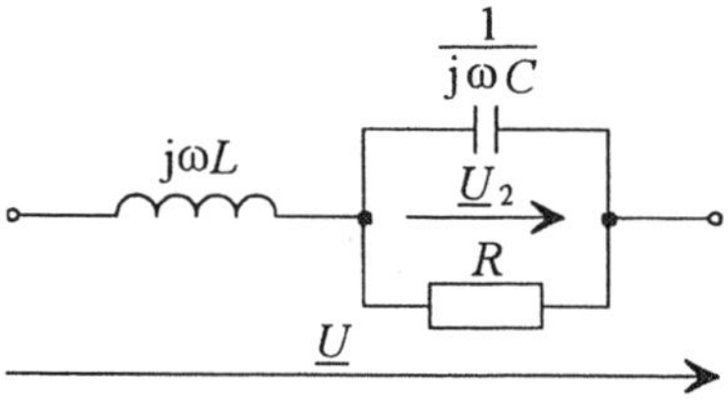

$R = 200\,\Omega,\ C = 8{,}2\,\mu\text{F},\ L = 0{,}8\ \text{H}$

Bild 6.50 Schaltung zum Beispiel 6.12

Lösung:

Der Spannungsteileransatz lautet allgemein:

$$\frac{\underline{U}_2}{\underline{U}} = \frac{\dfrac{1}{\frac{1}{R} + j\omega C}}{j\omega L + \dfrac{1}{\frac{1}{R} + j\omega C}}$$

$$\underline{U}_2 = \frac{\underline{U}}{1 - \omega^2 LC + j\frac{\omega L}{R}}$$

Mit den gegebenen Zahlenwerten entsteht:

$$\underline{U}_2 = \frac{230\ \text{V}\angle 0^\circ}{1 - \left(2\pi 50\,\text{s}^{-1}\right)^2 \cdot 0{,}8 \cdot 8{,}2 \cdot 10^{-6}\text{s}^2 + j\frac{251\,\Omega}{200\,\Omega}}$$

$$\underline{U}_2 = 176{,}44\ \text{V}\angle -74{,}3^\circ$$

❑ **Beispiel 6.13**

In der Schaltung nach Bild 6.51 ist der Strom $\underline{I}_R$ für die vorgegebene Widerstandsbedingung zu berechnen, wenn an der Schaltung die Spannung $\underline{U}$ anliegt.

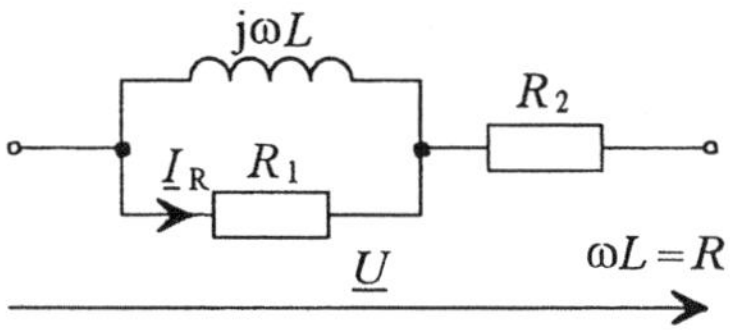

Bild 6.51 Schaltung zum Beispiel 6.13

Lösung:

Der Stromteileransatz lautet:

$$\frac{\underline{I}_R}{\underline{I}} = \frac{j\omega L}{R_1 + j\omega L}$$

Damit gilt für den Strom $\underline{I}_R$:

$$\underline{I}_R = \frac{\underline{U}\ j\omega L}{\underline{Z}\,(R_1 + j\omega L)} = \frac{\underline{U}}{\left(\frac{j\omega L R_1}{R_1 + j\omega L} + R_2\right)} \frac{j\omega L}{(R_1 + j\omega L)}$$

Setzt man die vorgegebene Widerstandsbedingung, die einer festen Frequenzvorgabe entspricht, ein, läßt sich der Strom $\underline{I}_R$ berechnen.

$$\underline{I}_R = 0{,}447\,\frac{U}{R}\angle 26{,}6^\circ$$

❑ **Beispiel 6.14**

Mit Hilfe der erweiterten Spannungsteilerregel ist das Verhältnis der Spannungen $\underline{U}_2/\underline{U}_1$ der Schaltung nach Bild 6.52 allgemein zu berechnen.

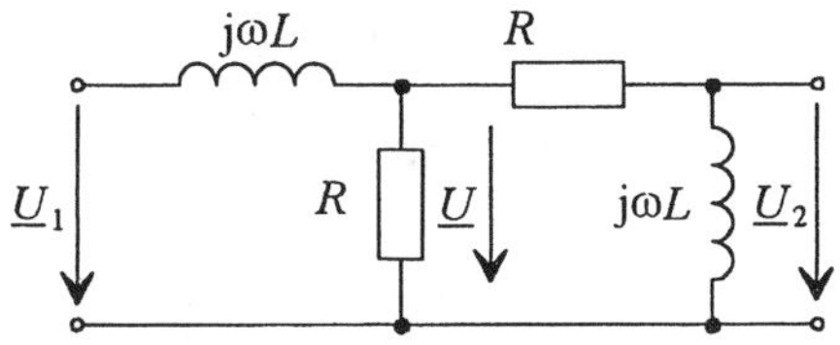

Bild 6.52 Schaltung zum Beispiel 6.14

Lösung:

Da die Teilspannung $\underline{U}_2$ nicht von demselben Strom erzeugt wird wie die treibende Spannung $\underline{U}_1$, ist die Spannungteilerregel doppelt anzuwenden. Mit der zusätzlich eingeführten Spannung $\underline{U}$ gilt:

$$\frac{\underline{U}_2}{\underline{U}} = \frac{\mathrm{j}\omega L}{R + \mathrm{j}\omega L}$$

$$\frac{\underline{U}}{\underline{U}_1} = \frac{\frac{R(R+\mathrm{j}\omega L)}{2R+\mathrm{j}\omega L}}{\mathrm{j}\omega L + \frac{R(R+\mathrm{j}\omega L)}{2R+\mathrm{j}\omega L}}$$

Nach dem Ausmultiplizieren der beiden Brüche und anschließender Umformung entsteht:

$$\frac{\underline{U}_2}{\underline{U}_1} = \frac{1}{3 - \mathrm{j}\left(\frac{R}{\omega L} + \frac{\omega L}{R}\right)}$$

Rechnen mit Beträgen. Interessieren in einer einfachen Wechselstromschaltung nur die Beträge von Strom und Spannung, die vereinbarungsgemäß Effektivwerte dieser Größen darstellen, so kann man lediglich mit den Beträgen der komplexen Größen rechnen. Dabei ist die geometrische Addition der Zeigergrößen bzw. die Betragsbildung des Widerstands- oder Leitwertoperators zu beachten.

❑ **Beispiel 6.15**

Ein Verbraucher mit einer Leistung $P_\mathrm{v} = 150$ W und einer Nennspannung von $U_\mathrm{v} = 60$ V soll an der Netzspannung von $U = 230$ V, $f = 50$ Hz betrieben werden (Bild 6.53). Als Vorschaltgerät ist ein Kondensator zu verwenden, dessen Kapazität berechnet werden soll.

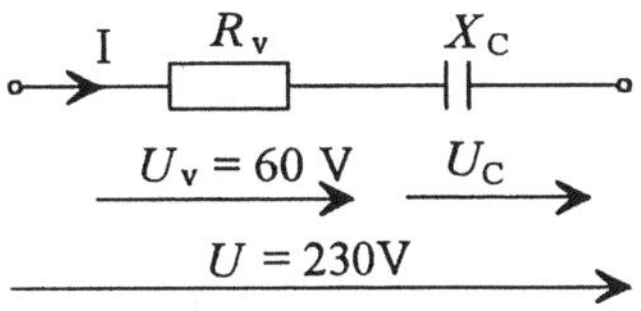

Bild 6.53 Schaltung zum Beispiel 6.15

Lösung:

Der Scheinwiderstand des Kondensators errechnet sich zu :

$$Z_\mathrm{C} = \frac{U_C}{I} = \frac{\sqrt{U^2 - U_\mathrm{v}{}^2}}{\frac{P_\mathrm{V}}{U_\mathrm{V}}} = 89\,\Omega$$

Damit wird: $C = \dfrac{1}{\omega Z_\mathrm{C}} = 36\,\mu\mathrm{F}.$

❑ **Beispiel 6.16**

Es ist die Induktivität einer Vorschaltdrossel an Hand der Strom-Spannungs-Meßwerte gemäß Bild 6.54 zu bestimmen. Der Gleichstromwiderstand wurde mit $R_\mathrm{Cu} = 6{,}5\ \Omega$ bestimmt .

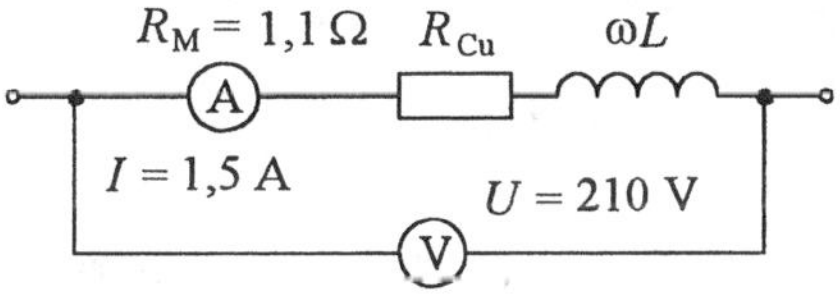

Bild 6.54 Meßschaltung zum Beispiel 6.16

Lösung:

$$Z_\mathrm{L} = \omega L = \sqrt{\left(\frac{U}{I}\right)^2 - (R_\mathrm{M} + R_\mathrm{Cu})^2} = 139{,}8\ \Omega$$

Damit gilt: $L = \dfrac{Z_\mathrm{L}}{\omega} = 0{,}44\,\mathrm{H}.$

6.3.2.5 Äquivalente Ersatzschaltungen

Äquivalenz von Schaltungen. Äquivalente Schaltungen werden in der Netzwerksberechnung zur Vereinfachung des Rechenganges verwendet.

> Elektrische Schaltungen mit mehreren Anschlußklemmen (auch *Mehrtore* genannt) sind zueinander *äquivalent*, wenn eine Schaltung durch eine andere Schaltungsstruktur ersetzt werden kann, ohne daß sich das Strom-Spannungs-Verhalten an den Anschlußklemmen ändert.

Im Gegensatz zu Schaltungen mit ohmschen Widerständen (siehe Abschnitt 2.2) muß die Schaltungsäquivalenz in Wechselstromnetzwerken für jede Frequenz nach Effektivwert und Phasenwinkel erfüllt sein. Dabei können im allgemeinen Ersatzgrößen gebildet werden.
Ausführungen zur Schaltungsäquivalenz findet man u. a. in [10] und [14].

Ersatzzweipole. Betrachtet wird für eine feste Frequenz ein linearer passiver Zweipol, der aus einer beliebigen Kombination der Grundschaltelemente *R, L, C* bestehen kann. Dann ist das elektrische Verhalten an den Klemmen *A* und *B* wegen

$$\underline{Z}_{AB} = \frac{1}{\underline{Y}_{AB}}$$

durch eine *Ersatzimpedanz* $\underline{Z}_{AB}$ oder eine *Ersatzadmittanz* $\underline{Y}_{AB}$ beschreibbar (Bild 6.55).

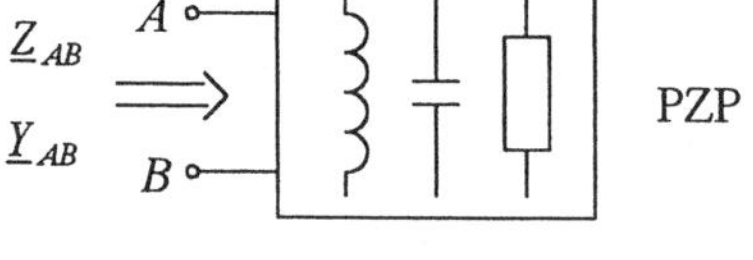

Bild 6.55 Passiver Ersatzzweipol

Umwandlung einer Reihenersatzschaltung in eine Parallelersatzschaltung und umgekehrt. Die Impedanz $\underline{Z}_{AB}$ des Zweipols ist durch die Reihenersatzschaltung eines Wirkwiderstandes R_r sowie eines Blindwiderstandes X_r und die Admittanz durch die Parallelersatzschaltung eines Wirkleitwertes G_p sowie eines Blindleitwertes B_p darstellbar (Bild 6.56).

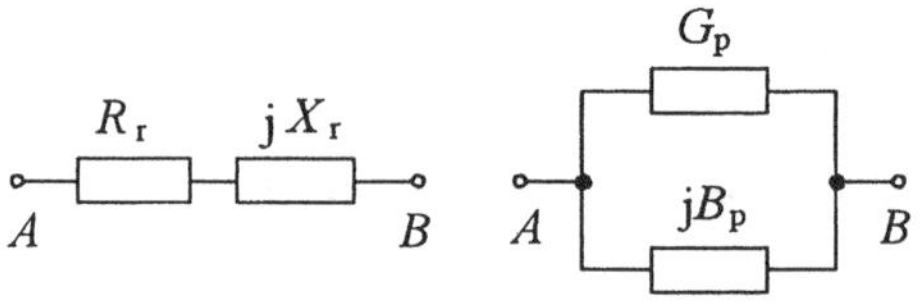

$$\underline{Z}_{AB} = R_r + jX_r \quad \Leftrightarrow \quad \underline{Y}_{AB} = G_p + jB_p$$

Bild 6.56 Äquivalenz zwischen Reihen- und Parallelersatzschaltung

Wegen des geforderten gleichen Klemmenverhalten beider Ersatzschaltungen, lassen sich bei bekannten Schaltelementen der Reihenersatzschaltung die notwendigen Schaltelemente der Parallelersatzschaltung berechnen und umkehrt.
Geht man von der gesuchten Ersatzadmittanz aus, gilt folgender allgemeiner Ansatz:

$$\underline{Y}_{AB} = G_p + jB_p = \frac{1}{\underline{Z}_{AB}} = \frac{1}{R_r + jX_r}$$

Nach konjugiert komplexer Erweiterung und Auftrennung lassen sich der Real- und Imaginärteil vergleichen.

$$G_p + jB_p = \frac{R_r}{R_r^{\ 2} + X_r^{\ 2}} - j\frac{X_r}{R_r^{\ 2} + X_r^{\ 2}}$$

$$\boxed{G_p = \frac{R_r}{R_r^{\ 2} + X_r^{\ 2}} = \frac{R_r}{Z_{AB}^{\ 2}}} \qquad (6.40)$$

$$\boxed{B_p = -\frac{X_r}{R_r^{\ 2} + X_r^{\ 2}} = -\frac{X_r}{Z_{AB}^{\ 2}}} \qquad (6.41)$$

Sind die Schaltelemente der Parallelersatzschaltung bekannt, lassen sich umgekehrt die Schaltelemente der Reihenersatzschaltung wie folgt berechnen:

$$\underline{Z}_{AB} = R_r + jX_r = \frac{1}{\underline{Y}_{AB}} = \frac{1}{G_p + jB_p}$$

Der Vergleich von Real- und Imaginärteil liefert nach konjugiert komplexer Erweiterung:

$$R_r + jX_r = \frac{G_p}{G_p^{\ 2} + B_p^{\ 2}} - j\frac{B_p}{G_p^{\ 2} + B_p^{\ 2}}$$

$$\boxed{R_r = \frac{G_p}{G_p^{\ 2} + B_p^{\ 2}} = \frac{G_p}{Y_{AB}^{\ 2}}} \qquad (6.42)$$

$$\boxed{X_r = -\frac{B_p}{G_p^{\ 2} + B_p^{\ 2}} = -\frac{B_p}{Y_{AB}^{\ 2}}} \qquad (6.43)$$

❑ **Beispiel 6.17**

Die Reihenschaltung eines Widerstandes $R = 20\,\Omega$ mit einer Induktivität $L = 0{,}1$ mH ist für eine Frequenz $f = 1$ kHz in eine äquivalente Parallelschaltung umzuwandeln. Es sind die notwendigen Schaltelemente der Parallelschaltung zu berechnen.

Lösung:

Mit den Gln. (6.40) und (6.41) lassen sich dic Elemente der äquivalenten Parallelersatzschaltung berechnen.

$$R_p = \frac{1}{G_p} = \frac{R_r^{\ 2} + X_r^{\ 2}}{R_r} = \frac{R_r^{\ 2} + \omega^2 L_r^{\ 2}}{R_r}$$

$$R_p = 19{,}7\,\mathrm{k\Omega}$$

$$B_p = -\frac{1}{\omega L_p} = -\frac{X_r}{R_r^{\ 2} + X_r^{\ 2}} = -\frac{\omega L_r}{R_r^{\ 2} + \omega^2 L_r^{\ 2}}$$

$$B_p = -\frac{1}{\omega L_p} = -1{,}59\,\mathrm{mS}$$

Für die gegebene Frequenz ergibt sich eine Induktivität von

$$L_p = -\frac{1}{\omega B_p} = 0{,}1\,\mathrm{mH}.$$

Das Bild 6.57 zeigt die äquivalenten Schaltungen mit den notwendigen Werten der Schaltelemente.

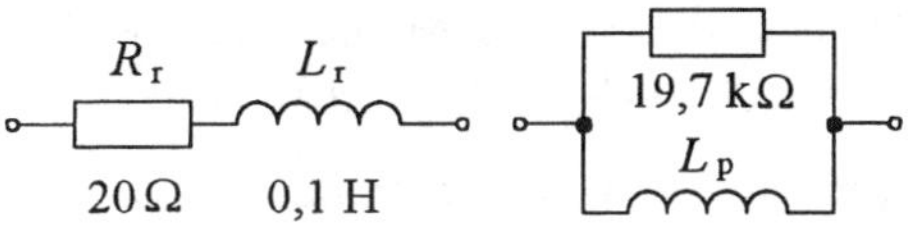

Bild 6.57 Äquivalente Reihen- und Parallelersatzschaltung zum Beispiel 6.17

❑ **Beispiel 6.18**

Die Parallelschaltung eines Widerstandes $R = 10\,\mathrm{k\Omega}$ mit einer Kapazität $C = 100$ nF ist für eine Frequenz $f = 100$ Hz in eine äquivalente Reihen-Ersatzschaltung umzuwandeln. Es sind die erforderlichen Schaltelemente der Reihen-Ersatzschaltung zu berechnen.

Lösung:

Mit den Gln. (6.42) und (6.43) lassen sich die Schaltelemente der Reihenersatzschaltung ermitteln.

$$R_r = \frac{G_p}{G_p^{\ 2} + B_p^{\ 2}} = \frac{\frac{1}{R_p}}{\left(\frac{1}{R_p}\right)^2 + \omega^2 C^2}$$

$$R_r = 7{,}2\,\mathrm{k\Omega}$$

$$X_r = -\frac{1}{\omega C} = -\frac{B_p}{G_p^{\ 2} + B_p^{\ 2}} = -\frac{\omega C}{\left(\frac{1}{R_p}\right)^2 + \omega^2 C^2}$$

$$X_r = -\frac{1}{\omega C} = -45\,\Omega$$

Für die gegebene Frequenz ergibt sich eine Kapazität von:

$$C = -\frac{1}{\omega X_r} = 35\,\mu\mathrm{F}$$

Das Bild 6.58 zeigt die äquivalenten Schaltungen.

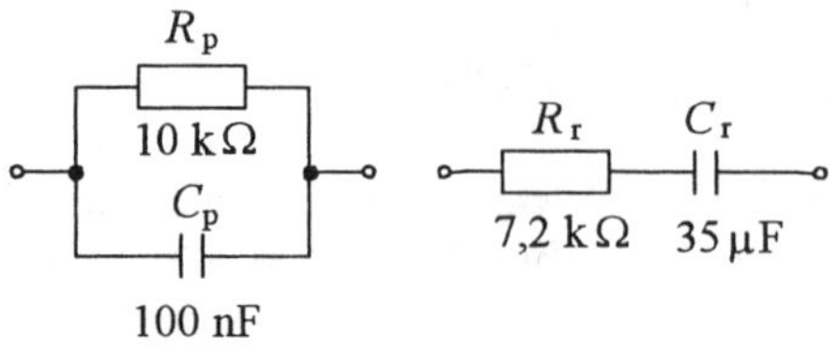

Bild 6.58 Äquivalente Parallel- und Reihenersatzschaltung zum Beispiel 6.18

Näherung. Für die Voraussetzung, daß die Wirkkomponente und die Blindkomponente der Ersatzschaltungen bei der gegebenen Frequenz stark voneinander abweichen, erkennt man aus den Beispielen 6.17 und 6.18:

> Ein niederohmiger Reihenwiderstand ergibt einen hochohmigen Parallelwiderstand der äquivalenten Ersatzschaltung und umgekehrt.
> Der Wert des Blindelementes bleibt annähernd erhalten.

Ausgehend von der Reihenschaltung eines Widerstandes mit einer Induktivität, können die Gln. (6.40) und (6.41) unter der Voraussetzung $X_r/R_r > 10$ näherungsweise geschrieben werden:

$$R_p \approx \frac{(\omega L)^2}{R_r} \quad (6.44) \qquad L_r \approx L_p \quad (6.45)$$

Für die Parallelschaltung eines Widerstandes mit einer Kapazität gelten die Gln. (6.42) und (6.43) unter der Voraussetzung $B_p/G_p > 10$ näherungsweise:

$$R_r \approx \frac{1}{R_p(\omega C)^2} \quad (6.46) \qquad C_r \approx C_p \quad (6.47)$$

Die angegebenen Näherungsgleichungen werden u.a. bei der Umwandlung von Ersatzschaltbildern technischer Schaltelemente angewendet (siehe Abschnitt 10).

Die Umwandlung einer Reihenschaltung in eine Parallelschaltung kann auch auf grafischem Wege durch *Inversion* erfolgen (siehe Abschnitt 1.1).

❑ **Beispiel 6.19**

Für die Reihenschaltung eines Widerstandes $R = 1000\,\Omega$ mit einer Induktivität $L = 4{,}46$ H sind die Schaltelemente der äquivalenten Parallelersatzschaltung bei $f = 50$ Hz grafisch zu bestimmen.

Lösung:

Die Impedanz der Reihenschaltung lautet:

$$\underline{Z}_{AB} = 1000\,\Omega + \mathrm{j}1400\,\Omega$$

Für die Maßstabswahl gilt:

$$m_Z = 200\,\Omega/\mathrm{cm}$$

$$r_o = 5\,\mathrm{cm} \qquad m_Y = \frac{1}{r_o^2 m_Z} = 0{,}2\,\mathrm{mS/cm}$$

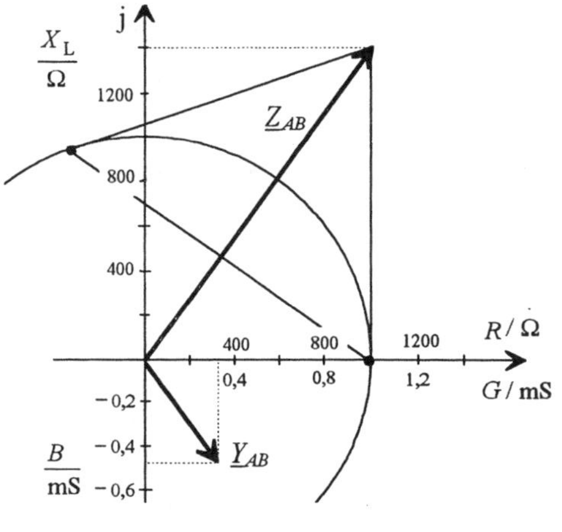

Bild 6.59 Inversion des Zeigers Beispiel 6.19

Die Werte der Admittanz lassen sich direkt aus der grafischen Darstellung ablesen. Zur Erhöhung der Ablesegenauigkeit wird empfohlen, die Konstruktion vergrößert zu wiederholen.
Die Ersatzadmittanz lautet:

$$\underline{Y}_{AB} = 0{,}34 - \mathrm{j}\,0{,}47 = 0{,}58\,\mathrm{mS} \angle -55°$$

Für $f = 50$ Hz ergeben sich die Schaltelemente zu:

$$R = 2{,}95\,\mathrm{k\Omega} \text{ und } L = 6{,}8\,\mathrm{H}$$

6.3.2.6 Zeigerbilder

Zeigerbilder liefern anschaulich in Wechselstromkreisen durch die gleichzeitige Darstellung von Betrag und Phasenlage elektrischer Größen eine Vorstellung über die physikalisch-technischen Zusammenhänge.

Mit der Einführung der symbolischen Rechnung im komplexen Bereich können Zeigerbilder für Ströme und Spannungen sowie für Operatoren gezeichnet werden.

Operatoren sind als komplexe Größenquotienten zeitunabhängig. Deren Zeiger sind daher getrennt von Strom- und Spannungszeigern darzustellen.

Arten von Zeigerbildern. Im Ergebnis der Berechnung einer Wechselstromschaltung kann ein maßstabsgerechtes Zeigerbild gezeichnet werden.

Für die Beträge der Strom- und Spannungszeiger (im allgemeinen Effektivwerte) wird jeweils ein Maßstab festgelegt. Die Winkel der Zeiger zur Bezugsachse entsprechen den berechneten Nullphasenwinkeln. Die Winkel zwischen den Zeigern geben die Phasenlage der elektrischen Größen zueinander an.

Derartige Zeigerbilder, wie in den Beispielen 6.11 bis 6.21 bereits dargestellt, bezeichnet man als *quantitative Zeigerbilder*.

Die Inversion im Beispiel 6.19 ist ebenfalls darunter einzuordnen.

Die Polygonzüge der Spannungs- und Stromzeiger müssen den Kirchhoffschen Gesetzen nach Gl. (6.30) und Gl.(6.31) genügen.

Die Polygonzüge der Widerstands- und Leitwertoperatoren müssen den Gln (6.33) und (6.34) genügen.

Liegen die Berechnungsergebnisse einer Wechselstromschaltung nicht geschlossen vor, so kann man überblicksmäßig ein *qualitatives Zeigerbild* entwickeln.

Dabei werden die Längen der Zeiger lediglich abgeschätzt. Die Lage der Zeiger zueinander wird phasenrichtig gezeichnet. Grundsätzliche Zusammenhänge in Wechselstromschaltungen werden von derartigen Zeigerbildern gut erfaßt.

Konstruktion qualitativer Zeigerbilder. Die Vorgehensweise bei der Konstruktion qualitativer Zeigerbilder ist anders als bei quantitativen Zeigerbildern. Während bei quantitativen Zeigerbildern die Zeigergrößen berechnet und maßstabsgerecht dargestellt werden, ergeben sich die Gesamtzeiger in qualitativen Zeigerbildern erst aus der geometrischen Addition der Teilgrößen.

Entwurfalgorithmus:

- Das qualitative Zeigerbild ist von "innen nach außen", d.h. zu den Anschlußklemmen hin, zu entwickeln.
- Die gemeinsame Größe der "inneren Teilschaltung" wird in die Bezugsachse gelegt:
  Reihenschaltung ⇒ Stromzeiger
  Parallelschaltung ⇒ Spannungszeiger
- Die Phasenlage von Strom- und Spannungszeigern ist durch die Grundschaltelemente festgelegt (Bild 6.60)

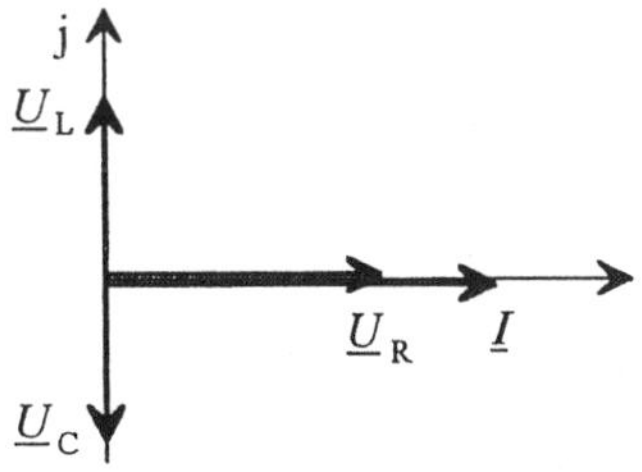

Bild 6.60 Phasenlage der Strom- und Spannungszeiger der Grundschaltelemente

- Die Lage der Widerstands- und Leitwertoperatoren der Grundschaltelemente ist durch deren Definition in der Gaußschen Zahlenebene festgelegt (Bild 6.61)

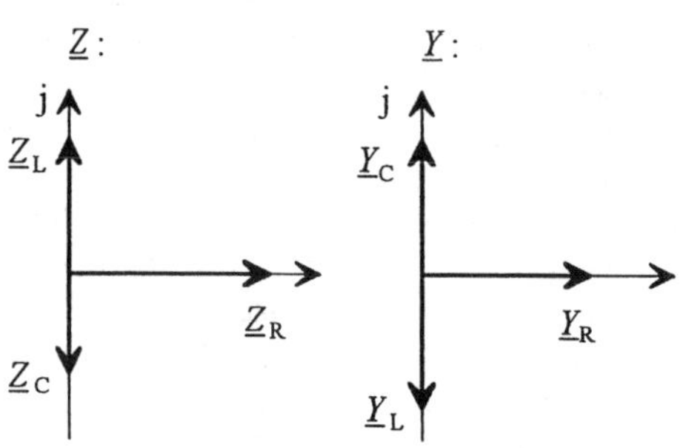

Bild 6.61 Zeiger der Widerstands- und Leitwertoperatoren der Grundschaltelemente

❑ Beispiel 6.20

Für die Schaltung nach Bild 6.62 ist das qualitative Zeigerbild zu zeichnen. Es ist bekannt, daß die Scheinwiderstände der beiden Parallelzweige gleich sind.

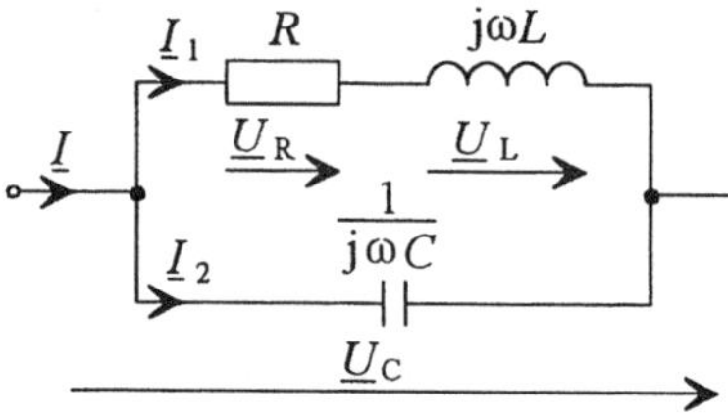

Bild 6.62 Schaltung zum Beispiel 6.20

Lösung:

Die einzelnen Konstruktionsschritte sind:

1. $\underline{I}_1$ in die Bezugsachse legen,
2. $\underline{U}_R$ in Phase mit $\underline{I}_1$ und $\underline{U}_L$, im Winkel 90° voreilend zu $\underline{I}_1$, mit beliebiger Zeigerlänge einzeichnen,
3. $\underline{U}_R$ und $\underline{U}_L$ geometrisch zu $\underline{U}$ addieren,
4. $\underline{I}_2$ im Winkel 90° voreilend zu $\underline{U}$ mit gleicher Länge wie $\underline{I}_1$ einzeichnen
5. $\underline{I}_1$ und $\underline{I}_2$ geometrisch zu $\underline{I}$ addieren.

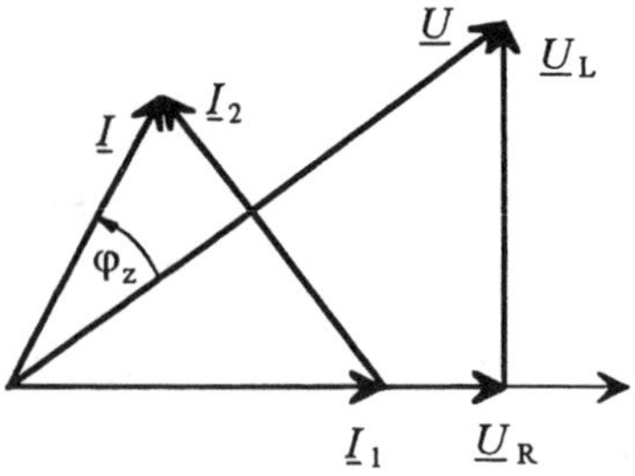

Bild 6.63 Qualitatives Zeigerbild zum Beispiel 6.20

Der Phasenwinkel $\varphi_Z = \varphi_u - \varphi_i$ entspricht dem Phasenwinkel der Gesamtimpedanz $\underline{Z}$ der Schaltung. Die Schaltung weist kapazitives Verhalten auf.
Dem Zeigerbild kann man entnehmen, daß sich induktives Verhalten einstellen läßt, wenn man entweder den kapazitiven oder den induktiven Blindwiderstand erhöht.
Der Sonderfall $\varphi_Z = 0$ stellt sich für den Resonanzfall der Schaltung ein (siehe Abschnitt 9).

❑ Beispiel 6.21

Es ist das qualitative Zeigerbild einer kurzen Leitung, welche durch einen Widerstandsbelag R' und eine Induktivitätsbelag L' nachgebildet wird (Bild 6.64), für eine ohmig-induktive Belastung der Leitung zu zeichnen.

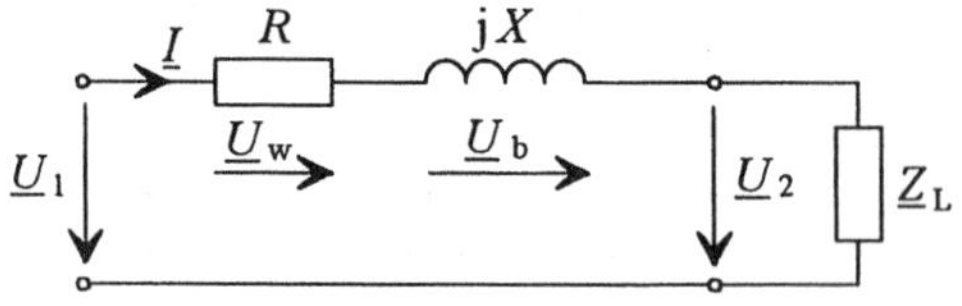

$R = lR' \qquad X = l\omega L'$

Bild 6.64 Ersatzschaltbild einer kurzen Leitung zum Beispiel 6.21

Lösung:

Der Maschensatz für die Spannungen lautet:

$$\underline{U}_1 = \underline{U}_2 + \underline{U}_w + \underline{U}_b = \underline{U}_2 + \Delta\underline{U}$$

Die einzelnen Konstruktionsschritte sind:

1. $\underline{I}$ in die Bezugsachse legen,
2. $\underline{U}_2$ mit beliebiger Länge und positivem Winkel φ_z gegenüber $\underline{I}$ einzeichnen,
3. $\underline{U}_w$ in Phase zu $\underline{I}$ und $\underline{U}_b$ im Winkel 90° zu $\underline{I}$ einzeichnen. Die Zeigerlängen von $\underline{U}_w$ und $\underline{U}_b$ sind, den Verlusten auf einer Leitung entsprechend, sehr viel geringer als $\underline{U}_2$ zu wählen.
4. Die geometrische Addition aller Spannungen ergibt $\underline{U}_1$.

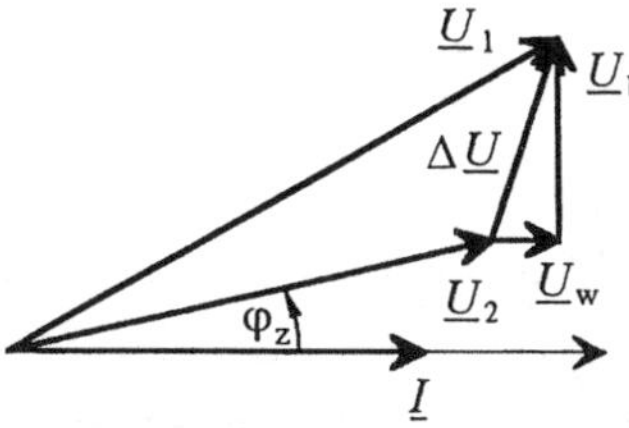

Bild 6.65 Zeigerbild einer kurzen Leitung mit ohmig-induktiver Belastung zum Beispiel 6.21

Die Spannung $\Delta\underline{U} = \underline{U}_w + \underline{U}_b$ ist der Spannungsverlust auf der Leitung, welcher vom fließenden Strom und den Leitungskonstanten R' und L' bestimmt wird.

❑ **Beispiel 6.22**

Für die Schaltung nach Bild 6.66 ist das qualitative Zeigerbild aller Ströme und Spannungen zu zeichnen.
Dabei sollen folgende Bedingungen für die Widerstände gelten:

oberer Zweig: $R_1 = 2R, \quad \omega L = R$

unterer Zweig: $R_2 = 3R, \quad \dfrac{1}{\omega C} = R$

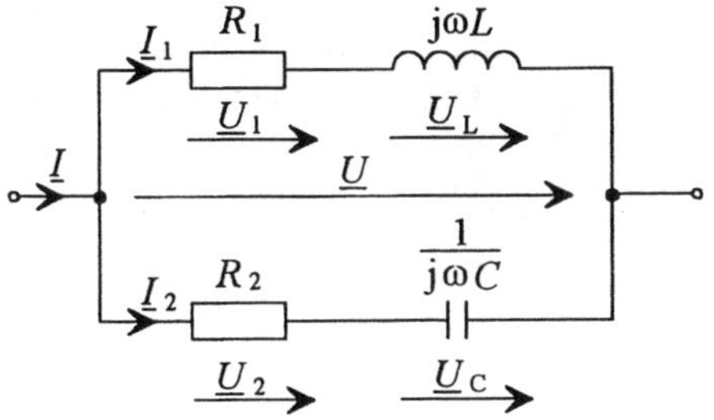

Bild 6.66 Schaltung zum Beispiel 6.22

Lösung:

Die Schaltung besteht aus zwei parallelen Zweigen, an denen die gleiche Spannung abfällt, so daß man zweckmäßigerweise die Spannung $\underline{U}$ in die Bezugsachse legt.
Die gemeinsame Größe jedes Zweiges ist der Strom, so daß eigentlich zwei Zeigerbilder für jeweils einen Zweig zu zeichnen wären, in denen die gleiche Spannung $\underline{U}$ auftritt. Außerdem ist bekannt, daß die Wirk- und Blindspannungen in beiden Zweigen immer senkrecht aufeinander stehen müssen.
Mit dem Thales-Kreis als Konstruktionshilfe, der über dem Spannungszeiger $\underline{U}$ errichtet wird, lassen sich die geforderten Zusammenhänge im Zeigerbild (Bild 6.67) umsetzen.

Für die Beträge der Spannungen im oberen Zweig gilt: $U_1 : U_L = 2 : 1$
Für die Beträge der Spannungen im unteren Zweig gilt: $U_2 : U_C = 3 : 1$

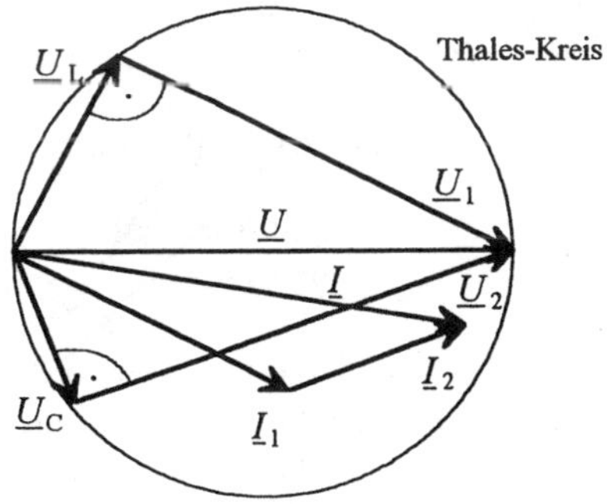

Bild 6.67 Zeigerbild zum Beispiel 6.22

❑ **Beispiel 6.23**

Für die Schaltung nach Bild 6.68 ist das qualitative Zeigerbild aller Ströme und Spannungen zu zeichnen.
Für die Widerstände soll gelten:

$$R_1 = R_2 = R, \quad \frac{1}{2}\omega L_1 = R, \quad \frac{3}{2}\omega L_2 =$$

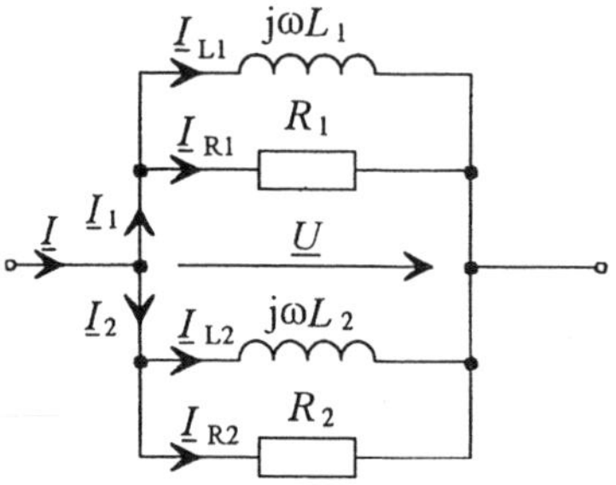

Bild 6.68 Schaltung zum Beispiel 6.23

Die gemeinsame Größe der Schaltung ist die Spannung $\underline{U}$. Die Wirkströme $\underline{I}_{R1}$ und $\underline{I}_{R2}$ liegen in Phase mit dieser Spannung. Die Blindströme $\underline{I}_{L1}$ und $\underline{I}_{L2}$ eilen der Spannung $\underline{U}$ um den Phasenwinkel 90° nach.
Den Gesamtstrom $\underline{I}$ erhält man aus der geometrischen Addition aller Teilströme. Im Bild 6.69 ist das dazugehörige Zeigerbild dargestellt.

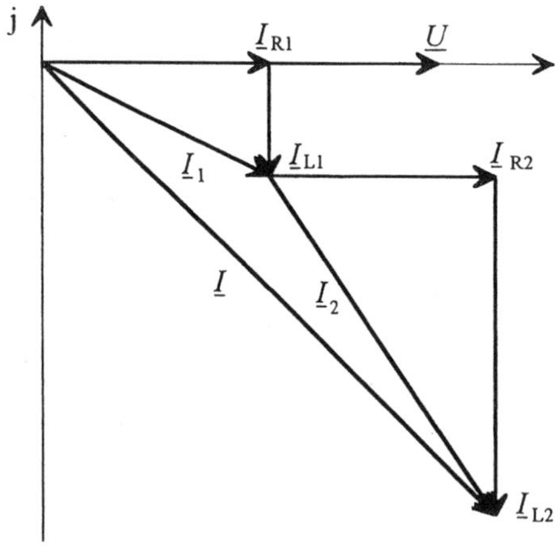

Bild 6.69 Zeigerbild zum Beispiel 6.23

6.3.3 Besondere Wechselstromschaltungen

Bedingt durch die Möglichkeit, mit Hilfe von Blindschaltelementen die Phase zwischen Strom und Spannung zu verschieben, lassen sich in der Wechselstromtechnik Schaltungskombinationen finden, die besondere, in der Gleichstromtechnik ausgeschlossene Effekte bewirken.

Wechselstromparadoxon. In der Schaltung nach Bild 6.70 ist der Widerstand R_2 so zu dimensionieren, daß sich der Betrag des durch die Schaltung fließenden Stromes I bei Öffnen und Schließen des Schalters S nicht ändert.

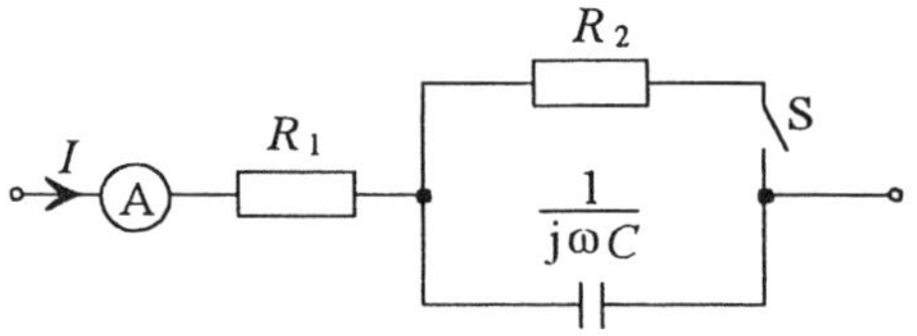

Bild 6.70 Schaltung zum Wechselstromparadoxon

Der Strom I durch die Schaltung bleibt dann konstant, wenn der Scheinwiderstand der Schaltung in beiden Schalterstellungen des Schalter S unverändert bleibt. Damit gilt:

$$\left|\underline{Z}_{\text{S offen}}\right| = \left|\underline{Z}_{\text{S zu}}\right|$$

Mit $\quad \underline{Z}_{\text{S offen}} = R_1 - j\frac{1}{\omega C}$

und

$$\underline{Z}_{\text{Szu}} = R_1 + \frac{1}{\frac{1}{R_2} + j\omega C} = \frac{R_1 + R_2 + j\omega R_1 R_2 C}{1 + j\omega R_2 C}$$

können die Beträge der Impedanz $\underline{Z}$ für beide Schalterstellungen gleichgesetzt werden. Anschließend ist die Gleichung nach dem Widerstand R_2 umzustellen.

$$R_1^2 + \frac{1}{\omega^2 C^2} = \frac{(R_1 + R_2)^2 + (\omega R_1 R_2 C)^2}{1 + (\omega R_2 C)^2}$$

$$R_2 = \frac{1}{2R_1\omega^2 C^2}$$

Hummel-Schaltung. In bestimmten Anwendungsfällen, z.B. in der Meßtechnik, ist es notwendig, eine Phasenverschiebung zwischen Strom und Spannung von 90° einzustellen. Dazu kann die Schaltung nach Bild 6.71 eingesetzt werden.

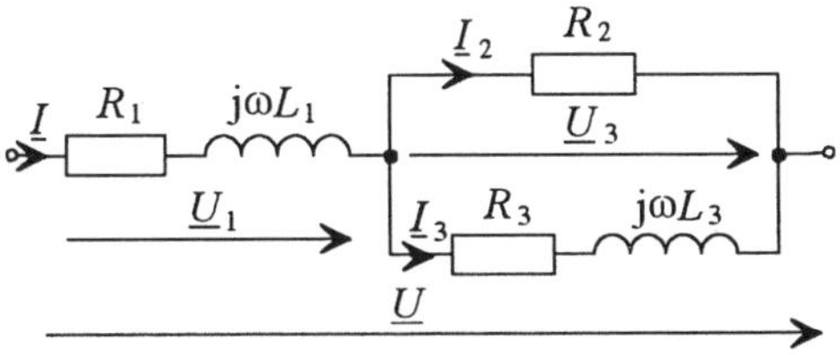

Bild 6.71 Schaltung nach Hummel

Der Widerstand R_2 ist so zu dimensionieren, daß der Zweigstrom $\underline{I}_3$ der anliegenden Spannung $\underline{U}$ um 90° nacheilt.

(Hinweis: Eine Phasenverschiebung von genau 90° kann nur theoretisch mit einer idealen Induktivität realisiert werden. Bei einer Spule treten immer Wirkverluste auf, so daß für die geforderte Phasenverschiebung zwei Spulen erforderlich sind.)

Aus Bild 6.71 können die folgenden Gleichungen abgeleitet werden:

$$\underline{U} = \underline{U}_1 + \underline{U}_3$$

$$\underline{U} = \left(\underline{I}_2 + \underline{I}_3\right)(R_1 + j\omega L_1) + \underline{I}_3(R_3 + j\omega L_3)$$

Der Strom $\underline{I}_2$ kann über die Stromteiler-Regel ersetzt werden.

$$\underline{I}_2 = \underline{I}_3 \frac{R_3 + j\omega L_3}{R_2}$$

Nach Ausklammern des Stromes $\underline{I}_3$ gilt:

$$\underline{U} = \left[\frac{\underline{I}_3}{R_2}(R_3 + j\omega L_3) + \underline{I}_3\right](R_1 + j\omega L_1)$$
$$+ \underline{I}_3(R_3 + j\omega L)$$

Nach Ausmultiplizieren dieser Gleichung wird der Realteil des komplexen Ausdrukkes Null gesetzt, so daß die reine imaginäre Komponente die geforderte Phasenverschiebung einstellt. Es gilt:

$$R_1 R_3 + R_1 R_2 + R_2 R_3 - \omega^2 L_1 L_3 = 0$$

Die Dimensionierungsvorschrift für R_2 lautet somit:

$$R_2 = \frac{\omega^2 L_1 L_3 - R_1 R_3}{R_1 + R_3}$$

Boucherot-Schaltung. Mit einer gezielten Dimensionierung läßt sich erreichen, daß der Strom $\underline{I}_R$ in der Schaltung nach Bild 6.72 unabhängig von der Größe des Widerstandes R konstant bleibt, vorausgesetzt, die Schaltung wird an einer Konstantspannungsquelle betrieben.

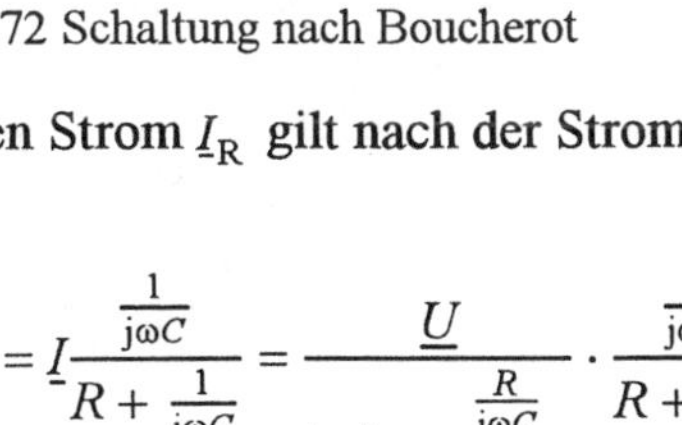

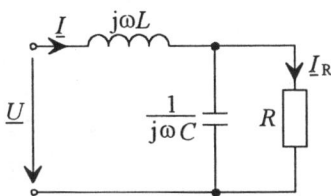

Bild 6.72 Schaltung nach Boucherot

Für den Strom $\underline{I}_R$ gilt nach der Stromteilerregel

$$\underline{I}_R = \underline{I}\frac{\frac{1}{j\omega C}}{R + \frac{1}{j\omega C}} = \frac{\underline{U}}{j\omega L + \frac{\frac{R}{j\omega C}}{R + \frac{1}{j\omega C}}} \cdot \frac{\frac{1}{j\omega C}}{R + \frac{1}{j\omega C}}$$

Nach Umstellung und Vereinfachung gilt:

$$\underline{I}_{\mathrm{R}} = -\mathrm{j}\frac{\underline{U}\frac{1}{\omega C}}{\frac{L}{C} + \mathrm{j}R\left(\omega L - \frac{1}{\omega C}\right)}$$

Für die Bedingung

$$\omega L - \frac{1}{\omega C} = 0$$

wird der Strom $\underline{I}_{\mathrm{R}}$ unabhängig von der Größe des Widerstandes R. Es gilt dann für $\underline{I}_{\mathrm{R}}$ lediglich eine Abhängigkeit von ωL.

$$\underline{I}_{\mathrm{R}} = -\mathrm{j}\frac{\underline{U}}{\omega L}$$

(Hinweis: Die Herleitung gilt für ideale Schaltelemente. Bei einer gegebenen Frequenz kann der praktische Nachweis des konstanten Stromes I_{R} bei Veränderung von R nur in einem begrenzten, technisch realisierbaren Bereich durchgeführt werden.)

Drei-Spannungsmesser-Meßverfahren. Die Wirkkomponente einer technischen Induktivität (allgemein Spule genannt) hängt neben ihrem Gleichstromwiderstand von zusätzlichen frequenzabhängigen Verlusten ab (siehe Abschnitt 10), so daß eine alleinige Messung des Gleichstromwiderstandes unzureichend ist. In der Meßschaltung nach Bild 6.73, in die der bekannte Widerstand R_{v} in Reihe zur Spule geschaltet wird, werden die drei Spannungsabfälle U_{Rv}, U_{Sp} und U gemessen.

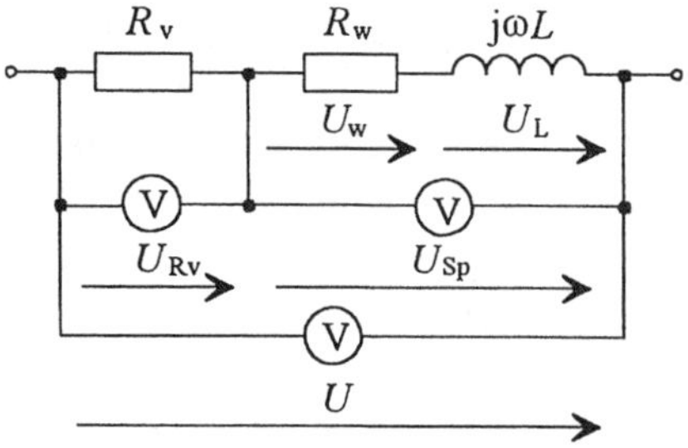

Bild 6.73 Drei-Spannungsmesser-Methode

Für die Wirkkomponente der Spule gilt:

$$R_{\mathrm{w}} = \frac{U_{\mathrm{w}}}{I} = \frac{U_{\mathrm{w}}}{U_{\mathrm{Rv}}}R_{\mathrm{v}} \tag{6.48}$$

Die Spannung U_{w} kann aus der grafischen Konstruktion des Zeigerbildes ermittelt werden (Bild 6.74).

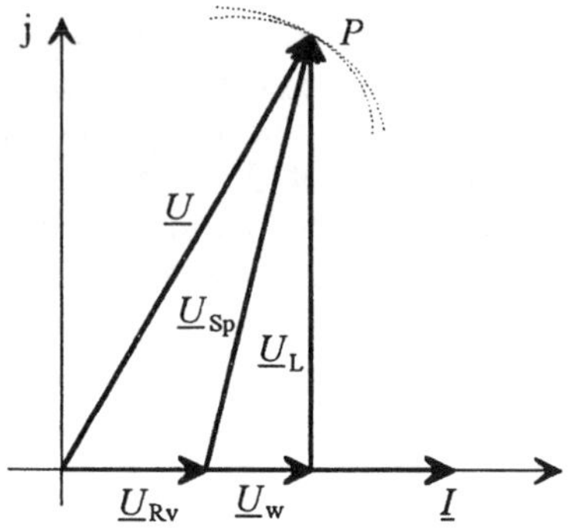

Bild 6.74 Zeigerbild zur Bestimmung der Wirkspannung U_{w} einer Spule

Die gemessene Spannung U_{Rv} liegt in Phase zum Strom $\underline{I}$, der als Bezugsgröße dient. Die Zeiger der Spannungen $\underline{U}$ und $\underline{U}_{\mathrm{Sp}}$ mit den gemessenen Beträgen U und U_{Sp} ergeben den Schnittpunkt P. Das Lot vom Punkt P zur Bezugsachse liefert die reine Blindspannung $\underline{U}_{\mathrm{L}}$ der Spule, die senkrecht auf der Spannung $\underline{U}_{\mathrm{w}}$ steht. Bei maßstabsgerechter Darstellung kann die Spannung U_{w} ermittelt werden.
Aus dem Zeigerbild läßt sich die Gl. (6.49) zur Berechnung der Spannung U_{w} ableiten:

$$U^2 = (U_{\mathrm{Rv}} + U_{\mathrm{w}})^2 + U_{\mathrm{L}}^2$$

Mit $U_{\mathrm{L}}^2 = U_{\mathrm{Sp}}^2 - U_{\mathrm{w}}^2$ wird:

$$\boxed{U_{\mathrm{w}} = \frac{U^2 - U_{\mathrm{Rv}}^2 - U_{\mathrm{Sp}}^2}{2U_{\mathrm{Rv}}}} \tag{6.49}$$

Der Widerstand R_{w} folgt aus Gl. (6.48).

7 Wechselstromleistung

7.1 Leistungsgrößen und Definitionsgleichungen

Wegen der möglichen Phasenverschiebung zwischen Strom und Spannung kann bei Wechselstrom die Leistung nicht einfach durch das Strom-Spannungs-Produkt ausgedrückt werden. Die Phasenverschiebung ist abhängig vom Verbraucher $\underline{Z}$. Sie kann Null, positiv oder auch negativ sein. Durch den möglichen Bereich von φ werden alle Belastungsfälle erfaßt. Dabei bedeuten:

- $\varphi > 0° \Rightarrow$ induktive Belastung,
- $\varphi < 0° \Rightarrow$ kapazitive Belastung,
- $\varphi = 0° \Rightarrow$ ohmsche Belastung.

7.1.1 Wirkleistung

Bei der Ableitung der Leistungsgleichung sollen zwei Fälle betrachtet werden (ohmsche und induktive Belastung).

Ohmsche Belastung. Für die Berechnung der Momentanleistung gilt folgender Ansatz:

$$u = \hat{u}\sin\omega t \text{ und}$$

$$i = \hat{i}\sin\omega t$$

$$p = u\,i$$

$$p = \hat{u}\,\hat{i}\sin^2\omega t$$

Zu berechnen ist die mittlere Leistung, auf die Periode T bezogen:

$$P = \frac{1}{T}\int_0^T p\,\mathrm{d}t = \frac{1}{T}\int_0^T \hat{u}\,\hat{i}\sin^2\omega t\,\mathrm{d}t$$

Da $\sin^2\alpha = \frac{1}{2}(1 - \cos 2\alpha)$ gilt:

$$P = \frac{\hat{u}\,\hat{i}}{2T}\int_0^T (1 - \cos 2\omega t)\mathrm{d}t$$

$$P = \frac{\hat{u}\,\hat{i}}{2T}\left[\int_0^T \mathrm{d}t - \int_0^T \cos 2\omega t\,\mathrm{d}t\right]$$

Durch die Substitution $2\omega t = z$ folgt:

$$\frac{\mathrm{d}z}{\mathrm{d}t} = 2\omega \quad \mathrm{d}t = \frac{\mathrm{d}z}{2\omega}$$

Daraus folgt:

$$\int_0^T \cos 2\omega t\,\mathrm{d}t = \frac{1}{2\omega}\int_0^T \cos z\,\mathrm{d}z$$

$$= \frac{1}{2\omega}\sin 2\omega t\Big|_0^T = 0$$

Mit $\hat{u} = \sqrt{2}\,U$ und $\hat{i} = \sqrt{2}\,I$ ergibt sich für diesen Belastungsfall die Leistung P aus dem Effektivwertprodukt von Strom und Spannung.

$$\boxed{P = UI} \qquad (7.1)$$

Die mittlere Leistung ist somit eine *Wirkleistung* (siehe dazu Bild 7.1).

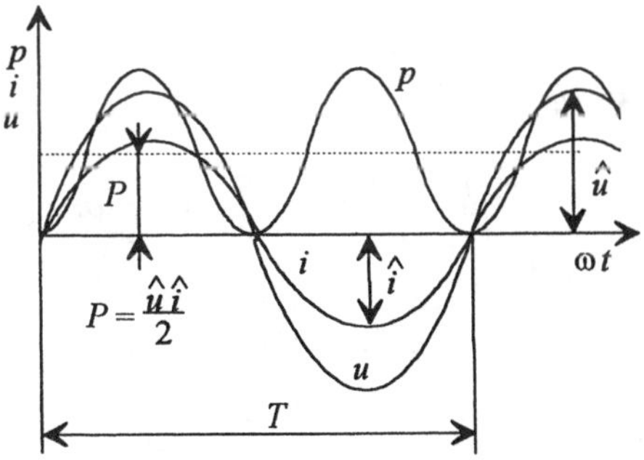

Bild 7.1 Strom-, Spannungs- und Leistungsverlauf bei rein ohmscher Belastung φ = 0°

Belastung mit induktivem Anteil. Mit den Ausgangsgleichungen

$$u = \hat{u}\sin\omega t \text{ und}$$

$$i = \hat{i}\sin(\omega t - \varphi)$$

gilt für die Momentanleistung folgender Ansatz:

$$p = u\,i$$

$$p = \hat{u}\,\hat{i}\sin\omega t\sin(\omega t - \varphi)$$

Mit

$$\sin\alpha\sin\beta = \frac{1}{2}[\cos(\alpha - \beta) - \cos(\alpha + \beta)],$$

wobei $\alpha = \omega t$ und $\beta = (\omega t - \varphi)$ ist, folgt:

$$p = \frac{1}{2}\hat{u}\hat{i}[\cos(\omega t - \omega t + \varphi) - \cos(\omega t + \omega t - \varphi)]$$

Nach Umordnen entsteht:

$$p = \underbrace{\frac{1}{2}\hat{u}\hat{i}\cos\varphi}_{\text{konstanter Wert}} - \frac{1}{2}\hat{u}\hat{i}\cos\underbrace{(2\omega t - \varphi)}_{\text{doppelte Frequenz}}$$

Zu berechnen ist die mittlere Leistung:

$$P = \frac{1}{2T}\left[\hat{u}\hat{i}\int_0^T \cos\varphi\,\mathrm{d}t - \hat{u}\hat{i}\int_0^T \cos(2\omega t - \varphi)\,\mathrm{d}t\right]$$

Lösung:

1. Integral:

$$P_1 = \frac{\hat{u}\,\hat{i}}{2T}\int_0^T \cos\varphi\,\mathrm{d}t = \frac{\hat{u}\,\hat{i}}{2T}\cos\varphi\int_0^T \mathrm{d}t$$

$$P_1 = \frac{\hat{u}\,\hat{i}}{2T}T\cos\varphi = \frac{\hat{u}\,\hat{i}}{2}\cos\varphi$$

Mit $\hat{u} = \sqrt{2}\,U$ und $\hat{i} = \sqrt{2}\,I$ folgt:

$$P_1 = UI\cos\varphi$$

2. Integral:

$$P_2 = \frac{\hat{u}\,\hat{i}}{2T}\int_0^T \cos(2\omega t - \varphi)\mathrm{d}t$$

Mit $\cos(\alpha - \beta) = \cos\alpha\cos\beta + \sin\alpha\sin\beta$, wobei $\alpha = 2\omega t$ und $\beta = \varphi$ ist, folgt:

$$P_2 = \frac{\hat{u}\,\hat{i}}{2T}\left[\cos\varphi\int_0^T \cos 2\omega t\,dt + \sin\varphi\int_0^T \sin 2\omega t\,\mathrm{d}t\right]$$

$$P_2 = \frac{\hat{u}\,\hat{i}}{2T}\left[\cos\varphi\frac{1}{2\omega}\sin 2\omega t\Big|_0^T - \sin\varphi\frac{1}{2\omega}\cos 2\omega t\Big|_0^T\right]$$

Da $\sin 2\omega t\Big|_0^T = 0$ und $\cos 2\omega t\Big|_0^T = 0$ ist, folgt:

$P_2 = 0$ und $P_1 = P$.

$$\boxed{P = UI\cos\varphi} \tag{7.2}$$

$$[P] = 1\,\mathrm{W}\,(\text{Watt})$$

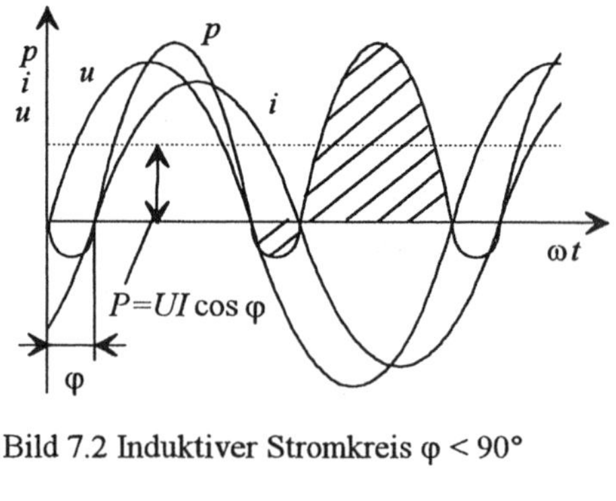

Bild 7.2 Induktiver Stromkreis φ < 90°

Bei Gl. (7.2) handelt es sich um die im zeitlichen Mittel am Verbraucher umgesetzte Leistung. Diese bezeichnet man als *Wirkleistung*.

7.1.2 Blindleistung

Der zwischen Verbraucher und Generator pendelnde Leistungsanteil, der im Verbraucher nichts bewirkt, wird als Blindleistung bezeichnet.
Für die elektrische *Blindleistung Q* gilt:

$$\boxed{Q = UI \sin\varphi} \qquad (7.3)$$

$[Q] = 1\ \text{W} = 1\ \text{var}$ (Voltampere reactif)

Aus den Gln. (7.2) und (7.3) folgt:

$$\boxed{Q = P \tan\varphi} \qquad (7.4)$$

In Abhängigkeit vom Phasenwinkel φ gilt für die Blindleistung:

- $\varphi > 0°$ (induktive Belastung) $\Rightarrow Q > 0$,
- $\varphi < 0°$ (kapazitive Belastung) $\Rightarrow Q < 0$,
- $\varphi = 0°$ (ohmsche Belastung) $\Rightarrow Q = 0$.

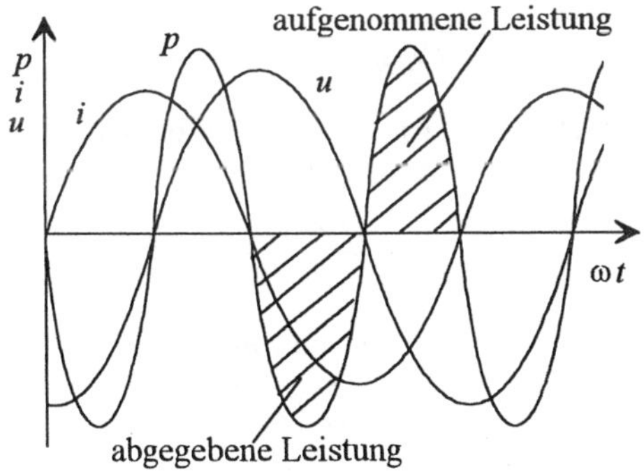

Bild 7.3 Kapazitiver Stromkreis $\varphi = 90°$

Bei einem Phasenwinkel von $\varphi = 90°$ tritt eine reine Blindleistung auf. Das Liniendiagramm der Momentanleistung stellt eine zur Zeitachse symmetrisch liegende Sinuskurve dar. Der Wirkleistungsumsatz ist Null (Bild 7.3).

7.1.3 Scheinleistung und Leistungsfaktor

Scheinleistung. Aus den bisherigen Darstellungen geht hervor, daß die Wirkleistung und die Blindleistung einen maximalen Betrag ohne Berücksichtigung der Phasenverschiebung annehmen können. Diese Leistung als Produkt aus Strom und Spannung wird als *Scheinleistung* bezeichnet.

$$\boxed{S = UI} \qquad (7.5)$$

$[S] = 1\ \text{W} = 1\ \text{V·A}$ (Voltampere)

Leistungsfaktor. Von praktischer Bedeutung ist das Verhältnis von Wirkleistung zur Scheinleistung.
Es wird damit der im Verbraucher umgesetzte Anteil der maximal möglichen Leistung ausgedrückt.
Diese Kenngröße wird als *Leistungsfaktor* $\cos\varphi$ bezeichnet.

$$\boxed{\cos\varphi = \frac{P}{S}} \qquad (7.6)$$

Anwendung. Es soll der Einfluß des Leistungsfaktors auf den Leiterquerschnitt einer Übertragungsleitung untersucht werden. Dabei wird von folgenden Gleichungen ausgegangen:

- Wirkleistung:

$$P = UI\cos\varphi$$

$$I = \frac{P}{U\cos\varphi}$$

- Verlustleistung, bedingt durch einen Leitungswiderstand R_L:

$$P = I^2 R_L \qquad R_L = \frac{2l}{\kappa A} \qquad P = I^2 \frac{2l}{\kappa A}$$

Daraus folgt:

$$P = \frac{2P^2 l}{U^2 \cos^2\varphi\, \kappa A}$$

$$\boxed{A = \frac{2Pl}{U^2 \kappa} \frac{1}{\cos^2\varphi}} \qquad (7.7)$$

Interpretation. Gegenüber einer Gleichstromübertragung ändern sich die Verhältnisse bei Wechselstrom um das $(1/\cos^2\varphi)$-fache.
Ein Leistungsfaktor von ca. 0,7 erfordert durch das Quadrat einen doppelten Querschnitt gegenüber dem idealen Leistungsfaktor von $\cos\varphi = 1$.

❑ **Beispiel 7.1 [36]**

Dem Leistungsschild eines Elektromotors werden folgende Daten entnommen:

$U_N = 220\,V$; $I_N = 30\,A$; $P = 5\,kW$;
$n = 1500\,min^{-1}$; $\cos\varphi = 0,8$

Zu berechnen sind:

1. die Leistungskomponenten, der Leistungsfaktor und der Wirkungsgrad bei halber Nennlast,
2. die erforderlichen Kapazitäten (Dimensionierung), wenn damit der Leistungsfaktor auf 0,9 und 1 verbessert werden soll.

Lösung:

zu 1.

Die Leistungsaufnahme P_{el} bei Nennlast beträgt:

$$P_{el} = UI\cos\varphi \approx 5,3\,kW$$

$$\frac{P_{el}}{2} \approx 2,6\,kW$$

Die aufgenommene Leistung ist um 300 W größer als die abgegebene Leistung von 5 kW. Für den Wirkungsgrad gilt:

$$\eta = \frac{P_{mech}}{P_{el}} = \frac{5\,kW}{5,3\,kW} \approx 0,94$$

$$\eta \approx 94\,\%$$

Für die Blindleistung gilt:

$$Q = UI\sin\varphi$$

$$\varphi = \arccos 0,8 \rightarrow \varphi = 37°$$

$$\sin\varphi = 0,602$$

$$Q = 220\,V \cdot 30\,A \cdot 0,602$$

$$Q = 3,97\,kvar$$

$$Q \approx 4\,kvar$$

Für die Scheinleistung ergibt sich:

$$S = \sqrt{\left(\frac{P_{el}}{2}\right)^2 + Q^2}$$

$$S \approx 4,8\,kVA$$

Damit kann der Leistungsfaktor bei halber Last berechnet werden:

$$\cos\varphi = \frac{P_{el}}{2S} = \frac{2,6\,kW}{4,8\,kVA} = 0,54 < 0,8$$

Interpretation. Das Ergebnis zeigt, daß eine Unterbelastung eine Verschlechterung des Leistungsfaktors zur Folge hat. Abhilfe kann durch eine Kompensation geschaffen werden. Dazu wird ein Kondensator parallelgeschaltet.

zu 2.

Berechnung der Kapazität für einen Leistungsfaktor von $\cos\varphi = 0{,}9$:

Mit den vorgegebenen Daten lassen sich folgende Werte berechnen:

$$S = UI = 220\,\text{V} \cdot 30\,\text{A} = 6{,}6\,\text{kVA}$$

$$Q = P_{\text{el}} \tan\varphi, \quad \varphi = \arccos 0{,}9 \approx 26°$$

$$\tan\varphi = 0{,}484$$

$$Q = 5{,}3\,\text{kW} \cdot 0{,}484 = 2{,}56\,\text{kvar}$$

Die erforderliche kapazitive Blindleistung ergibt sich aus:

$$Q_{\text{C}} = 4\,\text{kvar} - 2{,}56\,\text{kvar} = 1{,}44\,\text{kvar}$$

Aus dem Gleichungsansatz für die Blindleistung kann die erforderliche Kapazität für eine Frequenz $f = 50\,\text{Hz}$ berechnet werden.

$$Q_{\text{C}} = \frac{U^2}{X_{\text{C}}} = U^2 \omega C$$

$$C = \frac{Q_{\text{C}}}{\omega U^2}$$

$$C = 95\,\mu\text{F}$$

Berechnung der Kapazität für einen Leistungsfaktor von $\cos\varphi = 1$:

Bei einem derartigen Leistungsfaktor ist die Blindleistung gleich Null.

$$Q_{\text{C}} = 4\,\text{kvar} - 0 = 4\,\text{kvar}$$

Daraus folgt:

$$C = \frac{Q_{\text{C}}}{\omega U^2} \approx 263\,\mu\text{F}$$

Der Vergleich beider Kapazitätswerte ergibt:

$$\frac{C_{\cos\varphi = 1}}{C_{\cos\varphi = 0,9}} = 2{,}76 \approx 3$$

Eine Verbesserung des Leistungsfaktors von $\cos\varphi = 0{,}9$ auf $\cos\varphi = 1$ erfordert etwa eine dreifache Kapazitätserhöhung.

7.2 Komplexe Darstellung der Wechselstromleistung

Wird das Zeigerbild der Ströme (Bild 7.4) in der Gaußschen Zahlenebene abgebildet, stellt die Wirkleistung den Realteil der Scheinleistung und die Blindleistung den Imaginärteil der Scheinleistung dar.

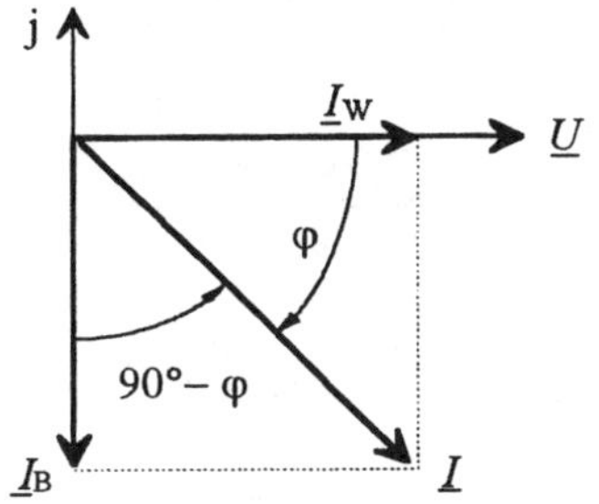

Bild 7.4 Zeigerbild zur Berechnung der Wechselstromleistung

Für die Ströme gelten die folgenden Gleichungen:

$$I_{\text{W}} = I \cos\varphi \quad \text{(Wirkstrom)}$$

$$I_{\text{B}} = I \sin\varphi \quad \text{(Blindstrom)}$$

$$I = \sqrt{I_{\text{W}}^2 + I_{\text{B}}^2}$$

Aus dem Zeigerbild (Bild 7.4) lassen sich die Leistungsgleichungen formulieren:

$$P = UI_{\text{W}} = UI \cos\varphi$$

$$Q = UI_{\text{B}} = UI \sin\varphi$$

$$\boxed{S = \sqrt{P^2 + Q^2}} \qquad (7.8)$$

Die Scheinleistung ist die resultierende Komponente aus der Wirk- und Blindleistung. Die Scheinleistung kann als komplexe Größe dargestellt werden.

Bildet man das Produkt

$$\underline{U}\underline{I}^* \quad \text{oder} \quad \underline{U}^*\underline{I},$$

so erhält man mit ($\varphi_u - \varphi_i = \varphi$) die komplexe Scheinleistung

$$\underline{S} = \underline{U}\underline{I}^* = UIe^{j(\varphi_u - \varphi_i)} = UIe^{j\varphi}$$

$$\underline{S} = \underline{U}\underline{I}^* = UI\cos\varphi + jUI\sin\varphi$$

$$\boxed{\underline{S} = \underline{U}\underline{I}^* = P + jQ} \qquad (7.9)$$

bzw.

$$\underline{S} = \underline{U}^*\underline{I} = UIe^{j(\varphi_i - \varphi_u)}$$

$$\underline{S} = \underline{U}^*\underline{I} = UI\cos\varphi - jUI\sin\varphi$$

$$\boxed{\underline{S} = \underline{U}^*\underline{I} = P - jQ} \qquad (7.10)$$

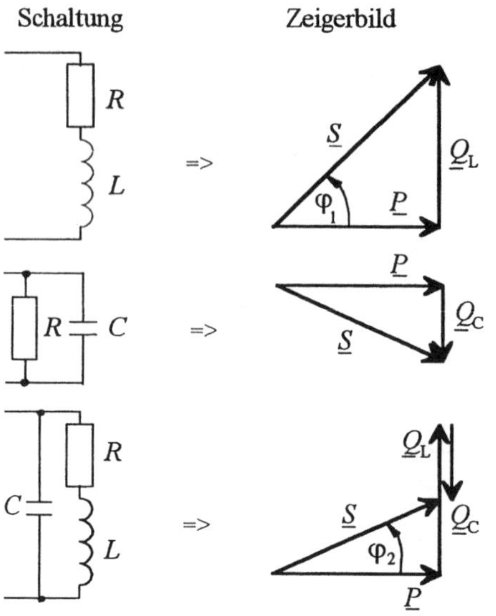

$$Q_{\text{Gesamt}} = Q_L - Q_C$$

Bild 7.5 Darstellung des Prinzips der Blindleistungskompensation

7.3 Blindleistungskompensation

Bei der *Blindleistungskompensation* handelt es sich um eine Maßnahme zur Verbesserung des Leistungsfaktors.
Dieses Prinzip soll anhand elementarer Schaltungen und deren Zeigerbilder verdeutlicht werden (Bild 7.5).
Parallelkompensation. Es zeigt sich, daß durch das Parallelschalteten einer Kapazität zu einer Reihenschaltung von R und L bei geeigneter Dimensionierung die Blindleistung kompensiert werden kann.

Aus der Darstellung im Bild 7.5 folgt:

$$\cos\varphi_1 < \cos\varphi_2$$

In der Praxis werden für den Leistungsfaktor Werte von $\cos\varphi = 0,9 \ldots 0,95$ gewählt.

❑ **Beispiel 7.2 [36], [44]**

Gegeben ist die Schaltung nach Bild 7.6 mit folgenden Parametern:

$U = 220\,\text{V}$; $f = 50\,\text{Hz}$; $P = 1\,\text{kW}$;
$\cos\varphi = 0,9$ (induktiv)

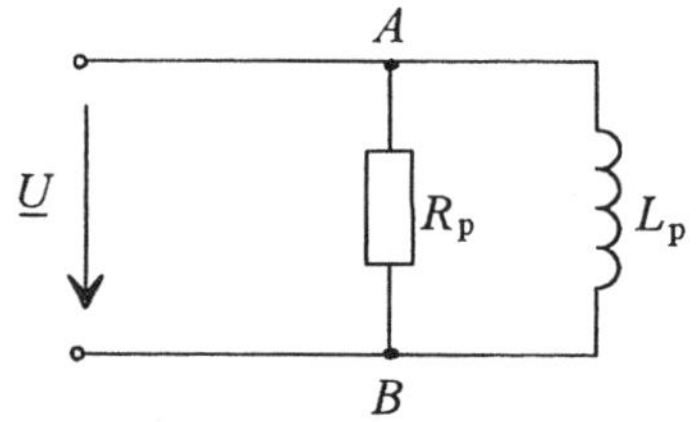

Bild 7.6 Ausgangsschaltung zur Erläuterung der Blindleistungskompensation

Durch Zuschalten eines Schaltelements soll erreicht werden, daß der zwischen Generator und Verbraucher pendelnde Blindleistungsanteil Null wird.

Lösung:

Zur Blindleistungskompensation muß ein Kondensator zugeschaltet werden.

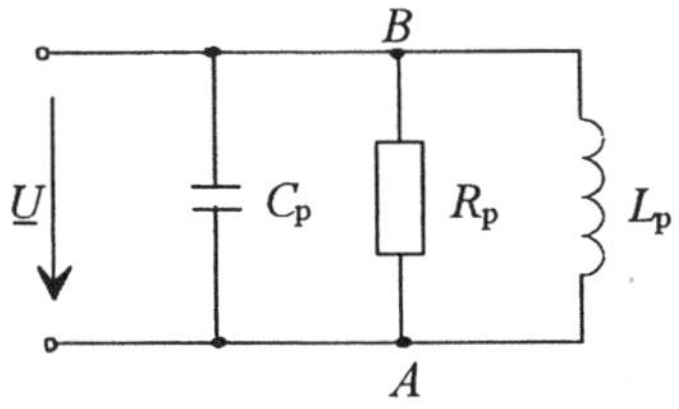

Bild 7.7 Kompensationsschaltung zum Beispiel 7.2

Für die Dimensionierung der Kapazität C muß gelten:

$$U^2 \omega C_p = Q$$

Da $Q = P \tan\varphi$ folgt:

$$P = \frac{Q}{\tan\varphi} = \frac{U^2 \omega C_p}{\tan\varphi}$$

$$C_p = \frac{P \tan\varphi}{U^2 \omega}$$

Die Zahlenwerte eingesetzt, ergibt:

$$C_p = 29\,\mu\text{F}$$

Wählt man eine Reihenschaltung mit R_r, L_r und C_r, so muß die Reihenkapazität C_r nach folgender Gleichung dimensioniert werden:

$$C_r = \frac{P}{\omega U^2 \sin\varphi \cos\varphi}$$

Daraus folgt:

$$\frac{C_p}{C_r} = \sin^2\varphi$$

Betrachtet man diese Schaltungen als Schwingkreise, so befinden sich diese bei Kompensation in Resonanz. Es müssen daher folgende Bedingungen erfüllt sein:

$$\omega L_r = \frac{1}{\omega C_r} \quad \text{und} \quad \omega L_p = \frac{1}{\omega C_p}$$

bzw.

$$\omega^2 = \frac{1}{L_r C_r} \quad \text{und} \quad \omega^2 = \frac{1}{L_p C_p}$$

Daraus folgt:

$$\frac{C_p}{C_r} = \frac{L_r}{L_p} = \sin^2\varphi$$

$$C_r = \frac{C_p}{\sin^2\varphi}$$

$$C_r \approx 152\,\mu\text{F}$$

7.4 Messung der Wechselstromleistung

Direkte Messung. Zur Messung der Wechselstromleistung stehen Wirk-, Blind- und Scheinleistungsmesser zur Verfügung. Mißt man den Strom und die Spannung getrennt, so erhält man nach Multiplikation gemäß Gl. (7.5) die Scheinleistung.
Die Wirkleistung kann mit Hilfe eines elektrodynamischen Meßwerkes auf einfache Weise direkt gemessen werden.
Anders verhält es sich jedoch bei der Messung für Blindleistung. Die Blindleistung $Q = UI \sin\varphi$ ist direkt nicht meßbar. Dies ist erst dann möglich, wenn man erreicht, daß der Strom durch die bewegliche Spule des Meßinstruments gegenüber der Verbraucherspannung z. B. um 90° nacheilt. Es ergibt sich statt der Wirkleistungsanzeige eine Blindleistungsanzeige.

Praktische Realisierungsmöglichkeiten liefern die *Hummel-Schaltung* bzw. die *Polek-Schaltung*.

Hummel-Schaltung. Die erforderliche Phasenverschiebung wird erreicht durch eine Reihenschaltung von Induktivitäten und eine Parallelschaltung mit einem ohmschen Widerstand.

Das vereinfachte Prinzip geht aus dem Bild 7.8 hervor, und das dazugehörige Zeigerbild zeigt Bild 7.9.

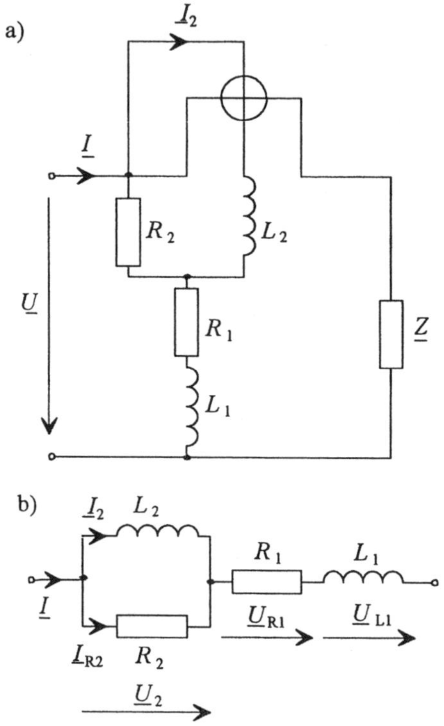

Bild 7.8 Vereinfachtes Prinzip der Hummel-Schaltung [1]

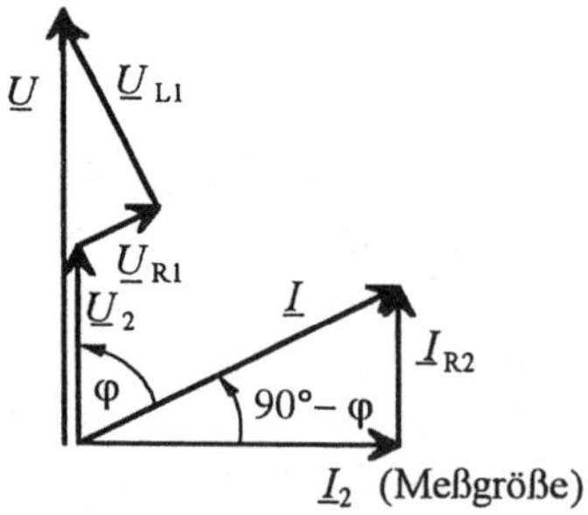

Bild 7.9 Zeigerbild zur Schaltung Bild 7.8

Der parallel zu L_2 (Bild 7.8) geschaltete Widerstand R_2 kann nach der Berechnung im Abschnitt 7.3.3 dimensioniert werden.

$$R_2 = \frac{\omega^2 L_1 L_2}{R_1} \tag{7.11}$$

Nachteilig bei der Hummel-Schaltung ist, daß eine Meßbereichserweiterung durch weitere in Reihe geschaltete Widerstände nicht möglich ist, da mit dieser Maßnahme die Phasenlage beeinflußt würde. Dagegen bietet die Polek-Schaltung Abhilfe.

Polek-Schaltung. Anstelle des Widerstandes R_2 wird eine Kapazität geschaltet (Bild 7.10).

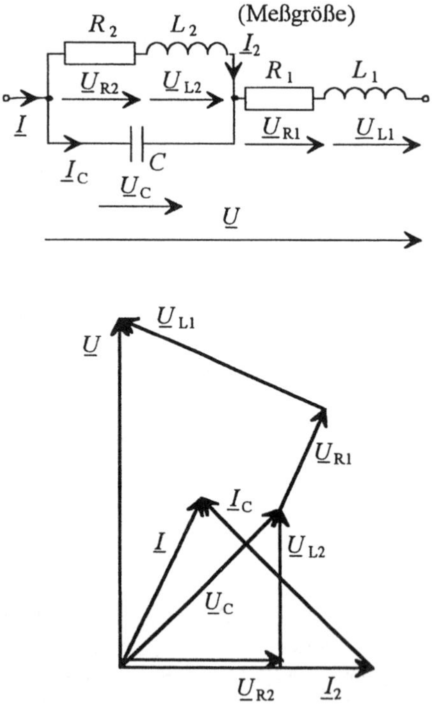

Bild 7.10 Prinzip und Zeigerbild der Polek-Schaltung [1]

Die Phasenverschiebung von 90° des Spulenstromes gegenüber der Gesamtspannung wird erzielt für [57]:

$$C = \frac{R_1 + R_2}{\omega^2(L_1 R_2 + L_2 R_1)}$$

Wird die Bedingung:

$$\omega L_1 = R_2 = \omega L_2 = \frac{1}{\omega C}$$

erfüllt, dann stehen die Zeiger $\underline{I}$ und $\underline{I}_2$ sowie $\underline{U}$ und $\underline{I}_2$ senkrecht aufeinander. Das heißt, $\underline{I}$ und $\underline{U}$ sind phasengleich (ohmsche Belastung), so daß im Spannungspfad mit ohmschen Widerständen eine Erweiterung des Meßbereiches möglich ist.
Nachteilig ist, daß diese Schaltungen nur für eine feste Frequenz anwendbar sind.

Drei-Spannungsmesser-Meßverfahren.
Mit dem im Abschnitt 7.3.3 beschriebenen *Drei-Spannungsmesser-Meßverfahren* können ebenfalls die Leistungskomponenten berechnet werden.
Mit den Meßwerten nach Bild 7.85 ergibt sich die Wirkleistung:

$$P = I U_W$$

Für die gesamte Wirkleistung der Schaltung einschließlich R_V gilt:

$$P = I(U_R + U_W)$$

Für die Blindleistung gilt:

$$Q = I U_B = I\sqrt{U_L^2 - U_W^2}$$

Drei-Strommesser-Verfahren.
Diese Methode findet bei einer Parallelschaltung Anwendung (Bild 7.11).

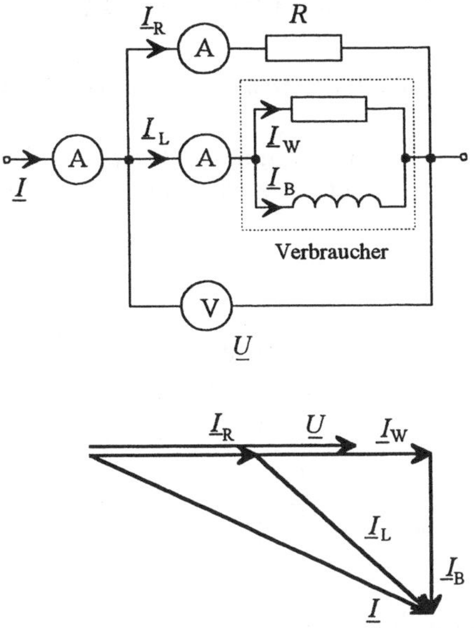

Bild 7.11 Prinzip und Zeigerbild der Leistungsmessung mit drei Strommessern [1]

Aus Bild 7.11 folgt für die Ströme:

$$I^2 = (I_W + I_R)^2 + I_B^2$$

$$I_B^2 = I_L^2 - I_W^2$$

$$I_W = \frac{I^2 - I_R^2 - I_L^2}{2 I_R}$$

$$P = U I_W$$

Die Wirkleistung der gesamten Schaltung beträgt:

$$P = U(I_R + I_W)$$

Für die Blindleistung gilt:

$$Q = U I_B$$

$$Q = U\sqrt{I_L^2 - I_W^2}$$

8 Netzwerkberechnung

8.1 Beschreibung von Netzwerken

Begriffe. Tritt in einer elektrischen Schaltung eine solche Verknüpfung von Schaltelementen auf, daß die Gesetze der einfachen Reihen- oder Parallelschaltung nicht mehr anwendbar sind, spricht man i. allg. von einem *Netzwerk* (Bild 8.1).
In Netzwerken sind die Zusammenhänge zwischen Strom und Spannung durch die Kirchhoffschen Sätze beschrieben.

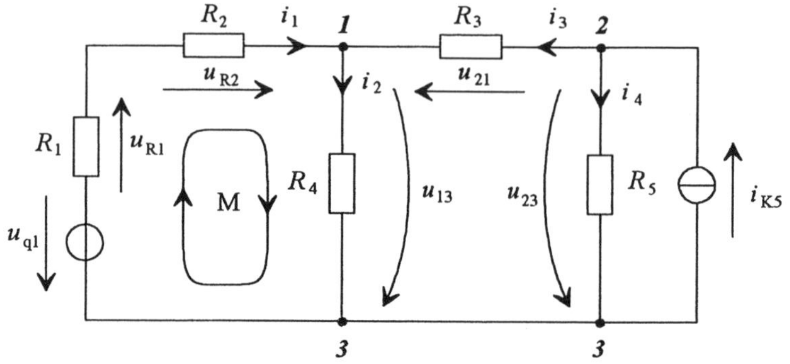

Bild 8.1 Allgemeines Netzwerk

Unter der Voraussetzung linearer Schaltelemente gilt das Ohmsche Gesetz für die u-i-Relationen an den Widerständen. Für harmonische Quellen wird die komplexe Rechnung genutzt.
Das Ziel einer Netzwerkberechnung besteht darin, aus den bekannten Werten der Schaltelemente sowie den vorgegebenen Quellengrößen alle Ströme und Spannungen zu berechen.
Diese Vorgehensweise wird als *Netzwerkanalyse* bezeichnet.
Es werden folgende Begriffe vereinbart:

- Ein *Knotenpunkt* ist ein Punkt im Netzwerk, in dem eine Stromverzweigung auftritt. Ein Netzwerk besteht aus k Knoten.
- Ein *Zweig* ist die Verbindung zweier Knoten durch Zweipolelemente. Sind mehrere Schaltelemente in einem Zweig enthalten, kann der Ersatzzweipol gebildet werden. Ein Netzwerk besteht aus z Zweigen.
- In jedem Zweig fließt ein *Zweigstrom* i_z, der fortlaufend nach der Anzahl z der Zweige gezählt wird.
- Über jeden Zweig fällt eine Zweigspannung u_{ij} ab, die durch den geordneten Doppelindex in ihrer Richtung von Knoten i nach Knoten j festgelegt wird.
- Einen über Zweige geschlossenen Umlauf in einem Netzwerk, bei dem kein Zweig mehrmals durchlaufen wird, bezeichnet man als *Masche* M. Der Umlaufsinn einer Masche wird willkürlich festgelegt.
- Der Zusammenhang zwischen Strom und Spannung eines Zweiges wird durch die *Zweiggleichung* beschrieben.

Für eine vollständige Netzwerkberechnung ist es ausreichend, zunächst alle unbekannten Zweigströme und anschließend über die Zweiggleichungen die Spannungen an den Schaltelementen zu berechnen. Die umge-

kehrte Vorgehensweise ist ebenfalls möglich.
Sind alle Ströme und Spannungen des Netzwerkes bekannt, läßt sich aus diesen Werten eine Leistungsbilanz für alle Schaltelemente durchführen (auch *Lastflußberechnung* genannt).

Zweiggleichungen. Die Zweiggleichungen stellen Zweipolgleichungen für einen Zweig dar (Bild 8.2), der sowohl aktiv als auch passiv sein kann. Es gelten die Festlegungen nach Abschnitt 2.2.

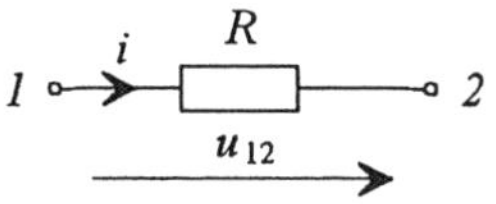	$u_{12} = Ri$
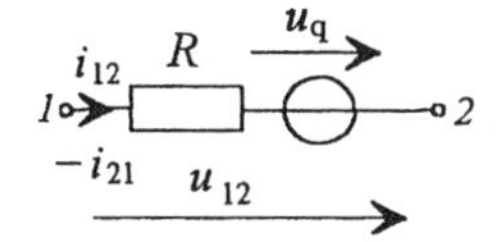	$u_{12} = Ri_{12} + u_q$ bzw. $u_{12} = -Ri_{21} + u_q$
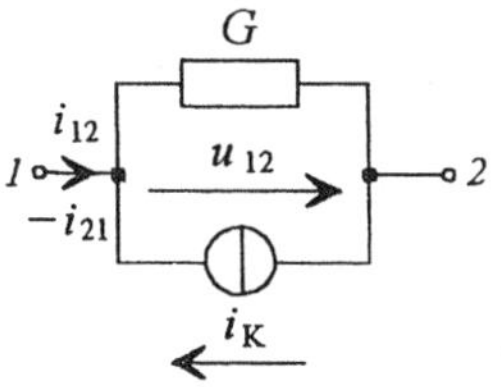	$i_{12} = Gu_{12} - i_K$ bzw. $i_{21} = -Gu_{12} + i_K$

Bild 8.2 Zweiggleichungen

Da die Energieflußrichtung in Netzwerken mit mehreren Quellen zunächst nicht bekannt ist, muß während des Rechenganges mit einer einheitlichen Zählpfeil- und Maschenumlauffestlegung gearbeitet werden. Die Berechnung entscheidet über die tatsächliche Stromrichtung.
Die Algorithmen zur Netzwerkanalyse gelten nur für lineare Schaltelemente. Beschreibt die Zweiggleichung einen nichtlinearen Zusammenhang zwischen Strom und Spannung, kann die Rechnung nur iterativ durchgeführt werden, indem abschnittsweise mit linearisierten Kennlinien gearbeitet wird. In der Regel werden dafür Computerprogramme angewendet. Für einfache Netzwerke besteht die Möglichkeit einer grafischen Arbeitspunktermittlung (siehe Abschnitt 2.4).

Netzwerkgraph. Besteht ein zusammenhängendes Netzwerk aus z Zweigen, so müssen z unbekannte Zweigströme berechnet werden. Dazu ist ein lineares Gleichungssystem mit z unabhängigen Gleichungen zu lösen, die aus den Knoten- und Maschengleichungen des Netzwerkes zu bilden sind.
Das Auffinden unabhängiger Gleichungen des Netzwerkes wird wesentlich vereinfacht, wenn man zunächst nur die Struktur des Netzwerkes als *Netzwerkgraph* darstellt. Dazu werden die Zweige des Netzwerkes als Linien erfaßt, die in den Knoten enden.
Ausführlich wird die Arbeit mit Netzwerkgraphen in [6] und [24] behandelt.

Zeichnet man in die Zweige noch die Bezugsrichtung der Zweigströme ein, entsteht ein *gerichteter Graph*.
Für ein beliebig gewähltes Netzwerk mit $k = 3$ Knoten und $z = 5$ Zweigen entsteht der gerichtete Graph nach Bild 8.3.

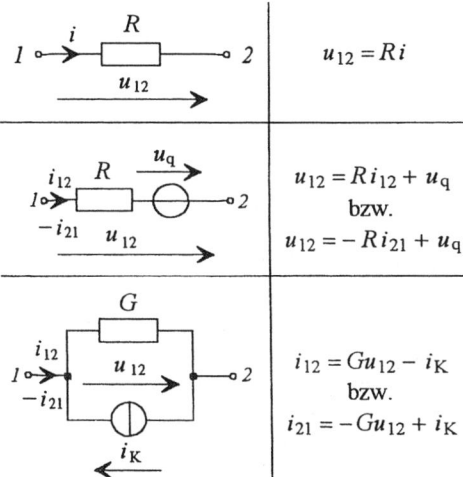

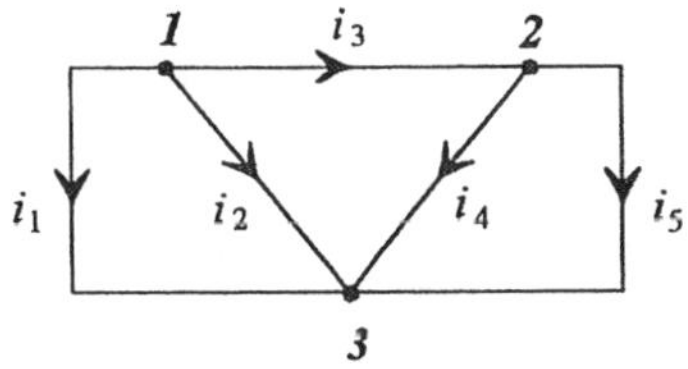

Bild 8.3 Netzwerkgraph eines allgemeinen Netzwerkes

Knotengleichungen. Für den Graph nach Bild 8.3 soll gezeigt werden, daß nur $k - 1$ *unabhängige Knotengleichungen* existieren.
Da jeder Zweigstrom aus einem Knoten heraus und in einen zweiten Knoten hineinfließen muß, geht jeder Zweigstrom je-

weils in zwei Knotengleichungen ein.
Mindestens eine Knotengleichung muß demnach als Summe der anderen Gleichungen darstellbar sein.

$$-i_1 - i_2 - i_3 = 0$$
$$i_3 - i_4 - i_5 = 0$$
$$i_1 + i_2 + i_4 + i_5 = 0$$

Addiert man die beiden ersten Gleichungen und multipliziert anschließend mit dem Faktor -1, entsteht die dritte Gleichung. Diese ist eine linear abhängige Gleichung.

Für das zu lösende Gleichungsystem stehen demnach $k - 1 = 2$ unabhängige Knotengleichungen zur Verfügung. Die restlichen Gleichungen sind durch *unabhängige Maschengleichungen* zu bilden, die die Summe der Zweigspannungen der Maschen erfüllen.
Wegen $z = 5$ unbekannten Zweigströmen sind für das Netzwerk nach Bild 8.3 noch $m = z - (k - 1) = 3$ unabhängige Maschengleichungen zu finden.
Maschengleichungen. Im Bild 8.3 lassen sich nach den getroffenen Vereinbarungen 6 Maschenumläufe finden.
Für das Auffinden von *unabhängigen Maschen* werden in [6], [10] und [21] die *Methode des vollständigen Baumes* sowie die *Auftrennmethode* beschrieben.

Auftrennmethode. Im folgenden soll die Auftrennmethode an Hand des Netzwerkgraphen nach Bild 8.4 gezeigt werden.

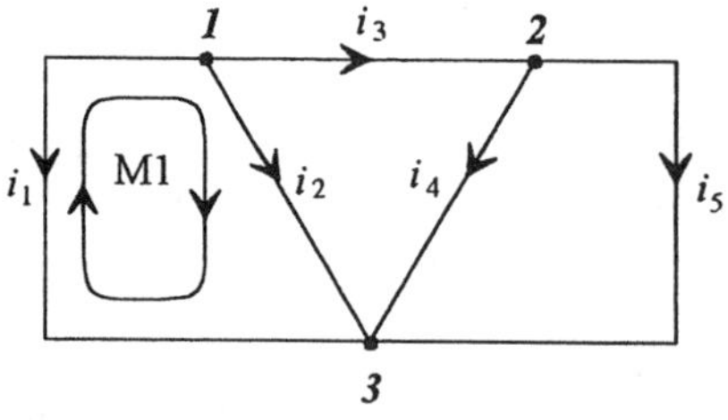

Bild 8.4 Netzwerkgraph zur Auftrennmethode

Für den Maschenumlauf M1 wird der Maschensatz als Summe aller Spannungen an den Zweigelementen aufgestellt.
Anschließend wird die Masche M1 an einer beliebigen Stelle aufgetrennt und nach einem weiteren geschlossenen Maschenumlauf im Netzwerkgraphen gesucht (Bild 8.5). Die übrige Netzwerkstruktur darf dabei nicht geändert werden.

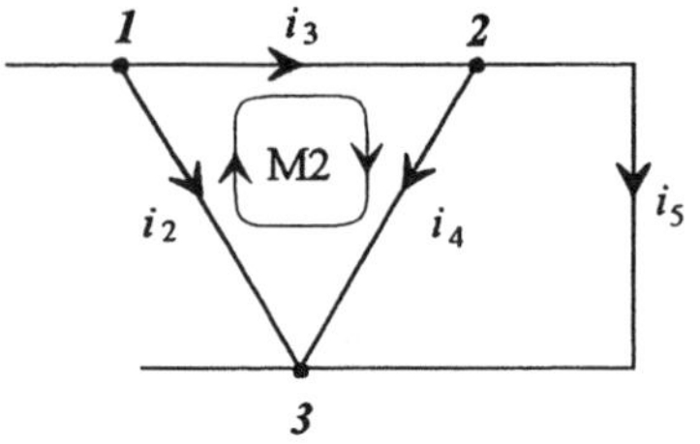

Bild 8.5 Auffinden eines weiteren Maschenumlaufs nach der Auftrennmethode

Nachdem für die Masche M2 im Bild 8.5 ebenfalls die Maschengleichung aufgestellt wurde, ist auch diese Masche an einer beliebigen Stelle aufzutrennen. Für den gewählten Netzwerkgraphen ergibt sich nur noch ein geschlossener Maschenumlauf M3 (Bild 8.6).

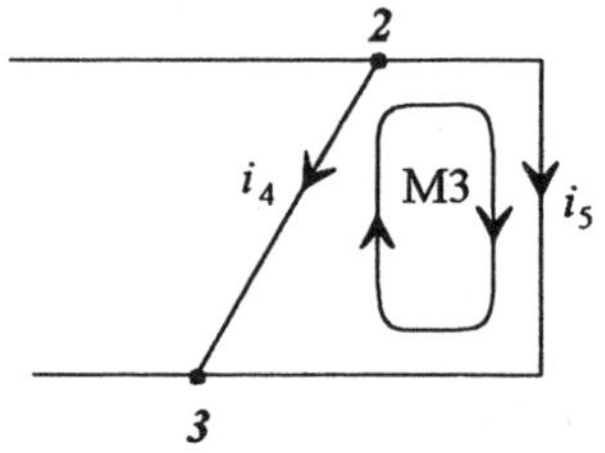

Bild 8.6 Auffinden eines weiteren Maschenumlaufs nach der Auftrennmethode

Wird die Masche M3 im Bild 8.6 aufgetrennt, sind keine geschlossenen Umläufe im Netzwerkgraphen mehr möglich. Es sind die drei unabhängige Maschengleichungen der Maschen M1, M2 und M3 gefunden.

Methode des vollständigen Baumes. Zur Berechnung umfangreicher Netzwerke wird eine allgemeinere Methode benötigt, die eine systematische, formale Erfassung der Netzwerkstruktur ermöglicht [6], [24]. Dazu wird der gerichtete Graph eines beliebigen Netzwerkes nach Bild 8.7 betrachtet.

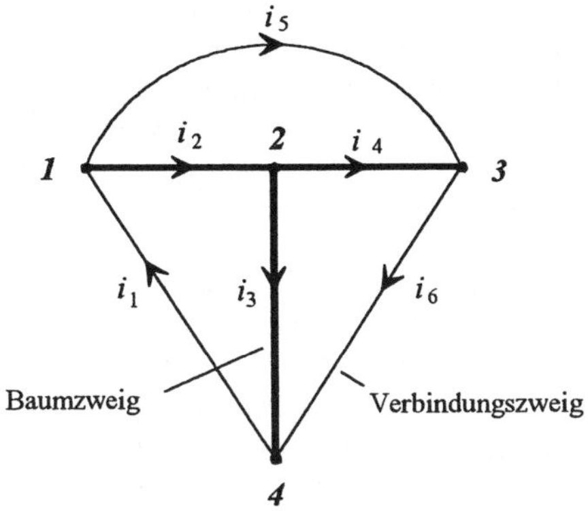

Bild 8.7 Allgemeiner Netzwerkgraph

Das Netzwerk enthält $k = 4$ Knoten und $z = 6$ Zweige.

Im Netzwerkgraph entsteht ein *vollständiger Baum*, wenn man alle Knoten mit einem durchgängigen Linienzug so verbindet, daß alle Knoten erfaßt werden, jedoch kein geschlosssener Weg entsteht (fett gezeichneter Linienzug im Bild 8.7).

Die Zweige des vollständigen Baumes werden als *Baumzweige* bezeichnet. Ein Netzwerk enthält k - 1 Baumzweige.

Die nicht zum vollständigen Baum gehörenden Zweige nennt man *Verbindungszweige*. In einem Netzwerk existieren gerade $m = z - (k - 1)$ Verbindungszweige.

Die *unabhängigen Maschen* findet man, indem für jeden Verbindungszweig ein Maschenumlauf gesucht wird, der genau einen Verbindungszweig und beliebig viele Baumzweige enthält.

Die möglichen unabhängigen Maschen des Graphen nach Bild 8.7 sind im Bild 8.8 dargestellt.

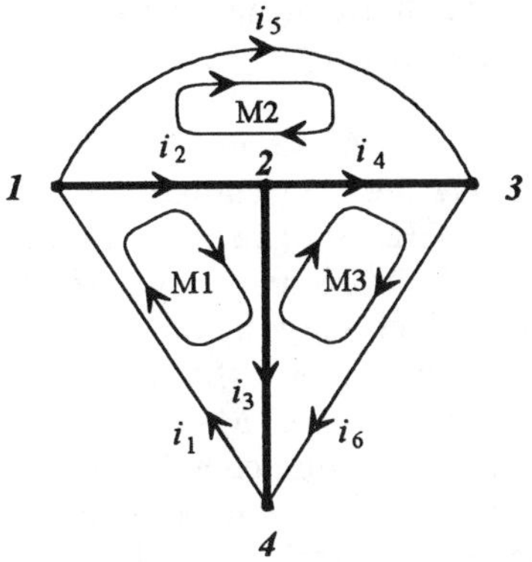

Bild 8.8 Unabhängige Maschen des Netzwerkgraphen nach Bild 8.7

Es ergeben sich $m = z - (k - 1) = 3$ unabhängige Maschen.

Die Festlegung des vollständigen Baumes im Netzwerkgraphen kann nach den genannten Kriterien frei erfolgen.

Bei Betrachtung des Netzwerkgraphen nach Bild 8.7 findet man weitere Linienzüge, die einen vollständigen Baum ergeben. Diese sind im Bild 8.9 dargestellt. Es lassen sich ebenfalls $m = z - (k - 1) = 3$ unabhängige Maschen finden.

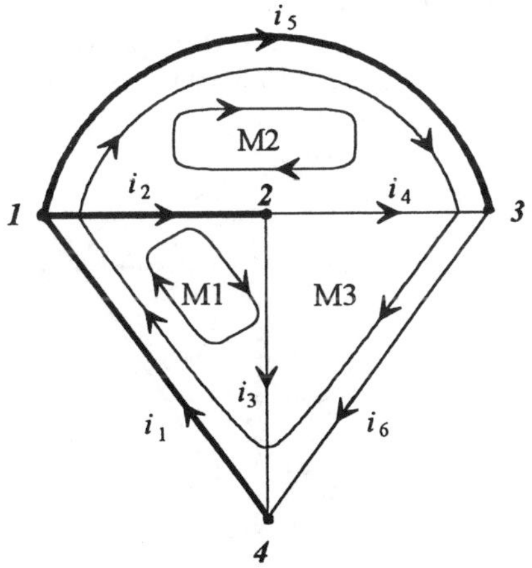

Bild 8.9 Weitere unabhängige Maschen des Netzwerkgraphen nach Bild 8.7

8.2 Berechnungsverfahren nach Kirchhoff

Nachdem im Abschnitt 8.1 beschrieben wurde, wie die notwendige Anzahl unabhängiger Gleichungen zu ermitteln ist, werden nachfolgend mögliche Berechnungsverfahren vorgestellt:

Zweigstromanalyse. Mit den unabhängigen Knoten- und Maschengleichungen existiert eine hinreichende Anzahl von Gleichungen, um die unbekannten Zweigströme des Netzwerkes mit Hilfe mathematischer Verfahren zur Lösung linearer Gleichungssysteme zu berechnen. Diese Berechnungsmethode wird *Zweigstromanalyse* genannt (siehe Abschnitt 8.2.1).

Reduzierte Berechnungsverfahren. Für die Zweigstromanalyse werden so viele unabhängige Gleichungen benötigt, wie Zweige im Netzwerk enthalten sind. Dies führt u.U. zu einem erheblichen Rechenumfang, insbesondere dann, wenn außer den Zweigströmen noch die Spannungen über den Schaltelementen benötigt werden. Für Netzwerke mit linearen Bauelementen lassen sich Berechnungsverfahren finden, die mit einer geringeren Anzahl von Gleichungen auskommen.

Dazu wird der Netzwerkgraph nach Bild 8.7 nochmals im Bild 8.10 betrachtet.

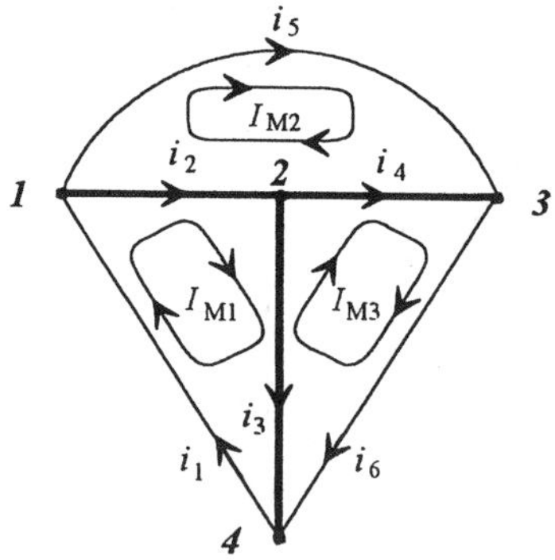

Bild 8.10 Netzwerkgraph zur Beschreibung der Maschenstromanalyse

Maschenstromanalyse. Auf Grund der Gültigkeit des Knotenpunktsatzes sind nicht alle Zweigströme voneinander unabhängig, sondern nur die Zweigströme in den Verbindungszweigen des Graphen. Die Anzahl dieser Zweigströme entspricht der Anzahl m der unabhängigen Maschen. Diesen wiederum ordnet man *Kreis-* oder *Maschenströme* als reine Rechengrößen zu, die die real fließenden und damit meßbaren Zweigströme aller Zweige einschließen. Das Gleichungssystem reduziert sich auf die Berechnung von $m = z - (k - 1)$ unabhängigen Maschenströmen.

Die Anzahl $k - 1$ unabhängiger Knotenpunktgleichungen wird mit diesen Überlegungen eleminiert. Diese Berechnungsmethode wird als *Maschenstromanalyse* bezeichnet (siehe Abschnitt 8.2.2).

Der Umlaufsinn der Maschenströme kann willkürlich gewählt werden.

Die tatsächlich fließenden Zweigströme lassen sich aus der vorzeichenrichtigen Überlagerung der berechneten Maschenströme ermitteln. So ist z.B. im Bild 8.10 der Zweigstrom i_1 mit dem Maschenstrom I_{M1} identisch, während der Zweigstrom i_3 die Differenz der eingeführten Maschenströme $I_{M1}-I_{M3}$ darstellt.

Knotenspannungsanalyse. Eine andere Möglichkeit zur Reduzierung des Rechenaufwandes erhält man, wenn die Spannungsabfälle über den Baumzweigen als unabhängige Größen betrachtet werden.

Legt man einen Bezugsknoten *0* mit beliebiger Lage zum Netzwerkgraphen fest, so lassen sich Knotenspannungen zwischen den k Knotenpunkten und dem Bezugspunkt *0* angeben.

Daraus lassen sich mit Hilfe der Maschengleichungen die Zweigspannungen und in der weiteren Folge die Zweigströme ermitteln (Bild 8.11).

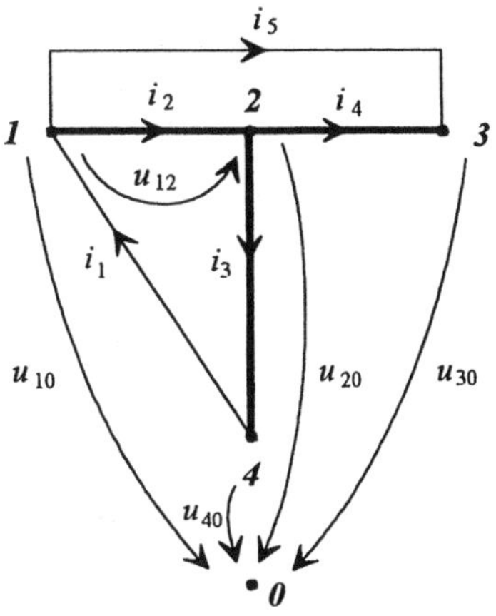

Bild 8.11 Allgemeiner Netzwerkgraph zur Beschreibung der Knotenspannungsanalyse

Nach Bild 8.11 berechnet sich z.B. die Zweigspannung u_{12} längs des Baumzweiges 1-2 mit der Maschengleichung

$$u_{12} = u_{10} - u_{20}$$

Wird der Bezugsknoten *0* auf einen der k Knoten des Netzwerkes gelegt, sind nur noch $k-1$ unbekannte Knotenspannungen zu berechnen. Der Rechenaufwand reduziert sich um die $m = z - (k-1)$ unabhängigen Maschengleichungen (Bild 8.12). Diese Berechnungsmethode heißt *Knotenspannungsanalyse* (siehe Abschnitt 8.2.3).

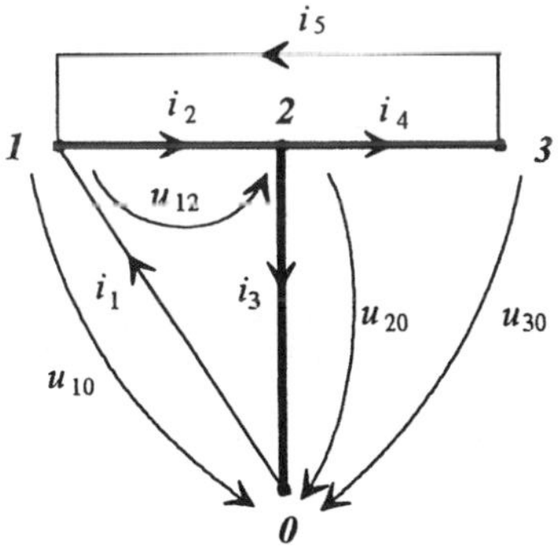

Bild 8.12 Netzwerkgraph zur Knotenspannungsanalyse

Ein zusätzlicher Vorteil dieses Verfahrens soll an Hand des Bildes 8.12 erläutert werden. Es lassen sich Knotenspannungen bezüglich eines Punktes innerhalb eines Zweiges berechnen, auch wenn an diesem Punkt keine Stromverzweigung auftritt. Dazu wird formal der Knoten ***3*** einführt. Im Bild 8.12 stellt der Linienzug über die Knoten ***2 - 3 - 1*** nur einen Zweig dar, in dem außerdem der gleiche Strom $i_4 = i_5$ fließt.

Es ist zu beachten, daß zusätzlich eingeführte Knoten ebenfalls durch den vollständigen Baum zu erfassen sind.

Bild 8.13 zeigt die Berechnungsverfahren nach Kirchhoff nochmals im Überblick.

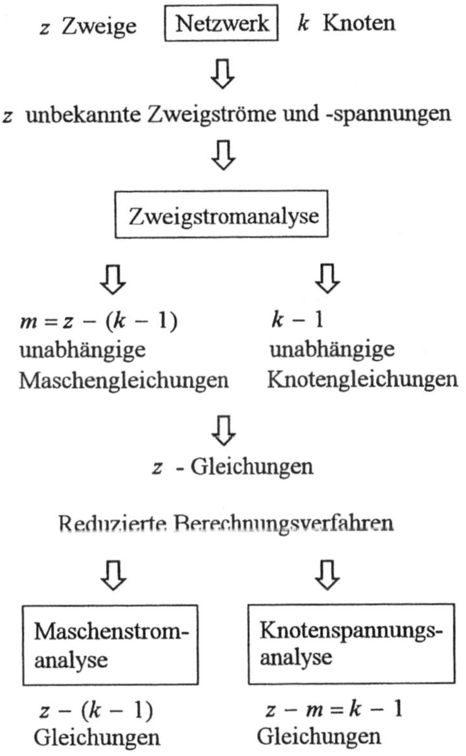

Bild 8.13 Übersicht zur Netzwerkberechnung

8.2.1 Zweigstromanalyse

Anwendung. Mit der Zweigstromanalyse werden alle unbekannten Zweigströme eines Netzwerkes berechnet.
Die Schaltelemente sowie alle treibenden Quellen des Netzwerkes müssen bekannt sein.

Algorithmus

- Kennzeichnung der z Zweigströme und Festlegung der Zählpfeilrichtung.
- Kennzeichnung der k Knoten.
- Auswahl von $m = z - (k - 1)$ unabhängigen Maschen und Festlegung eines willkürlichen Umlaufsinns.
- Aufstellen von $k - 1$ unabhängigen Knotengleichungen.
- Aufstellen von m unabhängigen Maschengleichungen. Eleminieren unbekannter Spannungen durch Zweigströme mit Hilfe der Zweiggleichungen.
- Aufstellen des linearen Gleichungssystems und Berechnung der unbekannten Zweigströme.
- Berechnung aller unbekannten Spannungen in den Zweigen über die Zweiggleichungen (falls erforderlich).

❑ **Beispiel 8.1**

Für das Netzwerk nach Bild 8.14 sind alle Zweigströme sowie Spannungen über den Widerständen mit Hilfe der Zweigstromanalyse zu berechnen.

Lösung:

Für das Netzwerk gilt:

$$z = 3$$
$$k = 2$$

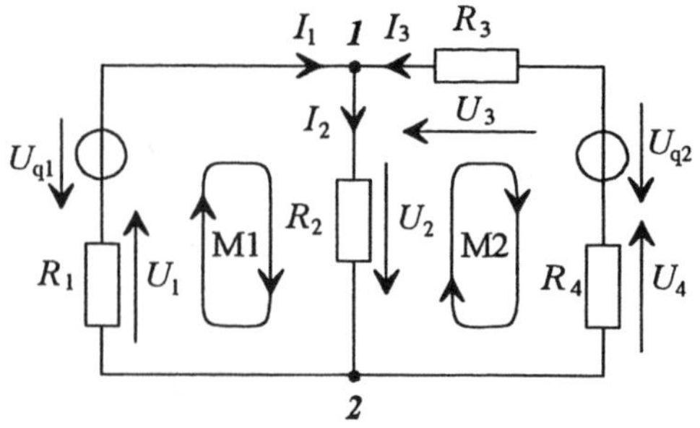

$U_{q1} = 10\,\text{V}, \quad R_1 = R_3 = 1\,\Omega$
$U_{q2} = 5\,\text{V}, \quad R_2 = 4\,\Omega$
$R_4 = 8\,\Omega$

Bild 8.14 Netzwerk zum Beispiel 8.1

Wegen $k - 1 = 1$ und $m = z - (k - 1) = 2$ werden eine unabhängige Knotengleichung und zwei unabhängige Maschengleichungen benötigt. Die unabhängigen Maschen M1 und M2 findet man sehr leicht nach der Auftrennmethode.

1: $I_1 - I_2 + I_3 = 0$

M1: $-U_{q1} + U_2 + U_1 = 0$

M2: $U_{q2} - U_3 - U_4 - U_2 = 0$

Mit Hilfe des Ohmschen Gesetzes werden die unbekannten Spannungen in den Maschengleichungen eleminiert. Die bekannten Quellenspannungen stellen die Absolutglieder des linearen Gleichungssystems zur Berechnung der Zweigströme dar.

$$\begin{aligned} I_1 \quad - I_2 \quad\quad\quad + I_3 &= 0 \\ R_1 I_1 + R_2 I_2 \quad\quad\quad &= U_{q1} \\ -R_2 I_2 - (R_3 + R_4) I_3 &= -U_{q2} \end{aligned}$$

Die Beispielwerte, in [Ω] bzw. [V] eingesetzt, ergeben die Zweigströme:

$$\begin{aligned} I_1 - I_2 + I_3 &= 0 \\ I_1 + 4I_2 \quad &= 10 \\ -4I_2 - 9I_3 &= -5 \end{aligned}$$

$$I_1 = 2{,}24\,\text{A}, \quad I_2 = 1{,}94\,\text{A}, \quad I_3 = -0{,}31\,\text{A}$$

Die Berechnung zeigt, daß der Strom I_3 im Netzwerk entgegen dem vorgegebenen Richtungssinn fließt, d.h., die Quellenspannung U_{q2} wirkt als Verbraucher.
Die Spannungen über den Widerständen lassen sich wie folgt berechnen:

$$U_1 = R_1 I_1 = 2{,}24\,\text{V}$$
$$U_2 = R_2 I_2 = 7{,}76\,\text{V}$$
$$U_3 = R_3 I_3 = -0{,}31\,\text{V}$$
$$U_4 = R_4 I_4 = -2{,}48\,\text{V}$$

Eine Probe zeigt, daß die Berechnungsergebnisse sowohl die Knotengleichungen als auch die Maschengleichungen erfüllen.

❑ **Beispiel 8.2**

Das Netzwerk nach Bild 8.15 enthält eine ideale Spannungsquelle und eine ideale Stromquelle. Mittels Zweigstromanalyse sind alle Zweigströme zu berechnen.

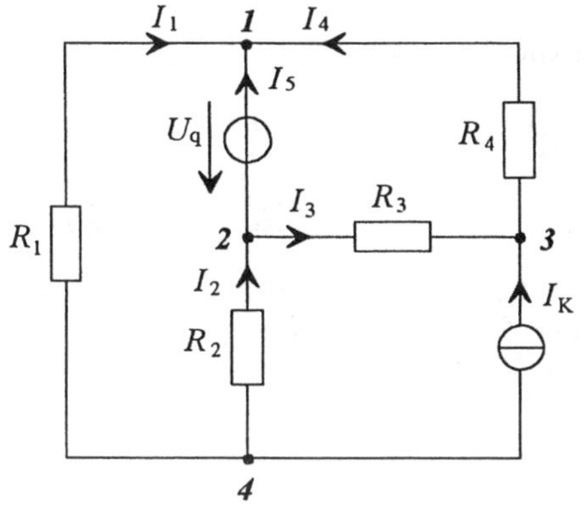

$R_1 = 4\,\Omega$, $R_2 = R_4 = 1\,\Omega$, $R_3 = 2\,\Omega$,
$U_q = 10\,\text{V}$, $I_K = 1\,\text{A}$

Bild 8.15 Netzwerk zum Beispiel 8.2

Lösung:

Das Netzwerk besteht aus $z = 5$ Zweigen und $k = 4$ Knoten. Zusätzlich ist die Stromquelle enthalten, die wegen $R_{iI} \to \infty$ nicht als Netzwerkzweig gezählt werden darf.
Es werden $k - 1 = 3$ unabhängige Knotengleichungen und $m = 2$ unabhängige Maschengleichungen benötigt.

Zum besseren Verständnis ist im Bild 8.16 der gerichtete Netzwerkgraph für die Schaltung nach Bild 8.15 dargestellt.

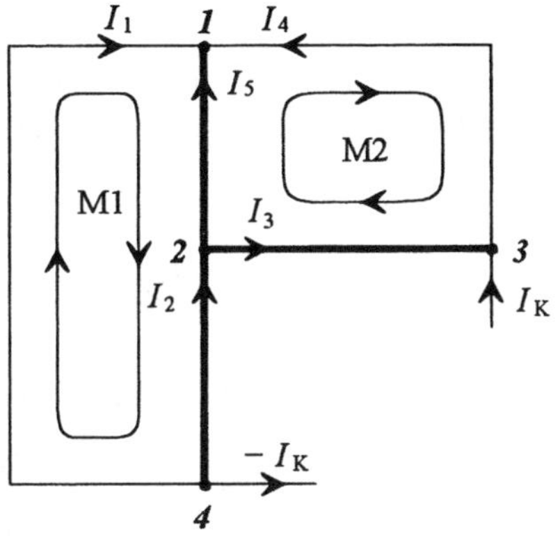

Bild 8.16 Gerichteter Graph zum Beispiel 8.2

Der vollständige Baum verbindet alle auftretenden Knoten.
Die ideale Spannungsquelle im Zweig mit dem Zweigstrom I_5 ist wegen $R_{iUq} \to 0$ zu überbrücken. Die ideale Stromquelle wird aus dem Graph herausgetrennt.
Mit den zwei auftretenden Verbindungszweigen lassen sich zwei unabhängige Maschenumläufe finden.
Mit diesen Überlegungen können die unabhängigen Gleichungen aufgestellt werden.

1:	$I_1 + I_4 + I_5 = 0$
2:	$I_2 - I_3 - I_5 = 0$
3:	$I_3 - I_4 + I_K = 0$
M1:	$R_1 I_1 - R_2 I_2 + U_q = 0$
M2:	$-R_3 I_3 - R_4 I_4 - U_q = 0$

Die Beispielwerte in [Ω] bzw. [V] eingesetzt, ergeben das Gleichungssystem mit den Lösungen:

$$\begin{array}{rrrrrcr}
I_1 & & & +I_4 & +I_5 & = & 0 \\
 & +I_2 & -I_3 & & -I_5 & = & 0 \\
 & & +I_3 & -I_4 & & = & -1 \\
4I_1 & -I_2 & & & & = & -10 \\
 & & -2I_3 & -I_4 & & = & 10
\end{array}$$

$I_1 = -2{,}2\,\text{A}$, $I_2 = 1{,}2\,\text{A}$, $I_3 = -3{,}67\,\text{A}$
$I_4 = -2{,}67\,\text{A}$, $I_5 = 4{,}87\,\text{A}$.

❑ Beispiel 8.3

In dem Netzwerk nach Bild 8.17 sind alle Zweigströme und Spannungen nach Betrag und Phase zu berechnen, wenn die beiden Wechselspannungsquellen sinusförmige Spannungen gleicher Frequenz liefern. Die Spannung des zweiten Generators verläuft phasenstarr um 30° voreilend gegenüber der Spannung des ersten Generators.

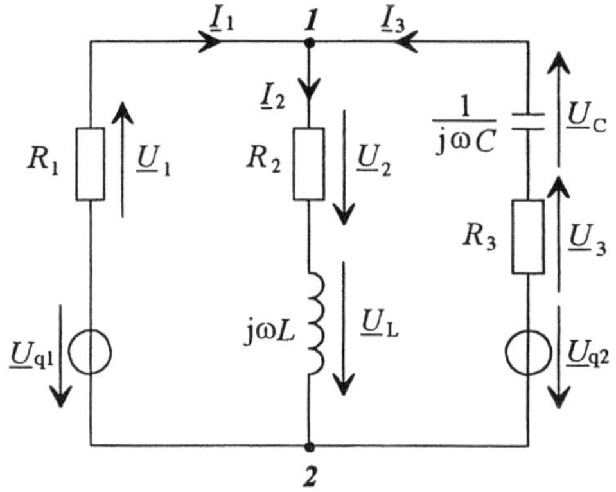

$R_1 = 10\,\Omega$, $R_2 = 20\,\Omega$, $R_3 = 30\,\Omega$
$L = 10\,\text{mH}$, $C = 2\,\mu\text{F}$
$U_{q1} = 200\,\text{V}$, $U_{q2} = 100\,\text{V}$, $f = 1\,\text{kHz}$

Bild 8.17 Netzwerk zum Beispiel 8.3

Lösung:

Das Netzwerk enthält $z = 3$ Zweige und $k = 2$ Knotenpunkte.
Im Netzwerk treten nur sinusförmige Spannungen und Ströme einer Frequenz auf, da die Generatoren synchronisiert zueinander arbeiten (phasenstarr) und außerdem nur lineare Schaltelemente vorhanden sind.
Es wird mit der symbolischen Methode gearbeitet.
Die einzelnen Zweige werden durch ihre Ersatzimpedanzen ausgedrückt.
Damit vereinfacht sich das Netzwerk zur Schaltung nach Bild 8.18.
Die Quellenspannungen lauten:

$$\underline{U}_{q1} = 200\,\text{V}\angle 0^\circ$$
$$\underline{U}_{q2} = 100\,\text{V}\angle 30^\circ$$

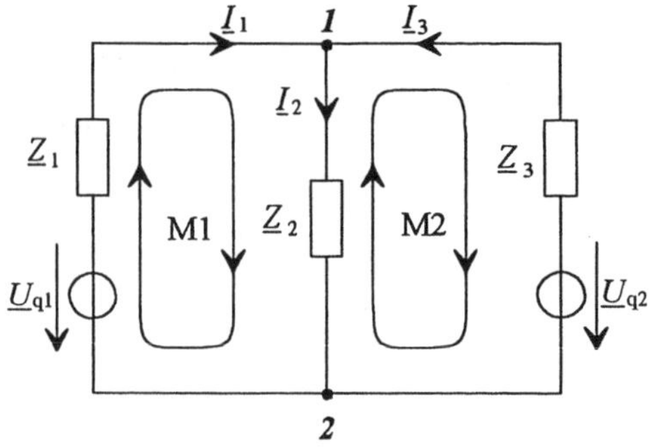

Bild 8.18 Ersatzschaltung des Netzwerkes zum Beispiel 8.3

Die Ersatzimpedanzen lauten:

$$\underline{Z}_1 = R_1 = 10\,\Omega\angle 0^\circ$$
$$\underline{Z}_2 = R_2 + \text{j}\omega L = 66\,\Omega\angle 72{,}3^\circ$$
$$\underline{Z}_3 = R_3 - \text{j}\frac{1}{\omega C} = 85\,\Omega\angle -69{,}3^\circ$$

Das Gleichungssystem lautet:

$$\begin{array}{cccccc} \underline{I}_1 & -\underline{I}_2 & +\underline{I}_3 & = & 0 \\ \underline{Z}_1\underline{I}_1 & +\underline{Z}_2\underline{I}_2 & 0 & = & \underline{U}_{q1} \\ 0 & -\underline{Z}_2\underline{I}_2 & -\underline{Z}_3\underline{I}_3 & = & -\underline{U}_{q2} \end{array}$$

Mit Hilfe mathematischer Lösungsverfahren für lineare Gleichungssysteme erhält man für die Zweigströme:

$$\underline{I}_1 = 2{,}46\,\text{A}\angle -41{,}9^\circ$$
$$\underline{I}_2 = 2{,}76\,\text{A}\angle -67{,}2^\circ$$
$$\underline{I}_3 = 1{,}18\,\text{A}\angle -130{,}2^\circ$$

Für die Spannungen über den Schaltelementen gilt:

$$\underline{U}_1 = R_1\underline{I}_1 = 24{,}6\,\text{V}\angle -41{,}9^\circ$$
$$\underline{U}_2 = R_2\underline{I}_2 = 55{,}2\,\text{V}\angle -67{,}2^\circ$$
$$\underline{U}_3 = R_3\underline{I}_3 = 34{,}4\,\text{V}\angle -130{,}2^\circ$$
$$\underline{U}_\text{L} = \text{j}\omega L\underline{I}_2 = 173{,}4\,\text{V}\angle 22{,}8^\circ$$
$$\underline{U}_\text{C} = \frac{1}{\text{j}\omega C}\underline{I}_3 = 93{,}9\,\text{V}\angle 139{,}8^\circ$$

Es wird empfohlen, mit Hilfe von Zeigerbildern die Gültigkeit des Knotensatzes sowie der Maschensätze nachzuweisen.

8.2.2 Maschenstromanalyse

Anwendung. Die Maschenstromanalyse wird vorzugsweise für die Berechnung der unbekannten Zweigströme angewendet, wenn die Anzahl m unabhängiger Maschenumläufe in einem Netzwerk geringer ist als die Anzahl $k-1$ unabhängiger Knotengleichungen.
Da die Knotengleichungen durch Maschengleichungen ersetzt werden, erweist es sich als günstig, Stromquellen mit ihrem Innenwiderstand in eine äquivalente Spannungsquellen-Ersatzschaltung umzuwandeln. In den Maschengleichungen können damit die Quellenspannungen als bekannte Größen eingesetzt werden.
Ideale Stromquellen werden als Maschenströme in einen Verbindungszweig des vollständigen Baumes gelegt. Das Gleichungssystem reduziert sich damit um die Anzahl der bekannten Stromquellen.
Ist in einem umfangreicheren Netzwerk nur ein Zweigstrom gesucht, wird der vollständige Baum des Netzwerkgraphen zweckmäßigerweise so gewählt, daß der gesuchte Zweigstrom in einem Verbindungszweig liegt.

Algorithmus

- Kennzeichnung der z Zweigströme und Festlegung der Zählpfeilrichtung.
- Auswahl von m unabhängigen Maschenströmen I_m und willkürliche Festlegung eines Umlaufsinns.
- Aufstellen von m unabhängigen Maschengleichungen und Ersetzen der unbekannten Zweigspannungen durch die Maschenströme.
- Lösen des Gleichungssystems.
- Berechnung der Zweigströme durch Überlagerung der Maschenströme.

Zur näheren Erläuterung ist das Gleichungssystem zur Berechnung der Zweigströme des Netzwerkes nach Bild 8.19 mit Hilfe der Maschenstromanalyse aufzustellen. Daraus lassen sich weitere Verallgemeinerungen ableiten.

Hinweis: Für einen besseren Vergleich mit der Zweigstromanalyse entspricht das Netzwerk der Schaltung nach Bild 8.14.

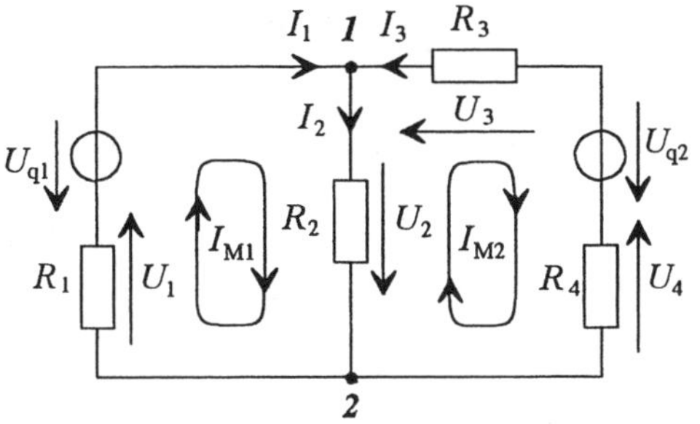

$U_{q1} = 10\,\text{V}$, $R_1 = R_3 = 1\,\Omega$
$U_{q2} = 5\,\text{V}$, $R_2 = 4\,\Omega$
$R_4 = 8\,\Omega$

Bild 8.19 Netzwerk zur Erläuterung der Maschenstromanalyse

Mit $z = 3$ Zweigen und $k = 2$ Knoten sind $m = 2$ unabhängige Maschenumläufe anzugeben.
Der Netzwerkgraph für diese Schaltung ergibt nur einen Baumzweig und zwei Verbindungszweige, wodurch die Maschenumläufe festgelegt sind (Bild 8.20).

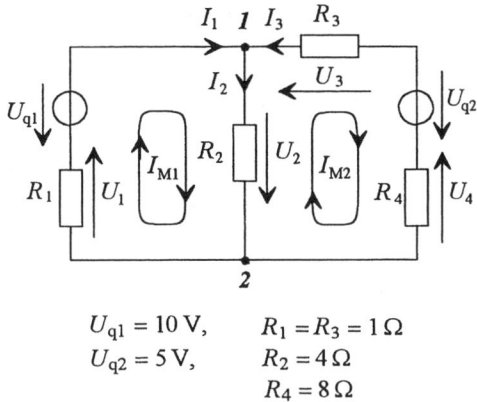

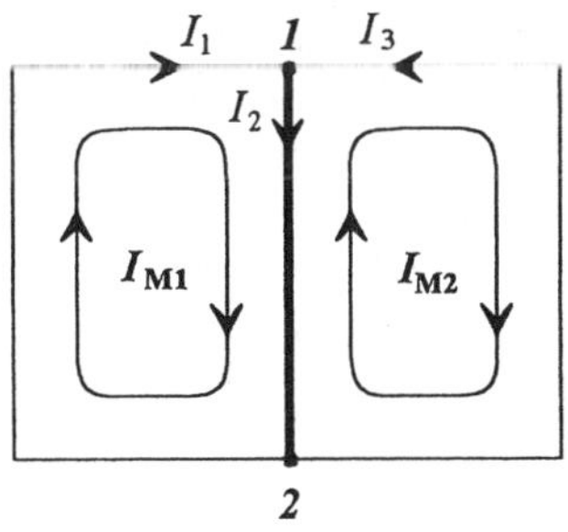

Bild 8.20 Netzwerkgraph gemäß Bild 8.19

Die Maschengleichungen für beide Umläufe lauten:

$$-U_{q1} + U_1 + U_2 = 0$$
$$U_{q2} - U_2 - U_3 - U_4 = 0$$

Unter Beachtung des Richtungssinns werden die unbekannten Zweigspannungen durch die vorgegebenen Maschenströme I_m und das Ohmsche Gesetz ausgedrückt. Die bekannten Quellenspannungen stellen die Absolutglieder des linearen Gleichungssystems dar.

$$R_1 I_{M1} + R_2(I_{M1} - I_{M2}) = U_{q1}$$
$$-R_2(I_{M1} - I_{M2}) + R_3 I_{M2} + R_4 I_{M2} = -U_{q2}$$

Nach dem Ausmultiplizieren und Ordnen entsteht:

$$\begin{aligned} (R_1 + R_2) I_{M1} \qquad\qquad - R_2 I_{M2} &= U_{q1} \\ - R_2 I_{M1} + (R_2 + R_3 + R_4) I_{M2} &= -U_{q2} \end{aligned} \tag{8.1}$$

Die Analyse des entstandenen Gleichungssystems (8.1) zeigt, daß die Summe der Widerstände einer betrachteten Masche, auch *Ringwiderstand* genannt, als Koeffizient des Maschenstromes auftritt, der durch den Verbindungszweig festgelegt wird.
Der Einzelwiderstand R_2, der ebenfalls als Koeffizient auftritt, liegt gerade im Baumzweig und wird von beiden Maschenströmen durchflossen. Diesen Widerstand bezeichnet man als *Koppelwiderstand.*
Das negative Vorzeichen ergibt sich, weil die beiden Maschenströme den Baumzweig und damit den Widerstand R_2 entgegengesetzt durchfließen.
Setzt man in das Gleichungssystem (8.1) die vorgegebenen Werte in [V] bzw. [Ω] ein, ergeben sich die Maschenströme:

$$I_{M1} = 2,24\,\text{A}$$
$$I_{M2} = 0,3\,\text{A}$$

Die Zweigströme ergeben sich aus der Überlagerung der Maschenströme. Es gilt:

$$I_1 = I_{M1} = 2,24\,\text{A}$$
$$I_2 = I_{M1} - I_{M2} = 1,94\,\text{A}$$
$$I_3 = -I_{M3} = -0,3\,\text{A}$$

❑ **Beispiel 8.4**

In dem Netzwerk nach Bild 8.21 ist der Zweigstrom I_5 mit Hilfe der Maschenstromanalyse zu berechnen.

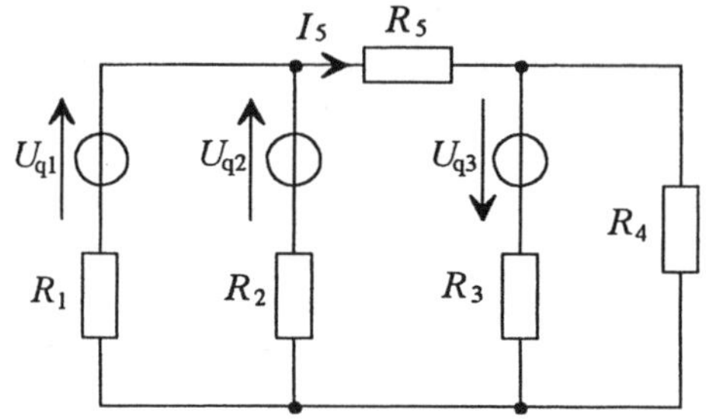

$$U_{q1} = 1\,\text{V}, \quad U_{q2} = 2\,\text{V}, \quad U_{q3} = 3\,\text{V}$$
$$R_1 = R_2 = R_3 = R_4 = R_5 = 1\,\Omega$$

Bild 8.21 Netzwerk zum Beispiel 8.4

Lösung:

Mit der Methode des vollständigen Baumes werden 3 Verbindungszweige ermittelt, denen Maschenströme zugeordnet werden. Dabei wird der gesuchte Zweigstrom nur von dem Maschenstrom I_{M2} gebildet, so daß nur eine unbekannte Größe zu berechnen ist.

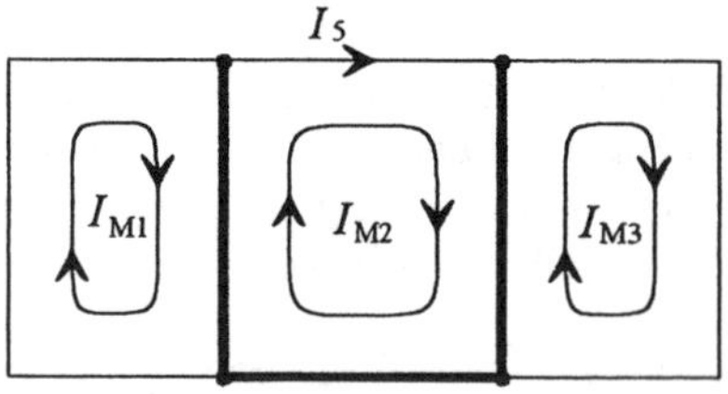

Bild 8.22 Netzwerkgraph zum Beispiel 8.4

Wendet man die Erläuterungen zur Gl. (8.1) an, lassen sich die drei unabhängigen Maschengleichungen formulieren:

$$\begin{aligned} (R_1+R_2)I_{M1} \quad - R_2 I_{M2} \quad\quad &= U_{q2} - U_{q1} \\ - R_2 I_{M1} \quad (R_2+R_3+R_5)I_{M2} \quad - R_3 I_{M3} &= -U_{q2} - U_{q3} \\ -R_3 I_{M2} \quad (R_3+R_4)I_{M3} &= U_{q3} \end{aligned}$$

Das Gleichungssystem lautet in Matrizenform:

$$\begin{bmatrix} (R_1+R_2) & -R_2 & \\ -R_2 & (R_2+R_3+R_5) & -R_3 \\ & -R_3 & (R_3+R_4) \end{bmatrix} \begin{bmatrix} I_{M1} \\ I_{M2} \\ I_{M3} \end{bmatrix} = \begin{bmatrix} U_{q2}-U_{q1} \\ -U_{q2}-U_{q3} \\ U_{q3} \end{bmatrix} \tag{8.2}$$

Mit den vorgegebenen Widerstandswerten in [Ω] und Spannungen in [V] läßt sich der gesuchte Strom über die möglichen mathematischen Lösungsverfahren berechnen.

$$\begin{bmatrix} 2 & -1 & 0 \\ -1 & 3 & -1 \\ 0 & -1 & 2 \end{bmatrix} \begin{bmatrix} I_{M1} \\ I_{M2} \\ I_{M3} \end{bmatrix} = \begin{bmatrix} 1 \\ -5 \\ 3 \end{bmatrix}$$

Die Maschenströme lauten:

$I_{M1} = -0{,}25\,\text{A}, \quad I_{M2} = -1{,}5\,\text{A}, \quad I_{M3} = 0{,}75\,\text{A}$

Für den gesuchten Zweigstrom gilt:

$$I_5 = I_{M2} = -1{,}5\,\text{A}$$

Die tatsächliche Richtung des Stromes I_5 ist der vorgegebenen Stromrichtung entgegengesetzt.

Maschenstromanalyse in Matrizenschreibweise. Vergleicht man Gl. (8.1) mit der allgemeinen Struktur eines linearen Gleichungssystems nach Gl. (8.3)

$$\begin{bmatrix} a_{11} & a_{12} & \dots & a_{1j} \\ a_{21} & a_{22} & \dots & a_{2j} \\ \vdots & \vdots & & \vdots \\ a_{i1} & a_{i2} & \dots & a_{ij} \end{bmatrix} \begin{bmatrix} x_1 \\ x_2 \\ \vdots \\ x_i \end{bmatrix} = \begin{bmatrix} y_1 \\ y_2 \\ \vdots \\ y_i \end{bmatrix}, \tag{8.3}$$

so lassen sich folgende Verallgemeinerungen ableiten:

- Die *Widerstandsmatrix* ist symmetrisch bezüglich der Hauptdiagonale.
- Das Element a_{ii} der Hauptdiagonale ist der Ringwiderstand $\sum_{n=1}^{m} R_n$ der Masche M_i.
- Das Element a_{ij} ist der Koppelwiderstand der Maschenströme M_i und M_j.
- *Vorzeichenregel* für den Koppelwiderstand:

  \+ für gleichgerichtete Maschenströme
  – für entgegengesetzte Maschenströme
- Die Elemente x_i sind die m unbekannten Maschenströme.
- Das Element y_i ist die Summe der Quellenspannungen einer Masche M_i mit positivem Vorzeichen entgegen dem Umlaufsinn der Masche.

Wird die angegebene Bildungsvorschrift unter Anwendung der symbolischen Methode zur Berechnung von Netzwerken mit harmonischer Erregung verallgemeinert, so lautet das Gleichungssystem der Maschenstromanalyse in Matrizenschreibweise:

$$\begin{bmatrix} +\Sigma\,\underline{Z}_{1n} & -\underline{Z}_{12} & \cdots & -\underline{Z}_{1m} \\ -\underline{Z}_{21} & +\Sigma\,\underline{Z}_{2n} & \cdots & -\underline{Z}_{2m} \\ -\underline{Z}_{31} & -\underline{Z}_{32} & +\Sigma\,\underline{Z}_{3n} & -\underline{Z}_{3m} \\ \vdots & \vdots & \vdots & \vdots \\ -\underline{Z}_{m1} & -\underline{Z}_{m2} & -\underline{Z}_{m3} & +\Sigma\,\underline{Z}_{mn} \end{bmatrix} \begin{bmatrix} \underline{I}_{M1} \\ \underline{I}_{M2} \\ \vdots \\ \vdots \\ \underline{I}_{Mm} \end{bmatrix} = \begin{bmatrix} \Sigma\,\underline{U}_{M1} \\ \Sigma\,\underline{U}_{M2} \\ \vdots \\ \vdots \\ \Sigma\,\underline{U}_{Mm} \end{bmatrix} \qquad (8.4)$$

Vereinfacht lautet das System der Maschenstromgleichungen in Matrizenform:

$$[\underline{Z}]\,[\underline{I}] = [\underline{U}] \qquad (8.5)$$

Die Gl. (8.5) drückt die Verknüpfung von Strom und Spannung über das Ohmsche Gesetz aus. Die Widerstandsmatrix $[\underline{Z}]$ und der Spannungsvektor $[\underline{U}]$ sind bekannte Größen, aus denen durch Umstellung der unbekannte Stromvektor $[\underline{I}]$ berechnet wird.

Programmieralgorithmus. Mit diesen Verallgemeinerungen läßt sich eine allgemeine Summenformel für die Maschenstromanalyse angeben [24], die eine rechentechnische Programmierung mit Hilfe einer geeigneten Programmiersprache gestattet.

$$\underline{I}_{Mi} \sum_{\substack{n=1 \\ n\neq i}}^{m} \underline{Z}_{in} + \sum_{n=1}^{m} \left(-\underline{Z}_{in}\right) \underline{I}_{Mn} = \Sigma\,\underline{U}_{Mi} \qquad (8.6)$$

Es bedeuten:

- $\underline{I}_{Mi}$ unbekannter Maschenstrom der Masche M_i.
- $\underline{U}_{Mi}$ Summe der Quellenspannungen der Masche M_i.
- $\underline{Z}_{in}$ Koppelwiderstand zwischen der Masche M_i und M_n.
- $\sum_{n=1}^{m} \underline{Z}_{in}$ Ringwiderstand der Masche M_i.

Die Gl. (8.6) entsteht, wenn man eine beliebige unabhängige Masche M_i eines Netzwerkes so dargestellt, daß in jedem Zweig eine Koppelimpedanz $\underline{Z}_{in}$ existiert (Bild 8.23). Alle Spannungsquellen in den Zweigen der Masche M_i werden zu einer Ersatz-Spannungsquelle $\underline{U}_i$ zusammengefaßt.

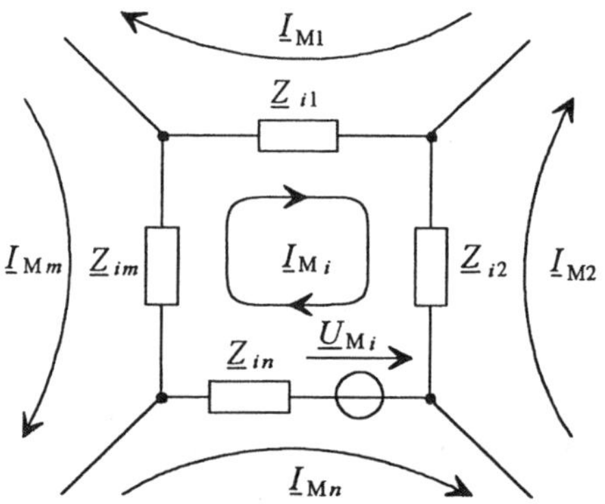

Bild 8.23 Beliebige Netzwerkmasche M_i

Mit der Matrizenschreibweise der Maschenstromanalyse nach Gl. (8.4) kann das lineare Gleichungssystem für die Berechnung der unbekannten Maschenströme sofort aus dem Netzwerk abgelesen werden. Vorher sind lediglich die unabhängigen Maschen festzulegen.

❑ **Beipiel 8.5**

Für eine nicht abgeglichene Brückenschaltung nach Bild 8.24 ist der Strom I_m durch das Anzeigeinstrument mit dem Innenwiderstand R_m zu berechnen.

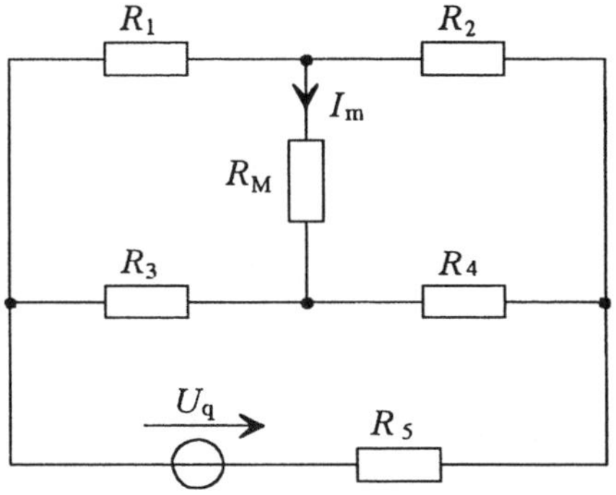

$R_1 = 300\,\Omega,\ R_2 = 200\,\Omega,\ R_3 = 400\,\Omega$
$R_4 = 150\,\Omega,\ R_5 = 20\,\Omega,\ R_M = 2\,\Omega$
$U_q = 100\,V$

Bild 8.24 Brückenschaltung zum Beispiel 8.5

Lösung:

Der vollständige Baum des Netzwerkes ist so zu zeichnen, daß der Strom I_m in einen Verbindungszweig liegt (Bild 8.25).

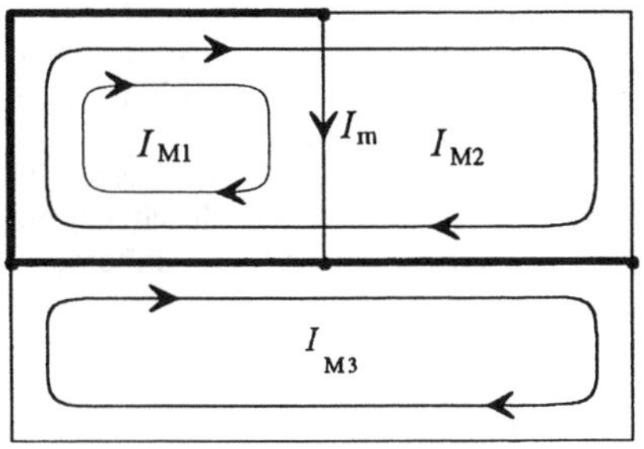

Bild 8.25 Netzwerkgraph zum Beispiel 8.5

Das Gleichungssystem in Matrixform lautet:

$$\begin{bmatrix} (R_1+R_3+R_M) & (R_1+R_3) & -R_3 \\ (R_1+R_3) & (R_1+R_2+R_3+R_4) & -(R_3+R_4) \\ -R_3 & -(R_3+R_4) & (R_3+R_4+R_5) \end{bmatrix} \begin{bmatrix} I_{M1} \\ I_{M2} \\ I_{M3} \end{bmatrix} = \begin{bmatrix} 0 \\ 0 \\ U_q \end{bmatrix}$$

Die Beispielwerte werden in [Ω] und [V] eingesetzt.
Das zu lösende Gleichungssystem lautet damit:

$$\begin{bmatrix} 702 & 700 & -400 \\ 700 & 1050 & -550 \\ -400 & -550 & 570 \end{bmatrix} \begin{bmatrix} I_{M1} \\ I_{M2} \\ I_{M3} \end{bmatrix} = \begin{bmatrix} 0 \\ 0 \\ 100 \end{bmatrix}$$

Für die geforderte Aufgabenstellung ist nur der Maschenstrom I_{M1} zu berechnen.

Der Strom durch das Anzeigeinstrument ergibt sich zu:

$$I_{M1} = I_m = 51{,}1\,\text{mA}$$

❑ **Beispiel 8.6**

Es ist die Spannung U_{12} im Bild 8.26 mit Hilfe der Maschenstromanalyse zu berechnen.

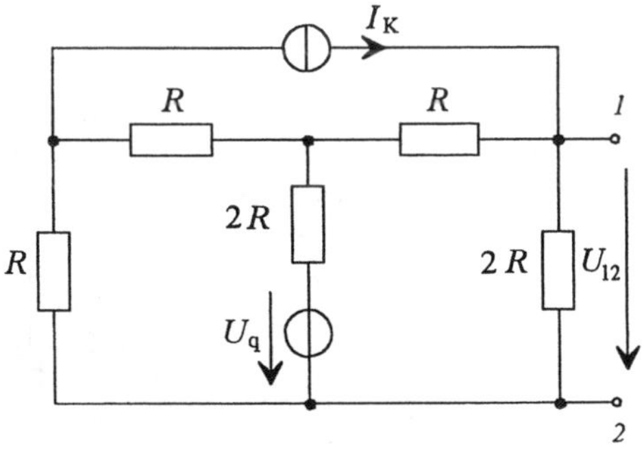

Bild 8.26 Netzwerk zum Beispiel 8.6

Lösung:

Für die Berechnung der Spannung U_{12} ist zunächst der Zweigstrom I_{12} durch den Widerstand $2R$ zu berechnen.

Für die Anwendung der Maschenstromanalyse sind die unabhängigen Maschenumläufe zu finden.
Der vollständige Baum für das Netzwerk ist so zu zeichnen, daß die ideale Stromquelle in einem Verbindungszweig liegt (Bild 8.27).

Der Maschenumlauf über diesen Verbindungszweig liefert einen bekannten Maschenstrom, so daß sich das Gleichungssystem um eine Gleichung reduziert.

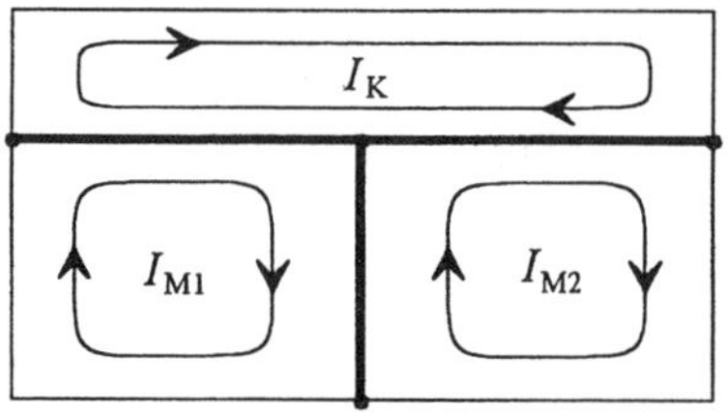

Bild 8.27 Netzwerkgraph zum Beispiel 8.6

Das System der Maschengleichungen kann formal für die 3 möglichen unabhängigen Maschenumläufe aufgestellt werden.

$$\begin{bmatrix} 4R & -2R & -R \\ -2R & 5R & -R \\ -R & -R & 2R \end{bmatrix} \begin{bmatrix} I_{M1} \\ I_{M2} \\ I_K \end{bmatrix} = \begin{bmatrix} -U_q \\ U_q \\ 0 \end{bmatrix}$$

Da der Maschenstrom I_K im Spaltenvektor bekannt ist, läßt sich die 3. Zeile der Matrix streichen. Die Anzahl der unbekannten Maschenströme reduziert sich auf zwei .

$$\begin{bmatrix} 4R & -2R & -R \\ -2R & 5R & -R \\ \cancel{-R} & \cancel{-R} & \cancel{2R} \end{bmatrix} \begin{bmatrix} I_{M1} \\ I_{M2} \\ \cancel{I_K} \end{bmatrix} = \begin{bmatrix} -U_q \\ U_q \\ \cancel{0} \end{bmatrix}$$

Nach dem Ausmultiplizieren wird der durch den Maschenstrom I_K bekannte Spannungsabfall auf die rechte Seite des Gleichungssystem geschrieben.

$$\begin{aligned} 4RI_{M1} - 2RI_{M2} &= -U_q + RI_K \\ -2RI_{M1} + 5RI_{M2} &= U_q + RI_K \end{aligned}$$

Für die Lösung der Aufgabenstellung ist die Berechnung des Maschenstromes I_{M2} ausreichend.

Dieser wird über das Additionsverfahren ermittelt.

$$\begin{aligned} 4RI_{M1} - 2RI_{M2} &= -U_q + RI_K \\ -4RI_{M1} + 10RI_{M2} &= 2U_q + 2RI_K \end{aligned}$$

$$8RI_{M2} = U_q + 3RI_K$$

$$I_{M2} = \frac{U_q}{8R} + \frac{3I_K}{8}$$

Die gesuchte Spannung ergibt sich aus:

$$U_{12} = 2RI_{M2}$$

$$U_{12} = \frac{U_q}{4} + \frac{3RI_K}{4}$$

Die Spannung U_{12} setzt sich folgerichtig aus den zwei Spannungsanteilen der treibenden Quellen zusammen.

☐ **Beispiel 8.7**

Für einen Transformator gilt die T-Ersatzschaltung nach Bild 8.28.
Es ist der Spannungabfall über dem Verbraucherwiderstand R_4 zu berechnen, wenn an den Eingangsklemmen eine sinusförmige Spannung mit $U_1 = 230$ V anliegt.
Es ist das Verfahren der Maschenstromanalyse zu nutzen.

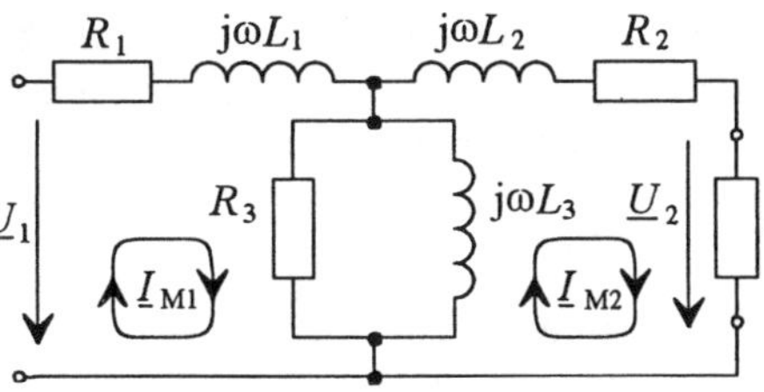

$R_1 = R_2 = 0{,}3\,\Omega,\quad R_3 = 2\,\text{k}\Omega,\quad R_4 = 10\,\Omega$
$\omega L_1 = \omega L_2 = 0{,}4\,\Omega,\quad \omega L_3 = 500\,\Omega$

Bild 8.28 Schaltung zum Beispiel 8.7

Lösung:

Mit Hilfe der Maschenstromanalyse wird zunächst der Strom durch den Widerstand R_4 berechnet. Für die einzelnen Zweige werden Ersatzimpedanzen gebildet.

$$\underline{Z}_1 = R_1 + \text{j}\omega L_1 = 0{,}5\,\Omega\angle 53{,}1^\circ$$
$$\underline{Z}_2 = R_2 + \text{j}\omega L_2 = 0{,}5\,\Omega\angle 53{,}1^\circ$$
$$\underline{Z}_3 = \frac{1}{\underline{Y}_3} = \frac{1}{\frac{1}{R_3} + \frac{1}{\text{j}\omega L_3}} = 485\,\Omega\angle 76^\circ$$
$$\underline{Z}_4 = R_4 = 10\,\Omega\angle 0^\circ$$

Das Gleichungssystem für 2 unabhängige Maschenströme lautet.

$$\begin{bmatrix} \underline{Z}_1 + \underline{Z}_3 & -\underline{Z}_3 \\ -\underline{Z}_3 & \underline{Z}_2 + \underline{Z}_3 + \underline{Z}_4 \end{bmatrix} \begin{bmatrix} \underline{I}_{\text{M1}} \\ \underline{I}_{\text{M2}} \end{bmatrix} = \begin{bmatrix} \underline{U}_1 \\ 0 \end{bmatrix}$$

Setzt man für die Spannung $\underline{U}_1 = 230\,\text{V}\angle 0^\circ$, ergibt sich $\underline{I}_{\text{M2}} = 21{,}64\,\text{A}\angle -4^\circ$.
Das Ergebnis für die gesuchte Spannung lautet:

$$\underline{U}_2 = \underline{Z}_4 \underline{I}_{\text{M2}} = 216{,}4\,\text{V}\angle -4^\circ.$$

❑ **Beispiel 8.8**

Für die *Poleckschen Schaltung* nach Bild 8.29 ist die Bedingung zu ermitteln, bei der zwischen dem Strom $\underline{I}_2$ und der Spannung $\underline{U}$ eine Phasenverschiebung von 90° entsteht.

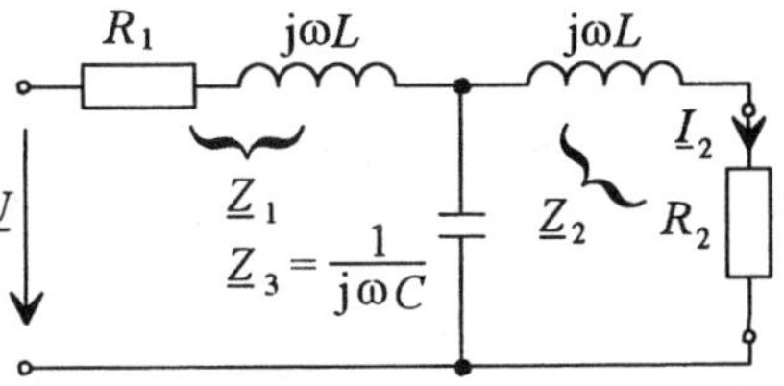

Bild 8.29 Polecksche Schaltung zum Beispiel 8.8

Lösung:

Der Ansatz ist leicht mit der Maschenstromanalyse zu finden, wenn der Strom $\underline{I}_2$ als Maschenstrom gewählt wird. Für die Zweige werden Ersatzimpedanzen gebildet.

$$\begin{bmatrix} \underline{Z}_1 + \underline{Z}_3 & -\underline{Z}_3 \\ -\underline{Z}_3 & \underline{Z}_2 + \underline{Z}_3 \end{bmatrix} \begin{bmatrix} \underline{I}_1 \\ \underline{I}_2 \end{bmatrix} = \begin{bmatrix} \underline{U} \\ 0 \end{bmatrix}$$

Aus der Matrizengleichung läßt sich das Gleichungssystem aufstellen, um den Zusammenhang zwischen $\underline{I}_2$ und $\underline{U}$ durch Eleminieren des Stromes $\underline{I}_1$ zu ermitteln.

$$\begin{aligned} \left(\underline{Z}_1 + \underline{Z}_3\right)\underline{I}_1 \quad & - \underline{Z}_3\underline{I}_2 &= \underline{U} \\ -\underline{Z}_3\underline{I}_1 \quad & + \left(\underline{Z}_2 + \underline{Z}_3\right)\underline{I}_2 &= 0 \end{aligned}$$

$$\underline{I}_2 = \frac{\underline{U}}{\underline{Z}_1\underline{Z}_2\underline{Y}_3 + \underline{Z}_1 + \underline{Z}_2}$$

Setzt man die Schaltelemente ein, entsteht

$$\underline{U} = \underline{I}_2 \left\{\left[R_1 + R_2 - \omega^2 LC(R_1 + R_2)\right] + \text{j}\left[R_1 R_2 \omega C - \omega^2 L^2 \omega C + 2\omega L\right]\right\}$$

Für $\omega^2 LC = 1$ wird der Realteil Null, und zwischen $\underline{I}_2$ und $\underline{U}$ entsteht die geforderte Bedingung, unabhängig vom Lastwiderstand R_2:

$$\underline{U} = \text{j}\underline{I}_2\left(\frac{R_1 R_2}{\omega L} + \omega L\right)$$

8.2.3 Knotenspannungsanalyse

Anwendung. Die Knotenspannungsanalyse berechnet alle Spannungen in einem Netzwerk bezüglich eines frei wählbaren Bezugsknotens.
Die Knotenspannungen können als Potentiale betrachtet werden, wenn das Potential des Bezugsknotens mit Null vorgegeben wird.
Die Maschengleichungen werden eliminiert, indem die z Zweigspannungen, die sich als Differenz der Knotenspannungen ausdrücken lassen, über die Zweiggleichungen in Zweigströme gewandelt und als Knotengleichung dargestellt werden.
Es entstehen Rechenvorteile, wenn die Anzahl der $k-1$ Knotengleichungen geringer ist, als die Anzahl der m unabhängigen Maschengleichungen.
Da die Knotenspannungsanalyse mit den Knotengleichungen arbeitet, sind alle Quellen des Netzwerkes in Stromquellen umzuwandeln, die als *Einströmungen* in den Knoten erfaßt werden.
Das Verfahren ist daher auch besonders für *knotenpunktbelastete Netze* geeignet. Derartige Netze treten auf, wenn einzelne Netzmaschen als Ausschnitt eines komplexen Netzwerkes berechnet werden sollen und die Abnehmerströme an den Knotenpunkten bekannt sind (siehe Bild 8.30).

In der Elektoenergietechnik wird die Knotenspannungsanalyse in vermaschten Netzen zur Berechnung der Abnehmerspannungen eingesetzt. Von dem vorgeordneten Netz werden i.allg. nur die Übergabeparameter bereitstellt, die Struktur bleibt jedoch meist unbekannt.

Ideale Spannungsquellen können als bekannte Knotenspannungen aufgefaßt werden und führen zu einer Reduzierung des Gleichungssystems, wenn sie am Bezugsknoten anliegen.

In elektronischen Schaltungen interessieren in der Regel die Spannungswerte bezüglich des Massepunktes, da diese einfacher gemessen werden können als Ströme.

Algorithmus

- Wahl eines Bezugsknotens *0* im Netzwerk und Einzeichnen der $k-1$ Knotenspannungen.
- Aufstellen von $k-1$ Knotengleichungen und Ersetzen der unbekannten Zweigströme durch die Knotenspannungen und die Zweiggleichungen.
- Lösen des Gleichungssystem für $k-1$ unbekannte Knotenspannungen.
- Berechnung der Zweigspannungen und der Zweigströme aus der Differenz der Knotenspannungen.

Zur näheren Erläuterung sind für das knotenpunktbelastete Netz nach Bild 8.30 alle Zweigströme mit Hilfe des Knotenspannungsverfahrens zu berechnen.

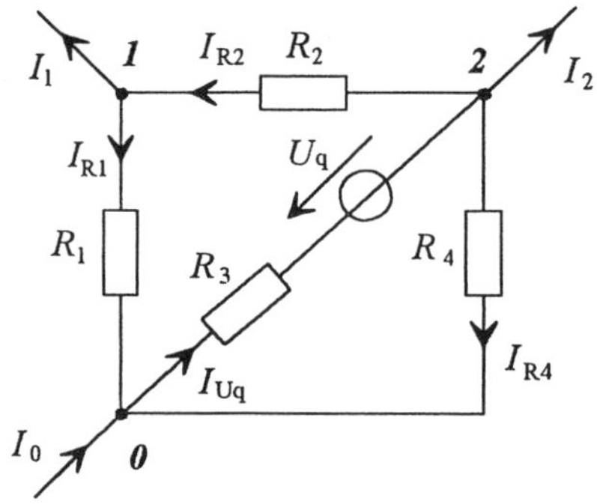

$R_1 = 100\,\Omega$, $R_2 = 80\,\Omega$, $R_3 = 40\,\Omega$, $R_4 = 120\,\Omega$
$I_0 = 3\,A$, $I_1 = 0{,}5\,A$, $I_2 = 2{,}5\,A$, $U_q = 220\,V$

Bild 8.30 Knotenpunktbelastetes Netzwerk

Für das Netzwerk sind die Knotenspannungen einzuzeichnen (Bild 8.31). Die Spannungsquelle mit dem Innenwiderstand R_3

ist in eine äquivalente Stromquelle umzuwandeln. Es gilt: $I_K = U_q/R_3 = 5,5\,A$.

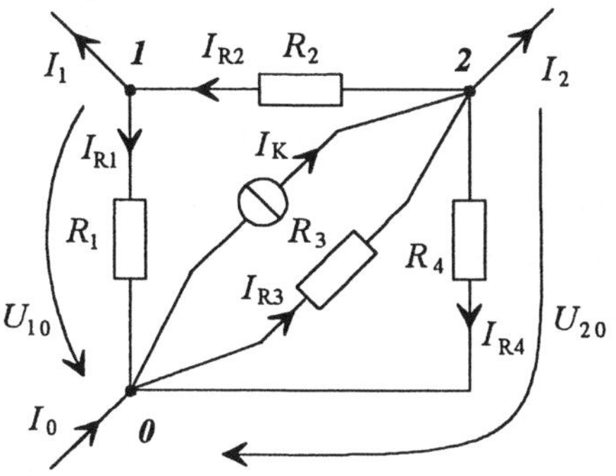

Bild 8.31 Netzwerk mit angegebenen Knotenspannungen und Einströmung I_K

Es existieren $k-1$ unabhängige Knotengleichungen.

Knoten *1*: $-I_{R1} + I_{R2} = I_1$

Knoten *2*: $-I_{R2} - I_{R4} + I_K + I_{R3} = I_2$

Addiert man beide Gleichungen, entsteht die dritte abhängige Gleichung für den Knotenpunkt *0*. Wie aus dem Netzwerk hervorgeht, muß der Strom I_0 die Summe $I_1 + I_2$ darstellen.

Knoten *0*: $I_{R1} + I_{R4} - I_K - I_{R3} = -I_0$

Die Zweigströme der Knotengleichungen *1* und *2* sind mit den Leitwerten und den Zweigspannungen auszudrücken, wobei sich die Zweigspannungen aus der Differenz der Knotenspannungen ergeben.

Knoten *1*:

$$-G_1 U_{10} + G_2 (U_{20} - U_{10}) = I_1$$

Knoten *2*:

$$-G_2(U_{20} - U_{10}) - G_4 U_{20} - G_3 U_{20} = I_2 - I_K$$

Nach dem Ausmultiplizieren und Ordnen entsteht ein Gleichungssystem zur Berechnung der unbekannten Knotenspannungen:

$$\begin{aligned} (G_1 + G_2)U_{10} \qquad\qquad - G_2 U_{20} &= -I_1 \\ -G_2 U_{10} + (G_2 + G_3 + G_4)U_{20} &= I_K - I_2 \end{aligned} \tag{8.7}$$

Setzt man in die Gln. (8.7) die Leitwerte in [S] und die Ströme in [A] ein, ergeben sich die Knotenspannungen, wie folgt:

$$\begin{aligned} 0,0225\,U_{10} \quad -0,0125\,U_{20} &= -0,5 \\ -0,0125\,U_{10} \quad 0,0458\,U_{20} &= 3,0 \end{aligned}$$

$$U_{10} = 16,7\,V, \quad U_{20} = 70\,V$$

Aus den Knotenspannungen können alle Zweigströme berechnet werden. Es gilt:

$$I_{R1} = \frac{U_{10}}{R_1} = 0,17\,A$$

$$I_{R2} = \frac{U_{20} - U_{10}}{R_2} = 0,67\,A$$

$$I_{R3} = \frac{-U_{20}}{R_3} = -1,75\,A$$

$$I_{R4} = \frac{U_{20}}{R_4} = 0,58\,A$$

$$I_{Uq} = I_K + I_{R3} = \frac{U_q - U_{20}}{R_3} = 3,75\,A$$

Hinweis: Man beachte, daß der Strom durch die Spannungsquelle wegen der Schaltungsäquivalenz zur Stromquellenersatzschaltung nach der Gleichung $I_{Uq} = I_K + I_{R3}$ berechnet werden muß. Dieser Strom tritt im Stromquellenersatzschaltbild nicht direkt auf.
Die Quellenspannung ergibt sich dagegen aus der Gleichung $U_q = U_{20} + I_{Uq}R_3 = 220\,V$.

Die Gln. (8.7) weisen ebenfalls eine systematische Struktur in Bezug auf das Netzwerk auf. Die Koeffizienten der unbekannten Knotenspannungen sind Leitwerte, deren Bildungsalgorithmus für ein allgemeines Netzwerk, ausgehend von einem beliebigen Knoten *i*, untersucht werden soll [24].

Knotenspannungsanalyse in Matrizenschreibweise. In einem Netzwerk mit k Knotenpunkten wird ein Knotenpunkt als Bezugsknoten *0* festgelegt. Es lassen sich $k-1=n$ Knotenspannungen gegenüber dem Bezugsknoten angeben, die durch Rechnung zu ermitteln sind (Bild 8.32).

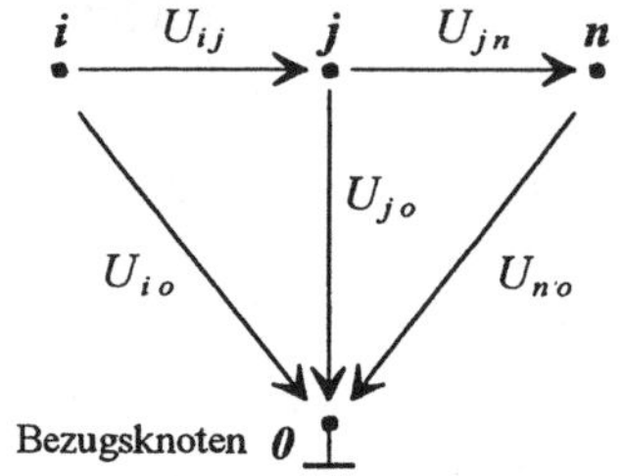

Bild 8.32 Allgemeine Netzwerkstruktur zur Ableitung der Knotenspannungsanalyse

Es gelten folgende Festlegungen:

$$k = 0, 1, 2, ..., n$$
$$i, j = 1, 2, ..., n \quad \text{mit} \quad i \neq j$$

Während die Laufvariable k die Anzahl der Knotenpunkte angibt, beschreiben die Laufvariablen i und j alle Knotenpunkte außer dem Bezugsknoten *0*.
Bild 8.32 verdeutlicht, daß die Laufvariablen i, j, k nicht gleichzeitig denselben Wert haben dürfen, da sonst das Netzwerk zu einem Knotenpunkt zusammenfällt.

Mit Hilfe der Zweiggleichungen sind die Zweigspannungen durch die Zweigströme zu ersetzen. Das Bild 8.33 zeigt einen *passiven Zweig* zwischen zwei beliebigen Knoten i und j.

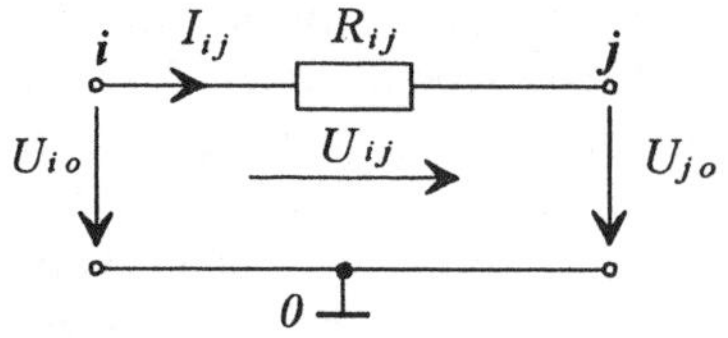

Bild 8.33 Ersatzschaltung passiver Zweig

Mit Hilfe des Maschensatzes läßt sich die Zweigspannung U_{ij} durch die Knotenspannungen ausdrücken. Es gilt:

$$U_{ij} + U_{jo} - U_{io} = 0$$

$$U_{ij} = U_{io} - U_{jo}$$

Über das Ohmsche Gesetz ergibt sich der Zweigstrom I_{ij} zu:

$$I_{ij} = \frac{U_{ij}}{R_{ij}} = \frac{U_{io} - U_{jo}}{R_{ij}}$$

$$\boxed{I_{ij} = (U_{io} - U_{jo})G_{ij}} \qquad (8.8)$$

Die Gl. (8.8) beschreibt das Zweigelement zwischen den Knoten i und j durch dessen Leitwert und die Knotenspannungen. Die dazugehörige Schaltung zeigt das Bild 8.34.

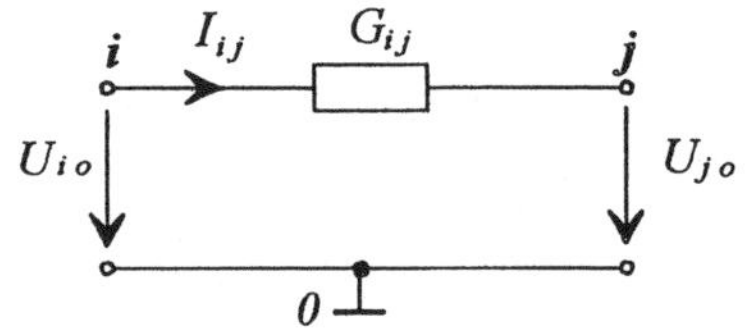

Bild 8.34 Ersatzschaltung des passiven Zweiges nach Gl. (8.8)

Für einen *aktiven Zweig* zwischen den Knoten i und j ist die Vorgehensweise für das Ersetzen der Zweigspannung durch die Zweigströme ähnlich. Es muß zusätzlich die Spannungsquelle U_q beachtet werden (Bild 8.35).
Der Zweig wird durch die im Bild 8.2 angegebene Zweiggleichung beschrieben.

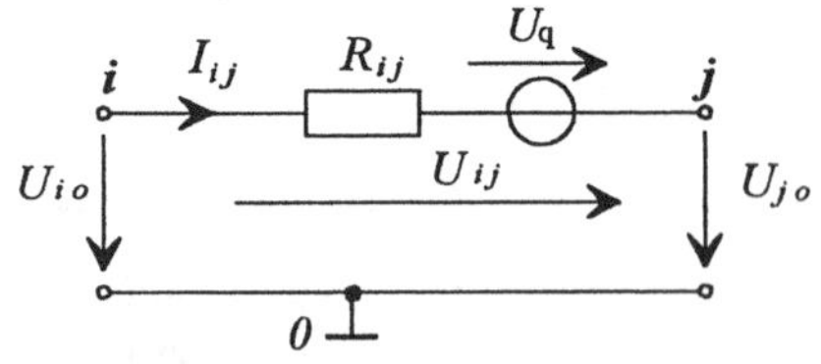

Bild 8.35 Ersatzschaltung aktiver Zweig

Wendet man den Maschensatz zunächst nur auf den Zweig zwischen den Knoten i und j an, läßt sich der Zweigstrom I_{ij} wie folgt beschreiben:

$$U_{ij} - U_q - R_{ij} I_{ij} = 0$$

$$I_{ij} = \frac{U_{ij} - U_q}{R_{ij}} = \frac{U_{ij}}{R_{ij}} - \frac{U_q}{R_{ij}}$$

Der Quotient U_q/R_{ij} stellt den Kurzschlußstrom I_K der Quellenspannung dar, so daß Gl. (8.9) abgeleitet werden kann:

$$I_{ij} = \frac{U_{ij}}{R_{ij}} - I_K = \frac{U_{io} - U_{jo}}{R_{ij}} - I_K$$

$$\boxed{I_{ij} = (U_{io} - U_{jo})G_{ij} - I_K} \qquad (8.9)$$

Die Gl. (8.9) beschreibt den Zweigstrom zwischen den Knoten i und j als Differenz des Stromes durch das passive Zweigelement, mittels Leitwert ausgedrückt, und dem Kurzschlußstrom der Quelle, die als Einströmung auf den Knoten i wirkt.
Damit ist das äquivalente Stromquellen-Ersatzschaltbild eines aktiven Zweipols beschrieben. Die dazugehörige Schaltung zeigt das Bild 8.36.

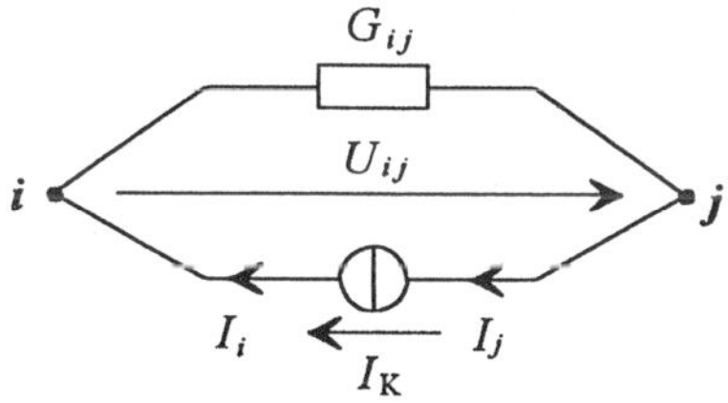

Bild 8.36 Stromquellenersatzschaltbild eines aktiven Zweiges

Mit diesen Betrachtungen lassen sich alle Quellenspannungen eines Netzwerkes durch Einströmungen mit dem dazugehörigen Innenwiderstand umwandeln.

Vorzeichenregel. Dem Bild 8.36 läßt sich eine für den Algorithmus der Knotenspannungsanalyse nach Gl. (8.14) wichtige Vorzeichenregel entnehmen.

Bezüglich des Knotens i gilt:

- $I_K = I_i$, d.h., die Einströmung ist zum Knotenpunkt gerichtet. Das Vorzeichen von I_K ist positiv.
- $I_K = -I_i$, d.h., die Einströmung fließt vom Knotenpunkt weg. Das Vorzeichen von I_K wird negativ.

Diese Vorzeichenregel entspricht genau der Festlegung des Richtungssinns der Ströme an Knotenpunkten gemäß Abschnitt 2.1.1.

Durch die beschriebenen Umwandlungen ist es gelungen, alle Zweigspannungen U_{ij} eines Netzwerkes in die Zweigströme I_{ij} umzuwandeln.

Sonderfall. Für das Aufstellen des allgemeinen Algorithmus der Knotenspannungsanalyse ist noch ein Sonderfall zu untersuchen.
Es sollen die Zweigströme I_{io}, die zum Bezugsknotenpunkt *0* fließen, in die Rechnung einbezogen werden.
Dazu ist der Knoten j auf den Knoten k, d.h. auf den Bezugsknoten *0*, zu legen. Betrachtet man noch einmal die Festlegungen der Indizes nach Bild 8.32, läßt sich der geforderte Fall leicht allgemein beschreiben (Bild 8.37).

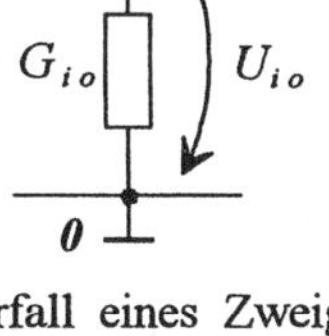

Bild 8.37 Sonderfall eines Zweiges zwischen den Knoten i und k

Mit den genannten Vereinbarungen läßt sich der Knotenpunktsatz für den i-ten Knoten aufstellen.

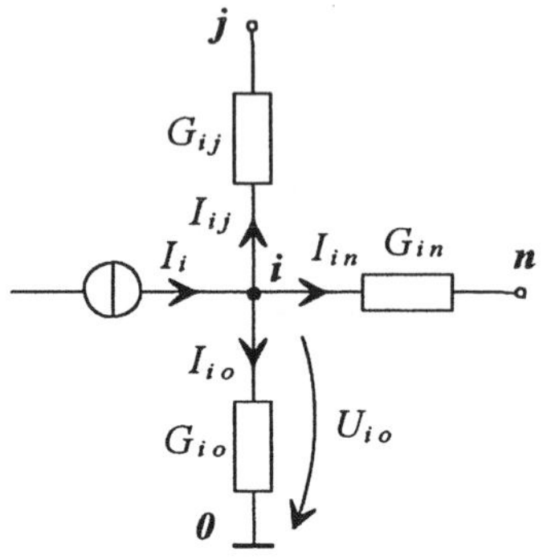

Bild 8.38 Beliebiger Netzwerkknoten i

Wegen der Allgemeingültigkeit des Berechnungsverfahrens sind eine Einströmung als Summe aller Einströmungen am Knotenpunkt sowie Verbindungen zu allen anderen Knoten einschließlich des Bezugsknotens vorzusehen (Bild 8.38).

Für die Laufvariablen gelten folgende Festlegungen:

$$i, j = 1, 2, \ldots, n$$
$$i \neq j$$

Die allgemeine Form der Knotenpunktgleichung für den i-ten Knoten lautet:

$$-I_{io} - I_{ij} - \cdots - I_{in} + \Sigma I_i = 0$$

$$\boxed{I_{io} + I_{ij} + \cdots + I_{in} = \Sigma I_i} \quad (8.10)$$

Zur besseren Anschaulichkeit sollen die Gl. (8.10) für einige Werte von i und j geschrieben und die Zweigströme I_{ij} mit Hilfe der Gl. (8.8) ersetzt werden.

Für $i = 1$ und $j = 2, 3, \cdots, n$ gilt: $I_{10} + I_{12} + I_{13} + \cdots + I_{1n} = \Sigma I_1$

$$(U_{10} - 0)\,G_{10} + (U_{10} - U_{20})\,G_{12} + (U_{10} - U_{30})\,G_{13} + \cdots + (U_{10} - U_{n0})\,G_{1n} = \Sigma I_1$$

Nach Ausmultiplizieren und Ordnen entsteht Gl. (8.11):

$$\boxed{(G_{10} + G_{12} + G_{13} + \cdots + G_{1n})\,U_{10} - G_{12}\,U_{20} - G_{13}\,U_{30} - \cdots - G_{1n}\,U_{n0} = \Sigma I_1} \quad (8.11)$$

Für $i = 2$ und $j = 1, 3, \cdots, n$ gilt: $I_{20} + I_{21} + I_{23} + \cdots + I_{2n} = \Sigma I_2$

$$(U_{20} - 0)\,G_{20} + (U_{20} - U_{10})\,G_{21} + (U_{20} - U_{30})\,G_{23} + \cdots + (U_{20} - U_{n0})\,G_{2n} = \Sigma I_2$$

Nach Ausmultiplizieren und Ordnen entsteht Gl. (8.12):

$$\boxed{-G_{21}\,U_{10} + (G_{20} + G_{21} + G_{23} + \cdots + G_{2n})\,U_{20} - G_{23}\,U_{30} - \cdots - G_{2n}\,U_{n0} = \Sigma I_2} \quad (8.12)$$

Für $i = 3$ und $j = 1, 2, \cdots, n$ gilt: $I_{30} + I_{31} + I_{32} + \cdots + I_{3n} = \Sigma I_3$

$$(U_{30} - 0)\,G_{30} + (U_{30} - U_{10})\,G_{31} + (U_{30} - U_{20})\,G_{32} + \cdots + (U_{30} - U_{n0})\,G_{3n} = \Sigma I_3$$

Nach Ausmultiplizieren und Ordnen entsteht Gl. (8.13):

$$\boxed{-G_{31}U_{10} - G_{32}U_{20} + (G_{30} + G_{31} + G_{32} + \cdots + G_{3n})U_{30} - \cdots - G_{3n}U_{n0} = \Sigma I_3} \quad (8.13)$$

Werden weitere fortlaufende Werte für i in Gl. (8.10) eingesetzt, läßt sich der allgemeine Bildungsalgorithmus für das Gleichungssystem der Knotenspannungsanalyse erkennen:

$$\begin{array}{ccccccc}
(G_{10}+G_{12}+\cdots+G_{1n})U_{10} & -G_{12}U_{20} & -\cdots & -G_{1n}U_{n0} & = & \Sigma I_1 \\
-G_{21}U_{10} & (G_{20}+G_{21}+\cdots+G_{2n})U_{20} & -\cdots & -G_{2n}U_{n0} & = & \Sigma I_2 \\
\vdots & \vdots & \vdots & \vdots & \vdots & \vdots \\
-G_{n1}U_{10} & -G_{n2}U_{20} & \cdots & \sum\limits_{k=0}^{n} G_{nk}U_{n0} & = & \Sigma I_n
\end{array}$$

Die allgemeine Schreibweise der Knotenspannungsanalyse in Matrizenform, erweitert auf die symbolische Methode zur Berechnung von Netzwerken mit harmonischer Erregung, lautet damit:

$$\begin{bmatrix}
+\Sigma \underline{Y}_{1k} & -\underline{Y}_{12} & -\underline{Y}_{13} & \cdots & -\underline{Y}_{1n} \\
-\underline{Y}_{21} & +\Sigma \underline{Y}_{2k} & -\underline{Y}_{23} & \cdots & -\underline{Y}_{2n} \\
-\underline{Y}_{31} & -\underline{Y}_{32} & +\Sigma \underline{Y}_{3k} & \cdots & -\underline{Y}_{3n} \\
\vdots & \vdots & \vdots & & \vdots \\
-\underline{Y}_{n1} & -\underline{Y}_{n2} & -\underline{Y}_{n3} & \cdots & +\Sigma \underline{Y}_{nk}
\end{bmatrix}
\begin{bmatrix} \underline{U}_1 \\ \underline{U}_2 \\ \underline{U}_3 \\ \vdots \\ \underline{U}_n \end{bmatrix}
=
\begin{bmatrix} \Sigma \underline{I}_1 \\ \Sigma \underline{I}_2 \\ \Sigma \underline{I}_3 \\ \vdots \\ \Sigma \underline{I}_n \end{bmatrix} \quad (8.14)$$

Vereinfacht lautet das System der Knotenpunktgleichungen in Matrizenform:

$$\boxed{[\underline{Y}][\underline{U}] = [\underline{I}]} \quad (8.15)$$

Die Gl. (8.15) drückt die Verknüpfung von Strom und Spannung über das Ohmsche Gesetz aus.
Die Leitwertmatrix $[\underline{Y}]$ und der Vektor der Einströmungen $[\underline{I}]$ sind bekannte Größen, aus denen durch Umstellung der unbekannte Spannungsvektor $[\underline{U}]$ berechnet wird.

Vergleicht man Gl. (8.14) mit der allgemeinen Struktur eines linearen Gleichungssystems nach Gl. (8.16)

$$\begin{bmatrix}
a_{11} & a_{12} & \ldots & a_{1j} \\
a_{21} & a_{22} & \ldots & a_{2j} \\
\vdots & \vdots & & \vdots \\
a_{i1} & a_{i2} & \ldots & a_{ij}
\end{bmatrix}
\begin{bmatrix} x_1 \\ x_2 \\ \vdots \\ x_i \end{bmatrix}
=
\begin{bmatrix} y_1 \\ y_2 \\ \vdots \\ y_i \end{bmatrix} \quad (8.16)$$

so erkennt man folgende allgemeine Bildungsvorschriften für das Gleichungssystem der Knotenspannungsanalyse:

- Die *Leitwertmatrix* ist symmetrisch bezüglich der Hauptdiagonale.
- Das Element a_{ii} der Hauptdiagonale ist die Summe aller am Knoten i angeschlossenen Leitwerte.
- Das Element a_{ij} ist der negative Leitwert zwischen den Knoten i und j.
- Die Elemente x_i sind die $k-1$ unbekannten Knotenspannungen.
- Das Element y_i ist die Summe der Einströmungen am Knoten i unter Beachtung der Vorzeichenregel.

Programmieralgorithmus. Für die Knotenspannungsanalyse läßt sich eine verallgemeinerte Summenformel angeben, die eine rechentechnische Programmierung erlaubt [24]. Für einen Knoten i gilt allgemein:

$$\underline{U}_i \sum_{\substack{k=0 \\ k \neq i}}^{n} \underline{Y}_{ik} + \sum_{\substack{i=1 \\ i \neq j}}^{n} \left(-\underline{Y}_{ij}\right) \underline{U}_j = \sum \underline{I}_i \qquad (8.17)$$

Mit der allgemeinen Schreibweise der Knotenspannungsanalyse nach Gl. (8.14) kann über die Matrizenschreibweise sofort das lineare Gleichungssystem für die unbekannten Knotenspannungen aus einem Netzwerk abgelesen werden. Es sind zuvor lediglich alle Knotenspannungen gegenüber einen Bezugspunkt festzulegen und alle Quellen in Einströmungen umzuwandeln.

Die Knotenspannungsanalyse läßt sich auch erfolgreich bei der Berechnung von Netzwerken mit aktiven Bauelementen, wie Transistoren oder Operationsverstärker, anwenden. Dazu sind diese Bauelemente als gesteuerte Stromquellen mit ihren Widerstands- bzw. Leitwertersatzschaltbild zu beschreiben [8], [24], [25].

❑ **Beispiel 8.9**

Für die Widerstandskettenschaltung nach Bild 8.39 sind alle Knotenspannungen zu berechnen, wenn für die Widerstände die angegebenen Bedingungen gelten.

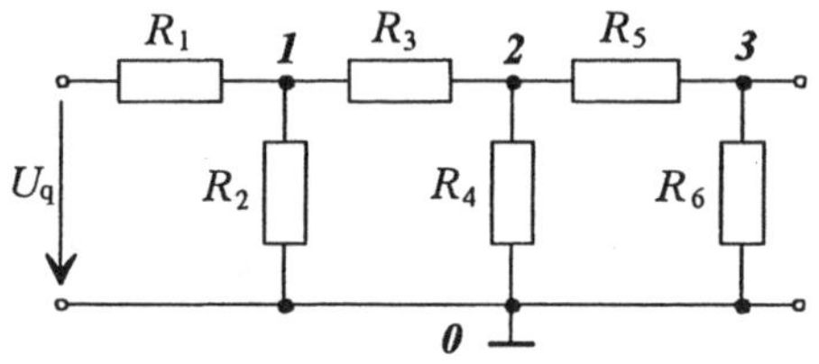

$$R_1 = R_3 = R_5 = 2R$$
$$R_2 = R_4 = R_6 = R$$
$$U_q = U$$

Bild 8.39 Schaltung zum Beispiel 8.9

Lösung:

Die angelegte Klemmenspannung U_q ist als Konstantspannungsquelle aufzufassen und mit dem Widerstand R_1 in eine äquivalente Stromquelle umzurechnen (Bild 8.40).

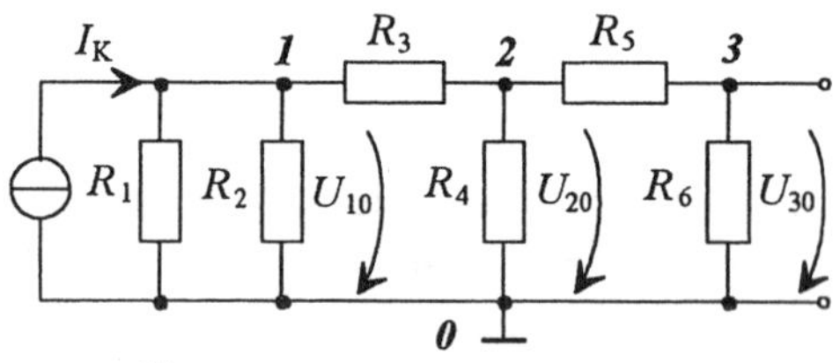

$$I_K = \frac{U_q}{R_1} = \frac{U}{2R}$$

Bild 8.40 Umwandlung der Quellenspannung in eine Einströmung I_K

Aus der Schaltung Bild 8.40, in der die Knotenspannungen gegenüber dem Bezugspunkt *0* eingetragen sind, läßt sich nach der allgemeinen Bildungsvorschrift gemäß Gl.(8.14) das Gleichungssystem in Matrizenform ablesen:

$$\begin{bmatrix} (G_1+G_2+G_3) & -G_3 & \\ -G_3 & (G_3+G_4+G_5) & -G_5 \\ & -G_5 & (G_5+G_6) \end{bmatrix} \begin{bmatrix} U_{10} \\ U_{20} \\ U_{30} \end{bmatrix} = \begin{bmatrix} I_K \\ 0 \\ 0 \end{bmatrix}$$

Setzt man die Widerstandsbedingung ein, entsteht das Gleichungssystem, aus dem die gesuchten Knotenspannungen berechnet werden können.

$$\begin{bmatrix} \frac{2}{R} & -\frac{1}{2R} & \\ -\frac{1}{2R} & \frac{2}{R} & -\frac{1}{2R} \\ & -\frac{1}{2R} & \frac{3}{2R} \end{bmatrix} \begin{bmatrix} U_{10} \\ U_{20} \\ U_{30} \end{bmatrix} = \begin{bmatrix} \frac{U}{2R} \\ 0 \\ 0 \end{bmatrix}$$

Die Knotenspannungen lauten:

$$U_{10} = \frac{11}{41}U, \quad U_{20} = \frac{3}{41}U, \quad U_{30} = \frac{1}{41}U$$

☐ **Beispiel 8.10**

Für die Schaltung nach Bild 8.41 sind alle Knotenspannungen mit den angegebenen Widerstandswerten zu berechnen.

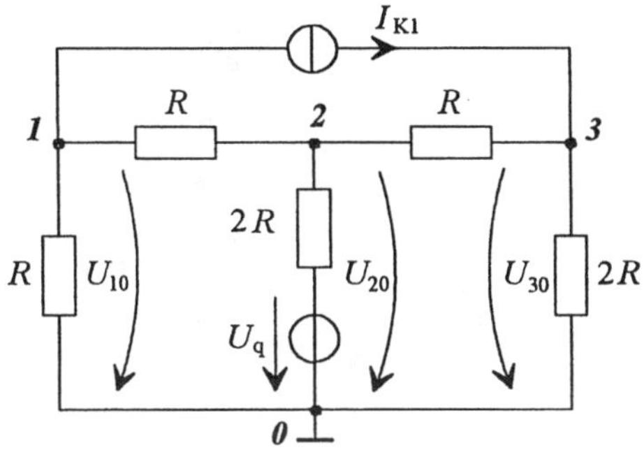

Bild 8.41 Schaltung zum Beispiel 8.10

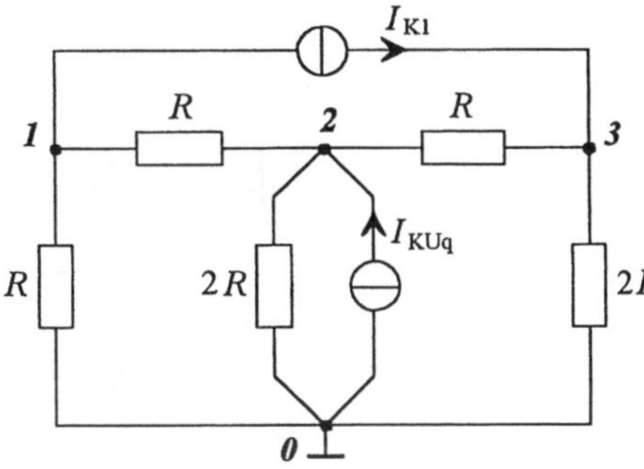

Bild 8.42 Umwandlung der Quellenspannung in eine Einströmung

Lösung:

Aus der Schaltung Bild 8.42 kann unmittelbar die Matrix zur Berechnung aller Knotenspannungen, bezogen auf den Bezugspunkt *0*, aufgestellt werden.
Die Einströmung I_{K1} wird durch das Berechnungsverfahren erfaßt.

$$\begin{bmatrix} \left(\frac{1}{R}+\frac{1}{R}\right) & -\frac{1}{R} & \\ -\frac{1}{R} & \left(\frac{1}{R}+\frac{1}{2R}+\frac{1}{R}\right) & -\frac{1}{R} \\ & -\frac{1}{R} & \left(\frac{1}{R}+\frac{1}{2R}\right) \end{bmatrix} \begin{bmatrix} U_{10} \\ U_{20} \\ U_{30} \end{bmatrix} = \begin{bmatrix} -I_{K1} \\ I_{KUq} \\ I_{K1} \end{bmatrix}$$

Mit den allgemeinen Ausdrücken entsteht das folgende Gleichungssystem:

$$\begin{aligned}
\tfrac{2}{R}U_{10} \quad - \tfrac{1}{R}U_{20} \qquad\qquad\qquad &= -I_{K1}\\
-\tfrac{1}{R}U_{10} \quad + \tfrac{5}{2R}U_{20} \quad - \tfrac{1}{R}U_{30} &= I_{KUq}\\
- \tfrac{1}{R}U_{20} \quad + \tfrac{3}{2R}U_{30} &= I_{K1}
\end{aligned}$$

Nach Auflösen des Gleichungssystems und Einsetzten des Stromes $I_{KUq} = U_q/2R$ erhält man die angegebenen Knotenspannungen.
Hinweis: Die Schaltung nach Bild 8.41 stimmt mit der Schaltung des Beispiels 8.3 überein, so daß die Spannung U_{30} mit der Spannung U_{12} identisch ist.

$$U_{10} = \frac{3}{16}U_q - \frac{7}{16}RI_{K1}, \quad U_{20} = \frac{3}{8}U_q + \frac{1}{8}RI_{K1}, \quad U_{30} = \frac{1}{4}U_q + \frac{3}{4}RI_{K1}$$

❑ **Beispiel 8.11**

Für die Schaltung nach Bild 8.43, die ein umfangreiches Widerstandsnetzwerk darstellt [24], sind die Spannungen U_4 und U_5 mit den vorgegebenen Werten zu berechnen.

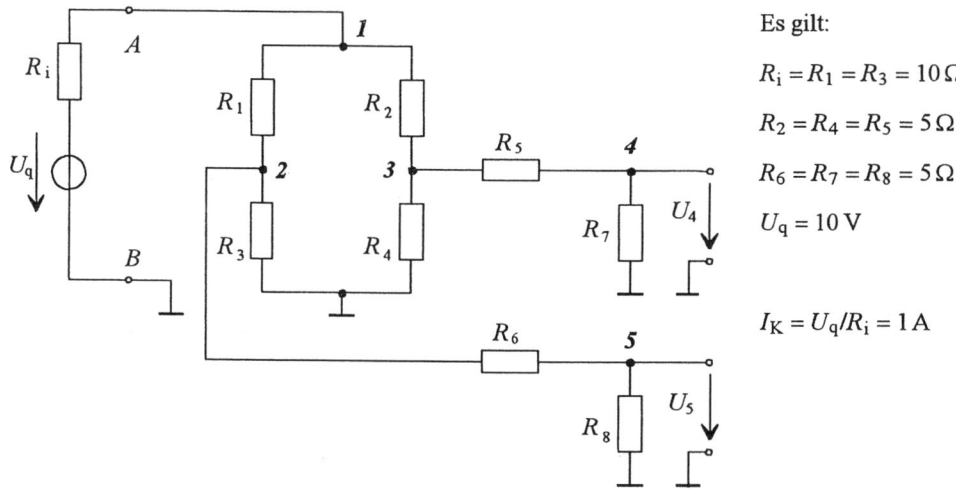

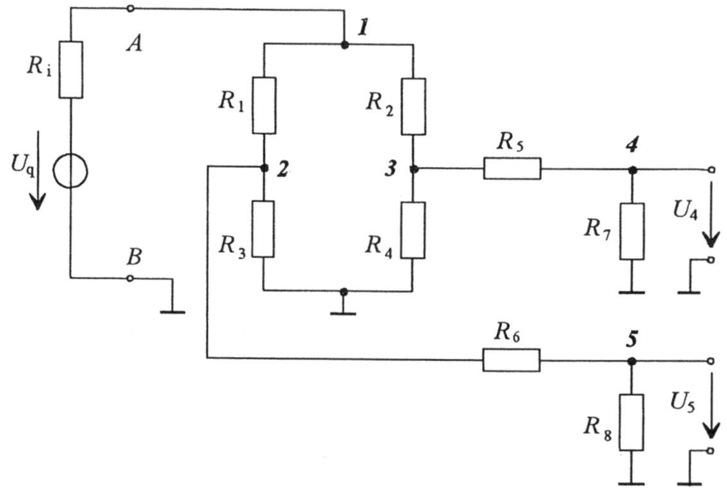

Es gilt:

$R_i = R_1 = R_3 = 10\,\Omega$

$R_2 = R_4 = R_5 = 5\,\Omega$

$R_6 = R_7 = R_8 = 5\,\Omega$

$U_q = 10\,\text{V}$

$I_K = U_q/R_i = 1\,\text{A}$

Bild 8.43 Schaltung zum Beispiel 8.11

Lösung:

Die gesuchten Spannungen werden zweckmäßigerweise mit der Knotenspannungsanalyse berechnet. Nach dem Umwandeln der Quellenspannung U_q in die Stromquelle I_K, die an den Klemmen A und B zu ersetzen ist, kann die Matrix für die Knotenspannungen aufgestellt werden.

$$\begin{bmatrix} \left(\frac{1}{R_i}+\frac{1}{R_1}+\frac{1}{R_2}\right) & -\frac{1}{R_1} & -\frac{1}{R_2} & & \\ -\frac{1}{R_1} & \left(\frac{1}{R_1}+\frac{1}{R_3}+\frac{1}{R_6}\right) & & & -\frac{1}{R_6} \\ -\frac{1}{R_2} & & \left(\frac{1}{R_2}+\frac{1}{R_4}+\frac{1}{R_5}\right) & -\frac{1}{R_5} & \\ & & -\frac{1}{R_5} & \left(\frac{1}{R_5}+\frac{1}{R_7}\right) & \\ & -\frac{1}{R_6} & & & \left(\frac{1}{R_6}+\frac{1}{R_8}\right) \end{bmatrix} \begin{bmatrix} U_1 \\ U_2 \\ U_3 \\ U_4 \\ U_5 \end{bmatrix} = \begin{bmatrix} I_K \\ 0 \\ 0 \\ 0 \\ 0 \end{bmatrix}$$

Die Lösung des Gleichungssystems liefert in einem Rechengang alle Knotenspannungen der Schaltung, bezogen auf Masse, wobei die Spannungen U_4 und U_5 der geforderten Aufgabenstellung entsprechen.
Die Ergebnisse lauten:

$$U_1 = 3{,}49\,\text{V}, \quad U_2 = 1{,}16\,\text{V}, \quad U_3 = 1{,}4\,\text{V}, \quad U_4 = 0{,}7\,\text{V}, \quad U_5 = 0{,}58\,\text{V}$$

❑ **Beispiel 8.12**

In dem Wechselstromnetzwerk nach Bild 8.44 sind alle Knotenspannungen zu berechnen, wenn die sinusförmigen Wechselspannungen der Generatoren phasenstarr zueinander liegen.

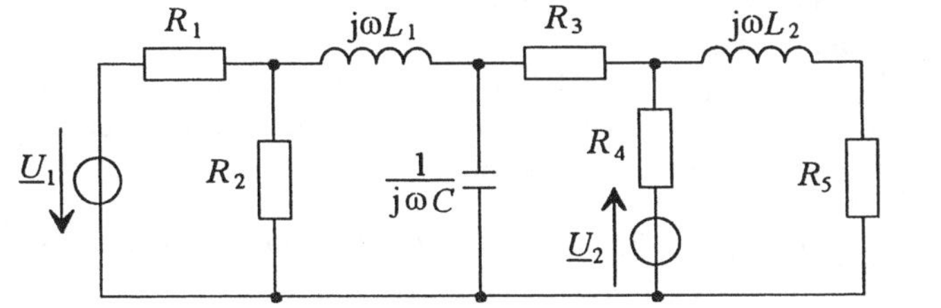

$R_1 = R_2 = R_5 = 100\,\Omega$
$R_3 = R_4 = 10\,\Omega$
$L_1 = L_2 = 0{,}2\,\text{H}$
$C = 10\,\mu\text{F}$

$$\left.\begin{matrix} \underline{U}_1 = 2\,\text{V}\angle 0° \\ \underline{U}_2 = 5\,\text{V}\angle 0° \end{matrix}\right\} f = 50\,\text{Hz}$$

Bild 8.44 Schaltung zum Beispiel 8.12

Lösung:

Die Generatorsspannungen sind mit den dazugehörigen Innenwiderständen in äquivalente Stromquellen umzuwandeln. Für das Aufstellen der Matrix des Gleichungssystems ist es vorteilhaft, die einzelnen Zweige durch die Ersatzadmittanzen zu beschreiben (Bild 8.45).

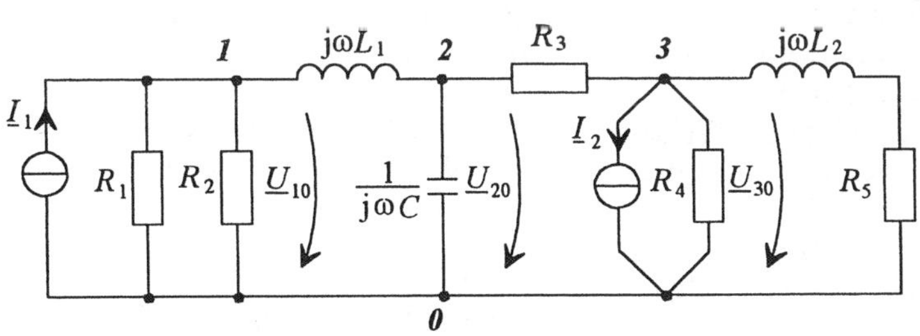

$$\underline{I}_1 = \frac{\underline{U}_1}{R_1} = 20\,\text{mA}\angle 0°$$

$$\underline{I}_2 = \frac{\underline{U}_2}{R_2} = 500\,\text{mA}\angle 0°$$

Bild 8.45 Schaltung zum Beispiel 8.12 mit Ersatzstromquellen

Die Ersatzimpedanzen der einzelnen Zweige lauten:

$$\underline{Y}_{10} = G_1 + G_2 = 20\,\text{mS}\,\angle 0°, \qquad \underline{Y}_{12} = -\text{j}\frac{1}{\omega L} = 15{,}9\,\text{mS}\,\angle -90°, \qquad \underline{Y}_{23} = G_3 = 100\,\text{mS}\,\angle 0°$$

$$\underline{Y}_{20} = \text{j}\omega C = 3{,}1\,\text{mS}\,\angle 90°, \qquad \underline{Y}_{30} = G_4 + \frac{1}{R_5 + \text{j}\omega L} = 107{,}3\,\text{mS}\,\angle -2{,}4°$$

Das Gleichungssystem in Matrizenschreibweise lautet allgemein:

$$\begin{bmatrix} \left(\underline{Y}_{10} + \underline{Y}_{12}\right) & -\underline{Y}_{12} & \\ -\underline{Y}_{12} & \left(\underline{Y}_{12} + \underline{Y}_{20} + \underline{Y}_{23}\right) & -\underline{Y}_{23} \\ & -\underline{Y}_{23} & \left(\underline{Y}_{23} + \underline{Y}_{30}\right) \end{bmatrix} \begin{bmatrix} \underline{U}_{10} \\ \underline{U}_{20} \\ \underline{U}_{30} \end{bmatrix} = \begin{bmatrix} \underline{I}_1 \\ 0 \\ -\underline{I}_2 \end{bmatrix}$$

Die Ergebnisse lauten: $\underline{U}_{10} = 2{,}4\,\text{V}\,\angle 121°$, $\underline{U}_{20} = 3{,}9\,\text{V}\,\angle -169°$, $\underline{U}_{30} = 4{,}3\,\text{V}\,\angle -174°$

8.3 Überlagerungssatz

Der Anwendung des Überlagerungssatzes zur Berechnung von Strom- und Spannungsgrößen in Netzwerken liegt das physikalische *Überlagerungs-* oder *Superpositionsprinzip* zu Grunde (siehe Abschnitt 3.3.2).
Ausgehend von dem allgemeinen Ursache-Wirkungs-Prinzip, gilt:

> Für lineare Systeme ergibt sich eine Gesamtwirkung aus der Überlagerung der Teilwirkungen, die von Teilursachen hervorgerufen werden.

Es läßt sich demnach der Anteil einer Teilwirkung an der Gesamtwirkung dadurch bestimmen, daß alle Teilursachen ausgeschaltet werden, bis auf eine.
Sind alle Teilwirkungen auf diese Weise ermittelt, kann durch Überlagerung die Gesamtwirkung berechnet werden.
Für lineare Netzwerke mit mehreren treibenden Quellen läßt sich folgender Algorithmus für die Berechnung interessierender elektrischer Größen ableiten:

Algorithmus

- Festlegung des gesuchten Zweigstromes im Netzwerk (Index- und Richtungsvorgabe).
- Ausschalten aller Quellen bis auf eine.

  Quellenspannungen ($R_\text{i} \to 0$) $\Rightarrow$
  durch Kurzschluß (Überbrücken) ersetzen!
  Quellenströme ($R_\text{i} \to \infty$) $\Rightarrow$
  durch Leerlauf (Auftrennen) ersetzen!
- Bestimmung des Teilstromes im festgelegten Zweig, hervorgerufen durch die wirkende Quelle.
- Wiederholung dieses Verfahrens, bis die Teilströme aller vorhandenen Quellen bestimmt sind.
- Überlagerung der Teilströme zum Gesamtstrom im Zweig (Vorzeichen beachten!).

Anwendung. Der Überlagerungssatz ist gegenüber anderen Netzwerkberechnungsverfahren vorzuziehen, wenn ein Zweigstrom im Netzwerk gesucht wird und eine vergleichsweise geringe Anzahl treibender Quellen im Netzwerk vorhanden sind.

Die Berechnung einer Zweigspannung ist ebenfalls möglich. Dabei wird zweckmäßigerweise die Spannungsteilerregel angewendet.

Hinweis: Bei Auftreten von Netzwerken mit nichtlinearen Bauelementen entsprechen die berechneten Teilströme einem unterschiedlichen Arbeitspunkt auf der Bauelementekennlinie. Die Überlagerung darf nicht angewendet werden!

❑ **Beispiel 8.13**

Für die Schaltung nach Bild 8.46 ist der Strom I_3 zu berechnen.

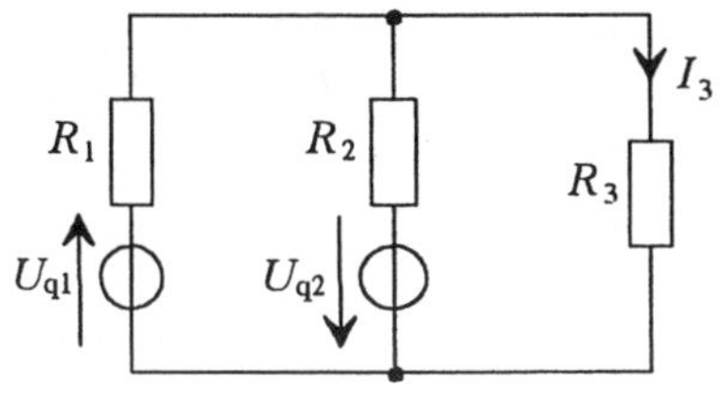

$R_1 = R_2 = 1\,\Omega, \quad R_3 = 20\,\Omega$
$U_{q1} = 10\,\text{V}, \quad U_{q2} = 5\,\text{V}$

Bild 8.46 Schaltung zum Beispiel 8.13

Lösung:

Die Schaltung enthält zwei Quellenspannungen, deren Anteil (Teilstrom) am Strom I_3 zu ermitteln ist. Beide Quellenspannungen sind nacheinander kurzzuschließen

Für eine übersichtliche Rechnung ist die Wahl der Indizes wichtig.

1. Schritt:

- Kurzschluß von U_{q2} (Bild 8.47), Berechnung des Teilstromes $I_{3\text{Uq1}}$

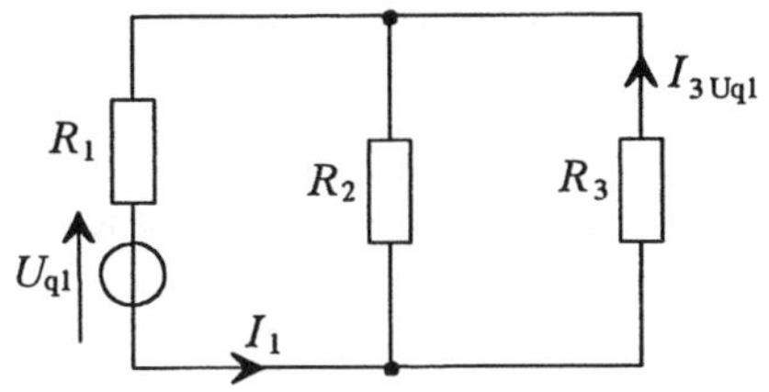

Bild 8.47 Ersatzschaltung zur Berechnung des Teilstromes $I_{3\text{Uq1}}$

Nach der Stromteilerregel gilt:

$$I_{3\text{Uq1}} = I_1 \frac{R_2}{R_2 + R_3} = \frac{U_{q1}}{R_1 + R_2 // R_3} \frac{R_2}{R_2 + R_3}$$

$$I_{3\text{Uq1}} = 0{,}244\,\text{A}$$

2. Schritt:

- Kurzschluß von U_{q1} (Bild 8.48), Berechnung des Teilstromes $I_{3\text{Uq2}}$

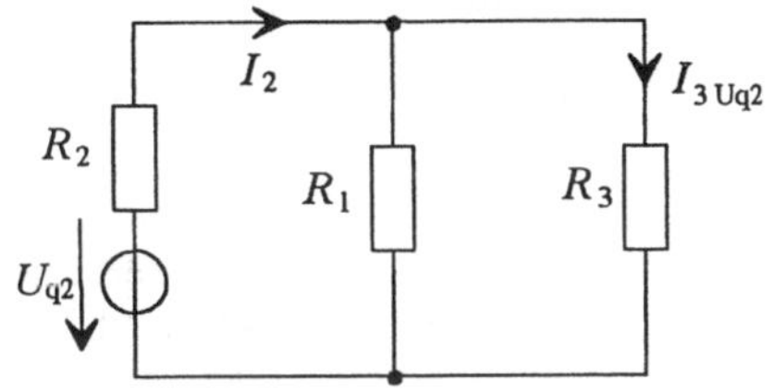

Bild 8.48 Ersatzschaltung zur Berechnung des Teilstromes $I_{3\text{Uq2}}$

Nach der Stromteilerregel gilt:

$$I_{3\text{Uq2}} = I_2 \frac{R_1}{R_1 + R_3} = \frac{U_{q2}}{R_2 + R_1 // R_3} \frac{R_1}{R_1 + R_3}$$

$$I_{3\text{Uq2}} = 0{,}122\,\text{A}$$

Vergleicht man die festgelegte Richtung des Stromes I_3 mit den Richtungen der berechneten Teilströme

$$\downarrow I_3 \qquad \uparrow I_{3\,\mathrm{Uq1}} \qquad \downarrow I_{3\,\mathrm{Uq2}}$$

so ergibt sich für die Überlagerung:

$$I_3 = I_{3\,\mathrm{Uq2}} - I_{3\,\mathrm{Uq1}} = -0{,}122\,\mathrm{A}$$

Der Strom fließt genau entgegen der angenommenen Stromrichtung.

❑ **Beispiel 8.14**

Es ist der Strom I_4 in der Schaltung nach Bild 8.49 zu berechnen.

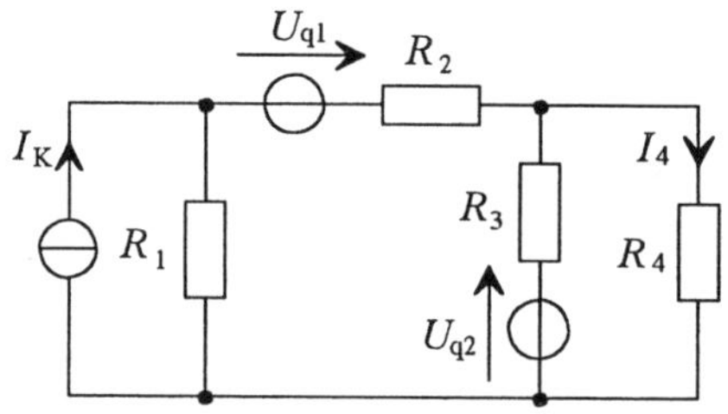

$$R_1 = 20\,\Omega,\ R_4 = 30\,\Omega,\ R_2 = R_3 = 1\,\Omega$$
$$I_K = 1\,\mathrm{A},\ U_{q1} = 2\,\mathrm{V},\ U_{q2} = 3\,\mathrm{V}$$

Bild 8.49 Schaltung zum Beispiel 8.14

Lösung:

Für die Anwendung der Superposition sind die Teilströme der einzelnen Quellen zu bestimmen.
Da in der Schaltung sowohl Strom- als auch Spannungsquellen vorhanden sind, sind die Festlegungen gemäß Algorithmus zu beachten.

1.Schritt:

- Kurzschluß von U_{q1} und U_{q2} (Bild 8.50), Berechnung von $I_{4\mathrm{IK}}$

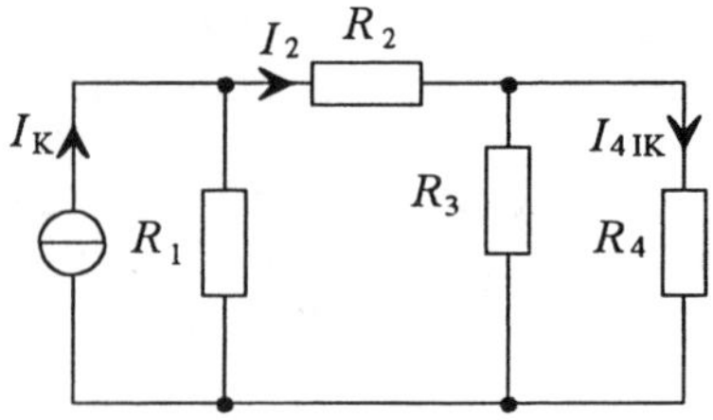

Bild 8.50 Ersatzschaltung zur Berechnung des Teilstromes $I_{4\mathrm{IK}}$

Es gilt der erweiterete Stromteileransatz:

$$I_{4\mathrm{IK}} = I_K \frac{R_1}{R_1 + R_2 + R_3 // R_4} \frac{R_3}{(R_3 + R_4)}$$

$$I_{4\mathrm{IK}} = 29{,}4\,\mathrm{mA}$$

2. Schritt:

- Auftrennen von I_K, Kurzschluß von U_{q2} (Bild 8.51), Berechnung von $I_{4\mathrm{Uq1}}$

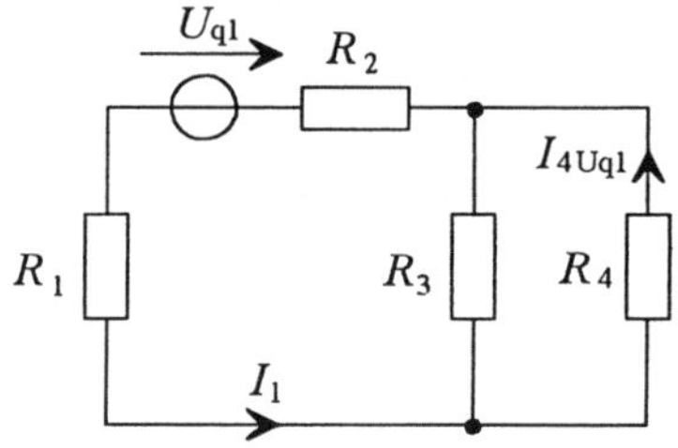

Bild 8.51 Ersatzschaltung zur Berechnung des Teilstromes $I_{4\mathrm{Uq1}}$

Nach der Stromteilerregel gilt:

$$I_{4\mathrm{Uq1}} = I_1 \frac{R_3}{R_3 + R_4} = \frac{U_{q1}}{R_1 + R_2 + R_3 // R_4} \frac{R_3}{(R_3 + R_4)}$$

$$I_{4\mathrm{Uq1}} = 2{,}94\,\mathrm{mA}$$

3. Schritt:

- Auftrennen von I_K, Kurzschluß von U_{q1} (Bild 8.52), Berechnung von $I_{4\mathrm{Uq2}}$

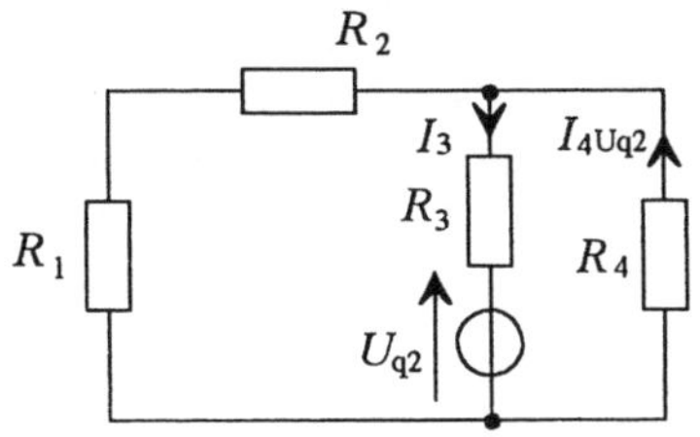

Bild 8.52 Ersatzschaltung zur Berechnung des Teilstromes I_{4Uq2}

Es gilt der Ansatz:

$$I_{4\,Uq2} = \frac{U_{q2}}{R_3 + (R_1 + R_2)//R_4} \; \frac{R_1 + R_2}{(R_1 + R_2 + R_4)}$$

$$I_{4\,Uq2} = 92{,}5\,\text{mA}$$

Die vorzeichenbehaftete Überlagerung der berechneten Teilströme ergibt den Strom I_4.

$$I_4 = I_{4IK} - I_{4\,Uq1} - I_{4\,Uq2} = -66\,\text{mA}$$

Der Strom I_4 fließt entgegen der vorgegebenen Stromrichtung.

❑ Beispiel 8.15

Es ist der Ausgleichstrom I_A im Knoten K zwischen den beiden Netzwerkmaschen in der Schaltung nach Bild 8.53 zu berechnen.

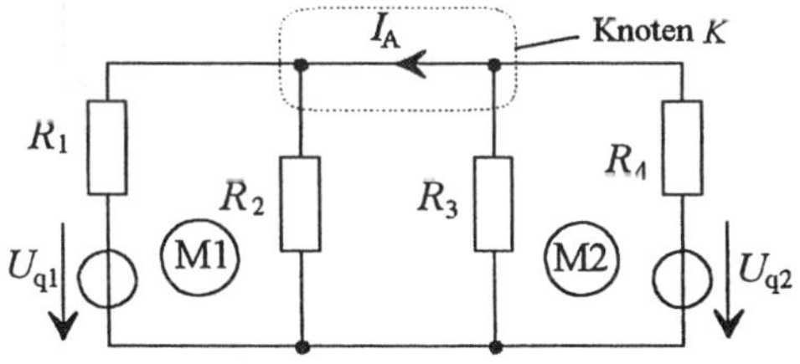

$R_1 = R_4 = 2\,\Omega, \quad R_2 = R_3 = 10\,\Omega$
$U_{q1} = 4\,\text{V}, \quad U_{q2} = 6\,\text{V}$

Bild 8.53 Schaltung zum Beispiel 8.15

Lösung:

- Kurzschluß von U_{q2}

$$I_{A\,Uq1} = \frac{U_{q1}}{(R_1 + R_2//R_3//R_4)} \; \frac{R_2}{(R_2 + R_3//R_4)} = 1\,\text{A}$$

- **Kurzschluß von U_{q1}**

$$I_{A\,Uq2} = \frac{U_{q2}}{R_4 + R_1//R_2//R_3} \; \frac{R_3}{R_3 + R_1//R_2} = 1{,}5\,\text{A}$$

Die Überlagerung der Teilströme liefert:

$$I_A = -I_{A\,Uq1} + I_{A\,Uq2} = 0{,}5\,\text{A}$$

Hinweis: Der Strom I_A läßt sich meßtechnisch nur für $R_{i\,\text{Strommeser}} \to 0$ nachweisen, da der Knotens K für die Rechnung in zwei Knoten getrennt wird.

❑ Beispiel 8.16

Für die Schaltung nach Bild 8.54 ist eine allgemeine Lösung für den Strom I_x mittels Überlagerungssatz zu finden.

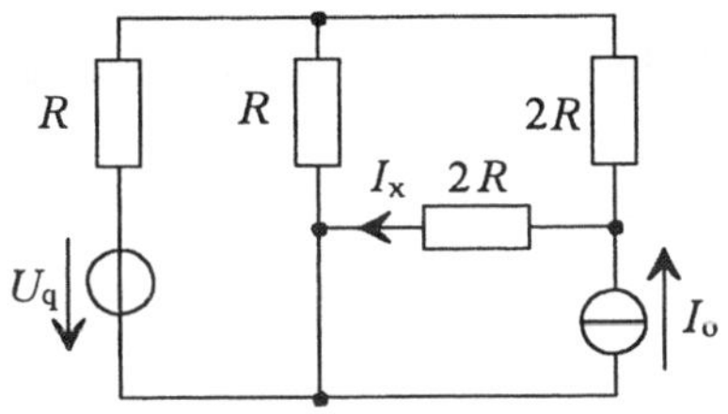

Bild 8.54 Schaltung zum Beispiel 8.16

Lösung:

$$I_{x\,Uq} = \frac{R}{5R} \; \frac{U_q}{R + R//4R} = \frac{U_q}{9R}$$

$$I_{xIo} = \frac{2R + R//R}{4R + R//R} I_o = \frac{5I_o}{9}$$

$$I_x = I_{x\,Uq} + I_{xIo} = \frac{1}{9}\left(\frac{U_q}{R} + 5I_o\right)$$

8.4 Zweipoltheorie

Prinzip. Bei der Berechnung elektrischer Netzwerke mit Hilfe der Zweipoltheorie wird das jeweilige Netzwerk durch die Bildung geeigneter Ersatzschaltungen auf den elektrischen Grundstromkreis reduziert. Das Netzwerk wird zunächst so aufgetrennt, daß jeweils eine Ersatzschaltung für den aktiven und den passiven Zweipol gebildet werden kann. Hinsichtlich des aktiven Zweipols ergeben sich zwei Möglichkeiten, die Ersatzschaltung zu bilden.

Spannungsquellen-Ersatzschaltung. Der aktive Zweipol wird im Leerlauf betrachtet. Die Zweipolparameter sind:

- Ersatzquellenspannung als Leerlaufspannung $u_{q\,ers} = u_l$
- Ersatzinnenwiderstand $R_{i\,ers}$
- Ersatzbelastungswiderstand $R_{a\,ers}$

Der gesuchte Strom ergibt sich dann aus:

$$i = \frac{u_l}{R_{i\,ers} + R_{a\,ers}}$$

Stromquellen-Ersatzschaltung. Der aktive Zweipol wird im Kurzschluß betrachtet. Die Zweipolparameter sind:

- Kurzschlußstrom i_K
- Ersatzinnenwiderstand $R_{i\,ers}$
- Ersatzbelastungswiderstand $R_{a\,ers}$

Der gesuchte Strom ergibt sich dann unter Anwendung der Stromteilerregel aus:

$$i = i_K \frac{R_{i\,ers}}{R_{i\,ers} + R_{a\,ers}}$$

Die Ermittlung der Ersatzwiderstände ist unabhängig von der Art der Ersatzschaltungen des aktiven Teiles. Es werden die aufgetrennten Netzwerkteile als reine Widerstandsschaltungen betrachtet. Der Ersatzinnenwiderstand wird ermittelt, indem alle Quellen des aktiven Zweipols ausgeschaltet werden (siehe Überlagerungssatz Abschnitt 8.3).

❑ **Beispiel 8.17**

Bei dem im Bild 8.55 dargestellten Gleichstromnetzwerk sollen mit Hilfe der Zweipoltheorie die Spannungsabfälle über R_5 und R_6 berechnet werden.

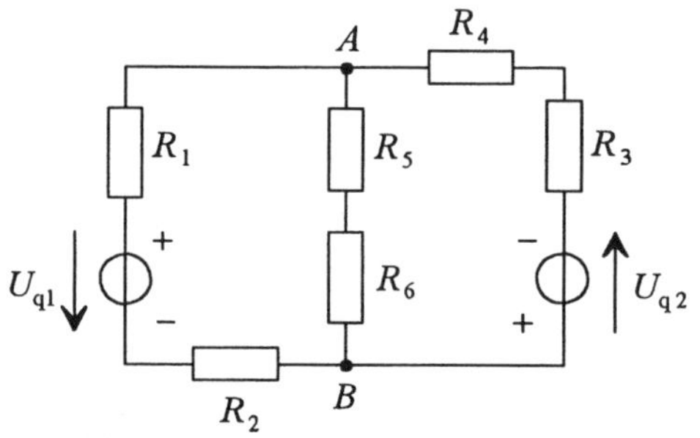

Bild 8.55 Gleichstromnetz zur Erläuterung des Prinzips der Zweipoltheorie

Lösungweg 1:

Spannungsquellen-Ersatzschaltung:

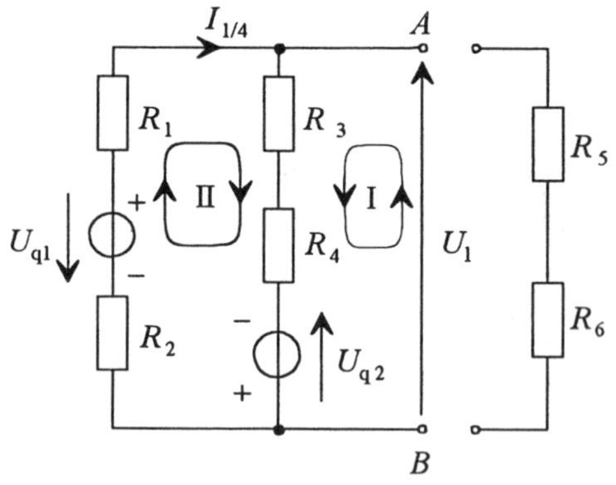

Bild 8.56 Aufgetrenntes Netzwerk zur Bildung und Ermittlung der Zweipolparameter

1. Auftrennen des Netzwerkes

Die beiden Widerstände R_5 und R_6 werden von der übrigen Schaltung getrennt und zusammen als passiver Zweipol betrachtet (Bild 8.56).

2. Ermittlung der Leerlaufspannung durch Aufstellen von Maschengleichungen

Bei der Formulierung der Maschengleichungen ist es zweckmäßig, mit der Masche zu beginnen, die die gesuchte Größe enthält. In diesem Beispiel ist es die Leerlaufspannung $U_l = U_{q\,ers}$. Die Richtung von U_l kann, wenn nicht eindeutig bestimmbar, beliebig gewählt werden.

Masche I:

$$U_l + U_4 + U_3 - U_{q2} = 0$$

$$U_l = U_{q2} - U_3 - U_4$$

$$U_l = U_{q2} - I_{II}(R_3 + R_4)$$

Masche II:

Mit Hilfe der zweiten Maschengleichung kann der Strom I_{II} in der ersten Gleichung berechnet werden.

$$-U_{q1} - U_{q2} + I_{II}(R_1 + R_2 + R_3 + R_4) = 0$$

$$I_{II} = \frac{U_{q1} + U_{q2}}{R_1 + R_2 + R_3 + R_4}$$

Damit kann der erste Zweipolparameter ermittelt werden.

$$U_l = U_{q2} - \frac{(U_{q1} + U_{q2})(R_3 + R_4)}{R_1 + R_2 + R_3 + R_4}$$

3. Aufstellung der Gleichung zur Ermittlung des Ersatzinnenwiderstandes

Dieser wird aus der Widerstandsschaltung, die sich aus dem Netzwerk mit kurzgeschlossenen Spannungsquellen ergibt, berechnet.

$$R_{i\,ers} = \frac{(R_1 + R_2)(R_3 + R_4)}{R_1 + R_2 + R_3 + R_4}$$

4. Gleichung zur Ermittlung der Ersatzschaltung des passiven Zweipols

$$R_{a\,ers} = R_5 + R_6$$

5. Berechnung des Stromes, der durch R_5 und R_6 fließt.

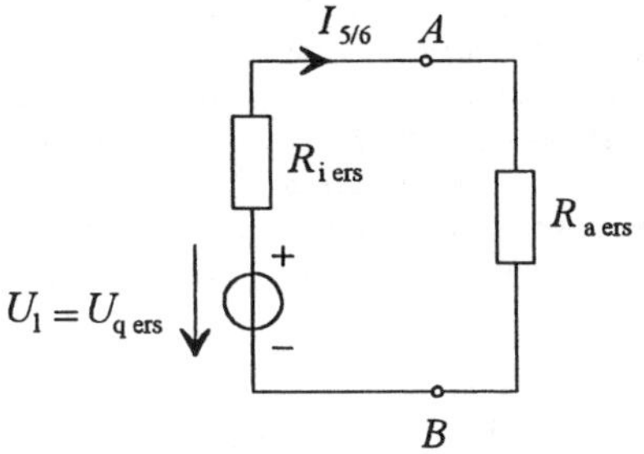

Bild 8.57 Elektrischer Grundstromkreis mit Ersatzparametern

Da das Netzwerk auf den elektrischen Grundstromkreis reduziert wurde (Bild 8.57), folgt:

$$I_{5/6} = \frac{U_l}{R_{i\,ers} + R_{a\,ers}}$$

6. Berechnung der gesuchten Spannungsabfälle

$$U_5 = I_{5/6} R_5$$
$$U_6 = I_{5/6} R_6$$

Lösungsweg2:

Stromquellen-Ersatzschaltung:

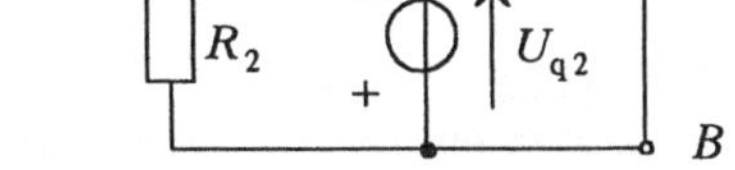

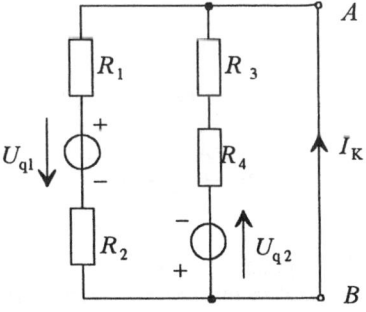

Bild 8.58 Aktive Zweipolersatzschaltung mit einer Kurzschlußverbindung zwischen den Klemmen A und B

1. Auftrennen des Netzwerkes

Das Netzwerk wird wie bei der ersten Lösungsvariante aufgetrennt, jedoch werden dabei die Klemmen A und B kurzgeschlossen (Bild 8.58).

2. Ermittlung des Kurzschlußstromes

Die Richtung des Kurzschlußstromes wird, wenn nicht eindeutig bestimmbar, zunächst beliebig angenommen. Das Vorzeichen im Ergebnis entscheidet über die Richtung. Der gesuchte Kurzschlußstrom kann unter Anwendung des Überlagerungsverfahrens ermittelt werden. Er setzt sich im vorliegenden Fall aus zwei Komponenten zusammen.

$$I_{K1} = \frac{U_{q1}}{R_1 + R_2} \qquad I_{K2} = \frac{U_{q2}}{R_3 + R_4}$$

$$I_K = I_{K1} - I_{K2} = \frac{U_{q1}}{R_1 + R_2} - \frac{U_{q2}}{R_3 + R_4}$$

3. Ermittlung der Widerstandsersatzwerte

Die Ersatzwiderstände werden auf gleiche Art und Weise ermittelt, wie bei der ersten Lösungsvariante, jedoch ohne Berücksichtigung der Kurzschlußverbindung (Leerlauf).

4. Berechnung des Teilstromes und der Spannungsabfälle

Grundlage dafür bildet die vom Grundstromkreis abgeleitete Stromquellen-Ersatzschaltung (Bild 8.59).

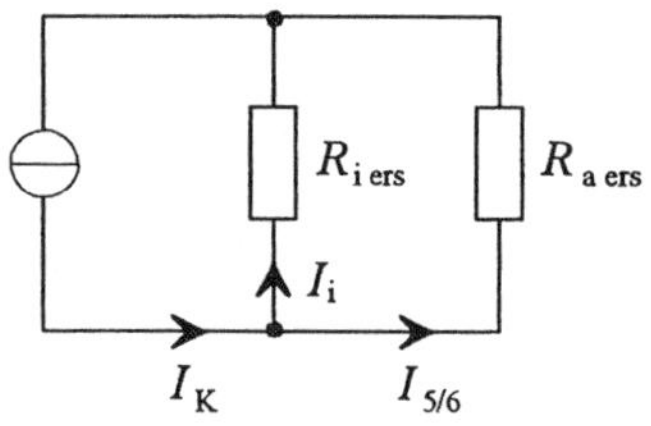

Bild 8.59 Stromquellenersatzschaltung des Grundstromkreises mit Zweipolparametern

Unter Anwendung der Stromteilerregel folgt:

$$\frac{I_{5/6}}{I_K} = \frac{R_{i\,ers}}{R_{i\,ers} + R_{a\,ers}}$$

$$I_{5/6} = I_K \frac{R_{i\,ers}}{R_{i\,ers} + R_{a\,ers}}$$

Daraus folgt:

$$U_5 = I_{5/6} R_5$$

$$U_6 = I_{5/6} R_6$$

❑ **Beispiel 8.18**

Zu berechnen sind der Ersatzinnenwiderstand und die Leerlaufspannung $U_l = U_{AB}$ auf der Grundlage des im Bild 8.60 dargestellten Netzwerkes.

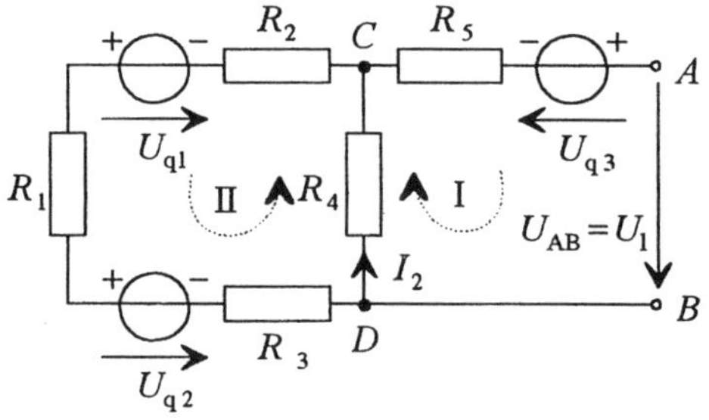

$U_{q1} = 24$ V, $R_1 = 200\ \Omega$, $R_4 = 450\ \Omega$,
$U_{q2} = 8$ V, $R_2 = 150\ \Omega$, $R_5 = 50\ \Omega$,
$U_{q3} = 6$ V, $R_3 = 100\ \Omega$

Bild 8.60 Netzwerk zur Reduzierung auf einen aktiven Zweipol als Ersatzschaltung

Lösung:

1. Ermittlung der Leerlaufspannung

Das Netzwerk wird in zwei unabhängige Maschen eingeteilt, und es werden die Maschengleichungen aufgestellt.

Masche I:

Es ist darauf zu achten, daß im Zweig C - A

aufgrund des Leerlaufs kein Strom fließt. Es tritt also über R_5 kein Spannungsabfall auf.

$$U_1 + I_{II} R_4 - U_{q3} = 0$$

$$U_1 = U_{q3} - I_{II} R_4$$

Der in dieser Gleichung noch unbekannte Strom I_{II} wird mit Hilfe der zweiten Maschengleichung berechnet.

$$U_{q2} - U_{q1} + I_{II}(R_1 + R_2 + R_3 + R_4) = 0$$

$$I_{II} = \frac{U_{q1} - U_{q2}}{R_1 + R_2 + R_3 + R_4}$$

$$I_{II} = \frac{24\ \text{V} - 8\ \text{V}}{200\ \Omega + 150\ \Omega + 100\ \Omega + 450\ \Omega}$$

$$I_{II} = \frac{16\ \text{V}}{900\ \Omega} = 17,8\ \text{mA}$$

Daraus folgt:

$$U_1 = 6\ \text{V} - 0,0178\ \text{A} \cdot 450\ \Omega = -2\ \text{V}$$

2. Ermittlung des Ersatzinnenwiderstandes

$$R_{i\,ers} = \frac{(R_1 + R_2 + R_3) R_4}{R_1 + R_2 + R_3 + R_4} + R_5$$

$$R_{i\,ers} = \frac{(200\ \Omega + 150\ \Omega + 100\ \Omega)\ 450\ \Omega}{900\ \Omega} + 50\ \Omega$$

$$R_{i\,ers} = 225\ \Omega + 50\ \Omega = 275\ \Omega$$

Diskussion:

Die im Bild 8.60 angenommene Richtung von $U_{AB} = U_1$ muß geändert werden.

Werden die Klemmen A und B mit einem Widerstand $R_a = 2500\ \Omega$ belastet, so beträgt der Spannungsabfall über R_a 1,8 V. Die Berechnung erfolgte unter Anwendung der Spannungsteilerregel.

$$U_a = U_1 \frac{R_a}{R_{i\,ers} + R_a}$$

$$U_a = 2\ \text{V} \frac{2500\ \Omega}{275\ \Omega + 2500\ \Omega} = 1,8\ \text{V}$$

Das heißt, durch den Anschluß von R_a (Spannungsmesser) sinkt die Klemmenspannung von 2 V auf 1,8 V ab. Die Abweichung beträgt 10 %.

❑ Beispiel 8.19

Zu berechnen sind auf der Grundlage des im Bild 8.61 dargestellten Netzwerkes der Kurzschlußstrom, der Ersatzinnenwiderstand und die Leerlaufspannung mit Hilfe des Kurzschlußstromes.

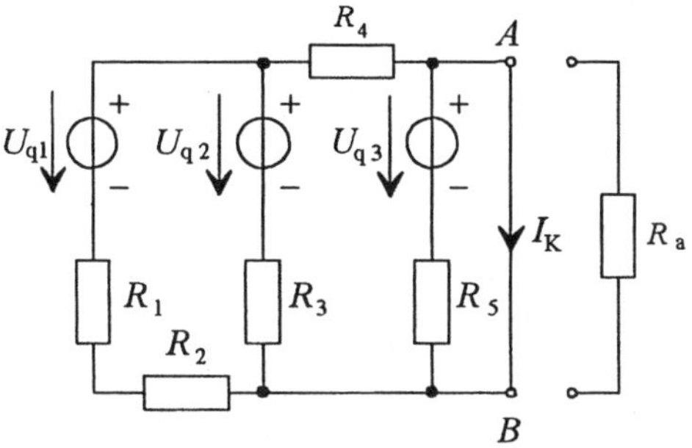

$U_{q1} = 2$ V, $R_1 = R_2 = 1{,}25\ \Omega$, $R_5 = 10\ \Omega$
$U_{q2} = 4$ V, $R_3 = 8\ \Omega$, $R_a = 12\ \Omega$
$U_{q3} = 6$ V, $R_4 = 4\ \Omega$,

Bild 8.61 Netzwerk zur Reduzierung auf den Grundstromkreis (Stromquellen-Ersatzzschaltung)

Lösung:

Aufgrund der einheitlichen Richtungen der Spannungsquellen ist die Richtung des Kurzschlußstromes eindeutig definiert.

1. Berechnung des Kurzschlußstromes

Diese erfolgt auf der Grundlage des Überlagerungsverfahrens unter Anwendung der Stromteilerregel.

$$I_{K1} = I_1 \frac{R_3}{R_3 + R_4}$$

$$I_1 = \frac{U_{q1}}{R_1 + R_2 + R_{34}}$$

$$R_{34} = \frac{R_3 R_4}{R_3 + R_4} = \frac{8\ \Omega \cdot 4\ \Omega}{(8 + 4)\ \Omega} = 2,67\ \Omega$$

$$I_1 = \frac{2\ \text{V}}{2 \cdot 1,25\ \Omega + 2,67\ \Omega} = 0,39\ \text{A}$$

$$I_{\text{K1}} = 0,39\ \text{A}\ \frac{8\ \Omega}{(8 + 4)\ \Omega} = 0,26\ \text{A}$$

$$I_{\text{K2}} = I_2\ \frac{R_1 + R_2}{R_1 + R_2 + R_4}$$

$$I_2 = \frac{U_{\text{q2}}}{R_3 + R_{124}}$$

$$R_{124} = \frac{(R_1 + R_2)R_4}{R_1 + R_2 + R_4} = \frac{2 \cdot 1,25\ \Omega \cdot 4\ \Omega}{2 \cdot 1,25\ \Omega + 4\ \Omega}$$

$$R_{124} = 1,54\ \Omega$$

$$I_2 = \frac{4\ \text{V}}{8\ \Omega + 1,54\ \Omega} = 0,4\ \text{A}$$

$$I_{\text{K2}} = 0,4\ \text{A}\ \frac{2 \cdot 1,25\ \Omega}{2 \cdot 1,25\ \Omega + 4\ \Omega} = 0,15\ \text{A}$$

$$I_{\text{K3}} = \frac{U_{\text{q3}}}{R_5} = \frac{6\ \text{V}}{10\ \Omega} = 0,6\ \text{A}$$

Daraus folgt:

$$I_{\text{K}} = 0,26\ \text{A} + 0,15\ \text{A} + 0,6\ \text{A}$$
$$I_{\text{K}} = 1,01\ \text{A}$$

2. Berechnung des Ersatzinnenwiderstandes

$$R_{\text{i ers}} = R_5\ //\ \{R_4 + [R_3\ //(R_1 + R_2)]\}$$

$$R_{\text{i ers}} = 16\ \Omega // \{4\ \Omega + [8\ \Omega // (1,25\ \Omega + 1,25\ \Omega)]$$

$$R_{\text{i ers}} = 3,71\ \Omega$$

3. Berechnung der Leerlaufspannung

$$U_1 = U_{\text{q ers}} = I_{\text{K}}\ R_{\text{i ers}}$$

$$U_1 = 1,02\ \text{A} \cdot 3,71\ \Omega$$

$$U_1 = 3,78\ \text{V}$$

Bei Anschluß eines Belastungswiderstandes R_a an die Klemmen A und B (bei gelöster Kurzschlußverbindung) ergibt sich ein Spannungsabfall von

$$U_{\text{a}} = U_1\ \frac{R_{\text{a}}}{R_{\text{a}} + R_{\text{i ers}}}$$

$$U_{\text{a}} = 3,78\ \text{V} \cdot \frac{12\ \Omega}{12\ \Omega + 3,71\ \Omega}$$

$$U_{\text{a}} = 2,89\ \text{V}$$

und ein Strom von

$$I = \frac{U_1}{R_{\text{a}} + R_{\text{i ers}}} = \frac{3,78\ \text{V}}{12\ \Omega + 3,71\ \Omega}$$

$$I = 0,24\ \text{A}$$

Erfolgt die Berechnung unmittelbar mit dem Kurzschlußstrom, so gilt folgender Ansatz (Stromteilerregel):

$$I = I_{\text{K}}\ \frac{R_{\text{i ers}}}{R_{\text{i ers}} + R_{\text{a}}}$$

$$I = 1,02\ \text{A}\ \frac{3,71\ \Omega}{3,71\ \Omega + 12\ \Omega} = 0,24\ \text{A}$$

❑ **Beispiel 8.20 [22]**

Zu berechnen ist mit Hilfe der Zweipoltheorie der Strom, der durch den Widerstand R_4 im Bild 8.62 fließt.

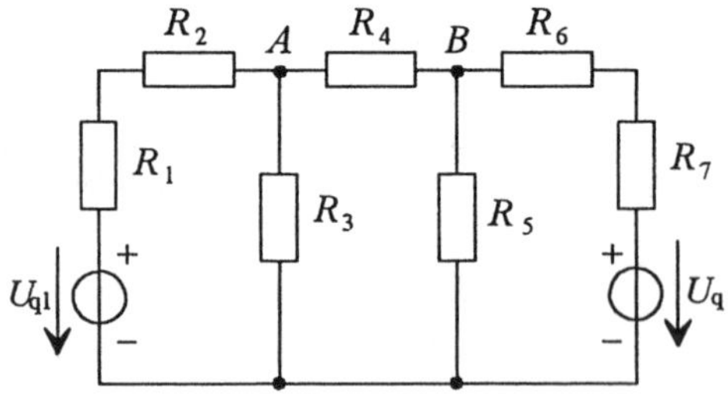

Bild 8.62 Beispiel zur Zweipoltheorie

Lösung:

Das Netzwerk wird an der Stelle *A* - *B* aufgetrennt (Bild 8.63).

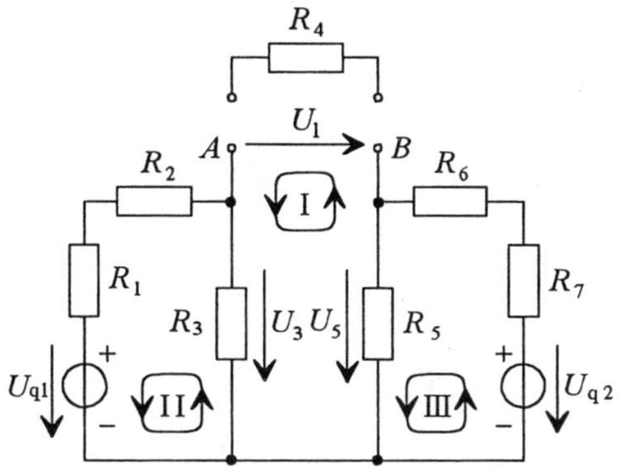

Bild 8.63 Netzwerk nach Bild 8.62

Aus Masche I folgt (Maschensatz):

$$U_l + U_5 - U_3 = 0$$
$$U_l = U_3 - U_5$$

Aus Masche II folgt (Spannungsteiler):

$$U_3 = U_{q1} \frac{R_3}{R_1 + R_2 + R_3}$$

Aus Masche III folgt (Spannungsteiler):

$$U_5 = U_{q2} \frac{R_5}{R_5 + R_6 + R_7}$$

Daraus folgt:

$$U_l = U_{q\,ers}$$

$$U_l = U_{q1} \frac{R_3}{R_1 + R_2 + R_3} - U_{q2} \frac{R_5}{R_5 + R_6 + R_7}$$

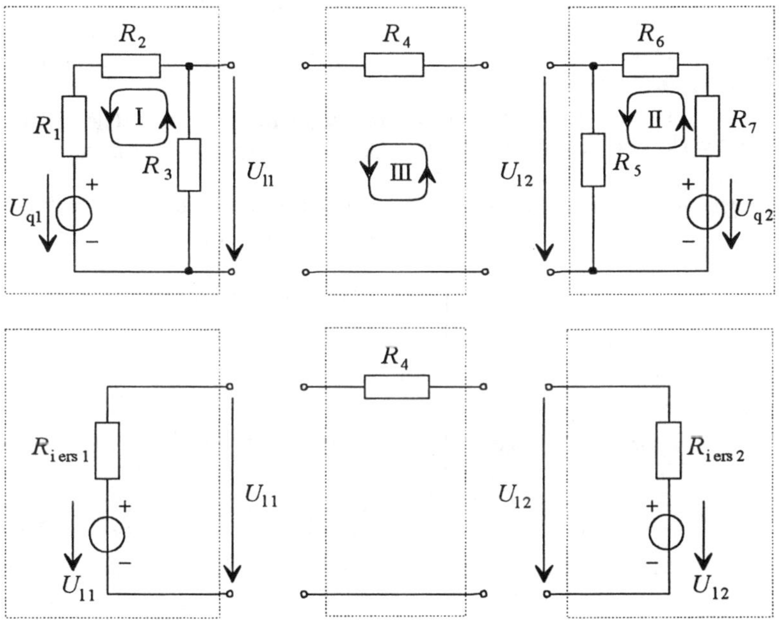

Bild 8.64 Aufgetrenntes Netzwerk (2. Variante)

$$R_{\mathrm{i\,ers\,1}} = \frac{R_3\,(R_1 + R_2)}{R_1 + R_2 + R_3}$$

$$R_{\mathrm{i\,ers\,2}} = \frac{R_5\,(R_6 + R_7)}{R_5 + R_6 + R_7}$$

Somit gilt:

$$I_4 = \frac{U_1}{R_4 + R_{\mathrm{i\,ers1}} + R_{\mathrm{i\,ers2}}}$$

Ein zweiter Lösungsweg ist auf der Grundlage des im Bild 8.64 dargestellten aufgetrennten Netzwerkes möglich.

8.5 Mehrtor-Theorie

8.5.1 Das Mehrtor als allgemeiner Fall

Definition. Als Mehrtore werden mehrpolige elektrische Netzwerke bezeichnet, deren Klemmen paarweise zu Toren (Klemmenpaaren) zusammengefaßt sind (Bild 8.65). Ein n-Tor entspricht somit einem $2n$-poligen Netzwerk. Die Ströme, die über die Klemmen eines Tores in das Netzwerk fließen, sind entgegengesetzt gerichtet.

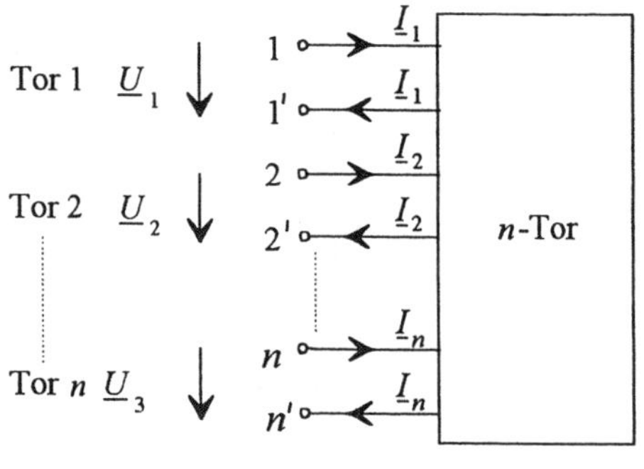

Bild 8.65 Prinzipielle Darstellung eines n-Tores

Strom-Spannungs-Verknüpfung. Auf der Grundlage des Bildes 8.66 werden die äußeren Spannnungen mit den dazugehörigen Strömen betrachtet. Dabei wird die n-te Klemme als Bezugspunkt für die Spannungen gewählt.

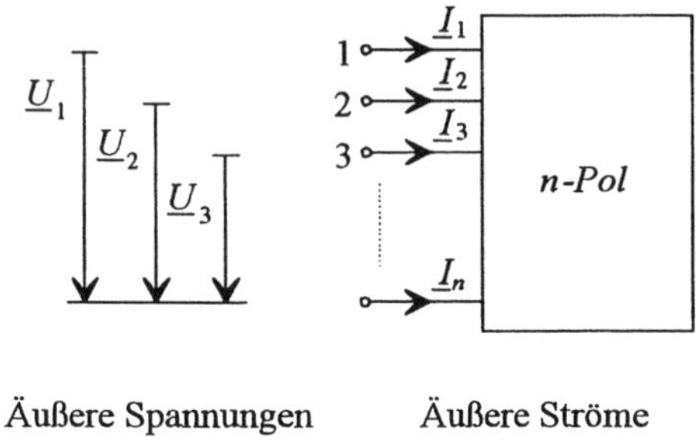

Bild 8.66 n-Pol zur Formulierung der Strom-Spannungs-Beziehungen

Da im allgemeinen Fall

$$\underline{I}_n = -\left(\underline{I}_1 + \underline{I}_2 + \ldots + \underline{I}_{n\text{-}1}\right)$$

ist, braucht $\underline{I}_n$ in den Gleichungen keine Berücksichtigung zu finden.

Auf der Grundlage des Überlagerungssatzes und der Knotenspannungs- bzw. Maschenstromanalyse lassen sich folgende Gleichungen formulieren:

$$\begin{array}{llll}
\underline{Y}_{11}\underline{U}_1 + & \underline{Y}_{12}\underline{U}_2 + \ldots & \underline{Y}_{1,n-1}\underline{U}_{n-1} & = \underline{I}_1 \\
\underline{Y}_{21}\underline{U}_1 + & \underline{Y}_{22}\underline{U}_2 + \ldots & \underline{Y}_{2,n-1}\underline{U}_{n-1} & = \underline{I}_2 \\
\vdots & \vdots & \vdots & \vdots \\
\underline{Y}_{n-1,1}\underline{U}_1 + & & \ldots\ \underline{Y}_{n-1,\,n-1}\underline{U}_{n-1} & = \underline{I}_{n-1}
\end{array} \qquad (8.18)$$

Die Spannungen $\underline{U}_1, \underline{U}_2, \ldots \underline{U}_{n\text{-}1}$ haben dabei voneinander unabhängige Ursachen.

Ermittlung der Koeffizienten. Die Koeffizienten $\underline{Y}_{\mu\mu}$ ($\mu = 1, 2, \cdots, n-1$) sind Admittanzen zwischen den Klemmen und der Klemme n, wobei alle übrigen Klemmen μ mit der n-ten Klemme als kurzgeschlossen betrachtet werden (Bild 8.67).

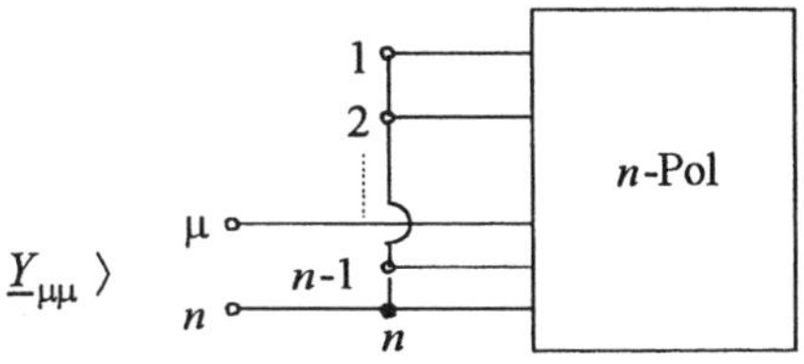

Bild 8.67 n-Pol zur Ermittlung der Admittanzen $\underline{Y}_{\mu\mu}$

Daraus folgt:

$$\underline{Y}_{\mu\mu} = \frac{\underline{I}_{\mu}}{\underline{U}_{\mu}} \Bigg|_{\underline{U}_K = 0\ (K \neq \mu)} \tag{8.19}$$

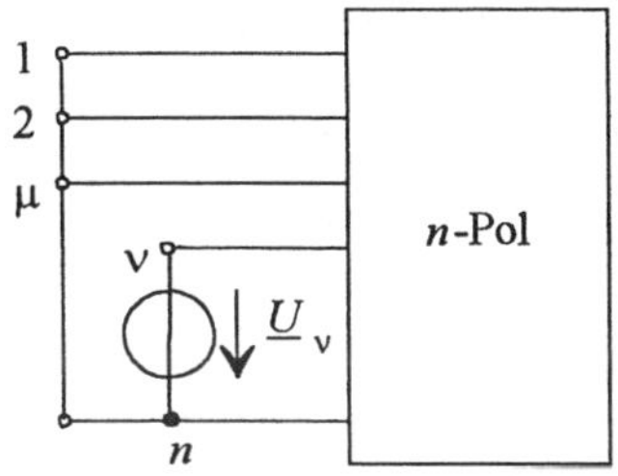

Bild 8.68 n-Pol zur Ermittlung der Admittanzen $\underline{Y}_{\mu\nu}$

Die Koeffizienten $\underline{Y}_{\mu\nu}$ ($\mu \neq \nu$) werden ermittelt, indem man den n-Pol durch eine Spannung $\underline{U}_{\nu}$ (Quellenspannung) zwischen den Klemmen ν und n erregt, alle übrigen Klemmen mit der Klemme n kurzschließt und für diesen Betriebszustand den Strom ermittelt (Bild 8.68).

Es ergibt sich:

$$\underline{Y}_{\mu\nu} = \frac{\underline{I}_{\mu}}{\underline{U}_{\nu}} \Bigg|_{\underline{U}_K = 0\ (K \neq \nu)} \tag{8.20}$$

Sinngemäß erhält man für den Koeffizienten $\underline{Y}_{\nu\mu}$ ($\nu \neq \mu$) die Beziehung, gemäß Bild 8.69)

$$\underline{Y}_{\nu\mu} = \frac{\underline{I}_{\nu}}{\underline{U}_{\mu}} \Bigg|_{\underline{U}_K = 0\ (K \neq \mu)} \tag{8.21}$$

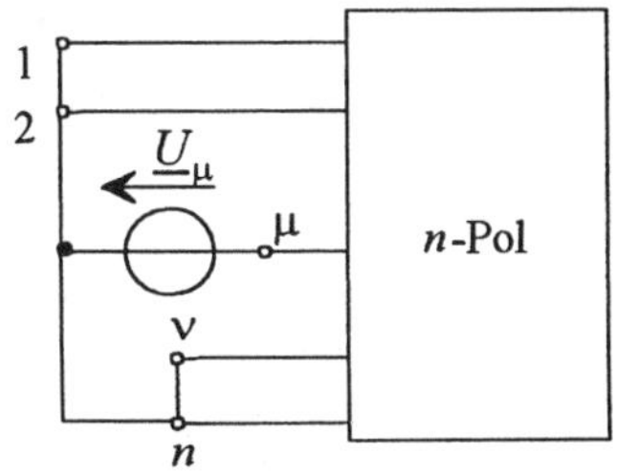

Bild 8.69 n-Pol zur Ermittlung der Admittanzen $\underline{Y}_{\mu\nu}$

Wenn keine zusätzlichen Quellen vorhanden sind, gilt:

$$\underline{Y}_{\mu\nu} = \underline{Y}_{\nu\mu}$$

Sind die Ströme die Erregungen, so kann das Gleichungssystem (8.18) nach den Spannungen aufgelöst werden. Die Koeffizienten (Impedanzen) lassen sich in analoger Weise wie die Admittanzkoeffizienten interpretieren. Die Gleichungssysteme (8.18) und (8.22) lassen sich auch als Matrizengleichungen formulieren. Dabei werden die Koeffizienten zu einer Impedanz- bzw. Admittanzmatrix zusammengefaßt. Läßt sich ein Netzwerk nicht nach diesen Gleichungssystemen behandeln, so stehen noch die Hybrid- und Kettenmatrix zur Verfügung.

Erläutert wird dies auf der Grundlage vierpoliger Netzwerke im Abschnitt 8.5.2.

$$\begin{array}{llll}
\underline{Z}_{11}\underline{I}_1 + & \underline{Z}_{12}\underline{I}_2 + \dots & \underline{Z}_{1,n-1}\underline{I}_{n-1} & = \underline{U}_1 \\
\underline{Z}_{21}\underline{I}_1 + & \underline{Z}_{21}\underline{I}_2 + \dots & \underline{Z}_{2,\,n-1}\underline{I}_{n-1} & = \underline{U}_2 \\
\vdots & \vdots & \vdots & \vdots \\
\underline{Z}_{n-1,1}\underline{I}_1 + & \underline{Z}_{n-1,2}\underline{I}_2 + \dots & \underline{Z}_{n-1,\,n-1}\underline{I}_{n-1} & = \underline{U}_{n-1}
\end{array} \qquad (8.22)$$

Wirkleistung. Die Wirkleistung für einen n-Pol ergibt sich aus der Summe der Realteile [Re] des Produktes $\underline{U}_\mu\,\underline{I}_\mu$.

$$P_\mathrm{w} = \sum_{\mu=1}^{\mu=n-1} \mathrm{Re}\left[\underline{U}_\mu \underline{I}_\mu\right] \qquad (8.23)$$

☐ **Beispiel 8.21 [39]**

Gegeben ist ein dreipoliges Netzwerk mit sternförmig geschalteten Zweipolen (Dreipol), deren Admittanz- und Impedanzkoeffizienten zu ermitteln sind (Bild 8.70).

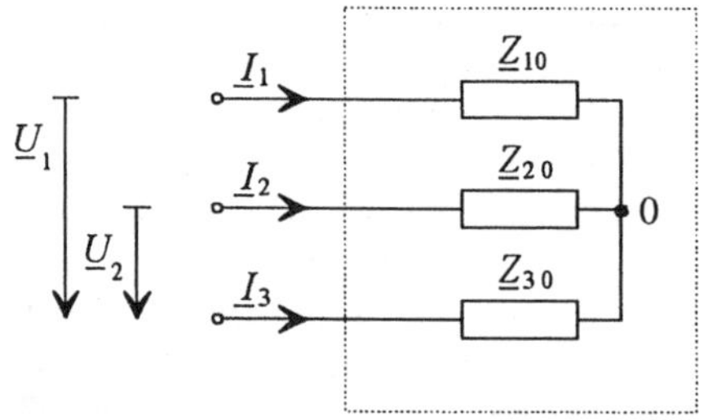

Bild 8.70 Dreipoliges Netzwerk mit den Impedanzen $\underline{Z}_{10}$, $\underline{Z}_{20}$ und $\underline{Z}_{30}$

Lösung:

1. Formulierung des Ausgangsgleichungssystems

$$\underline{Y}_{11}\,\underline{U}_1 + \underline{Y}_{12}\,\underline{U}_2 = \underline{I}_1$$
$$\underline{Y}_{21}\,\underline{U}_1 + \underline{Y}_{22}\,\underline{U}_2 = \underline{I}_2$$

2. Ermittlung von $\underline{Y}_{11}$ (Bild 8.71)

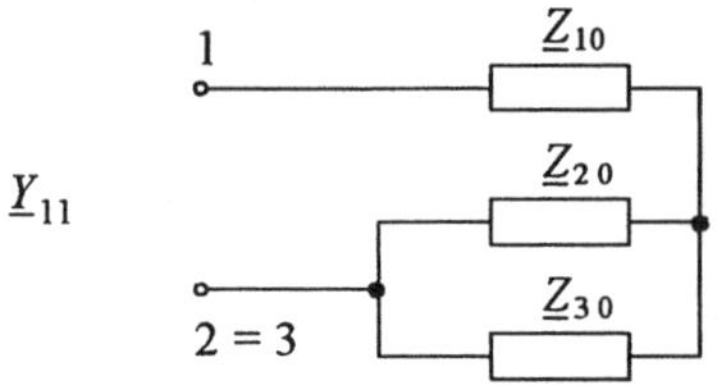

Bild 8.71 Impedanzschaltung zur Ermittlung von $\underline{Y}_{11}$ im Beispiel 8.21

Für das Netzwerk Bild 8.71 folgt:

$$\underline{Z}_{11} = \underline{Z}_{10} + \frac{\underline{Z}_{20}\,\underline{Z}_{30}}{\underline{Z}_{20} + \underline{Z}_{30}}$$

$$\underline{Z}_{11} = \frac{\underline{Z}_{10}\,\underline{Z}_{20} + \underline{Z}_{10}\,\underline{Z}_{30} + \underline{Z}_{20}\,\underline{Z}_{30}}{\underline{Z}_{20} + \underline{Z}_{30}}$$

$$\underline{Y}_{11} = \frac{1}{\underline{Z}_{11}} = \frac{\underline{Z}_{20} + \underline{Z}_{30}}{\underline{Z}_{10}\,\underline{Z}_{20} + \underline{Z}_{10}\,\underline{Z}_{30} + \underline{Z}_{20}\,\underline{Z}_{30}}$$

3. Ermittlung von $\underline{Y}_{22}$ Bild (8.72)

$$\underline{Z}_{22} = \underline{Z}_{20} + \frac{\underline{Z}_{10}\,\underline{Z}_{30}}{\underline{Z}_{10} + \underline{Z}_{30}}$$

$$\underline{Z}_{22} = \frac{\underline{Z}_{10}\,\underline{Z}_{20} + \underline{Z}_{10}\,\underline{Z}_{30} + \underline{Z}_{20}\,\underline{Z}_{30}}{\underline{Z}_{10} + \underline{Z}_{30}}$$

$$\underline{Y}_{22} = \frac{1}{\underline{Z}_{22}} = \frac{\underline{Z}_{10} + \underline{Z}_{30}}{\underline{Z}_{10}\,\underline{Z}_{20} + \underline{Z}_{10}\,\underline{Z}_{30} + \underline{Z}_{20}\,\underline{Z}_{30}}$$

Weiterhin gilt für diese Schaltung unter Anwendung der Spannungsteilerregel:

$$\frac{-\underline{U}_{10}}{\underline{U}_2} = \frac{\underline{Z}_{10} \,//\, \underline{Z}_{30}}{\underline{Z}_{20} + \underline{Z}_{10} \,//\, \underline{Z}_{30}}$$

$$\underline{Z}_{10} // \underline{Z}_{30} = \frac{\underline{Z}_{10}\,\underline{Z}_{30}}{\underline{Z}_{10} + \underline{Z}_{30}}$$

$$\frac{-\underline{U}_{10}}{\underline{U}_2} = \frac{\underline{Z}_{10}\,\underline{Z}_{30}}{\underline{Z}_{10}\,\underline{Z}_{20} + \underline{Z}_{10}\,\underline{Z}_{30} + \underline{Z}_{20}\,\underline{Z}_{30}}$$

Da $\underline{U}_{10} = \underline{I}_1\,\underline{Z}_{10}$, folgt:

$$\underline{I}_1 = \frac{-\,\underline{U}_2\,\underline{Z}_{30}}{\underline{Z}_{10}\,\underline{Z}_{20} + \underline{Z}_{10}\,\underline{Z}_{30} + \underline{Z}_{20}\,\underline{Z}_{30}}$$

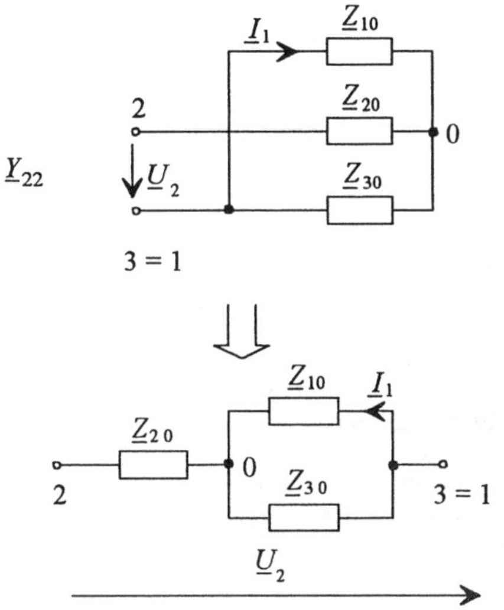

Bild 8.72 Impedanzschaltung zur Ermittlung von $\underline{Y}_{11}$ im Beispiel 8.21

4. Ermittlung von $\underline{Y}_{12} = \underline{Y}_{21}$

Aus Gleichung (8.20) bzw. (8.21) folgt:

$$\underline{Y}_{12} = \left.\frac{\underline{I}_1}{\underline{U}_2}\right|_{\underline{U}_1 = 0}$$

$$\underline{Y}_{12} = \frac{-\,\underline{Z}_{30}}{\underline{Z}_{10}\,\underline{Z}_{20} + \underline{Z}_{10}\,\underline{Z}_{30} + \underline{Z}_{20}\,\underline{Z}_{30}} = \underline{Y}_{21}$$

❑ **Beispiel 8.22 [40]**

Es soll das im Bild 8.73 gezeigte *ohmsche Dreitor* untersucht werden.

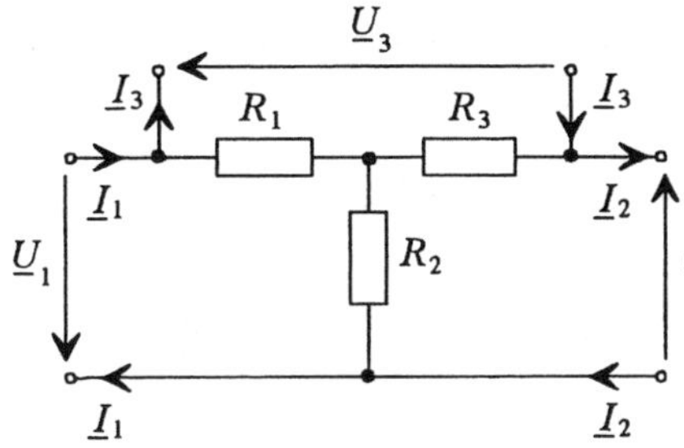

Bild 8.73 Ohmsches Dreitor

1. Zu ermitteln sind die Impedanzkoeffizienten des Dreitors in Abhängigkeit von den ohmschen Widerständen R_1, R_2 und R_3.

2. Das Netzwerk nach Bild 8.73 wird am Tor 1 durch eine Quelle $\underline{U}_1$ erregt (Bild 8.74), während das Tor 2 mit einer Kapazität C und das Tor 3 mit einer Induktivität L abgeschlossen wird. Unter diesen Bedingungen eliminiere man im Gleichungssystem die Torspannungen $\underline{U}_2$ und $\underline{U}_3$.

$$\begin{bmatrix} \underline{U}_1 \\ \underline{U}_2 \\ \underline{U}_3 \end{bmatrix} = \begin{bmatrix} Z_{11} & Z_{12} & Z_{13} \\ Z_{21} & Z_{22} & Z_{23} \\ Z_{31} & Z_{32} & Z_{33} \end{bmatrix} \begin{bmatrix} \underline{I}_1 \\ \underline{I}_2 \\ \underline{I}_3 \end{bmatrix}$$

3. Zu ermitteln sind die Bedingungen, unter denen die Eingangsimpedanz $\underline{Z} = \underline{U}_1 / \underline{I}_1$ des Netzwerkes von Bild 8.74 frequenzunabhängig wird. Hierzu ersetzt man zweckmäßigerweise den aus den Widerständen R_1, R_2 und R_3 bestehenden Stern durch ein äquivalentes Widerstandsdreieck.

4. Für den Fall $R_1 = R_2 = R_3 = R_0$ und unter der Voraussetzung, daß die in der 3. Teilaufgabe ermittelten Bedingungen erfüllt sind, soll die Eingangsimpedanz $\underline{Z} = \underline{U}_1 / \underline{I}_1$ berechnet werden, und zwar direkt mit Hilfe der Ergebnisse von Teilaufgabe 3 sowie durch Auflösung des Gleichungssystems für $\underline{I}_1$, $\underline{I}_2$, $\underline{I}_3$ von Teilaufgabe 2.

Lösung:

zu 1.

Verbindet man das Tor 1 des ohmschen Dreitors mit einer Stromquelle $\underline{I}_1$, und läßt man die beiden anderen Tore im Leerlauf ($\underline{I}_2 = \underline{I}_3 = 0$), so ergibt sich:

$$Z_{11} = \frac{\underline{U}_1}{\underline{I}_1} = R_1 + R_2$$

$$Z_{21} = \frac{\underline{U}_2}{\underline{I}_1} = -R_2 \qquad Z_{31} = \frac{\underline{U}_3}{\underline{I}_1} = -R_1$$

Entsprechend erhält man:

$$Z_{12} = Z_{21}, \quad Z_{22} = R_2 + R_3, \quad Z_{32} = -R$$

und

$$Z_{13} = Z_3 \qquad Z_{23} = Z_{32} \qquad Z_{33} = R_1 + R_3$$

zu 2.

Nach Belastung der Tore 2 und 3 gelten die Verknüpfungen

$$\underline{U}_2 = -\underline{I}_2 \frac{1}{\mathrm{j}\omega C} \qquad \underline{U}_3 = -\underline{I}_3 \,\mathrm{j}\omega C$$

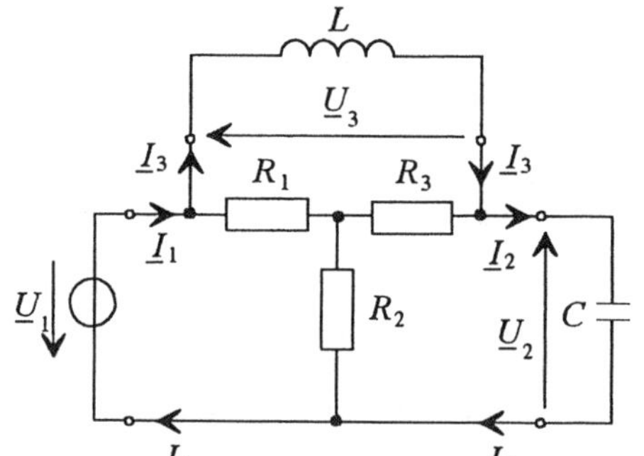

Bild 8.74 Ohmsches Dreitor mit äußerer Beschaltung

Setzt man diese Beziehungen in die Ausgangsgleichung ein, so entsteht das Gleichungssystem:

$\underline{I}_1$	$\underline{I}_2$	$\underline{I}_3$	
$R_1 + R_2$	$-R_2$	$-R_1$	$\underline{U}$
$-R_2$	$R_2 + R_3 + 1/\mathrm{j}\omega C$	$-R_3$	0
$-R_1$	$-R_3$	$R_1 + R_3 + \mathrm{j}\omega L$	0

Dieses Gleichungssystem erhält man auch durch die Anwendung des Maschenstromverfahrens, wenn man in die Maschen des Netzwerks nach Bild 8.74 Maschenströme einführt, die mit den Torströmen $\underline{I}_1$, $\underline{I}_2$, $\underline{I}_3$ übereinstimmen.

zu 3.

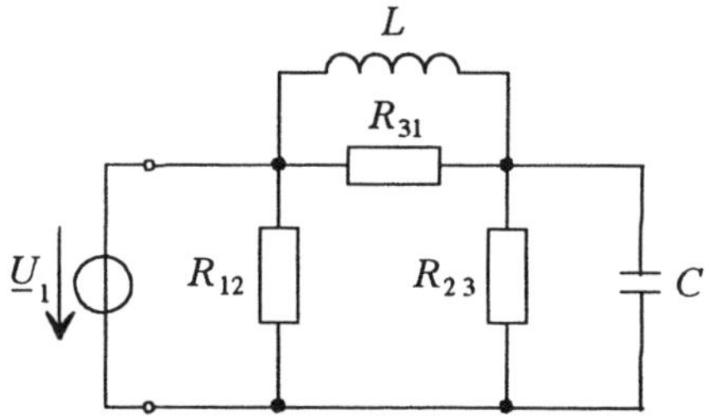

Bild 8.75 Aus dem Netzwerk von Bild 8.74 durch Stern-Dreieck-Transformation entstandenes äquivalentes Netzwerk

Durch Anwendung der Stern-Dreieck-Transformation entsteht der ersichtliche äquivalente Zweipol im Bild 8.75 mit den Widerstandswerten:

$$R_{12} = \frac{R_1 R_2 + R_2 R_3 + R_3 R_1}{R_3}$$

$$R_{23} = \frac{R_1 R_2 + R_2 R_3 + R_3 R_1}{R_1}$$

$$R_{31} = \frac{R_1 R_2 + R_2 R_3 + R_3 R_1}{R_2}$$

Da R_{12} zum übrigen Teil des Zweipols parallel liegt, braucht nur gefordert zu werden, daß dieser Teil frequenzunabhängig wird. Es ergibt sich somit die Forderung:

$$\frac{R_{31}\,j\omega L}{R_{31} + j\omega L} + \frac{R_{23}}{j\omega C\,(R_{23} - j/\omega C)}$$

$$= \frac{R_{31}\,j\omega L}{R_{31} + j\omega L} + \frac{R_{23}}{1 + j\omega C\,R_{23}}$$

Multipliziert man beide Seiten dieser Gleichung mit dem Hauptnenner, und ordnet alle Terme nach den Potenzen von ω, so entsteht:

$$\omega^2 LC\,R_{23}\,(R - R_{31})$$

$$+ j\omega[L\,(R_{23} + R_{31} - R) - CRR_{23}\,R_{31}]$$

$$+ R_{31}\,(R_{23} - R) = 0$$

Entsprechend der Aufgabenstellung müssen alle Koeffizienten von ω^2 und ω verschwinden. Die nachstehenden Gleichungen müssen Null werden.

$$R - R_{31} = 0$$

$$L\,(R_{23} + R_{31} - R) - CRR_{23}\,R_{31} = 0$$

$$R_{23} - R = 0$$

Durch Elimination von R erhält man die beiden *Bedingungen:* $R_{31} = R_{23}$, $\frac{L}{C} = R_{31}^2$

zu 4.

Für $R_1 = R_2 = R_3 = R_0$ folgt aus der Lösung der dritten Teilaufgabe: $R_{12} = R_{23} = R_{31} = 3R_0$

Daraus folgt: $L = 9R_0^2\,C$

Demzufolge hat der parallel zu $R_{12} = 3\,R_0$ liegende Teil des Zweipols nach Bild 8.75 den frequenzunabhängigen Eingangswiderstand: $R = R_{31} = 3\,R_0$

Für die Eingangsimpedanz des gesamten Zweipols gilt: $\underline{Z} = 3/2\,R_0$

Zum gleichen Ergebnis gelangt man, wenn man in das Gleichungssystem der 2. Teilaufgabe die Widerstandswerte $R_1 = R_2 = R_3 = R_0$ einsetzt und die Gleichung $L = 9\,R_0^2\,C$ berücksichtigt.

Dadurch entsteht das Gleichungssystem:

$\underline{I}_1$	$\underline{I}_2$	$\underline{I}_3$	
$2R_0$	$-R_0$	$-R_0$	$\underline{U}_1$
$-R_0$	$2R_0 + 1/j\omega C$	$-R_0$	0
$-R_0$	$-R_0$	$2R_0 + j\omega 9R_0^2 C$	0

Mit $\underline{Z} = \frac{\underline{U}_1}{\underline{I}_1}$ wird:

$$\underline{Z} = \frac{\begin{vmatrix} 2R_0 & -R_0 & -R_0 \\ -R_0 & 2R_0 + 1/j\omega C & -R_0 \\ -R_0 & -R_0 & 2R_0 + j\omega 9R_0^2 C \end{vmatrix}}{(2R_0 + 1/j\omega C)\left(2R_0 + j\omega 9R_0^2 C\right) - R_0^2}$$

$$\underline{Z} = \frac{3R_0^2\left(1/j\omega C + 6R_0 + j\omega 9R_0^2 C\right.}{2R_0\left(1/j\omega C + 6R_0 + j\omega 9R_0^2\right.}$$

$$\underline{Z} = \frac{3}{2}\,R_0$$

8.5.2 Zweitore (Vierpole)

8.5.2.1 Aufbau und Berechnungsgrundlagen

Definition und prinzipieller Aufbau. Ein elektrisches Netzwerk mit vier Klemmen wird als Zweitor bzw. Vierpol definiert. Die Schaltung des Zweitors erfolgt zwischen Quelle und Verbraucher.
Bei dem quellenseitigen Klemmenpaar handelt es sich um den Zweitor- bzw. Vierpoleingang (Primärseite). Die Verbraucherklemmen bilden den Zweitor- bzw. Vierpolausgang (Sekundärseite). Zweitore haben somit Übertragungseigenschaften. Sie werden stets durch zwei unabhängige Ströme beschrieben (siehe dazu Bild 8.76).

Vierpole und deren Schaltungen treten in der Nachrichtentechnik als Übertragungsvierpol, als Kettenleiter in der Leitungstheorie, als Transformatoren in der elektrischen Energietechnik auf. Sie dienen zur Vereinfachung der Berechnung komplizierter elektrischer Netzwerke.

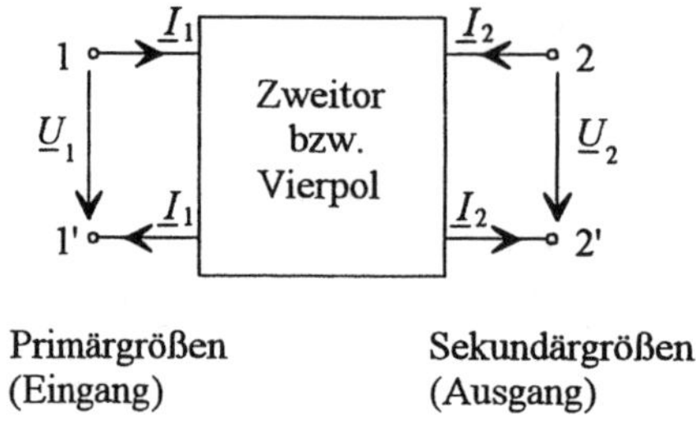

Bild 8.76 Prinzipieller Aufbau eines Zweitors (symmetrische Bezugsfeile)

Impedanzmatrix. Mit Hilfe der Impedanzmatrix können unter Verwendung der Ströme die Eingangs- und Ausgangsspannungen berechnet werden.

$$\underline{U}_1 = \underline{Z}_{11}\,\underline{I}_1 + \underline{Z}_{12}\,\underline{I}_2$$

$$\underline{U}_2 = \underline{Z}_{21}\,\underline{I}_1 + \underline{Z}_{22}\,\underline{I}_2$$

In Matrizenschreibweise gilt:

$$\begin{bmatrix} \underline{U}_1 \\ \underline{U}_2 \end{bmatrix} = \underbrace{\begin{bmatrix} \underline{Z}_{11} & \underline{Z}_{12} \\ \underline{Z}_{21} & \underline{Z}_{22} \end{bmatrix}}_{\text{Impedanzmatrix}} \begin{bmatrix} \underline{I}_1 \\ \underline{I}_2 \end{bmatrix} \qquad (8.24)$$

Die Elemente der Impedanzmatrix können ermittelt werden, indem das Zweitor im Leerlauf betrieben wird.

1. Vorwärtsbetrieb. Leerlauf auf der Sekundärseite $\left(\underline{I}_2 = 0\right)$:

$$\underline{Z}_{11} = \frac{\underline{U}_1}{\underline{I}_1} \qquad \underline{Z}_{21} = \frac{\underline{U}_2}{\underline{I}_1}$$

2. Rückwärtsbetrieb. Leerlauf auf der Primärseite $\left(\underline{I}_1 = 0\right)$:

$$\underline{Z}_{22} = \frac{\underline{U}_2}{\underline{I}_2} \qquad \underline{Z}_{12} = \frac{\underline{U}_1}{\underline{I}_2}$$

❑ **Beispiel 8.23 [49]**

Für den im Bild 8.77 dargestellten Vierpol sollen die $\underline{Z}$-Parameter mit Hilfe der Kirchhoffchen Sätze ermittelt werden.

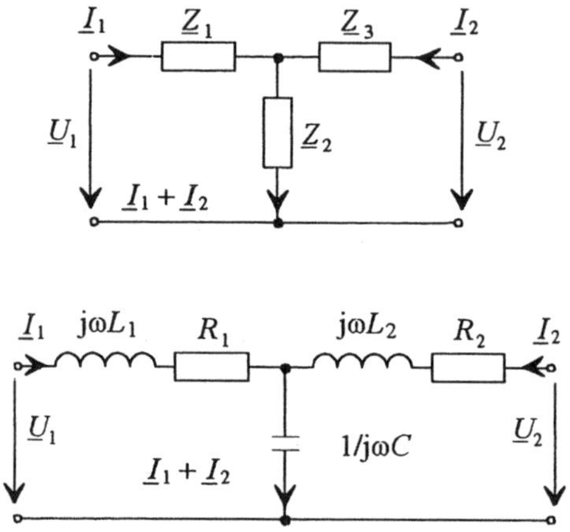

Bild 8.77 Vierpol in T-Schaltung

Lösung:

$$\underline{U}_1 = \underline{Z}_1\,\underline{I}_1 + \underline{Z}_2\left(\underline{I}_1 + \underline{I}_2\right)$$

$$\underline{U}_1 = \left(\underline{Z}_1 + \underline{Z}_2\right)\underline{I}_1 + \underline{Z}_2\,\underline{I}_2$$

$$\underline{U}_2 = \underline{Z}_3\,\underline{I}_2 + \underline{Z}_2\left(\underline{I}_1 + \underline{I}_2\right)$$

$$\underline{U}_2 = \left(\underline{Z}_2 + \underline{Z}_3\right)\underline{I}_2 + \underline{Z}_2\,\underline{I}_1$$

Daraus folgt:

$$[\underline{Z}] = \begin{bmatrix} \underline{Z}_1 + \underline{Z}_2 & \underline{Z}_2 \\ \underline{Z}_2 & \underline{Z}_2 + \underline{Z}_3 \end{bmatrix}$$

$$[\underline{Z}] = \begin{bmatrix} R_1 + \mathrm{j}\omega L_1 + \frac{1}{\mathrm{j}\omega C} & \frac{1}{\mathrm{j}\omega C} \\ \frac{1}{\mathrm{j}\omega C} & R_2 + \mathrm{j}\omega L_2 + \frac{1}{\mathrm{j}\omega C} \end{bmatrix}$$

Admittanzmatrix. Mit der Admittanzmatrix können die Ströme auf der Grundlage der beiden Spannungen berechnet werden.

$$\underline{I}_1 = \underline{Y}_{11}\,\underline{U}_1 + \underline{Y}_{12}\,\underline{U}_2$$

$$\underline{I}_2 = \underline{Y}_{21}\,\underline{U}_1 + \underline{Y}_{22}\,\underline{U}_2$$

In Matrizenschreibweise gilt:

$$\begin{pmatrix} \underline{I}_1 \\ \underline{I}_2 \end{pmatrix} = \underbrace{\begin{pmatrix} \underline{Y}_{11} & \underline{Y}_{12} \\ \underline{Y}_{21} & \underline{Y}_{22} \end{pmatrix}}_{\text{Admittanzmatrix}} \begin{pmatrix} \underline{U}_1 \\ \underline{U}_2 \end{pmatrix} \qquad (8.25)$$

Die Elemente der Admittanzmatrix können ermittelt werden, indem man das Zweitor im Kurzschluß betreibt.

1. Kurzschluß auf der Sekundärseite

$$\left(\underline{U}_2 = 0\right)$$

$$\underline{Y}_{11} = \frac{\underline{I}_1}{\underline{U}_1} \qquad \underline{Y}_{21} = \frac{\underline{I}_2}{\underline{U}_1}$$

2. Kurzschluß auf der Primärseite

$$\left(\underline{U}_1 = 0\right)$$

$$\underline{Y}_{22} = \frac{\underline{I}_2}{\underline{U}_2} \qquad \underline{Y}_{12} = \frac{\underline{I}_1}{\underline{U}_2}$$

Die Berechnung der Elemente der Admittanzmatrix mit Hilfe der Elemente der Impedanzmatrix führt zu folgendem Ergebnis:

$$\underline{Y}_{11} = \frac{\underline{Z}_{22}}{\underline{Z}_{11}\,\underline{Z}_{22} - \underline{Z}_{12}\,\underline{Z}_{21}}$$

$$\underline{Y}_{12} = \frac{-\underline{Z}_{12}}{\underline{Z}_{11}\,\underline{Z}_{22} - \underline{Z}_{12}\,\underline{Z}_{21}}$$

$$\underline{Y}_{21} = \frac{-\underline{Z}_{21}}{\underline{Z}_{11}\,\underline{Z}_{22} - \underline{Z}_{12}\,\underline{Z}_{21}}$$

$$\underline{Y}_{22} = \frac{\underline{Z}_{11}}{\underline{Z}_{11}\,\underline{Z}_{22} - \underline{Z}_{12}\,\underline{Z}_{21}}$$

Ersatzschaltung. Mit Hilfe der Impedanzmatrix läßt sich das Zweitor auf eine T-*Schaltung* und mit Hilfe der Admittanzmatrix auf eine π-*Schaltung* reduzieren.

❑ **Beispiel 8.24 [39]**

Auf der Grundlage der im Bild 8.78 dargestellten Schaltung sind die T- und π-Schaltung als Ersatzschaltung zu entwerfen.

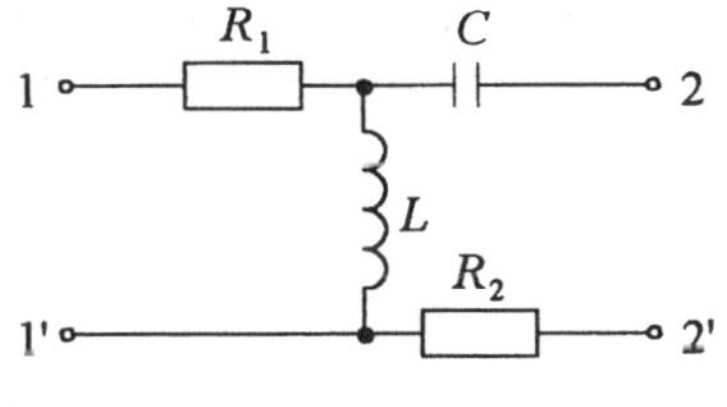

Bild 8.78 Vierpolschaltung zur Ableitung der T- und π-Ersatzschaltung

Lösung:

1. T-Ersatzschaltung

Unter Beachtung der Leerlaufbedingungen ergeben sich für die Schaltung nach Bild 8.78

folgende Impedanzen:

$$\underline{Z}_{11} = R_1 + j\omega L$$

$$\underline{Z}_{22} = R_2 + j\omega L + \frac{1}{j\omega C}$$

$$\underline{Z}_{12} = \underline{Z}_{21} = j\omega L$$

Für die T-Ersatzschaltung ergeben sich unter gleichen Betriebsbedingungen gemäß Bild 8.79 folgende Impedanzen:

$$\underline{Z}_{11} = \underline{Z}_1 + \underline{Z}_2 \qquad \underline{Z}_{22} = \underline{Z}_2 + \underline{Z}_3$$

$$\underline{Z}_{12} = \underline{Z}_{21} = \underline{Z}_2$$

Daraus folgt:

$$\underline{Z}_1 = \underline{Z}_{11} - \underline{Z}_{12} \qquad \underline{Z}_3 = \underline{Z}_{22} - \underline{Z}_{12}$$

$$\underline{Z}_2 = \underline{Z}_{12}$$

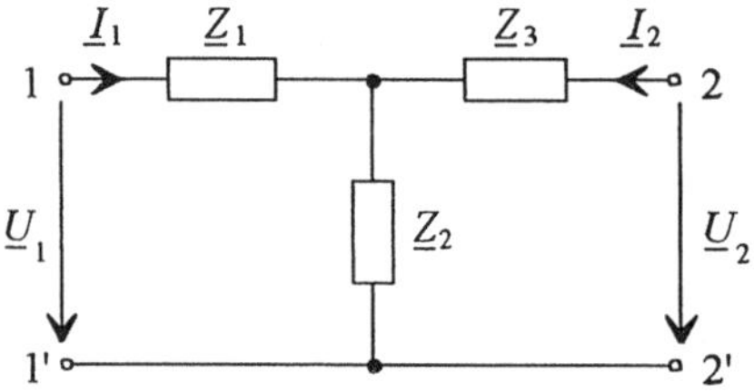

Bild 8.79 T-Ersatzschaltung

2. π-Ersatzschaltung

Unter Beachtung der Kurzschlußbedingungen ergeben sich für die π-Ersatzschaltung (Bild 8.80):

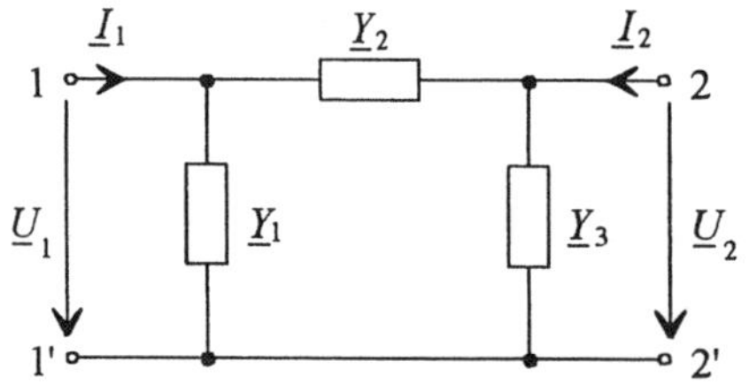

Bild 8.80 π-Ersatzschaltung mit Admittanzen

$$\underline{Y}_1 = \underline{Y}_{11} + \underline{Y}_{12} \qquad \underline{Y}_3 = \underline{Y}_{22} + \underline{Y}_{12}$$

$$\underline{Y}_2 = -\underline{Y}_{12} = -\underline{Y}_{21}$$

Hybridmatrix. Die Hybridmatrix findet Anwendung, wenn der Eingangsstrom $\underline{I}_1$ und die Ausgangsspannung $\underline{U}_2$ gegeben und die Eingangsspannung $\underline{U}_1$ und der Ausgangsstrom $\underline{I}_2$ gesucht sind,

$$\underline{U}_1 = \underline{H}_{11}\,\underline{I}_1 + \underline{H}_{12}\,\underline{U}_2$$

$$\underline{I}_2 = \underline{H}_{21}\,\underline{I}_1 + \underline{H}_{22}\,\underline{U}_2$$

In Matrizenschreibweise gilt:

$$\begin{bmatrix} \underline{U}_1 \\ \underline{I}_2 \end{bmatrix} = \underbrace{\begin{bmatrix} \underline{H}_{11} & \underline{H}_{12} \\ \underline{H}_{21} & \underline{H}_{22} \end{bmatrix}}_{\text{Hybridmatrix}} \begin{bmatrix} \underline{I}_1 \\ \underline{U}_2 \end{bmatrix} \tag{8.26}$$

Die Elemente der Hybridmatrix können ebenfalls durch die Leerlauf- und Kurzschlußbetrachtung ermittelt werden.

1. Kurzschlußbetrieb $\left(\underline{U}_2 = 0\right)$

$$\underline{H}_{11} = \frac{\underline{U}_1}{\underline{I}_1} \qquad \underline{H}_{21} = \frac{\underline{I}_2}{\underline{I}_1}$$

2. Leerlaufbetrieb $\left(\underline{I}_1 = 0\right)$

$$\underline{H}_{22} = \frac{\underline{I}_2}{\underline{U}_2} \qquad \underline{H}_{12} = \frac{\underline{U}_1}{\underline{U}_2}$$

Zweitorgleichungen in der Hybridform werden vor allem bei der Berechnung von Verstärkerschaltungen mit Transistoren eingesetzt.

Kettenmatrix. Mit der Kettenmatrix werden in Abhängigkeit von den Ausgangsgrößen $\underline{U}_2$ und $\underline{I}_2$ die Eingangsgrößen $\underline{U}_1$ und $\underline{I}_1$ berechnet.

$$\underline{U}_1 = \underline{A}_{11}\,\underline{U}_2 + \underline{A}_{12}\,\underline{I}_2$$

$$\underline{I}_1 = \underline{A}_{21}\,\underline{U}_2 + \underline{A}_{22}\,\underline{I}_2$$

In Matrizenschreibweise gilt:

$$\begin{bmatrix} \underline{U}_1 \\ \underline{I}_1 \end{bmatrix} = \underbrace{\begin{bmatrix} \underline{A}_{11} & \underline{A}_{12} \\ \underline{A}_{21} & \underline{A}_{22} \end{bmatrix}}_{\text{Kettenmatrix}} \begin{bmatrix} \underline{U}_2 \\ \underline{I}_2 \end{bmatrix} \quad (8.27)$$

Die Elemente der Kettenmatrix können wie folgt ermittelt werden:

1. Leerlaufbetrieb $\left(\underline{I}_2 = 0\right)$

$$\underline{A}_{11} = \frac{\underline{U}_1}{\underline{U}_2} \qquad \underline{A}_{21} = \frac{\underline{I}_1}{\underline{U}_2}$$

2. Kurzschlußbetrieb $\left(\underline{U}_2 = 0\right)$

$$\underline{A}_{22} = \frac{\underline{I}_1}{\underline{I}_2} \qquad \underline{A}_{12} = \frac{\underline{U}_1}{\underline{I}_2}$$

❑ **Beispiel 8.25**

Gegeben ist das im Bild 8.81 dargestellte verlustlose Siebglied. Zu ermitteln sind die Gleichungen zur Berechnung der Elemente der Kettenmatrix.

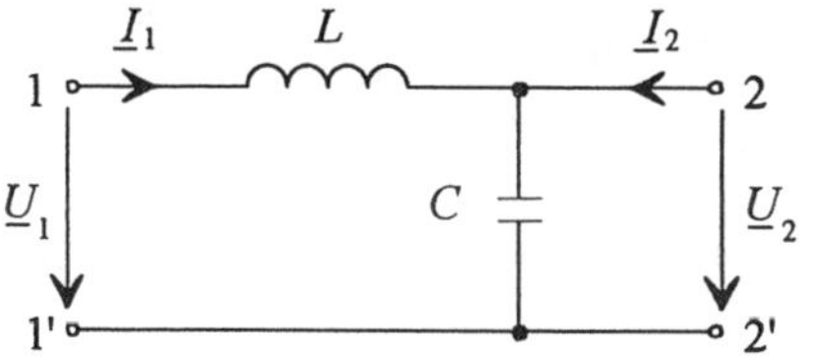

Bild 8.81 Zweitor als verlustloses Siebglied

Lösung:

1. Ermittlung der Elemente der 1. Spalte der Kettenmatrix (Leerlaufbetrachtung mit $\underline{I}_2 = 0$)

$$\underline{A}_{11} = \frac{\mathrm{j}\omega L + 1/\mathrm{j}\omega C}{1/\mathrm{j}\omega C} = 1 - \omega^2 LC$$

$$\underline{A}_{21} = \mathrm{j}\omega C$$

2. Schritt: Ermittlung der 2. Spalte der Kettenmatrix (Kurzschlußbetrieb mit $\underline{U}_2 = 0$). Die Klemmen 2 - 2' sind dabei kurzgeschlossen.

$$\underline{A}_{22} = 1 \qquad \underline{A}_{12} = \mathrm{j}\omega L$$

❑ **Beispiel 8.26 [40]**

Gegeben sind die im Bild 8.82 dargestellten einfachen Zweitore. Zu ermitteln sind die Kettenmatrix für die einzelnen Zweitore und deren mögliche Kombinationen.

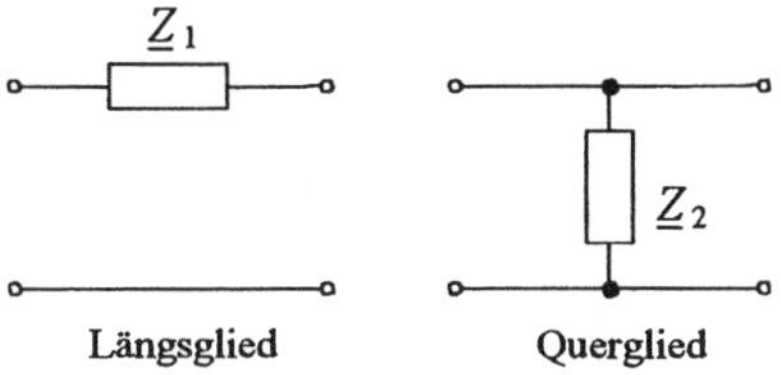

Bild 8.82 Einfache Zweitore

Lösung:

Entsprechend der Definition der festgelegten Bezugsrichtungen für die Kettenmatrix gilt gemäß Bild 8.80 für $\underline{I}_2' = -\underline{I}_2$.

Daraus folgt:

a) $\underline{U}_1 = \underline{U}_2 + \underline{Z}_1\underline{I}'$ $\qquad \underline{I}_1 = \underline{I}_2'$

b) $\underline{U}_1 = \underline{U}_2$ $\qquad \underline{I}_1 = \dfrac{\underline{U}_2}{\underline{Z}_2} + \underline{I}'$

$$[\underline{A}] = \begin{bmatrix} 1 & \underline{Z}_1 \\ 0 & 1 \end{bmatrix} \qquad [\underline{A}] = \begin{bmatrix} 1 & 0 \\ \dfrac{1}{\underline{Z}_2} & 1 \end{bmatrix}$$

1. Kombination:

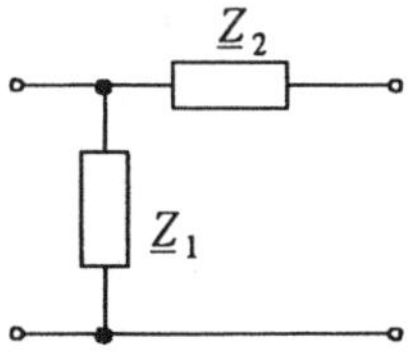

Bild 8.83 π-Halbglied

$$[\underline{A}] = \begin{bmatrix} 1 & 0 \\ \frac{1}{\underline{Z}_1} & 1 \end{bmatrix} \begin{bmatrix} 1 & \underline{Z}_2 \\ 0 & 1 \end{bmatrix}$$

$$[\underline{A}] = \begin{bmatrix} 1 & \underline{Z}_2 \\ \frac{1}{\underline{Z}_1} & \frac{\underline{Z}_2}{\underline{Z}_1} + 1 \end{bmatrix}$$

2. Kombination:

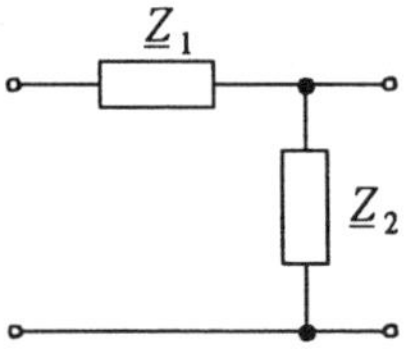

Bild 8.84 T-Halbglied

$$[\underline{A}] = \begin{bmatrix} 1 & \underline{Z}_1 \\ 0 & 1 \end{bmatrix} \begin{bmatrix} 1 & 0 \\ \frac{1}{\underline{Z}_2} & 1 \end{bmatrix}$$

$$[\underline{A}] = \begin{bmatrix} 1 + \frac{\underline{Z}_1}{\underline{Z}_2} & \underline{Z}_1 \\ \frac{1}{\underline{Z}_2} & 1 \end{bmatrix}$$

Umrechnungsvarianten [49]. Aus dem Vergleich aller Beziehungen zur Ermittlung der jeweiligen Matrizenelemente ergeben sich, ausgehend von der Hybridform, folgende Umrechnungsmöglichkeiten:

$$\begin{bmatrix} \underline{H}_{11} & \underline{H}_{12} \\ \underline{H}_{21} & \underline{H}_{22} \end{bmatrix} = \begin{bmatrix} \frac{1}{\underline{Y}_{11}} & \frac{-\underline{Y}_{12}}{\underline{Y}_{11}} \\ \frac{\underline{Y}_{21}}{\underline{Y}_{11}} & \frac{\det \underline{Y}}{\underline{Y}_{11}} \end{bmatrix} =$$

$$\begin{bmatrix} \frac{\det \underline{Z}}{\underline{Z}_{22}} & \frac{\underline{Z}_{12}}{\underline{Z}_{22}} \\ \frac{-\underline{Z}_{21}}{\underline{Z}_{22}} & \frac{1}{\underline{Z}_{22}} \end{bmatrix} = \begin{bmatrix} \frac{\underline{A}_{12}}{\underline{A}_{22}} & \frac{\det \underline{A}}{\underline{A}_{22}} \\ \frac{-1}{\underline{A}_{22}} & \frac{\underline{A}_{21}}{\underline{A}_{22}} \end{bmatrix} \quad (8.28)$$

❑ **Beispiel 8.27**

Unter Anwendung der Hybrid- und Kettenmatrix sind die Gleichungen des elektrischen Grundstromkreises zu formulieren.

Lösung:

1. Anwendung der Kettenmatrix

Zunächst werden die Schaltelemente getrennt betrachtet (Bilder 8.85 und 8.86).

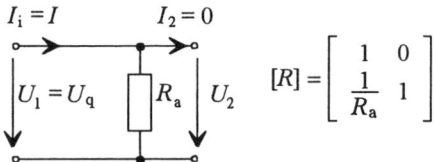

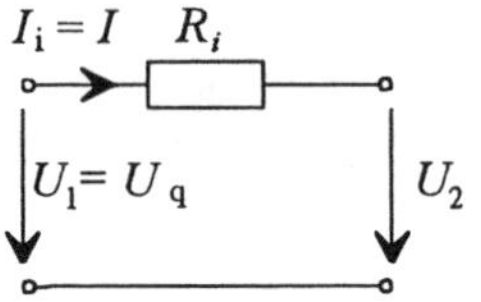

$$[R] = \begin{bmatrix} 0 & R_i \\ 0 & 1 \end{bmatrix}$$

Bild 8.85 Vierpol mit R_i des Grundstromkreises

Aus Bild 8.85 folgt:

$$U_1 = A_{11}\, U_2 + A_{12}\, I_2 = U_2 + R_i\, I_2$$

$$I_1 = A_{21}\, U_2 + A_{22}\, I_2 = 0 + I_2 = I_2$$

$$U_1 = U_2 + IR_i$$

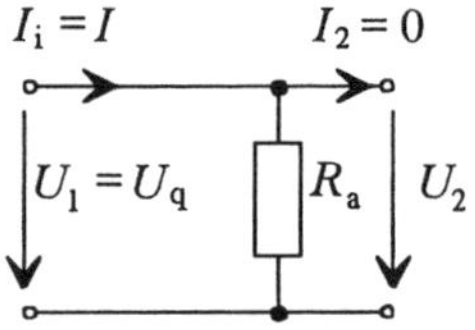

$$[R] = \begin{bmatrix} 1 & 0 \\ \frac{1}{R_a} & 1 \end{bmatrix}$$

Bild 8.86 Vierpol mit R_a des Grundstromkreises

Aus Bild 8.86 folgt:

$$U_1 = U_2 + 0$$

$$I_1 = \frac{U_2}{R_a} + I_2 = \frac{U_2}{R_a} + 0$$

$$U_1 = U_2$$

$$I_1 = I = \frac{U_2}{R_a}$$

$$U_2 = IR_a$$

Es kann der Grundstromkreis auch komplett als Vierpol betrachtet werden (Bild 8.87)

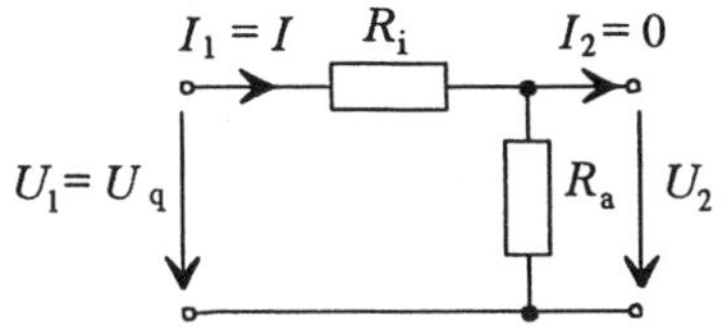

Bild 8.87 Der Grundstromkreis als Vierpol

Für die Kettenmatrix gilt:

$$[A] = \begin{bmatrix} 1 + \frac{R_i}{R_a} & R_i \\ \frac{1}{R_a} & 1 \end{bmatrix}$$

Aus der Kettenmatrix folgt für das Spannungsteilerverhältnis:

$$U_1 = \left(1 + \frac{R_i}{R_a}\right) U_2 + R_i I_2$$

$$U_1 = U_2 + \frac{R_i}{R_a} U_2 + 0$$

$$\frac{U_1}{U_2} = \frac{R_a + R_i}{R_a}$$

Für die Spannung über dem Lastwiderstand gilt.

$$I_1 = \frac{1}{R_a} U_2 + I_2 = \frac{U_2}{R_a} + 0$$

$$I_1 = I = \frac{U_2}{R_a}$$

$$U_2 = I R_a$$

Aus diesen beiden Gleichungen folgt für den Strom:

$$U_q = U_1 = I R_a \frac{R_a + R_i}{R_a}$$

$$U_q = U_1 = I (R_a + R_i)$$

$$I = \frac{U_q}{R_i + R_a}$$

2. Anwendung der Hybridmatrix mit Elementen der Kettenmatrix

$$U_1 = H_{11} I_1 + H_{12} U_2$$

$$I_2 = H_{21} I_1 + H_{22} U_2$$

$$[H] = \begin{bmatrix} \frac{A_{12}}{A_{22}} & \frac{\det A}{A_{22}} \\ \frac{-1}{A_{22}} & \frac{A_{21}}{A_{22}} \end{bmatrix}$$

$$\det A = \begin{vmatrix} A_{11} & A_{12} \\ A_{21} & A_{22} \end{vmatrix} = A_{11} A_{22} - A_{21} A_{12}$$

Daraus folgt:

$$H_{11} = \frac{R_i}{1} = R_i$$

$$H_{12} = \frac{\left(1 + \frac{R_i}{R_a}\right) \cdot 1 - R_i \frac{1}{R_a}}{1}$$

$$H_{12} = \frac{R_a + R_i - R_i}{R_a} = 1$$

$$H_{21} = \frac{-1}{1} = -1$$

$$H_{22} = \frac{\frac{1}{R_a}}{1} = \frac{1}{R_a}$$

Somit gilt:

$$U_1 - R_i I_1 + 1 \cdot U_2 = I R_i + U_2$$

$$I_2 = 0 = (-1)\, I_1 + \frac{1}{R_a} U_2$$

$$I_1 = I = \frac{U_2}{R_a}$$

$$U_2 = I R_a$$

$$U_1 = I (R_i + R_a)$$

8.5.2.2 Kombination von Zweitoren

Mit Hilfe der Regeln der Matrizenrechnung lassen sich die möglichen Vierpolkombinationen einfach berechnen.

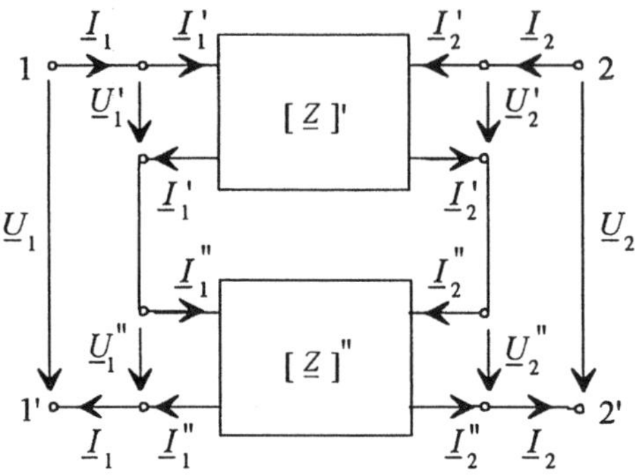

Bild 8.88 Reihen-Reihen-Schaltung zweier Vierpole

Reihen-Reihen-Schaltung. Das Bild 8.88 zeigt das Schaltungsprinzip. Die Berechnung erfolgt unter Anwendung der Impedanzmatrix. Es gilt:

$$\underline{I}_1 = \underline{I}_1' = \underline{I}_1'' \; ; \qquad \underline{U}_1 = \underline{U}_1' + \underline{U}_1''$$

$$\underline{I}_2 = \underline{I}_2' = \underline{I}_2'' \; ; \qquad \underline{U}_2 = \underline{U}_2' + \underline{U}_2''$$

$$[\underline{Z}] = [\underline{Z}]' + [\underline{Z}]''$$

$$\begin{bmatrix} \underline{U}_1 \\ \underline{U}_2 \end{bmatrix} = \begin{bmatrix} \underline{Z}_{11}' + \underline{Z}_{11}'' & \underline{Z}_{12}' + \underline{Z}_{12}'' \\ \underline{Z}_{21}' + \underline{Z}_{21}'' & \underline{Z}_{22}' + \underline{Z}_{22}'' \end{bmatrix} \begin{bmatrix} \underline{I}_1 \\ \underline{I}_2 \end{bmatrix} \tag{8.29}$$

Die Widerstandsmatrix von zwei Vierpolen in Reihen-Reihen-Schaltung wird berechnet, indem die entsprechenden Widerstands-Vierpolparameter der Einzelvierpole addiert werden.

❑ **Beispiel 8.28 [49]**

Die im Bild 8.89 dargestellte Schaltung soll in eine Reihen-Reihen-Schaltung zweier Vierpole zerlegt werden.

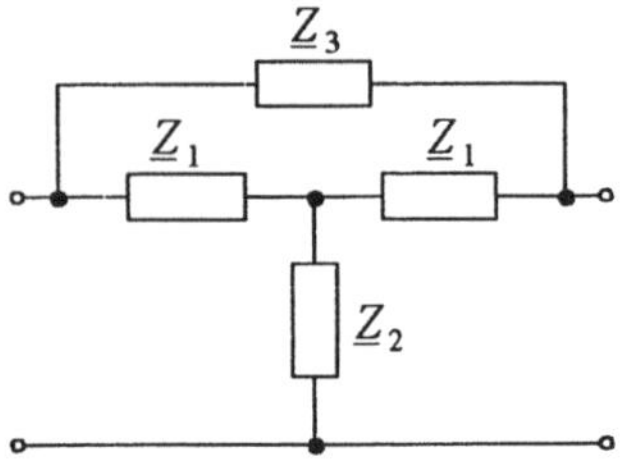

Bild 8.89 Impedanzvierpol

Lösung:

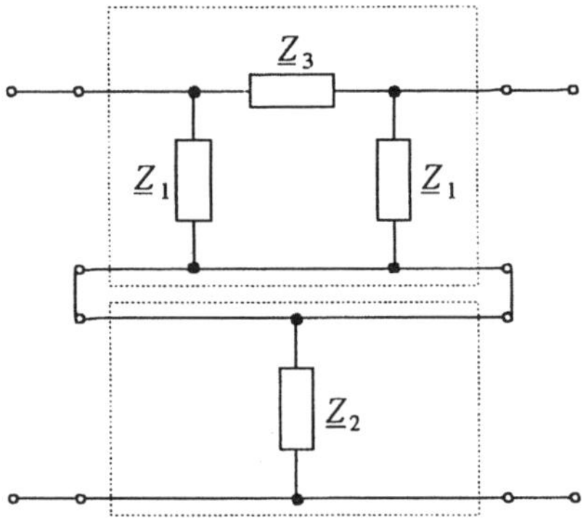

Bild 8.90 Reihen-Reihen-Schaltung

Es ist darauf zu achten, daß bei Kombinationen von Vierpolen Längsspannungen nicht kurzgeschlossen werden (Bild 8.91).

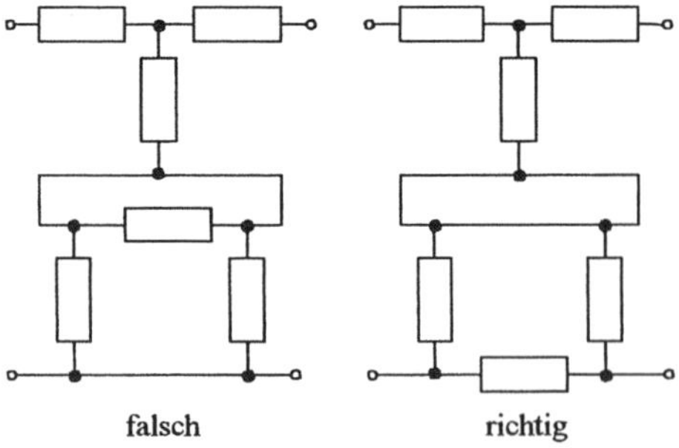

Bild 8.91 Mögliche Reihen-Reihen-Schaltungen

❑ **Beispiel 8.29 [59]**

Für die im Bild 8.92 dargestellte Reihen-Reihen-Schaltung zweier Vierpole ist eine äquivalente Ersatzschaltung zu entwerfen.

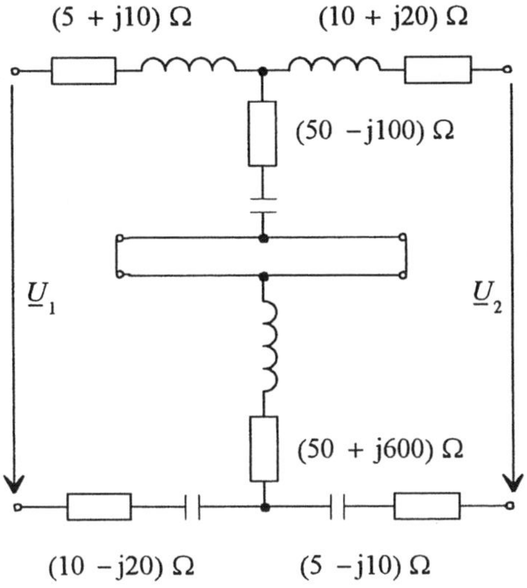

Bild 8.92 Reihen-Reihen-Schaltung

Lösung:

1. Ermittlung der Impedanzmatrix

$$\underline{Z}_{11} = (5 + j\,10)\,\Omega + (50 - j\,100)\,\Omega + (50 + j\,600)\,\Omega + (10 - j\,20)\,\Omega$$

$$\underline{Z}_{11} = (115 + j\,490)\,\Omega$$

$$\underline{Z}_{22} = (10 + j\,20)\,\Omega + (50 - j\,100)\,\Omega + (50 + j\,600)\,\Omega + (5 - j\,10)\,\Omega$$

$$\underline{Z}_{22} = (115 + j\,510)\,\Omega$$

$$\underline{Z}_{12} = (50 - j\,100)\,\Omega + (50 + j\,600)\,\Omega$$

$$\underline{Z}_{12} = (100 + j\,500)\,\Omega$$

$$\underline{Z}_{12} = \underline{Z}_{21}$$

$$[\underline{Z}] = \begin{bmatrix} (115 + j\,490)\Omega & (100 + j\,500)\Omega \\ (100 + j\,500)\Omega & (115 + j\,510)\Omega \end{bmatrix}$$

2. Entwurf der Ersatzschaltung

$$\underline{Z}_1 = \underline{Z}_{11} - \underline{Z}_{12}$$

$$\underline{Z}_1 = 115\,\Omega + j\,490\,\Omega - 100\,\Omega - j\,500\,\Omega$$

$$\underline{Z}_1 = 15\,\Omega - j\,10\,\Omega$$

$$\underline{Z}_2 = \underline{Z}_{12} = 100\,\Omega + j\,500\,\Omega$$

$$\underline{Z}_3 = \underline{Z}_{22} - \underline{Z}_{12}$$

$$\underline{Z}_3 = 115\,\Omega + j\,510\,\Omega - 100\,\Omega - j\,500\,\Omega$$

$$\underline{Z}_3 = 15\,\Omega + j\,10\,\Omega$$

Es kann aber auch sofort formuliert werden:

$$\underline{Z}_1 = (5 + j\,10)\,\Omega + (10 - j\,20)\,\Omega$$

$$\underline{Z}_1 = (15 - j\,10)\,\Omega$$

$$\underline{Z}_2 = (50 - j\,100)\,\Omega + (50 + j\,600)\,\Omega$$

$$\underline{Z}_2 = (100 + j\,500)\,\Omega$$

$$\underline{Z}_3 = (10 + j\,20)\,\Omega + (5 - j\,10)\,\Omega$$

$$\underline{Z}_3 = (15 + j\,10)\,\Omega$$

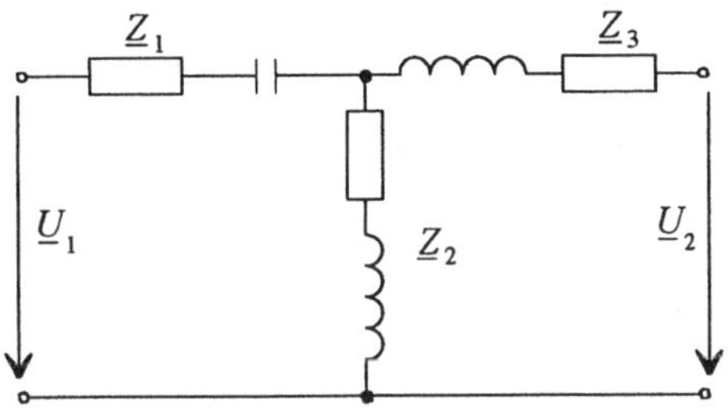

Bild 8.93 Ersatzschaltung der Reihen-Reihen-Schaltung gemäß Bild 8.92

Reihen-Parallel-Schaltung. Bei dieser Kombination werden die Vierpoleingänge in Reihe und die Vierpolausgänge parallel geschaltet (Bild 8.94).

Es addieren sich die Eingangsspannungen und die Ausgangsströme. Damit liegt eine Hybrid-Form vor.

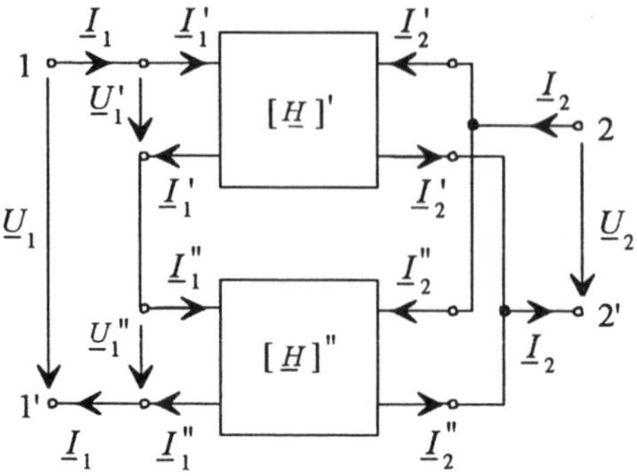

Bild 8.94 Reihen-Parallel-Schaltung zweier Vierpole

Es gilt:

$$\underline{I}_1 = \underline{I}_1' = \underline{I}_1'' \qquad \underline{U}_2 = \underline{U}_2' = \underline{U}_2''$$

$$\underline{U}_1 = \underline{U}_1' + \underline{U}_1'' \qquad \underline{I}_2 = \underline{I}_2' + \underline{I}_2''$$

$$[\underline{H}] = [\underline{H}]' + [\underline{H}]''$$

$$\begin{bmatrix} \underline{U}_1 \\ \underline{I}_2 \end{bmatrix} = \begin{bmatrix} \underline{H}_{11}' + \underline{H}_{11}'' & \underline{H}_{12}' + \underline{H}_{12}'' \\ \underline{H}_{21}' + \underline{H}_{21}'' & \underline{H}_{22}' + \underline{H}_{22}'' \end{bmatrix} \begin{bmatrix} \underline{I}_1 \\ \underline{U}_2 \end{bmatrix} \tag{8.30}$$

Parallel-Reihen-Schaltung.
Bei dieser Kombination werden die Eingänge parallel und die Ausgänge in Reihe geschaltet. Es addieren sich die Eingangsströme und die Ausgangsspannungen. Die Hybridmatrix kann nicht ohne weiteres zur Berechnung verwendet werden. Es folgt eine Berechnung mit *C*-Parametern.

$$\underline{I}_1 = \underline{C}_{11}\,\underline{U}_1 + \underline{C}_{12}\,\underline{I}_2$$

$$\underline{U}_2 = \underline{C}_{21}\,\underline{U}_1 + \underline{C}_{22}\,\underline{I}_2$$

In Matrizenschreibweise gilt:

$$\begin{bmatrix} \underline{I}_1 \\ \underline{U}_2 \end{bmatrix} = \begin{bmatrix} \underline{C}_{11} & \underline{C}_{12} \\ \underline{C}_{21} & \underline{C}_{22} \end{bmatrix} \begin{bmatrix} \underline{U}_1 \\ \underline{I}_2 \end{bmatrix} \tag{8.31}$$

Im Leerlauf $\left(\underline{I}_2 = 0\right)$ werden ermittelt:

$$\underline{C}_{11} = \frac{\underline{I}_1}{\underline{U}_1} \qquad \underline{C}_{21} = \frac{\underline{U}_2}{\underline{U}_1}$$

Im Kurzschluß $\left(\underline{U}_1 = 0\right)$ werden ermittelt:

$$\underline{C}_{22} = \frac{\underline{U}_2}{\underline{I}_2} \qquad \underline{C}_{12} = \frac{\underline{I}_1}{\underline{I}_2}$$

Entsprechend der Schaltung sind folgende Gleichungen zu formulieren:

$$\underline{U}_1 = \underline{U}_1' = \underline{U}_1'' \qquad \underline{I}_2 = \underline{I}_2' = \underline{I}_2''$$

$$\underline{I}_1 = \underline{I}_1' + \underline{I}_1'' \qquad \underline{U}_2 = \underline{U}_2' + \underline{U}_2''$$

Daraus folgt:

$$\begin{bmatrix} \underline{I}_1 \\ \underline{U}_2 \end{bmatrix} = \begin{bmatrix} \underline{C}_{11}' + \underline{C}_{11}'' & \underline{C}_{12}' + \underline{C}_{12}'' \\ \underline{C}_{21}' + \underline{C}_{21}'' & \underline{C}_{22}' + \underline{C}_{22}'' \end{bmatrix} \begin{bmatrix} \underline{U}_1 \\ \underline{I}_2 \end{bmatrix} \tag{8.32}$$

Parallel-Parallel-Schaltung. In diesem Falle sind die Primär- und Sekundärspannungen der Einzelvierpole und des Gesamtvierpoles gleich, während sich die Ströme am Ein- und Ausgang addieren (Bild 8.95). Die Berechnung erfolgt auf der Grundlage der Admittanzmatrix (Vergleiche dazu: Bei der Parallelschaltung von Widerständen addieren sich die Leitwerte).

Es gelten:

$$\underline{U}_1 = \underline{U}_1' = \underline{U}_1'' \qquad \underline{U}_2 = \underline{U}_2' = \underline{U}_2''$$

$$\underline{I}_1 = \underline{I}_1' + \underline{I}_1'' \qquad \underline{I}_2 = \underline{I}_2' + \underline{I}_2''$$

$$[\underline{Y}] = [\underline{Y}]' + [\underline{Y}]''$$

$$\begin{bmatrix} \underline{I}_1 \\ \underline{I}_2 \end{bmatrix} = \begin{bmatrix} \underline{Y}_{11}' + \underline{Y}_{11}'' & \underline{Y}_{12}' + \underline{Y}_{12}'' \\ \underline{Y}_{21}' + \underline{Y}_{21}'' & \underline{Y}_{22}' + \underline{Y}_{22}'' \end{bmatrix} \begin{bmatrix} \underline{U}_1 \\ \underline{U}_2 \end{bmatrix} \tag{8.33}$$

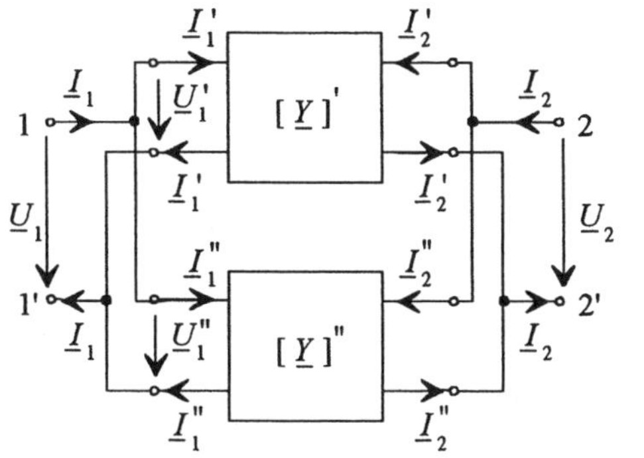

Bild 8.95 Parallel-Parallel-Schaltung zweier Vierpole

Für den im Bild 8.89 dargestellten Vierpol ergibt sich die Parallel-Parallel-Schaltung nach Bild 8.96.

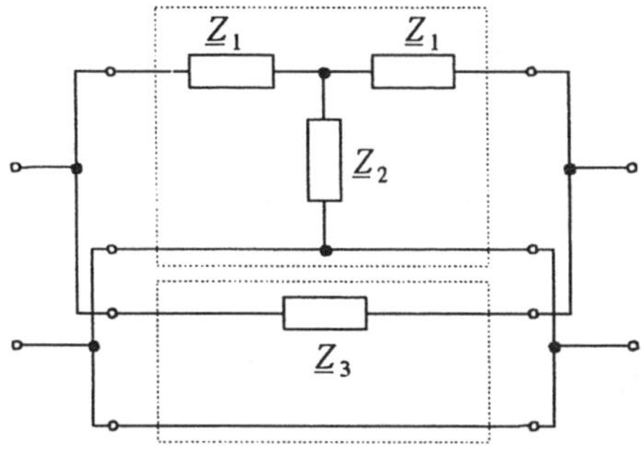

Bild 8.96 Vierpol nach Bild 8.89 als Parallel-Parallel-Schaltung zweier Vierpole

Kettenschaltung. Bei der Kettenschaltung werden die Vierpole hintereinandergeschaltet (Bild 8.97).

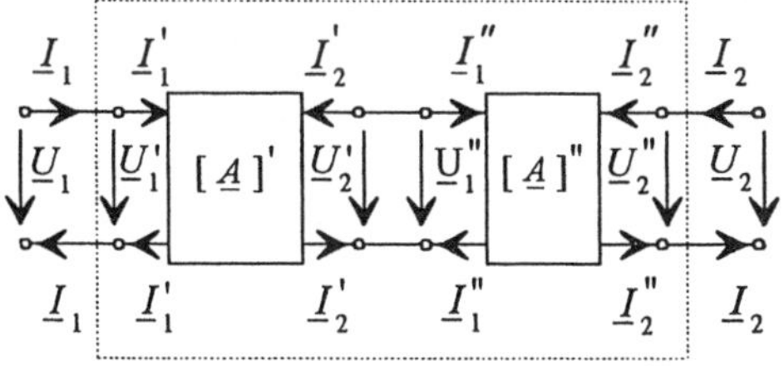

Bild 8.97 Kettenschaltung zweier Vierpole

- Die Eingangsgrößen des Gesamtvierpols sind gleich den Eingangsgrößen des 1. Vierpols.
- Die Ausgangsgrößen des Gesamtvierpols sind gleich den Ausgangsgrößen des 2. Vierpols.
- Zwischen den beiden Vierpolen ist die Ausgangsspannung des 1. Vierpols gleich der Eingangsspannung des 2. Vierpols.
- Der Ausgangsstrom des Vierpols 2 ist umgekehrt gerichtet wie der Eingangsstrom des 2. Vierpols.

Die Berechnung des Gesamtvierpols erfolgt unter Anwendung der Kettenmatrix.
Aus der Schaltung nach Bild 8.97 folgt:

$$\underline{U}_1 = \underline{U}'_1 \qquad \underline{U}_2 = \underline{U}''_2 \qquad \underline{U}'_2 = \underline{U}''_1$$

$$\underline{I}_1 = \underline{I}'_1 \qquad \underline{I}_2 = \underline{I}''_2 \qquad -\underline{I}'_2 = \underline{I}''_1$$

Die Vierpolgleichungen unter Anwendung der Kettenmatrix lauten:

$$\begin{bmatrix} \underline{U}'_1 \\ \underline{I}'_1 \end{bmatrix} = \begin{bmatrix} \underline{A}'_{11} & \underline{A}'_{12} \\ \underline{A}'_{21} & \underline{A}'_{22} \end{bmatrix} \begin{bmatrix} \underline{U}'_2 \\ -\underline{I}'_2 \end{bmatrix}$$

$$\begin{bmatrix} \underline{U}''_1 \\ \underline{I}''_1 \end{bmatrix} = \begin{bmatrix} \underline{A}''_{11} & \underline{A}''_{12} \\ \underline{A}''_{21} & \underline{A}''_{22} \end{bmatrix} \begin{bmatrix} \underline{U}''_2 \\ -\underline{I}''_2 \end{bmatrix}$$

Aus den Schaltungsbedingungen folgt:

$$\begin{bmatrix} \underline{U}_1 \\ \underline{I}_1 \end{bmatrix} = \left\{ \begin{bmatrix} \underline{A}'_{11} & \underline{A}'_{12} \\ \underline{A}'_{21} & \underline{A}'_{22} \end{bmatrix} \begin{bmatrix} \underline{A}''_{11} & \underline{A}''_{12} \\ \underline{A}''_{21} & \underline{A}''_{22} \end{bmatrix} \right\} \begin{bmatrix} \underline{U}_2 \\ -\underline{I}_2 \end{bmatrix}$$

$$\begin{bmatrix} \underline{U}_1 \\ \underline{I}_1 \end{bmatrix} = [\underline{A}]' \, [\underline{A}]'' \begin{bmatrix} \underline{U}_2 \\ -\underline{I}_2 \end{bmatrix}$$

Zur Vereinfachung der Berechnung wird mit der umgekehrten Stromrichtung $\underline{I}_2$ gerechnet (siehe Bild 8.98 und Gl. 8.34).

$$\begin{bmatrix} \underline{U}_{1A} \\ \underline{I}_{1A} \end{bmatrix} = [\underline{A}]_A \, [\underline{A}]_B \begin{bmatrix} \underline{U}_{2B} \\ \underline{I}'_{2B} \end{bmatrix} \qquad (8.34)$$

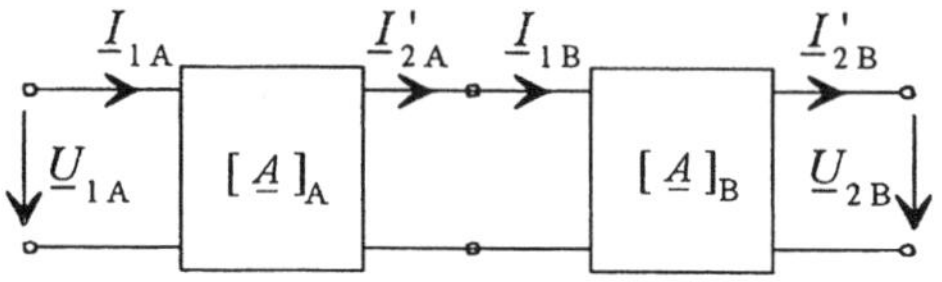

Bild 8.98 Kettenschaltung zweier Vierpole bei gleicher Stromrichtung (Kettenbezugspfeile)

☐ Beispiel 8.30 [40]

Eine ausgangsseitig unbelastete Kettenschaltung dreier Zweitore wird durch eine Spannungsquelle $\underline{U}_e$ mit der Kreisfrequenz ω erregt (Bild 8. 99).
Das mittlere der drei Zweitore enthält neben zwei ohmschen Widerständen eine Stromquelle, deren Stromstärke proportional zu der zwischen den Knoten 1 und 1' auftretenden Spannung $\underline{U}_S$ ist.
Man stelle die Kettenmatrix $[\underline{A}]^{(\mu)}$ $(\mu = 1, 2, 3)$ der drei Zweitore aus Bild 8.99 auf und ermittle die Kettenmatrix des Gesamtzweitores.

Lösung:

1. Kettenmatrix des 1. und 3. Zweitores

Das 1. und 3. Zweitor haben die Γ-Form (Bild 8.100).

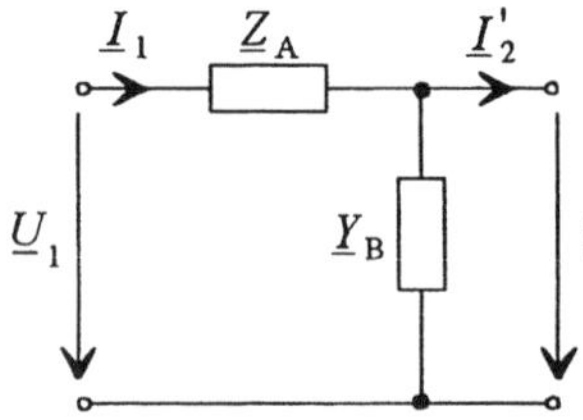

Bild 8.100 Verallgemeinerte Struktur des 1. und 3. Zweitores gemäß Bild 8.99

Für $\underline{I}'_2 = 0$ folgt:

$$\frac{\underline{U}_2}{\underline{U}_1} = \frac{\dfrac{1}{\underline{Z}_B}}{\underline{Z}_A + \dfrac{1}{\underline{Z}_B}} = \frac{1}{1 + \dfrac{\underline{Z}_A}{\underline{Z}_B}}$$

$$\underline{A}_{11} = \frac{\underline{U}_1}{\underline{U}_2} = \underline{Z}_A \, \underline{Y}_B + 1$$

$$\underline{A}_{21} = \frac{\underline{I}_1}{\underline{U}_2} = \underline{Y}_B$$

Für $\underline{U}_2 = 0$ folgt:

$$\underline{A}_{12} = \frac{\underline{U}_1}{\underline{I}'_2} = \underline{Z}_A \qquad \underline{A}_{22} = \frac{\underline{I}_1}{\underline{I}'_2} = 1$$

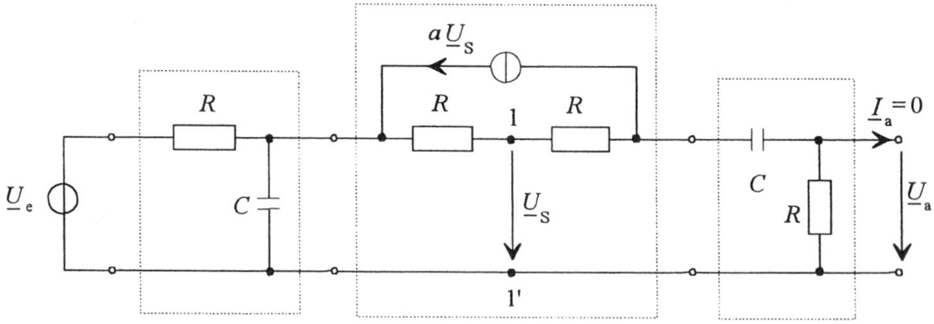

Bild 8.99 Kettenschaltung dreier Zweitore mit Erregung durch eine Spannungsquelle [40]

Mit $\underline{Z}_A = R$ und $\underline{Y}_B = j\omega C$ folgt:

$$[\underline{A}]^{(1)} = \begin{bmatrix} 1 + j\omega CR & R \\ j\omega C & 1 \end{bmatrix} \quad \text{1. Zweitor}$$

Mit $\underline{Z}_A = \frac{1}{j\omega C}$ und $\underline{Y}_B = \frac{1}{R}$ folgt:

$$[\underline{A}]^{(3)} = \begin{bmatrix} 1 + \frac{1}{j\omega CR} & \frac{1}{j\omega C} \\ \frac{1}{R} & 1 \end{bmatrix} \quad \text{3. Zweitor}$$

2. Kettenmatrix des 2. Zweitores

Aus der Schaltung folgt:

$$\underline{I}_1 + a\,\underline{U}_S = \frac{\underline{U}_1 - \underline{U}_S}{R} = -\frac{\underline{U}_S - \underline{U}_1}{R}$$

$$\underline{I}_1 + a\,\underline{U}_S + \frac{\underline{U}_S - \underline{U}_1}{R} = 0$$

$$\frac{\underline{U}_1 - \underline{U}_S}{R} + \frac{\underline{U}_2 - \underline{U}_S}{R} = 0$$

$$\underline{I}_2' + a\,\underline{U}_S - \frac{\underline{U}_S - \underline{U}_2}{R} = 0$$

$$\underline{U}_1 - \underline{U}_S + \underline{U}_2 - \underline{U}_S = 0$$

$$\underline{U}_1 + \underline{U}_2 = 2\underline{U}_S$$

$$\underline{U}_S = \frac{\underline{U}_1 + \underline{U}_2}{2}$$

In die anderen Gleichungen eingesetzt, folgt für die Spannung :

$$\left.\begin{aligned} \underline{I}_1 - \frac{1-aR}{2R}\,\underline{U}_1 + \frac{1+aR}{2R}\,\underline{U}_2 &= 0 \\ \underline{I}_2' - \frac{1-aR}{2R}\,\underline{U}_2 + \frac{1+aR}{2R}\,\underline{U}_2 &= 0 \end{aligned}\right\}\ \underline{I}_1 = \underline{I}_2'$$

$$\underline{U}_1 = \frac{1 + aR}{1 - aR}\,\underline{U}_2 + \frac{2R}{1 - aR}\,\underline{I}_2'$$

Damit kann die Kettenmatrix des 2. Zweitores abgelesen werden:

$$[\underline{A}]^{(2)} = \begin{bmatrix} \frac{1 + aR}{1 - aR} & \frac{2R}{1 - aR} \\ 0 & 1 \end{bmatrix}$$

3. Kettenmatrix des Gesamtvierpoles

Es gilt:

$$[\underline{A}] = [\underline{A}]^{(1)}\ [\underline{A}]^{(2)}\ [\underline{A}]^{(3)}$$

$$[\underline{A}] = \begin{bmatrix} -1 - j\omega CR - \frac{1}{j\omega CR} & -\frac{1}{j\omega C} \\ -j\omega C & 0 \end{bmatrix}$$

8.5.2.3 Symmetrische Zweitore

Ein Zweitor wird symmetrisch genannt, wenn eine Vertauschung der Primärseite mit der Sekundärseite keine Änderung im Verhalten des Zweitores nach außen zur Folge hat. Das heißt nicht, daß ein symmetrisches Zweitor symmetrische Netzwerkstrukturen aufweisen muß.

Die Zweitorsymmetrie ist mit

$$\underline{Z}_{11} = \underline{Z}_{22} \qquad \underline{Z}_{12} = \underline{Z}_{21}$$

beschrieben. Zur Ermittlung der Parameter der Impedanzmatrix wird das Netzwerk möglichst struktursymmetrisch aufgetrennt und danach im Leerlauf und Kurzschluß betrachtet.

Für den Leerlauf (a) folgt:

$$\underline{U}_a = \underline{Z}_{11}\,\underline{I}_a + \underline{Z}_{12}\,\underline{I}_a$$

Daraus folgt:

$$\underline{Z}_a = \underline{Z}_{11} + \underline{Z}_{12} = \frac{\underline{U}_a}{\underline{I}_a}$$

Für den Kurzschluß (b) gilt:

$$\underline{U}_b = \underline{Z}_{11}\underline{I}_b + \underline{Z}_{12}\left(-\underline{I}_b\right)$$

$\left(-\underline{I}_b\right)$ ergibt sich als Folge der Symmetrie.

$$\underline{Z}_b = \underline{Z}_{11} - \underline{Z}_{12} = \frac{\underline{U}_b}{\underline{I}_b}$$

Aus beiden Betriebszuständen folgt:

$$\underline{Z}_a = \underline{Z}_{11} + \underline{Z}_{12} = \underline{Z}_{11} + \left(\underline{Z}_{11} - \underline{Z}_b\right)$$

$$\underline{Z}_a = 2\underline{Z}_{11} - \underline{Z}_b$$

$$\boxed{\underline{Z}_{11} = \underline{Z}_{22} = \frac{1}{2}\left(\underline{Z}_a + \underline{Z}_b\right)} \quad (8.35)$$

$$\boxed{\underline{Z}_{12} = \underline{Z}_{21} = \frac{1}{2}\left(\underline{Z}_a - \underline{Z}_b\right)} \quad (8.36)$$

❑ **Beispiel 8.31 [39], [40], [47]**

Gegeben ist ein im Bild 8.101 dargestelltes überbrücktes T-Glied, das als struktursymmetrisch aufgefaßt werden kann. Mit Hilfe der $\underline{Z}_a$- und $\underline{Z}_b$-Parameter ist eine äquivalente Ersatzschaltung zu entwerfen.

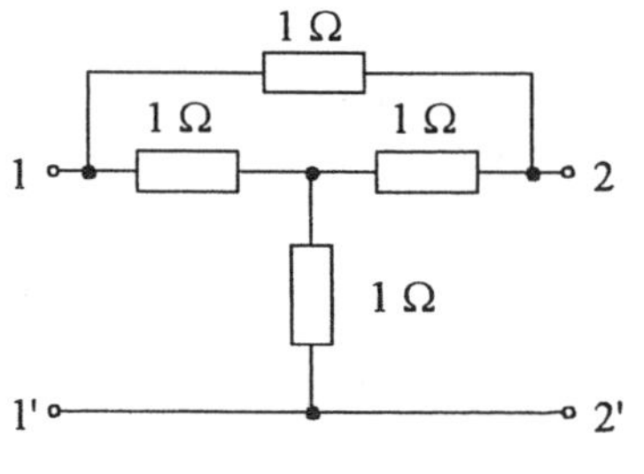

Bild 8.101 Überbrücktes T-Glied als Vierpol mit 1-Ω-Widerständen

Lösung:

1. Auftrennen des Netzwerkes in struktursymmetrische Zweitore (Bild 8.102)

Der 1-Ω-Widerstand, der den Vierpol an den Anschlußklemmen 1 und 2 überbrückt, läßt sich als Reihenschaltung zweier 0,5-Ω-Widerstände darstellen.

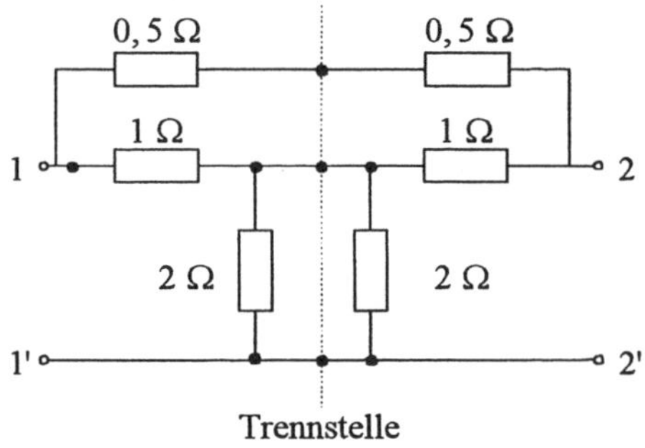

Bild 8.102 Aufgetrenntes Vierpol nach Bild 8.101 in ein struktursymmetrisches Teilnetzwerk

Außerdem läßt sich der 1-Ω-Querwiderstand durch eine Parallelschaltung zweier 2-Ω-Widerstände ersetzen.

$$\frac{2\,\Omega \cdot 2\,\Omega}{2\,\Omega + 2\,\Omega} = 1\,\Omega$$

2. Leerlauf eines Teilnetzwerkes

Der Widerstand an den Klemmen 1 und 1' lautet im Leerlauffall des Teilnetzwerkes:

$$\underline{Z}_a = 1\,\Omega + 2\,\Omega = 3\,\Omega$$

3. Kurzschluß eines Teilnetzwerkes

Der Widerstand an den Klemmen 1 und 1' lautet im Kurzschlußfall des Netzwerkes:

$$\underline{Z}_b = \frac{0{,}5\,\Omega \cdot 1\,\Omega}{0{,}5\,\Omega + 1\,\Omega} = \frac{1}{3}\,\Omega$$

Der 2-Ω-Widerstand wird durch die Kurzschlußbrücke überbrückt und damit bedeutungslos (Null).

4. Ermittlung der Impedanzen der Matrix

$$\underline{Z}_{11} = \underline{Z}_{22} = \frac{1}{2}\left(\underline{Z}_a + \underline{Z}_b\right)$$

$$\underline{Z}_{11} = \frac{1}{2}\left(3 + \frac{1}{3}\right)\Omega$$

$$\underline{Z}_{11} = \underline{Z}_{22} = \frac{5}{3}\,\Omega$$

Weiterhin gilt:

$$\underline{Z}_{12} = \underline{Z}_{21} = \frac{1}{2}\left(\underline{Z}_a - \underline{Z}_b\right)$$

$$\underline{Z}_{12} = \frac{1}{2}\left(3 - \frac{1}{3}\right)$$

$$\underline{Z}_{12} = \underline{Z}_{21} = \frac{4}{3}\,\Omega$$

5. Ermittlung der Impedanzen der T-Ersatzschaltung

$$\underline{Z}_1 = \underline{Z}_{11} - \underline{Z}_{12} = \frac{1}{3}\,\Omega$$

$$\underline{Z}_2 = \underline{Z}_{12} = \underline{Z}_{21} = \frac{4}{3}\,\Omega$$

$$\underline{Z}_3 = \underline{Z}_{22} - \underline{Z}_{12} = \frac{1}{3}\,\Omega$$

Die äquivalente Schaltung zu Bild 8.101 zeigt Bild 8.103.

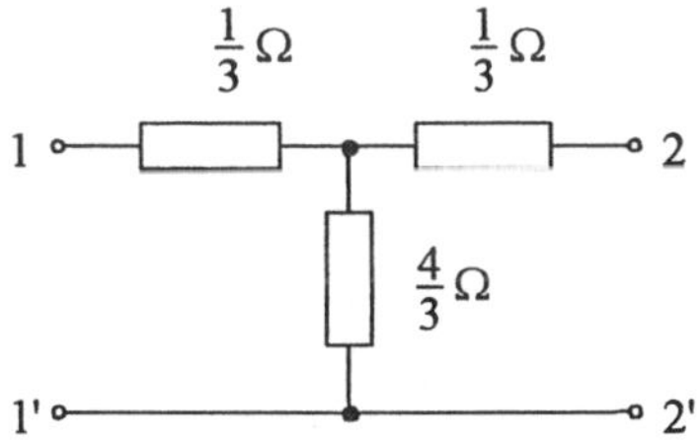

Bild 8.103 Äquivalente Schaltung

Dieses Netzwerk verhält sich an den Anschlußklemmen elektrisch völlig gleichwertig wie das überbrückte T-Glied nach Bild 8.101. Man spricht deshalb von einem äquivalenten Netzwerk.

8.5.2.4 Transformator

Aufbau und Anwendung. Der Transformator (kurz Trafo genannt) ist ein Vierpol mit zwei magnetisch verkoppelten Wicklungen (Spulen), der Primärspule (Spule 1) und der Sekundärspule (Spule 2). Er ist eines der wichtigsten Schaltelemente in der Wechselstromtechnik.

In der elektrischen Energietechnik hat er Bedeutung als Umspanner, Leistungstransformator, Isoliertransformator sowie als Strom- und Spannungswandler.

In der Nachrichtentechnik findert er Anwendung als Netztransformator, Übertrager im Tonfrequenzgebiet sowie als Koppelelement im Hochfrequenzgebiet.

Transformator. Zunächst soll ein Transformator mit dem *Übersetzungsverhältnis* $ü = 1$, d.h., die Windungszahl der Primärspule ist gleich der Windungszahl der Sekundärspule, betrachtet werden.

Die Ableitung der Transformator-Gleichungen erfolgt auf der Grundlage des Induktionsgesetzes sowie des Prinzips der Selbst- und Gegeninduktion.

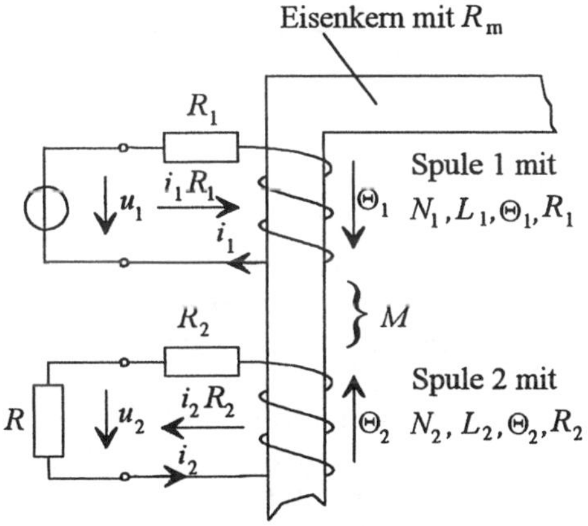

Bild 8.104 Kopplung zweier Spulen über magnetischen Kreis (Transformatorprinzip)

Wird der Transformator im Sinne der Vierpoltheorie betrachtet, so gilt die im Bild 8.105 dargestellte Ersatzschaltung.

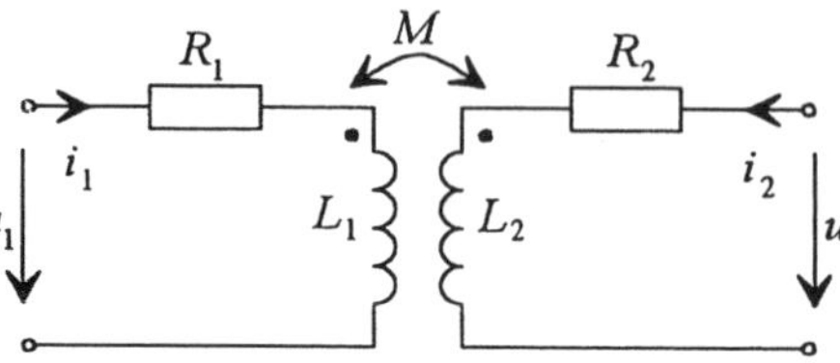

Bild 8.105 Einfache Ersatzschaltung des Transformators (Verbraucherzählpfeilsystem)

Es lassen sich folgende Maschengleichungen aufstellen:

$$u_1 = i_1 R_1 + L_1 \frac{\mathrm{d}i_1}{\mathrm{d}t} + M \frac{\mathrm{d}i_2}{\mathrm{d}t} \quad (8.37)$$

$$u_2 = i_2 R_2 + L_2 \frac{\mathrm{d}i_2}{\mathrm{d}t} + M \frac{\mathrm{d}i_1}{\mathrm{d}t} \quad (8.38)$$

Werden diese in komplexer Form geschrieben, entstehen die Vierpolgleichungen des Transformators in Widerstandsform.

$$\boxed{\underline{U}_1 = \underline{I}_1 \,(R_1 + j\omega L_1) + \underline{I}_2 \,\mathrm{j}\omega M} \quad (8.39)$$

$$\boxed{\underline{U}_2 = \underline{I}_2 \,(R_2 + j\omega L_2) + \underline{I}_1 \,\mathrm{j}\omega M} \quad (8.40)$$

Für die praktische Anwendung wählt man für die Primärspule das Verbraucher-, für die Sekundärspule das Erzeugerzählpfeilsystem (Bild 8.106). Die Erzeugerzählpfeilrichtung entspricht der natürlichen Stromrichtung der Spule 2. Das hat zur Folge, daß sich die Vorzeichen bei den mit i_2 behafteten Gliedern in den Gln. (8.39) und (8.40) umkehren (siehe Abschnitt 2.2).

Nach Bild 8.106 ergeben sich die Transformator-Gleichungen unter Anwendung des Maschensatzes in folgender Form:

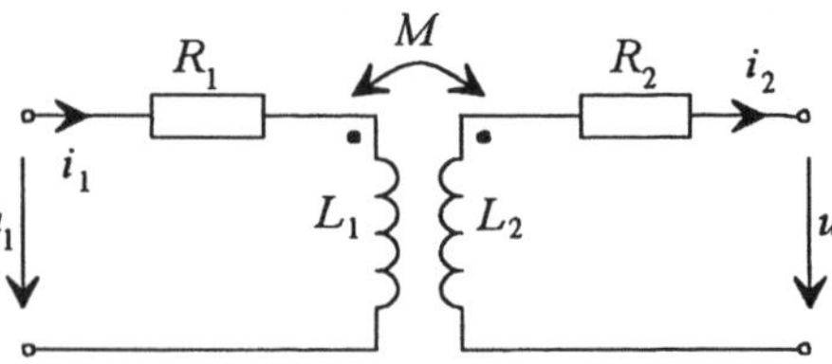

Bild 8.106 Ersatzschaltung des Transformators unter Anwendung des Verbraucher- und Erzeugerzählpfeilsystem

$$u_1 = i_1 R_1 + L_1 \frac{\mathrm{d}i_1}{\mathrm{d}t} - M \frac{\mathrm{d}i_2}{\mathrm{d}t}$$

$$u_2 = M \frac{\mathrm{d}i_1}{\mathrm{d}t} - L_2 \frac{\mathrm{d}i_2}{\mathrm{d}t} - i_2 R_2 \quad (8.41)$$

$$-u_2 = i_2 R_2 + L_2 \frac{\mathrm{d}i_2}{\mathrm{d}t} - M \frac{\mathrm{d}i_1}{\mathrm{d}t} \quad (8.42)$$

In komplexer Schreibweise lauten die Gleichungen:

$$\boxed{\underline{U}_1 = \underline{I}_1 (R_1 + \mathrm{j}\omega L_1) - \underline{I}_2 \,\mathrm{j}\omega M} \quad (8.43)$$

$$\boxed{-\underline{U}_2 = -\underline{I}_1 \,\mathrm{j}\omega M + \underline{I}_2 \,(R_2 + \mathrm{j}\omega L_2} \quad (8.44)$$

Primärstrom. Zur Berechnung des Primärstromes wird von einer allgemeinen Belastung $\underline{Z}_2$ ausgegangen. Damit ergibt sich eine 3. Gleichung:

$$\underline{U}_2 = \underline{I}_2 \,\underline{Z}_2$$

Daraus folgt unter Verwendung der Gl. (8.44):

$$-\underline{I}_2 \,\underline{Z}_2 = \underline{I}_2 \,(R_2 + \mathrm{j}\omega L_2) - \underline{I}_1 \,\mathrm{j}\omega M$$

$$\underline{I}_1 \,\mathrm{j}\omega M = \underline{I}_2 \left(R_2 + \mathrm{j}\omega L_2 + \underline{Z}_2\right)$$

$$\frac{\underline{I}_2}{\underline{I}_1} = \frac{j\omega M}{R_2 + \underline{Z}_2 + j\omega L_2} \quad (8.45)$$

Zur Vereinfachung werden die folgenden Gleichungen eingesetzt:

$$\underline{Z}' = R_1 + j\omega L_1$$

$$\underline{Z}'' = R_2 + j\omega L_2$$

Daraus ergibt sich die Gl. (8.46) zur Berechnung des Primärstromes, wenn $\underline{I}_2$ mit Hilfe der Gl. (8.43) eliminiert wird.

$$\underline{I}_1 = \underline{U}_1 \frac{\underline{Z}'' + \underline{Z}_2}{\left(\underline{Z}'\underline{Z}'' + \omega^2 M^2\right) + \underline{Z}'\underline{Z}_2} \quad (8.46)$$

Idealer Transformator. Sind $R_1 = 0$ und $R_2 = 0$, spricht man von einem *idealen Transformator*. Gl. (8.46) vereinfacht sich. Es gilt Gl. (8.47).

$$\boxed{\underline{I}_1 = \underline{U}_1 \frac{j\omega L_2 + \underline{Z}_2}{-\omega^2 (L_1 L_2 - M^2) + j\omega L_1 \underline{Z}_2}} \quad (8.47)$$

Streufaktor und Streublindwiderstand. Liegt keine ideale Verkopplung beider Wicklungen vor ($K<1$), so treten Streuflüsse (Φ_{1S} und Φ_{2S}) in beiden Wicklungen auf. Dieser Sachverhalt findet in den Transformator-Gleichungen durch den *Streufaktor* σ und die *Streuinduktivitäten* L_{1S} und L_{2S} Berücksichtigung.
Es gilt folgender Ansatz:

$$\sigma = 1 - K^2 \quad (8.48)$$

Aus $M = K\sqrt{L_1 L_2}$ folgt:

$$K^2 = \frac{M^2}{L_1 L_2}$$

Diese Gleichung in Gl. (8.48) eingesetzt, ergibt:

$$\boxed{\sigma = 1 - \frac{M^2}{L_1 L_2}} \quad (8.49)$$

Daraus folgt:

$$L_1 L_2 - M^2 = \sigma L_1 L_2$$

Setzt man diesen Ausdruck in Gl. (8.47) ein, so folgt daraus:

$$\underline{I}_1 = \frac{\underline{U}_1 j\omega L_2 + \underline{U}_1 \underline{Z}_2}{-\omega^2 L_1 L_2 \sigma + j\omega L_1 \underline{Z}_2} \quad (8.50)$$

Betrachtet man den Transformator in Leerlaufnähe ($\underline{Z}_2 \to \infty$), so folgt aus Gl. (8.50):

$$\underline{I}_{1l} = \frac{\underline{U}_1}{j\omega L_1} = -j\,\frac{\underline{U}_1}{\omega L_1} \quad (8.51)$$

Für den Kurzschlußfall ($\underline{Z}_2 = 0$) folgt aus Gl. (8.50):

$$\underline{I}_{1K} = \frac{\underline{U}_1}{j\omega L_1 \sigma} = -j\,\frac{\underline{U}_1}{\omega L_1 \sigma} \quad (8.52)$$

Dabei stellt $j\omega L_1 \sigma$ einen *Streublindwiderstand* dar.

- Für die Spule 1 gilt:

$$j\omega L_{1S} = j\omega L_1 \frac{\sigma}{2}$$

- Für die Spule 2 gilt:

$$j\omega L_{2S} = j\omega L_2 \frac{\sigma}{2}$$

Wie aus den Gln. (8.51) und (8.52) hervorgeht, eilen der Leerlaufstrom $\underline{I}_{1l}$ und der Kurzschlußstrom $\underline{I}_{1K}$ der Spannung um 90° nach (–j).
Ein Maß für die Streuung erhält man,

wenn der Strom $\underline{I}_{1l}$ im Leerlaufversuch bzw. derStrom $\underline{I}_{1K}$ im Kurzschlußversuch gemessen werden und danach das Stromverhältnis gebildet wird.

$$\boxed{\frac{\underline{I}_{1l}}{\underline{I}_{1K}} = \sigma} \tag{8.53}$$

T-Ersatzschaltung des idealen Transformators. Mit den bekannten Vierpolparametern der Impedanzmatrix soll zunächst auf der Grundlage des idealen Transformators (Bild 8.107) ein T-Ersatzschaltbild entworfen werden.

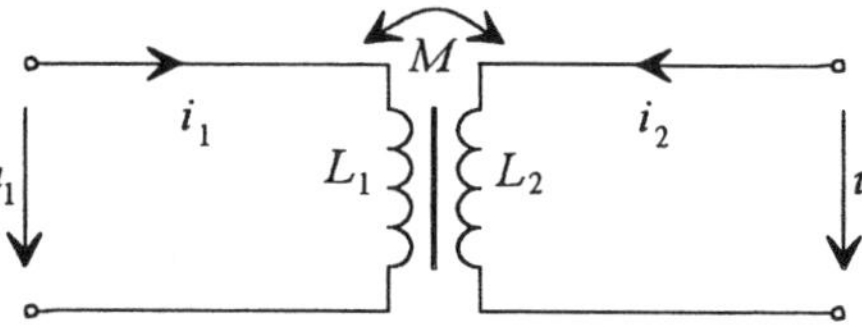

Bild 8.107 Prinzipschaltung des idealen Transformators

Die Transformator-Gleichungen lautennach den Gln. (8.37) und (8.38):

$$u_1 = L_1 \frac{\mathrm{d}i_1}{\mathrm{d}t} + M \frac{\mathrm{d}i_2}{\mathrm{d}t}$$

$$u_2 = M \frac{\mathrm{d}i_1}{\mathrm{d}t} + L_2 \frac{\mathrm{d}i_2}{\mathrm{d}t}$$

Daraus folgt:

$$\begin{pmatrix} \underline{U}_1 \\ \underline{U}_2 \end{pmatrix} = \begin{pmatrix} \mathrm{j}\omega L_1 & \mathrm{j}\omega M \\ \mathrm{j}\omega M & \mathrm{j}\omega L_2 \end{pmatrix} \begin{pmatrix} \underline{I}_1 \\ \underline{I}_2 \end{pmatrix}$$

Hieraus ergeben sich für das T-Ersatzschaltbild folgende Impedanzen:

$$\underline{Z}_1 = \underline{Z}_{11} - \underline{Z}_{12} = \mathrm{j}\omega\,(L_1 - M)$$

$$\underline{Z}_2 = \underline{Z}_{12} = \underline{Z}_{21} = \mathrm{j}\omega M$$

$$\underline{Z}_3 = \underline{Z}_{22} - \underline{Z}_{12} = \mathrm{j}\omega\,(L_2 - M)$$

Dabei handelt es sich bei $L_1 - M$ und $L_2 - M$ um die Streuinduktivitäten L_{1S} und L_{2S}.

Die Ersatzschaltung zeigt Bild 8.108.

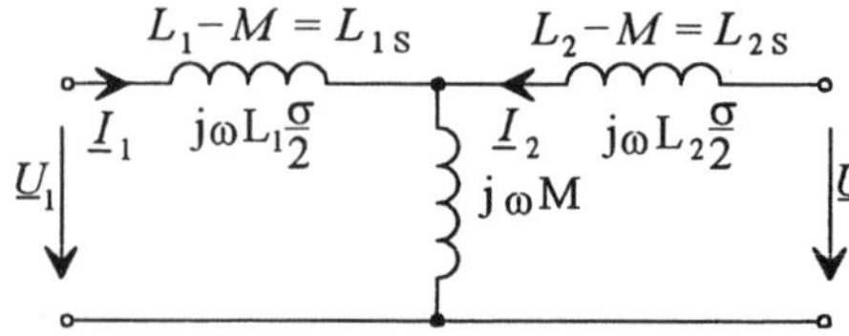

Bild 8.108 T-Ersatzschaltung eines idealen Transformators

π-Ersatzschaltung des idealen Transformators. Soll eine π−Ersatzschaltung entworfen werden, so ergeben sich mit den Parametern der Admittanzmatrix folgende Werte:

$$\underline{Y}_{11} + \underline{Y}_{12} = \frac{\underline{Z}_{22} - \underline{Z}_{12}}{\det \underline{Z}}$$

$$= \frac{\underline{Z}_{22} - \underline{Z}_{12}}{\underline{Z}_{11}\underline{Z}_{22} - \underline{Z}_{12}\underline{Z}_{21}}$$

$$= \frac{\mathrm{j}\omega(L_2 - M)}{-\omega^2(L_1 L_2 - M^2)}$$

$$\frac{1}{\underline{Y}_{11} + \underline{Y}_{12}} = \mathrm{j}\omega\,\frac{L_1 L_2 - M^2}{L_2 - M}$$

$$-\underline{Y}_{12} = -\frac{-\underline{Z}_{12}}{-\omega^2(L_1 L_2 - M^2)}$$

$$\frac{1}{-\underline{Y}_{12}} = \mathrm{j}\omega\,\frac{L_1 L_2 - M^2}{M}$$

$$\underline{Y}_{22} + \underline{Y}_{12} = \frac{\underline{Z}_{11} - \underline{Z}_{12}}{-\omega^2\,(L_1 L_2 - M^2)}$$

$$\frac{1}{\underline{Y}_{22} + \underline{Y}_{12}} = \mathrm{j}\omega\,\frac{L_1 L_2 - M^2}{L_1 - M}$$

Die π–Ersatzschaltung zeigt Bild 8.109.

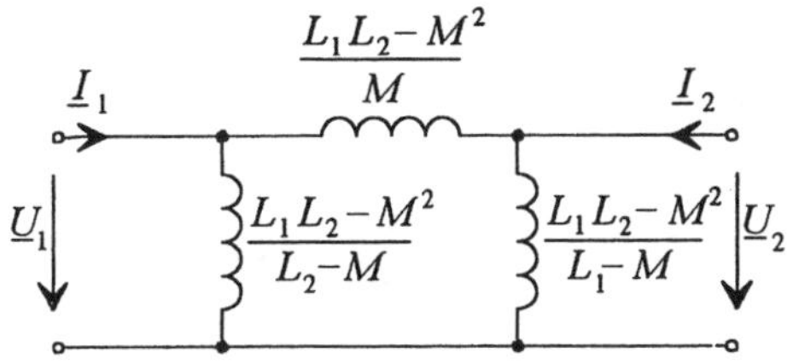

Bild 8.109 π–Ersatzschaltung des idealen Transformators

Transformator-Verluste. Beim Transformator treten, bedingt durch den Primär- und Sekundärstrom, Wicklungsverluste (auch *Kupferverluste* genannt) auf sowie, bedingt durch den Magnetisierungsvorgang, sogenannte *Eisenverluste* auf.

Kupferverluste. Die Kupferverluste im Transformator berechnen sich mit Hilfe der Gl. (8.54).

$$P_W = 1,24\left(I_1^2 R_1 + I_2^2 R_2\right) \quad (8.54)$$

Mit dem Faktor 1,24 wird die Erhöhung des ohmschen Widerstandes durch die Erwärmung erfaßt.

Die Kupfer- bzw. Wicklungsverluste steigen mit dem Quadrat des Stromes . Sie werden durch den Kurzschlußversuch ermittelt.

Eisenverluste. Die Eisenverluste setzen sich zusammen aus den Ummagnetisierungsverlusten (*Hystereseverluste*) und den *Wirbelstromverlusten*, die im Eisenkern durch die darin induzierten Wirbelströme hervorgerufen werden. Der Wirbelstrom eilt der im Eisenkern induzierten Spannung durch den induktiven Charakter des Eisenkern nach. Dadurch vergrößert sich $\underline{I}'_\mu$ um $\underline{I}''_\mu$ und $\underline{I}'_{Hyst}$ um $\underline{I}''_{Hyst}$.

Aus $\Phi = \hat{\Phi}\, e^{j\omega t}$ und $u = N \frac{d\Phi}{dt}$ folgt:

$$\boxed{\underline{u} = j\, \hat{\Phi}\, \omega\, N e^{j\omega t}} \quad (8.55)$$

Aus Gl. (8.55) geht hervor, daß die elektrische Spannung dem magnetischen Fluß um 90° vorauseilt. Der Magnetisierungsstrom verläuft phasengleich mit dem magnetischen Fluß. Das Zeigerbild nach Bild 8.110 zeigt diesen Zusammenhang.

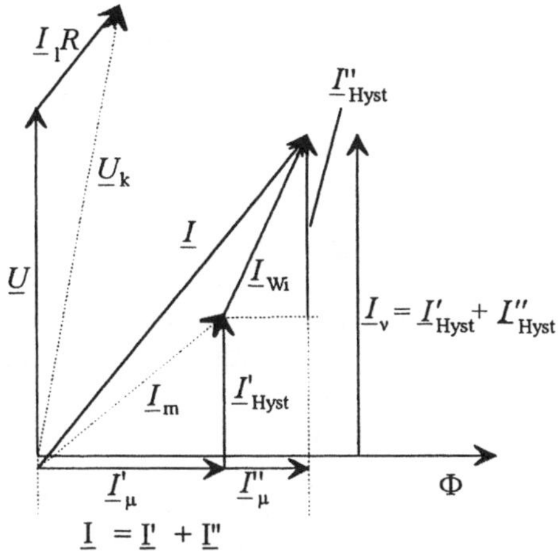

Bild 8.110 Allgemeines Zeigerbild zur Darstellung der im Transformator auftretenden Verluste [22]

Für den Magnetisierungsstrom gilt:

$$\underline{I}_\mu = \underline{I}'_\mu + \underline{I}''_\mu$$

Für den Verluststrom $\underline{I}_v$ gilt:

$$\underline{I}_v = \underline{I}'_{Hyst} + \underline{I}''_{Hyst}$$

Somit berechnet sich der Betrag des Leerlaufstromes wie folgt:

$$I_l = \sqrt{\underline{I}_\mu^2 + \underline{I}_v^2} \quad (8.56)$$

Aus der Spannung $\underline{U}$ und dem Spannungsabfall $\underline{I}_1 R$ ergibt sich die Klemmenspannung $\underline{U}_k$ (Bild 8.110).

Entwickelt man auf Grundlage des Zeigerbildes nach Bild 8.110 das dazugehörige elektrische Ersatzschaltbild, so ergibt sich das Bild 8.111.

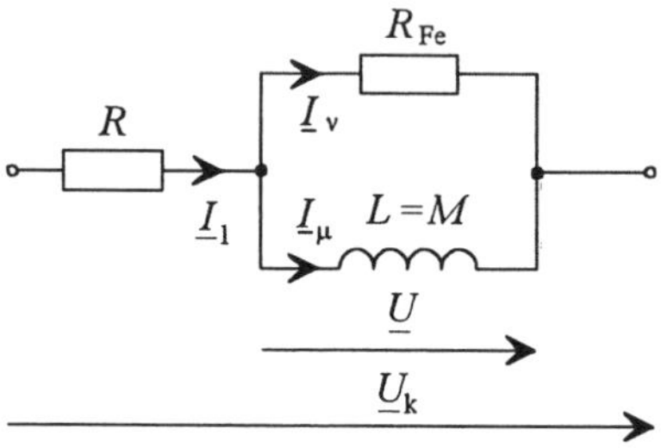

Bild 8.111 Elektrisches Netzwerk zu Bild 8.110

Aus den bisherigen Betrachtungen folgt, daß die Eisenverluste im vollständigen Ersatzschaltbild des Transformators durch einen zur Gegeninduktivität parallelgeschalteten ohmschen Widerstand R_{Fe} Berücksichtigung finden.

$$R_{Fe} = \frac{\underline{U}_1^2}{P_{Fe}} \tag{8.57}$$

Die Eisenverluste sind durch die Primärspannung festgelegt und unabhängig von der Belastung. Sie werden durch den Leerlaufversuch ermittelt.

Ziel in der Praxis ist, daß die Summe der Verluste (Bild 8.112) bei jeder Belastungssituation ein Minimum wird. Aus diesem Grund arbeitet man z.B. in der Elektroenergieversorgung mit parallelgeschalteten Transformatoren.

Im Bild 8.113 ist die Verlustleistung P_V in Abhängigkeit von der Scheinleistung S bei einer Energieversorgung mit zwei Leistungstransformatoren im Einzel- und Parallelbetrieb dargestellt.

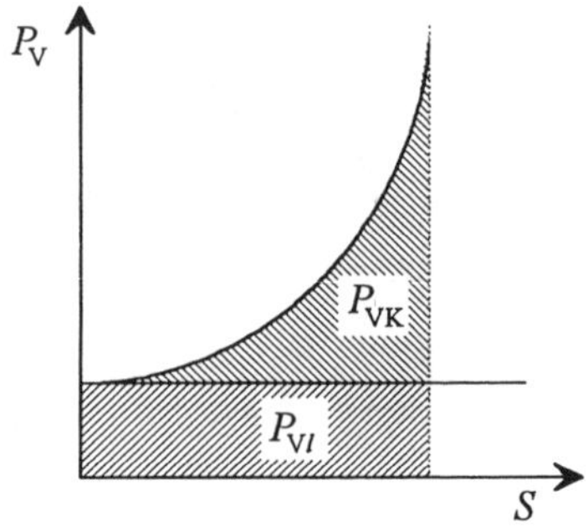

Bild 8.112 Gesamtverluste des Einzeltrafos [60]

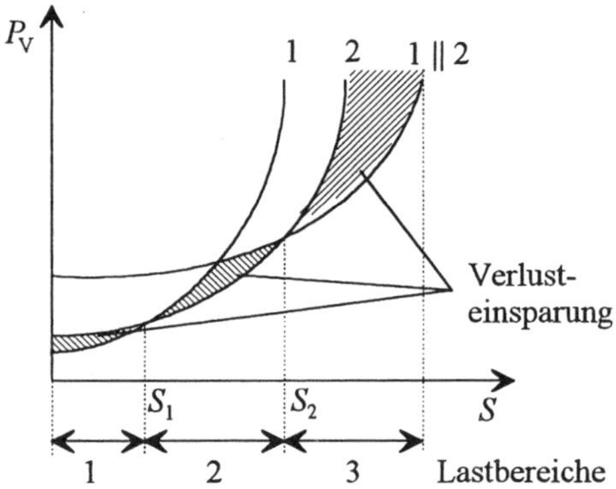

Bild 8.113 Wirtschaftlicher Einzel- und Parallelbetrieb von Transformatoren [60]

Vollständige Ersatzschaltung des Transformators. Die Gln. (8.43) und (8.44) nehmen unter Berücksichtigung der Streuinduktivitäten mit

$$L_1 = L_{1S} + M$$

$$L_2 = L_{2S} + M$$

folgende Form an:

$$\underline{U}_1 = \underline{I}_1 R_1 + \underline{I}_1 j\omega L_{1S} + \underline{I}_1 j\omega M - \underline{I}_2 j\omega M$$

$$\underline{U}_1 = \underline{I}_1 (R_1 + j\omega L_{1S}) + j\omega M \left(\underline{I}_1 - \underline{I}_2\right)$$

Die Spannung $\underline{U}_1$ ergibt sich demnach zu:

$$\boxed{\underline{U}_1 = \underline{U}_M + \underline{I}_1\,(R_1 + j\omega L_{1S})} \qquad (8.58)$$

$$\underline{U}_2 = \underline{I}_1\, j\omega M - \underline{I}_2\, j\omega L_{2S} - \underline{I}_2\, j\omega M - I_2 R_2$$

$$\underline{U}_2 = j\omega M\left(\underline{I}_1 - \underline{I}_2\right) - \underline{I}_2\,(R_2 + j\omega L_{2S})$$

$$\underline{U}_2 = \underline{U}_M - \underline{I}_2\,(R_2 + j\omega L_{2S})$$

$$\boxed{\underline{U}_M = \underline{U}_2 + \underline{I}_2\,(R_2 + j\omega L_{2S})} \qquad (8.59)$$

Aus den Gln. (8.58) und (8.59) folgt:

$$\underline{U}_1 - \underline{I}_1\, R_1 - \underline{I}_1\, j\omega L_{1S} = \underline{U}_M$$

$$\underline{U}_M - \underline{I}_2\, R_2 - \underline{I}_2\, j\omega L_{2S} = \underline{U}_2 \qquad \text{bzw.}$$

$$\underline{U}_1 - \underline{I}_1 R_1 - \underline{I}_1\, j\omega L_{1S} - \underline{I}_2 R_2 - \underline{I}_2\, j\omega L_{2S} = \underline{U}_2$$

Aus dieser Gleichung ist erkennbar, durch welche Spannungsabfälle $\underline{U}_1$ reduziert wird, bis die Sekundärspannung erreicht wird (Bild 8.115).
Auf der Grundlage der Gln. (8.58) und (8.59) ergibt sich auch unter Berücksichtigung der Eisenverluste das im Bild 8.114 dargestellte vollständige Ersatzschaltbild.

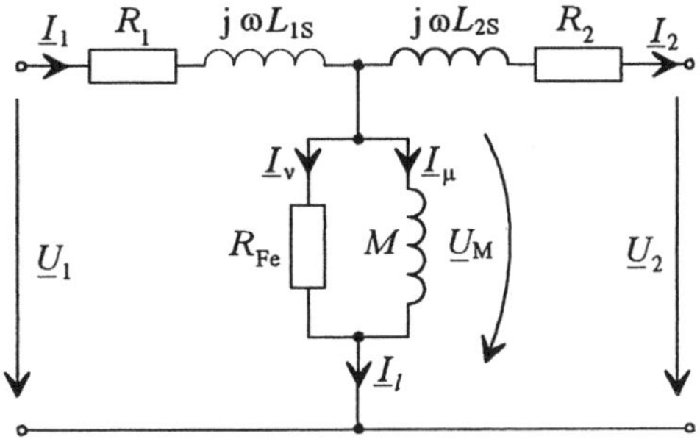

Bild 8.114 Vollständiges Ersatzschaltbild des Transformators mit $\ddot{u} = 1$

☐ **Beispiel 8.32**

Auf der Grundlage des Ersatzschaltbildes nach Bild 8.114 ist das Zeigerbild bei für ohmsche, induktive und kapazitive Belastung zu entwerfen.

Lösung:

Für das Entwickeln des Zeigerbildes gelten die gleichen Regeln wie bei Wechselstromnetzwerken. Um eine bessere Übersicht zu bekommen, wird empfohlen, das Ersatzschaltbild umzuzeichnen (Bild 8.115).

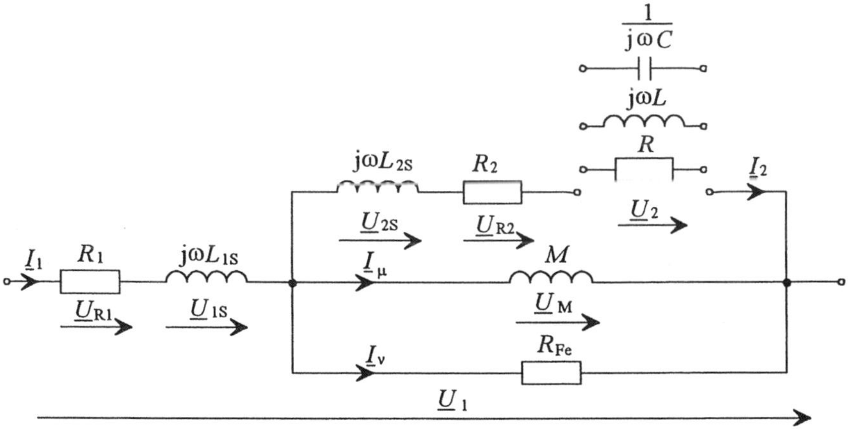

Bild 8.115 Ersatzschaltbild zum Beispiel 8.32

Ohmsche Belastung:

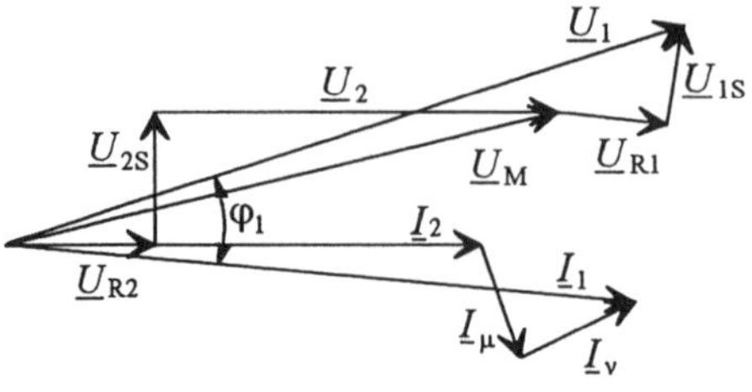

Bild 8.116 Zeigerbild des Transformators mit $ü = 1$ bei ohmscher Belastung

Induktive Belastung:

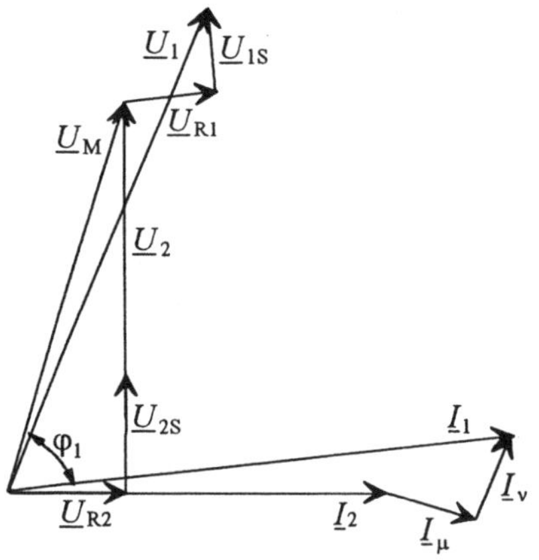

Bild 8.117 Zeigerbild des Transformators mit $ü = 1$ bei induktiver Belastung

Kapazitive Belastung:

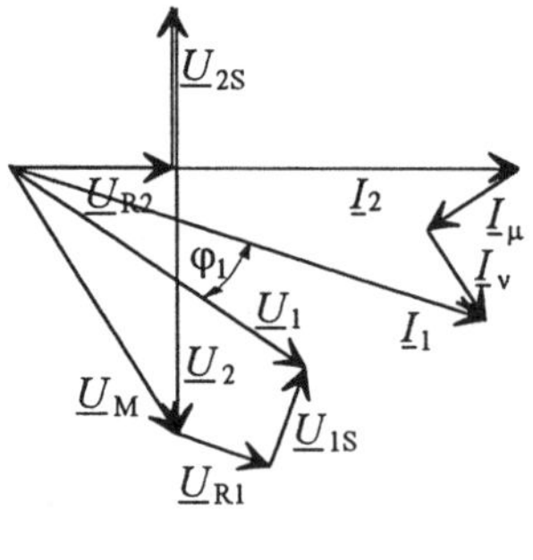

Bild 8.118 Zeigerbild des Transformators mit $ü = 1$ bei kapazitiver Belastung

Ersatzschaltung mit beliebigem Übersetzungsverhältnis. Für den verlustlosen Transformator wird das Spannungs- und Stromübersetzungverhältnis abgeleitet.

Spannungsübersetzung. Auf der Grundlage des Induktionsgesetzes folgt:

$$\frac{u_1}{u_2} = \frac{N_1}{N_2} \text{ bzw. } \boxed{\frac{\underline{U}_1}{\underline{U}_2} = \frac{N_1}{N_2} = ü} \qquad (8.60)$$

Stromübersetzung. Für den idealen Transformator gilt:

$$\underline{U}_1\,\underline{I}_1 = \underline{U}_2\,\underline{I}_2 \quad \Rightarrow \quad \frac{\underline{U}_1}{\underline{U}_2} = \frac{\underline{I}_2}{\underline{I}_1}$$

$$\boxed{\frac{\underline{I}_2}{\underline{I}_1} = ü} \qquad (8.61)$$

Daraus folgt für ohmsche Belastung:

$$\underline{I}_2 = \frac{\underline{U}_2}{R} = \frac{\underline{U}_1}{üR} \qquad \underline{I}_1 = \frac{\underline{I}_2}{ü} = \frac{\underline{U}_1}{ü^2 R}$$

Das Übersetzungsverhältnis wird u.a. genutzt bei der Umrechnung der Sekundärgrößen auf der Grundlage des Ersatzschaltbildes bzw. bei erforderlichen Maßstabsänderungen beim Entwickeln von Zeigerbildern. Dabei bleiben die Größen auf der Primärseite unverändert; auf der Sekundärseite wird mit reduzierten Größen (x) gearbeitet. Es gelten:

$$\underline{I}^x = \frac{1}{ü}\,\underline{I}_2; \quad \underline{U}_2^x = ü\,\underline{U}_2; \quad M^x = ü\,M$$

$$R_2^x = ü^2\,R_2; \quad L_2^x = ü^2\,L_2$$

$$\underline{Z}_a^x = \frac{\underline{U}_2^x}{\underline{I}_2^x} = ü^2\,\underline{Z}_a$$

Unter Bezug auf die T-Ersatzschaltung

(Bild 8.111) folgt daraus:

$$L_{1s} = L_1 - M^x = L_1 - \ddot{u}\, M$$

$$L_{2s}^x = L_2^x - M^x = \ddot{u}^2\, L_2 - \ddot{u}\, M$$

Setzt man $L_2^x - M^x = 0$, so ergibt sich daraus für das Übersetzungsverhältnis eine weitere Beziehung:

$$\ddot{u}^2\, L_2 - \ddot{u}\, M = 0$$

$$\boxed{\ddot{u} = \frac{M}{L_2}} \qquad (8.62)$$

Setzt man $L_1 - \ddot{u}\, M = L_1 - M^x = 0$, so folgt daraus:

$$\boxed{\ddot{u} = \frac{L_1}{M}}$$

Setzt man beide Längsglieder gleich, handelt es sich um eine symmetrische T-Ersatzschaltung, und es gilt:

$$L_1 - M^x = L_2^x - M^x$$

$$L_1 - \ddot{u}\, M = \ddot{u}^2\, L_2 - \ddot{u}\, M$$

$$\ddot{u} = \sqrt{\frac{L_1}{L_2}} = \frac{N_1}{N_2}$$

Daraus geht hervor, daß sich das Übersetzungsverhältnis nur im Bereich

$$\boxed{\frac{M}{L_2} \le \ddot{u} \le \frac{L_1}{M}} \qquad (8.63)$$

bewegen darf, wenn das Netzwerk als einfache Ersatzschaltung realisierbar sein soll. Unter Berücksichtigung der reduzierten Größen gilt das Ersatzschaltbild gemäß Bild 8.119.
Aus der Darstellung des Ersatzschaltbildes (Bild 8.119) folgt:

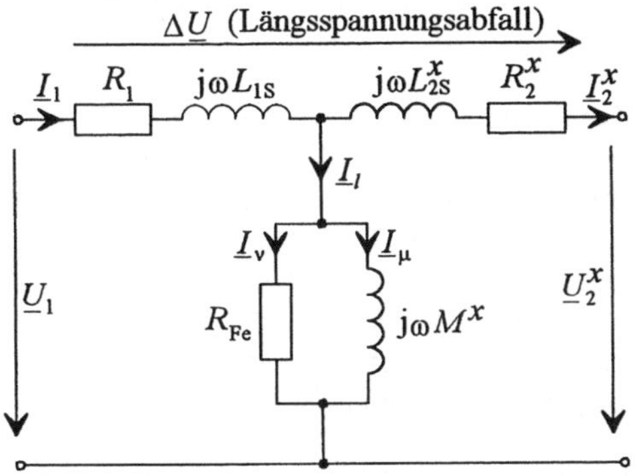

Bild 8.119 Ersatzschaltbild des technischen Transformators mit reduzierten Größen ($\ddot{u} \neq 1$)

$$\underline{U}_1 = \underline{U}_2^x + \Delta\underline{U} = \underline{U}_2^x \left(1 + \frac{\Delta\underline{U}}{\underline{U}_2^x}\right)$$

$$\underline{U}_1 = \frac{N_1}{N_2}\,\underline{U}_2 \left(1 + \frac{\Delta\underline{U}}{\underline{U}_2^x}\right)$$

$$\boxed{\frac{\underline{U}_1}{\underline{U}_2} = \ddot{u}\left(1 + \frac{\Delta\underline{U}}{\underline{U}_2^x}\right)} \qquad (8.64)$$

Die *Spannungsübersetzung* des Transformators kommt im Leerlaufbetrieb ($\underline{I}_2 = 0$, $\Delta\underline{U}$ ist minimal) der des idealen Transformators am nächsten.

Weiterhin gilt auf der Grundlage des Knotenpunktsatzes:

$$\underline{I}_1 = \underline{I}_2^x + \underline{I}_l = \underline{I}_2^x \left(1 + \frac{\underline{I}_l}{\underline{I}_2^x}\right)$$

$$\boxed{\frac{\underline{I}_1}{\underline{I}_2} = \frac{1}{\ddot{u}}\left(1 + \frac{\underline{I}_l}{\underline{I}_2^x}\right)} \qquad (8.65)$$

Die *Stromübersetzung* eines technischen Transformators kommt der des idealen Transformators im Kurzschlußbetrieb am nächsten.

8.6 Netzwerke mit induktiver Kopplung

Kennzeichnung. Mit Hilfe der Berechnungsmethoden elektrischer Netzwerke unter Anwendung der komplexen Rechnung sowie des Prinzips der Selbst- und Gegeninduktion lassen sich induktiv gekoppelte Netzwerke berechnen.
Bei der Erläuterung von drei Fällen sollen folgende Schaltzeichen verwendet werden:

1. Kennzeichnung von Induktivitäten mit gleichsinnigem Wicklungssinn

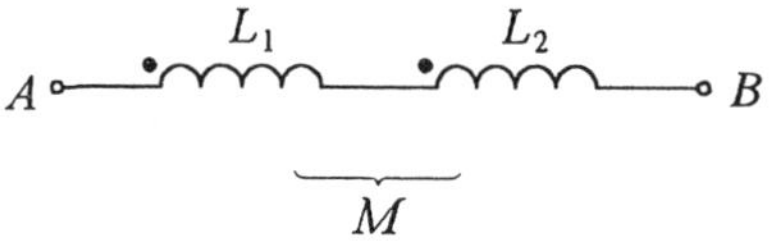

2. Kennzeichnung von Induktivitäten mit gegensinnigem Wicklungssinn

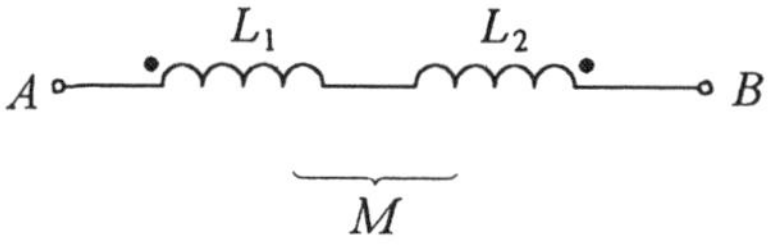

Reihenschaltung

1. *Gleichsinnige* Reihenschaltung

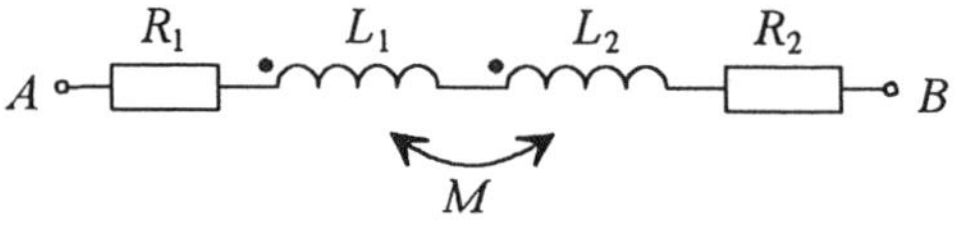

Bild 8.120 Reihenschaltung gleichsinnig gewickelter Induktivitäten

$$L_{\text{ges}} = L_1 + L_2 + 2M$$

$$\underline{U} = (R_1 + \mathrm{j}\omega L_1 + \mathrm{j}\omega M + R_2 + \mathrm{j}\omega L_2 + \mathrm{j}\omega M)\underline{I}$$

$$\underline{U} = \underline{Z}\underline{I}$$

$$\underline{Z} = (R_1 + R_2) + \mathrm{j}\omega(L_1 + L_2 + 2M)$$

2. *Gegensinnige* Reihenschaltung

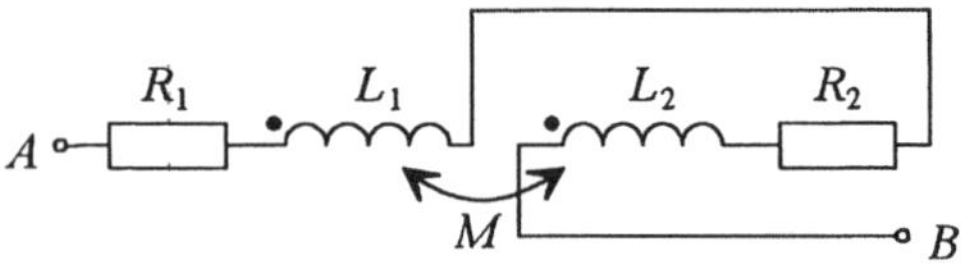

Bild 8.121 Reihenschaltung gegensinnig gewickelter Induktivitäten

Es gilt:

$$L_{\text{ges}} = L_1 + L_2 - 2M$$

$$\underline{U} = (R_1 + \mathrm{j}\omega L_1 - \mathrm{j}\omega M + R_2 + \mathrm{j}\omega L_2 - \mathrm{j}\omega M)\underline{I}$$

$$\underline{U} = \underline{Z}\underline{I}$$

$$\underline{Z} = (R_1 + R_2) + \mathrm{j}\omega(L_1 + L_2 - 2M)$$

Parallelschaltung

1. *Gleichsinnige* Parallelschaltung

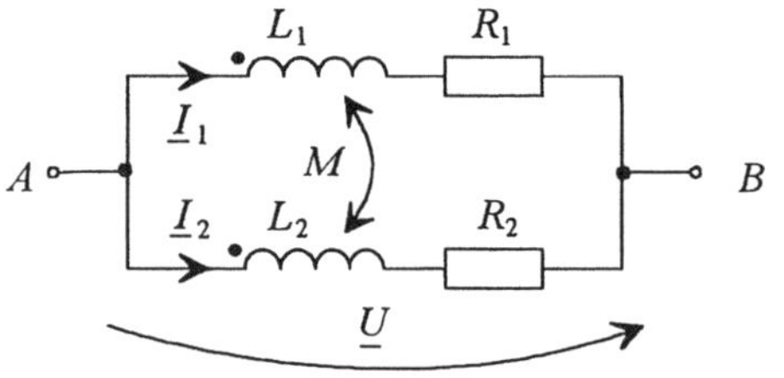

Bild 8.122 Parallelschaltung zweier gleichsinnig gewickelter Induktivitäten

Es gilt:

$$\underline{U} = (R_1 + \mathrm{j}\omega L_1)\underline{I}_1 + \mathrm{j}\omega M \underline{I}_2$$

$$\underline{U} = (R_2 + \mathrm{j}\omega L_2)\underline{I}_2 + \mathrm{j}\omega M \underline{I}_1$$

$$\mathrm{j}\omega M \underline{I}_2 = \underline{U} - \underline{I}_1(R_1 + \mathrm{j}\omega L_1)$$

$$\underline{I}_2 = \frac{\underline{U} - \underline{I}_1(R_1 + \mathrm{j}\omega L_1)}{\mathrm{j}\omega M}$$

$$\underline{U}=\frac{(R_2+\mathrm{j}\omega L_2)\left[\underline{U}-\underline{I}_1(R_1+\mathrm{j}\omega L_1)\right]}{\mathrm{j}\omega M}+\underline{I}_1\mathrm{j}\omega M$$

$$\underline{I}_1=\frac{R_2+\mathrm{j}\omega L_2-\mathrm{j}\omega M}{(R_1+\mathrm{j}\omega L_1)(R_2+\mathrm{j}\omega L_2)-(\mathrm{j}\omega M)^2}\cdot\underline{U}$$

$$\underline{I}_2=\frac{R_1+\mathrm{j}\omega L_1-\mathrm{j}\omega M}{(R_1+\mathrm{j}\omega L_1)(R_2+\mathrm{j}\omega L_2)-(\mathrm{j}\omega M)^2}\cdot\underline{U}$$

Für den Gesamtstrom gilt:

$$\underline{I}=\underline{I}_1+\underline{I}_2$$

$$\underline{I}=\frac{R_1+\mathrm{j}\omega L_1+R_2+\mathrm{j}\omega L_2-2\mathrm{j}\omega M}{(R_1+\mathrm{j}\omega L_1)(R_2+\mathrm{j}\omega L_2)+\omega^2M^2}\cdot\underline{U}$$

Daraus folgt der komplexe Gesamtwiderstand:

$$\boxed{\underline{Z}=\frac{\underline{U}}{\underline{I}}=\frac{(R_1+\mathrm{j}\omega L_1)(R_2+\mathrm{j}\omega L_2)+\omega^2M^2}{R_1+\mathrm{j}\omega L_1+R_2+\mathrm{j}\omega L_2-2\mathrm{j}\omega M}}$$

2. *Gegensinnige* Parallelschaltung

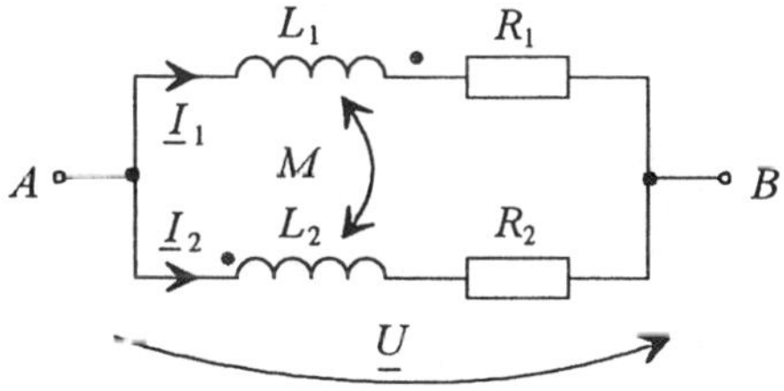

Bild 8.123 Parallelschaltung zweier gegensinnig gewickelten Induktivitäten

Es gilt mit wiederholter Rechnung:

$$\underline{Z}=\frac{(R_1+\mathrm{j}\omega L_1)(R_2+\mathrm{j}\omega L_2)+\omega^2M^2}{R_1+\mathrm{j}\omega L_1+R_2+\mathrm{j}\omega L_2+2\mathrm{j}\omega M}$$

Mehrfach verkoppelte Netzwerke. Auch bei mehrfach verkoppelten Netzwerken gelten die Kirchhoffschen Sätze. Es kann mit Vorteil das Maschenstromverfahren angewendet werden. Man muß lediglich bei der gegensinnigen Kopplung ein entgegengesetztes Vorzeichen einführen (Bild 8.124).

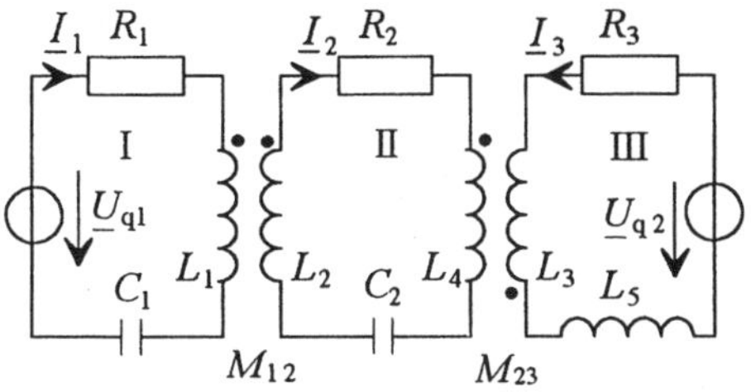

Bild 8.124 Mehrfach gekoppeltes elektrisches Netzwerk

Masche I:

$$\underline{U}_{q1}=\underline{I}_1\left[R_1+\mathrm{j}\left(\omega L_1-\frac{1}{\omega C_1}\right)\right]-\mathrm{j}\omega M_{12}\underline{I}_2$$

Masche II:

$$0=\underline{I}_2\left[R_2+\mathrm{j}\left(\omega L_2-\frac{1}{\omega C_2}+\omega L_4\right)\right]$$

$$-\underline{I}_1\mathrm{j}\omega M_{12}-\underline{I}_3\mathrm{j}\omega M_{23}$$

Masche III:

$$-\underline{U}_{q2}=-\underline{I}_3\left[R_3+\mathrm{j}(\omega L_3+\omega L_5)\right]+\underline{I}_2\mathrm{j}\omega M_{23}$$

Die Vorzeichen bei dem Ausdruck in allen drei Gleichungen ergeben sich durch den jeweiligen Winkel- und Umlaufsinn.
Mit Hilfe dieser Gleichungen kann man die Ströme des Netzwerkes (Bild 8.124) berechnen.

9. Drehstromsysteme

9.1 Grundschaltungen

Definition. Bei einem Drehstromsystem handelt es sich um eine leitungssparende Zusammenschaltung (Verkettung) dreier Wechselstromkreise.
Als Verkettungsmöglichkeiten werden die *Stern-* und die *Dreieckschaltung* genutzt Es werden Dreitore gebildet (Bild 9.1).

Die Aufgabe der drei Wechselstromgeneratoren übernimmt ein Drehstromgenerator. Das Drehstromsystem hat vor allem in der Energietechnik große Bedeutung.
Es wird zwischen *symmetrischen* und *unsymmetrischen Systemen* unterschieden. Bei einem symmetrischen Drehstromsystem haben die drei erzeugten Spannungen gleiche Amplitude, gleiche Frequenz und sind in ihrer Phasenlage um je 120 ° versetzt (Bild 9.2).

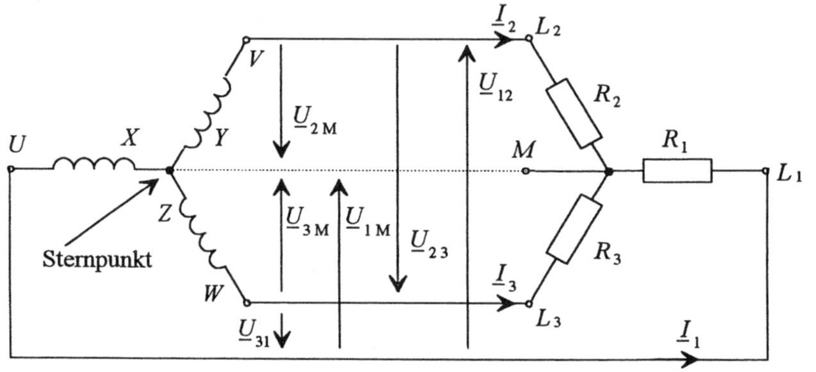

Bild 9.1 Drehstromsystem in Sternschaltung (Generator und Verbraucher)

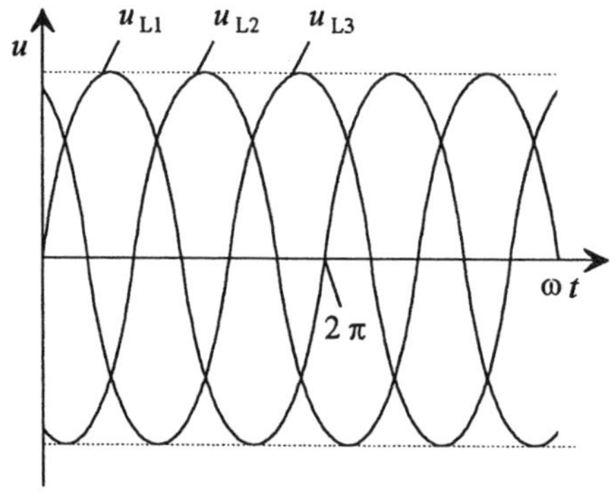

Bild 9.2 Spannungsverlauf des symmetrischen Drehstromsystems

Sternschaltung. Bei der *Sternschaltung* werden die drei Rückleiter der drei Wechselstromkreise zu einem gemeinsamen *Mittelleiter* zusammengefaßt (Bild 9.1).

Dadurch sind zwei verschiedene Spannungen zu berücksichtigen.

- Spannung zwischen Außenleiter und Außenleiter (Leiterspannung $\underline{U}_L$; im Bild: $\underline{U}_{12}$, $\underline{U}_{23}$ und $\underline{U}_{31}$)
- Spannung zwischen Außenleiter und Mittelleiter (Strangspannung $\underline{U}$; im Bild: $\underline{U}_{1M}$, $\underline{U}_{2M}$ und $\underline{U}_{3M}$)

Aus dem Bild 9.1 läßt sich der Zusammenhang zwischen einer Leiterspannung und den angrenzenden Strangspannungen ablesen. Es gilt:

$$\underline{U}_{12} = \underline{U}_{1M} - \underline{U}_{2M}$$

Die Phasenlage der Spannungen ist im Zeigerbild nach Bild 9.3 dargestellt.

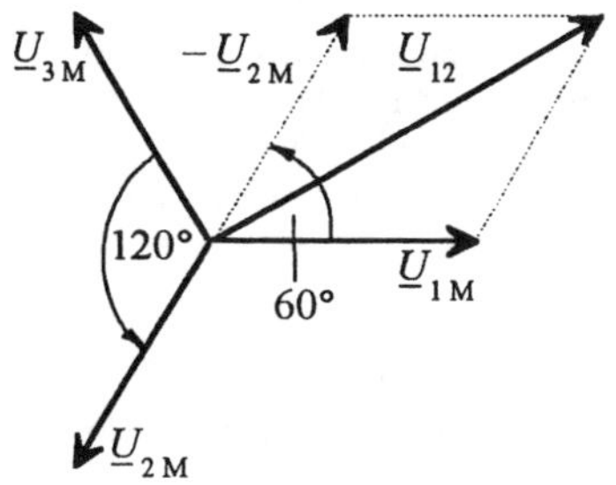

Bild 9.3 Spannungszeigerbild der Sternschaltung

Bei der trigonometrischen Auswertung des Zeigerbildes (Bild 9.3) wird mit den Beträgen der Zeiger gerechnet.

$$U_{12} = 2\ U_{1M} \cos 30°$$

$$U_{12} = 2\ U_{1M}\ \frac{1}{2}\ \sqrt{3}$$

Daraus folgt in allgemeiner Form:

$$\boxed{U_L = \sqrt{3}\ U} \qquad (9.1)$$

Die Außenleiterströme sind in der Sternschaltung gleich den Strangströmen ($\underline{I}_L = \underline{I}$). Damit gilt:

$$\underline{I}_1 = \underline{I}_{UX} \qquad \underline{I}_2 = \underline{I}_{VY} \qquad \underline{I}_3 = \underline{I}_{WZ}$$

Für ein symmetrische Drehstromsystem müssen sich die Ströme zu Null ergänzen.

$$\underline{I}_1 + \underline{I}_2 + \underline{I}_3 = 0 \qquad (9.2)$$

❑ **Beispiel 9.1 [2], [39]**

Ein Drehstromgenerator soll durch eine Dreieckschaltung mit den Impedanzen $\underline{Z}_{12}$, $\underline{Z}_{31}$, $\underline{Z}_{23}$ belastet werden. Gesucht sind Leiter- und Strangströme des Verbrauchers (Bild 9.4).

Lösung:

1. Ermittlung der Strangströme

Entsprechend dem Zeigerbild (Bild 9.3) gilt:

$$\underline{U}_{12} = \underline{U}_{1M} - \underline{U}_{2M}$$

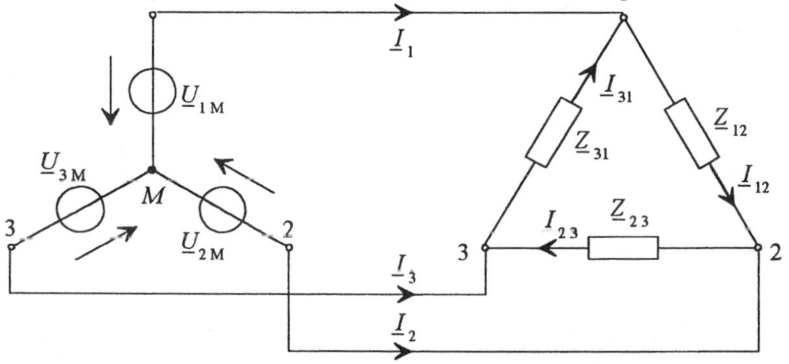

Bild 9.4 Verbraucher in Dreieckschaltung an einem Generators in Sternschaltung

Aus der Spannungsgleichung folgt:

$$\underline{I}_{12} = \frac{\underline{U}_{1M} - \underline{U}_{2M}}{\underline{Z}_{12}} = \frac{\underline{U}_{12}}{\underline{Z}_{12}} \qquad \underline{I}_{23} = \frac{\underline{U}_{2M} - \underline{U}_{3M}}{\underline{Z}_{23}} = \frac{\underline{U}_{23}}{\underline{Z}_{23}}$$

$$\underline{I}_{31} = \frac{\underline{U}_{3M} - \underline{U}_{1M}}{\underline{Z}_{31}} = \frac{\underline{U}_3}{\underline{Z}_3}$$

2. Ermittlung der Leiterströme

$$\underline{I}_1 + \underline{I}_{31} = \underline{I}_{12} \qquad \underline{I}_1 = \underline{I}_{12} - \underline{I}_{31}$$

$$\underline{I}_2 + \underline{I}_{12} = \underline{I}_{23} \qquad \underline{I}_2 = \underline{I}_{23} - \underline{I}_{12}$$

$$\underline{I}_3 + \underline{I}_{23} = \underline{I}_{31} \qquad \underline{I}_3 = \underline{I}_{31} - \underline{I}_{23}$$

❑ **Beispiel 9.2 [2], [39]**

Das Generatorsystem nach Beispiel 9.1 soll durch einen Verbraucher in Sternschaltung belastet werden (Bild 9.5).
Es sind die Leiterströme anzugeben.

Lösung:

Nach Abschnitt 9.5.1 gilt für die Ströme, wenn die Klemme 3 des Verbrauchers als Bezugspunkt betrachtet wird:

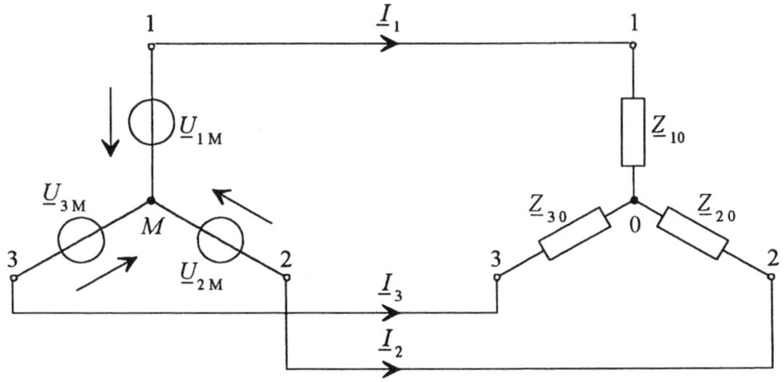

Bild 9.5 Verbraucher in Sternschaltung an einem Generator in Sternschaltung

$$\underline{I}_1 = \frac{(\underline{Z}_{20} + \underline{Z}_{30})\,\underline{U}_{13} - \underline{Z}_{30}\underline{U}_{23}}{\underline{Z}_{10}\,\underline{Z}_{20} + \underline{Z}_{10}\,\underline{Z}_{30} + \underline{Z}_{20}\,\underline{Z}_{30}}$$

$$\underline{I}_2 = \frac{\underline{Z}_{30}\,\underline{U}_{13} + (\underline{Z}_{10} - \underline{Z}_{30})\underline{U}_{23}}{\underline{Z}_{10}\,\underline{Z}_{20} + \underline{Z}_{10}\,\underline{Z}_{30} + \underline{Z}_{20}\,\underline{Z}_{30}}$$

$$\underline{I}_3 = -(\underline{I}_1 + \underline{I}_2)$$

$$\underline{I}_3 = \frac{\underline{Z}_{20}\,\underline{U}_{13} + \underline{Z}_{10}\,\underline{U}_{23}}{\underline{Z}_{10}\,\underline{Z}_{20} + \underline{Z}_{10}\,\underline{Z}_{30} + \underline{Z}_{20}\,\underline{Z}_{30}}$$

Mit den Spannungen

$$\underline{U}_{13} = \underline{U}_{12} + \underline{U}_{23}$$

$$\underline{U}_{12} = \underline{U}_{13} - \underline{U}_{23}$$

und den Admittanzen

$$\underline{Y}_{10} = \frac{1}{\underline{Z}_{10}} \qquad \underline{Y}_{20} = \frac{1}{\underline{Z}_{20}} \qquad \underline{Y}_{30} = \frac{1}{\underline{Z}_{30}}$$

könne die Ströme angegeben werden.

$$\underline{I}_1 = \frac{\underline{Y}_{10}\,\underline{Y}_{30}\,\underline{U}_{13} + \underline{Y}_{10}\,\underline{Y}_{20}\,\underline{U}_{12}}{\underline{Y}_{10} + \underline{Y}_{20} + \underline{Y}_{30}}$$

$$\underline{I}_2 = \frac{\underline{Y}_{20}\,\underline{Y}_{10}\,\underline{U}_{12} + \underline{Y}_{20}\,\underline{Y}_{30}\,\underline{U}_{23}}{\underline{Y}_{10} + \underline{Y}_{20} + \underline{Y}_{30}}$$

$$\underline{I}_3 = \frac{\underline{Y}_{30}\,\underline{Y}_{20}\,\underline{U}_{32} + \underline{Y}_{30}\,\underline{Y}_{10}\,\underline{U}_{31}}{\underline{Y}_{10} + \underline{Y}_{20} + \underline{Y}_{30}}$$

Dreieckschaltung. Durch die Dreieckschaltung werden die sechs Leitungen der drei einzelnen Wechselstromkreise auf drei reduziert (Bild 9.6).
Im Dreiecksystem entsprechen die Außenleiterspannungen gleich den Strangspannungen ($U_L = U$). Es gilt:

$$\underline{U}_{12} + \underline{U}_{23} + \underline{U}_{31} = 0 \qquad (9.3)$$

Der Zusammenhang zwischen Leiterstrom ($\underline{I}_L$) und Strangstrom ($\underline{I}$) wird gemäß Zeigerbilddarstellung (Bild 9.7) ebenfalls über den Faktor $\sqrt{3}$ hergestellt.

$$\boxed{I_L = \sqrt{3}\; I} \qquad (9.4)$$

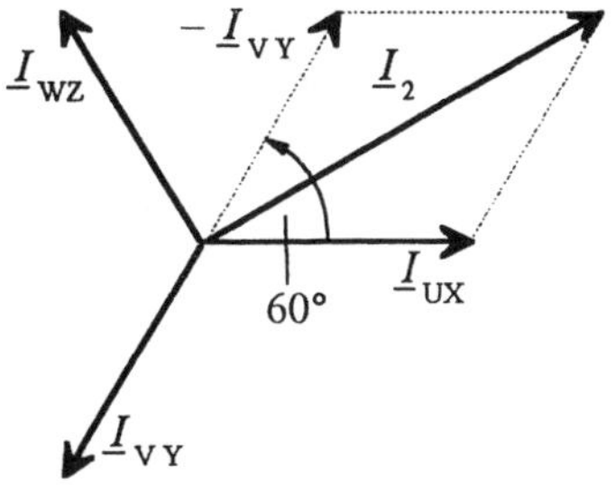

Bild 9.7 Zeigerbild der Dreieckschaltung ($\underline{I}_2$ Leiterstrom; $\underline{I}_{UX}$, $\underline{I}_{VY}$, $\underline{I}_{WZ}$ Strangströme)

Werden die Admittanzkoeffizienten der Dreieckschaltung nach Bild 9.8 benötigt, so ergeben sich unter Beachtung des im Abschnitt 8.5.1 erläuterten Algorithmus folgende Gleichungen [39]:

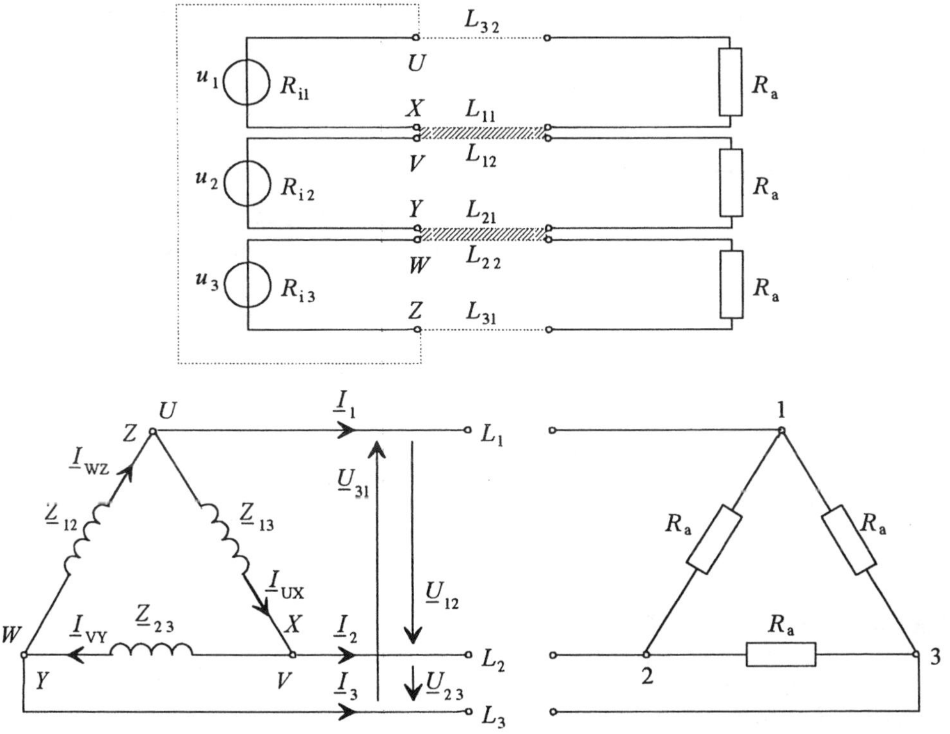

Bild 9.6 Prinzipielle Darstellung eines Drehstromsystems in Dreieckschaltung

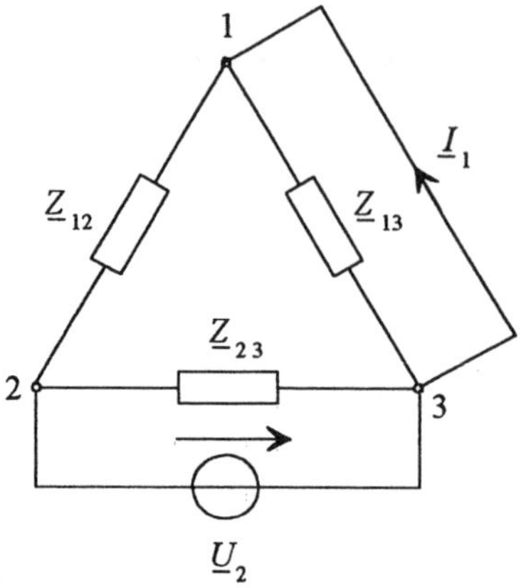

Bild 9.8 Darstellung eines Dreiecksystems zur Ermittlung der Admittanzkoeffizienten $\underline{Y}_{12}$ und $\underline{Y}_{21}$ [39]

$$\underline{Y}_{11} = \frac{\underline{Z}_{12} + \underline{Z}_{13}}{\underline{Z}_{12}\,\underline{Z}_{13}}$$

$$\underline{Y}_{22} = \frac{\underline{Z}_{12} + \underline{Z}_{23}}{\underline{Z}_{12}\,\underline{Z}_{23}}$$

Die Koeffizienten $\underline{Y}_{12} = \underline{Y}_{21}$ erhält man, wenn man die Knoten 1 und 3 miteinander verbindet ($\underline{U}_1 = 0$) und das Verhältnis von $\underline{I}_1$ zu $\underline{U}_2$ bildet. Aus Bild 9.8 folgt:

$$\underline{I}_1\,\underline{Z}_{12} + \underline{U}_2 = 0$$

$$\underline{I}_1\,\underline{Z}_{12} = -\,\underline{U}_2$$

$$\frac{\underline{I}_1}{\underline{U}_2} = -\,\frac{1}{\underline{Z}_{12}}$$

$$\underline{Y}_{12} = \underline{Y}_{21} = -\,\frac{1}{\underline{Z}_{12}}$$

Äquivalenzbeziehungen. Die Äquivalenz einer Dreieckschaltung mit einer Sternschaltung ist dann gegeben, wenn die Admittanzkoeffizienten der Schaltungen übereinstimmen.

Es gelten die folgenden Beziehungen:

$$\frac{\underline{Z}_{20} + \underline{Z}_{30}}{\underline{Z}_{10}\,\underline{Z}_{20} + \underline{Z}_{10}\,\underline{Z}_{30} + \underline{Z}_{20}\,\underline{Z}_{30}} = \frac{\underline{Z}_{12} + \underline{Z}_{13}}{\underline{Z}_{12} \cdot \underline{Z}_{13}}$$

$$\frac{\underline{Z}_{10} + \underline{Z}_{30}}{\underline{Z}_{10}\,\underline{Z}_{20} + \underline{Z}_{10}\,\underline{Z}_{30} + \underline{Z}_{20}\,\underline{Z}_{30}} = \frac{\underline{Z}_{12} + \underline{Z}_{23}}{\underline{Z}_{12} \cdot \underline{Z}_{23}}$$

$$\frac{\underline{Z}_{30}}{\underline{Z}_{10}\,\underline{Z}_{20} + \underline{Z}_{20}\,\underline{Z}_{30} + \underline{Z}_{10}\,\underline{Z}_{30}} = \frac{1}{\underline{Z}_{12}}$$

Daraus folgt:

$$\underline{Z}_{12} = \frac{\underline{Z}_{10}\,\underline{Z}_{20} + \underline{Z}_{20}\,\underline{Z}_{30} + \underline{Z}_{10}\,\underline{Z}_{30}}{\underline{Z}_{30}}$$

$$\underline{Z}_{23} = \frac{\underline{Z}_{10}\,\underline{Z}_{20} + \underline{Z}_{20}\,\underline{Z}_{30} + \underline{Z}_{10}\,\underline{Z}_{30}}{\underline{Z}_{10}}$$

$$\underline{Z}_{13} = \frac{\underline{Z}_{10}\,\underline{Z}_{20} + \underline{Z}_{20}\,\underline{Z}_{30} + \underline{Z}_{10}\,\underline{Z}_{30}}{\underline{Z}_{20}}$$

Durch Auflösung dieser drei Gleichungen nach den Impedanzen des Stern-Netzwerkes erhält man:

$$\boxed{\underline{Z}_{10} = \frac{\underline{Z}_{12} \cdot \underline{Z}_{13}}{\underline{Z}_{12} + \underline{Z}_{13} + \underline{Z}_{23}}} \qquad (9.5)$$

$$\boxed{\underline{Z}_{20} = \frac{\underline{Z}_{13} \cdot \underline{Z}_{23}}{\underline{Z}_{12} + \underline{Z}_{13} + \underline{Z}_{23}}} \qquad (9.6)$$

$$\boxed{\underline{Z}_{30} = \frac{\underline{Z}_{12} \cdot \underline{Z}_{23}}{\underline{Z}_{12} + \underline{Z}_{13} + \underline{Z}_{23}}} \qquad (9.7)$$

☐ **Beispiel 9.3**

Das Stern-Netzwerk im Bild 9.9 soll in ein Dreieck-Netzwerk umgewandelt werden. Dabei soll gelten:

$\underline{Z}_{10} = \mathrm{j}\omega L_1 \qquad \underline{Z}_{20} = R_2 \qquad \underline{Z}_{30} = R_3$

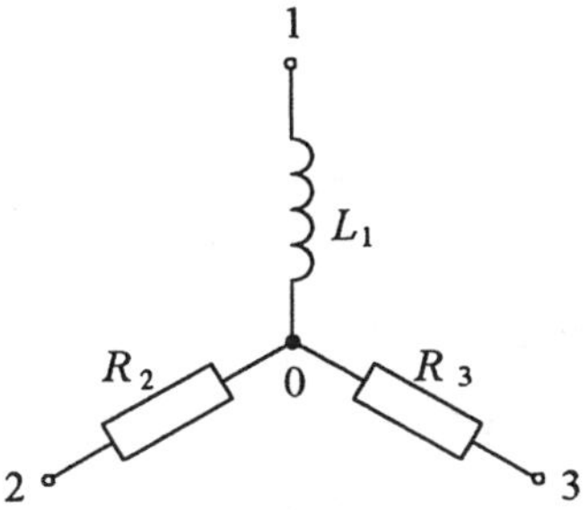

Bild 9.9 Sternschaltung zum Beispiel 9.3

Lösung:

$$\underline{Z}_{12} = \frac{\mathrm{j}\omega L_1 (R_2 + R_3) + R_2 R_3}{R_3}$$

$$\underline{Z}_{12} = \frac{\mathrm{j}\omega L_1 (R_2 + R_3)}{R_3} + R_2$$

$$\underline{Z}_{12} = \mathrm{j}\omega L_{12} + R_2$$

$$\underline{Z}_{23} = \frac{\mathrm{j}\omega L_1 (R_2 + R_3) + R_2 R_3}{\mathrm{j}\omega L_1}$$

$$\underline{Z}_{23} = R_2 + R_3 + \frac{R_2 R_3}{\mathrm{j}\omega L_1}$$

Führt man für den Ausdruck $R_2 R_3 / \mathrm{j}\omega L_1$ eine Einheitenprobe durch, so kann festgestellt werden, daß es sich dabei um eine Kapazität handeln muß. Somit wird:

$$\underline{Z}_{23} = R_{23} + \frac{1}{\mathrm{j}\omega C_{23}}$$

$$\underline{Z}_{13} = \frac{\mathrm{j}\omega L_1 (R_2 + R_3) + R_2 R_3}{R_2}$$

$$\underline{Z}_{13} = \frac{\mathrm{j}\omega L_1 (R_2 + R_3)}{R_2} + R_3$$

$$\underline{Z}_{13} = R_3 + \mathrm{j}\omega L_{13}$$

Diese drei Gleichungen in eine Schaltung umgesetzt, ergibt das Netzwerk gemäß Bild 9.10.

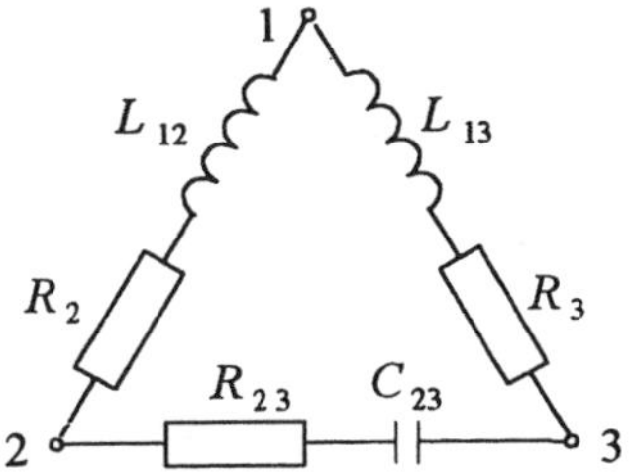

Bild 9.10 Äquivalentes Dreitor zu Bild 9.9

9.2 Drehstromleistung

Die Gesamtleistung eines Drehstromsystems ist bei Stern- oder Dreieckschaltung gleich der Summe der drei Strangleistungen

$$P = 3\,UI \cos\varphi$$

Dabei stellt φ den Phasenverschiebungswinkel zwischen der Strangspannung U und dem Strangstrom I dar. Daraus läßt sich für die Sternschaltung ableiten:

$$P = 3 \cdot \frac{U_\mathrm{L}}{\sqrt{3}} \cdot I_\mathrm{L} \cos\varphi$$

Für die Dreieckschaltung gilt:

$$P = 3 \cdot U_\mathrm{L} \cdot \frac{I_\mathrm{L}}{\sqrt{3}} \cos\varphi$$

Daraus folgt für beide Systeme:

$$\boxed{P = \sqrt{3}\; U_\mathrm{L}\, I_\mathrm{L} \cos\varphi} \qquad (9.8)$$

Im Gegensatz zum Einphasensystem pulsiert im Drehstromsystem die Momentanleistung nicht, sondern hat eine gleichmäßige Leistung zum Verbraucher [2].

Für die Blindleistung gilt:

$$Q = \sqrt{3}\, U_L I_L \sin\varphi \tag{9.9}$$

Für die Scheinleistung gilt:

$$S = \sqrt{3}\, U_L I_L \tag{9.10}$$

❑ **Beispiel 9.4**

Dem Leistungsschild eines Drehstrommotors werden folgende Werte entnommen:

- Nennleistungsabgabe $P_{2N} = 22$ kW
- Nennleistungsfaktor $\cos\varphi = 0{,}85$
- Nennwirkungsgrad $\eta_N = 0{,}88$
- Nennspannung $U_N = 400$ V

Der Motor wird mit Hilfe einer dreiadrigen Leitung ($R = 0{,}3\,\Omega$) an ein Drehstromnetz angeschlossen.
Zu berechnen ist die Außenleiterspannung am Anfang der Leitung.

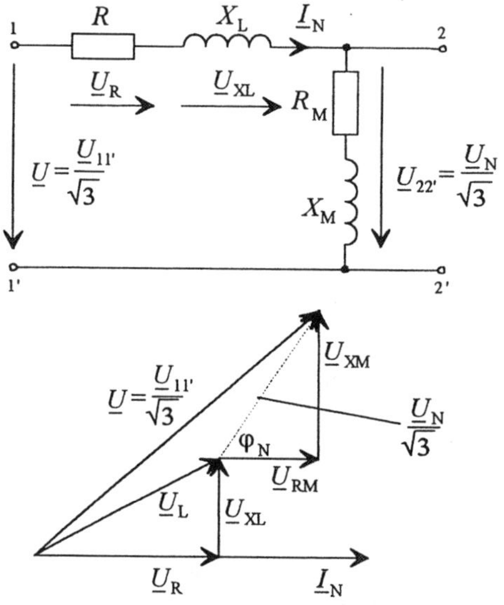

Bild 9.11 Schaltung und Zeigerbild zum Beispiel 9.4

Lösung:

Wirkleistungsaufnahme des Motors:

$$P_{1N} = \frac{P_{2N}}{\eta_N} = \frac{22\text{ kW}}{0{,}88} = 25\text{ kW}$$

Betrag des Außenleiterstromes:

$$I_N = \frac{P_{1N}}{\sqrt{3}\; U_N \cos\varphi_N}$$

$$I_N = \frac{25000\text{ W}}{\sqrt{3}\cdot 400\text{ V}\cdot 0{,}85} = 42{,}5\text{ A}$$

Spannungsabfälle der Zuleitung (Beträge):

$$U_R = R\, I_N = 0{,}3\,\Omega \cdot 42{,}5\text{ A} = 12{,}8\text{ V}$$

$$U_L = X_L\, I_N = 0{,}05\,\Omega \cdot 42{,}5\text{ A} = 2{,}13\text{ V}$$

Ist der Motor im Stern geschaltet, so ergibt sich mit $U_N/\sqrt{3}$ als Bezugsgröße das im Bild 9.11 dargestellte Zeigerbild.
Dem Zeigerbild (Bild 9.11) entnimmt man:

$$U^2 = (U_{XL} + U_{XM})^2 + (U_{RM} + U_R)^2$$

$$\sin\varphi_N = \frac{U_{XM}}{U_N}\sqrt{3}$$

$$U_{XM} = \frac{U_N}{\sqrt{3}}\sin\varphi_N$$

$$U_{RM} = \frac{U_N}{\sqrt{3}}\cos\varphi_N$$

Außenleiterspannung am Anfang der Leitung:

$$U_{11} = \sqrt{3}\; U$$

$$U_{11} = \sqrt{3}\cdot 244\text{ V}$$

$$U_{11} = 422{,}6\text{ V}$$

❑ **Beispiel 9.5 [61]**

Ein unsymmetrischer Wirkverbraucher in Sternschaltung besteht aus den Widerständen $\underline{Z}_{10} = 20\,\Omega$, $\underline{Z}_{20} = 40\,\Omega$, $\underline{Z}_{30} = 100\,\Omega$.
Bei einer Leiterspannung von $U = 400$ V ist die Leistungsaufnahme zu bestimmen.

Lösung:

Die Sternschaltung wird zunächst in eine äquivalente Dreieckschaltung umgewandelt. Es gilt:

$$\underline{Z}_{12} = R_{12} = \underline{Z}_{10} + \underline{Z}_{20} + \frac{\underline{Z}_{10} \cdot \underline{Z}_{20}}{\underline{Z}_{30}} = 68\,\Omega$$

$$\underline{Z}_{23} = R_{23} = \underline{Z}_{20} + \underline{Z}_{30} + \frac{\underline{Z}_{20} \cdot \underline{Z}_{30}}{\underline{Z}_{10}} = 340\,\Omega$$

$$\underline{Z}_{31} = R_{31} = \underline{Z}_{30} + \underline{Z}_{10} + \frac{\underline{Z}_{30} \cdot \underline{Z}_{10}}{\underline{Z}_{20}} = 170\,\Omega$$

Daraus ergibt sich für die Gesamtwirkleistung:

$$P_{\text{ges}} = P_1 + P_2 + P_3 = U^2\left(\frac{1}{R_{12}} + \frac{1}{R_{23}} + \frac{1}{R_{31}}\right)$$

$$P_{\text{ges}} = 357{,}7\,\text{W}$$

Messung der Drehstromleistung. Bei Drehstromsystemen mit *symmetrischen* Verbrauchern braucht nur eine Phasenleistung gemessen werden und diese mit dem Faktor 3 multipliziert werden (Bild 9.12).

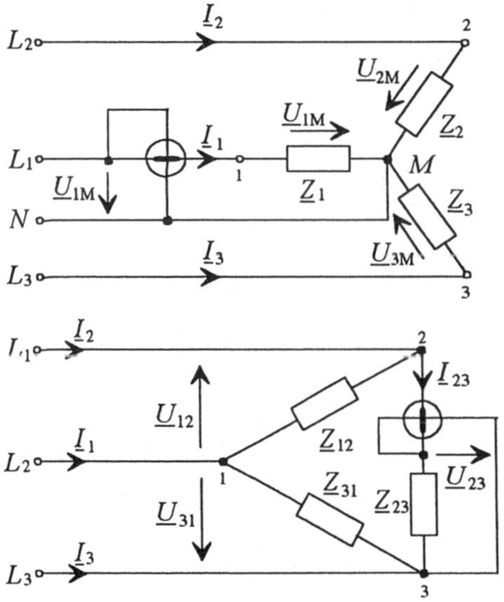

Bild 9.12 Messung der Strangleistung bei symmetrischer Belastung [64]

Für den Fall, daß der Sternpunkt nicht zugänglich ist oder wie bei der Dreieckschaltung nicht zugeschaltet werden darf, wird mit Hilfe von drei Impedanzen gleichen Wertes ein künstlicher Sternpunkt geschaffen (Bild 9.13).

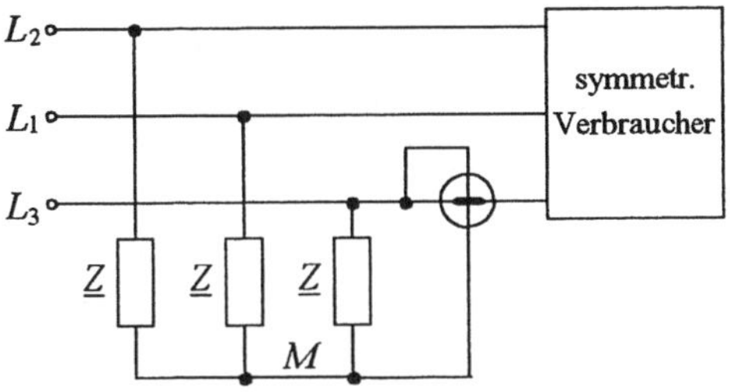

Bild 9.13 Leistungsmessung mit künstlichem Sternpunkt [64]

Hinweis:

Ist der Verbraucher in Dreieck geschaltet, ist die Leiterspannung U_L gleich der Strangspannung U. Durch den Leistungsmesser fließt der Außenleiterstrom I_L, der das $\sqrt{3}$-fache des Strangstromes ist. Durch den künstlichen Sternpunkt liegt am Spannungspfad des Leistungsmessers die Strangspannung an.
Vom Leistungsmesser wird die Strangleistung

$$P = \frac{U_L}{\sqrt{3}} I \sqrt{3} \cos\varphi = UI\cos\varphi$$

angezeigt.

Aronschaltung [64]. Bei *unsymmetrischer* Belastung kann die Gesamtleistung mit drei getrennten Leistungsmessern gemessen werden. Die Phasenleistungen ergeben sich durch die Außenleiterströme und den Strangspannungen, die gegebenenfalls aus einem künstlichen Sternpunkt gewonnen werden können.
Bei Verwendung der *Aronschaltung* nach Bild 9.14 und Bild 9.15 werden nur zwei Leistungsmesser benötigt. Der mathematische Nachweis kann über die komplexe Leistung geführt werden.

Fall 1:

Messung der Drehstromleistung mittels Aronschaltung bei Sternschaltung

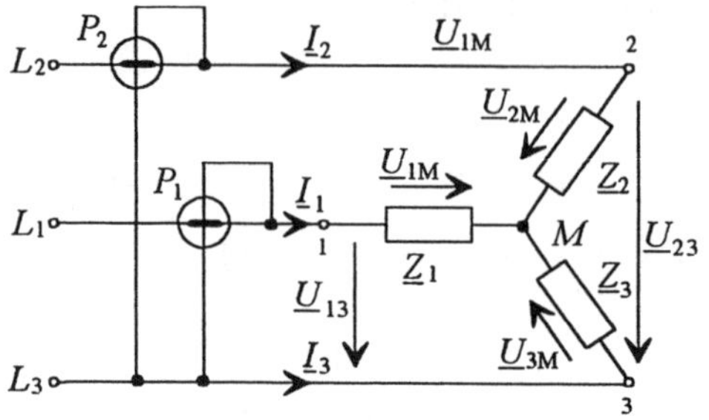

Bild 9.14 Aronschaltung zur Leistungsmessung in einer unsymmetrischen Sternschaltung

Die in die Außenleiter L_1 und L_2 geschalteten Wirkleistungsmesser werden von den Strömen $\underline{I}_1$ und $\underline{I}_2$ durchflossen.
Für die komplexe Dreiphasenleistung ergibt sich:

$$\underline{S} = \underline{U}_{1M} \cdot \underline{I}_1^* + \underline{U}_{2M} \cdot \underline{I}_2^* + \underline{U}_{3M} \cdot \underline{I}_3^*$$

Für den konjugiert komplexen Strom $\underline{I}_3^*$ gilt:

$$\underline{I}_3^* = -\left(\underline{I}_1^* + \underline{I}_2^*\right)$$

$$\underline{S} = \underline{U}_{1M} \cdot \underline{I}_1^* + \underline{U}_{2M} \cdot \underline{I}_2^* - \underline{U}_{3M}\left(\underline{I}_1^* + \underline{I}_2^*\right)$$

$$\underline{S} = \left(\underline{U}_{1M} - \underline{U}_{3M}\right)\underline{I}_1^* + \left(\underline{U}_{2M} - \underline{U}_{3M}\right)\underline{I}_2^*$$

Aus der Schaltung (Bild 9.14) folgt unter Anwendung des Maschensatzes:

$$\underline{U}_{13} = \underline{U}_{1M} - \underline{U}_{3M} \text{ und } \underline{U}_{23} = \underline{U}_{2M} - \underline{U}_{3M}$$

Daraus folgt:

$$\underline{S} = \underline{U}_{13}\underline{I}_1^* + \underline{U}_{23}\underline{I}_2^* = \underline{S}_1 + \underline{S}_2$$

Die beiden Leistungsmesser zeigen in der Summe die Wirkleistung des Verbrauchers des Dreiphasensystems an.

Fall 2:

Messung der Drehstromleistung mittels Aronschaltung bei Dreieckschaltung.

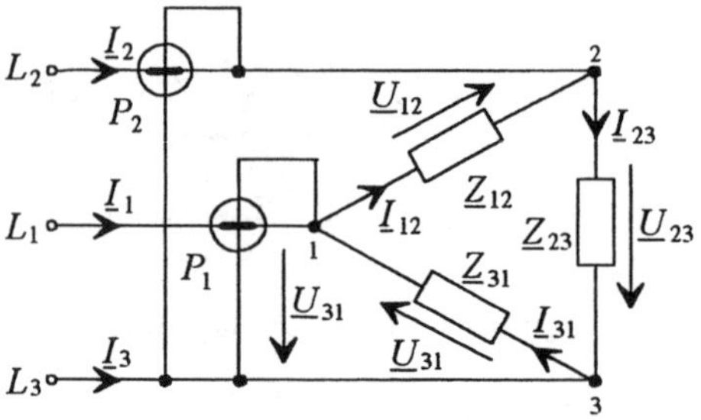

Bild 9.15 Aronschaltung zur Leistungsmessung in einer Dreieckschaltung

Für die Wirkleistungsmesser gelten die gleichen Anschlußbedingungen wie bei der Sternschaltung.

$$\underline{S} = \underline{U}_{12} \cdot \underline{I}_{12}^* + \underline{U}_{23} \cdot \underline{I}_{23}^* + \underline{U}_{31} \cdot \underline{I}_{31}^*$$

Für die Knotenpunkte *1* und *2* gelten die Gleichungen:

$$\underline{I}_{23}^* = \underline{I}_{12}^* + \underline{I}_2^*$$

$$\underline{I}_{31}^* = \underline{I}_{12}^* - \underline{I}_1^*$$

$$\underline{S} = \underline{U}_{12}\underline{I}_{12}^* + \underline{U}_{23}\left(\underline{I}_{12}^* + \underline{I}_2^*\right) + \underline{U}_{31}\left(\underline{I}_{12}^* - \underline{I}_1^*\right)$$

$$\underline{S} = \underline{U}_{23}\underline{I}_2^* - \underline{U}_{31}\underline{I}_1^* + \left(\underline{U}_{12} + \underline{U}_{23} + \underline{U}_{31}\right)\underline{I}_{12}^*$$

Aus der Schaltung (Bild 9.15) entnimmt man:

$$-\underline{U}_{31} = \underline{U}_{13} \text{ und } \underline{U}_{12} + \underline{U}_{23} + \underline{U}_{31} = 0$$

Daraus folgt:

$$\underline{S} = \underline{U}_{13}\underline{I}_1^* + \underline{U}_{23}\underline{I}_2^* = \underline{S}_1 + \underline{S}_2$$

Das Ergebnis entspricht der Aussage wie unter Fall 1.

10 Frequenzabhängigkeit von Schaltungen

Allgemeines. In den bisherigen Betrachtungen wurde die Berechnung von sinusförmigen Spannungen und Strömen nach Effektivwert und Phasenlage mit Hilfe der komplexen Rechnung für eine fest vorgegebene Frequenz durchgeführt.
Diese Vorgabe entspricht im wesentlichen den Bedingungen, wie sie im stationären Netzbetrieb von Elektroenergieversorgungsanlagen ($f = 50\,\text{Hz}$) vorliegen.

Im folgenden soll das Verhalten von Wechselstromschaltungen bei *veränderlicher Frequenz* untersucht werden, um die Grundlagen für technische Anwendungsgebiete, wie die elektrische Nachrichtentechnik bzw. Kommunikationselektronik, zu erweitern.

Die Frequenzabhängigkeit der kapazitiven und induktiven Wirkung (siehe auch Abschnitt 6) wird durch die Anwendung der Widerstandsoperatoren für die idealen Schaltelemente Widerstand, Kapazität und Induktivität erfaßt.
Bei Schaltungen mit induktiver Kopplung ist außerdem die Gegeninduktivität einzubeziehen.

Es ist offensichtlich, daß die Konstruktion elektrischer Bauelemente von dem vorgesehenen Einsatzgebiet abhängt.
Der Bereich technischer Frequenzen erstreckt sich von niedrigen Frequenzen (z.B. 16 $^2/_3$ Hz für die Bahnstromversorgung) bis in den Höchstfrequenzbereich (z.B. 32 GHz für die Satellitenübertragungstechnik). Für den jeweiligen Anwendungsfall sind die Bauelemente, auch *technische Schaltelemente* genannt, mit Hilfe von Ersatzschaltungen in ihrem realen Verhalten richtig darzustellen.

Außerdem sind geeignete Beschreibungsmethoden zu finden, die eine anschauliche Darstellung des Frequenzverhaltens ermöglichen.

Um mit der komplexen Rechnung auszukommen, beziehen sich die Erläuterungen in diesem Kapitel ausschließlich auf den stationären, d.h. eingeschwungenen Zustand der betrachteten Schaltungen. Weitergehende Berechnungsmethoden findet man in [14], [19].

10.1 Frequenzabhängigkeit von Zweipolen

Es soll ein Zweipol betrachtet werden, der aus einer beliebigen Zusammenschaltung von passiven Schaltelementen besteht (Bild 10.1).

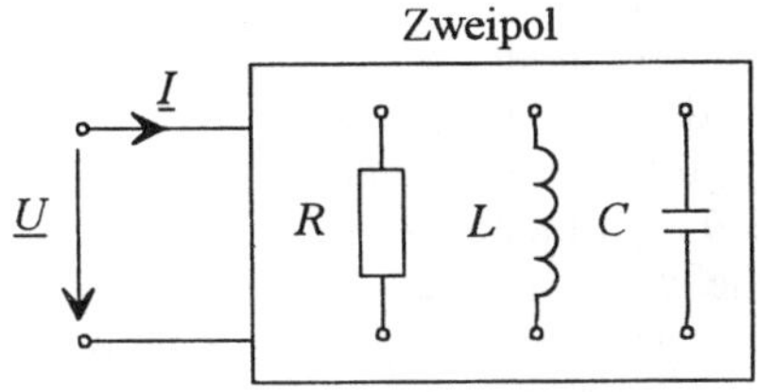

Bild 10.1 Zweipol mit beliebigen passiven Schaltelementen

Prinzipiell gelten für diesen Zweipol bei Betrieb mit harmonischen Wechselgrößen die Festlegungen nach Abschnitt 2.2 und 6.2.1.
Zur genaueren theoretischen Behandlung sind weitere Voraussetzungen anzugeben (DIN 5489, Abschnitt 4), [14], die im folgenden erläutert werden.

Der Zweipol ist:

- *linear*, d.h., die Strom-Spannungs-Beziehung ist durch eine Gerade beschrieben

- *zeitinvariant*, d.h., die eingesetzten konzentrierten Schaltelemente R, L, C sind zeitlich konstant
- *stabil*, d.h., ohne eine Ursache klingt die Wirkung gegen Null ab.

10.1.1 Zweipolfunktion, Zweipolcharakteristik

Prinzipiell läßt sich ein Zweipol (Bild 10.1) durch sein Strom-Spannungs-Verhalten beschreiben.
Gemäß den Ausführungen zu Wechselstromschaltungen im Abschnitt 6., wird z.B. bei einer angelegten Sinusspannung der Strom durch den Zweipol in der Amplitude (Effektivwert) sowie in der Phasenlage bestimmt. Dabei werden diese Kenngrößen unmittelbar durch den Zweipol festgelegt.
Verändert man seine Ersatzschaltung, führt dies i.allg. zu einer Änderung der Kenngrößen Amplitude und Nullphasenwinkel. Ein meßtechnischer Nachweis läßt sich leicht realisieren.
Umgekehrt kann auch von einem Strom ausgegangen werden. Die Spannung über dem Zweipol wird sich in Abhängigkeit der wirksamen Ersatzschaltung einstellen.
Ziel ist es nun, die Eigenschaften eines Zweipols nicht erst durch Strom-Spannung-Messung zu bestimmen, sondern mit Hilfe mathematischer Mittel vorauszubestimmen.

Zweipolfunktion. Betrachtet man Strom oder Spannung als eine vorgegebene Größe, so kann die zweite sich einstellende Größe durch die Impedanz $\underline{Z}$ oder die Admittanz $\underline{Y}$ berechnet werden.
Die Beschreibung der Eigenschaft eines Zweipols durch die Impedanz oder Admittanz nennt man *Zweipolfunktion* (Bild 10.2) oder allgemeiner *Netzwerkfunktion*.

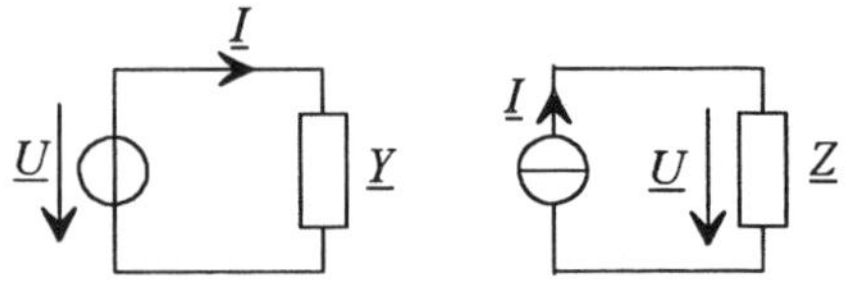

$\underline{I} = \underline{Y}\ \underline{U}$ $\quad$ $\underline{U} = \underline{Z}\ \underline{I}$

Zweipolfunktionen:

$$\underline{Y}(\mathrm{j}\omega) = \frac{\underline{I}(\mathrm{j}\omega)}{\underline{U}(\mathrm{j}\omega)} \qquad \underline{Z}(\mathrm{j}\omega) = \frac{\underline{U}(\mathrm{j}\omega)}{\underline{I}(\mathrm{j}\omega)}$$

Bild 10.2 Zweipolfunktion

Die Zweipolfunktion ist im komplexen Bereich definiert, bei dem die Frequenz als Kreisfrequenz, multipliziert mit dem Faktor j, auftritt. Man spricht daher auch von einer *komplexen Frequenzfunktion*.
Durch die symbolische Rechenmethode werden die Veränderungen

- des Betrages (Scheinwiderstand, Scheinleitwert)
- des Phasenwinkels zwischen Strom und Spannung (oder umgekehrt)
- des Realteiles der Zweipolfunktion
- des Imaginärteiles der Zweipolfunktion

in Abhängigkeit von der Frequenz erfaßt.

Zweipolcharakteristik. Wie die Beschreibungsgrößen des Zweipols auf eine Frequenzänderung der Erregergröße (Strom oder Spannung) reagieren, wird durch die *Zweipolcharakteristik* beschrieben.
Sie stellt im einzelnen meßbare Komponenten des Zweipoles dar (Bild 10.3).

$\underline{Z} = Z\ \mathrm{e}^{\mathrm{j}\varphi_Z}$

→ $\varphi_Z = f(\omega)$ Phasencharakteristik

→ $Z = f(\omega)$ Betragscharakteristik

→ $\underline{Z} = f(\mathrm{j}\omega)$ Ortskurve

Bild 10.3 Zweipolfrequenzcharakteristik

Die Betrags- und Phasencharakteristik sind meßbare Funktionen innerhalb eines technisch relevanten Frequenzbereiches und werden auch als *Zweipolfrequenzgang* (oder kurz *Frequenzgang*) bezeichnet.

Die *Ortskurve* gibt durch die gemeinsame Darstellung von Betrag und Phase in der Gaußschen Zahlenebene die komplexe Frequenzfunktion des Zweipols wieder.

Mit den genannten Beschreibungsmethoden ist es möglich, Rückschlüsse auf das Strom-Spannungs-Verhalten eines Zweipols in Abhängigkeit von der Frequenz (oder auch bei einer Frequenz) zu ziehen.

Betrags- und Phasencharakteristik der Grundschaltelemente. Ausgehend von den Widerstandsoperatoren der Grundschaltelemente *R*, *L*, *C* nach Bild 6.35, sind die dazugehörigen Betrags- und Phasencharakteristiken in Bild 10.4 zusammenfaßt.

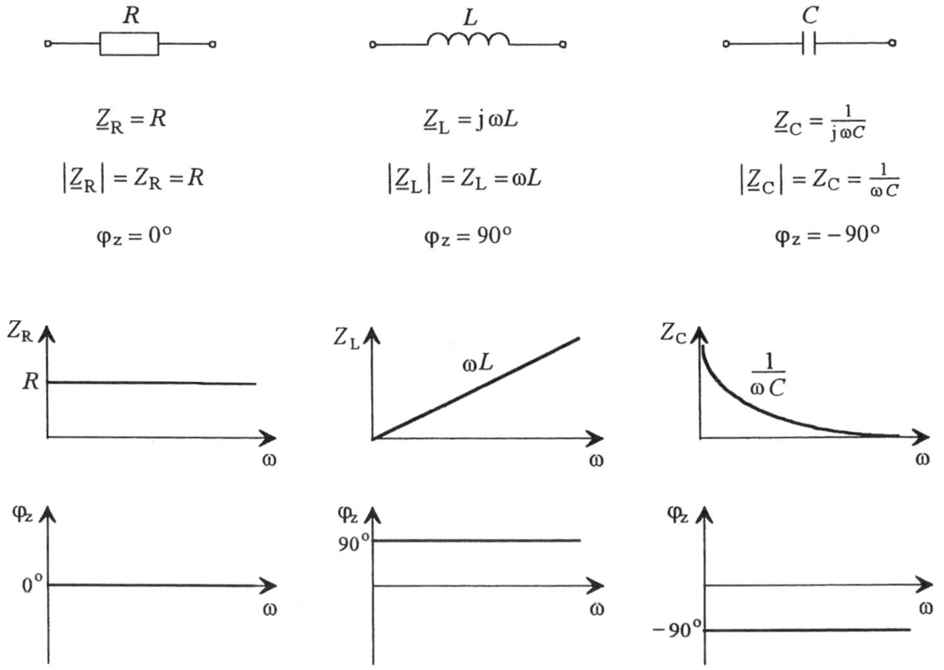

Bild 10.4 Frequenzcharakteristiken der Grundzweipole

☐ Beispiel 10.1

Für die Reihenschaltung eines Widerstandes $R = 20\,\Omega$ mit einer Induktivität $L = 1$ H ist der Zweipolfrequenzgang mit $Z_{AB} = f(\omega)$ und $\varphi_Z = f(\omega)$ im Bereich von $0 \leq \omega \leq 100\ s^{-1}$ grafisch darzustellen.

Lösung:

Die Zweipolersatzschaltung zeigt Bild 10.5. Aus der Ersatzimpedanz sind die geforderten Funktionen abzuleiten und darzustellen .

Bild 10.5 Ersatzschaltung zum Beispiel 10.1

$$\underline{Z}_{AB} = R + \mathrm{j}\,\omega L$$

Betragscharakteristik:

$$Z_{AB}(\omega) = \sqrt{R^2 + \omega^2 L^2}$$

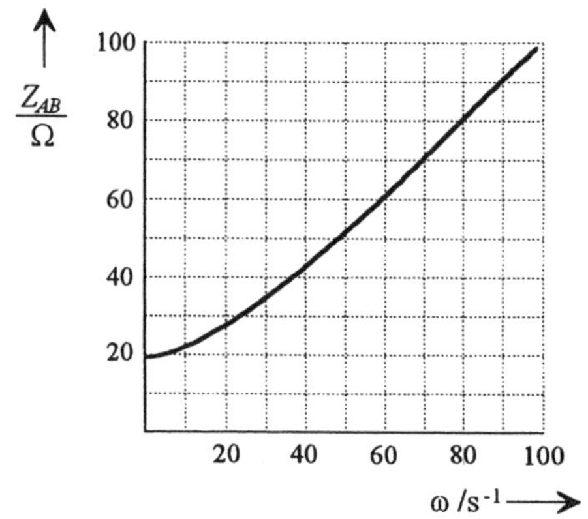

Bild 10.6 Betragscharakteristik $Z_{AB} = \mathrm{f}(\omega)$

Phasencharakteristik:

$$\varphi_z = \mathrm{f}(\omega) = \arctan\frac{\omega L}{R}$$

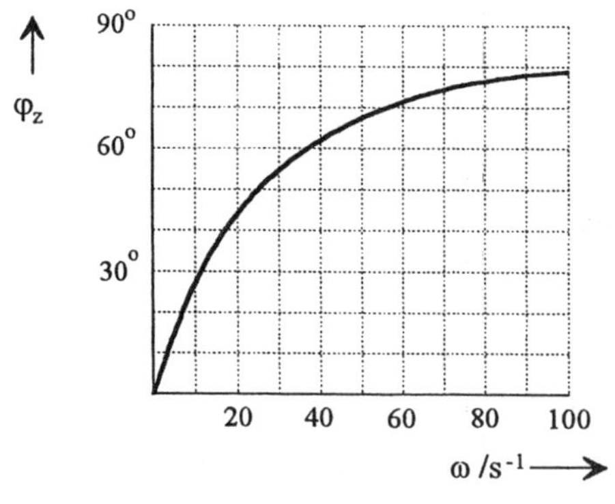

Bild 10.7 Phasencharakteristik $\varphi_z = \mathrm{f}(\omega)$

Die Bilder 10.6 und 10.7 zeigen, daß der Zweipol für $\omega \to 0$ ohmsches Verhalten aufweist und mit zunehmender Frequenz immer mehr induktiven Charakter annimmt.

Normierung. Dem Beispiel 10.1 entnimmt man, daß der quantitative Verlauf der Zweipolfunktion von den Werten der Schaltelemente R und L abhängig ist.
Um den qualitativen Charakter des Zweipols nach Bild 10.5 unabhängig von der Dimensionierung der Schaltelemente darzustellen, wird eine *Normierung* eingeführt.
Als Bezugsfrequenz bietet sich für einfach zusammengesetzte Zweipolersatzschaltungen die 45°-Frequenz $\omega_{45°}$ an, da sie bei Zweipolen mit einem Blindelement als Vergleichsgröße zu erwarten ist. Es gilt:

$$\boxed{\Omega = \frac{\omega}{\omega_{45°}}} \qquad (10.1)$$

Für die Impedanz $\underline{Z}$ des Zweipols nach Bild 10.5 gilt:

$$\underline{Z}_{AB} = R + \mathrm{j}\,\omega L$$

Die 45°-Frequenz ergibt sich zu:

$$R = \omega_{45°} L \quad \Rightarrow \quad \omega_{45°} = \frac{R}{L} \quad \Rightarrow \quad \Omega = \frac{\omega L}{R}$$

Die normierte Gleichung der komplexen Zweipolfunktion lautet damit:

$$\frac{\underline{Z}_{AB}}{R}(\mathrm{j}\,\Omega) = 1 + \mathrm{j}\frac{\omega L}{R} = 1 + \mathrm{j}\,\Omega$$

Betragscharakteristik:

$$\frac{Z_{AB}}{R} = z_{AB}(\Omega) = \sqrt{1 + \Omega^2}$$

Phasencharakteristik:

$$\varphi_z(\Omega) = \arctan\Omega$$

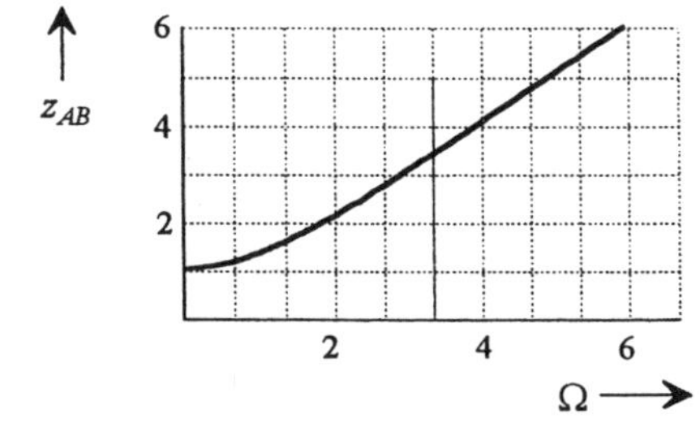

Bild 10.8 Normierte Betragscharakteristik des Zweipols nach Bild 10.5

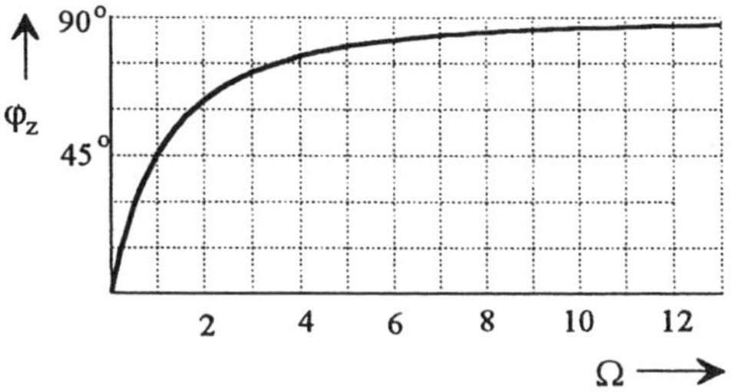

Bild 10.9 Normierte Phasencharakteristik des Zweipols nach Bild 10.5

□ **Beispiel 10.2**

Für die Schaltung nach Bild 10.10 ist der normierte Zweipolfrequenzgang mit $Z_{AB} = f(\Omega)$ und $\varphi_z = f(\Omega)$ darzustellen. Als Normierungsfrequenz ist die 45°-Frequenz der RC-Parallelschaltung zu wählen.

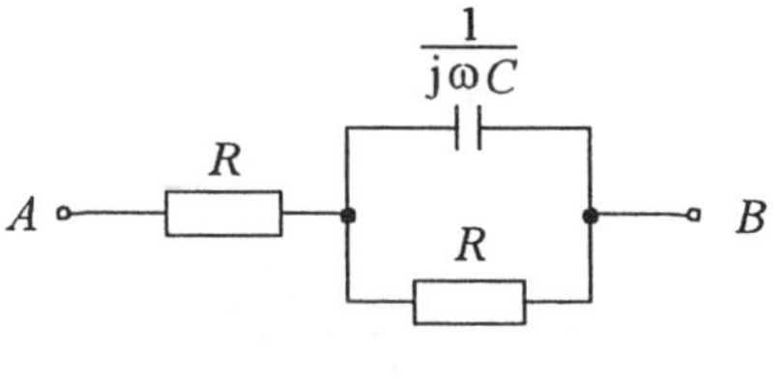

Bild 10.10 Zweipolschaltung zum Beispiel 10.2

Lösung:

Für die Impedanz $\underline{Z}_{AB}$ des Zweipols gilt:

$$\underline{Z}_{AB} = R + \frac{1}{\frac{1}{R} + j\,\omega C} = R + \frac{R}{1 + j\omega CR}$$

Für die 45°-Frequenz der RC-Parallelschaltung gilt:

$$R = \frac{1}{\omega_{45°}C} \quad \Rightarrow \quad \omega_{45°} = \frac{1}{RC}$$

Mit Gl. (10.1) entsteht für $\underline{Z}_{AB}$:

$$\underline{Z}_{AB} = R + \frac{R}{1 + j\,\Omega}$$

Mit der Widerstandsnormierung $\underline{Z}_{AB}/R$ kann die normierte komplexe Zweipolfunktion angegeben werden:

$$\frac{\underline{Z}_{AB}}{R}(j\Omega) = \underline{z}_{AB}(j\Omega) = 1 + \frac{1}{1 + j\,\Omega}$$

$$\underline{z}_{AB}(j\,\Omega) = \frac{2 + j\,\Omega}{1 + j\,\Omega} \qquad (10.2)$$

Für die normierte Betragscharakteristik $z_{AB} = f(\Omega)$ gilt nach Gl. (10.2):

$$z_{AB}(\Omega) = \sqrt{\frac{4 + \Omega^2}{1 + \Omega^2}}$$

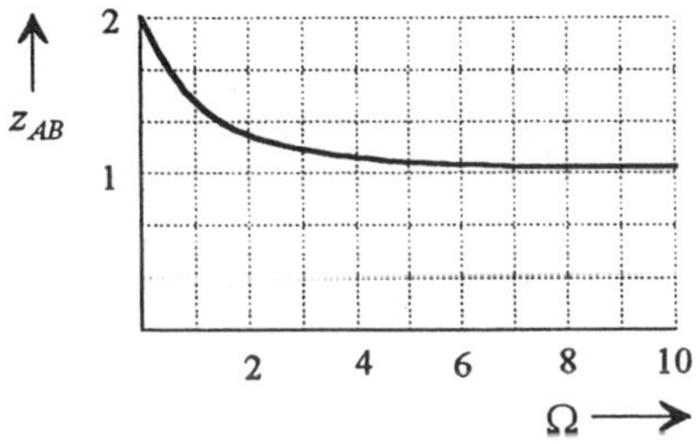

Bild 10.11 Normierte Betragscharakteristik des Zweipols nach Bild 10.10

Vergleicht man den Verlauf $z_{AB} = f(\Omega)$ mit der Schaltung des Zweipols erkennt man:

Für $\Omega \to 0$ gilt: $\frac{1}{\omega C} \to \infty$, d.h., $Z_{AB} \approx 2R$

Für $\Omega \to \infty$ gilt: $\frac{1}{\omega C} \to 0$, d.h., $Z_{AB} \approx R$

Die Gleichung für die Phasencharakteristik gewinnt man, indem Gl. (10.2) konjugiert komplex erweitert wird. Es gilt:

$$\underline{z}_{AB}(\mathrm{j}\Omega) = \frac{2+\Omega^2}{1+\Omega^2} - \mathrm{j}\,\frac{\Omega}{1+\Omega^2}$$

$$\varphi_z(\Omega) = -\arctan\frac{\Omega}{2+\Omega^2}$$

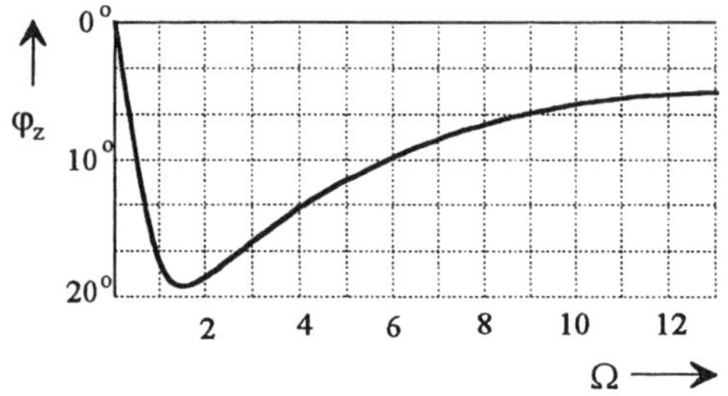

Bild 10.12 Normierte Phasencharakteristik des Zweipols nach Bild 10.10

Aus der Diskussion zum Bild 10.11 kann man ableiten, daß der Zweipol für $\Omega \to 0$ und $\Omega \to \infty$ ohmschen Charakter aufweist. Im Phasenverlauf tritt daher ein Maximum bei der Frequenz auf, bei der der kapazitive Blindanteil die größte Wirkung auf das Zweipolverhalten ausübt.

☐ Beispiel 10.3

Für die Reihenschaltung (Bild 10.13) und die Parallelschaltung (Bild 10.14) einer Induktivität und einer Kapazität ist die Abhängigkeit des Scheinwiderstandes von der Frequenz qualitativ darzustellen.

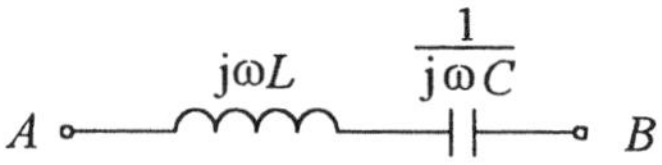

Bild 10.13 Reihenschaltung von L und C

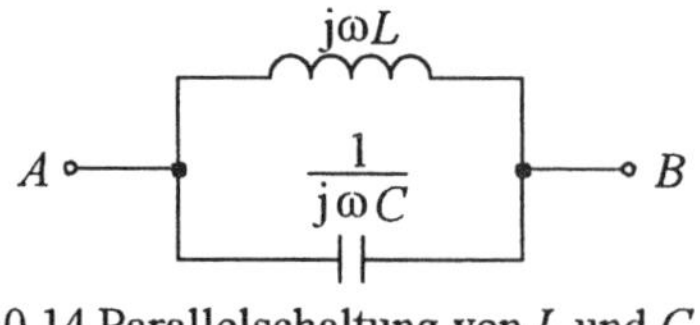

Bild 10.14 Parallelschaltung von L und C

Lösung:

Die Zweipolfunktion der Reihenschaltung heißt:

$$\underline{Z}_{AB}(\mathrm{j}\omega) = \mathrm{j}\left(\omega L - \frac{1}{\omega C}\right)$$

Die Betragscharakteristik lautet:

$$Z_{AB}(\omega) = \omega L - \frac{1}{\omega C} = \left|\frac{\omega^2 LC - 1}{\omega C}\right|$$

Eine qualitative Lösung erhält man, wenn man die Frequenzfunktionen der Blindelemente grafisch addiert (Bild 10.15).

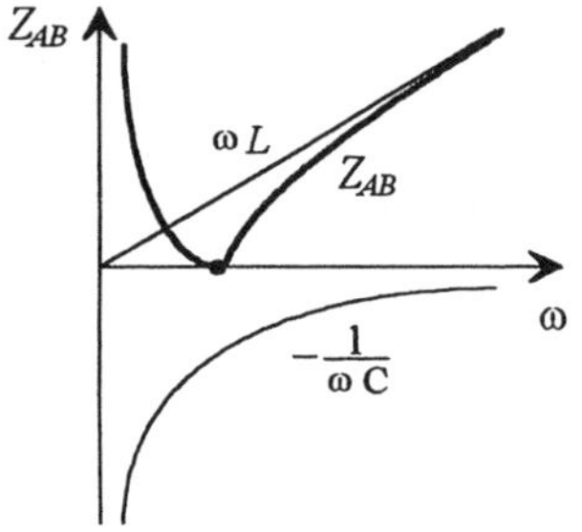

Bild 10.15 Scheinwiderstand als Funktion der Frequenz der Schaltung nach Bild 10.13

Für die Zweipolfunktion der Parallelschaltung gilt:

$$\underline{Z}_{AB}(\mathrm{j}\omega) = \frac{1}{\mathrm{j}\left(\omega C - \frac{1}{\omega L}\right)}$$

Die Betragscharakteristik lautet:

$$Z_{AB}(\omega) = \left|\frac{\omega L}{1 - \omega^2 LC}\right|$$

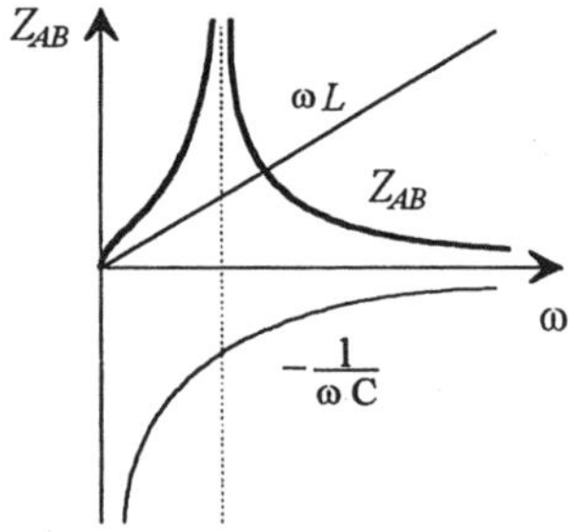

Bild 10.16 Scheinwiderstand als Funktion der Frequenz der Schaltung nach Bild 10.14

10.1.2 Ortskurven des Widerstandes und des Leitwertes

Die im Abschnitt 7.1.2 beschriebenen mathematischen Grundlagen zur Ortskurvendarstellung können für die Beschreibung der Frequenzabhängigkeit von Zweipolschaltungen genutzt werden.

Zielstellung. Mit der *Ortskurvendarstellung* erhält man unmittelbar einen Überblick über das Frequenzverhalten einer Zweipolschaltung nach Betrag (Scheinwiderstand, Scheinleitwert) und Nullphasenwinkel. Die Frequenz entspricht dem *Parameter* der Ortskurve. Es wird die komplexe Frequenzfunktion des Zweipols grafisch anschaulich umgesetzt.

Anwendung. Theoretisch läßt sich die Ortskurve im Frequenzbereich $0 \le \omega \le \infty$ diskutieren. Meßtechnisch ist die Ortskurve nur in einem technisch begrenzten Frequenzbereich nachvollziehbar.
Ortskurven können quantitativ oder qualitativ für Widerstände und Leitwerte, aber auch für Ströme oder Spannungen dargestellt werden (vergleiche Zeigerbilder Abschnitt 7).
Als veränderliche Größe der Zweipolfunktion können anstelle der Frequenz auch die Werte von Schaltelementen (in der Praxis entspricht dies z.B. dem Einsatz eines Widerstandspotentiometers) gewählt werden.
Für umfangreiche Zweipol- bzw. Netzwerkfunktionen ist der reinen grafischen Konstruktion der Ortskurve die analytische Berechnung durch Einsatz der Rechentechnik vorzuziehen, ebenso, wenn genaue Berechnungswerte gefordert werden.
Für die Beschreibung des Frequenzverhaltens technischer Bauelemente (sowohl aktive als auch passive) ist die Ortskurvendarstellung besonders geeignet.

Quantitative Ortskurven. Für die Schaltung nach Bild 10.17 soll die quantitative $\underline{Z}$- und $\underline{Y}$-Ortskurve im Bereich von $0 \le \omega \le \infty$ konstruiert werden. Anschließend ist die Darstellung zu normieren.

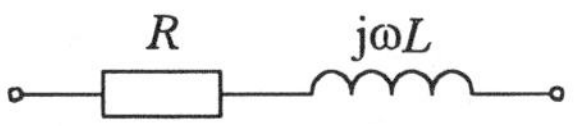

$R = 40\,\Omega,\quad L = 0{,}4\,\text{H}$

Bild 10.17 Reihenschaltung von R und L

Die Zweipolfunktion lautet.

$$\underline{Z} = R + \text{j}\omega L$$

Für $\omega = 0$ gilt: $R = 40\,\Omega$
$G = 25\,\text{mS}$

- Maßstab:

gewählt: $m_Z = 40\,\Omega/\text{cm}$
$m_Y = 5\,\text{mS/cm}$

ermittelt: $r_o = \sqrt{\dfrac{1}{m_Z m_Y}} = 2{,}24\,\text{cm}$

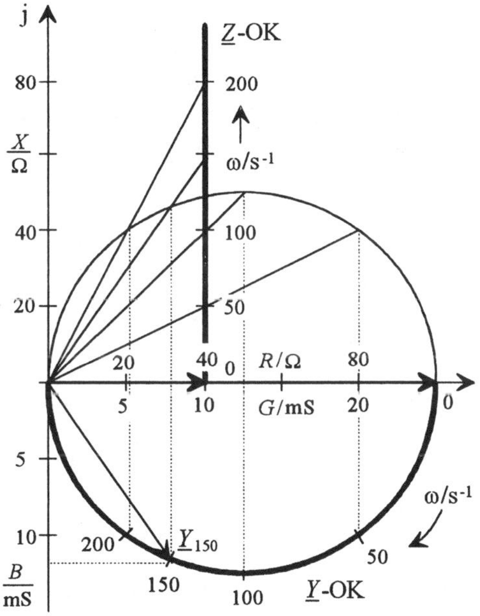

Bild 10.18 Quantitative Ortskurve (OK) zum Bild 10.17

Diskussion. Auf das Einzeichnen des Inversionskreises (Bild 10.18) kann verzichtet werden, da an Hand des Inversionssatzes bereits der Verlauf der invertierten $\underline{Y}$-Ortskurve geklärt ist (vergleiche Abschnitt 1.1).
Die Wahl des Maßstabes der Ortskurvendarstellung erfolgt an Hand des Widerstandszeigers R für den Wert $\omega = 0$. Dieser liefert den Durchmesser für den Leitwerthalbkreis G.
Durch die Skalierung der Koordinatenachsen und das Übertragen der Frequenzteilung auf die invertierte Ortskurve können bei entsprechender Zeichengenauigkeit aus den Ortskurven sowohl Betrag und Nullphase als auch Real- und Imaginärteil von $\underline{Z}$ und $\underline{Y}$ für den dargestellten Frequenzbereich abgelesen werden. Im Bild 10.18 gilt z.B. für $\omega = 150\,\text{s}^{-1}$:

$$\underline{Y}_{150} = 7{,}7 - \text{j}11{,}5\,\text{mS} = 13{,}8\,\text{mS}\,\angle 56°$$

Normierung. Für die gemeinsame normierte Darstellung der $\underline{Z}$- und $\underline{Y}$-Ortskurve in einem Koordinatensystem ist die gleiche Bezugsfrequenz für die Reihen- und Parallelschaltung zu wählen. Es bietet sich die 45°-Frequenz an (Bild 10.19).

$$\underline{Z} = R + \text{j}\omega L \quad \Rightarrow \quad R = \omega_{45°} L$$

$$\omega_{45°} = \frac{R}{L} \quad \Rightarrow \quad \Omega = \frac{\omega}{\omega_{45°}} = \frac{\omega L}{R}$$

Bild 10.19 Normierung auf die 45°-Frequenz

Die normierte Impedanzfunktion lautet:

$$\frac{\underline{Z}}{R}(\text{j}\Omega) = 1 + \text{j}\Omega$$

Die normierte Admittanzfunktion lautet:

$$\underline{Y}R(\text{j}\Omega) = \frac{1}{1 + \text{j}\Omega}$$

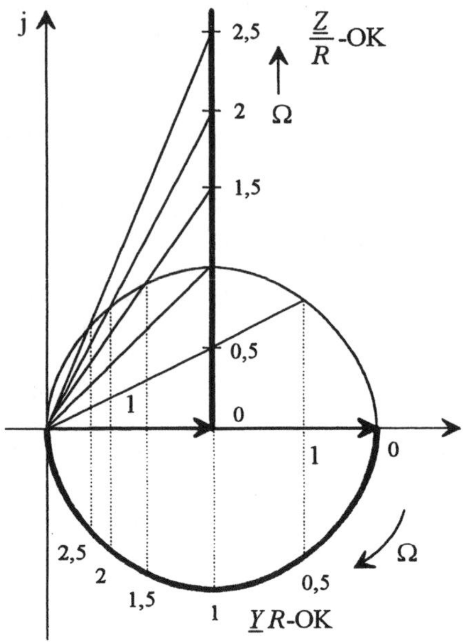

Bild 10.20 Normierte Widerstands- und Leitwertortskurve zur Schaltung nach Bild 10.19

Hinweis: Die zur Zahl 1 zugeordneten Längeneinheiten der beiden Ortskurven im Bild 10.20 sind verschieden. Der Zusammenhang ist durch Gl. (7.10) gegeben.

❑ **Beispiel 10.4**

Es sind die frequenznormierte Widerstands- und Leitwertsortskurve der Schaltung nach Bild 10.21 darzustellen.

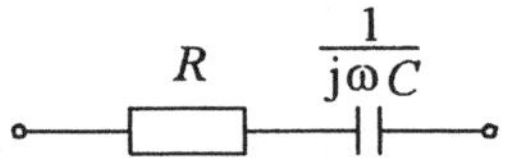

Bild 10.21 Schaltung zum Beispiel 10.4

Lösung:

$$\underline{Z} = R - \text{j}\frac{1}{\omega C} \quad \Rightarrow \quad \omega_{45°} = \frac{1}{RC}$$

Die normierte Impedanzfunktion lautet:

$$\frac{\underline{Z}}{R} = 1 - \text{j}\frac{1}{\Omega}$$

Die Leitwertortskurve ist durch Invertierung der Widerstandsortskurve zu gewinnen. Die dazugehörige normierte Zweipolgleichung lautet:

$$\underline{Y}R = \frac{1}{1 - \mathrm{j}\frac{1}{\Omega}} = \frac{\Omega^2}{\Omega^2 + 1} + \mathrm{j}\,\frac{\Omega}{\Omega^2 + 1}$$

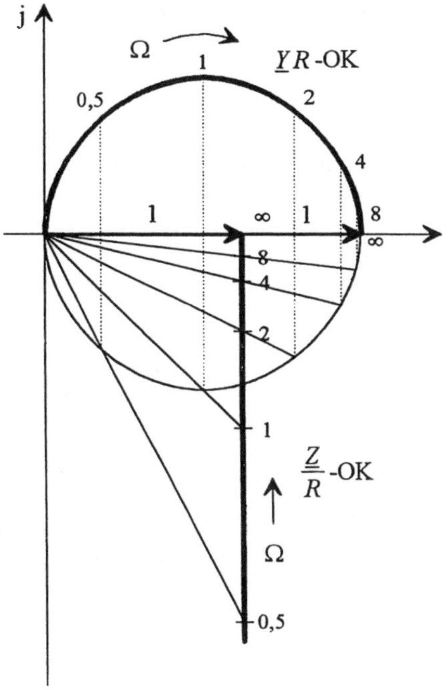

Bild 10.22 Normierte Widerstands- und Leitwertortskurve zum Beispiel 10.4

Bei Auswertung der Ortskurve erkennt man, daß der Zweipol für $\omega > 10\,\omega_{45°}$ nahezu ohmsches Verhalten aufweist. Praktisch heißt das, daß der Kondensator oberhalb dieses Frequenzbereiches in der Zweipolschaltung unwirksam wird.

❑ **Beispiel 10.5**

Für die Parallelschaltung einer Induktivität $L = 15\,\mathrm{mH}$ mit einem veränderlichen Widerstand $R = 200\,\Omega \cdots 1000\,\Omega$ ist die Widerstandsortskurve des Zweipols für eine Frequenz $f = 5{,}3\,\mathrm{kHz}$ darzustellen.

Lösung:

Die Zweipolschaltung zeigt Bild 10.23.

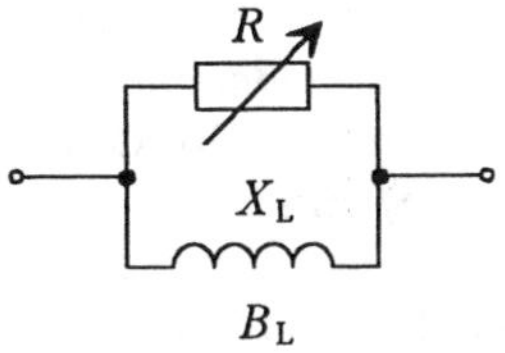

Bild 10.23 Schaltung zum Beispiel 10.5

Die variable Größe der Ortskurve ist der Widerstand R.
Für die Maßstabsfestlegung sind zunächst die Grenzwerte für die Widerstände und Leitwerte zu berechnen. Es gilt:

$$R = 200\,\Omega \;\Rightarrow\; G = 5\,\mathrm{mS}, \qquad X_L = 500\,\Omega$$
$$R = 1000\,\Omega \;\Rightarrow\; G = 1\,\mathrm{mS}, \qquad B_L = -2\,\mathrm{mS}$$

$$\text{Maßstab:}\quad \left.\begin{aligned} m_z &= 100\,\Omega/\mathrm{cm} \\ m_y &= 1\,\mathrm{mS/cm} \end{aligned}\right\} r_o = 3{,}16\,\mathrm{cm}$$

Die Konstruktion ist mit der Leitwertortkurve der Parallelschaltung zu beginnen.

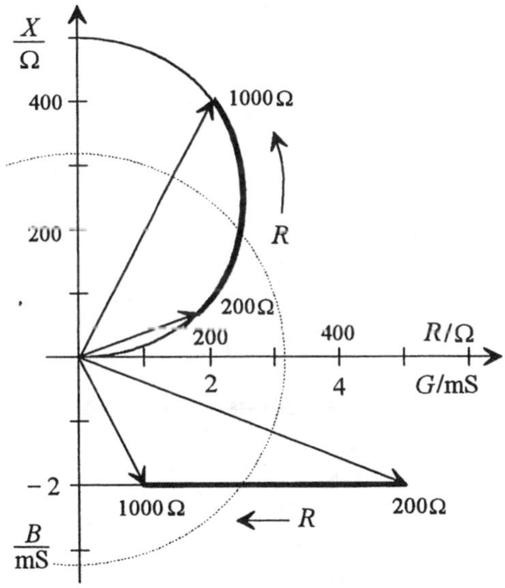

Bild 10.24 Ortskurve zum Beispiel 10.5

Qualitative Ortskurven. Ist es ausreichend, das Verhalten einer komplexen Funktion in Abhängigkeit des variablen Parameters qualitativ zu untersuchen, kann man für die Schaltelemente beliebige Werte (entspricht in der Ortkurve beliebigen Streckenlängen) annehmen.

Die Grenzen der Parameterveränderung können diskutiert werden.

Durch die Spiegelung am Inversionskreis nach den Inversionssätzen [6] bleiben die Phasenwinkel erhalten, so daß die qualitative Aussage auch für die invertierte Ortskurve gilt.

Diese Vorgehensweise ist vergleichbar mit der Darstellung von qualitativen Zeigerbildern, die lediglich für einen festen Parameter (Frequenz) gelten (siehe Abschnitt 6.3.2.5).

Die nachfolgenden Bilder zeigen qualitative Ortskurven. Es sei nochmals darauf hingewiesen, daß der Durchmesser von Kreisen beliebig gewählt werden kann, da dieser nur eine Maßstabsfrage darstellt.

Ortkurven zusammengesetzter Schaltungen. Die bisherigen Darstellungen sind Ortskurven einfacher Reihen- oder Parallelschaltungen der Grundschaltelemente.

Treten Zweipole auf, die aus einer Reihen- und Parallelschaltung von Schaltelementen zusammengesetzt sind, so sind die komplexen Ersatzgrößen der jeweiligen Teilersatzschaltungen für jeden Parameter zu addieren. Es gilt:

- Für eine Reihenschaltung sind die Widerstandsortskurven der Ersatzschaltungen zu addieren.

- Für eine Parallelschaltung sind die Ortskurven des Leitwertes zu addieren.

Ist eine Ersatzschaltung *parameterunabhängig*, verschiebt sich lediglich die Ortskurve im Koordinatensystem (Bild 10.26).

Sind die Ersatzschaltungen jeweils *parameterabhängig*, sind die dazugehörigen Zeiger einzeln zu addieren und die Ortskurve durch die Verbindung dieser Zeigerendpunkte zu zeichnen (Bild 10.27).

$$\underline{Y} = G + \mathrm{j}\omega C \qquad 0 \le \omega \le \infty$$

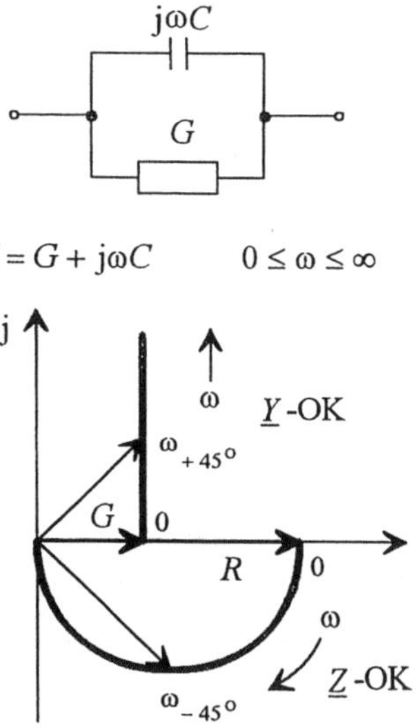

Bild 10.25 *RC*-Parallelschaltung und dazugehörige qualitative Ortskurve

$$\underline{Z} = R_1 + \frac{1}{\frac{1}{R_2} + \frac{1}{\mathrm{j}\omega L}} \qquad 0 \le \omega \le \infty$$

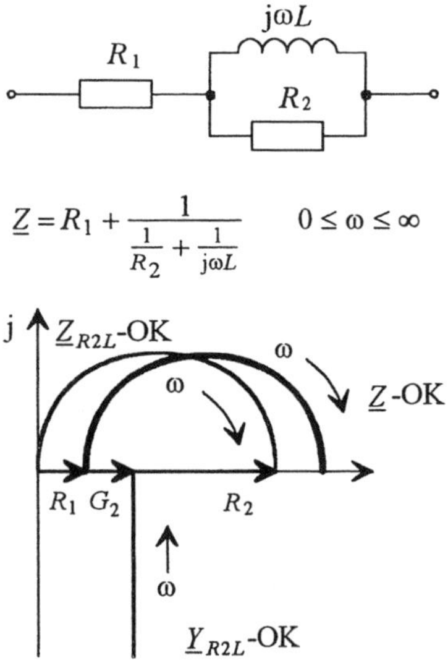

Bild 10.26 Qualitative Ortskurve einer zusammengesetzten Schaltung

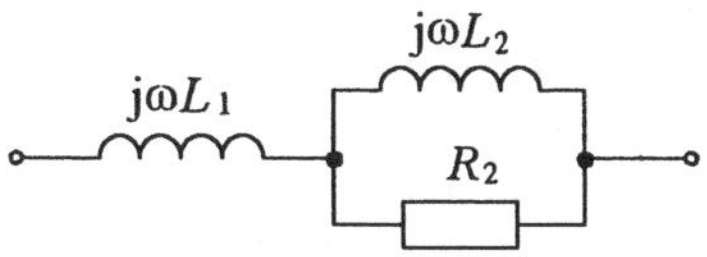

$$\underline{Z} = \mathrm{j}\omega L_1 + \frac{1}{\frac{1}{R_2} + \frac{1}{\mathrm{j}\omega L_2}} \qquad 0 \leq \omega \leq \infty$$

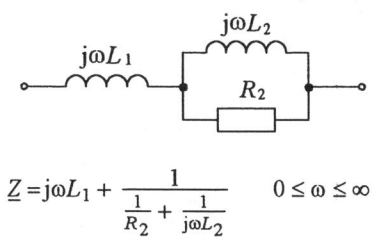

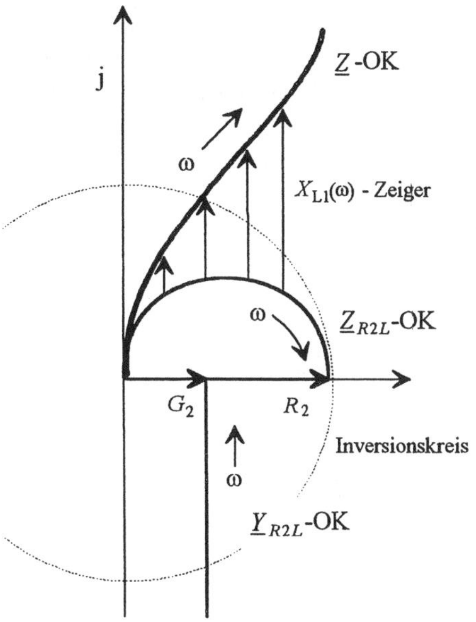

Bild 10.27 Qualitative Ortskurve einer zusammengesetzten Schaltung

Die $\underline{Y}$-Ortskurve der Schaltung nach Bild 10.27 läßt sich nur durch Inversion ausgewählter $\underline{Z}$-Zeiger am Inversionskreis in Abhängigkeit von ω gewinnen.
Für diese Konstruktion ist eine quantitative Darstellung vorzuziehen.

Für die Ortskurvendarstellung umfangreicher komplexer Netzwerkfunktionen ist der Einsatz geeigneter Computerprogramme [19] gegenüber der grafischen Konstruktion vorzuziehen.

10.1.3 Technische Schaltelemente

Allgemeines. In den bisherigen Betrachtungen sind die Grundschaltelemente R, C, L als ideale Schaltelemente angesehen worden.
Wie in den Abschnitten 1 und 4 erläutert, repräsentiert jedes Schaltelement, ausgedrückt durch das festgelegte Schaltsymbol, eine physikalisch-technische Eigenschaft, die mit einer bestimmten Form der Energiewandlung verbunden ist.

Bei der technischen Realisierung der Bauelemente *Widerstand, Kondensator, Spule* gelingt es mehr oder weniger, die beabsichtigte physikalisch-technische Eigenschaft umzusetzen.
Bei dem Auftreten zeitlich veränderlicher Größen wirken die ohmschen Komponenten (auch unbeabsichtigt auftretende Verluste) sowie die kapazitiven und induktiven Komponenten stets gemeinsam. Welche Komponente überwiegt, hängt von der Bauelementekonstruktion (Abmessungen, Ausführung, Material, Langzeitkonstanz) sowie von den vorgesehenen Einsatzbedingungen (Strom, Spannung, Frequenz, Temperatur) ab.
Für eine Schaltungsberechnung bzw. Schaltungsentwicklung sind die wirkenden Komponenten durch ein *Wechselstrom-Ersatzschaltbild* zu beschreiben.

10.1.3.1 Widerstand

Aufbau. Grundsätzlich besteht ein Widerstand aus einem Keramik-Trägerkörper, auf dem Widerstandsmaterialien entsprechender spezifischer Leitfähigkeit aufgebracht sind. Über Anschlußfahnen wird die Verbindung zur Schaltung hergestellt.
Unterschiedliche Bauformen von Widerständen findet man in [1], [25] dargestellt.

Wechselstrom-Ersatzschaltbild. Jeder stromdurchflossene Leiter ist von einem Magnetfeld umgeben. Wird der Widerstand von einem zeitlich veränderlichen Strom durchflossen, so bewirkt das magnetische Wechselfeld längs des Stromweges eine induktive Wirkung, die sich bei Wendelung der Widerstandsbahn noch verstärkt. (z.B. Drahtwiderstand, Wendelschliff zur Widerstandserhöhung in Schichtwiderständen).

Bedingt durch die Potentialdifferenz zwischen den Anschlußpunkten der Widerstandsbahn, ruft das elektrische Wechselfeld kapazitive Wirkungen hervor, die sich als Verschiebungsströme "quer" zum Widerstandsmaterial (z.B. im Trägermaterial) ausbilden.

Induktive und kapazitive Wirkung sind neben der ohmschen Wirkung im Ersatzschaltbild (wie im Bild 10.28 dargestellt) zu berücksichtigen.

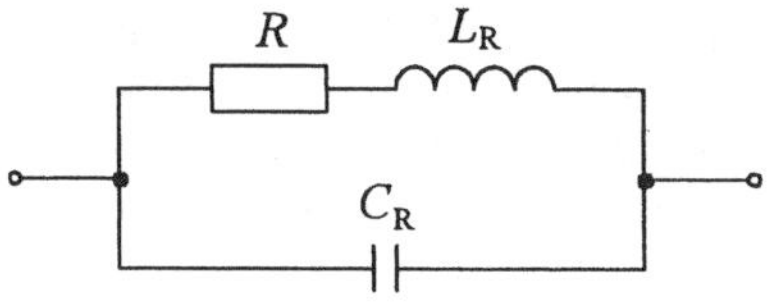

Bild 10.28 Wechelstrom-Ersatzschaltbild eines technischen Widerstandes

Die induktive Wirkung ist von der Höhe des Stromes abhängig, die kapazitive Wirkung von der anliegenden Potentialdifferenz. Damit läßt sich das Ersatzschaltbild nach Bild 10.28 häufig vereinfachen (Bild 10.29).

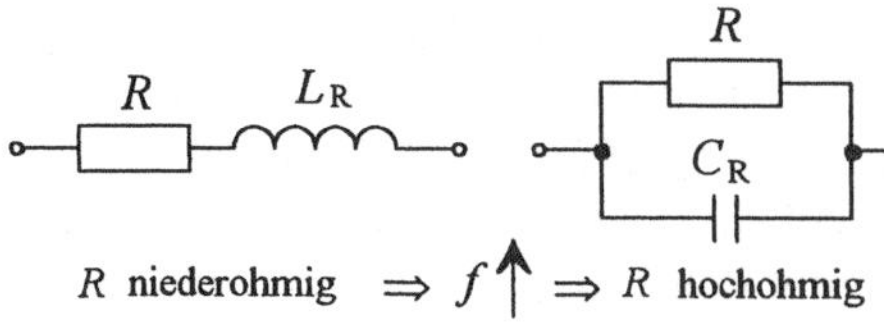

Bild 10.29 Vereinfachte Ersatzschaltungen

In Abhängigkeit von der Bauform eines Widerstandes überwiegt in höheren Frequenzbereichen die kapazitive Komponente, die bei höheren Widerstandswerten außerdem verstärkt auftritt.

Es werden spezielle HF-Ausführungen angeboten, bei denen die Frequenzabhängigkeit des Scheinwiderstandes durch das Produkt $f \cdot R$ beschrieben wird.

Ortskurve. Für harmonische Größen wird das Frequenzverhalten eines technischen Widerstandes zweckmäßigerweise durch die Ortskurve beschrieben. Im Bild 10.30 ist eine solche meßtechnisch ermittelte Ortskurve dargestellt.

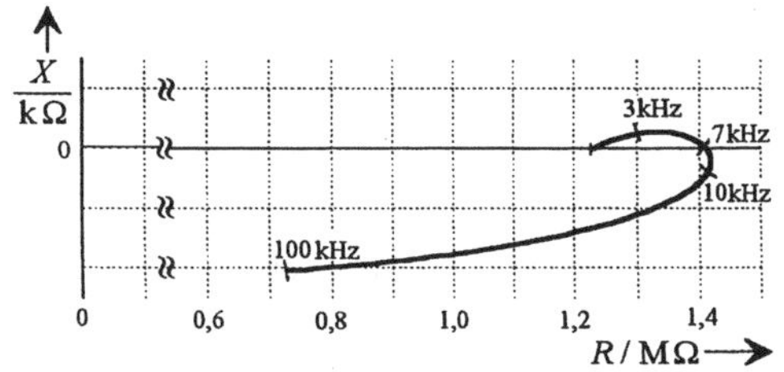

Bild 10.30 Ortskurve eines Kohleschichtwiderstandes $R = 1{,}25\,\text{M}\Omega$, $P_V = 0{,}33\,\text{W}$; Nenngröße 25.311

Dem Ersatzschaltbild 10.28 sowie der Ortskurve im Bild 10.30 entnimmt man, daß ein Widerstand die Wirkung eines Parallelschwingkreises aufweisen kann (siehe Abschnitt 10.1.4). Durch die hohe ohmsche Komponente sind allerdings keine Resonanzeffekte zu erwarten.

Skineffekt. Die Linien des magnetischen Feldes bilden längs eines zylindrischen Leiters konzentrische Kreise um die Leiterachse. Bei zeitlich veränderlichen Strömen ist dieses Wechselfeld mit einem elektrischen Wirbelfeld verkoppelt (Induktionsgesetz), dessen Feldstärkekomponente gegen den fließenden Leiterstrom gerichtet ist.

Wegen der Zunahme der magnetischen Feldstärke mit wachsendem Radius innerhalb des Leiters, wird der Stromfluß zur Leiteroberfläche verdrängt (Bild 10.31).

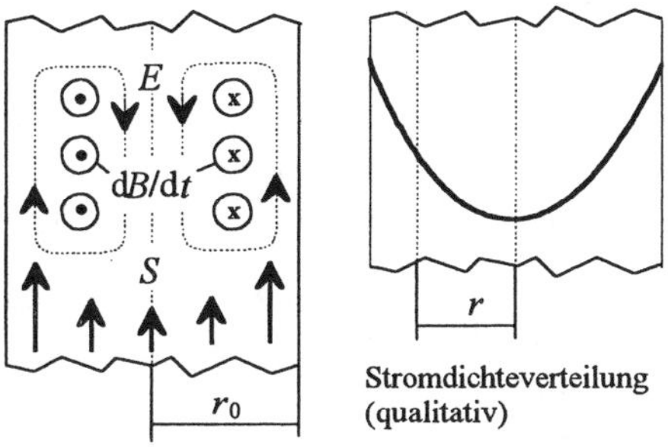

Bild 10.31 Stromverdrängung in einem zylindrischen Leiter mit Angabe der qualitativen Stromdichteverteilung

Diese Wirkung, als *Skineffekt* bezeichnet, erhöht bei zunehmender Frequenz und zunehmendem Leiterquerschnitt den Widerstand des Leitermaterials gegenüber dem Gleichstromwiderstand, da die Stromleitung in einer geringeren Querschnittsfläche erfolgt.

Die exakte Stromverteilung ist stark von der Leitergeometrie abhängig. Wegen der gegenseitigen Wirbelverkopplung des magnetischen und elektrischen Feldes wird die Berechnung über eine Differentialgleichung erforderlich.

Für einen zylindrischen Leiter wird in [6] ein Faktor η mit

$$\eta = r_0 \sqrt{\frac{1}{4}\pi\kappa\mu_0 f} \qquad (10.3)$$

berechnet, der die Abhängigkeit des Skineffektes vom Radius r_0 (Querschnitt) und der Frequenz f für ein gegebenes Leitermaterial erfaßt.
Mit einer lösungsbedingten Fallunterscheidung läßt sich die Widerstandserhöhung, bezogen auf den Gleichstromwiderstand R_0, angeben.

Es gilt :

$$\frac{R}{R_0} \approx 1 + \frac{1}{3}\eta^4 \quad \text{für } \eta \leq 1 \qquad (10.4.1)$$

$$\frac{R}{R_0} \approx \eta + \frac{1}{4} + \frac{3}{64\eta} \quad \text{für } \eta > 1 \qquad (10.4.2)$$

Die Frequenz f_0, bei der $\eta = 1$ wird, bezeichnet man auch als *kritische* oder *Grenzfrequenz*. Mit Gl. (10.3) gilt:

$$f_0 = \frac{4}{r_0^2 \pi\kappa\mu_0}$$

Für einen Kupferdraht mit einem Querschnitt von $A = 240\,\text{mm}^2$ wird $f_0 \approx 240\,\text{Hz}$, d.h., es gilt eine Widerstandserhöhung $R \approx 1{,}3 R_0$.
Das Bild 10.32 stellt die Zusammenhänge nochmals qualitativ dar.

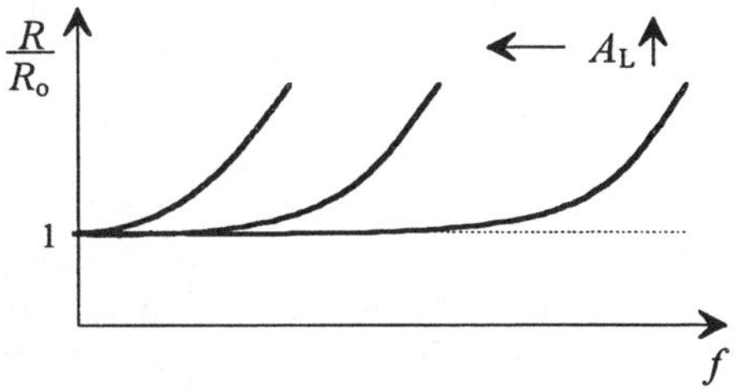

Bild 10.32 Widerstandszunahme zylindrischer Leiter in Abhängigkeit von der Frequenz mit dem Leiterquerschnitt A_L als Parameter

Bei hohen Frequenzen wird als Leiter sogenannte *HF-Litze* eingesetzt, die aus einzelnen zueinander isolierten Drähten geringen Querschnitts besteht.
Die Oberfläche massiver Leiter wird meist zusätzlich mit einer dünnen Silberschicht belegt. Im Höchstfrequenzbereich finden Hohlleiter Verwendung.
Um die Erhöhung des Widerstandswertes durch den Skineffekt zu berücksichtigen, wird in der Elektroenergietechnik (50 Hz) bei der Dimensionierung von Kabeln größeren Durchmessers eine prozentuale Querschnitterhöhung angenommen.

10.1.3.2 Kondensator

Aufbau. Kondensatoren bestehen prinzipiell aus zwei kontaktierten Metallbelägen, die durch ein Isoliermaterial (*Dielektrikum*) voneinander getrennt sind.
Im wesentlichen wird das elektrische Verhalten eines Kondensators durch das Dielektrikum bestimmt.
Da die Zielstellung besteht, bei geringer Baugröße hohe Kapazitätswerte und hohe Spannungsfestigkeit zu erreichen, werden eine Vielzahl von unterschiedlichen Arten und Bauformen [1] hergestellt. Für speziellere Anwendungen sind dementsprechend auch die unterschiedlichen elektrischen Eigenschaften genauer zuerfassen.

Wechselstrom-Ersatzschaltbild. Durch den Einsatz technischer Materialien ist ein *Isolationswiderstand* R_{isol} zwischen den Kondensatorplatten vorhanden, so daß ein *Leck-* oder *Kriechstrom* bei anliegender Spannung fließen muß.
Ist die anliegende Spannung zusätzlich von der Zeit abhängig, so findet eine ständige Umladung der Kondensatorplatten und damit eine Umpolung der Dipole im Dielektrikum statt (*Polarisationsverluste*). Dabei wird Energie in Form von Wärme umgesetzt (*dielektrische Erwärmung*), die durch den elektrischen Kreis zugeführt werden muß.
Diese Verlustenergie ist durch einen ohmschen Widerstand R_{pol} zu erfassen.
Außerdem tritt, bedingt durch die Strombahnen, eine induktive Komponente auf, deren Größe jedoch wesentlich von der Bauform des Kondensators bestimmt wird.

Im Bild 10.33 ist das vereinfachte Wechselstrom-Ersatzschaltbild des Kondensators dargestellt. Soll der induktive Anteil des Kondensators berücksichtigt werden, ist zusätzlich eine Induktivität in Reihe zur Ersatzschaltung anzugeben.

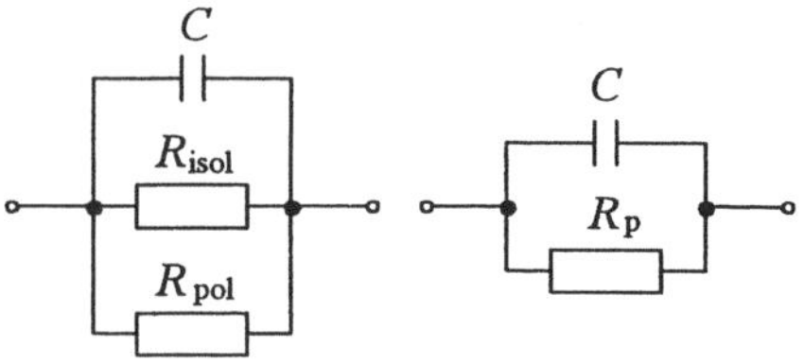

Bild 10.33 Vereinfachtes Wechselstrom-Ersatzschaltbild eines Kondensators

Verlustfaktor. Bedingt durch die ohmsche Komponente R_p, erreicht die Phasenverschiebung zwischen Strom und Spannung bei harmonischem Kurvenverlauf nicht den Wert von $\varphi_y = 90°$ wie bei einer idealen Kapazität.
Diesen Zusammenhang drückt das Zeigerbild für die Ersatzadmittanz Bild 10.34 aus. Den Ergänzungswinkel δ_C zu 90° bezeichnet man als *Verlustwinkel*.

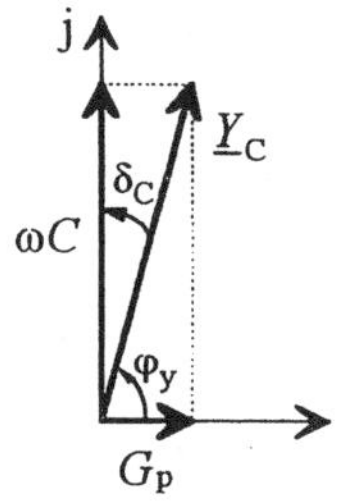

Bild 10.34 Zeigerbild zur Ableitung des Verlustfaktors

Wendet man die allgemeine Festlegung für den *Verlustfaktor*

$$d = \tan\delta \mathrel{\hat{=}} \frac{\text{Wirkkomponente}}{\text{Blindkomponente}} \quad (10.5)$$

auf das Zeigerbild an, so entsteht:

$$d_C = \tan\delta_C = \frac{G_p}{\omega C} = \frac{1}{R_p \omega C} \quad (10.6)$$

Eine formale Interpretation der Gl. (10.6) führt zu dem Ergebnis, daß der Verlustfaktor d_C mit zunehmender Frequenz sinkt.
Das ist jedoch nicht der Fall, da die Verluste des Kondensators, ausgedrückt durch den Parallelwiderstand R_p, von der Frequenz, der Temperatur und der Art des Dielektrikums abhängig sind.

Es werden für unterschiedliche Kondensatorarten Diagramme für $\tan\delta_C = g(f)$ angegeben (Bild 10.35), aus denen man für den interessierenden Frequenzbereich den Verlustfaktor ablesen kann.
Mit der Gl. (10.6) läßt sich dann ein Parallelverlustwiderstand des Kondensators annähernd berechnen.

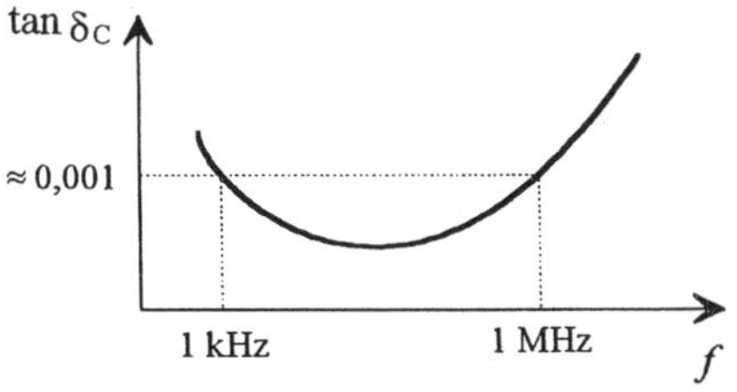

Bild 10.35 Frequenzabhängigkeit des Verlustfaktors (Die Zahlenwerte dienen lediglich zur Angabe der Größenordnungen.)

Hinweis: Im Bereich der Elektro-Energietechnik ist es nicht ausreichend, den Kondensator nur nach der Spannungsfestigkeit auszuwählen, sondern zusätzlich ist der Verlustfaktor zu beachten. Fließt ein hoher Wechselstrom durch einen Kondensator, wird am Verlustwiderstand Wärme umgesetzt. Diese zerstört das Bauelement in kurzer Zeit, wenn die Wärme nicht ausreichend an die Umgebung abgegeben werden kann.

☐ **Beispiel 10.6**

Ein Kunstfolienkondensator mit $C_1 = 5\,\text{nF}$ und $d_{C1} = 0{,}0005$ und ein Keramikkondensator mit $C_2 = 250\,\text{pF}$ und $d_{C2} = 0{,}02$ sind parallelgeschaltet.

Es sind der Gesamtverlustfaktor der Schaltung sowie der Verlustwiderstand der Parallel-Ersatzschaltung und der äquivalenten Reihen-Ersatzschaltung bei einer Frequenz $f = 100\,\text{kHz}$ zu berechnen.

Lösung:

Die Ersatzschaltungen zeigt Bild 10.36:

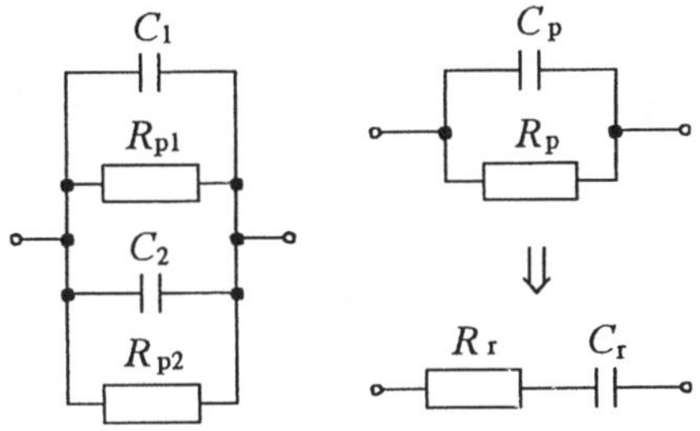

Bild 10.36 Ersatzschaltungen zum Beispiel 10.6

Nach Gl. (10.6) gilt für die Parallel-Ersatzschaltung:

$$d_{ges} = \frac{G_p}{\omega C} = \frac{G_{p1} + G_{p2}}{\omega(C_1 + C_2)}$$

$$d_{ges} = \frac{d_{C1}\,C_1 + d_{C2}\,C_2}{C_1 + C_2} = 0{,}0014$$

Hinweis: Die Verlustfaktoren beider Kondensatoren dürfen nicht einfach addiert werden!

Für eine Frequenz $f = 100\,\text{kHz}$ gilt:

$$R_p = \frac{1}{\omega C_p\, d_{ges}} = 216{,}5\,\text{k}\Omega$$

Für die gegebenen Werte gilt:

$$\frac{1}{R_p} << \omega C_p$$

Nach der Gl. (6.58) läßt sich der äquivalente Reihenverlustwiderstand berechnen. Es gilt:

$$R_r \approx \frac{1}{R_p\,(\omega C_p)^2} \approx 0{,}42\,\Omega$$

Weiterhin gilt nach Gl. (6.59):

$$C_p \approx C_r$$

10.1.3.3 Technische Spule

Aufbau. Bei einem Leiter, der von einem zeitlich veränderlichen Strom durchflossen wird, tritt neben der ohmschen Komponente des Leitermaterials auch eine induktive Komponente durch das magnetische Wechselfeld auf (Selbstinduktion).
Wickelt man einen Leiter auf einen Spulenkörper aus Isoliermaterial, läßt sich die induktive Komponente (*Induktivität* L) gegenüber der ohmschen Komponente (*Wechselstromverlustwiderstand* R_v) vergrößern. Durch den Einsatz ferromagnetischen Materials (Eisen) wird die Induktivität wesentlich verstärkt. Man spricht von einer *technischen Spule*.

Die Ausführung einer Spule wird im wesentlichen von dem geforderten Wert der Induktivität, dem Frequenzbereich sowie den zulässigen Verlusten bestimmt.

Luftspule. Für den Einsatz in höheren Frequenzbereichen verwendet man vorwiegend ein- oder mehrlagige Zylinderspulen *ohne* ferromagnetisches Kernmaterial. Man bezeichnet sie als *Luftspulen*.
Da die einzelnen Wicklungen bzw. Lagen, zwischen denen bei Stromfluß ein Potentialgefälle auftritt, isoliert zueinander angeordnet sind, ist eine kapazitive Komponente zu berücksichtigen. Diese ist über den Enden des Spulenwickels als wirksame Ersatzkapazität vorzusehen und setzt sich aus Reihen- sowie Parallel-Teilkapazitäten zwischen den Wicklungen zusammen.
Das Ersatzschaltbild für eine Luftspule zeigt Bild 10.37.

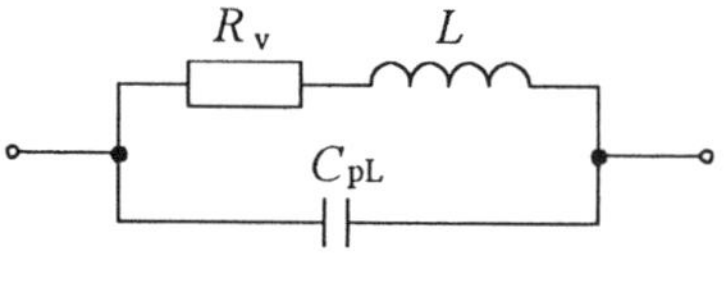

Bild 10.37 Ersatzschaltbild einer Luftspule

Dieses Ersatzschaltbild stellt einen Parallelschwingkreis dar (Abschnitt 10.1.4.2). Um einen möglichen Resonanzeffekt in den Frequenzbereich oberhalb des vorgesehenen Einsatzbereiches der Spule zu verschieben, ist man bestrebt, die wirksame Wicklungskapazität zu verringern. Dazu werden verschiedene konstruktive Maßnahmen angewendet (Bild 10.38).

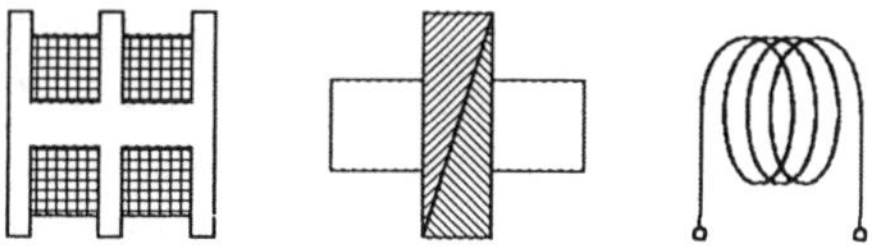

Bild 10.38 Konstruktive Maßnahmen zur Verringerung der Wicklungskapazität

Der Verlustwiderstand R_v des Ersatzschalbildes steht für die Stromwärmeverluste des Leitermaterials.
Durch eine Gleichstromwiderstandsmessung (bzw. Berechnung nach der Dimensionierungsgleichung) kann der *Kupferverlustwiderstand* bestimmt werden und, es gilt für niedrige Frequenzen, i.allg. ausreichend genau:

$$R_v \approx R_{Cu}$$

Durch den *Skineffekt* erhöht sich der Verlustwiderstand R_v bei Einsatz der Spule in höheren Frequenzbereichen. Die Widerstandszunahme kann näherungsweise mit Gl. (10.4) berechnet werden, wobei mit einer Verstärkung des Skineffekts wegen der Überlagerung des magnetischen Feldes benachbarter Wicklungen zu rechnen ist.
Außerdem bewirkt der Skineffekt eine geringfügige Verringerung der inneren Leiterinduktivität und damit der Induktivität L der Spule, da das magnetische Feld aus dem Leiterinneren verdrängt wird.

Spule mit ferromagnetischem Kern. Ferromagnetisches Material verringert den magnetischen Widerstand erheblich, so daß bei gleichen Windungszahlen höhere Induktivitätswerte erreicht werden. Je nach Frequenz und Schaltungsanforderungen werden unterschiedliche Kerntypen verwendet.
Durch den Eisenkern entstehen zusätzliche Wirkverluste, die durch ohmsche Widerstände im Wechselstromersatzschaltbild zu erfassen sind. Dies sind:

- *Wirbelstromverluste*: Der Eisenkern stellt im zeitlich veränderlichen Magnetfeld der Spule selbst einen Leiter mit der elektrischen Leitfähigkeit κ dar, in dem durch das auftretende elektrische Wirbelfeld Kurzschlußströme induziert werden. Diese Kreisströme im Volumen des Eisenkerns werden als *Wirbelströme* bezeichnet. Wegen der quadratischen Abhängigkeit der Verlustleistung von der induzierten Spannung und der direkten Abhängigkeit der induzierten Spannung von der Änderungsgeschwindigkeit des magnetischen Flusses gilt:

$$P_{\text{vwirbel}} \sim (\kappa, f^2, \hat{B}^2)$$

Man baut daher den Eisenkern für den Niederfrequenzbereich aus dünnen, elektrisch voneinander isolierten Blechen mit hochohmigen Legierungszusätzen auf (*Dynamoblech*). Den Wirbelströmen steht dann ein viel geringerer Querschnitt zur Verfügung, während der magnetische Fluß in unveränderter Stärke auf parallele Bahnen aufgeteilt wird.
Für den HF-Bereich ist ferromagnetisches Material mit wesentlich geringerer elektrischer Leitfähigkeit erforderlich. Es werden Ferritkerne verwendet, die mittels keramischer Verfahren aus Gemischen von Eisenoxiden gepresst werden.

- *Hystereseverluste*: Durch den Wechselstrombetrieb wird die Magnetisierungskurve des Eisenkerns ständig durchlaufen.
Die von der Hysteresekurve eingeschlossene Fläche ist ein Maß für die in einem Umlauf aufzubringene Ummagnetisierungsarbeit je Volumen V des Eisenkerns. Der Flächeninhalt der Kurve läßt sich durch ein Umlaufintegral ausdrücken:

$$w_{\text{Hyst}} = \frac{W_{\text{Hyst}}}{V} = \oint H\,dB$$

$$\left[\oint H\,dB\right] = \frac{\text{A}}{\text{m}}\,\frac{\text{V}\cdot\text{s}}{\text{m}^2} = \frac{\text{Ws}}{\text{m}^3}$$

Die Einheiten bringen den Zusammenhang unmittelbar zu Ausdruck.
Die Hystereseverluste $P_{\text{Hyst.}}$ berechnen sich demnach:

$$\boxed{P_{\text{Hyst}} = f\,V \oint H\,dB} \qquad (10.7)$$

Die volumenbezogene Ummagnetisierungsarbeit kann unter Beachtung des Zeichenmaßstabes grafisch aus der Hysteresekurve $B = \text{f}(H)$ oder rechnerisch aus der Angabe des *Hysteresebeiwertes* c_{H} [8] ermittelt werden.
Die Gl.(10.7) zeigt, daß die Hystereseverluste direkt von der Frequenz abhängen.

Für Eisenbleche werden die Wirbelstrom- und Hystereseverluste als *Eisenverluste* zusammengefaßt und als *Verlustziffer* v in W/kg für $f = 50$ Hz angegeben. Genaue Zahlenwerte sind dem Katalogmaterial zu entnehmen.

In [20] wird eine meßtechnische Methode zur getrennten Bestimmung der Wirbelstrom- und Hystereseverluste eines Eisenkernes in Abhängigkeit von der Frequenz beschrieben.

Die magnetischen Größen im Kern werden durch den induktiven Spannungsabfall festgelegt. Daher ist im Wechselstrom-Ersatzschaltbild parallel zur Induktivität ein ohmscher Widerstand zu ergänzen, der als *Eisenverlustwiderstand* R_{Fe} die Wirbelstrom- und Hystereseverluste abbildet (Bild 10.39).

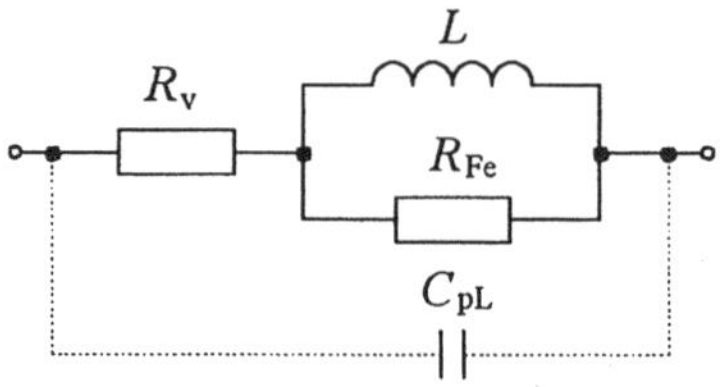

Bild 10.39 Ersatzschaltbild einer Spule mit ferromagnetischem Kern

Wird der Eisenverlustwiderstand R_{Fe} für eine Frequenz in einen äquivalenten Reihen-Ersatzwiderstand R'_{Fe} umgewandelt, läßt sich der gesamte Wechselstromwirkwiderstand $R_v = R_{Cu} + R'_{Fe}$ der Spule angeben (Bild 10.40).
Nach Gl. (6.56) gilt die Näherung:

$$R'_{Fe} \approx \frac{(\omega L)^2}{R_{Fe}}$$

Außerdem gilt:

$$L_r \approx L_p \approx L$$

Bild 10.40 Ersatzschaltbild einer Spule

Gütefaktor. Wendet man die allgemeine Festlegung des Gütefaktors Q

$$Q = \frac{\text{Blindkomponente}}{\text{Wirkkomponente}} \tag{10.8}$$

auf das Ersatzschaltbild Bild 10.40 an, so gilt:

$$Q_L = \frac{\omega L}{R_v} \tag{10.9}$$

Der Gütefaktor Q ist der Kehrwert des Verlustfaktors d.

Es gilt:

$$d = \frac{1}{Q} \tag{10.10}$$

Dieser Zusammenhang wird an Hand des Zeigerbildes der Impedanz nach Bild 10.41 für die Ersatzschaltung der Spule deutlich.

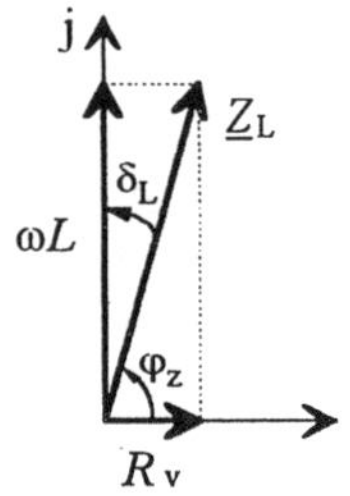

Bild 10.41 Zeigerbild zur Ableitung des Verlustfaktors

Der *Verlustwinkel* δ_L stellt den Ergänzungswinkel zum Phasenwinkel $\varphi_Z = 90°$ einer idealen Induktivität dar.
Für den *Verlustfaktor* gilt:

$$d_L = \tan \delta_L = \frac{R_v}{\omega L} \tag{10.11}$$

Der Gütefaktor einer Spule ist frequenzabhängig und wird durch die wirksamen Verluste bestimmt.
In der Praxis wird für Spulen der Gütefaktor angegeben, während für Kondensatoren üblicherweise mit dem Verlustfaktor d gearbeitet wird.

❑ **Beispiel 10.7**

An einer Spule mit einer Induktivität $L = 150\,\text{mH}$ beträgt der Gleichstromwiderstand $R_{Cu} = 32\,\Omega$.
Mit Hilfe des Drei-Spannungsmesser-Meßverfahrens (Abschnitt 6.3.3) wird bei einer Frequenz $f = 1\,\text{kHz}$ ein Wirkwiderstand von $R_V = 84\,\Omega$ bestimmt, wobei ein Strom von $I = 200\,\text{mA}$ fließt.
Es sind der Eisenverlustwiderstand R_{Fe} sowie die Ströme durch die Schaltelemente des Ersatzschaltbildes zu berechnen.

Lösung:

In dem Ersatzschaltbild Bild 10.42 sind der Gesamtstrom I, der Eisenverluststrom I_{Fe} und der Magnetisierungsstrom I_μ eingetragen.

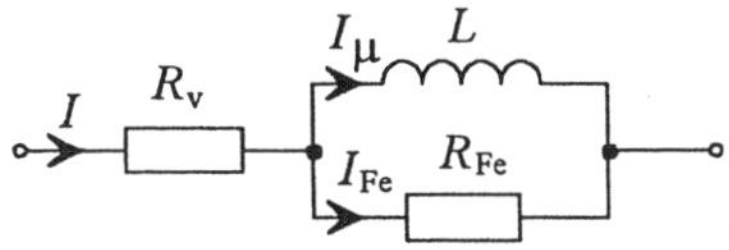

Bild 10.42 Ersatzschaltbild zum Beispiel 10.7

Der äquivalente Reihen-Eisenverlustwiderstand ergibt sich aus:

$$R'_{Fe} = R_V - R_{Cu} = 52\,\Omega$$

Damit gilt für R_{Fe}:

$$R_{Fe} = \frac{(\omega L)^2}{R'_{Fe}} = 17\,\text{k}\Omega$$

Die Näherung $L_r \approx L_p \approx L$ ist wegen $\omega L = 942\,\Omega << R_{Fe} = 17\,\text{k}\Omega$ zulässig.

Für die Ströme gilt: $I = \sqrt{I_{Fe}^2 + I_\mu^2} = 200\,\text{mA}$

Außerdem gilt: $\dfrac{I_{Fe}}{I_\mu} = \dfrac{\omega L}{R_{Fe}}$

Es ist: $$I_\mu = \sqrt{\frac{I^2}{1 + \left(\frac{\omega L}{R_{Fe}}\right)^2}} = 199\,\text{mA}$$

$$I_{Fe} = \sqrt{I^2 - I_\mu^2} = 19\,\text{mA}.$$

10.1.4 Resonanz

Allgemeines. Der Resonanzeffekt ist ein physikalisches Phänomen von allgemeiner technischer Bedeutung.
Das Auftreten von Resonanzerscheinungen ist an schwingungsfähige Systeme (z.B. elektrische oder mechanische) gebunden, die mindestens aus zwei Energiespeichern verschiedener Energieformen bestehen müssen.

> Unter *Resonanz* versteht man das Mitschwingen eines schwingungsfähigen Systems bei Einwirkung einer Erregergröße mit einer Frequenz, die mit der Eigenfrequenz des Systems übereinstimmt bzw. in deren Nähe liegt.

Bei Resonanz findet ein Energieaustausch zwischen beiden Energiespeichern statt.
Wird das schwingungsfähige System einmalig angeregt, so findet der Energieaustausch in Form einer *freien Schwingung* so lange statt, bis die eingebrachte Energie in Abhängigkeit von seiner *Dämpfung* aufgebraucht, d.h. in Wärme umgewandelt ist.
Liegt die Erregergröße ständig an, so wird sich nach einem Einschwingvorgang eine *stationäre erzwungene Schwingung* einstellen. Je nachdem, wie weit die Frequenz der Erregergröße von der Eigenfrequenz des schwingungsfähigen Systems entfernt ist, wird eine geringe Intensität der Erregergröße das Schwingungsgebilde zu mehr oder weniger intensiven Schwingungen anregen. Die Dämpfungsenergie des Systems muß als *Wirkleistung* von "außen" zugeführt werden.

Es ist außerdem zu beachten, daß eine Rückwirkung vom Schwinger zum Erreger auftreten kann.

In der Elektrotechnik werden die beiden Energiespeicher durch die Induktivität und die Kapazität gebildet [20]. Im Schwingkreis wirkt die ohmsche Komponente dämpfend.

Eine vollständige Beschreibung der Strom-Spannungs-Verhältnisse in elektrischen Schwingkreisen ist in Analogie zu mechanischen Systemen mit Hilfe von Differentialgleichungen möglich [5].

Gemäß den Festlegungen zu Beginn des Abschnitts 10 sollen die Betrachtungen zur Resonanz nur für den eingeschwungenen Zustand dargestellt werden.
Um eine Vorstellung über die sich ergebenden Strom-Spannungs-Verhältnisse zu erhalten, ist die Zweipolfunktion für *R*-, *L*-, *C*-Schaltungskombinationen zu diskutieren. Außerdem sind die charakteristischen Kenngrößen für Resonanz anzugeben.

10.1.4.1 Reihenschwingkreis

Einen Zweipol, der aus der Reihenschaltung der Schaltelemente Widerstand, Induktivität und Kapazität besteht, bezeichnet man als *Reihenschwingkreis* oder *Reihenresonanzkreis* (Bild 10.43).

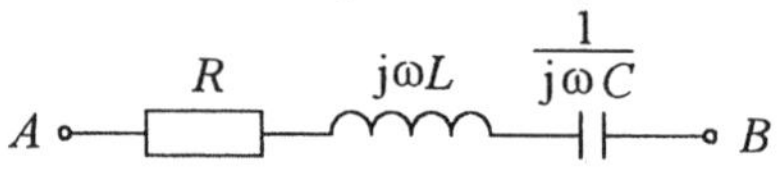

Bild 10.43 Reihenschwingkreis

Die Impedanzfunktion des Zweipols lautet:

$$\underline{Z}_{AB} = R + \mathrm{j}\left(\omega L - \frac{1}{\omega C}\right)$$

$$\underline{Z}_{AB} = \sqrt{R^2 + \left(\omega L - \frac{1}{\omega C}\right)^2}\, e^{\mathrm{j}\arctan\frac{\omega L - \frac{1}{\omega C}}{R}}$$

Aus der Exponentialform lassen sich die Betrags- und Phasencharakteristik ableiten.

Die Betragscharakteristik lautet:

$$Z(\omega) = \sqrt{R^2 + \left(\omega L - \frac{1}{\omega C}\right)^2} \qquad (10.12)$$

Die Phasencharakteristik lautet:

$$\varphi_Z(\omega) = \arctan\frac{\omega L - \frac{1}{\omega C}}{R} \qquad (10.13)$$

In den Bildern 10.44 und 10.45 sind die Zweipolcharakteristiken $Z_{AB} = \mathrm{f}(\omega)$ und $\varphi_Z = \mathrm{f}(\omega)$ dargestellt.

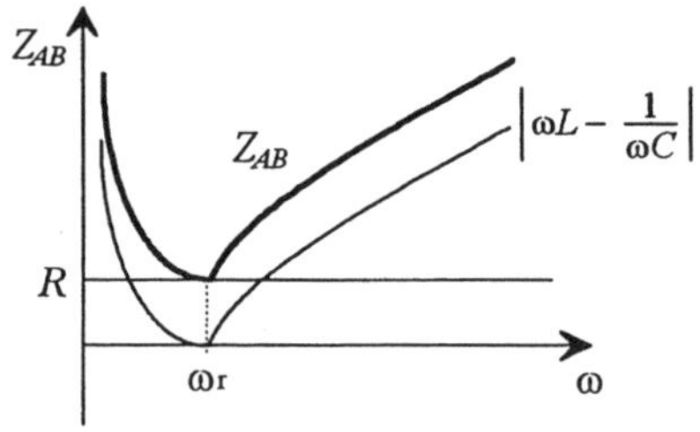

Bild 10.44 Abhängigkeit des Scheinwiderstandes von der Kreisfrequenz (Reihenschwingkreis)

Hinweis: Wird die Betragscharakteristik der Schaltung nach Bild 10.15 um den Wert *R* erhöht, entsteht der Verlauf $Z_{AB} = \mathrm{f}(\omega)$ nach Bild 10.44

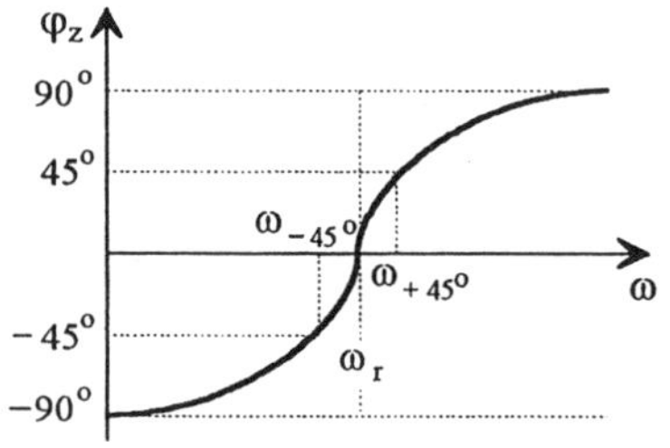

Bild 10.45 Abhängigkeit des Phasenwinkels von der Kreisfrequenz (Reihenschwingkreis)

Ortskurve. Der Verlauf der komplexen Zweipolfunktion des Reihenschwingkreises als gleichzeitige Darstellung des Betrag- und Phasenverlaufes wird durch die Ortskurvendarstellung im Bild 10.46 erfaßt.

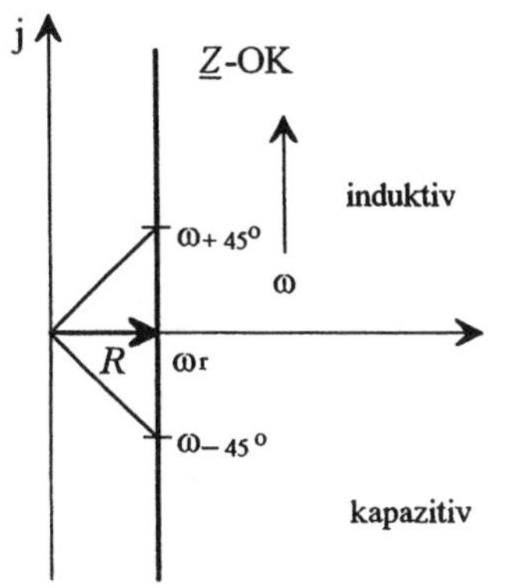

Bild 10.46 Impedanzortskurve des Reihenschwingkreises

Durch Invertierung der $\underline{Z}$-Ortskurve erhält man die $\underline{Y}$-Ortskurve nach Bild 10.47.

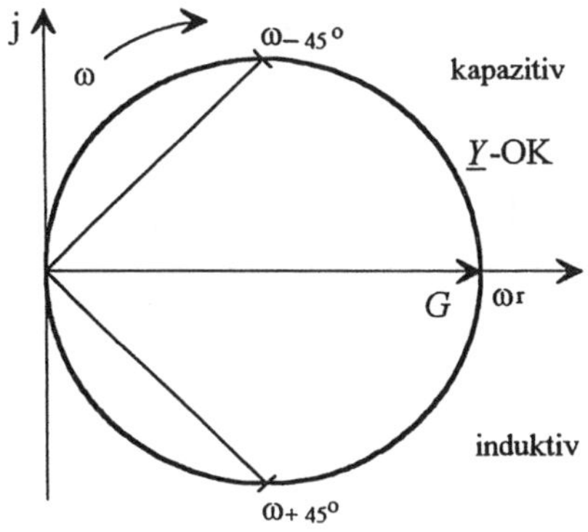

Bild 10.47 Admittanzortskurve des Reihenschwingkreises

Den unterschiedlichen Darstellungen der Zweipolfunktion des Reihenschwingkreises nach Bild 10.44 bis Bild 10.47 entnimmt man, daß der Zweipol für eine Frequenz ω_r rein ohmsches Verhalten aufweist. Diese Frequenz wird als *Resonanzfrequenz* ω_r bezeichnet.

Hinweis: Im ingenieurtechnischen Sprachgebrauch wird i.allg. nicht zwischen Frequenz f und Kreisfrequenz ω unterschieden, wohl aber in der Rechnung.

Die Resonanzbedingung lautet:

$$\boxed{\mathrm{Im}[\underline{Z}] = \mathrm{Im}[\underline{Y}] = 0} \qquad (10.14)$$

Im Resonanzfall weist die komplexe Zweipolfunktion reelles Verhalten auf.

Der Zweipolcharakteristik entnimmt man, daß der Scheinwiderstand des Reihenschwingkreises bei der Resonanzfrequenz ein Minimum durchläuft und durch den Wert der ohmschen Komponente R bestimmt wird.
Für die technischen Schaltelemente Spule und Kondensator wirken lediglich die i.allg. geringen ohmschen Verlustanteile.

Ein Reihenschwingkreis, bestehend aus Spule und Kondensator, wirkt bei der Resonanzfrequenz annähernd wie ein Kurzschluß (*Saugkreis*).

Kenngrößen der Resonanz. Im folgenden werden eine Reihe von Kenngrößen angegeben, die für die Beschreibung des Sonderfalles Resonanz festgelegt sind:

- Resonanzfrequenz:

  Setzt man nach Gl. 10.14 den Imaginärteil der Impedanzfunktion des Reihenschwingkreises gleich Null, gilt für die Resonanzfrequenz:

$$\omega_r L - \frac{1}{\omega_r C} = 0$$

$$\boxed{\omega_r = \frac{1}{\sqrt{LC}}} \qquad (10.15)$$

Für den betrachteten Fall stimmt die Frequenz ω_r mit der Schwingfrequenz ω_0 des ungedämpften Schwingkreises nach der *Thomsonschen Schwingungsgleichung* [7] überein.

- Kennwiderstand:

  Der Wert des Blindwiderstandes bei der Resonanzfrequenz wird als *Kennwiderstand* bezeichnet. Unter Anwendung der Gl. (10.15) gilt:

$$Z_o = \omega_r L = \frac{1}{\sqrt{LC}} L$$

$$\boxed{Z_o = \sqrt{\frac{L}{C}}} \qquad (10.16)$$

- Gütefaktor:

  Wendet man die allgemeine Festlegung des Gütefaktors nach Gl. (10.8) auf Schwingkreise an, entsteht:

$$Q = \left. \frac{\text{Blindkomponente}}{\text{Wirkkomponente}} \right|_{\omega = \omega_r}$$

$$Q = \frac{\omega_r L}{R} = \frac{1}{\omega_r C R}$$

  Unter Anwendung der Gl. (10.15) entsteht:

$$\boxed{Q = \frac{1}{R}\sqrt{\frac{L}{C}} = \frac{1}{R} Z_o} \qquad (10.17)$$

Je kleiner die ohmsche Komponente im Schwingkreis ist, umso größer wird der Gütefaktor.

- 45°-Frequenzen:

  Der Verlauf $\varphi_Z = f(\omega)$ sowie die Ortskurven des Schwingkreises (Bild 10.46 und Bild 10.47) zeigen, daß die 45°-Frequenzen geeignete Bezugsgrößen, unabhängig von der Dimensionierung des Schwingkreises, sind.

Da zwei 45°-Frequenzen auftreten, gilt nach Gl. (10.13):

$$\pm 45° = \arctan \frac{\omega_{\pm 45°} L - \frac{1}{\omega_{\pm 45°} C}}{R}$$

$$\pm 1 = \frac{\omega_{\pm 45°} L - \frac{1}{\omega_{\pm 45°} C}}{R}$$

$$\omega_{\pm 45°} = \pm \frac{R}{2L} + \sqrt{\left(\frac{R}{2L}\right)^2 + \frac{1}{LC}} \qquad (10.18)$$

Mit den Gln. (10.15) und (10.17) läßt sich die Gl. (10.18) verallgemeinern:

$$\boxed{\omega_{\pm 45°} = \omega_r \left[\pm \frac{1}{2Q} + \sqrt{\left(\frac{1}{2Q}\right)^2 + 1} \right]} \qquad (10.19)$$

Mit der praktisch realen Näherung $Q >> 1$ gilt:

$$\omega_{\pm 45°} \approx \omega_r \left[1 \pm \frac{1}{2Q} \right] \qquad (10.20)$$

Der Scheinwiderstand des Reihenschwingkreises bei den 45°-Frequenzen ergibt sich zu:

$$Z_{\pm 45°} = \sqrt{R^2 + \left(\omega_{\pm 45°} L - \frac{1}{\omega_{\pm 45°} C}\right)^2}$$

$$Z_{\pm 45°} = \sqrt{2}\, R \qquad (10.21)$$

Nach Gl. (10.20) rücken mit zunehmender Güte Q des Schwingkreises die beiden 45°-Frequenzen enger aneinander. Man definiert eine Bandbreite und spricht davon, daß der Schwingkreis schmalbandiger wird.

- Bandbreite:

  Die Bandbreite B ist das Frequenzintervall zwischen den beiden 45°- Frequenzen (Bild 10.48).

$$B = \omega_{+45°} - \omega_{-45°} \tag{10.22}$$

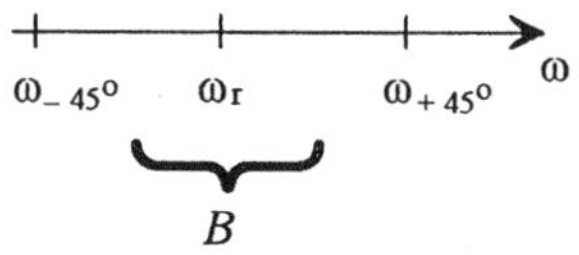

Bild 10.48 Erläuterung zur Bandbreite

Setzt man die Gl. (10.19) in die Gl. (10.22) ein, entsteht der Zusammenhang zwischen der Bandbreite und der Güte.

$$B = \frac{\omega_r}{Q} \tag{10.23}$$

- Relative Bandbreite:

  Wird die Bandbreite auf die Resonanzfrequenz normiert, ergibt sich die relative Bandbreite.

$$b = \frac{B}{\omega_r} = \frac{1}{Q} \tag{10.24}$$

Die relative Bandbreite hat den Charakter eines Verlustfaktors.

- Verstimmung:

  Die Verstimmung ist die relative Frequenzabweichung von der Resonanzfrequenz.

$$v = \frac{\omega}{\omega_r} - \frac{\omega_r}{\omega} \tag{10.25}$$

Die Verstimmung stellt eine Möglichkeit zur frequenzunabhängigen Normierung dar (Bild 10.49).

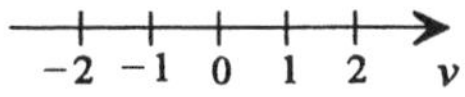

Bild 10.49 Erläuterung zur Verstimmung

Es gilt:

$$\omega > \omega_r \quad \Rightarrow \quad v > 0$$
$$\omega = \omega_r \quad \Rightarrow \quad v = 0$$
$$\omega < \omega_r \quad \Rightarrow \quad v < 0$$

- 45°-Verstimmung:

  Setzt man die Gl. (10.19) in die Gl. (10.25) ein, entsteht die 45°-Verstimmung. Sie entspricht betragsmäßig der relativen Bandbreite.

$$v_{\pm 45°} = \pm \frac{1}{Q} \tag{10.26}$$

Je größer der Gütefaktor Q, umso kleiner ist die erforderliche Verstimmung, um die 45°-Frequenzen zu erreichen.

Mit den Kenngrößen und den bestehenden allgemeinen Zusammenhängen läßt sich das frequenzabhängige Strom-Spannungsverhalten des Reihenschwingkreises untersuchen.

Strom-Spannungsverhalten. Wird ein Reihenschwingkreis von einem Wechselspannungsgenerator mit variabler Frequenz gespeist, lassen sich der Strom durch den Zweipol sowie der Verlauf der Teilspannungen über den Schaltelementen untersuchen.

Generatorinnenwiderstand. Zunächst ist der Einfluß des Generatorinnenwiderstandes zu diskutieren (Bild 10.50).

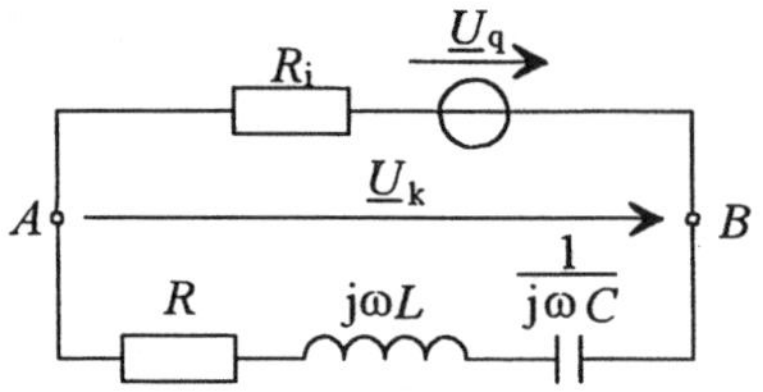

Bild 10.50 Reihenschwingkreis mit Generatorspeisung

Im Fall der Resonanz wird der Generator mit dem Scheinwiderstand $Z_{AB} = R$ belastet.

Um ein Zusammenbrechen der Klemmenspannung U_k zu verhindern, muß $R_i << R$ eingestellt werden. Dies wird praktisch durch eine Konstant-Spannungsquelle mit $R_i \to 0$ realisiert (Bild 10.51).

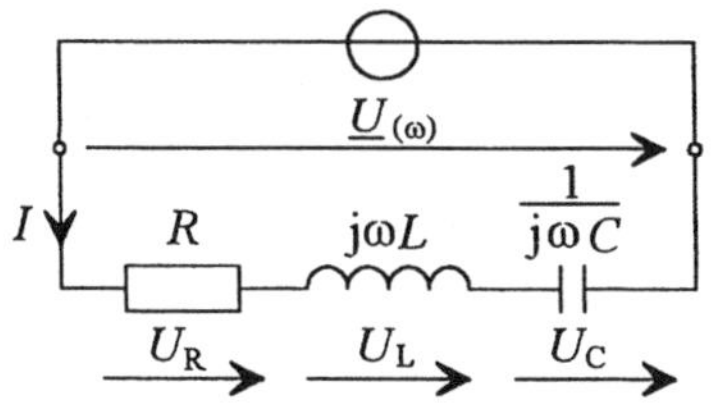

Bild 10.51 Konstant-Spannungsspeisung des Reihenwiderstandes

Im Fall eines endlichen Generatorinnenwiderstandes vergrößert sich die ohmsche Komponente des Schwingkreises. Der Gütefaktor der Schaltung kann sich nach Gl. (10.17) soweit verringern, daß keine Resonanzerscheinungen mehr auftreten.

Hinweis: Die Klemmenspannung kann labortechnisch bei Veränderung der Frequenz durch Nachregeln konstant gehalten werden, wodurch der Einfluß von R_i eliminiert wird.

Stromverlauf. Der Betrag des Stromes $\underline{I}$ nach Bild 10.51 berechnet sich zu:

$$I_{(\omega)} = \frac{U}{Z_{(\omega)}} = \frac{U}{\sqrt{R^2 + \left(\omega L - \frac{1}{\omega C}\right)^2}}$$

Für eine normierte Darstellung wird der Strom $I_{(\omega)}$ auf den Resonanzstrom

$$I_r = \frac{U}{R} \tag{10.27}$$

bezogen:

$$\frac{I_{(\omega)}}{I_r} = \frac{R}{\sqrt{R^2 + \left(\omega L - \frac{1}{\omega C}\right)^2}} \tag{10.28}$$

Führt man die normierte Frequenz $\Omega = \omega/\omega_r$ ein, so gilt mit $\omega = \Omega\omega_r$:

$$\frac{I_{(\omega)}}{I_r} = \frac{R}{\sqrt{R^2 + \left(\Omega\omega_r L - \frac{1}{\Omega\omega_r C}\right)^2}}$$

Mit den Gln. (10.15) und (10.17) entsteht eine normierte Funktion des Stromes, unabhängig von den Werten der Schaltelemente R, L, C, mit der Güte Q als Parameter.

$$\frac{I_{(\omega)}}{I_r} = \frac{1}{\sqrt{1 + Q^2\left(\Omega - \frac{1}{\Omega}\right)^2}} \tag{10.29}$$

Im Bild 10.52 ist der normierte Stromverlauf dargestellt.

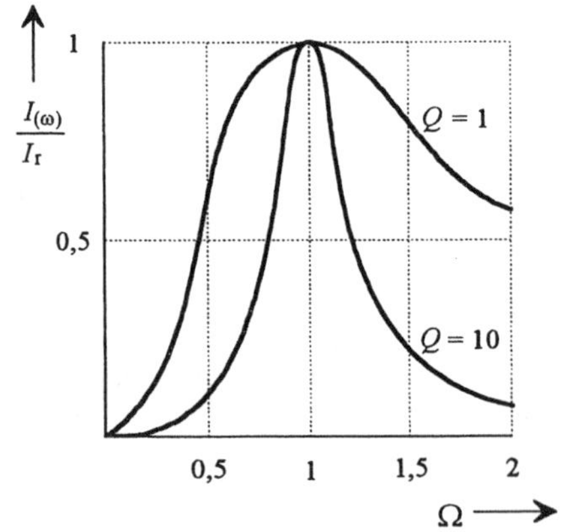

Bild 10.52 Normierter Verlauf des Stromes im Reihenschwingkreis

Der Strom erreicht bei der Resonanzfrequenz ein Maximum und wird nach Gl. (10.27) nur durch die ohmsche Komponente R des Schwingkreises begrenzt.
Mit zunehmender Güte wird das Resonanzverhalten ausgeprägter.

Bandbreite- und Gütebestimmung. Aus dem meßtechnisch ermittelten, normierten Stromverlauf lassen sich auf einfache Weise die Bandbreite sowie die Güte bestimmen.
Mit Gl. (10.28) gilt:

$$\frac{I_{\pm 45°}}{I_r} = \frac{R}{\sqrt{R^2 + R^2}} = \frac{1}{\sqrt{2}}$$

Die Bandbreite liest man auf der Frequenzachse als Intervall zwischen den 45°-Frequenzen ab (Bild 10.53).

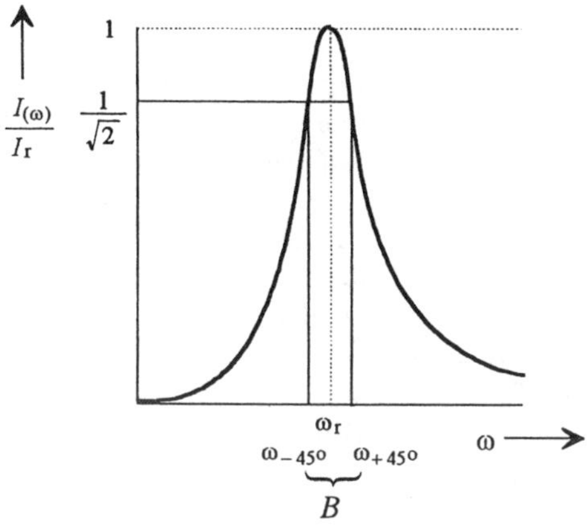

Bild 10.53 Grafische Ermittlung der Bandbreite

Nachdem meßtechnisch die Resonanzfrequenz über das Strommaximum ermittelt wurde, kann die Güte mit der Gl. (10.23) berechnet werden.

Das beschriebene Verfahren ist für Kreisgüten $Q > 1$ wegen des annähernd symmetrischen Stromverlaufs in der Nähe von ω_r ausreichend genau.

Spannungsverläufe. Der Strom durch den Reihenschwingkreis erzeugt an den Blindschaltelementen L und C Spannungsabfälle, deren Phasenlage zueinander 180° beträgt.
Bei Resonanz sind die Spannungsabfälle U_L und U_C wegen Gl. (10.14) gleich groß. Deren geometrische Addition ergibt den Wert Null. Die gesamte Generatorspannung fällt über dem Widerstand R ab (Bild 10.54).

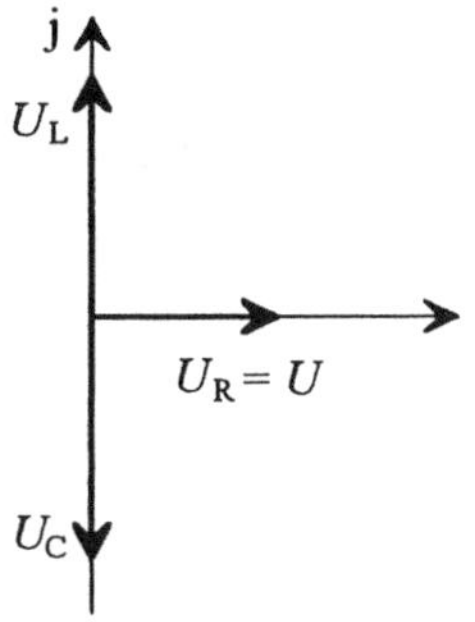

Bild 10.54 Zeigerbild der Spannungen am Reihenschwingkreis bei Resonanz

Bedingt durch den Anstieg des Stromes bei Resonanz, nehmen die Spannungen an den Blindschaltelementen hohe Werte an, die die anliegende Generatorspannung überschreiten. Diese Resonanzerscheinung wird als *Spannungsresonanz* bezeichnet.

Mit Hilfe der Spannungsteilerregel lassen sich die Teilspannungen an den einzelnen Schaltelementen in Abhängigkeit der Frequenz berechnen. Die Gleichungen werden auf die Generatorspannung normiert.
Die Spannung am Widerstand R beträgt:

$$\frac{U_{R(\omega)}}{U} = \frac{R}{\sqrt{R^2 + \left(\omega L - \frac{1}{\omega C}\right)^2}}$$

Die Gleichung stimmt mit der Darstellung des Stromes nach Gl. (10.28) überein, so daß man die Gleichung wiederum frequenznormiert angeben kann:

$$\frac{U_{R(\omega)}}{U} = \frac{1}{\sqrt{1 + Q^2\left(\Omega - \frac{1}{\Omega}\right)^2}} \quad (10.30)$$

Die Spannung an der Induktivität lautet:

$$\frac{U_{L(\omega)}}{U} = \frac{\omega L}{\sqrt{R^2 + \left(\omega L - \frac{1}{\omega C}\right)^2}}$$

Führt man ebenfalls die normierte Frequenz $\Omega = \omega/\omega_r$ ein (Ableitung siehe Gl. 10.29), so entsteht:

$$\frac{U_{L(\omega)}}{U} = \frac{\Omega}{\sqrt{\frac{1}{Q^2} + \left(\Omega - \frac{1}{\Omega}\right)^2}} \quad (10.31)$$

Für die Spannung am Kondensator gilt:

$$\frac{U_{C(\omega)}}{U} = \frac{1}{\omega C\sqrt{R^2 + \left(\omega L - \frac{1}{\omega C}\right)^2}}$$

Mit der normierten Frequenz $\Omega = \omega/\omega_r$ lautet die Gleichung:

$$\frac{U_{C(\omega)}}{U} = \frac{1}{\Omega\sqrt{\frac{1}{Q^2} + \left(\Omega - \frac{1}{\Omega}\right)^2}} \quad (10.32)$$

Setzt man in den Gln. (10.31) und (10.32) die normierte Resonanzfrequenz $\Omega_r = 1$ ein, so entsteht:

$$U_{L(\omega)} = U_{C(\omega)} = Q\,U$$

Die Spannungen an den Blindschaltelementen L und C erhöhen sich um den Faktor der Güte gegenüber der anliegenden Spannung. Dies kann u.U. zu Überspannungen an der Isolation elektrotechnischer Betriebsmittel führen.

Im Bild 10.55 ist der normierte frequenzabhängige Verlauf der Teilspannungen am Reihenschwingkreis nach den Gln. (10.30) bis (10.32) qualitativ dargestellt.

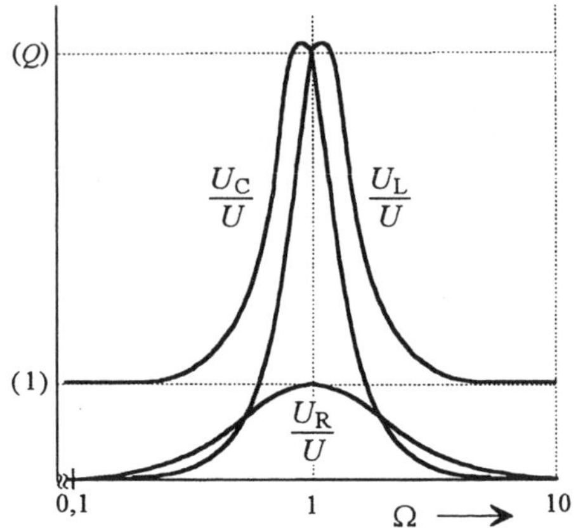

Bild 10.55 Normierter Verlauf der Teilspannungen am Reihenschwingkreis

Für Gütewerte $Q > 5$ liegen die Maxima der Blindspannungen bei der Resonanzfrequenz übereinander.
Sinkt die Güte auf geringere Werte, dann verlaufen die Resonanzkurven flacher und die Maxima der Blindspannungen rücken auseinander (Bild 10.56).
Eine Diskussion der Gln. (10.31) und (10.32) liefert die Aussage, daß für Werte der Güte $Q \leq 1/\sqrt{2}$ keine *Spannungsüberhöhung* an den Blindschaltelementen mehr entsteht.

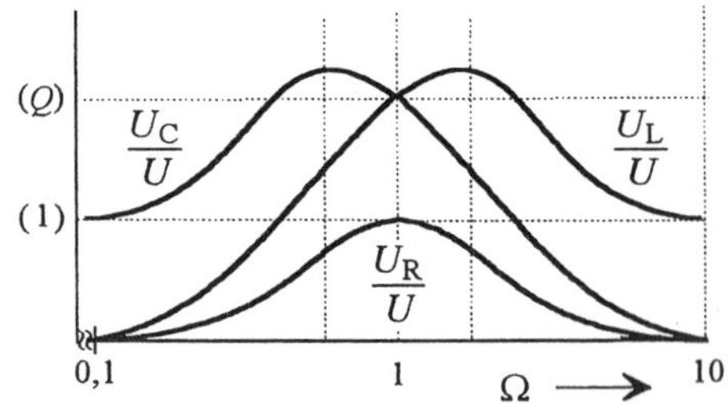

Bild 10.56 Normierter Verlauf der Teilspannungen am Reihenschwingkreis für geringe Güten

Bestimmt man mit Hilfe der Differentialrechnung die Frequenzen, bei denen die Spannungsmaxima der Gln. (10.31) und (10.32) auftreten, erhält man:

$$\Omega_{\mathrm{ULmax}} \approx 1 + \left(\frac{1}{2Q}\right)^2 \qquad (10.33)$$

$$\Omega_{\mathrm{UCmax}} \approx 1 - \left(\frac{1}{2Q}\right)^2 \qquad (10.34)$$

❑ **Beispiel 10.8**

An einem Reihenschwingkreis mit $C = 500\,\mathrm{pF}$ und $L = 12{,}5\,\mathrm{mH}$ liegt eine Spannung von $U = 20\,\mathrm{mV}$. Die Güte des Schwingkreises beträgt $Q = 125$.
Es sind die möglichen Kenngrößen zu berechnen:

Lösung:

- Resonanzfrequenz:

$$f_{\mathrm{r}} = \frac{1}{2\pi\sqrt{LC}} = 63{,}662\,\mathrm{kHz}$$

- Kennwiderstand:

$$Z_{\mathrm{o}} = \sqrt{\frac{L}{C}} = 5\,\mathrm{k\Omega}$$

- Wirkwiderstand:

$$R = \frac{Z_{\mathrm{o}}}{Q} = 40\,\Omega$$

- Strom bei Resonanz:

$$I_{\mathrm{r}} = \frac{U}{R} = 500\,\mu\mathrm{A}$$

- Blindspannungen:

$$U_{\mathrm{L}} = U_{\mathrm{C}} = Q\,U = 2{,}5\,\mathrm{V}$$

- 45°-Frequenzen:

$$f_{\pm 45^\circ} \approx f_{\mathrm{r}}\left[1 \pm \frac{1}{2Q}\right] \quad \Rightarrow f_{+45^\circ} = 63{,}917\,\mathrm{kHz} \quad \Rightarrow f_{-45^\circ} = 63{,}407\,\mathrm{kHz}$$

- Bandbreite:

$$B = \frac{f_{\mathrm{r}}}{Q} = 510\,\mathrm{Hz}$$

- 45°-Verstimmung:

$$v_{\pm 45^\circ} = \frac{1}{Q} = 0{,}008 \mathrel{\hat{=}} b$$

❑ **Beispiel 10.9**

Es ist die Bandbreite B der Schaltung nach Bild 10.57 zu berechnen.
Der frequenzabhängige Verlauf der Ausgangsspannung ist zu skizzieren.

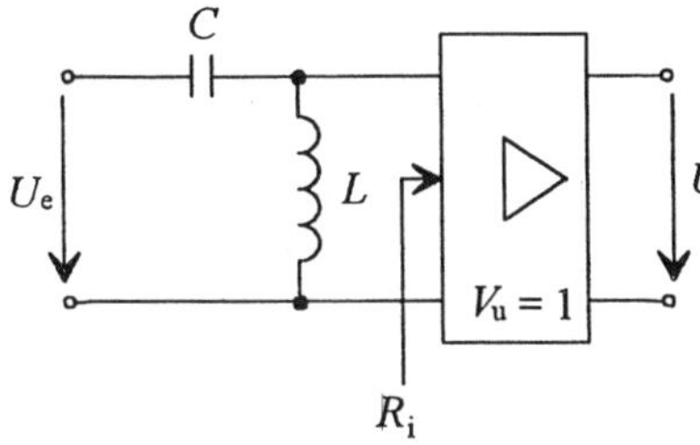

$L = 8\,\mathrm{mH}$, $Q_{\mathrm{L}} = 25$
$C = 8\,\mathrm{nF}$, $d_{\mathrm{C}} = 0{,}005$
$R_{\mathrm{i}} = 500\,\mathrm{k\Omega}$

Bild 10.57 Schaltung zum Beispiel 10.9

Lösung:

Der Verstärker mit der Spannungsverstärkung $V_{\mathrm{u}} = 1$ liefert als Ausgangsspannung U_{a} die entkoppelte Blindspannung der Spule.
Die Eingangsspannung U_{e} liegt an einem Reihenschwingkreis der technischen Schaltelemente Spule und Kondensator, deren Ersatzschaltbild zu beachten ist. Bei der Resonanzfrequenz tritt ein Spannungsmaximum über der Spule auf. Der zu erwartende Verlauf der Ausgangsspannung ist im Bild 10.58 dargestellt.

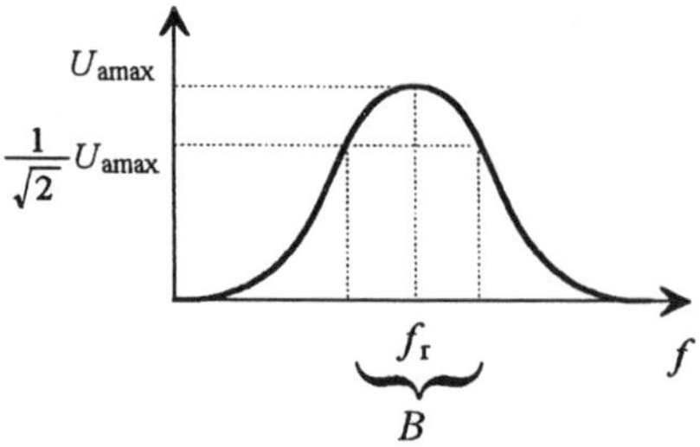

Bild 10.58 Ausgangsspannung zur Schaltung nach Bild 10.57

Das Ersatzschaltbild und die dazugehörige äquivalente Umwandlung zeigt Bild 10.59.

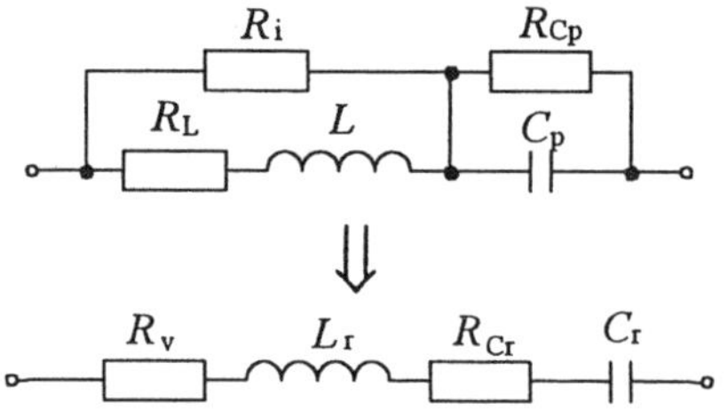

Bild 10.59 Ersatzschaltung zum Beispiel 10.9

Für die Berechnung der Bandbreite B ist nach Gl. (10.23) die Resonanzfrequenz f_r sowie die Gesamtgüte Q des Schwingkreises zu ermitteln.

$$f_r = \frac{1}{2\pi\sqrt{LC}} = 19{,}89\,\text{kHz}$$

$$R_L = \frac{2\pi f_r L}{Q_L} = 40\,\Omega$$

$$\underline{Z}_L = R_v + j\omega_r L_r = \frac{R_i\,(R_L + j\omega_r L)}{R_i + R_L + j\omega_r L}$$

$$\underline{Z}_L = (42 + j998{,}8)\,\Omega \Rightarrow R_v = 42\,\Omega$$

$$R_{Cr} = \frac{d_C}{2\pi f_r C} = 5\,\Omega$$

$$Q = \frac{2\pi f_r L}{R_v + R_{Cr}} = 21{,}3$$

Die Bandbreite ergibt sich damit zu:

$$B = \frac{f_r}{Q} = 940\,\text{Hz}$$

10.1.4.2 Parallelschwingkreis

Einen Zweipol, der aus der Parallelschaltung der Schaltelemente Widerstand, Induktivität und Kapazität besteht, bezeichnet man als *Parallelschwingkreis*. Wegen der Parallelschaltung wird zweckmäßigerweise mit den Leitwertoperatoren der Schaltelemente gearbeitet (Bild 10.60).

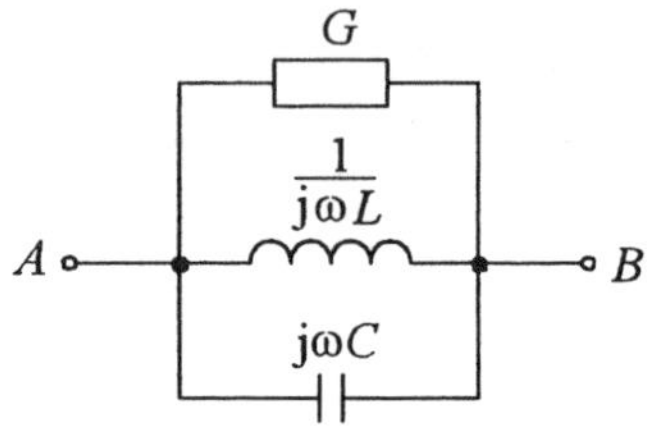

Bild 10.60 Parallelschwingkreis

Die Zweipolfunktion wird als Admittanzfunktion aufgestellt.

$$\underline{Y}_{AB} = G + j\left(\omega C - \frac{1}{\omega L}\right)$$

$$\underline{Y}_{AB} = \sqrt{G^2 + \left(\omega C - \frac{1}{\omega L}\right)^2}\; e^{\,j\arctan\frac{\omega C - \frac{1}{\omega L}}{G}}$$

Die Betragscharakteristik lautet:

$$Y(\omega) = \sqrt{G^2 + \left(\omega C - \frac{1}{\omega L}\right)^2} \qquad (10.35)$$

Die Phasencharakteristik lautet:

$$\varphi_Y(\omega) = \arctan\frac{\omega C - \frac{1}{\omega L}}{G} \qquad (10.36)$$

Die Zweipolcharakteristik $Y_{AB} = f(\omega)$ ist im Bild 10.61 qualitativ dargestellt. Zusätzlich ist der Verlauf des Scheinwiderstandes $Z_{AB} = f(\omega)$ angegeben, wobei gilt:

$$Z_{AB} = \frac{1}{Y_{AB}}$$

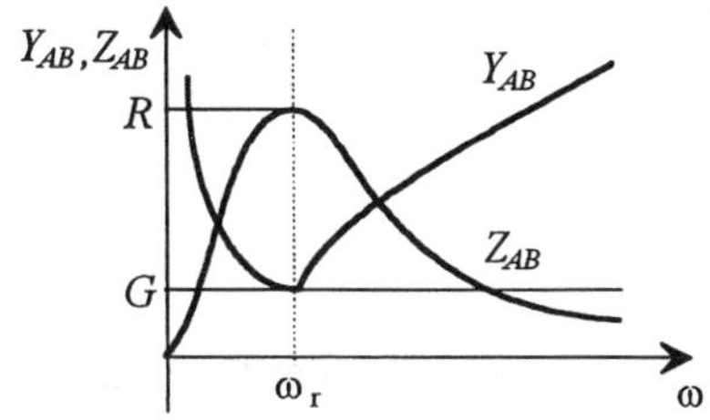

Bild 10.61 Frequenzverhalten des Scheinleitwertes und Scheinwiderstandes des Parallelschwingkreises nach Bild 10.60

Die Zweipolcharakteristik $\varphi_y = f(\omega)$ ist im Bild 10.62 dargestellt.

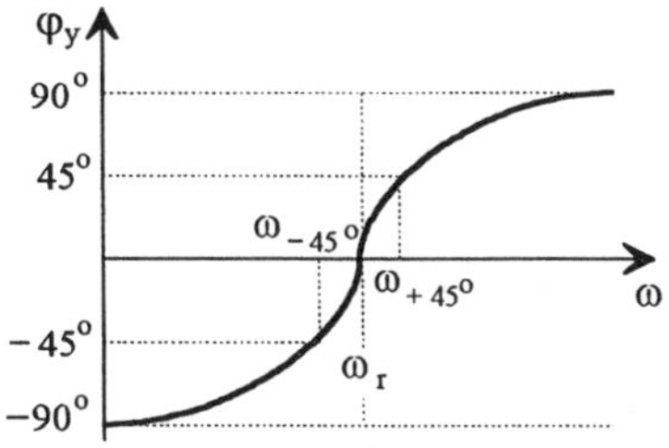

Bild 10.62 Abhängigkeit des Phasenwinkels von der Frequenz

Die Zweipolfunktion nimmt bei der Resonanzfrequenz ω_r nach Gl. (10.15) ebenfalls rein ohmsches Verhalten an. Der Scheinleitwert erreicht dabei ein Minimum, der Scheinwiderstand ein Maximum.
Werden die Schaltelemente Induktivität und Kapazität als ideal vorausgesetzt, wirkt bei Resonanz lediglich der Widerstandswert R. Wird ein hoher Wert gewählt, geht der Scheinleitwert Y gegen Null. Für die technischen Schaltelemente Spule und Kondensator erscheinen die Verluste in der Parallelschaltung als hochohmige Widerstandskomponente.

> Ein Parallelschwingkreis, bestehend aus Spule und Kondensator, wirkt bei Resonanz annähernd wie Leerlauf (*Sperrkreis*).

Kenngrößen der Resonanz. Die im Abschnitt 10.1.4.1 angegebenen Kenngrößen lassen sich formal auf den Parallelschwingkreis (Bild 10.60) übertragen. Dabei ist zu beachten, daß für den allgemeinen Ansatz die Admittanzfunktion zu wählen ist.
Im einzelnen gilt:

- Resonanzfrequenz:

$$\boxed{\omega_r = \frac{1}{\sqrt{LC}}} \qquad (10.37)$$

- Kennwiderstand:

$$\boxed{Z_o = \sqrt{\frac{L}{C}}} \qquad (10.38)$$

- Gütefaktor:

$$Q = \frac{\omega_r C}{G} = \frac{1}{G\omega_r L} = R\omega_r C = \frac{R}{\omega_r L}$$

Mit Gl. (10.37) folgt:

$$\boxed{Q = R\sqrt{\frac{C}{L}}} \qquad (10.39)$$

- 45°-Frequenzen:

$$\omega_{\pm 45^\circ} = \mp\frac{G}{2C} + \sqrt{\left(\frac{G}{2C}\right)^2 + \frac{1}{LC}} \qquad (10.40)$$

$$\omega_{\pm 45^\circ} \approx \omega_r\left[1 \pm \frac{1}{2Q}\right] \qquad (10.41)$$

Strom-Spannungs-Verhalten. Den Ausführungen zur Zweipolfunktion des Parallelschwingkreises nach Bild 10.60 folgend durchläuft dessen Scheinwiderstand bei variabler Frequenz ein Maximum. Dieses wird im Resonanzfall durch den hochohmi-

gen Widerstand R begrenzt. Ein Stromfluß durch den Zweipol ist nur noch möglich, wenn für den Generator gilt: $R_i > R$.
Um das Strom-Spannungs-Verhalten des Parallelschwingkreises zu diskutieren, ist diese Bedingung praktisch durch eine Konstant-Stromquelle mit $R_i \to \infty$ zu realisieren (Bild 10.63).

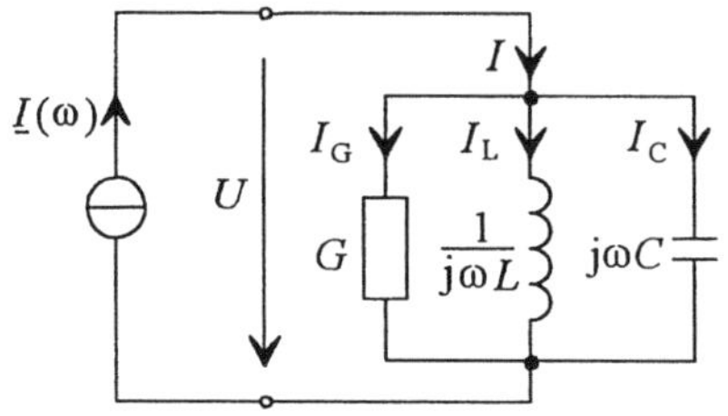

Bild 10.63 Konstant-Stromspeisung des Parallelschwingkreises

Spannungsverlauf. Der Betrag der normierten Spannung U berechnet sich zu:

$$\frac{U(\omega)}{U_r} = \frac{1}{\sqrt{1 + Q^2\left(\Omega - \frac{1}{\Omega}\right)^2}} \qquad (10.42)$$

Bild 10.64 zeigt den dazugehörigen frequenzabhängigen Spannungverlauf.

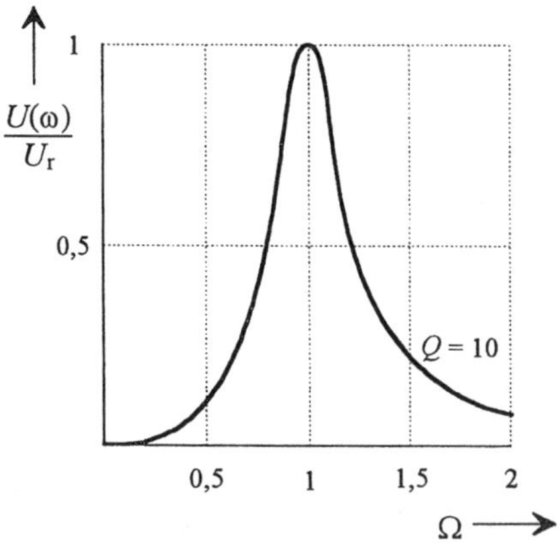

Bild 10.64 Normierter Verlauf der Spannung am Parallelschwingkreis

In Gl. (10.42) sind die normierte Frequenz $\Omega = \omega/\omega_r$ und die Spannung U_r bei der Resonanzfrequenz mit

$$U_r = IR \qquad (10.43)$$

eingeführt worden.

Stromverläufe. Die Gleichungen für den normierten Stromverlauf durch die Schaltelemente des Parallelschwingkreises lauten:

$$\frac{I_G(\omega)}{I} = \frac{1}{\sqrt{1 + Q^2\left(\Omega - \frac{1}{\Omega}\right)^2}} \qquad (10.44)$$

$$\frac{I_L(\omega)}{I} = \frac{1}{\Omega\sqrt{\frac{1}{Q^2} + \left(\Omega - \frac{1}{\Omega}\right)^2}} \qquad (10.45)$$

$$\frac{I_C(\omega)}{I} = \frac{\Omega}{\sqrt{\frac{1}{Q^2} + \left(\Omega - \frac{1}{\Omega}\right)^2}} \qquad (10.46)$$

Die Stromverläufe der Gln. (10.44) bis (10.46) sind im Bild 10.65 dargestellt.

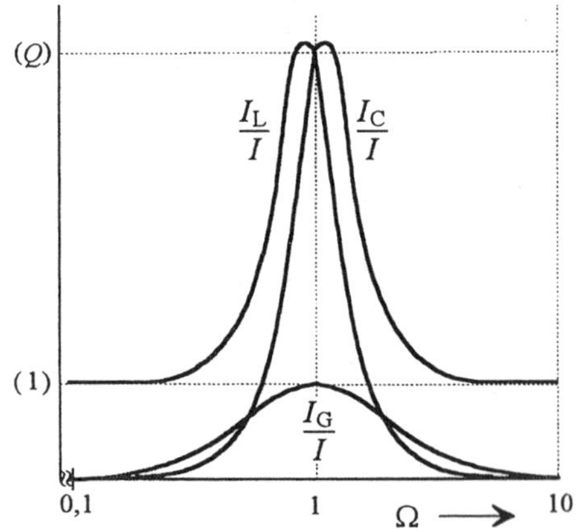

Bild 10.65 Normierter Verlauf der Teilströme des Parallelschwingkreises

Setzt man in den Gln. (10.45) und (10.46) die normierte Resonanzfrequenz $\Omega_r = 1$ ein, so entsteht:

$$I_L(\omega) = I_C(\omega) = QI$$

Die Ströme durch die Schaltelemente des Parallelschwingkreises durchlaufen wegen des untersuchten Spannungsverlaufes nach Bild 10.64 ebenfalls ein Maximum. Dabei nehmen die Ströme durch die Blindschaltelemente bei Resonanz um den Faktor Q höhere Werte gegenüber dem Strom der Konstant-Stromquelle an.
Die Stromquelle liefert lediglich den Wirkstrom durch den ohmschen Widerstand. Man bezeichnet diese Resonanzerscheinung auch als *Stromresonanz*.

Parallelschwingkreis mit technischen Schaltelementen. Die bisherigen Betrachtungen zum Parallelschwingkreis gelten für ideale Schaltelemente, um die Erläuterungen vergleichbar zum Reihenschwingkreis zu gestalten. Dieser Ansatz ist praktisch für Bauelemente hoher Güte ausreichend.
Wegen der Hochohmigkeit des Parallelschwingkreises in der Nähe der Resonanzfrequenz wirken Verluste i.allg. stärker auf das elektrische Schaltungsverhalten gegenüber Einsatz von Reihenschwingkreisen.
Der Parallelschwingkreis mit technischen Schaltelementen ist mit den Wechselstromersatzschaltungen von Spule und Kondensator darzustellen (Bild 10.66).

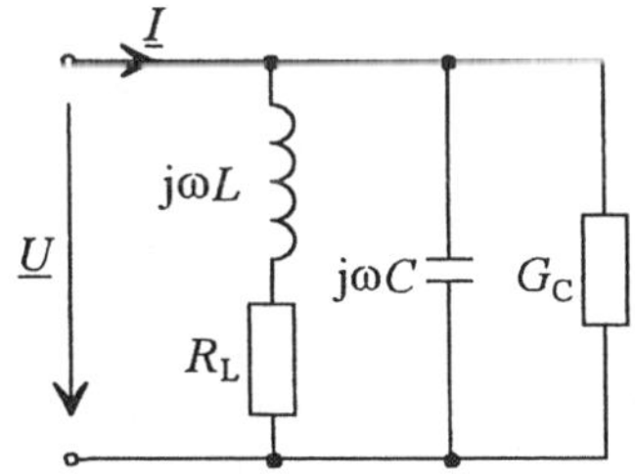

Bild 10.66 Parallelschwingkreis mit technischen Schaltelementen

Um die Auswirkungen der veränderten Schaltung des Schwingkreises nach Bild 10.66 zu untersuchen, wird erneut von der Admittanzfunktion ausgegangen.

$$\underline{Y} = G_C + j\omega C + \frac{1}{R_L + j\omega L} \qquad (10.47)$$

Setzt man nach Gl. (10.5) die Verlustfaktoren für Spule und Kondensator

$$d_L = \frac{R_L}{\omega L} \qquad d_C = \frac{G_C}{\omega C}$$

in Gl. (10.47) ein, entsteht nach einer Umformung:

$$\underline{Y} = \frac{1}{j\omega L(1 - j\,d_L)} + j\omega C(1 - j\,d_C)$$

Nach weiterer Umformung und Trennung in Real- und Imaginärteil entsteht:

$$\underline{Y} = \left(\frac{d_L}{\omega L(1 + d_L^2)} + d_C\omega C\right)$$

$$+j\left(\omega C - \frac{1}{\omega L(1 + d_L^2)}\right) \qquad (10.48)$$

Resonanzfrequenz. Berechnet man mit Gl. (10.48) erneut die Resonanzfrequenz mit der Bedingung $\mathrm{Im}[\underline{Y}] = 0$, so ergibt sich:

$$\boxed{\omega_r = \omega_o \frac{1}{\sqrt{1 + d_L^2}}} \qquad (10.49)$$

Dabei ist ω_o die Resonanzfrequenz des ungedämpften Schwingkreises (Schwingkreis ohne Verluste) und entspricht der Resonanzfrequenz nach Gl. (10.37).
Die Verluste der Spule beeinflussen die Resonanzfrequenz und verschieben diese geringfügig zu geringeren Werten.

Resonanzwiderstand. Den Scheinwiderstand des Schwingkreises bei Resonanz bezeichnet man als *Resonanzwiderstand*. Wegen der Resonanzbedingung $\text{Im}[\underline{Y}] = 0$ entspricht der Resonanzwiderstand dem Realteil der Gl. (10.48). Es gilt:

$$Z_r = \frac{1}{\frac{d_L}{\omega_r L(1+d_L^2)} + d_C \omega_r C} \qquad (10.50)$$

Setzt man die Näherung $\omega_r L \approx 1/\omega_r C$ in Gl. (10.50) ein, wird die Abhängigkeit des Resonanzwiderstandes von den Verlusten der technischen Schaltelemente deutlich:

$$Z_r \approx \sqrt{\frac{L}{C}} \left(\frac{1}{\frac{d_L}{(1+d_L^2)} + d_C} \right) \qquad (10.51)$$

Der i.allg. niederohmige Wirkwiderstand der Spule, der in d_L in direkter Abhängigkeit enthalten ist, wird durch den Schwingkreis in einen hochohmigen Resonanzwiderstand transformiert.
Hohe Verlustfaktoren für Spule und Kondensator verringern den hochohmigen Scheinwiderstand des Parallelschwingkreises bei Resonanz und bewirken damit einen endlichen Wert der Spannung am Schwingkreis im Resonanzfall.

Spannungsmaximum. Dem Bild 10.64 entnimmt man, daß das Spannungsmaximum am Parallelschwingkreis bei der Resonanzfrequenz auftritt.
Wegen der Verschiebung der Resonanzfrequenz in Abhängigkeit von den Verlusten nach Gl. (10.49) ist ebenfalls mit einer Verschiebung des Spannungsmaximums gegenüber der Frequenz zu rechnen, bei der Strom und Spannung in Phase sind (Resonanzbedingung). Dazu ist für die Gl. (10.48) die Frequenz zu ermitteln, bei welcher der Scheinleitwert ein Minimum bzw. der Scheinwiderstand ein Maximum aufweist. Mit Hilfe der Differentialrechnung ermittelt man:

$$\omega_{Umax} = \omega_o \sqrt{\sqrt{1 + 2d_L^2} - d_L^2} \qquad (10.52)$$

Zusammenfassung. Die einzelnen Frequenzen ω_r, ω_{Umax} und ω_o unterscheiden sich praktisch nur gering voneinander. Betrachtet man jedoch die qualitative Ortskurve für die Schaltung nach Bild 10.66, so werden die dargestellten Zusammenhänge des Parallelschwingkreises mit technischen Schaltelementen nochmals deutlich (Bild 10.67).

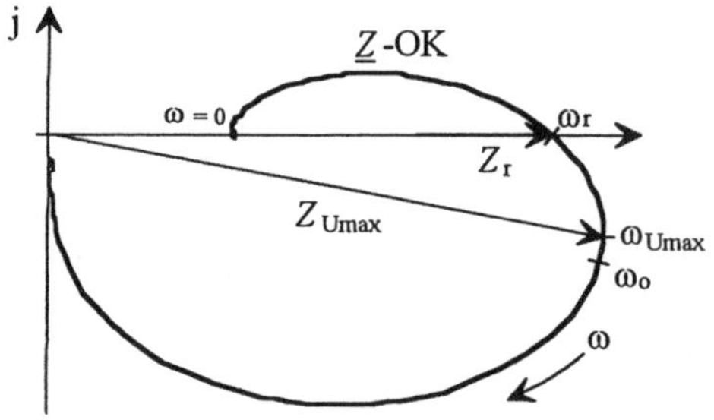

Bild 10.67 Qualitative Ortskurve des Parallelschwingkreises nach Bild 10.66

Weitere Betrachtungen zu Parallelschwingkreisen findet man in [6] und [20].

❑ **Beispiel 10.10**

Ein Parallelschwingkreis ist aus folgenden technischen Schaltelementen aufgebaut:

Spule: $L = 0,3\,\text{mH}$, $Q_L = 50$, $d_L = 0,02$

Kondensator: $C = 120\,\text{pF}$, $d_C = 0,003$

Es sind die Resonanzfrequenz ohne Berücksichtigung der Verluste, die Resonanzfrequenz mit Berücksichtigung der Verluste, der Resonanzwiderstand und die Frequenz für das Auftreten des Spannungsmaximums zu berechnen.

Lösung:

Als Ersatzschaltung dient die Schaltung nach Bild 10.66.

Die Berechnungergebnisse lauten:

- Resonanzfrequenz ohne Verluste:

$$f_o = \frac{1}{2\pi\sqrt{LC}} = 838,820\,\text{kHz}$$

- Resonanzfrequenz mit Verlusten:

$$f_r = f_o \frac{1}{\sqrt{1+d_L^2}} = 838,652\,\text{kHz}$$

- Resonanzwiderstand:

$$Z_r = \sqrt{\frac{L}{C}}\left(\frac{1}{\frac{d_L}{1+d_L^2} + d_C}\right) = 68,77\,\text{k}\Omega$$

- Frequenz für Spannungsmaximum am Parallelschwingkreis:

$$f_{Umax} = f_o\sqrt{\sqrt{1+2d_L^2} - d_L^2} = 838,819\,\text{kHz}$$

☐ **Beispiel 10.11**

Für einen Parallelschwingkreis, der zusätzlich mit einem Widerstand $R = 500\,\text{k}\Omega$ bedämpft wird (Bild 10.68), ist die Bandbreite B zu berechnen.

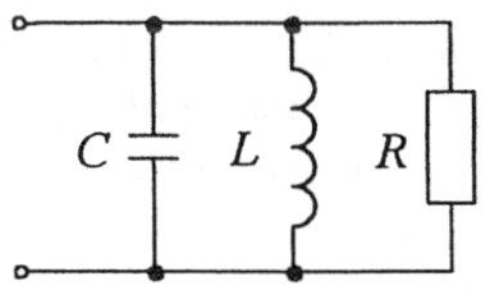

Bild 10.68 Schaltung zum Beispiel 10.11

Die Bauelementewerte betragen:

$$L = 10\,\text{mH}, \quad Q_L = 125$$
$$C = 250\,\text{pF}, \quad d_C = 1\cdot 10^{-3}$$

Lösung:

Für die Berechnung der Bandbreite nach Gl. (10.23) wird die Gesamtgüte des Schwingkreises benötigt. Dazu sind die Verlustwiderstände der Bauelemente als Parallelwiderstände auszudrücken und zusammenzufassen (Bild 10.69). Allgemein gilt:

$$Q_{ges} = \frac{\omega_r C}{G_{ges}} = \frac{\omega_r C}{\frac{1}{R} + G_C + G_L}$$

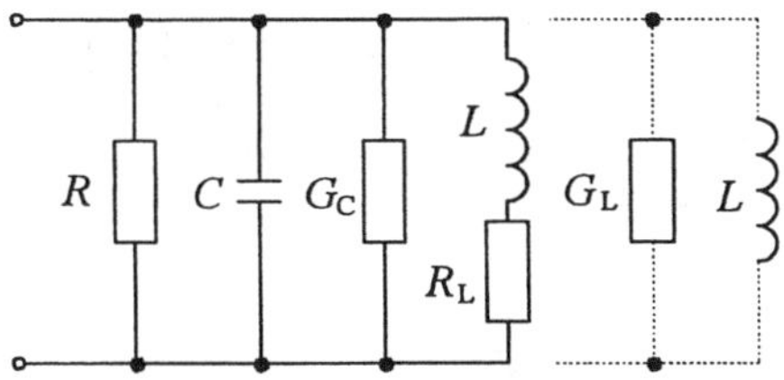

Bild 10.69 Schaltung zum Beispiel 10.11

Die Ersatzschaltung der Spule ist in eine äquivalente Parallel-Ersatzschaltung umzuwandeln.

$$Q_{ges} = \frac{\omega_r C}{\frac{1}{R} + d_C\omega_r C + \frac{d_L}{\omega_r L}}$$

Wegen $\omega_r L \approx 1/\omega_r C$ erhält man für die Gesamtgüte des Parallelschwingkreises:

$$Q_{ges} = \frac{1}{\frac{1}{R}\sqrt{\frac{L}{C}} + d_C + d_L}$$

Mit den vorgegebenen Zahlenwerten ergibt sich:

$$Q = 46,2$$

Berechnet man die Resonanzfrequenz mit Gl. (10.49), wird die Bandbreite

$$B = \frac{f_r}{Q} = 2,178\,\text{kHz}.$$

10.2 Frequenzabhängigkeit von Vierpolen

Die Eigenschaften eines Vierpols werden durch Vierpolfunktionen beschrieben, die man i.allg. als *Vierpolparameter* bezeichnet (siehe Abschnitt 8.5.2).

Analog zu den Ausführungen im Abschnitt 10.1 sind für die Betrachtung von Vierpolen Festlegungen zu treffen. Der Vierpol ist:

- *linear,*
- *zeitinvariant,*
- *stabil.*

Übertragungsfunktion. Eine Möglichkeit zur Beschreibung des frequenzabhängigen Übertragungsverhaltens eines Vierpols nach Bild 10.70 stellt die *Übertragungsfunktion* dar.

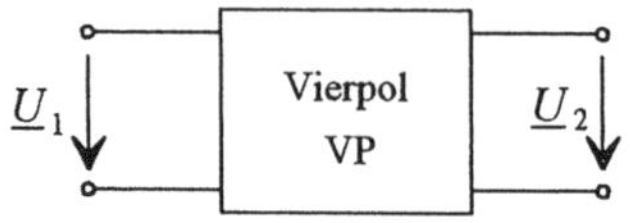

Bild 10.70 Allgemeiner Vierpol

> Die Übertragungsfunktion ist das komplexe Verhältnis der Ausgangsspannung $\underline{U}_2$ im Leerlauf des Vierpols zur Eingangsspannung $\underline{U}_1$.

Damit gilt:

$$\underline{H}(j\omega) = \frac{\underline{U}_2}{\underline{U}_1} \qquad (10.53)$$

Die Übertragungsfunktion ist ebenfalls eine komplexe Frequenzfunktion, deren meßbare Komponenten die *Vierpolcharakteristik* in Abhängigkeit der Frequenz beschreibt.

Mit der Darstellung der komplexen Spannungen in der Exponentialform erhält man:

$$\underline{H}(j\omega) = \frac{\underline{U}_2}{\underline{U}_1} = \frac{U_2\, e^{j\varphi_{U2}}}{U_1\, e^{j\varphi_{U1}}} = \frac{U_2}{U_1}\, e^{j(\varphi_{U2} - \varphi_{U1})}$$

Mit der Festlegung $\varphi_{U1} = 0°$ erhält man die Komponenten der Vierpolcharakteristik, die auch als *Amplitudengang* und *Phasengang* bezeichnet werden (Bild 10.71):

$$\underline{H}(j\omega) = \frac{U_2}{U_1}\, e^{j\varphi_{U2}}$$

→ $\varphi_{U2} = f(\omega)$ Phasengang

→ $H = \frac{U_2}{U_1} = f(\omega)$ Amplitudengang

→ $\underline{H} = f(j\omega)$ normierte Spannungs-Ortskurve

Bild 10.71 Vierpolfrequenzcharakteristik

Hinweis: Für eine meßtechnische Ermittlung des Amplituden- und Phasenganges eines Vierpoles sind bei ***konstanter*** Eingangsspannung U_1 die Ausgangsspannung U_2 sowie die Phasenwinkeldifferenz zwischen Ein- und Ausgangsspannung leistungslos im interessierenden Frequenzbereich zu messen.

Grenzfrequenz. Bedingt durch den Aufbau von Vierpolen mit technischen Schaltelementen, enthält dieser immer Blindkomponenten, die in bestimmten Frequenzbereichen wirksam werden. Die Amplitude der Ausgangsspannung U_2 wird sich daher in Abhängigkeit der Frequenz verändern. Im Bild 10.72 ist der Amplitudengang eines beliebigen Vierpols dargestellt.
Charakteristisch ist, daß die angelegte Spannung in einem bestimmen Frequenzbereich den Vierpol ungehindert passieren kann (*Durchlaßbereich*), dagegen in anderen Frequenzbereichen gedämpft wird (*Sperrbereich*).

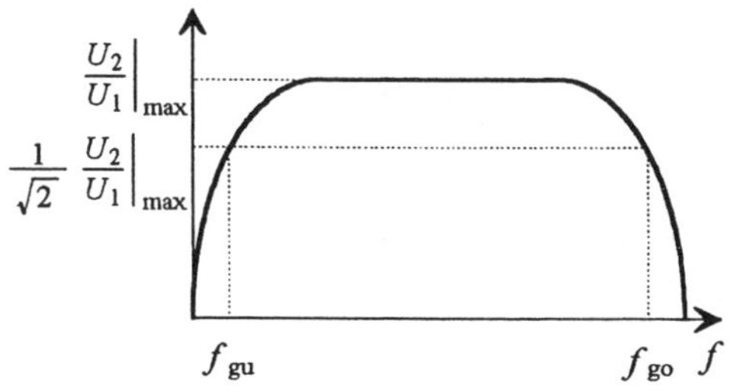

Bild 10.72 Amplitudengang eines beliebigen Vierpols

Die Grenze zwischen Durchlaß- und Sperrbereich liegt bei der *Grenzfrequenz* f_g.

> Man bezeichnet die Frequenz, bei der das maximale Ausgangsspannungsverhältnis auf den $1/\sqrt{2}$-fachen Wert abgesunken ist, als Grenzfrequenz f_g.

Als Gleichung gilt:

$$\left.\frac{U_2}{U_1}\right|_{fg} = \frac{1}{\sqrt{2}} \left.\frac{U_2}{U_1}\right|_{max} \qquad (10.54)$$

Hinweis: Das Absinken der Ausgangsspannung auf den $1/\sqrt{2}$-fachen Wert entspricht gerade einer Verringerung der Ausgangsspannung um 3 dB. Diese Festlegung resultiert aus praktischen Erfordernissen der Nachrichtentechnik. Für bestimmte Anwendungen (z.B. Meßverstärker) kann ein geringerer Wert festgelegt werden.

In Abhängigkeit der Vierpolschaltung existieren eine *obere Grenzfrequenz* f_{go} oder eine *untere Grenzfrequenz* f_{gu} (Bild 10.73).

Treten beide Frequenzen auf, läßt sich eine Bandbreite angeben. Diese lautet:

$$B = f_{go} - f_{gu} \qquad (10.55)$$

Normierung. Um eine Unabhängigkeit der Vierpolcharakteristik von der Schaltungsdimensionierung zu erhalten, wird die Frequenzachse normiert dargestellt. Als Bezugsfrequenz ω_{bez} (bzw. als Kreisfrequenz) ist eine den Vierpol charakterisierende Frequenz zu wählen (z.B Grenzfrequenz, Resonanzfrequenz, 45°-Frequenz).

$$\Omega = \frac{\omega}{\omega_{bez}} \qquad (10.56)$$

Bode-Diagramm. Eine besondere Anschaulichkeit in der Darstellung des Amplituden- und Phasengangs über große Frequenzbereiche erreicht man durch eine logarithmisch eingeteilte Frequenzskala.

Für den Amplitudengang gilt:

$$H\,|_{dB} = 20\lg\frac{U_2}{U_1} = f(\lg\Omega)$$

Für den Phasengang gilt:

$$\varphi_{U2} = f(\lg\Omega)$$

Meist wird die Frequenzachse für eine gemeinsame Darstellung des Amplituden- und Phasengangs genutzt. Man bezeichnet diese Form der Darstellung als *Bode-Diagramm*.

Im Bode-Diagramm lassen sich weitere Gesetzmäßigkeiten des Übertragungsverhalten von Vierpolen erkennen, die in dem Beispiel 10.12 erläutert werden.

❑ **Beispiel 10.12**

Für den Vierpol nach Bild 10.73 ist die Übertragungsfunktion $\underline{H}_{(j\omega)}$ aufzustellen und der Amplituden- und Phasengang frequenznormiert sowie als Bode-Diagramm anzugeben.

Als Bezugsfrequenz für die Normierung ist die Grenzfrequenz ω_g zu verwenden.

Die Grenzfrequenz und die 45°-Frequenz sind zu berechnen. Die Übertragungsfunktion ist als Ortskurve darzustellen.

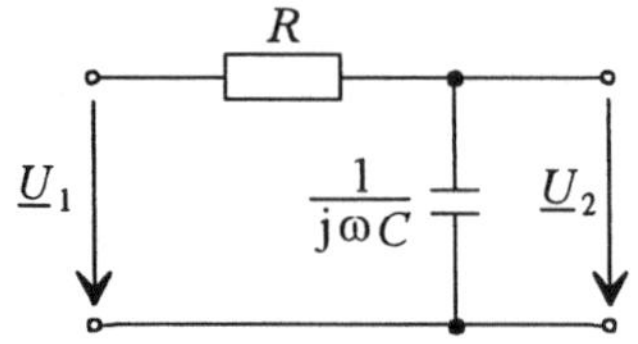

Bild 10.73 Schaltung zum Beispiel 10.12

Lösung:

- Übertragungsfunktion:

Mit Hilfe des Spannungsteilers gilt:

$$\underline{H} = \frac{\underline{U}_2}{\underline{U}_1} = \frac{\frac{1}{j\omega C}}{R + \frac{1}{j\omega C}} = \frac{1}{1 + j\omega CR}$$

Durch Umformung des komplexen Terms im Nenner in die Exponentialform können die Gleichungen des Amplituden- und Phasengangs bestimmt werden.

$$\underline{H} = \frac{1}{\sqrt{1 + (\omega CR)^2}} e^{-j \arctan \omega CR}$$

- Amplitudengang:

$$H(\omega) = \frac{1}{\sqrt{1 + (\omega CR)^2}}$$

- Phasengang:

$$\varphi_{U2}(\omega) = -\arctan \omega CR$$

Für die Normierung ist die Grenzfrequenz zu berechnen. Mit Gl. (10.54) gilt:

$$\left.\frac{U_2}{U_1}\right|_{\omega g} = \frac{1}{\sqrt{2}} \left.\frac{U_2}{U_1}\right|_{max}$$

$$\frac{1}{\sqrt{1 + (\omega_g CR)^2}} = 1 \cdot \frac{1}{\sqrt{2}}$$

- Grenzfrequenz: $\omega_g = \frac{1}{CR}$

Für die Berechnung der 45° -Frequenz gilt der Ansatz:

$$-45° = -\arctan \omega_{-45°} CR$$

- 45°-Frequenz: $\omega_{-45°} = \frac{1}{CR}$

Für eingliedrige *RC*- und *RL*-Schaltungen stimmen Grenzfrequenz und 45°-Frequenz überein.

Setzt man die Grenzfrequenz ω_g als Bezugsfrequenz in Gl. (10.56) ein, gilt:

$$\omega = \frac{\Omega}{CR}$$

Damit lauten die normierte Übertragungsfunktion sowie der Amplituden- und Phasengang:

$$\underline{H}(j\Omega) = \frac{1}{1 + j\Omega}$$

$$H(\Omega) = \frac{1}{\sqrt{1 + \Omega^2}}$$

$$\varphi_{U2}(\Omega) = -\arctan \Omega$$

Die Bilder 10.74 und 10.75 zeigen die Diagramme $H = f(\Omega)$ und $\varphi_{u2} = f(\Omega)$.

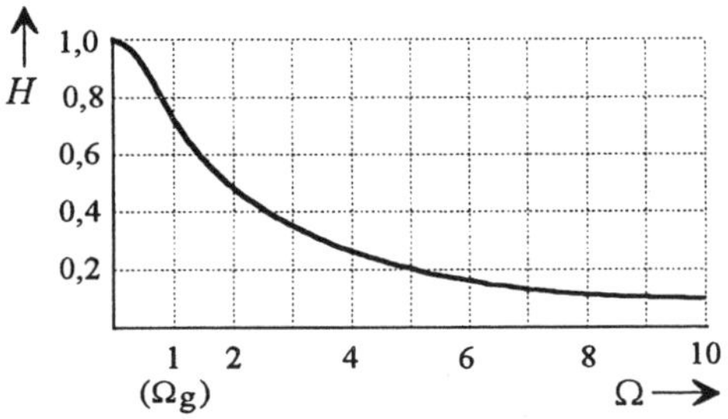

Bild 10.74 Amplitudengang des *RC*- Tiefpasses

Der Durchlaßbereich der Schaltung liegt im Frequenzbereich $0 \leq \omega \leq \omega_g$. Die Schaltung nach Bild 10.73 weist Tiefpaßcharakter auf.

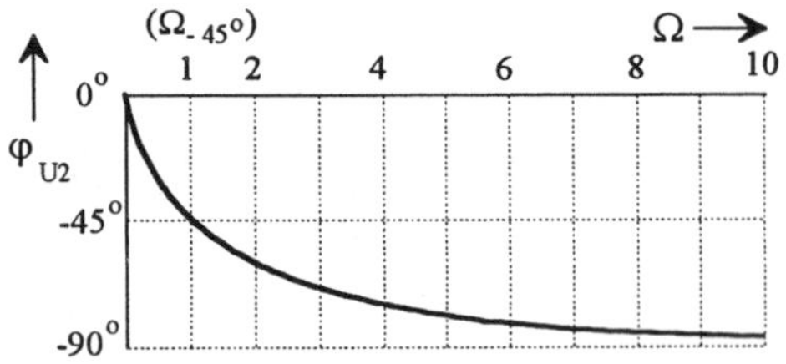

Bild 10.75 Phasengang des *RC*-Tiefpasses

- Bode-Diagramm:

Die darzustellenden Funktionen lauten:

$$\underline{H}\,\Big|_{\mathrm{dB}} = 20\ \lg \frac{1}{\sqrt{1+\Omega^2}}, \qquad \varphi_{U2} = -\ \arctan \Omega$$

Im Bild 10.76 ist das Bode-Diagramm dargestellt:

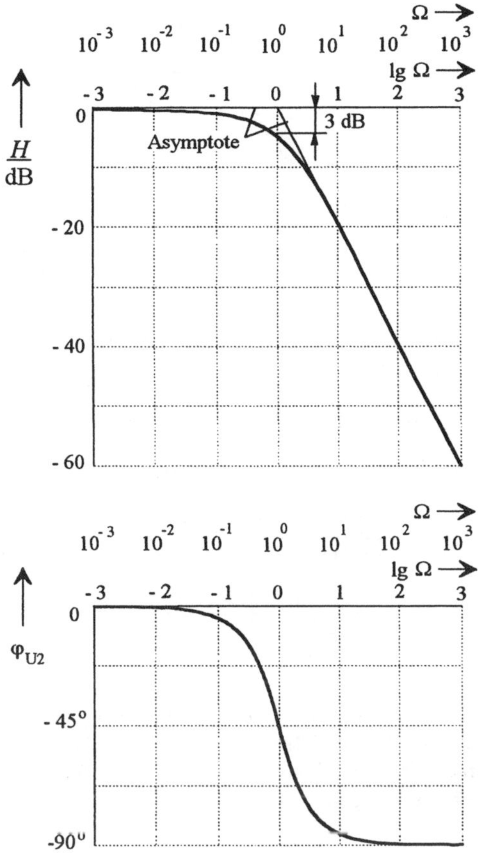

Bild 10.76 Bode-Diagramm des *RC*-Tiefpasses

- Auswertung (Bild 10.76):

Betrachtet man $\underline{H}\,\Big|_{\mathrm{dB}} = f(\lg \Omega)$, wird deutlich, daß oberhalb der Grenzfrequenz $\Omega_g = 1$ die Ausgangsspannung mit 20 dB/Dekade (Frequenzerhöhung um den Faktor 10) absinkt.

Eine weitere Auswertung des Amplitudenganges im Zusammenhang mit der dazugehörigen Gleichung ergibt, daß ebenfalls oberhalb der Grenzfrequenz $\Omega_g = 1$ die Ausgangsspannung mit 6 dB/Oktave (Frequenzverdopplung) absinkt.
Diese Aussage hat vor allem in der Elektroakustik Bedeutung. Durch ein eingliedriges *RC*-Glied wird im Sperrbereich der Schalldruck einer Wiedergabeanlage für Tonfrequenzen im Oktavabstand halbiert.
Im Durchlaßbereich wird das Absinken der Ausgangsspannung um 3 dB praktisch vernachlässigt. Legt man die Asymptoten im Sperr- und Durchlaßbereich an die Kurve (Bild 10.76) an, schneiden sich diese bei der Grenzfrequenz $\Omega_g = 1$. Diese Frequenz wird daher auch als *Knick-* oder *3-dB-Frequenz* bezeichnet.

Der Phasenverlauf $\varphi_{U2} = f(\lg \Omega)$ liefert die Aussage, daß eine Phasenverschiebung von 90° zwischen Ein- und Ausgangsspannungen nur mit mehr als einem *RC*-Glied realisiert werden kann. Für ein *RC*-Glied wird dieser Wert erst für $\omega \to \infty$ erreicht.

- Ortskurve der Übertragungsfunktion:

Die gleichzeitige Darstellung des Amplituden- und Phasengangs in der Gaußschen Zahlenebene liefert die $\underline{U}_2/\underline{U}_1$-Ortskurve des eingliedrigen *RC*-Gliedes. Ausgehend von der Übertragungsfunktion

$$\underline{H}_{(\mathrm{j}\Omega)} = \frac{1}{1+\mathrm{j}\Omega}$$

ist zunächst die $\underline{H}^{-1}$-Ortskurve darzustellen, die anschließend zu invertieren ist (Bild 10.77).

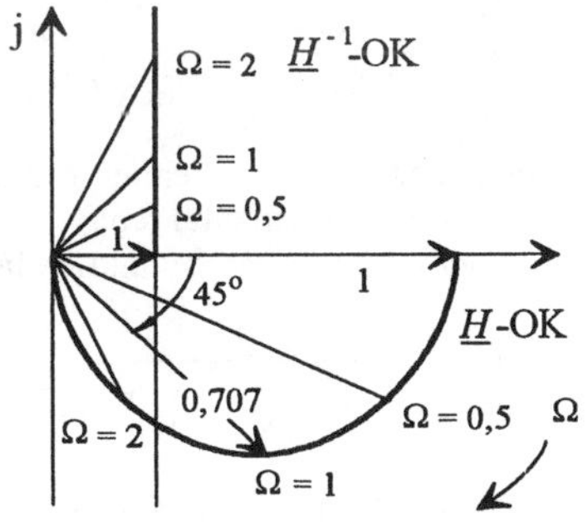

Bild 10.77 $\underline{H}$-Ortskurve des *RC*-Tiefpasses

Es wird empfohlen, die gleichen Betrachtungen nochmals für einen *RC*-Hochpaß zu wiederholen. Dieser entsteht, wenn in der Schaltung nach Bild 10.73 Widerstand und Kapazität vertauscht werden [1].

❑ Beispiel 10.13

Im Bild 10.78 ist die Schaltung des *Wien-Spannungsteilers* dargestellt. Es ist das Übertragungsverhalten an Hand der Auswertung der Übertragungsfunktion zu diskutieren.

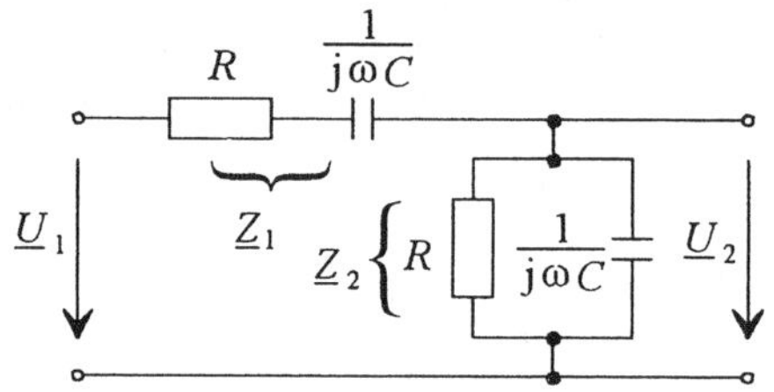

Bild 10.78 Schaltung zum Beispiel 10.13

- Übertragungsfunktion:

Mit dem Spannungsteiler gilt:

$$\underline{H} = \frac{\underline{U}_2}{\underline{U}_1} = \frac{\underline{Z}_2}{\underline{Z}_1 + \underline{Z}_2} = \frac{1}{1 + \underline{Z}_1 \underline{Y}_2}$$

Setzt man die Widerstands- bzw. Leitwertoperatoren der Schaltelemente ein, entsteht:

$$\frac{\underline{U}_2}{\underline{U}_1} = \frac{1}{1 + \left(R + \frac{1}{\mathrm{j}\omega C}\right)\left(\frac{1}{R} + \mathrm{j}\omega C\right)}$$

$$\frac{\underline{U}_2}{\underline{U}_1} = \frac{1}{3 + \mathrm{j}\left(\omega CR - \frac{1}{\omega CR}\right)}$$

Es bietet sich an, im Nenner die normierte Frequenz $\Omega = \omega CR$ einzuführen.
Die normierte Übertragungsfunktion lautet:

$$\underline{H}(\mathrm{j}\Omega) = \frac{1}{3 + \mathrm{j}\left(\Omega - \frac{1}{\Omega}\right)}$$

Durch Umwandlung des Nenners in die Exponentialform gilt weiter:

- Amplitudengang:

$$H = \frac{U_2}{U_1} = \frac{1}{\sqrt{9 + \left(\Omega - \frac{1}{\Omega}\right)^2}}$$

Den dazugehörigen Verlauf zeigt Bild 10.79.

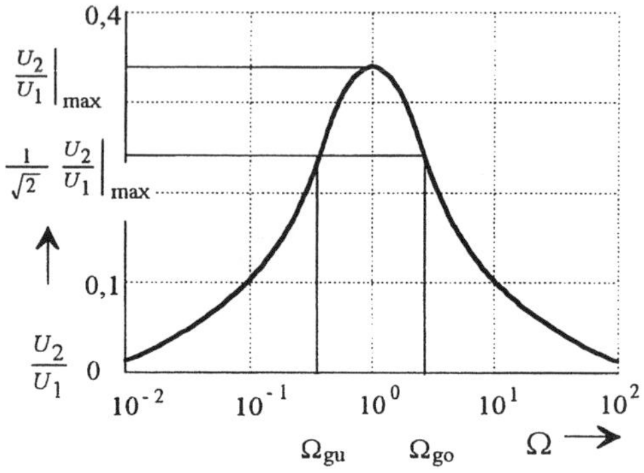

Bild 10.79 Amplitudengang des Wien-Spannungsteilers

- Grenzfrequenzen:

Mit Gl. (10.54) gilt der Ansatz:

$$\left.\frac{U_2}{U_1}\right|_{\Omega g} = \frac{1}{\sqrt{2}} \left.\frac{U_2}{U_1}\right|_{max}$$

$$\frac{1}{\sqrt{9 + \left(\Omega_g - \frac{1}{\Omega_g}\right)^2}} = \frac{1}{\sqrt{2}} \frac{1}{3}$$

Der Verlauf des Amplitudengangs hat bei $\Omega_{max} = 1$ das Maximum $U_2/U_1 = 1/3$. Stellt man die Gleichung nach Ω_g um, erhält man zwei Lösungen:

$$\Omega_{gu} = 0,3$$
$$\Omega_{go} = 3,3$$

Wegen der Normierung $\Omega = \omega RC$ gilt für die absoluten Frequenzen (mit ω ausgedrückt):

$$\omega_{max} = \frac{1}{RC}$$

$$\omega_{gu} = 0,3\,\omega_{max} \qquad \omega_{go} = 3,3\,\omega_{max}$$

- Bandbreite und Gütefaktor:

Aus der Differenz der Grenzfrequenzen läßt sich eine Bandbreite B berechnen.

$$B = \omega_{go} - \omega_{gu} = 3{,}3\omega_{max} - 0{,}3\omega_{max}$$

$$B = 3\omega_{max}$$

Mit $B = \omega_{max}/Q$ erhält man:

$$Q = \frac{\omega_{max}}{B} = \frac{1}{3}$$

- Auswertung:

Der Wien-Spannungsteiler stellt eine besondere RC-Schaltung dar, die Bandpaßcharakter aufweist, obwohl kein Resonanzkreis enthalten ist (daher auch Gütefaktor $Q \ll 1$).
Wird der Wien-Spannungsteiler in den Rückkopplungzweig einer Verstärkerschaltung eingebaut, läßt sich für ω_{max} eine Mitkopplung realisieren, d.h., eine Generatorschaltung aufbauen.

☐ Beispiel 10.14

Wird die Spannung über der Spule eines Reihenschwingkreises hochohmig abgegriffen (idealer Verstärker, Bild 10.80), läßt sich der Spannungsverlauf als Amplitudengang der Übertragungsfunktion diskutieren.

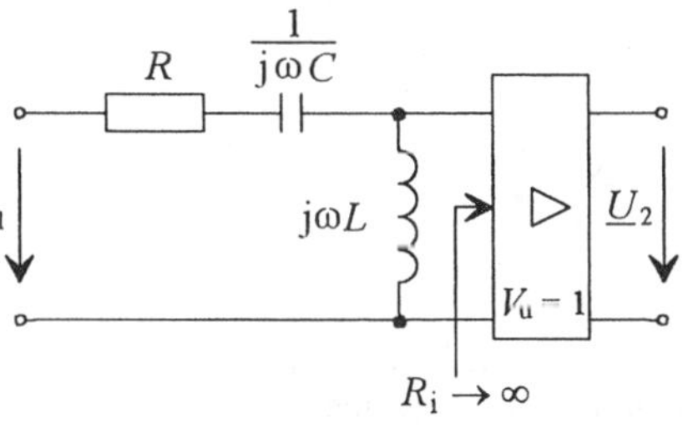

Bild 10.80 Schaltung zum Beispiel 10.14

- Übertragungsfunktion:

$$\underline{H} = \frac{\underline{U}_2}{\underline{U}_1} = \frac{j\omega L}{R + j\left(\omega L - \frac{1}{\omega C}\right)}$$

Da es sich bei der Vierpolschaltung um einen Resonanzkreis handelt, kann man mit den Ausdrücken

$$\Omega = \frac{\omega}{\omega_r} \qquad Q = \frac{\omega_r L}{R} \qquad \omega_r L = \frac{1}{\omega_r C}$$

die Übertragungfunktion mit Q als Parameter normiert umformen (siehe auch Gl. (10.27)).

$$\frac{\underline{U}_2}{\underline{U}_1} = \frac{jQ\Omega}{1 + jQ\left(\Omega - \frac{1}{\Omega}\right)}$$

Der Amplitudengang lautet:

$$\frac{U_2}{U_1} = \frac{Q\Omega}{\sqrt{1 + Q^2\left(\Omega - \frac{1}{\Omega}\right)^2}}$$

Den dazugehörigen Verlauf zeigt Bild 10.81.

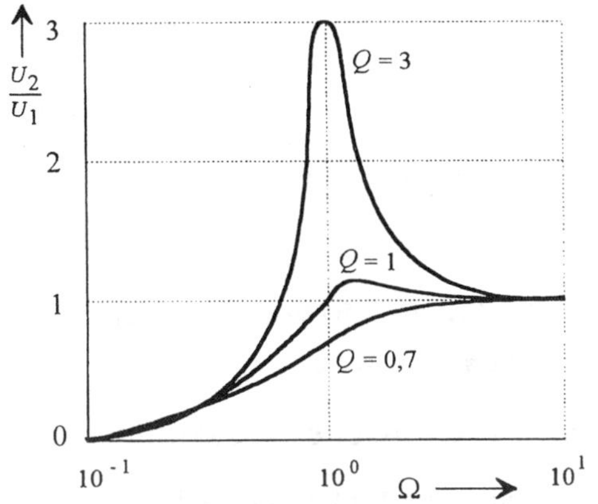

Bild 10.81 Amplitudengang zum Beispiel 10.14

Der Amplitudengang stimmt mit der Diskussion zu den Spannungen an den Blindelementen beim Reihenschwingkreis nach Abschnitt 10.1.4.1 überein. Für Gütefaktoren $Q < 1$ ist keine Spannungsüberhöhung mehr vorhanden. Ein endlicher Verstärkereingangswiderstand verringert die Gütefaktor der Schaltung.

Umfangreichere Vierpolschaltungen mit passiven Bauelemementen untersucht man zweckmäßigerweise mit der Vierpoltheorie.

11 Übergangsverhalten elektrischer Netzwerke

11.1 Problemstellung

Bei den bisherigen Betrachtungen wurde davon ausgegangen, daß die Ströme und Spannungen in elektrischen Kreisen seit langer Zeit existieren und dieser "eingeschwungene Zustand" auch nicht verändert werden soll. Netzwerke werden jedoch in einem bestimmten Zeitpunkt ein- oder abgeschaltet. Es interessiert also, welche Übergangserscheinungen von einem eingeschwungenen (*stationären*) Zustand in einen anderen auftreten und wie diese zu berechnen sind (*Einschwingvorgänge*). Die Berechnung im Zeitbereich erfolgt mittels der Kirchhoffschen Sätze und der Strom-Spannungs-Beziehungen für die Grundschaltelemente *R, L, C* und *M*. Gerechnet wird auf Grund der Schaltungs- und Zeitabhängigkeit mit Momentanwerten.

11.2 Ausgleichsvorgänge bei Gleichspannung

11.2.1 Ohmsche Belastung

Der ohmsche Widerstand *R* ist kein Speicherelement. Dadurch hat der Spannungssprung einen unmittelbaren Stromsprung zur Folge (siehe Bild 11.1).

$$i = \frac{u_q}{R_i + R}$$

$$u_R = u_q \frac{R}{R_i + R}$$

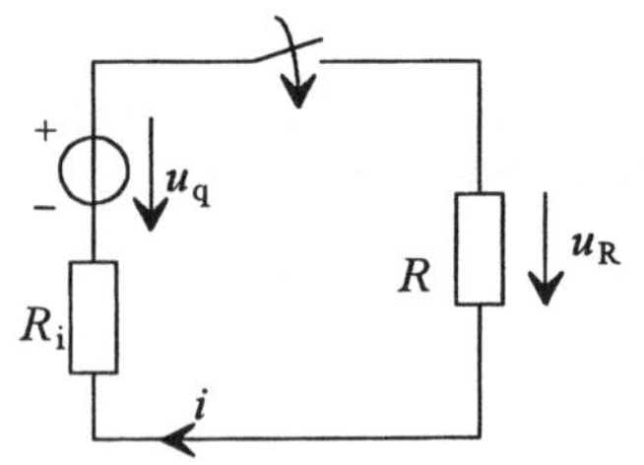

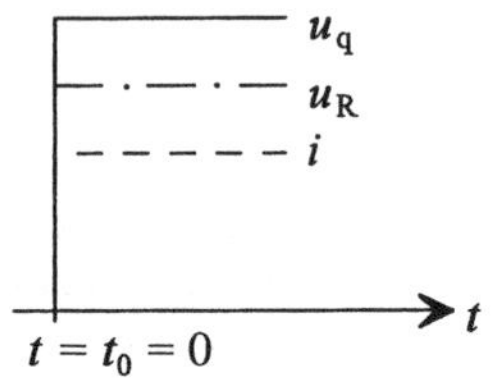

Bild 11.1 Schaltvorgang im Grundstromkreis bei Gleichspannungsspeisung und rein ohmscher Belastung

11.2.2 Kapazitive Belastung

11.2.2.1 Einschaltvorgang

Kondensatorspannung und Zeitkonstante. Es wird von der im Bild 11.2 dargestellten Schaltung ausgegangen.

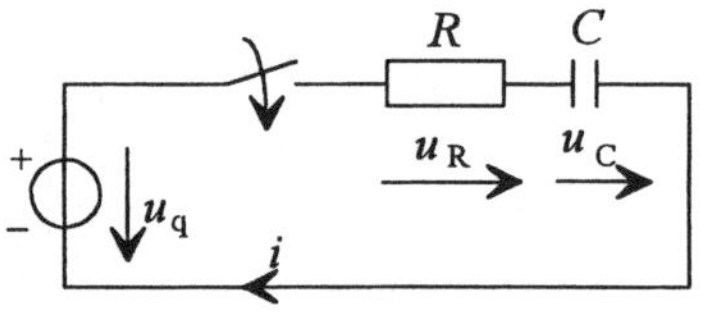

Bild 11.2 Einschaltvorgang mit einer Kapazität bei Gleichspannungsspeisung

Nach dem Maschensatz gilt:

$$u_q = u_R + u_C$$

$$u_q = i_C R + u_C$$

Da $i_C = \frac{dQ}{dt}$ und $dQ = C\,du_c$ folgt:

$$i_C = C\,\frac{du_C}{dt} \quad \text{und}$$

$$u_q = RC\,\frac{du_C}{dt} + u_C \qquad (11.1)$$

Bei Gl. (11.1) handelt es sich um eine inhomogene Differentialgleichung 1. Ordnung. Das Produkt aus R mit C ergibt die *Zeitkonstante* τ_C.

$$\boxed{\tau_C = RC} \qquad (11.2)$$

$$[\tau_C] = 1\,\frac{V}{A}\cdot\frac{A\cdot s}{V} = 1\,s$$

Die Differentialgleichung soll durch Trennung der Variablen gelöst werden.

$$-\tau_C\,\frac{du_C}{dt} = u_C - u_q$$

$$\frac{du_C}{u_C - u_q} = -\frac{dt}{\tau_C}$$

Beide Seiten werden in den Grenzen von $t = 0$ bis $t = t$ integriert. Durch Substitution $u_C - u_q = z$, erhält man:

$$\frac{dz}{du_C} = 1$$

$$d\,u_C = dz$$

Zur Zeit $t = 0$ ist auf Grund des energetischen Verhaltens der Kapazität $u_C = 0$. Damit folgt für $z = -u_q$. Für den beliebigen Zeitpunkt t gilt $z = u_C - u_q$. Daraus folgt:

$$\int \frac{du_C}{u_C - u_q} = -\frac{1}{\tau_C}\int dt$$

$$\int_{z=-u_q}^{z=u_C-u_q} \frac{1}{z}\,dz = -\frac{1}{\tau_C}\int_0^t d\,t$$

$$\ln z\,\Bigg|_{z\,=\,-u_q}^{z\,=\,u_C-u_q} = -\frac{t}{\tau_C}$$

$$\ln(u_C - u_q) - \ln(-u_q) = -\frac{t}{\tau_C}$$

$$\ln\frac{u_C - u_q}{-u_q} = -\frac{t}{\tau_C}$$

$$\frac{u_C - u_q}{-u_q} = e^{-\frac{t}{\tau_C}}$$

$$u_C - u_q = -u_q\,e^{-\frac{t}{\tau_C}} \qquad (11.3)$$

$$\boxed{u_C = u_q\left(1 - e^{-\frac{t}{\tau_C}}\right)} \qquad (11.4)$$

Es findet also eine Überlagerung von zwei Komponenten u_q und $-u_q\,e^{-\frac{t}{\tau_C}}$ statt (siehe Bild 11.3).

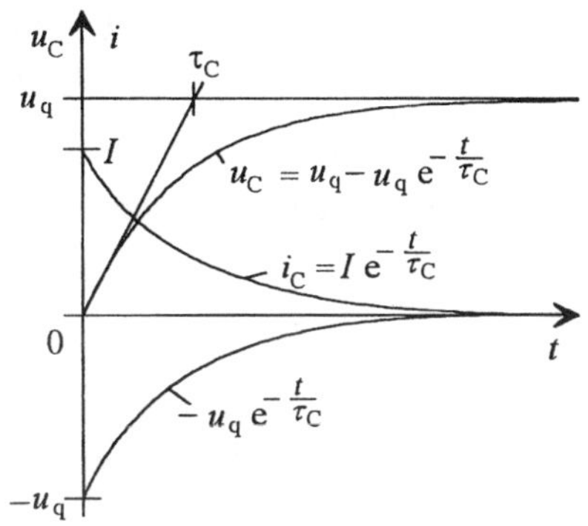

Bild 11.3 Verlauf der Spannung über der Kapazität beim Aufladevorgang mit Gleichspannung

Stromverlauf. Wird die Gleichspannung zur Berechnung von u_C nach der Zeit differenziert und mit der Kapazität C multipliziert, erreicht man den Verlauf des Stromes beim Aufladevorgang (Bild 11.3).

Es gilt:

$$i_C = C\frac{du_C}{dt} = C\left(0 + \frac{1}{\tau_C}u_q e^{-\frac{t}{\tau_C}}\right)$$

$$i_C = \frac{u_q C}{RC} e^{-\frac{t}{\tau_C}} = \frac{u_q}{R} e^{-\frac{t}{\tau_C}}$$

$$\boxed{i_C = I e^{-\frac{t}{\tau_C}}} \qquad (11.5)$$

Daraus folgt für den Spannungsabfall über den Widerstand R:

$$u_R = i_C R$$

$$u_R = IR e^{-\frac{t}{\tau_C}}$$

$$\boxed{u_R = u_q e^{-\frac{t}{\tau_C}}}$$

Wird die Kapazität des RC-Gliedes mit dem Eingangswiderstand R_e einer Folgeschaltung gemäß Bild 11.4 belastet, so ist es zweckmäßig das Netzwerk zunächst nach den Prinzipien der Zweipoltheorie aufzutrennen, um dann den Einschaltvorgang, wie bereits behandelt, zu berechnen.

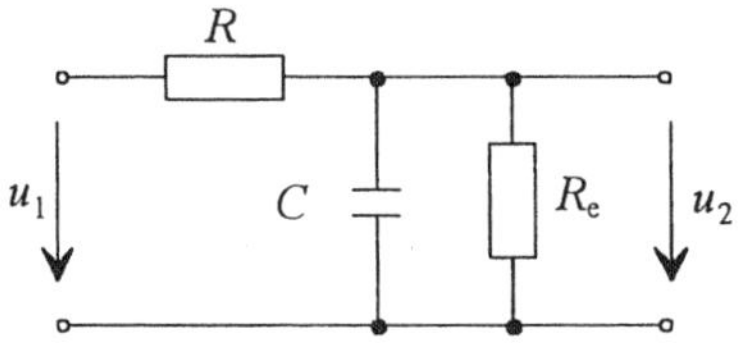

Bild 11.4 Belastetes RC-Glied

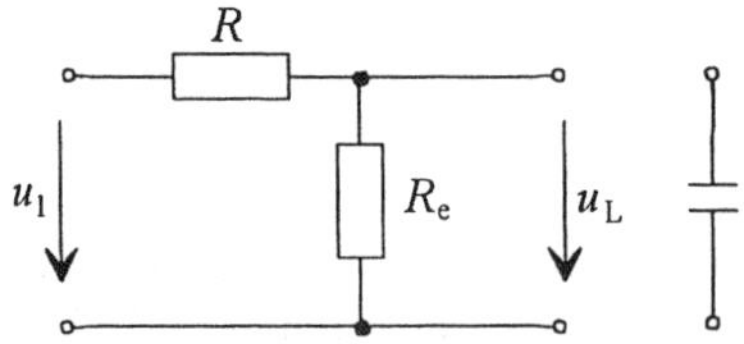

Bild 11.5 Aufgetrenntes Netzwerk Bild 11.4

1. Schritt: Auftrennen des Netzwerkes

Mit Hilfe der Spannungsteilerregel kann die Leerlaufspannung u_L berechnet werden.

$$\frac{u_L}{u_1} = \frac{R_e}{R + R_e}$$

$$u_L = u_1 \frac{R_e}{R + R_e} \qquad \text{1. Zweipolparameter}$$

$$R_i = \frac{R R_e}{R + R_e} \qquad \text{2. Zweipolparameter}$$

2. Schritt: Berechnung von u_2 auf der Grundlage der Ersatzschaltung (Bild 11.6)

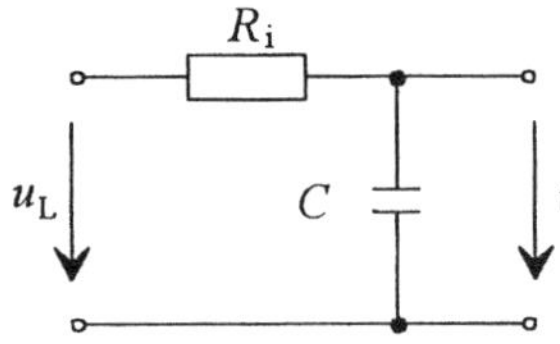

Bild 11.6 Ersatzschaltung der Schaltung nach Bild 11.4

Gemäß Gl. (11.4) folgt:

$$u_2 = u_L\left(1 - e^{-\frac{t}{\tau_C}}\right)$$

$$\tau_C = R_i C$$

Aus der grafischen Auswertung der ermittelten Gleichungen läßt sich, wie im Bild 11.3 auch dargestellt, die Zeitkonstante τ_C direkt ablesen. Die darin dargestellte Gerade (Tangente an u_C im Nullpunkt) folgt der allgemeinen Gleichung:

$$y = mx \qquad \text{bzw.}$$

$$u_C' = \left.\frac{du_C}{dt}\right|_{t=0} t$$

$$\left.\frac{du_C}{dt}\right|_{t=0} = u_q \frac{1}{\tau_C} e^{-\frac{0}{\tau_C}} = \frac{u_q}{\tau_C}$$

Daraus folgt:

$$u_C' = \frac{u_q}{\tau_C} t$$

Wenn u_C' die Kondensatorspannung u_C erreicht hat, ist $t = \tau_C$.

$$\frac{u_C'}{u_C} = \frac{t}{\tau_C} \quad \Rightarrow \quad 1 = \frac{t}{\tau_C}$$

$$t = \tau_C$$

Damit ist der Beweis erbracht, daß an der im Bild 11.3 eingetragenen Stelle die Zeitkonstante abgelesen werden kann.

11.2.2.2 Entladevorgang

Kondensatorspannung. Betrachtet wird der aufgeladene Kondensator von Abschnitt 11.2.2.1 im Kurzschlußfall (Bild 11.7).

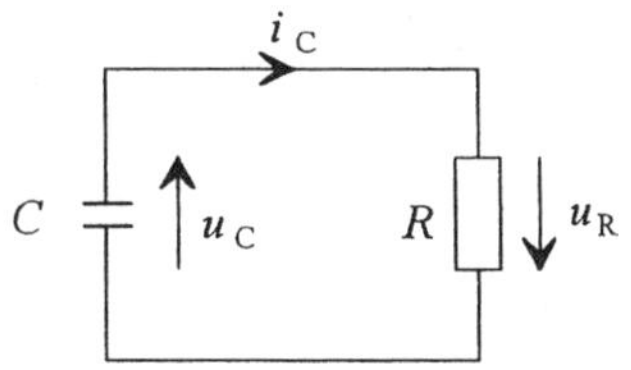

Bild 11.7 Entladung eines aufgeladenen Kondensators

$$u_C(i_C) + u_R = 0$$

$$u_C = -u_R = -i_C R$$

$$u_C = -RC\frac{du_C}{dt}$$

Bei gleichem Ansatz wie im Abschnitt 11.2.2.1 ergibt sich eine homogene Differentialgleichung 1. Ordnung. Sie wird durch Trennung der Variablen gelöst.

$$\frac{du_C}{u_C} = -\frac{dt}{\tau_C}$$

$$\int_{+u_q}^{u_C} \frac{du_C}{u_C} = -\frac{1}{\tau_C}\int_0^t dt$$

$$\ln u_C \Big|_{+u_q}^{u_C} = -\frac{t}{\tau_C}$$

$$\ln u_C - \ln(+u_q) = -\frac{t}{\tau_C}$$

$$\ln\frac{u_C}{u_q} = -\frac{t}{\tau_C}$$

$$\frac{u_C}{u_q} = e^{-\frac{t}{\tau_C}}$$

$$\boxed{u_C = u_q e^{-\frac{t}{\tau_C}}} \qquad (11.6)$$

Stromverlauf. Für den Strom gilt:

$$i_C = C\frac{du_C}{dt}$$

$$i_C = \frac{u_q}{-\tau_C} C e^{-\frac{t}{\tau_C}}$$

$$i_C = -\frac{u_q}{R} e^{-\frac{t}{\tau_C}}$$

$$\boxed{i_C = -I e^{-\frac{t}{\tau_C}}} \qquad (11.7)$$

Der Strom verläuft also in umgekehrter Richtung zur Spannung.

Zusammenfassung. Bild 11.8 zeigt die Auswertung aller zeitlichen Verläufe in zusammengefaßter Form.

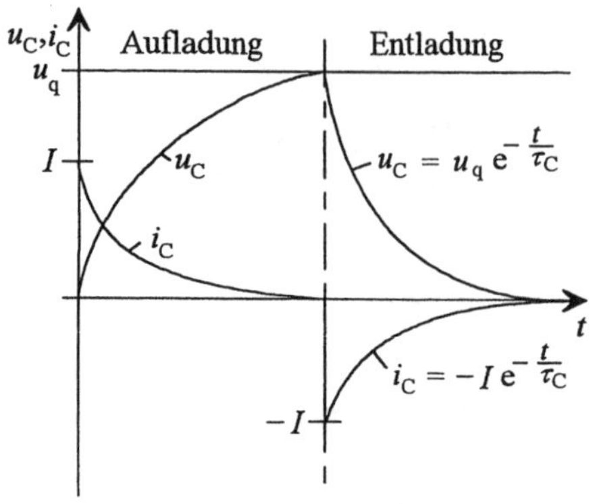

Bild 11.8 Strom- und Spannungsverlauf beim Auf- und Entladevorgang eines Kondensators

☐ **Beispiel 11.1 [36], [63]**

Gegeben ist die im Bild 11.9 dargestellte Schaltung.

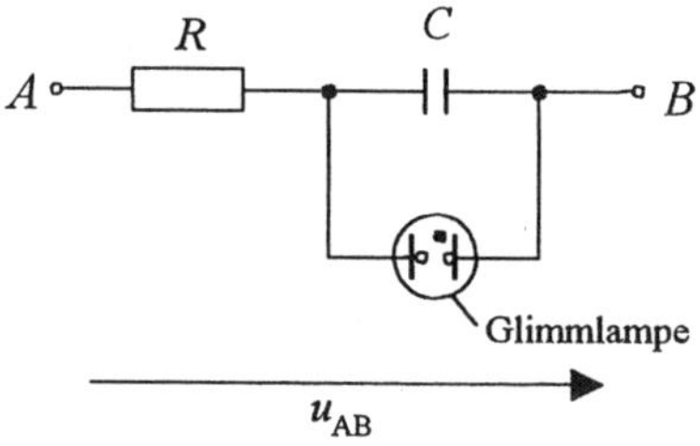

Bild 11.9 An eine Kapazität angeschlossene Glimmlampe mit vorgeschaltetem Widerstand

1. Wieviel Sekunden nach dem Anlegen einer Spannung von 120 V leuchtet die Glimmlampe auf mit $C = 0{,}5\ \mu\text{F}$, $R = 6\ \text{M}\Omega$ und $u_z = 80\ \text{V}$ (Zündspannung)?

2. Welche Kapazität hat der Kondensator, wenn die parallelgeschaltete Glimmlampe nach 4,5 s zündet ($R = 130\ \text{k}\Omega$, $u_{AB} = 150\ \text{V}$, $u_z = 75\ \text{V}$)?

3. Wie kann die Zeit zwischen den Vorgängen berechnet werden?

Lösung:

Beim Anschluß einer Glimmlampe an einen Kondensator, dem ein Widerstand vorgeschaltet ist, finden periodisch Ladungen und Entladungen (Kippschwingungen) statt (Bild 11.10).

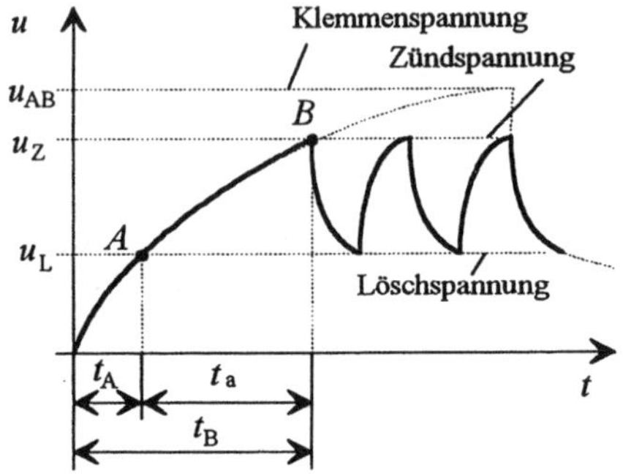

Bild 11.10 Verlauf einer Kippschwingung

zu 1.

Gemäß Gl. (11.4) gilt für die Ladespannung:

$$u = u_{AB}\left(1 - e^{-\frac{t}{\tau_C}}\right)$$

$$80\ \text{V} = 120\ \text{V}\left(1 - e^{-\frac{t}{\tau_C}}\right)$$

$$\frac{80\ \text{V}}{120\ \text{V}} = \frac{2}{3} = 1 - e^{-\frac{t}{\tau_C}}$$

$$e^{-\frac{t}{\tau_C}} = \frac{1}{3}$$

$$-\frac{t}{\tau_C} = \ln\frac{1}{3} = \ln 1 - \ln 3 = -\ln 3$$

$$t = \tau_C \ln 3$$

$$t = 1{,}1 RC$$

$$t = 1{,}1 \cdot 6 \cdot 10^6\,\Omega \cdot 0{,}5 \cdot 10^{-6}\,\text{F}$$

$$t = 3{,}3\ \text{s}$$

Beim Anlegen einer Spannung von 120 V flammt die Lampe nach 3,3 s auf.

zu 2.

Mit den angegebenen Daten folgt:

$$75\ \mathrm{V} = 150\ \mathrm{V}\left(1 - e^{-\frac{4{,}5\ \mathrm{s}}{\tau_\mathrm{C}}}\right)$$

$$\frac{1}{2} = 1 - e^{-\frac{4{,}5\ \mathrm{s}}{\tau_\mathrm{C}}}$$

$$e^{-\frac{4{,}5\ \mathrm{s}}{\tau_\mathrm{C}}} = \frac{1}{2}$$

$$-\frac{4{,}5\ \mathrm{s}}{\tau_\mathrm{C}} = \ln\frac{1}{2} = -\ln 2$$

$$\tau_\mathrm{C} = 4{,}5\ \mathrm{s}\frac{1}{\ln 2} = 6{,}5\ \mathrm{s}$$

$$C = \frac{\tau_\mathrm{C}}{R} = \frac{6{,}5\ \mathrm{s}}{0{,}13 \cdot 10^6\ \Omega}$$

$$C = 50\ \mu\mathrm{F}$$

zu 3.
Die Aufladedauer entspricht der Zeitdifferenz zwischen den Punkten A und B der Ladekurve. Bis zum Erreichen der Zündspannung (Punkt B) vergeht die Zeit t_B. Bis zum Erreichen der Löschspannung vergeht die Zeit t_A.

Aus $u_\mathrm{Z} = u_\mathrm{AB}\left(1 - e^{-\frac{t}{\tau_\mathrm{C}}}\right)$ folgt:

$$\frac{u_\mathrm{Z}}{u_\mathrm{AB}} = 1 - e^{-\frac{t}{\tau_\mathrm{C}}}$$

$$e^{-\frac{t}{\tau_\mathrm{C}}} = 1 - \frac{u_\mathrm{Z}}{u_\mathrm{AB}} = \frac{u_\mathrm{AB} - u_\mathrm{Z}}{u_\mathrm{AB}}$$

$$-\frac{t}{\tau_\mathrm{C}} = \ln\frac{u_\mathrm{AB} - u_\mathrm{Z}}{u_\mathrm{AB}}$$

$$t_\mathrm{D} = \tau_\mathrm{C}\ \ln\frac{u_\mathrm{AB}}{u_\mathrm{AB} - u_\mathrm{Z}} \qquad \text{bzw.}$$

$$t_\mathrm{A} = \tau_\mathrm{C}\ \ln\frac{u_\mathrm{AB}}{u_\mathrm{AB} - u_\mathrm{L}}$$

Daraus folgt:

$$t_\mathrm{a} = t_\mathrm{B} - t_\mathrm{A}$$

$$t_\mathrm{a} = \tau_\mathrm{C}\left(\ln\frac{u_\mathrm{AB}}{u_\mathrm{AB} - u_\mathrm{Z}} - \ln\frac{u_\mathrm{AB}}{u_\mathrm{AB} - u_\mathrm{L}}\right)$$

$$\boxed{t_\mathrm{a} = RC\ \ln\frac{u_\mathrm{AB} - u_\mathrm{L}}{u_\mathrm{AB} - u_\mathrm{Z}}}$$

❑ **Beispiel 11.2 [36], [63]**

Gegeben ist die Schaltung im Bild 11.11 mit $C = 1\ \mu\mathrm{F}$, $R_2 = 2\ \mathrm{M}\Omega$.

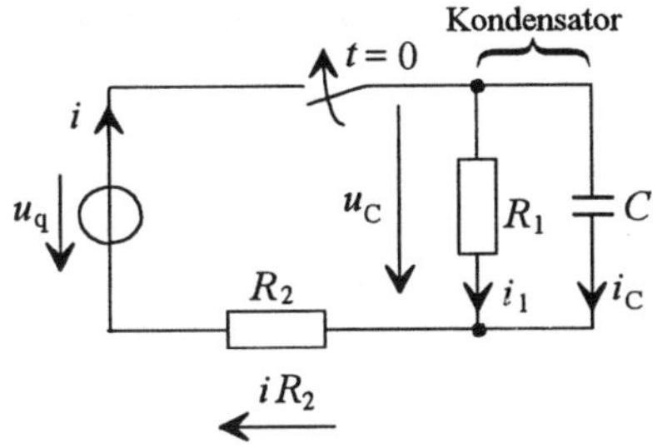

Bild 11.11 Elektrisches Netzwerk mit einer Kapazität

1. Zu berechnen ist der Einschaltvorgang, wenn der Kondensator verlustlos ist, bei $u_\mathrm{q} = 220\ \mathrm{V}$.
2. Zu berechnen ist der Einschaltvorgang mit $\mathrm{R}_1 = 20\ \mathrm{M}\Omega$ und $u_\mathrm{q} = 200\ \mathrm{V}$.

Lösung:

zu 1.

Beim verlustlosen Kondensator ist $R_1 \rightarrow \infty$.

Daraus folgt:

$$\frac{1}{R} = \frac{1}{R_1} + \frac{1}{R_2}$$

$$R = R_2$$

Damit ergibt sich für die Zeitkonstante:

$$\tau_\mathrm{C} = RC = 2 \cdot 10^6 \Omega \cdot 1 \cdot 10^{-6}\,\frac{\mathrm{A \cdot s}}{\mathrm{V}}$$

$$\tau_\mathrm{C} = 2\ \mathrm{s}$$

$$u_\mathrm{C} = u_\mathrm{q}\left(1 - e^{-\frac{t}{\tau_\mathrm{C}}}\right)$$

- Zur Zeit $t = 0$ wird $u_C = 0$
- Zur Zeit $t = \tau_C$ wird

$$u_C = u_q\left(1 - e^{-1}\right)$$

$$u_C = 220\ \text{V} \cdot 0{,}632$$

$$u_C = 139\ \text{V}$$

Erreicht die Endspannung u_C = 220 V, dann wird dieser Zustand bei $t = 5\ \tau_C$ erreicht (Bild 11.12).

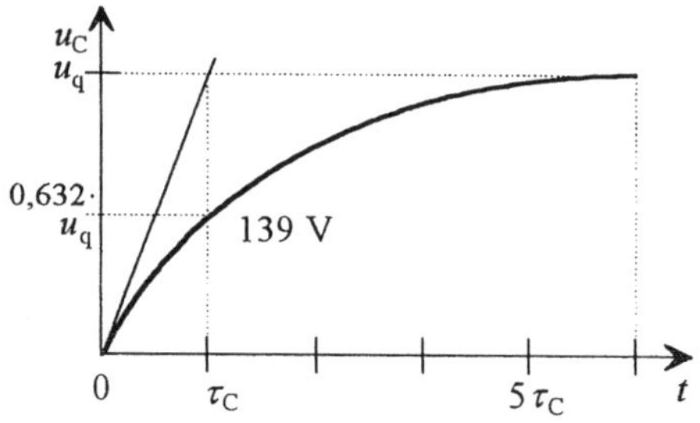

Bild 11.12 Kondensatorspannungsverlauf zum Beispiel 11.2 (1. Teilaufgabe).

Der Ladestrom wird berechnet nach:

$$i = \frac{u_q}{R_2} e^{-\frac{t}{\tau_C}}$$

- Zur Zeit $t = 0$ wird $i = 110\ \mu\text{A}$.
- Zur Zeit $t = \tau_C$ wird $i = 40{,}5\ \mu\text{A}$.

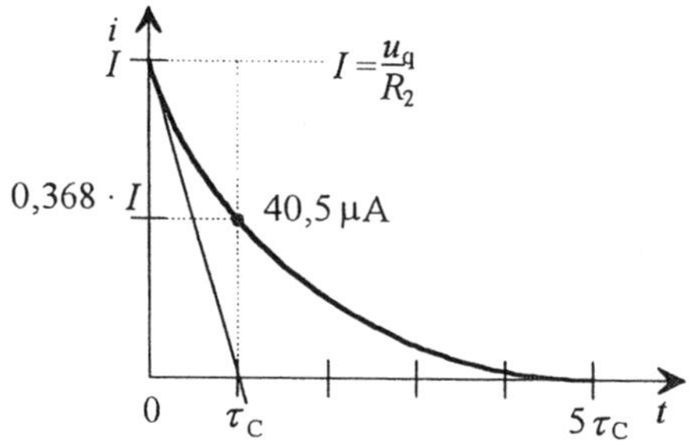

Bild 11.13 Kondensatorstromverlauf gemäß Aufgabenstellung Beispiel 11.2 (1.Teilaufgabe)

Nach 10 s ($t = 5\tau_C$) wird $i = 0$ A. Der Strom nimmt exponentiell von 110 µA auf Null ab (Bild 11.13).

zu 2.

Mit dem Ableitwiderstand $R_1 = 10\,\text{M}\Omega$ wird:

$$R = \frac{R_1 R_2}{R_1 + R_2} = 1{,}82\ \text{M}\Omega$$

$$\tau_C = 1{,}82\ \text{s}$$

- Zur Zeit $t = 0$ wird $u_C = 0$.
- Zur Zeit $t = \tau_C$ ergibt sich für $u_C = 126{,}4$ V.
- Zur Zeit $t = 5\tau_C$ ist $u_C = 200$ V.
- Zur Zeit $t = 0$ wird $i = 110$ µA.
- Zur Zeit $t = \tau_C$ ergibt sich für $i = 46{,}5$ µA.
- Zur Zeit $t = 5\tau_C$ verringert sich der Strom auf 10 µA (Bild 11.14).

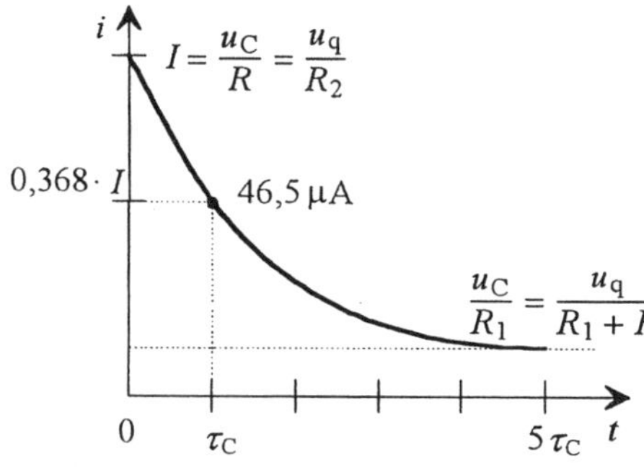

Bild 11.14 Kondensatorstromverlauf gemäß Aufgabenstellung Beispiel 11.2 (2.Teilaufgabe)

11.2.3 Induktive Belastung

11.2.3.1 Einschaltvorgang

Stromverlauf und Zeitkonstante. Zur Erklärung des Einschaltvorganges bei induktiver Belastung wird von der Schaltung im Bild 11.15 ausgegangen.

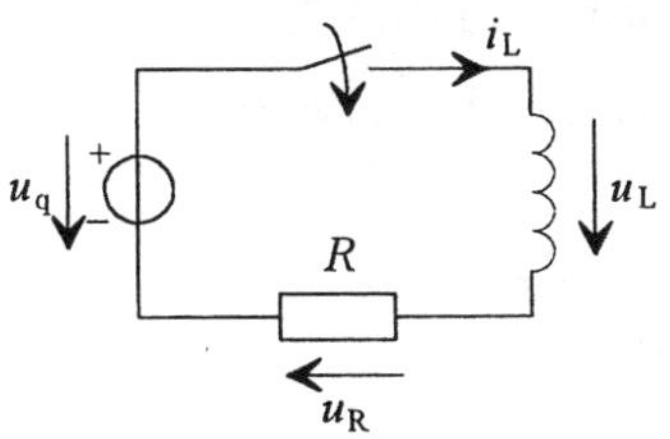

Bild 11.15 Einschaltvorgang mit einer Induktivität bei Gleichspannungsspeisung

Nach dem Maschensatz gilt:

$$u_q = u_R + u_L$$

$$u_q = iR + L\frac{di_L}{dt} \qquad (11.8)$$

Bei Gl. (11.8) handelt es sich um eine inhomogene Differentialgleichung 1. Ordnung. Die Lösung erfolgt zunächst durch Trennung der Variablen.

$$\frac{u_q}{R} = i_L + \frac{L}{R}\frac{di_L}{dt}$$

Der Quotient L/R ist die *Zeitkonstante* τ_L:

$$\boxed{\tau_L = \frac{L}{R}} \qquad (11.9)$$

$$[\tau_L] = 1\frac{A}{V} \cdot \frac{V \cdot s}{A} = 1\,s$$

$$I = i_L + \tau_L \frac{di_L}{dt}$$

$$i_L - I = -\tau_L \frac{di_L}{dt}$$

$$\frac{di_L}{i_L - I} = -\frac{dt}{\tau_L}$$

Mit der Substitution $z = i_L - I$ gilt:

$$\frac{dz}{di_L} = 1 \quad \Rightarrow \quad dz = di_L$$

- Zur Zeit $t = 0$ ist $i_L = 0 \Rightarrow z = -I$.
- Zur Zeit $t = t$ gilt $z = i_L - I$.

Werden nun beide Seiten der Gleichung integriert, entsteht:

$$\int_{-I}^{i_L - I} \frac{dz}{z} = -\frac{1}{\tau_L}\int_0^t dt$$

$$\ln z \Big|_{-I}^{i_L - I} = -\frac{t}{\tau_L}$$

$$\ln \frac{i_L - I}{-I} = -\frac{t}{\tau_L}$$

$$\frac{i_L - I}{-I} = e^{-\frac{t}{\tau_L}}$$

$$i_L = I - I e^{-\frac{t}{\tau_L}} \qquad (11.10)$$

$$\boxed{i_L = I\left(1 - e^{-\frac{t}{\tau_L}}\right)} \qquad (11.11)$$

Der Einschaltstrom ergibt sich aus der Überlagerung von zwei Anteilen, einem

- stationären Anteil I (Endzustand $I = i_e$) und einen
- Ausgleichsstrom i_a mit

$$i_a = -I e^{-\frac{t}{\tau_L}}$$ (siehe dazu Bild 11.16).

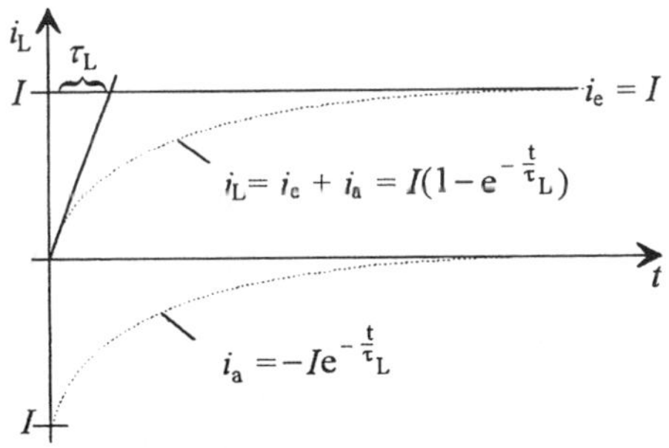

Bild 11.16 Verlauf des Stromes beim Einschalten einer Induktivität

Spannungsabfall. Der Verlauf des Spannungsabfalles u_L über der Induktivität ergibt sich aus

$$u_L = L\frac{di_L}{dt} \quad \text{oder aus}$$

$$u_L = u_q - RI\left(1 - e^{-\frac{t}{\tau_L}}\right)$$

$$u_L = IR - RI\left(1 - e^{-\frac{t}{\tau_L}}\right)$$

$$u_L = IR\left(1 - 1 + e^{-\frac{t}{\tau_L}}\right)$$

$$u_L = RIe^{-\frac{t}{\tau_L}}$$

$$\boxed{u_L = u_q e^{-\frac{t}{\tau_L}}} \tag{11.12}$$

Diskussion:

- Zunächst steht an der Spule die gesamte Spannung an. Sie klingt nach einer e-Funktion ab.
- Nach dem Ausgleichsvorgang wirkt nur noch der ohmsche Widerstand.
- Bei $t/\tau_L = 1$ beträgt u_L nur noch 37 % von der angelegten Spannung u_q.
- Bei $t/\tau_L = 2$ beträgt u_L nur noch 13,5 % von u_q.
- Beim Öffnen des Schalters tritt eine große Stromänderung ein ($\frac{di_L}{dt} \approx \infty$), so daß eine sehr hohe Spannung ($L\frac{di_L}{dt}$) auftritt, die zur Zerstörung des Bauelementes führen kann. Auch ein Lichtbogen (Durchschlag der Schaltstrecke) kann die Folge sein.

□ **Beispiel 11.3 [36], [63]**

Ein induktiver Verbraucher mit den Daten $L = 0{,}1\,\text{H}$ und $R_a = 2\ \Omega$ wird über einen Spannungsteiler $R_1 = 4\ \Omega$ und $R_2 = 12\ \Omega$ an eine Gleichspannungsquelle von $u_q = U = 100$ V geschaltet.

Es ist der Ausgleichsvorgang, bezogen auf i_L, u_L und i am Eingang des Spannungsteilers zu ermitteln.

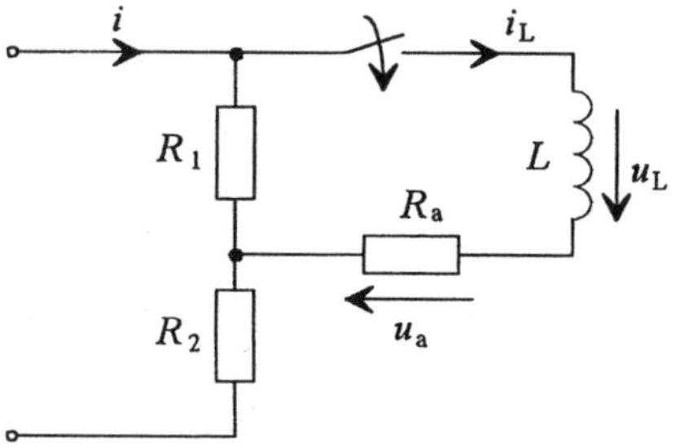

Bild 11.17 Schaltvorgang mit einer an einem Spannungsteiler angeschlossenen Induktivität.

Lösung:

Bei der Lösung ist zu beachten, daß im Einschaltaugenblick die Induktivität wie ein unendlich hoher Widerstand und am Ende des Ausgleichsvorganges wie ein Kurzschluß wirkt.

1. Fall: Ende des Ausgleichsvorganges

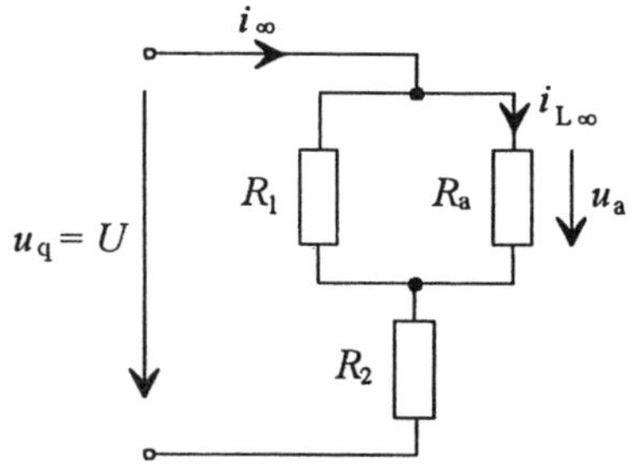

Bild 11.18 Ersatzschaltung nach Bild 11.17 am Ende des Ausgleichsvorganges

$$i_\infty = \frac{U}{R_2 + \frac{R_1 R_a}{R_1 + R_a}} = \frac{100\,\text{V}}{12\,\Omega + \frac{4\,\Omega \cdot 2\,\Omega}{6\,\Omega}}$$

$$i_\infty = 7{,}5\,\text{A}$$

$$u_{L\infty} = 0\,\text{V}$$

Daraus folgt:

$$u_a = i_\infty \frac{R_1 R_a}{R_1 + R_a} = 7{,}5\,\text{A} \cdot 1{,}33\,\Omega$$

$$u_a = 10\,\text{V}$$

$$i_{L\infty} = \frac{u_L}{R_a} = \frac{10\,\text{V}}{2\,\Omega} = 5\,\text{A}$$

2. Fall: Ausgleichsvorgang

Dafür gilt gemäß Gl. (11.10):

$$i_L = i_{L\infty}\left(1 - e^{-\frac{t}{\tau_L}}\right)$$

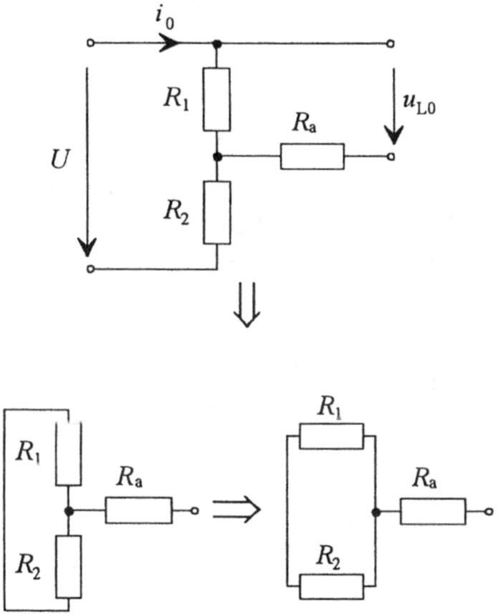

Bild 11.19 Ersatzschaltung zur Ermittlung der Leerlaufspannung und des Ersatzwiderstandes

$$\tau_L = \frac{L}{R} = \frac{L}{R_a + \frac{R_1 R_2}{R_1 + R_2}} = \frac{0{,}1\,\frac{\text{V}\cdot\text{s}}{\text{A}}}{2\,\Omega + \frac{4\,\Omega \cdot 12\,\Omega}{16\,\Omega}}$$

$$\tau_L = 20\,\text{ms}$$

Bei der Ermittlung von R bedient man sich der Zweipoltheorie (Ermittlung von $R_{\text{i ersatz}}$). Bei der Ermittlung von R wird die Spannungsquelle kurzgeschlossen betrachtet (siehe Bild 11.19).

Daraus folgt:

$$i_L = 5\,\text{A}\left(1 - e^{-\frac{t}{0{,}02\,\text{s}}}\right)$$

$$u_{L0} = i_0 R_1$$

$$i_0 = \frac{U}{R_1 + R_2} = \frac{100\,\text{V}}{16\,\Omega} = 6{,}25\,\text{A}$$

$$u_{L0} = 6{,}25\,\text{A} \cdot 4\,\Omega$$

$$u_{L0} = 25\,\text{V}$$

Für den Ausgleichsvorgang gilt dann für die Spannung u_L:

$$u_L = u_{L0}\, e^{-\frac{t}{\tau_L}} = 25\,\text{V} \cdot e^{-\frac{t}{0{,}02\,\text{s}}}$$

Für den Verlauf des Gesamtstromes ergibt sich dann folgende Gleichung:

$$i = i_0 + (i_\infty - i_0)\left(1 - e^{-\frac{t}{\tau_L}}\right)$$

$$i = 6{,}25\,\text{A} + (7{,}5\,\text{A} - 6{,}25\,\text{A})\left(1 - e^{-\frac{t}{0{,}02\,\text{s}}}\right)$$

$$\boxed{i = 6{,}25\,\text{A} + 1{,}25\,\text{A}\left(1 - e^{-\frac{t}{0{,}02\,\text{s}}}\right)}$$

Im Bild 11.20 sind die einzelnen Strom- und Spannungverläufe sowie der Gesamtstrom der Schaltung nach Bild 11.17 dargestellt.

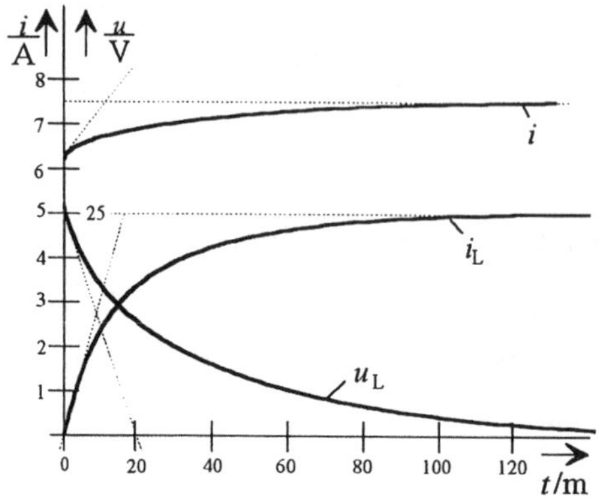

ild 11.20 Grafische Auswertung der Gleichung zur Berechnung des Gesamtstromes in der Schaltung Bild 11.17.

11.2.3.2 Entladevorgang

Stromverlauf. Eine Induktivität wird nach Abschluß des Einschaltvorganges beim Entladen durch Schließen eines Schalters kurzgeschlossen (Bild 11.21).

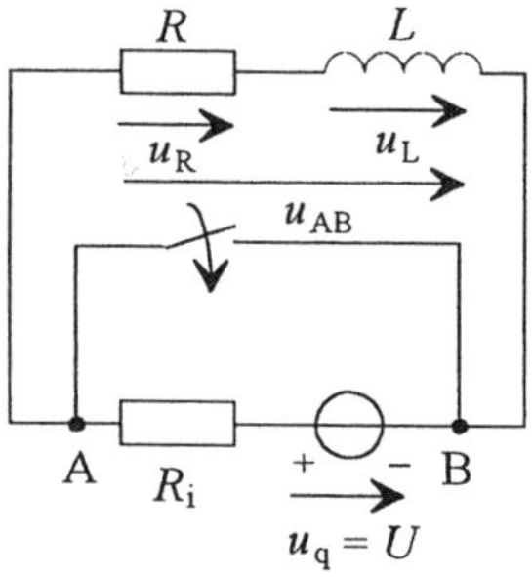

Bild 11.21 Schaltung zur Entladung einer Induktivität als Energiespeicher

Nach dem Maschensatz gilt:

$$u_{AB} = u_R + u_L$$

$$u_{AB} = i_L R + L\frac{di_L}{dt}$$

Zur Zeit $t \geq 0$ gilt $u_{AB} = 0$ und damit

$$0 = i_L R + L\frac{di_L}{dt}$$

$$0 = i_L + \frac{L}{R}\frac{di_L}{dt}$$

$$0 = i_L + \tau_L\frac{di_L}{dt}$$

Dabei handelt es sich um eine homogene Differentialgleichung 1. Ordnung, die durch Trennung der Variablen gelöst werden kann.

$$\frac{di_L}{i_L} = -\frac{dt}{\tau_L}$$

$$\int_I^i \frac{di_L}{i_L} = -\frac{1}{\tau_L}\int_0^t dt \qquad I \text{ Anfangswert}$$

$$\ln i_L - \ln I = -\frac{t}{\tau_L}$$

$$\ln\frac{i_L}{I} = -\frac{t}{\tau_L}$$

$$\boxed{i_L = I e^{-\frac{t}{\tau_L}}} \qquad (11.13)$$

Diskussion:

- Der Strom klingt nach einer e-Funktion ab, über den Ausgleichsvorgang strebt er nach den Wert Null an.

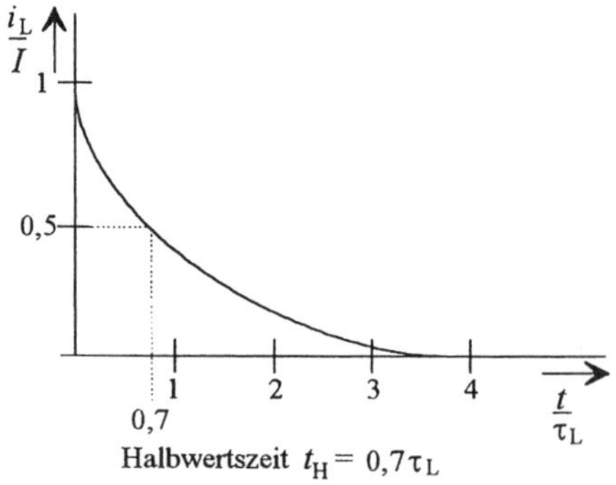

Bild 11.22 Grafische Auswertung der Gl. (11.13)

- Bei $t/\tau_L = 0$ wird $i_L/I = 1$.
- Bei $t/\tau_L = 0{,}7$ wird $i_L/I = 0{,}5$.
- Bei $t/\tau_L = 3$ wird $i_L/I \approx 0{,}05$.
- Nach der Halbwertszeit $t_H = 0{,}7\tau_L$ ist der Strom auf die Hälfte des Anfangswertes abgeklungen (siehe Bild 11.22).

Spannungsabfall. Für die Spannung u_L ergibt sich:

$$u_L = L\frac{di_L}{dt}$$

$$u_L = -\frac{L}{\tau_L} I e^{-\frac{t}{\tau_L}} \; ; \; \tau_L = \frac{L}{R}$$

$$u_L = -IR e^{-\frac{t}{\tau_L}}$$

$$\boxed{u_L = -U e^{-\frac{t}{\tau_L}}} \qquad (11.14)$$

Zusammenfassung. Die gemeinsame Darstellung des Einschalt- sowie des Entladevorgangs an einer Induktivität bei Gleichspannungspeisung zeigt Bild 11.23.

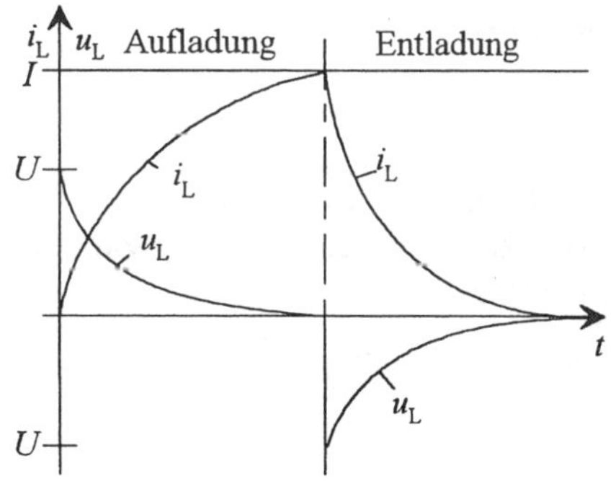

Bild 11.23 Ausgleichsvorganges an einer Induktivität bei Gleichspannungsspeisung

11.2.4 Induktive und kapazitive Belastung

11.2.4.1 Reihenschaltung von *R*, *L* und *C*

Einschaltvorgang. Betrachtet wird die Reihenschaltung nach Bild 11.24.

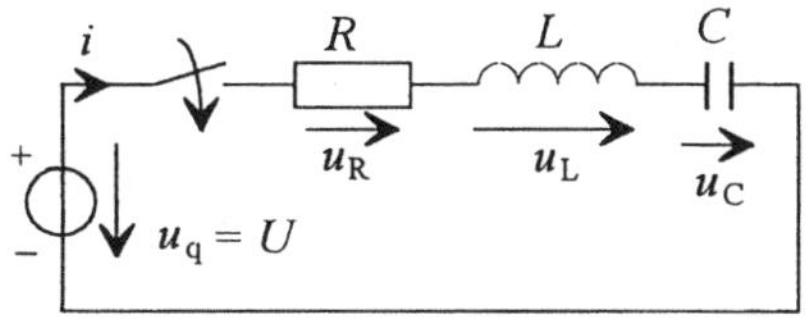

Bild 11.24 Einschaltvorgang mit *R*, *L* und *C* in Reihenschaltung bei Gleichspannungsspeisung

Die Ausgangsgleichung liefert die Maschengleichung.

$$u_q = U = u_R + u_L + u_C$$

Soll der Strom berechnet werden, so ergibt sich folgende Differentialgleichung als Ausgangsgleichung:

$$U = iR + L\frac{di}{dt} + \frac{1}{C}\int i dt \qquad (11.15)$$

Auch bei diesem Vorgang kann der Einschaltstrom i als eine Überlagerung von zwei Strömen aufgefaßt werden.

$$i = i_e + i_a$$

i_a Ausgleichsstrom
i_e stationärer, eingeschwungener Strom

- Für den stationären Vorgang gilt:

$$U = i_e R + L\frac{di_e}{dt} + \frac{1}{C}\int i_e dt$$

- Für den Ausgleichsvorgang gilt:

$$i_a = i - i_e$$

$$0 = i_a R + L\frac{di_a}{dt} + \frac{1}{C}\int i_a dt$$

Diese Gleichung differenziert, ergibt:

$$L\frac{d^2 i_a}{dt^2} + R\frac{di_a}{dt} + \frac{i_a}{C} = 0 \text{ bzw.}$$

$$\frac{d^2 i_a}{d^2 t} + \frac{R}{L}\frac{di_a}{dt} + \frac{i_a}{CL} = 0$$

Mit dem Lösungsansatz (charakteristische Gleichung)

$$i_a = K e^{\lambda t}$$

$$\frac{di_a}{dt} = \lambda K e^{\lambda t}$$

$$\frac{d^2 i_a}{dt^2} = \lambda^2 K e^{\lambda t}$$

folgt:

$$\lambda^2 K e^{\lambda t} + \frac{R}{L}\lambda K e^{\lambda t} + \frac{1}{CL} K e^{\lambda t} = 0$$

$$K e^{\lambda t}\left(\lambda^2 + \frac{R}{L}\lambda + \frac{1}{CL}\right) = 0$$

$$\lambda_{1/2} = -\frac{R}{2L} \pm \sqrt{\left(\frac{R}{2L}\right)^2 - \frac{1}{CL}} \text{ bzw.}$$

$$\lambda_{1/2} = -\frac{R}{2L}\left(1 \pm \sqrt{1 - \frac{4L}{R^2 C}}\right)$$

In dieser Gleichung sind zwei Zeitkonstanten enthalten.

$$\lambda_{1/2} = -\frac{R}{2L}\left(1 \pm \sqrt{1 - 4\frac{\tau_L}{\tau_C}}\right)$$

Besteht die Aufgabe, u_C zu berechnen, so nimmt die Ausgangsgleichung mit

$$i = C\frac{du_C}{dt}$$

folgende Form an:

$$U = RC\frac{du_C}{dt} + CL\frac{d^2 u_C}{dt^2} + u_C \text{ bzw.}$$

$$\frac{U}{CL} = \frac{d^2 u_C}{dt^2} + \frac{R}{L} + \frac{1}{LC}u_C \quad (11.16)$$

Gl. (11.16) stellt eine inhomogene Differentialgleichung 2. Ordnung dar. Sie führt zu der Lösung.

$$u_C = K_1 e^{-\lambda_1 t} + K_2 e^{-\lambda_2 t} + U$$

Die dazu verwendete charakteristische Gleichung lautet:

$$\lambda^2 + \frac{R}{L}\lambda + \frac{1}{LC} = 0$$

$$\lambda_{1/2} = -\frac{R}{2L} \pm \sqrt{\left(\frac{R}{2L}\right)^2 - \frac{1}{LC}}$$

$$\lambda_{1/2} = -\frac{R}{2L}\left(1 \pm \sqrt{1 - \frac{4L}{R^2 C}}\right)$$

$$\lambda_{1/2} = -\frac{R}{2L}\left(1 \pm \sqrt{1 - 4\frac{\tau_L}{\tau_C}}\right) \quad (11.17)$$

Auf Grundlage der Gl. (11.17) sollen drei charakteristische Fälle diskutiert werden:

1. Aperiodischer Fall:

$$\tau_C > 4\tau_L \text{ bzw. } \frac{4L}{R^2 C} < 1$$

Dieser Zustand wird mit ansteigendem Widerstand R erreicht Das Ergebnis sind zwei reelle Wurzeln.

2. Aperiodischer Grenzfall:

$$\tau_C = 4\tau_L \text{ bzw. } \frac{4L}{R^2 C} = 1 \text{ mit } R \uparrow$$

Das Ergebnis ist eine Doppelwurzel, d.h., der eingeschwungene Wert (Endwert) stellt sich in kürzester Zeit ein.

3. Schwingungsfall:

$\tau_C < 4\tau_L$ bzw. $\frac{4L}{R^2 C} > 1$ mit $R \to 0$

Das Ergebnis sind zwei konjugiert komplexe Wurzeln. Es entsteht der Schwingungsfall, wobei die Amplituden nach einer e-Funktion abnehmen, siehe Bild 11.25.

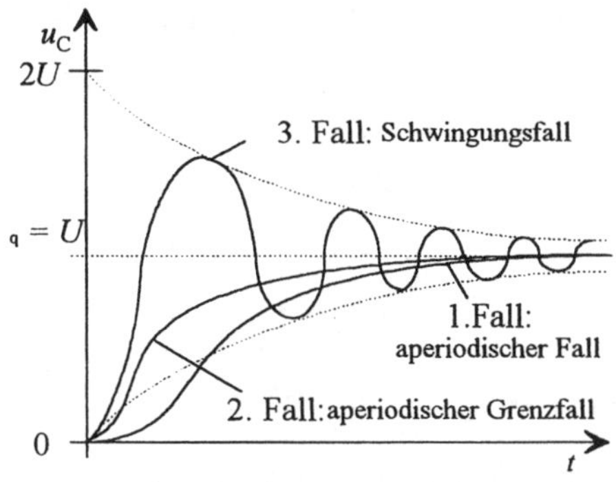

Bild 11.25 Charakteristische Fälle beim Einschalten einer Reihenschaltung von R, L und C an eine Gleichspannungsquelle

Kurzschlußvorgang [62]. Betrachtet wird die Schaltung nach Bild 11.26.

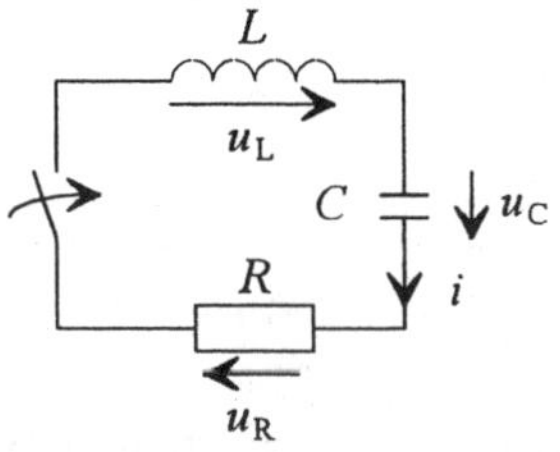

Bild 11.26 Kurzschlußvorgang mit Widerstand R und zwei unterschiedlichen Energiespeichern

Nach dem Maschensatz gilt:

$$u_R + u_L + u_C = 0$$

$$iR + L\frac{di}{dt} + \frac{1}{C}\int i dt = 0$$

Es soll zunächst die Spannung u_C in Abhängigkeit von der Zeit ermittelt werden.

Dabei sind i und di/dt zu eleminieren.

$$i = C\frac{du_C}{dt} \Rightarrow \frac{di}{dt} = C\frac{d^2u_C}{dt^2}$$

Daraus folgt:

$$LC\frac{d^2u_C}{dt^2} + RC\frac{du_C}{dt} + u_C = 0 \text{ bzw.}$$

$$\frac{d^2u_C}{dt^2} + \frac{R}{L}\frac{du_C}{dt} + \frac{u_C}{LC} = 0$$

Zunächst soll der Schwingungsfall nachgewiesen werden.

Unter Berücksichtigung, daß $\frac{1}{LC} = \omega_0^2$ und $\frac{L}{R} = \tau_L$ folgt:

$$\frac{d^2u_C}{dt^2} + \frac{1}{\tau_L}\frac{du_C}{dt} + \omega_0^2 u_C = 0$$

Daraus ergibt sich die beim Einschaltvorgang abgeleitete quadratische Gleichung für λ. Diese führt zu zwei Lösungen.

$$\lambda_1 = -\frac{1}{2\tau_L} + \sqrt{\left(\frac{1}{2\tau_L}\right)^2 - \omega_0^2}$$

$$\lambda_2 = -\frac{1}{2\tau_L} - \sqrt{\left(\frac{1}{2\tau_L}\right)^2 - \omega_0^2}$$

Durch Umformung erhält man:

$$\lambda_1 = -\frac{1}{2\tau_L} + \sqrt{(-1)\left[\omega_0^2 - \left(\frac{1}{2\tau_L}\right)^2\right]}$$

$$\lambda_2 = -\frac{1}{2\tau_L} - \sqrt{(-1)\left[\omega_0^2 - \left(\frac{1}{2\tau_L}\right)^2\right]}$$

Da $\sqrt{-1} = j$ folgt:

$$\lambda_1 = -\frac{1}{2\tau_L} + j\sqrt{\omega_0^2 - \left(\frac{1}{2\tau_L}\right)^2} = -a + j\omega$$

$$\lambda_1 = -\frac{1}{2\tau_L} - j\sqrt{\omega_0^2 - \left(\frac{1}{2\tau_L}\right)^2} = -a - j\omega$$

Da beide Lösungen auftreten, sind sie als Überlagerung aufzufassen. Aus

$$u_C = K e^{\lambda t} \quad \text{folgt:}$$

$$u_C = K_1\, e^{(-a+j\omega)t} + K_2\, e^{(-a-j\omega)t}$$

$$u_C = e^{-at}(K_1\, e^{j\omega t} + K_2\, e^{-j\omega t})$$

Für $e^{\pm j\omega t}$ gilt nach der Eulerschen Formel:

$$e^{\pm j\omega t} = \cos\omega t \pm j\sin\omega t$$

Daraus folgt:

$$u_C = e^{-at}\Big[(K_1 + K_2)\cos\omega t + j(K_1 - K_2)\sin\omega t\Big]$$

$$\boxed{\begin{aligned} &u_C = e^{-at}[M\cos\omega t + N\sin\omega t] \\ &M = (K_1 + K_2) \qquad N = j(K_1 - K_2) \end{aligned}} \qquad (11.18)$$

- Für $t = 0 \Rightarrow u_C = U = M$
- Für $t = 0 \Rightarrow \dfrac{du_C}{dt} = 0$

Wird die nach der Zeit differenzierte Gl. (11.18) Null gesetzt, ergibt sich $N = a\,U/\omega$. Daraus folgt:

$$\boxed{u_C = U e^{-at}\left(\cos\omega t + \frac{a}{\omega}\sin\omega t\right)} \qquad (11.19)$$

Soll der Entladestrom i berechnet werden, so ist von folgender Gleichung auszugehen

$$i = -C\frac{du_C}{dt}$$

Wird Gl. (11.19) differenziert und ausmultipliziert, gilt:

$$\frac{du_C}{dt} = (-U e^{-at}\cdot\sin\omega t)\left(\frac{a^2}{\omega} + \omega\right)$$

Mit $a = \dfrac{R}{2L}$ und $\omega^2 = \dfrac{1}{LC}$ wird:

$$\frac{du_C}{dt} = -\frac{1}{\omega LC} U e^{-at}\sin\omega t$$

Für den Strom i gilt demzufolge:

$$i = \frac{U}{\omega L} e^{-\frac{t}{2\tau_L}}\sin\omega t$$

$$\boxed{i = \frac{U}{\omega L} e^{-\frac{R}{2L}t}\sin\omega t} \qquad (11.20)$$

Sehr häufig tritt auf, daß

- $a^2 = R^2/4L^2$ gegenüber $\omega_0^2 = 1/LC$ sehr klein ist, so daß angenähert gilt:
- $\omega \approx \dfrac{1}{\sqrt{2C}} = \omega_0$ und $\dfrac{a}{\omega} = 0$

Daraus folgt:

$$\boxed{u_C = U e^{-at}\cos\omega_0 t} \qquad (11.21)$$

$$\boxed{i = I e^{-at}\sin\omega_0 t} \qquad (11.22)$$

Aus beiden Gleichungen geht hervor, daß die Spannung u_C und der Strom i cosinus- bzw. sinusförmig verlaufen, wobei ihre Amplituden U und I nach einer e-Funktion $e^{-\frac{R}{2L}t}$ auf Null gedämpft werden (siehe dazu Bild 11.27).

Dämpfungsfreie Schaltung. Die Schaltung wird als dämpfungsfrei betrachtet, wenn

$$a = \frac{R}{2L} = 0$$

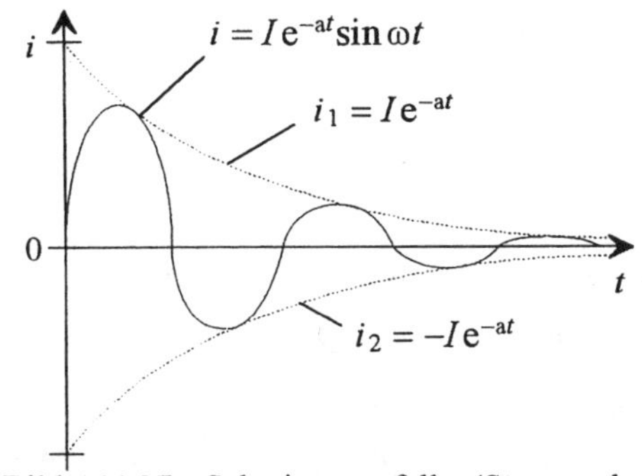

Bild 11.27 Schwingungsfall (Stromverlauf) beim Kurzschluß von R, L und C in Reihe nach abgeschlossenem Aufladevorgang

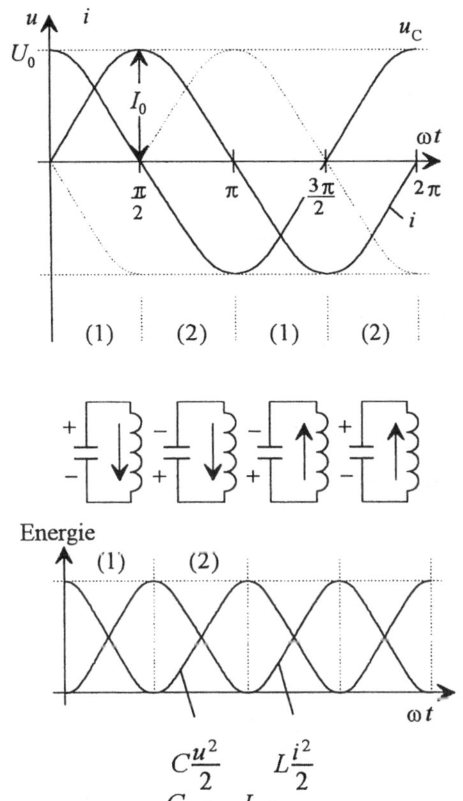

$$W = \frac{C}{2}u^2 + \frac{L}{2}i^2 = \text{konst.}$$

Bild 11.28 Dämpfungsfreier Schaltvorgang (1 Entladung, 2 Ladung) [62]

Damit nehmen die Gln. (11.21) und (11.22) folgende Form an:

$$u_C = U\cos\omega_0 t$$

$$i = I\sin\omega_0 t$$

Es erfolgt ein ständiger periodischer Entla- de- und Aufladevorgang (siehe Bild 11.28).

11.2.4.2 Parallelschaltung von *R*, *L* und *C*

Es soll zunächst der Strom i_L durch die Induktivität während des Einschaltvorganges berechnet werden.

Auf der Grundlage des Bildes 11.29 wird die Ausgangsgleichung aufgestellt.

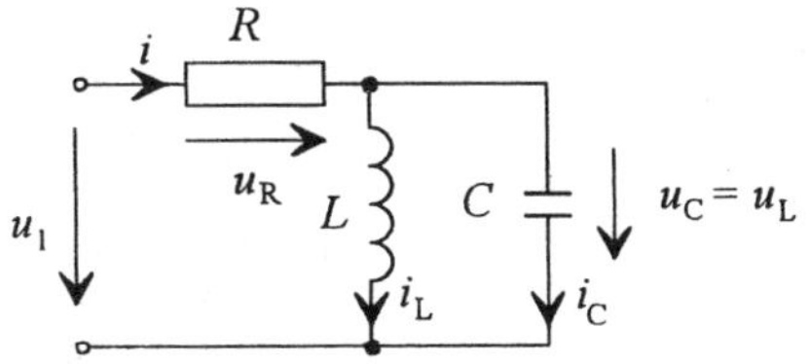

Bild 11.29 Netzwerk mit parallelgeschalteter Induktivität und Kapazität

$$u_1 = u_L + u_R$$

$$u_1 = L\frac{di_L}{dt} + i_C R + i_L R$$

$$u_1 = L\frac{di_L}{dt} + RC\frac{du_C}{dt} + Ri_L$$

Da $u_C = u_L$, folgt:

$$u_1 = L\frac{di_L}{dt} + RCL\frac{d^2 i_L}{dt^2} + Ri_L$$

$$\frac{d^2 i_L}{dt^2} + \frac{1}{RC}\frac{di_L}{dt} + \frac{1}{LC}i_L = \frac{u_1}{RLC}$$

$$\boxed{\frac{d^2 i_L}{dt^2} + \frac{1}{\tau_C} + \omega_0^2 i_L = \frac{u_1}{RLC}} \quad (11.23)$$

Die Lösung ergibt sich aus der Summe von homogener und inhomogener Lösung. Mit $u_1 = U$ folgt:

$$i_L = \frac{U}{R} + e^{-at}(K_1 \sin\omega t + K_2 \cos\omega t)$$

Im Moment des Einschaltens ist $i_L = 0$ und $u_C = 0$. Daraus folgt:

$$L\frac{di_L}{dt} = 0 \quad \text{und} \quad u_L = 0 \rightarrow K_1 = -\frac{a}{\omega}\frac{U}{R}$$

$$K_2 = -\frac{U}{R}$$

$$\boxed{i_L = \frac{U}{R}\left[1 - e^{-at}\left(\cos\omega t + \frac{a}{\omega}\sin\omega t\right)\right]} \quad (11.24)$$

Schließt man nach Abschluß des Ausgleichsvorganges die Eingangsklemmen kurz (Bild 11.30), so vereinfacht sich die Gleichung zur Berechnung von i_L.

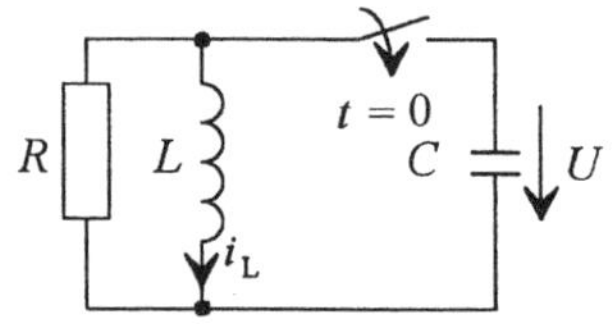

Bild 11.30 Netzwerk nach Bild 11.29 bei kurzgeschlossenen Eingangsklemmen

Es ergibt sich als Ausgangsgleichung eine homogene Differentialgleichung 2. Ordnung.

$$\frac{d^2 i_L}{dt^2} + \frac{1}{\tau_C}\frac{di_L}{dt} + \omega_0^2 i_L = 0$$

$$i_L = e^{-at}(K_1 e^{j\omega t} + K_2 e^{-j\omega t})$$

$$\boxed{i_L = \frac{U}{\omega L} e^{-\frac{t}{2\tau_C}} \sin\omega t} \quad (11.25)$$

11.3 Ausgleichsvorgänge bei sinusförmiger Erregung

Allgemeiner Lösungsweg. Der Ausgleichsvorgang wird als eine Überlagerung des eingeschwungenen Zustandes (Index e) mit einem flüchtigen Vorgang (Index f) betrachtet.
Die flüchtige Komponente ergibt sich aus der Differenz der Komponente des Ausgleichsvorganges und der des eingeschwungenen Zustandes. Sie geht mit dem Erreichen des eingeschwungenen Zustandes gegen Null und entspricht der Lösung einer homogenen Differentialgleichung. Der eingeschwungene Vorgang entspricht der partikulären Lösung einer inhomogenen Differentialgleichung.
Diese Vorgehensweise soll anhand ausgewählter Beispiele erläutert werden.

11.3.1 Wechselstromnetzwerk mit *R* und *L*

Auf der Grundlage der im Bild 11.31 dargestellten Schaltung soll der Einschaltvorgang (Verlauf des Stromes) untersucht werden.

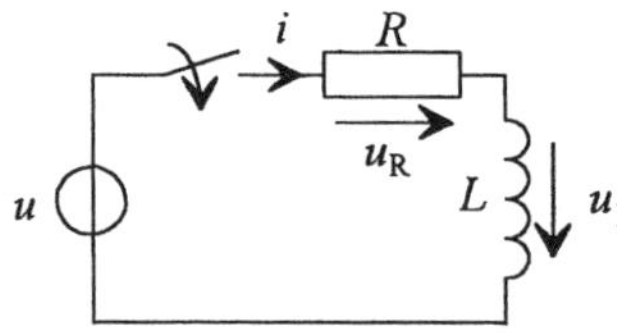

Bild 11.31 Reihenschaltung von R und L bei sinusförmiger Erregung $u = \hat{u}\sin(\omega t + \Psi)$

Die Phasenlage der Spannung im Einschaltmoment wird mit dem Phasenwinkel Ψ berücksichtigt.
Unter Anwendung des Maschensatzes ergibt sich als Ausgangsgleichung folgende Differentialgleichung:

$$R_{\mathrm{i}} + L\frac{\mathrm{d}i}{\mathrm{d}t} = \hat{u}\sin(\omega t + \Psi)$$

Partikulärlösung. Sie kann mit Hilfe der komplexen Rechnung erzielt werden und betrifft den eingeschwungenen Zustand.

$$\underline{I}_{\mathrm{e}} = \frac{U}{R + \mathrm{j}\omega L} = \frac{\hat{u}\,\mathrm{e}^{\mathrm{j}(\omega t + \Psi)}}{\sqrt{R^2 + (\omega L)^2}\;\mathrm{e}^{\mathrm{j}\varphi}}$$

$$\varphi = \arctan\frac{\omega t}{R}$$

$$Z = \sqrt{R^2 + (\omega t)^2}$$

$$\underline{I}_{\mathrm{e}} = \frac{U}{Z}\mathrm{e}^{\mathrm{j}(\omega t + \Psi - \varphi)}$$

Die Rücktransformation in den Originalbereich (Zeitbereich) ergibt die Gleichung

$$i_{\mathrm{e}} = \frac{\hat{u}}{Z}\sin(\omega t + \Psi - \varphi)$$

$$i_{\mathrm{e}} = \hat{i}\sin(\omega t + \Psi - \varphi)$$

Lösung der homogenen Differentialgleichung. Sie betrifft die flüchtige Komponente des Stromes.

$$i_{\mathrm{f}} = i - i_{\mathrm{e}}$$

Daraus folgt:

$$Ri_{\mathrm{f}} + L\frac{\mathrm{d}i_{\mathrm{f}}}{\mathrm{d}t} = 0$$

$$i_{\mathrm{f}} = K\mathrm{e}^{-\frac{t}{\tau_{\mathrm{L}}}} \quad ; \quad \tau_{\mathrm{L}} = \frac{L}{R}$$

Gesamtlösung (Überlagerung).

$$i = i_{\mathrm{e}} + i_{\mathrm{f}}$$

$$i = \frac{\hat{u}}{Z}\sin(\omega t + \Psi - \varphi) + K\mathrm{e}^{-\frac{t}{\tau_{\mathrm{L}}}}$$

Zur Zeit $t = 0$ folgt $i = 0$ und daraus:

$$K + \frac{\hat{u}}{Z}\sin(\Psi - \varphi) = 0$$

$$K = -\frac{\hat{u}}{Z}\sin(\Psi - \varphi)$$

Die Konstante in $i = i_{\mathrm{e}} + i_{\mathrm{f}}$ eingesetzt, ergibt die Gesamtlösung.

$$\boxed{i = \frac{\hat{u}}{Z}\left[\sin(\omega t + \Psi - \varphi) - \sin(\Psi - \varphi)\mathrm{e}^{-\frac{t}{\tau_{\mathrm{L}}}}\right]} \qquad (11.26)$$

Im Bild 11.32 ist die Gl. (11.26) grafisch ausgewertet.

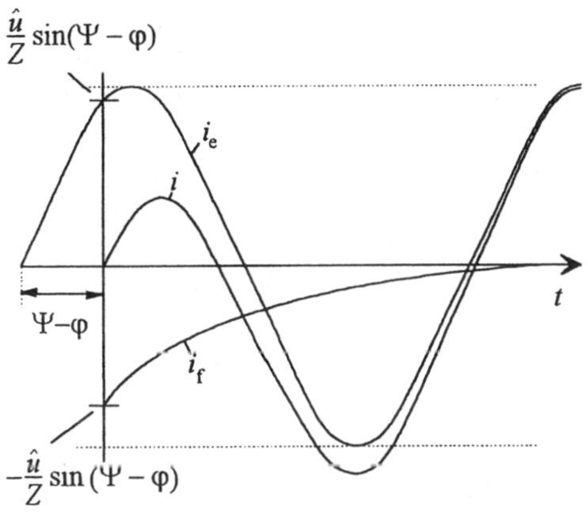

Bild 11.32 Grafischer Verlauf nach Gl. (11.26)

Interpretation. Im Bereich $1/4T < t < 3/4T$ kann während des Einschaltvorganges der Ausgleichstrom i größer werden als der eingeschwungene, stationäre Strom. Die Überschreitung hängt von dem Phasenwinkel Ψ ab.

Sie ist am größten, wenn $\Psi - \varphi = \frac{\pi}{2}$ und R sehr klein (große Zeitkonstante) ist (Bild 11.33). Der günstigste Fall tritt bei $\Psi - \varphi = 0$ ein. Es tritt keine flüchtige Komponente auf.

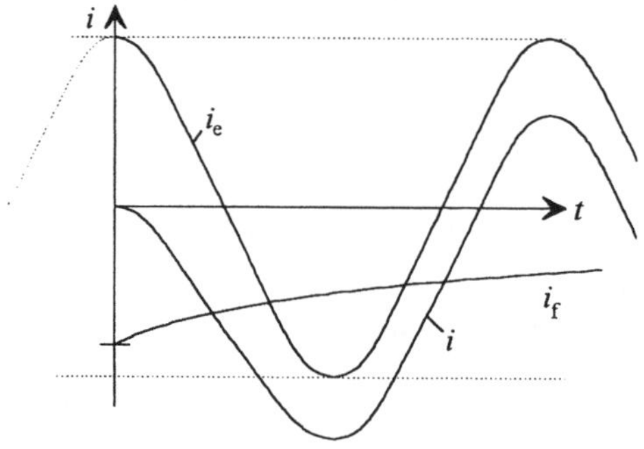

Bild 11.33 Grafische Auswertung der Gl. (11.26) mit $\Psi - \varphi = \pi/2$ und $i_e = I_{emax}$ bei $t = 0$.

11.3.2 Wechselstromnetzwerk mit *R* und *C*

Auf der Grundlage der im Bild 11.34 dargestellten Schaltung soll der Einschaltvorgang (Verlauf von u_C) untersucht werden.

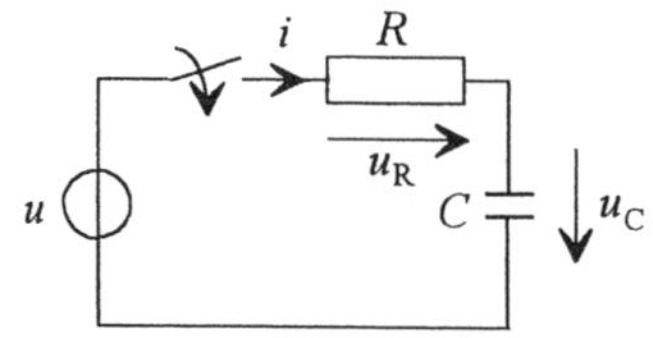

Bild 11.34 Reihenschaltung von R und C bei sinusförmiger Erregung $u = \hat{u}\sin(\omega\tau + \Psi)$

Unter Anwendung des Maschensatzes gilt für diesen Fall die Differentialgleichung

$$u_C + iR = u_C + RC\frac{du_C}{dt} = \hat{u}\sin(\omega t + \Psi)$$

Partikulärlösung. Im eingeschwungenen Zustand beträgt die Spannung an der Kapazität nach der Spannungsteilerregel in komplexer Schreibweise:

$$\underline{U}_{Ce} = \frac{\underline{U}}{j\omega C\left(R + \frac{1}{j\omega C}\right)}$$

$$\underline{U}_{Ce} = \frac{\underline{U}}{1 + j\omega CR}$$

$$\underline{U}_{Ce} = \frac{\hat{u}\, e^{j(\omega t + \Psi)}}{\sqrt{1 + (\omega CR)^2}\; e^{j\varphi}}$$

$$\varphi = \arctan \omega CR$$

Daraus folgt für den Momentanwert:

$$u_{Ce} = \frac{\hat{u}}{\sqrt{1 + (\omega CR)^2}}\sin(\omega t + \Psi - \varphi)$$

Lösung der homogenen Differentialgleichung. Den flüchtigen Anteil der Kondensatorspannung erhält man aus der homogenen Differentialgleichung

$$RC\frac{du_{Cf}}{dt} + u_{Cf} = 0$$

$$u_{Cf} = K e^{-\frac{t}{\tau_C}}; \; \tau_C = RC$$

Gesamtlösung (Überlagerung).

$$u_C = u_{Ce} + u_{Cf}$$

$$u_C = \frac{\hat{u}}{\sqrt{1 + (\omega CR)^2}}\sin(\omega t + \Psi - \varphi)$$

$$+ K e^{-\frac{t}{\tau_C}}$$

Aus der Anfangsbedingung $t = 0$ folgt $u_C = 0$ und

$$K = -\frac{\hat{u}}{\sqrt{1 + (\omega CR)^2}}\sin(\Psi - \varphi)$$

Daraus ergibt sich die Gleichung zur Ermittlung der Kondensatorspannung während des Ausgleichsvorganges:

$$u_C = \frac{\hat{u}}{\sqrt{1+(\omega CR)^2}} \times \left[\sin(\omega t + \Psi - \varphi) - \sin(\Psi - \varphi)\, e^{-\frac{t}{\tau_C}} \right] \quad (11.27)$$

Soll der zeitabhängige Strom berechnet werden, so ist Gl. (11.27) nach der Zeit zu differenzieren und mit C zu multiplizieren.

$$i = C\frac{du_C}{dt}$$

$$i = \frac{\omega C\hat{u}}{\sqrt{1+(\omega CR)^2}} \left[\cos(\omega t + \Psi - \varphi) + \frac{1}{\omega RC} \sin(\Psi - \varphi)\, e^{-\frac{t}{\tau_C}} \right] \quad (11.28)$$

Interpretation. Der Verlauf der Kondensatorspannung u_C während des Ausgleichsvorganges entspricht dem des Stromes bei einer Schaltung mit einer Induktivität unter gleichen Bedingungen (siehe Gl. (11.26)).

❑ **Beispiel 11.4 [44]**

Auf der Grundlage der Schaltung Bild 11.34 soll mit R = 50 Ω, C = 100 µF, f = 50 Hz und U = 127 V der Übergangsprozeß in dem Moment berechnet werden, in dem die Spannung den positiven Scheitelwert aufweist (Ψ = 90°).

Lösung:

1. Berechnung des stationären Zustandes. Der Betrag des kapazitiven Blindwiderstandes lautet:

$$X_C = \frac{1}{\omega C} = \frac{1\,\mathrm{s}}{2\pi \cdot 50 \cdot 100\,\mu\mathrm{F}}$$

$$X_C = \frac{10^4\,\mathrm{V \cdot s}}{2\pi \cdot 50 \cdot \mathrm{A \cdot s}}$$

$$X_C = 31{,}8\,\Omega$$

Für den Scheinwiderstand der Schaltung gilt:

$$Z = \sqrt{R^2 + X_C^2}$$

$$Z = \sqrt{50^2\Omega^2 + 31{,}8^2\Omega^2}$$

$$Z = 59{,}25\,\Omega$$

Die Phasenverschiebung der Klemmenspannung gegenüber dem Strom lautet:

$$\varphi = \arccos\frac{R}{Z} = \arctan\frac{X_C}{R}$$

$$\varphi = \arccos\frac{50\,\Omega}{59{,}25\,\Omega} = \arctan\frac{31{,}8\,\Omega}{50\,\Omega}$$

$$\varphi = 36^\circ$$

Im kapazitiven Kreis hat dieser Winkel ein negatives Vorzeichen.

$$\varphi = -36^\circ$$

Der Scheitelwert des Stromes beträgt:

$$\hat{i} = \frac{\hat{u}}{Z} = \frac{\sqrt{2}\,U}{Z} = \frac{127\,\mathrm{V} \cdot \sqrt{2}\ \cdot \mathrm{V}}{59{,}25\,\Omega}$$

$$\hat{i} = 3{,}03\,\mathrm{A}$$

Der Momentanwert des Stromes beträgt.

$$i_e = \hat{i}\sin(\omega t + \Psi - \varphi)$$

$$\Psi - \varphi = 90^\circ + 36^\circ = 126^\circ$$

$$i_e = 3{,}03\,\mathrm{A} \cdot \sin(314t + 126^\circ)$$

Die Spannung über dem Kondensator eilt dem Strom um 90° nach.

$$u_{Ce} = \hat{u}_{Ce}\sin\left(\omega t + \Psi - \varphi - \frac{\pi}{2}\right)$$

$$\hat{u}_{Ce} = \hat{i}X_C = 3{,}04\,\text{A}\cdot 31{,}8\,\Omega$$

$$\hat{u}_{Ce} \approx 96{,}7\,\text{V}$$

$$u_{Ce} = 96{,}7\,\text{V}\cdot\sin(314t + 36°)$$

2. Berechnung der flüchtigen Komponente

$$u_C = u_{Ce} + u_{Cf}$$

$$u_C = \hat{u}_{Ce}\sin\left(\omega t + \Psi - \varphi - \frac{\pi}{2}\right) + K e^{-\frac{t}{\tau_C}}$$

Zur Zeit $t = 0$ folgt $u_C = 0$ und damit

$$K = -\hat{u}_{Ce}\sin\left(\Psi - \varphi - \frac{\pi}{2}\right)$$

Daraus folgt:

$$u_{Cf} = -\hat{u}_{Ce}\sin\left(\Psi - \varphi - \frac{\pi}{2}\right)e^{-\frac{t}{\tau_C}}$$

$$\tau_C = RC = 50\,\Omega\cdot 10^{-4}\,\frac{\text{A}\cdot\text{s}}{\text{V}}$$

$$\tau_C = 5\,\text{ms}$$

$$u_{Cf} = -96{,}7\sin 36°\,e^{-200t}$$

$$u_{Cf} = -96{,}7\cdot 0{,}536\cdot e^{-200t}$$

$$u_{Cf} = -51{,}8\,e^{-200t}$$

Daraus ergibt sich für den Strom:

$$i_{Cf} = C\frac{du_{Cf}}{dt}$$

$$i_{Cf} = 10^{-4}\,\frac{\text{A}\cdot\text{s}}{\text{V}}\cdot 200\,\text{s}^{-1}\cdot 51{,}8\,\text{V}\cdot e^{-200t}$$

$$i_{Cf} = 1{,}04\,e^{-200t}$$

3. Gesamtlösung

$$i = 3{,}03\,\text{A}\cdot\sin(314t + 126°) + 1{,}04\,\text{A}\,e^{-200t}$$

$$u_C = 96{,}7\,\text{V}\cdot\sin(314t + 36°) - 51{,}8\,\text{V}\,e^{-200t}$$

Beide Gleichungen sind in den Bild 11.35 und 11.36 grafisch ausgewertet.

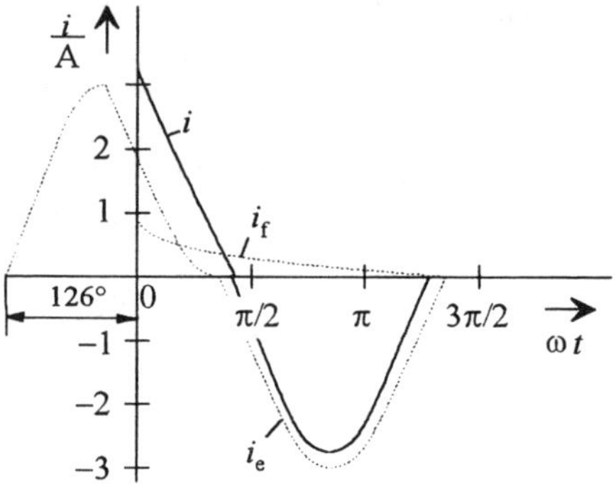

Bild 11.35 Stromverlauf zum Beispiel (11.4)

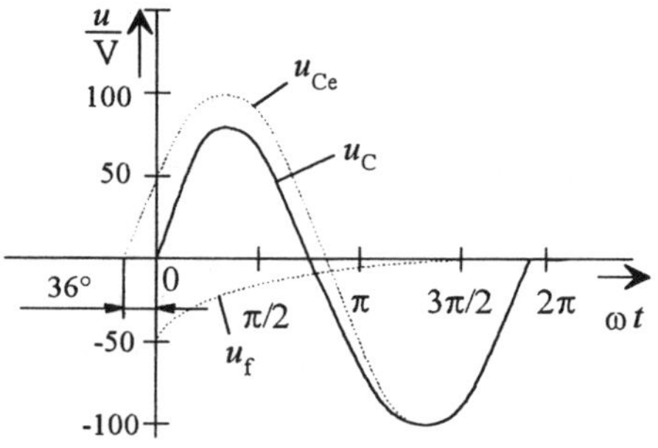

Bild 11.36 Verlauf der Kondensatorspannung zum Beispiel 11.4

Interpretation:

Im Moment des Einschaltens ($t = 0$) ändert sich der Strom sprunghaft. Die Amplitude mit

$$i = 3{,}03\sin 126° + 1{,}04$$

$$i = 3{,}82\,\text{A}$$

übersteigt die des stätionären Stromes mit $i = 3{,}03$ A. Dieser Stromsprung im Moment der Schaltung ist charakteristisch für *RC*-Glieder.

12 Netzwerke mit nichtharmonischen Größen

In den bisher behandelten Wechselstromschaltungen sind ausschließlich *lineare* Bauelemente sowie harmonische Strom- und Spannungsverläufe vorausgesetzt worden. Damit können alle Berechnungsprobleme mit der *symbolischen Methode* gelöst werden.

Mehrwelliges System. In vielen elektrotechnischen Schaltungen treten jedoch *nichtharmonische periodische Zeitfunktionen* auf. Im Abschnitt 3.2.3 ist die mathematische Beschreibung dieser Größen mit Hilfe der Fourier-Reihe nach Gl. (3.20) sowie die Darstellung als Amplituden- und Phasenspektrum angegeben. Danach lassen sich nichtharmonische periodische Größen als Summe von harmonischen Einzelschwingungen (Harmonische) darstellen, deren Frequenzen ein ganzahliges Vielfaches der Grundschwingung betragen.

Man bezeichnet einen von der Sinusform abweichenden periodischen Funktionsverlauf als *mehrwelliges System*.

Auftreten mehrwelliger Systeme. Es muß prinzipiell unterschieden werden, ob die nichtharmonische Größe in einem Netzwerk durch die treibende Quelle geliefert wird (*mehrwellige Erregung*) oder ob sie durch sinusförmige Ansteuerung eines nichtlinearen Bauelementes (*Oberschwingungserzeuger*) entsteht (Bild 12.1).

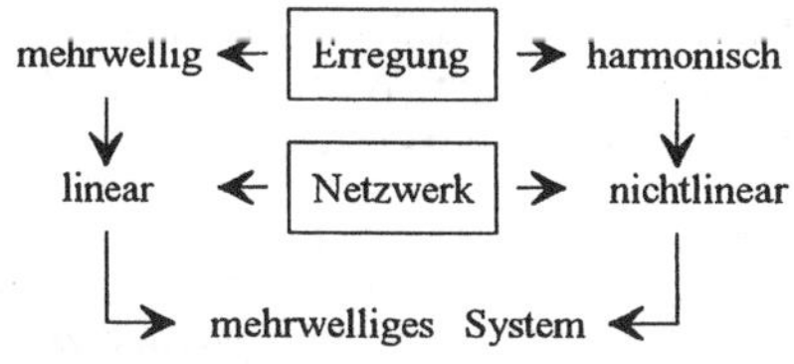

Bild 12.1 Auftreten mehrwelliger Systeme

Arbeit mit mehrwelligen Systemen. Wird ein lineares Netzwerk oder Übertragungssystem mehrwellig erregt, so behält das *Superpositionsprinzip* seine Gültigkeit. Die Quellengröße ist in ihre einzelnen Harmonischen zu zerlegen, und eine interessierende Größe des Netzwerkes kann für die jeweilige Harmonische mit Hilfe der komplexen Rechnung berechnet werden [13]. Anschließend sind die Berechnungsergebnisse für die betrachtete Größe zu überlagern, d.h., der nichtharmonische Zeitverlauf der Ergebnisgröße läßt sich über die Fourier-Reihe darstellen.

Die Oberschwingungsanteile werden in ihrer Amplitude und Phase durch *Blindelemente* verändert. Man spricht von einer *linearen Verzerrung*.

Die spektrale Darstellung der Größen erhöht die Anschaulichkeit.

Wird ein nichtlineares Netzwerk oder Übertragungssystem harmonisch erregt, so entsteht eine nichtharmonischen Größe [8]. Man spricht von einer *nichtlinearen Verzerrung*. Der tatsächliche zeitliche Verlauf kann ermittelt werden durch:

- meßtechnische Bestimmung mittels Oszillograf,
- grafische Konstruktion an der Bauelementenkennlinie,
- mathematische Approximation der Kennlinie und anschließende Berechnung.

Nichtlineare Verzerrungen sind durch das Auftreten zusätzlicher Oberschwingungen gekennzeichnet.

In elektroakustischen Anlagen werden nichtlineare Verzerrungen störend wahrgenommen. In der Elektroenergietechnik werden die Betriebsmittel durch Oberschwingungen zusätzlich erwärmt.

12.1 Mittelwerte und Bewertung nichtharmonischer Größen

Für den Umgang mit nichtharmonischen periodischen Größen in Netzwerken und deren Charakterisierung sind Mittelwerte und Bewertungsfaktoren anzugeben.

Effektivwert. Die mathematische Beschreibung eines mehrwelligen Systems (Strom, Spannung) lautet nach Gl. (3.20)

$$x(t) = X_o + \sum_{n=1}^{\infty} \hat{a}_n \sin(n\omega t + \varphi_n)$$

Zur Berechnung des Effektivwertes des mehrwelligen Systems ist diese Gleichung in die Definitionsgleichung des Effektivwertes (Gl. 3.9) einzusetzen. Nach dem Quadrieren entsteht:

$$X^2 = \frac{1}{T}\int_0^T \left[X_o + \sum_{n=1}^{\infty} \hat{a}_n \sin(n\omega t + \varphi_n)\right]^2 \mathrm{d}t$$

Zur besseren Übersicht wird die Gleichung für drei Harmonische geschrieben:

$$X^2 = \frac{1}{T}\int_0^T \big[X_o + \hat{a}_1 \sin(\omega t + \varphi_1)$$

$$+ \hat{a}_2 \sin(2\omega t + \varphi_2)$$

$$+ \hat{a}_3 \sin(3\omega t + \varphi_3) + \cdots\big]^2 \mathrm{d}t$$

Wird die eckige Klammer ausmulitipliziert, entstehen Summanden, die Produkte aus Sinusfunktionen unterschiedlicher Frequenzen enthalten. Diese Summanden, über eine Periode integriert, ergeben den Wert Null.
Damit reduziert sich die Integration auf den Ausdruck

$$X^2 = \frac{1}{T}\int_0^T \left[X_o^2 + \sum_{n=1}^{\infty} \hat{a}_n^2 \sin^2(n\omega t + \varphi_n)\right] \mathrm{d}t$$

Für die Integration wird

$$\sin^2\alpha = \frac{1}{2} - \frac{1}{2}\cos 2\alpha$$

gesetzt, so daß gilt:

$$X^2 = \frac{1}{T}\int_0^T \Big\{X_o^2$$

$$+ \sum_{n=1}^{\infty} \hat{a}_n^2 \left[\frac{1}{2} - \frac{1}{2}\cos(2n\omega t + 2\varphi_n)\right]\Big\} \mathrm{d}t$$

Nach Integration und Umformung gilt für den Effektivwert:

$$X = \sqrt{X_o^2 + \frac{1}{2}\sum_{n=1}^{\infty} \hat{a}_n^2}$$

Mit dem Zusammenhang $A = \hat{a}/\sqrt{2}$ für harmonische Größen entsteht:

$$X = \sqrt{X_o^2 + \sum_{n=1}^{\infty} A_n^2} = \sqrt{X_o^2 + A_1^2 + A_2^2 + \cdots} \qquad (12.1)$$

Der Effektivwert von Strom oder Spannung unterschiedlicher Frequenz ist unabhängig von den Nullphasenwinkeln.

❑ **Beispiel 12.1**

In einem Grundstromkreis sind eine Wechselspannungsquelle und eine Gleichspannungsquelle in Reihe geschaltet (Bild 12.2).
Mit den angegebenen Werten ist der Effektivwert des Stromes zu berechnen.

Lösung:

Da der Überlagerungssatz gilt, werden zunächst die Ströme, welche die beiden Spannungsquellen liefern, getrennt berechnet.

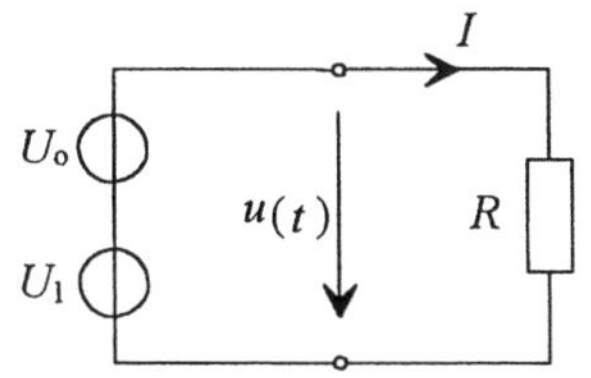

$U_0 = 4\,\text{V},\, U_1 = 4\,\text{V},\, R = 8\,\Omega$

Bild 12.2 Schaltung zum Beispiel 12.1

Es gilt:

$$I_o = \frac{U_0}{R} = 0{,}5\,\text{A}, \qquad I_1 = \frac{U_1}{R} = 0{,}5\,\text{A}$$

Der Effektivwert des Stromes lautet:

$$I = \sqrt{I_o^2 + I_1^2} = 0{,}707\,\text{A}$$

Wirkleistung. Schreibt man Gl. (12.1) für einen nichtharmonischen Strom, entsteht

$$I = \sqrt{I_o^2 + \sum_{n=1}^{\infty} I_n^2} = \sqrt{I_o^2 + I_1^2 + I_2^2 + \cdots}$$

Da Wirkleistung nur an dem Schaltelement Widerstand umgesetzt wird, erhält man nach Quadrieren der Gleichung und anschließender Multiplikation mit dem Widerstand R:

$$RI^2 = RI_o^2 + RI_1^2 + RI_2^2 + RI_3^2 + \cdots + RI_n^2$$

Jede n-te Oberschwingung liefert den Anteil RI_n^2 an der Gesamtleistung RI^2.
Daher gilt:

$$P = P_0 + P_1 + P_2 + \cdots = P_0 + \sum_{n=1}^{\infty} P_n$$

Mit Gl. 8.1 kann die Wirkleistung aus Strom und Spannung der jeweiligen Harmonischen und dem dazugehörigen $\cos\varphi$ berechnet werden.

$$P = U_0 I_o + \sum_{n=1}^{\infty} U_n I_n \cos\varphi_n \qquad (12.2)$$

Nach Gl. (12.2) ergibt das Produkt von Strom und Spannung unterschiedlicher Frequenz keinen Wirkleistungsbeitrag.

Die Wirkleistung eines mehrwelligen Systems ist gleich der Summe der Wirkleistung der einzelnen Oberschwingungen.

❑ **Beispiel 12.2**

Für die Schaltung nach Bild 12.2 des Beispiels 12.1 ist der Wirkleistungsumsatz am Widerstand R zu berechnen.

Lösung:

Mit Gl. (12.2) erhält man:

$$P = RI^2 = R\left(I_o^2 + I_1^2\right) = 4\,\text{W}$$

Das gleiche Ergebnis erhält man unter Anwendung des Überlagerungssatzes, wenn man die Teilleistung des Gleichgliedes und der 1. Harmonischen berechnet.

$$P_0 = RI_o^2 = 8\,\Omega \cdot 0{,}25\,\text{A} = 2\,\text{W}$$

$$P_1 = RI_1^2 = 8\,\Omega \cdot 0{,}25\,\text{A} = 2\,\text{W}$$

$$P = P_0 + P_1 = 4\,\text{W}$$

Bewertungsfaktoren. Neben den im Abschnitt 3.2.1.4 beschriebenen Bewertungsfaktoren werden für die Beurteilung der Abweichung einer nichtharmonischen Größe vom sinusförmigen Verlauf weitere Größen definiert. Diese nennt man *Kenngrößen der Verzerrung*. Ausgehend vom Effektivwert des Wechselanteils $X_{\sim}$ einer nichtharmonischen Größe, gilt:

Grundschwingungsgehalt. Man bezeichnet das Verhältnis des Effektivwertes der Grundschwingung zum Effektivwert der Wechselgröße als Grundschwingungsgehalt g.

$$g = \frac{A_1}{X_\sim} = \frac{A_1}{\sqrt{\sum\limits_{n=1}^{\infty} A_n^2}} \qquad (12.3)$$

Hinweis: Die Wechselgröße einer allgemeinen nichtharmonischen Größe beinhaltet kein Gleichglied und kann nach Fourier durch die Summe der Harmonischen ausgedrückt werden.

Klirrfaktor. Berechnet man das Verhältnis des Effektivwertes aller Oberschwingungen einer nichtharmonischen Größe zum Effektivwert aller Harmonischen, erhält man als Maß der nichtlinearen Verzerrung den Klirrfaktor k.

$$k = \frac{\sqrt{\sum\limits_{n=2}^{\infty} A_n^2}}{\sqrt{\sum\limits_{n=1}^{\infty} A_n^2}} \qquad (12.4)$$

Aus den Gln. (12.3) und (12.4) folgt:

$$k^2 + g^2 = 1 \qquad (12.5)$$

☐ **Beispiel 12.3**

Eine symmetrische Rechteckspannung der Amplitude $\hat{u}$ und der Periodendauer T (Bild 12.3) ist als nichtharmonische Größe zu beschreiben. Dazu sind das Amplitudenspektrum, der Effektivwert sowie der Klirrfaktor anzugeben.

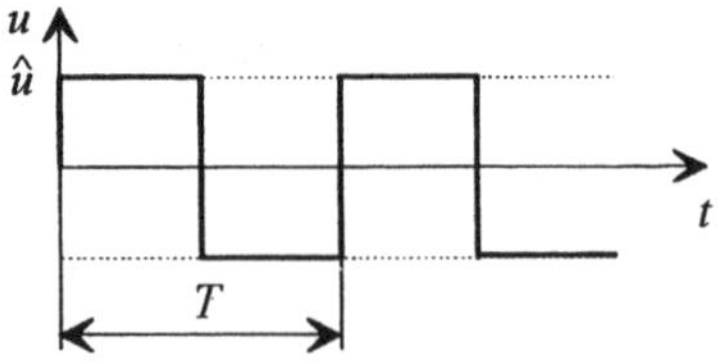

Bild 12.3 Rechteckfunktion zum Beispiel 12.3

Lösung:

Der Tabelle 3.1 entnimmt man die Fourier-Reihe der dargestellten Rechteckfunktion.

$$u(t) = \frac{4\hat{u}}{\pi} \sum_n \left[\frac{1}{n} \sin n\omega t\right] \quad \text{mit } n = 1, 3, 5, \ldots$$

Die ersten drei Harmonischen der Fourier-Reihe lauten:

$$u(t) = \frac{4\hat{u}}{\pi}\left[\sin\omega t + \frac{1}{3}\sin 3\omega t + \frac{1}{5}\sin 5\omega t\right]$$

Das dazugehörige Amplitudenspektrum zeigt Bild 12.4.

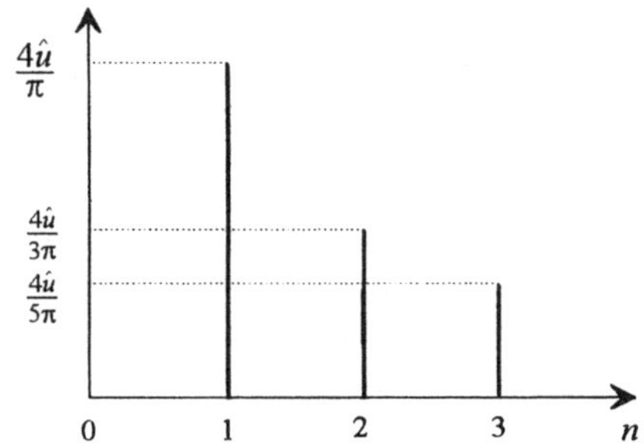

Bild 12.4 Amplitudenspektrum Beispiel 12.3

Die Berechnung des Effektivwertes kann mit Hilfe der Gl. (12.1) erfolgen

$$U = \sqrt{U_1^2 + U_3^2 + U_5^2} = \sqrt{\frac{1}{2}\left[\hat{u}_1^2 + \hat{u}_3^2 + \hat{u}_5^2\right]}$$

$$U = \sqrt{\frac{1}{2}\left(\frac{4\hat{u}}{\pi}\right)^2\left[1 + \frac{1}{9} + \frac{1}{25}\right]} = \frac{4\hat{u}\sqrt{1,151}}{\sqrt{2}\,\pi}$$

$$U = \frac{2\sqrt{2}\,\hat{u}}{\pi} \cdot \sqrt{1,151} = 0,966\,\hat{u} \approx \hat{u}$$

Untersucht man den Zusammenhang zwischen Effektivwert und Amplitude einer Rechteckschwingung unter Anwendung des Scheitelfaktor $k_s = 1$, entsteht der Zusammenhang:

$$\hat{u} = k_s U = 1 \cdot U$$

Die Abweichung zur Berechnung über die Fourier-Reihe ergibt sich aus der Berücksichtigung von nur 3 Harmonischen der Fourier-Reihe.

Für den Klirrfaktor gilt:

$$k_u = \frac{\sqrt{\frac{1}{2}\left(\frac{4\hat{u}}{\pi}\right)^2\left[\frac{1}{9}+\frac{1}{25}+\cdots\right]}}{\sqrt{\frac{1}{2}\left(\frac{4\hat{u}}{\pi}\right)^2\left[1+\frac{1}{9}+\frac{1}{25}+\cdots\right]}} \approx 0,362$$

$$k_u \mathrel{\hat{=}} 36,2\,\%$$

12.2 Einfluß der Grundschaltelemente *R, L, C*

Ohmscher Widerstand. Nach dem Ohmschen Gesetz sind Strom und Spannung an einem ohmschen Widerstand proportional. Strom und Spannung haben den gleichen Kurvenverlauf (Bild 12.5)

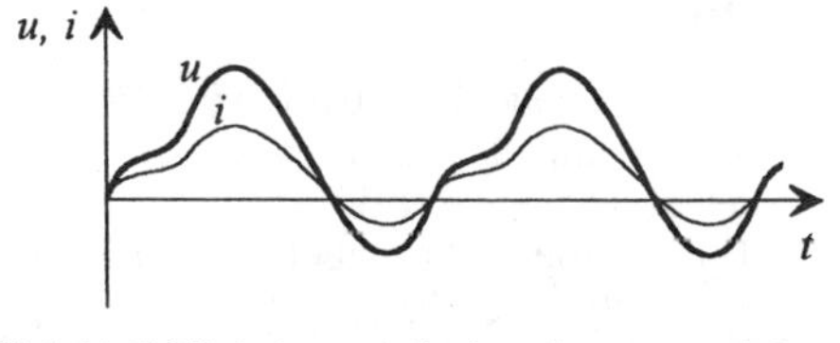

Bild 12.5 Nichtharmonischer Strom- und Spannungsverlauf am ohmschen Widerstand

Die Blindwiderstände von Spule und Kondensator sind frequenzabhängig. Dadurch werden die Harmonischen eines mehrwelligen Systems unterschiedlich beeinflußt.

Hinweis: Kondensator und Spule (ohne Hystereseverhalten) sind lineare Bauelemente. Es entstehen in Netzwerken durch diese Bauelemente keine zusätzlichen Harmonischen.

Induktivität. Der Zusammenhang zwischen Strom und Spannung an einer Induktivität lautet nach Abschnitt 6.2:

$$i = \frac{1}{L}\int u(t)\,\mathrm{d}t$$

Liegt an der Induktivität eine Klemmenspannung, die das mehrwelliges System

$$u(t) = \hat{u}_1 \sin \omega t + \hat{u}_3 \sin 3\omega t + \hat{u}_5 \cos 5\omega t$$

bildet, läßt sich durch Integration der Stromverlauf ermitteln. Es gilt:

$$i(t) = -\frac{\hat{u}_1}{\omega L}\cos\omega t - \frac{\hat{u}_3}{3\omega L}\cos 3\omega t + \frac{\hat{u}_5}{5\omega L}\sin 5\omega t$$

$$i(t) = -\hat{i}_1 \cos\omega t - \hat{i}_3 \cos 3\omega t + \hat{i}_5 \sin 5\omega t$$

Die Berechnung zeigt, daß auf Grund der Zunahme des Scheinwiderstandes der Induktivität bei höheren Frequenzen die Harmonischen mit zunehmender Ordnungszahl n stärker gedämpft werden. Der Stromverlauf erscheint daher weniger verzerrt als der Spannungsverlauf.
Die Induktivität glättet den Strom. Man bezeichnet sie daher auch als *Glättungsdrossel*.

❑ **Beispiel 12.4**

An eine Induktivität mit $L = 0,1\,\text{H}$ wird eine Dreieckspannung mit $\hat{u} = 300\,\text{V}$ und $f = 50\,\text{Hz}$ angelegt (Bild 12.6).
Es ist der Strom durch die Induktivität unter Berücksichtigung der Grundschwingung und der dritten Oberschwingung zu berechnen.
Weiterhin ist der Klirrfaktor für Spannung und Strom anzugeben sowie deren zeitlicher Verlauf grafisch darzustellen.

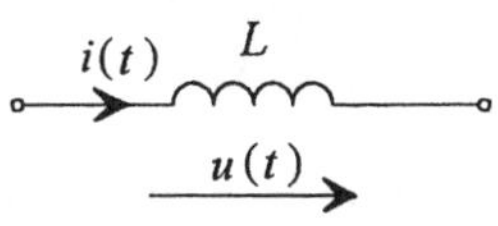

Bild 12.6 Schaltung zum Beispiel 12.4

Lösung:

Nach Tabelle 3.1 lauten die ersten beiden Harmonischen der Fourier-Reihe einer Dreieckspannung

$$u(t) = \frac{8\,\hat{u}}{\pi^2}\left[\sin\omega t - \frac{1}{9}\sin 3\,\omega t\right]$$

Mit den vorgegebenen Werten gilt:

$$u = 244\,\mathrm{V}\sin\omega t - 27\,\mathrm{V}\sin 3\omega t$$

Der Strom wird durch Integration berechnet.

$$i(t) = -\frac{\hat{u}_1}{\omega L}\cos\omega t + \frac{\hat{u}_3}{3\omega L}\cos 3\omega t$$

$$i(t) = -\,7{,}7\,\mathrm{A}\cos\omega t + 0{,}29\,\mathrm{A}\cos 3\omega t$$

Für den Klirrfaktor der Spannung gilt:

$$k_u = \sqrt{\frac{U_1^2}{U_1^2 + U_3^2}} = \sqrt{\frac{\hat{u}_1^2}{\hat{u}_1^2 + \hat{u}_3^2}} = 0{,}11 = 11\,\%$$

Für den Klirrfaktor des Stromes gilt:

$$k_i = \sqrt{\frac{I_1^2}{I_1^2 + I_3^2}} = \sqrt{\frac{\hat{i}_1^2}{\hat{i}_1^2 + \hat{i}_3^2}} = 0{,}037 = 3{,}7\,\%$$

Im Bild 12.7 ist der qualitative Verlauf von Spannung und Strom dargestellt.

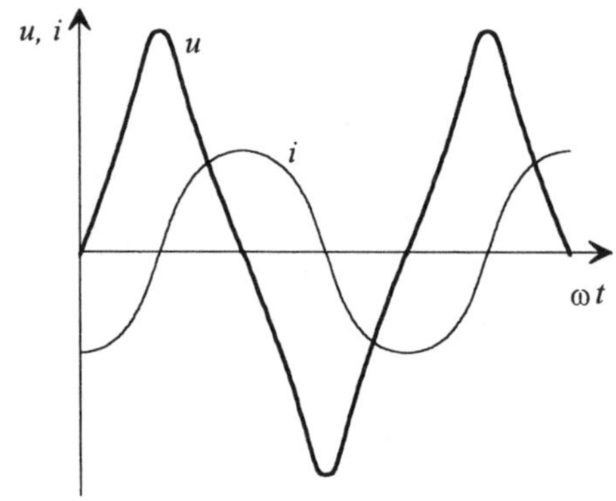

Bild 12.7 Spannungs- und Stromverlauf zum Beispiel 12.4

Kapazität. Für eine Kapazität lautet der Zusammenhang zwischen Strom und Spannung nach Abschnitt 6.1.4:

$$i = C\frac{\mathrm{d}u(t)}{\mathrm{d}t}$$

Liegt an der Kapazität eine Spannung, die durch das mehrwellige System

$$u(t) = \hat{u}_1\sin\omega t + \hat{u}_3\sin 3\omega t - \hat{u}_5\cos 5\omega t$$

beschrieben wird, erhält man durch Differentation den Stromverlauf. Es gilt:

$$i = \omega C\hat{u}_1\cos\omega t + 3\omega C\hat{u}_3\cos 3\omega t + 5\omega C\hat{u}_5\sin 5\omega t$$

$$i(t) = \hat{i}_1\cos\omega t + \hat{i}_3\cos 3\omega t + \hat{i}_5\sin 5\omega t$$

Mit dieser Berechnung ist zu erkennen, daß bei höheren Frequenzen der kapazitive Leitwert mit der Ordnungszahl n steigt. Die Harmonischen treten im Stromverlauf verstärkt auf, d.h., der Strom wird mehr verzerrt.
Kondensatoren lassen sich für den Nachweis geringer Oberschwingungen in Spannungsverläufen nutzen.

❑ **Beispiel 12.5**

An eine Kapazität $C = 100\,\mu F$ wird eine Dreieckspannung mit den gleichen Werten wie im Beispiel 12.4 angelegt (Bild 12.8).
Es ist die Grundschwingung und die dritte Oberschwingung des Stromes durch die Kapazität zu berechnen.
Weiterhin ist der Klirrfaktor für Spannung und Strom anzugeben sowie deren zeitlicher Verlauf grafisch darzustellen.

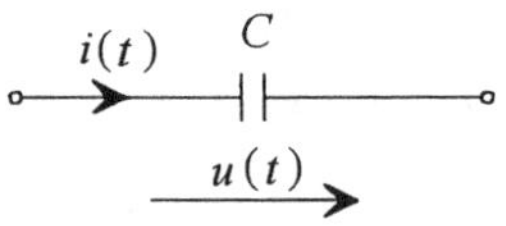

Bild 12.8 Schaltung zum Beispiel 12.5

Lösung:

Die beiden ersten Glieder der Fourier-Reihe der Dreieckspannung lauten:

$$u(t) = \frac{8\,\hat{u}}{\pi^2}\left[\sin\omega t - \frac{1}{9}\sin 3\,\omega t\right]$$

Mit den gegebenen Werten gilt:

$$u = 244\ \text{V}\sin\omega t - 27\ \text{V}\ \sin 3\omega t$$

Der Strom wird durch Differentation der Gl. (6.??) berechnet:

$$i(t) = \omega C\,\hat{u}_1\cos\omega t - 3\omega C\,\hat{u}_3\cos 3\omega t$$

$$i(t) = 7{,}7\ \text{A}\cos\omega t - 2{,}5\ \text{A}\cos 3\omega t$$

Für den Klirrfaktor der Spannung gilt:

$$k_u = \sqrt{\frac{U_1^2}{U_1^2 + U_3^2}} = \sqrt{\frac{\hat{u}_1^2}{\hat{u}_1^2 + \hat{u}_3^2}} = 0{,}11 = 11\,\%$$

Für den Klirrfaktor des Stromes gilt:

$$k_i = \sqrt{\frac{I_1^2}{I_1^2 + I_3^2}} = \sqrt{\frac{\hat{i}_1^2}{\hat{i}_1^2 + \hat{i}_3^2}} = 0{,}315 = 31{,}5\,\%$$

Der qualitative Verlauf von Spannung und Strom ist im Bild 12.9 dargestellt.

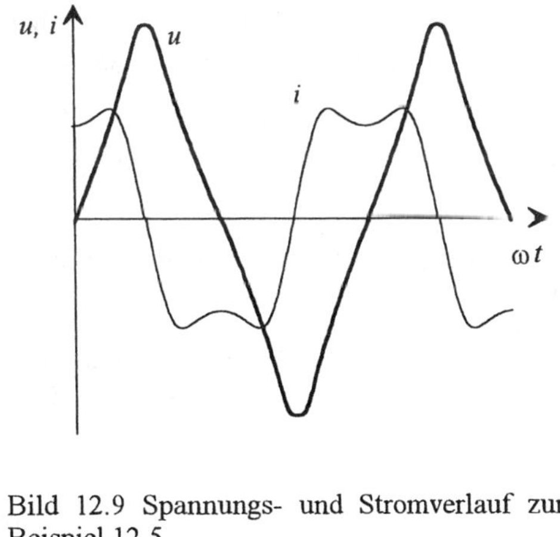

Bild 12.9 Spannungs- und Stromverlauf zum Beispiel 12.5

12.3 Einfluß nichtlinearer Schaltelemente

Die nichtlineare Verzerrung einer harmonischen Größe läßt sich anschaulich durch grafische Konstruktion an der nichtlinearen Strom-Spannungs-Kennlinie eines Schaltelementes demonstrieren.

Grundsätzlich gilt, daß bei Anlegen einer sinusförmigen Spannung an das nichtlineare Schaltelement der Strom verzerrt wird und umgekehrt.

Vom Innenwiderstand des Generators bzw. vom Schaltungsaufbau hängt es ab, welche Erregergröße (Spannung oder Strom) sinusförmig vorliegt. Der Generator wird in jeden Fall mit den zusätzlich entstehenden Oberschwingungen belastet.

Im Bild 12.10 ist am Beispiel einer Halbleiterdiode dargestellt, wie man aus einer vorgegebenen harmonischen Größe die verzerrte Größe erhält. Die Konstruktion erfolgt punktweise aus dem u-ωt-Verlauf über die I-U-Kennlinie des Bauelements zur i-ωt-Kennlinie.

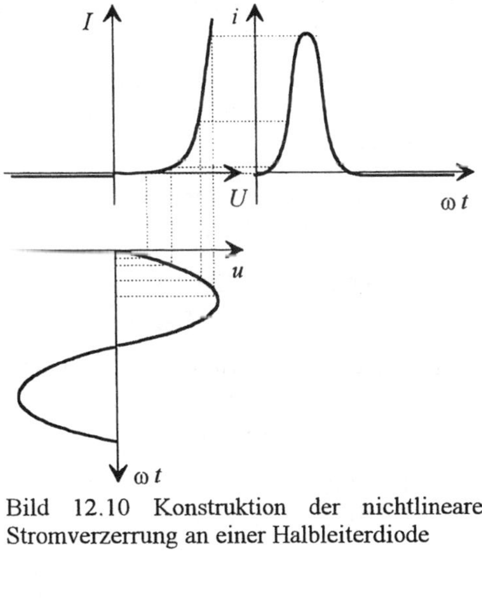

Bild 12.10 Konstruktion der nichtlinearen Stromverzerrung an einer Halbleiterdiode

Literaturverzeichnis

[1] Lindner, H.; Brauer, H.; Lehmann, C.: Taschenbuch der Elektrotechnik und Elektronik. - 7. Auflage. - Leipzig: Fachbuchverlag, 1999

[2] Paul, R.: Elektrotechnik. Band 1: Elektrische Erscheinungen und Felder. - 3. Auflage 1993. - Band 2: Netzwerke. - 2. Auflage 1990. -Berlin: Springer-Verlag, 1990

[3] Orear, J.: Physik. - München, Wien: Carl Hanser Verlag, 1994

[4] Claussnitzer, H.: Einführung in die Elektrotechnik. - 8. Auflage. - Berlin: Verlag-Technik, 1982

[5] Frohne, H.: Einführung in die Elektrotechnik. Band 1: Grundlagen und Netzwerke. - Auflage 1987. - Band 2: Elektrische und magnetische Felder . - 5. Auflage 1989. - Band 3: Wechselstrom. - 5. Auflage 1993. - Stuttgart: B.G. Teubner

[6] Philippow, E.: Grundlagen der Elektrotechnik. - 9. Auflage. - Berlin-München: Verlag Technik, 1992

[7] Elschner, H.; Möschwitzer, A.: Einführung in die Elektrotechnik - Elektronik. - 3. Auflage. - Berlin: Verlag Technik, 1992

[8] Führer, A.; Heidemann, K.; Nerreter, W.: Grundgebiete der Elektrotechnik. - Bd.1: Stationäre Vorgänge. - 6. Auflage 1997. - Bd. 2: Zeitabhängige Vorgänge. - 6. Auflage 1998. - München: Hanser-Verlag

[9] Weiss, A. v.; Krause, M.: Allgemeine Elektrotechnik. - 10. Auflage. - Braunschweig-Wiesbaden: Vieweg & Sohn Verlagsgesellschaft, 1987

[10] Clausert, H.; Wiesemann, G.: Grundgebiete der Elektrotechnik 1. - 6. Auflage 1993.- Grundgebiete der Elektrotechnik 2. - 5. Auflage 1992. - München-Wien: Oldenbourg Verlag

[11] Beuth, K. u.a.: Grundkenntnisse der Elektrotechnik. - 3. Auflage. - Hamburg: Verlag Handwerk und Technik, 1991

[12] Bergmann, K.: Elektrische Meßtechnik. - 5. Auflage. - Braunschweig-Wiesbaden: Vieweg & Sohn Verlagsgesellschaft, 1993

[13] Grafe; Loose; Kühn: Grundlagen der Elektrotechnik. - Band 1: Gleichspannungstechnik. -13. Auflage 1988. - Band 2: Wechselspannungstechnik. - 12. Auflage 1992. - Berlin-München: Verlag Technik

[14] Fritsche, G.: Theoretische Grundlagen der Nachrichtentechnik. - 3. Auflage. - Berlin: Verlag Technik, 1984

[15] Habiger, E.: Elektromagnetische Verträglichkeit. - Heidelberg: Hüthig Buch Verlag, 1992

[16] Beinhoff, H.; Völkel, S.u.a.: Mathematik für Ingenieur-und Fachschulen. - 7. Auflage. - Leipzig: Fachbuchverlag, 1985

[17] Greuel, O.: Mathematische Ergänzungen und Aufgaben für Elektrotechniker. - 12. Auflage. - Leipzig: Fachbuchverlag, 1989

[18] Philippow, E.: Nichtlineare Elektrotechnik. - 2. Auflage. - Leipzig: Akademische Verlagsgesellschaft Geest und Portig, K.-G., 1971

[19] Justus, O.: Berechnung linearer und nichtlinearer Netzwerke mit PSpice-Beispielen. - Leipzig-Köln: Fachbuchverlag, 1994

[20] Lunze, K.: Theorie der Wechselstromschaltungen. - 8. Auflage. - Berlin: Verlag Technik, 1991

[21] Lunze, K.; Wagner, E.: Einführung in die Elektrotechnik - Arbeitsbuch. - 7. Auflage. - Berlin: Verlag Technik, 1991

[22] Lunze, K.: Berechnung elektrischer Stromkreise - Arbeitsbuch. - 15. Auflage. - Berlin: Verlag Technik, 1990

[23] Lunze, K.: Einführung in die Elektrotechnik - Lehrbuch. - 11. Auflage. - Berlin: Verlag Technik, 1985

[24] Mende, U.: Netzwerkanalyse mit Mason-Graphen. - Berlin: Verlag Technik, 1987

[25] Brauer, H.: Elektronikaufgaben. Bd. 1: Bauelemente und Grundschaltungen. - Leipzig: Fachbuchverlag, 1997

[26] Rumpf, K.-H.: Bauelemente der Elektronik. -12. Auflage. - Berlin: Verlag Technik, 1985

[27] Altmann, S.: Lehrbrief Grundlagen der Elektrotechnik. - Technische Hochschule Leipzig, 1981

[28] Kortstock, G.; Wermuth, G.: Aufgaben zur Elektrotechnik für Maschinenbauer. - Stuttgart: B.G. Teubner, 1991

[29] Bartsch, H.-J.: Taschenbuch mathematischer Formeln. - 18. Auflage. - Leipzig: Fachbuchverlag, 1999

[30] Mattes, H.: Übungskurs Elektrotechnik 1: Felder und Gleichstromnetze. - Berlin-Heidelberg: Springer Verlag, 1992

[31] Philippow, E.: Taschenbuch der Elektrotechnik. - Band 1 Allgemeine Grundlagen. - 3. Auflage. - Berlin: Verlag Technik, 1985

[32] Wiesemann, G.: Übungen in Grundlagen der Elektrotechnik 2. - Band 779. - Mannheim/Wien/Zürich: BI Wissenschaftsverlag, 1976

[33] Bosse, G.: Grundlagen der Elektrotechnik 3. - Band 184. - Mannheim/Wien/Zürich: BI Wissenschaftsverlag, 1978

[34] Grundlagen der Elektrotechnik 2. Aufgabensammlung. - Hochschule für Verkehrswesen "Friedrich List" Dresden. - Jt-G 024/321/71

[35] Retter, G.: Magnetische Felder und Kreise. - Berlin: Deutscher Verlag der Wissenschaften, 1961

[36] Grundlagen der Elektrotechnik 3. Aufgabensammlung. - Hochschule für Verkehrswesen "Friedrich List" Dresden. - Jt-G 024/518/71

[37] Praktikumsanleitung für das Fach Grundlagen der Elektrotechnik. - Hochschule für Technik, Wirtschaft und Kultur Leipzig, 1994

[38] Hosemann, G.; Boeck, W.: Grundlagen der elektrischen Energietechnik. - 2. Auflage. - Berlin:Springer Verlag, 1983

[39] Unbehauen, R.: Elektrische Netzwerke. - 3. Auflage. - Berlin: Springer Verlag, 1987

[40] Unbehauen, R.; Honeker, W.: Elektrische Netzwerke - Aufgaben. - 2. Auflage. - Berlin: Springer Verlag, 1987

[41] Weiss, A.v.: Die elektromagnetischen Felder. - Braunschweig: Vieweg & Sohn Verlagsgesellschaft, 1983

[42] Weiss, A.v.; Kleinwächter, H.: Übersicht über die Theoretische Elektrotechnik - Ausgewählte Kapitel und Aufgaben. - Leipzig: Akademische Verlagsgesellschaft Geest und Portig K.-G., 1956

[43] AEG-Hilfsbuch 1. Grundlagen der Elektrotechnik. - 3. Auflage. - Heidelberg: Hüthig Verlag, 1981

[44] Lehmann, C.: Elektronikaufgaben. Bd. 2: Analoge und digitale Schaltungen. - Leipzig-Köln: Fachbuchverlag, 1994

[45] Sturm, M.: Elektronik-Aufgaben. Bd. 3: Mikrorechentechnik. - Leipzig-Köln: Fachbuchverlag Leipzig, 1994

[46] Weiss, A.v.: Die Feldgrößen der Elektrodynamik. - Berlin: VDE - Verlag GmbH, 1984

[47] Hoyer, K.; Schnell, G.: Einfache Ausgleichsvorgänge der Elektrotechnik. - Braunschweig-Wiesbaden: Vieweg & Sohn Verlagsgesellschaft, 1985

[48] Vaske, P.: Berechnung von Drehstromschaltungen. - Stuttgart: B.G. Teubner, 1983

[49] Weißgerber, W.: Elektrotechnik für Ingenieure. Bd. 3: Ausgleichsvorgänge -Braunschweig-Wiesbaden: Vieweg & Sohn Verlagsgesellschaft, 1991

[50] Schnell, G.; Hoyer, M.; Vömel, M.: Grundlagen und Rechenverfahren der Elektrotechnik. - Braunschweig-Wiesbaden: Vieweg & Sohn Verlagsgesellschaft, 1989

[51] Nerreter, W.: Berechnung elektrischer Schaltungen mit dem Personal Computer. - München: Carl Hanser Verlag 1987

[52] Strassacker, G.; Strasacker, P.: Analytische und numerische Methoden der Feldberechnung. - Stuttgart: B.G. Teubner, 1993

[53] SEL-ALCATEL. Taschenbuch der Nachrichtentechnik. - Stuttgart: Fachverlag Schiele und Söhne GmbH, 1988

[54] Schwenk, E.: Wer den internationalen Maßeinheiten den Namen gab. - Frankfurt/Main: Hoechst Aktiengesellschaft , 1993

[55] Drachsel, R.; Richter, W.: Grundlagen der elektrischen Meßtechnik. - 7. Auflage. - Berlin: Verlag Technik, 1983

[56] Lehr- und Übungsbuch der Mathematik. Band V für Elektrotechniker. - Leipzig-Köln: Fachbuchverlag, 1992

[57] Kories, R.; Schmidt-Walter, H.: Taschenbuch der Elektrotechnik. - Frankfurt-Thum: Verlag Harri Deutsch, 1993

[58] Vömel, M.; Zastrow, D.: Aufgabensammlung Elektrotechnik 1. - Braunschweig-Wiesbaden: Vieweg & Sohn Verlagsgesellschaft, 1994

[59] Lindner, H.: Elektro-Aufgaben, Bd. 1: Gleichstrom, Bd. 2: Wechselstrom. - 22. Auflage. - Leipzig: Fachbuchverlag, 1996

[60] Kloeppel, F.: Planung und Projektierung von Elektroenergieversorgungssystemen. - Leipzig: Verlag für Grundstoffindustrie, 1974

[61] Fricke, H.; Vaske, P.: Elektrische Netzwerke. - 17. Auflage. - Stuttgart: B.G. Teubner, 1982

[62] Moeller, F.; Wolf, F.: Leitfaden der Elektrotechnik. Band 1: Grundlagen der Elektrotechnik. - Leipzig: B.G. Teubner Verlag, 1952

[63] Schröder, H.; Deubel, W.: Theoretische Elektrotechnik, Lehrbriefe 6, 7 und 8: Ausgleichsvorgänge. - Hochschule für Verkehrswesen "Friedrich List" Dresden

[64] Weißgerber, W.: Elektrotechnik für Ingenieure. Band 2, 4. Auflage- Braunschweig-Wiesbaden: Vieweg & Sohn Verlagsgesellschaft, 1999

Sachwortverzeichnis

W_e	elektrische Energie
W_m	magnetische Energie
W_{mech}	mechanische Energie
w	Welligkeit
x	Weg
$\underline{Y}$	komplexer Leitwert Admittanz
$\underline{Z}$	komplexer Widerstand Impedanz
α	Temperaturkoeffizient Phasenwinkel, Winkel
β	Temperaturkoeffizient
ε	Permittivität
ε_0	elektrische Feldkonstante
ε_r	relative Permittivität, Permittiviätszahl
Θ	elektrische Durchflutung
ϑ	Celsius-Temperatur Winkel
κ	elelektrische Leitfähigkeit
Λ	magnetischer Leitwert
μ	Permeabilität
μ_0	magnetische Feldkonstante
μ_r	relative Permeabilität Permeabilitätszahl
ρ	Dichte Raumladungsdichte spezifischer elektrischer Widerstand
σ	Flächenladungsdichte
τ	Linienladungsdichte Zeitkonstante
Φ	magnetischer Fluß
φ	elektrisches Potential Phasenwinkel
Ψ	elektrischer Fluß
ω	Kreisfrequenz Winkelgeschwindigkeit

Kennzeichnung von Wechselgrößen

X	Effektivwert
$\hat{x}$	Amplitude
$\overline{X}$	arithmetischer Mittelwert
$\underline{X}$	komplexe Größe
$\lvert\underline{X}\rvert$	Betrag einer komplexen Größe
$\underline{X}^*$	konjugiert komplexe Größe
X_0	Gleichwert, Gleichanteil
x	Momentanwert einer Größe
$x_\sim$	Wechselanteil einer Größe
$\overline{\lvert x\rvert}$	Gleichrichtwert
x_{SS}	Spitze-Spitze-Wert

Kennzeichnung von Vektoren

$\vec{e}$	Einheitsvektor
$\vec{X}$	Vektor, allgemein
$\vec{r}$	Ortsvektor
$[X]$	Matrix

Formelzeichenverzeichnis

A	Fläche
A_M	Mantelfläche
a	Abstand, Länge Momentanwert
$\hat{a}$	Amplitude
a_n	Fourierkoeffizient
B	magnetische Flußdichte
b	Breite
b_n	Fourierkoeffizient
C	elektrische Kapazität
D	elektrische Flußdichte
d	Durchmesser
E	elektrische Feldstärke
e	Elementarladung
F	Kraft
f	Frequenz
G	elektrischer Leitwert
H	magnetische Feldstärke
h	Höhe
I	elektrische Stromstärke
I_B	Blindstrom
I_W	Wirkstrom
K	Konstante Kopplungsfaktor
k	Klirrfaktor
k_f	Formfaktor
k_s	Scheitelfaktor
L	Induktivität
L_a	äußere Induktivität
L_i	innere Induktivität
L_S	Selbstinduktivität einer Leitung
l	Länge
l_{Fe}	mittlere Länge im Eisenkreis
M	Gegeninduktivität
M_Q	Dipolmoment
m	Anstieg Masse
N	Windungszahl
n	Anzahl
P	Wirkleistung
P_{el}	elektrische Leistung
P_{mech}	mechanische Leistung
P_v	Verlustleistung
Q	Blindleistung elektrische Ladung
R	elektrischer Widerstand
R, r	Radius
R_m	magnetischer Widerstand
r_d	differentieller Widerstand
S	elektrische Stromdichte Scheinleistung
s	Schwingungsgehalt Weg
T	Periodendauer Temperatur Kelvin-Temperatur
T_S	Sprungtemeperatur
t	Zeit
t_f	Abfallzeit
t_r	Anstiegszeit
U	elektrische Spannung
U_S	Schrittspannung
u_q	Quellenspannung
u_{res}	resultierende Spannung
V	Volumen
V_m	magnetische Spannung
v	Geschwindigkeit
W	Energie, Arbeit